Consulter la Couverture

I0042918

1854

ENCYCLOPÉDIE
DES
TRAVAUX PUBLICS

Fondée par **M.-C. LECHALAS**, Insp^r gén^{al} des Ponts et Chaussées

Médaille d'or à l'exposition universelle de 1889.

SALUBRITÉ URBAINE

DISTRIBUTIONS D'EAU
ET
ASSAINISSEMENT

PAR

G. BECHMANN

INGÉNIEUR EN CHEF DES PONTS ET CHAUSSÉES
CHEF DU SERVICE TECHNIQUE DE L'ASSAINISSEMENT DE PARIS
PROFESSEUR A L'ÉCOLE NATIONALE DES PONTS ET CHAUSSÉES.

SECONDE ÉDITION, REVUE ET TRÈS AUGMENTÉE.

TOME PREMIER

PARIS

LIBRAIRIE POLYTECHNIQUE

BAUDRY ET Cie, LIBRAIRES-ÉDITEURS

15, RUE DES SAINTS-PÈRES,

MÊME MAISON A LIÈGE

ENCYCLOPÉDIE DES TRAVAUX PUBLICS

Directeur : M.-C. LECHALAS, 12, *rue Alphonse de Neuville, PARIS*
Volumes grand in-8°, avec de nombreuses figures.
Médaille d'or à l'Exposition universelle de 1889

OUVRAGES DE PROFESSEURS A L'ECOLE DES PONTS ET CHAUSSÉES

M. BECHMANN. *Distributions d'eau et Assainissement.* 2ᵉ édit., 2 vol. à 20 fr....... 40 fr.

M. BRICKA. *Cours de chemins de fer de l'Ecole des ponts et chaussées.* 2 vol., 1.343 pages et 514 figures................... 40 fr.

M. L. DURAND-CLAYE. *Chimie appliquée à l'art de l'ingénieur,* avec MM. *Derôme et Feret,* 2ᵉ édit. considérablement augmentée, 15 fr. — *Cours de routes de l'Ecole des ponts et chaussées,* 606 pages et 234 figures, 2ᵉ édit., 20 fr. — *Lever des plans et nivellement,* en collaboration avec MM. *Pelletan et Lallemand.* 1 vol., 703 pages et 280 figures (cours des écoles des ponts et chaussées et des mines, etc.)..................... 25 fr.

M. FLAMANT. *Mécanique générale (Cours de l'Ecole centrale),* 1 vol. de 544 pages, avec 203 figures, 20 fr. — *Stabilité des constructions et résistance des matériaux.* 2ᵉ édit., 670 pages avec 270 figures. 25 fr. — *Hydraulique (Cours de l'Ecole des ponts et chaussées),* 1 vol., 716 pages et 129 figures..................... 25 fr.

M. GARIEL. *Traité de physique.* 2 vol., 448 figures.................... 20 fr.

M GUILLEMAIN. *Navigation intérieure, rivières et canaux* 2 vol. (1.172 pages, avec 200 figures : cours de l'Ecole des ponts et chaussées)..................... 40 fr.

M. F. LAROCHE. *Travaux maritimes.* 1 vol. de 490 pages, avec 116 figures et un atlas de 46 grandes planches, 40 fr. — *Ports maritimes.* 2 vol. de 1006 pages, avec 524 figures et 2 atlas de 37 planches, double in-4° *(Cours de l'Ecole des ponts et chaussées)*..... 50 fr.

M. NIVOIT *Géologie appliquée à l'art de l'ingénieur,* cours professé à l'Ecole des ponts et chaussées. 2 vol. de 1.274 pages, avec 555 figures...................... 40 fr.

M. M. D'OCAGNE, *Géométrie descriptive et Géométrie infinitésimale (cours de l'Ecole des ponts et chaussées),* 1 vol., 340 fig. .... 12 fr.

M. J. RÉSAL. *Traité des Ponts en maçonnerie,* en collaboration avec M. *Degrand.* 2 vol., avec 600 figures, 40 fr. — *Traité des Ponts métalliques* 2 vol., avec 500 figures, 40 fr. — *Constructions métalliques, élasticité et résistance des matériaux : fonte, fer et acier.* 1 vol. de 652 pages, avec 203 figures. 20 fr. — Le 1ᵉʳ volume des *Ponts métalliques* est à sa seconde édition (revue, corrigée et très augmentée) — *Cours de ponts,* professé à l'Ecole des ponts et chaussées. 1 vol. de 410 pages, avec 284 figures. *(Etudes générales et ponts en maçonnerie,* 14 fr.). — *Cours de résistance des matériaux* (Ecole des ponts et chaussées)................... 16 fr.

OUVRAGES DE PROFESSEURS A L'ECOLE CENTRALE DES ARTS ET MANUFACTURES

MM. BRISSE et PICQUET, *Cours de Géométrie descript. de l'Ecole centrale,* voir ci-dessous.

M. DEHARME. *Chemins de fer. Superstructure ;* première partie du cours de chemins de fer de l'Ecole centrale. 1 vol. de 696 pages, avec 310 figures et 1 atlas de 73 grandes planches in-4° doubles (voir *Encyclopédie industrielle* pour la suite de ce cours). 50 fr.

M. DENFER. *Architecture et constructions civiles.* Cours d'architecture de l'Ecole centrale : *Maçonnerie.* 2 vol., avec 794 figures, 40 fr. — *Charpente en bois et menuiserie.* 1 vol., avec 680 figures, 25 fr. — *Couverture des édifices* 1 vol., avec 423 figures, 20 fr. — *Charpente métallique, menuiserie en fer et serrurerie* 2 vol., avec 1050 figures, 40 fr. — *Fumisterie (Chauffage et ventilation).* 1 vol. de 726 pages, avec 731 figures (numérotées de 1 à 375, l'auteur affectant chaque groupe de figures d'un numéro seulement). 25 fr. — *Plomberie : Eau, Assainissement, Gaz,* 1 vol. de 568 p. avec 391 fig.......... 20 fr.

M. DORIOX. *Cours d'Exploitation des mines.* 1 vol. de 692 pages, avec 1.100 figures. 25 fr. Ce Cours, professé à l'Ecole centrale, est suivi du recueil complet des documents officiels, actuellement en vigueur, relatifs à l'exploitation des mines (lois, ordonnances et décrets, circulaires).

M. MONNIER. *Electricité industrielle,* cours professé à l'Ecole centrale, 2ᵉ édit. considérablement augmentée, 2 vol., à 12 fr. le volume *(sous presse).*

M. Mᵉ¹ PELLETIER *Droit industriel,* cours professé à l'Ecole centrale. 1 vol...... 15 fr.

MM. E. ROUCHÉ, ancien professeur de géométrie descriptive à l'Ecole centrale, et C. BRISSE, professeur du même cours : *Coupe des pierres.* 1 vol. et un grand atlas...... 25 fr.

MM. C. BRISSE, et H. PICQUET : *Cours de géométrie descriptive de l'Ecole centrale,* 1 vol. grand in-8° avec figures (Voir ci-dessous : *Encyclopédie industrielle*).

OUVRAGE D'UN PROFESSEUR AU CONSERVATOIRE DES ARTS ET MÉTIERS

M. E. ROUCHÉ, membre de l'Institut. *Eléments de statique graphique.* 1 vol., 12 fr 50.

OUVRAGES DE PROFESSEURS A L'ECOLE NATIONALE SUPÉRIEURE DES MINES

M. AGUILLON. *Législation des mines, française et étrangère.* 3 vol............... 40 fr.

M. PELLETAN. *Lever des plans et nivellement souterrains* (Voir ci-dessus : *Durand-Claye*).

OUVRAGE D'UN PROFESSEUR A L'ECOLE NATIONALE FORESTIÈRE

M. THIÉRY. *Restauration des montagnes,* avec une *Introduction* par M. LECHALAS père. vol. de 442 pages, avec 173 figures............................... 15 fr.

(Voir la suite ci-après)

INTRODUCTION

GÉNÉRALITÉS

SUR LA

SALUBRITÉ URBAINE

8° V 6993

CHAPITRE PREMIER

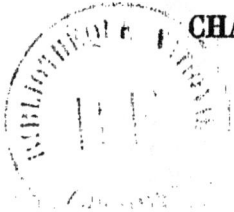

—————

SALUBRITÉ URBAINE

BIBLIOTHÈQUE

SOMMAIRE :

SALUBRITÉ URBAINE

§ 1.

CONDITIONS ARTIFICIELLES DE LA VIE

DANS LES AGGLOMÉRATIONS URBAINES

1. Vie artificielle des villes. — Lorsque les hommes
sont répartis par petits groupes sur de vastes espaces, la
nature leur fournit presque toujours à profusion tous les éléments nécessaires à la santé : l'air qu'ils respirent est pur,
l'eau qu'ils boivent ne contient point de substances malfaisantes, le sol qu'ils foulent se charge de transformer rapidement les matières organiques putrescibles dont les eaux courantes ne l'ont pas débarrassé.

Mais, à mesure que les groupes deviennent plus considérables et plus compactes, que la surface occupée par chacun
d'eux augmente, et que, sur une même étendue de terrain, se
trouvent réunis un plus grand nombre d'êtres humains, des
causes de plus en plus graves d'insalubrité apparaissent, en
face desquelles la nature ne tarde pas à se montrer impuissante. Il faut alors lui venir en aide par des moyens d'autant
plus perfectionnés et plus complexes que les agglomérations
sont plus denses et plus étendues.

De là une sorte de *vie artificielle* qui est la condition d'existence des habitants des villes en général, et sans laquelle surtout n'auraient pas pu se développer ces immenses capitales,
dont l'accroissement rapide soulève chaque jour des problèmes
plus ardus et appelle sans cesse de nouvelles études et de constants efforts.

«Les sociétés modernes, dit M. Em. Trélat, se ramassent sans

« répit en agglomérations de plus en plus populeuses et de
« plus en plus denses. C'est la loi même de la civilisation.
« Mais dans ces centres comprimés... les conditions de la vie
« diminuent, la santé s'étiole, les maladies naissent, s'ins-
« tallent et se propagent; l'existence décroît et s'accourcit.
« C'est un nécessaire et palpitant problème à résoudre que la
« restitution de la salubrité dans les villes (1). »

**2. Contamination de l'air, du sol, des eaux souter-
raines, des rivières.** — La respiration d'un grand nombre
de personnes réunies dans un espace limité détermine bientôt
des changements fâcheux dans la composition de l'air : la proportion d'oxygène diminue, celle de la vapeur d'eau et de l'acide
carbonique augmente ; de plus, il s'y accumule une multitude
de particules organiques dont la présence contribue à l'altération de l'atmosphère, et peut même déterminer parfois la propagation de certaines maladies. Il en résulte que l'air, ce fluide
indispensable à la vie animale, ne présente bientôt plus les
propriétés nécessaires pour l'alimenter, et tend à devenir, au
contraire, un véritable poison. A cette première cause de vicia-
tion de l'air viennent s'en ajouter beaucoup d'autres dans les
villes : combustion de matières solides ou gazeuses dans un
nombre considérable de foyers de chaleur ou de lumière, fermentation des détritus animaux ou végétaux dans les cours,
jardins, marchés ou dans les ruisseaux des voies publiques,
émanations désagréables ou malsaines des fosses d'aisances,
des hôpitaux, d'un grand nombre d'usines et d'établissements
à juste titre qualifiés d'insalubres.

S'il n'était pas pris de précautions spéciales, le dépôt sur le
sol des rues de matières organiques et de résidus de toute
espèce ne tarderait pas à donner naissance à ces épaisses
couches de boue qui couvraient les rues de Paris au moyen
âge et dont Belgrand a retrouvé les traces et dessiné les con-
tours (2). L'écoulement des eaux ménagères, soit à ciel ouvert,
soit dans des puisards, l'épandage des vidanges et des déjections de toute nature ou l'envoi de ces matières dans des fosses

1. Discours d'ouverture de l'Ecole spéciale d'architecture, 10 nov. 1891.
2. *Travaux souterrains de Paris*, tome III, p. 15.

non étanches, l'entassement des cadavres humains dans d'étroits cimetières ou charniers — pratiques autrefois générales et qui sont loin d'avoir entièrement disparu — tendent à infecter les couches superficielles du sol, où l'air ne se renouvelle pas toujours assez vite pour en opérer la combustion. Même dans les villes modernes, même dans celles où l'on s'applique avec le plus de soin à combattre toutes les causes d'insalubrité, il en est qui subsistent et dont on n'a pas su encore se débarrasser : la plus grave peut-être, actuellement, provient de la distribution du gaz d'éclairage, qui, s'échappant par les fuites inévitables d'une immense canalisation, pénètre le sol environnant, l'imprègne de produits carburés, lui donne une teinte noirâtre et une odeur caractéristique, et le rend impropre à la nutrition des végétaux, sans compter les dangers d'explosion qui peuvent résulter du cheminement du gaz et de la formation de mélanges détonants dans les égouts, les caves des maisons, etc.

Les eaux souterraines, quand elles sont à faible profondeur, ne tardent pas à être atteintes par les mêmes causes de contamination que le sol, et elles contribuent d'ordinaire à en aggraver les effets : car, d'une part, presque toujours utilisées pour divers usages, souvent même pour la boisson, elles ont par suite une influence directe sur la santé ; et, d'autre part, leurs variations périodiques de niveau, tantôt en laissant à sec des couches généralement humides, tantôt en humectant des parties d'ordinaire à sec, modifient profondément, à certaines époques, le régime qui s'est établi peu à peu, et provoquent alors des émanations insalubres, quelquefois même des épidémies. Aux Indes, on l'a depuis longtemps observé, l'apparition du choléra coïncide toujours avec les basses eaux.

Enfin, les rivières, en traversant les villes, ou seulement en passant dans leur voisinage, reçoivent aussi une notable partie des détritus qui en proviennent : les eaux pluviales et de superficie qui s'y écoulent directement, les égouts qui y débouchent, les eaux souterraines qui les alimentent en partie, y apportent sans cesse des éléments de contamination, que le développement de la population et de l'industrie tend à rendre de plus en plus redoutables. A mesure que l'altération augmente, l'eau de rivière perd peu à peu ses qualités naturelles, à tel point qu'à certains endroits, plus particulièrement atteints, il arrive que les poissons n'y peuvent plus vivre.

3. Microbes. — Partout où se répandent les déjections organiques provenant des agglomérations urbaines, partout où ces matières entrent en décomposition, le microscope révèle la présence d'un grand nombre de ces organismes infiniment petits, auxquels de récentes découvertes de la science ont fait attribuer un rôle si important dans la nature et une influence si profonde sur les conditions de la vie.

Ces *micro-organismes* ou *microbes* offrent une variété infinie de formes et de propriétés, mais tous, *algues*, *moisissures*, *cocci*, *bactéries*, *bacilles*, *vibrions*, etc..., sont aujourd'hui rattachés au règne végétal et se reproduisent soit par division ou *scissiparité*, soit par la formation de *spores* ou *germes* vivaces qui peuvent être entraînés au loin, et conserver presque indéfiniment la faculté de se développer, lorsqu'ils rencontrent un milieu favorable.

Beaucoup de ces organismes microscopiques sont inoffensifs, et c'est impunément que nous en absorbons constamment soit dans l'air que nous respirons, soit dans l'eau que nous buvons, soit dans nos aliments mêmes. Mais il en est aussi un grand nombre qui, pouvant vivre en parasites sur le corps ou dans les tissus organisés de l'homme ou des animaux, sont qualifiés de *pathogènes*, c'est-à-dire capables d'engendrer des maladies déterminées. Cette redoutable faculté et l'existence de maladies *zymotiques*, caractérisées par la présence ou le développement de certains microbes spéciaux, ont été mises en évidence par les admirables travaux de Pasteur et des savants qui l'ont suivi dans la voie féconde ouverte par son génie.

4. Transmission des maladies. Epidémies. — L'état actuel de la science ne permet pas encore d'affirmer que toute maladie a son microbe ; mais de nombreux faits, depuis longtemps connus, que cette hypothèse nouvelle est venue expliquer, la rendent certainement très vraisemblable, sinon pour toutes les maladies, du moins pour beaucoup d'entre elles.

Or, un seul germe, s'il se trouve tout à coup dans les conditions nécessaires pour son développement, ne tarde pas à donner naissance à des milliers de germes semblables, et un cas unique de maladie peut devenir ainsi, dans un temps très court, le point de départ d'une série nombreuse de cas identiques, l'origine d'une véritable *épidémie*.

Ces germes microscopiques se rencontrent en suspension dans l'air, et les poussières qu'un rayon de soleil y fait miroiter en contiennent toujours un grand nombre. Si l'air ne paraît pas offrir au développement de ces germes un milieu favorable, il leur sert sûrement de véhicule, et le vent, en agitant les couches atmosphériques, a pour effet de les transporter au loin dans toutes les directions. L'air des habitations, des rues, se charge de microorganismes, qui bientôt peuvent venir, par l'effet de la respiration, se déposer dans les poumons, et envahir même l'intérieur de l'organisme.

L'eau courante contient aussi des germes et des microbes et les entraîne avec elle ; de plus, il n'est pas douteux qu'elle présente souvent des circonstances favorables à leur développement ou à leur reproduction, et qu'il leur arrive d'y *pulluler*. Des observations nombreuses ont depuis longtemps démontré que l'eau peut causer et transmettre le goitre, la dysenterie, les fièvres paludéennes, le choléra, la fièvre typhoïde, etc..... Et si, dans ces derniers temps, on a peut-être un peu abusé de l'*étiologie hydrique* des maladies, il n'en est pas moins incontestable que « l'eau peut servir de véhicule à certains « germes morbifiques » (Dr Fauvel). « Plus on avance, dit « M. Massol, plus s'accroît le nombre des maladies attribuées « à l'eau et les principes de l'hygiène la plus stricte amènent « à regarder comme suspecte toute eau dont on ne connaît « pas l'origine (1). »

L'eau contaminée par les déjections des villes, les apports des égouts, les résidus de l'industrie, les déchets de toute nature, le devient tout particulièrement. Les décompositions de matières organiques, les fermentations qui s'y produisent, y accumulent les microbes dans un liquide spécialement approprié à leur culture et où tout favorise leur multiplication rapide.

On entrevoit dès lors les dangers auxquels la santé des habitants des villes se trouve constamment exposée, et l'on conçoit

---

1. *Annales de micrographie*, déc. 1894.

l'importance que prennent toutes les questions de salubrité
urbaine, les bienfaits immenses qui peuvent résulter des progrès que leur étude permet de réaliser.

§ 2.

HYGIÈNE DES VILLES

5. Mesures sanitaires. — Exposés à subir les graves conséquences de la contamination de l'air, du sol, de l'eau, les
habitants des villes ont de tout temps senti le besoin de lutter
contre ces causes de destruction, contre ces menaces de maladies, en prenant une série de mesures spéciales, dont l'objet
unique est de compenser artificiellement les avantages naturels qui leur manquent. Ils ont imaginé et mis en pratique une
foule de procédés destinés à combattre les effets pernicieux de
l'agglomération, à écarter les causes de mortalité anormale, à
permettre d'atteindre dans les villes la même longévité que
dans les campagnes, malgré les modifications fâcheuses apportées aux conditions de la vie.

L'ensemble de ces procédés, de ces mesures, constitue l'*hygiène des villes*, et la science qui a pour objet l'étude des lois
de la salubrité, la recherche, la coordination et le perfection-
nement continu des moyens à mettre en œuvre pour l'application de ces lois, a pris depuis peu le nom de *science sanitaire*.

Cette science n'est pas nouvelle, et les anciens étaient arri-
vés, dans cet ordre d'idées, à un raffinement que, sur certains
points, nous sommes loin d'avoir atteint ; mais elle a été récemment remise en honneur, elle a repris depuis peu dans les préoccupations générales le rang qu'elle mérite, et il n'est point
de pays civilisé où l'on ne consacre maintenant beaucoup
d'efforts et beaucoup d'argent à l'amélioration des conditions
de la vie dans les villes, à l'application et à la diffusion des
mesures sanitaires.

6. Importance de la salubrité. — Il y va, en effet, —

on a eu la sagesse de le comprendre — de la conservation de la vie.

« La vie est sans prix », a dit fort justement un hygiéniste anglais, M. Baldwin Latham, et l'on ne saurait faire de trop grands sacrifices en vue de la défendre, ou pour la garantir contre les mille causes de destruction qui la menacent.

Pour le pauvre, la santé est un capital précieux, sa fortune tout entière, et il ne prendra jamais trop de précautions dans le but de la conserver intacte. Et, comme tous les habitants des villes sont nécessairement solidaires, exposés aux mêmes dangers, il n'en est point qui puissent se désintéresser des conditions générales de la salubrité, quels que soient les avantages spéciaux que leur situation particulière puisse leur procurer. Tous ont intérêt à concourir à l'amélioration de la santé publique, à la diminution de la mortalité générale. Et, s'il est un devoir qui s'impose avant tout aux autorités chargées de la direction des affaires municipales, c'est celui de veiller constamment à l'observation des lois de l'hygiène, de faire respecter partout et toujours les règles de salubrité, d'assurer et de perfectionner sans cesse ce grand service public.

Les *inspecteurs sanitaires*, déjà très nombreux de l'autre côté de la Manche, les *bureaux d'hygiène* comme il en existe à Bruxelles, au Havre, à Reims, etc., peuvent rendre des services inappréciables.

7. Effets obtenus. — Il est possible de faire beaucoup de bien dans cet ordre d'idées, et il en reste beaucoup à faire. Nombre de villes sont encore dans une situation déplorable au point de vue de la salubrité publique ; les lois les plus simples y sont méconnues, les précautions les plus élémentaires n'y sont pas prises, et l'on vit à cet égard dans une sorte d'indifférence coupable consacrée par la routine.

Les beaux résultats obtenus, partout où l'on a fait à propos des efforts sérieux et des sacrifices suffisants pour l'amélioration de la salubrité des villes, doivent encourager à propager le mouvement remarquable qui s'est produit autour de nous, mais qui ne s'étend encore qu'avec une certaine lenteur.

« Il n'y a pas un quart de siècle, écrivait naguère M. Baldwin Latham, que des efforts sont faits en Angleterre pour améliorer les conditions sanitaires des agglomérations urbaines ; et déjà, dans cette courte période, on a préservé bien des vies humaines, évité bien des maladies, bien des misères : la statistique est là pour montrer combien la santé publique s'est améliorée, et les résultats obtenus en peu de temps sont une indication de ce que l'on peut obtenir dans une période plus longue, en poursuivant, avec persévérance et avec le concours d'un plus grand nombre de bonnes volontés, le même but sur une plus large échelle. En vingt-cinq ans, la mortalité a diminué dans bien des villes de 5, 10, 20 et 30 0/0 ! »

C'est ainsi qu'à la suite de travaux d'assainissement, la mortalité générale annuelle a baissé de 42 à 30 pour 1.000 à Munich (Pettenkoffer), qu'à Berlin, elle a passé de 31,6 en 1872 à 20,2 en 1892 (Th. Weyl), à Bruxelles, de 30,5 en 1874 à 19 en 1894 (Janssens), à Odessa, de 31,4 en 1877 à 25,6 en 1892, à Buenos-Ayres, de 32,9 en 1887 à 24,3 en 1893, à Leicester, de 27,07 en 1845-54 à 18,42 en 1885-94 (Rœchling), à Lucerne, de 31 en 1876 à 18,5 en 1894, etc. Cet abaissement est dû en particulier à une réduction considérable de la mortalité spéciale par maladies zymotiques : à Leicester, d'après M. Rœchling, elle est tombée de 6,43 par 1.000 habitants à 2,78 seulement. L'effet est particulièrement remarquable pour la mortalité par fièvre typhoïde, qu'on a vue décroître rapidement jusque dans ces dernières années dans les villes assainies, comme en témoigne ce relevé emprunté au *Bulletin municipal* de Paris (janvier 1896).

Mortalité typhoïdique par 100.000 habitants.

	Paris.	Londres.	Berlin.	Vienne.
1880-89	69	22	21	13
1889-94	25	18	8	7
1895	11	14	5	6

Un diagramme suggestif dressé par l'ingénieur Lindley, pour Francfort-sur-le-Main, montre cette dernière maladie reculant progressivement à mesure que se développent les travaux d'amélioration de la salubrité dans cette ville, si bien que les deux courbes de la mortalité typhoïdique et des maisons assainies semblent complémentaires l'une de l'autre.

Ces faits sont éloquents, et les travaux qui produisent de pareils résultats constituent assurément un immense bienfait pour l'humanité.

Ne sait-on pas, d'ailleurs, que, pour un décès, il y a toujours 5, 10 ou 20 cas de maladie grave dans les villes, et ne doit-on pas admettre que le nombre de cas est réduit dans la même proportion que celui des décès par l'effet des mesures sanitaires ? Par suite, que de maux évités, que de dépenses épargnées, que de temps gagné pour le travail, que d'avantages réalisés !

Maisons assainies.

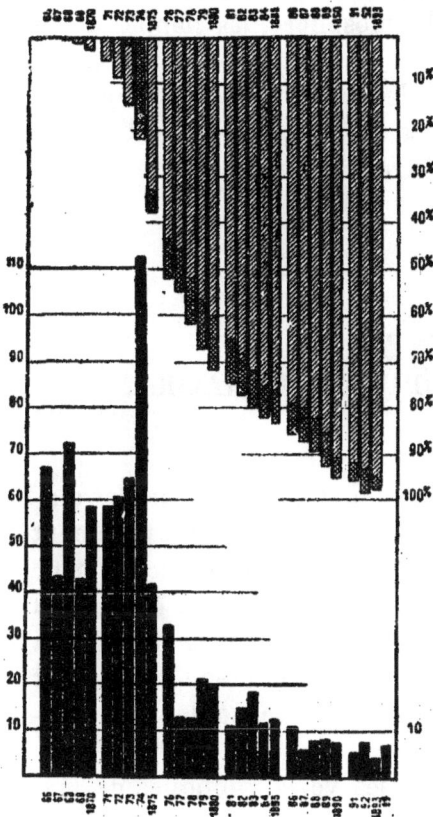

Mortalité par fièvre typhoïde.

3. Principes généraux. — Or, l'hygiène des villes se réduit à un petit nombre de principes généraux, à l'observation desquels doivent se ramener toutes les tentatives faites en vue de l'amélioration de la salubrité publique.

L'air nécessaire à la respiration doit être maintenu aussi pur que possible.

L'eau doit être, d'une part, répandue à profusion, afin de faciliter tous les soins de propreté si nécessaires pour la conservation de la santé ; d'autre part, elle doit être choisie — celle du moins qui est consacrée à la boisson et aux usages domestiques — avec un soin extrême et protégée efficacement contre toute cause d'altération.

Le sol doit être défendu par tous les moyens contre la contamination progressive dont il est menacé.

Enfin, toutes les précautions doivent être prises pour entraîner rapidement au loin les matières putrescibles, de manière à assainir la maison, la rue, l'atmosphère, les nappes d'eau souterraines et les rivières.

Il ne suffirait pas, pour atteindre le but, de s'attacher à remplir une de ces conditions, toutes sont nécessaires, et l'on doit en poursuivre simultanément la réalisation.

§ 3.

MAINTIEN DE LA PURETÉ DE L'AIR

9. Atmosphère des villes. — Les causes naturelles d'agitation de l'air en assurent si rapidement le renouvellement qu'on n'a point songé à employer de moyens artificiels pour obtenir la purification de l'atmosphère des villes. Mais il est indispensable de venir en aide à la nature dans la mesure du possible, soit en facilitant l'action des vents, soit en écartant ou en combattant par divers procédés les causes les plus ordinaires d'altération de l'air.

C'est ainsi qu'on devra tracer les voies publiques de manière à y faciliter le passage des courants atmosphériques, les ouvrir assez largement pour que l'air y circule sans peine et que la lumière du jour y pénètre, en tenant compte et de l'orientation et de la direction des vents régnants. C'est ainsi qu'on devra éviter les ruelles étroites et sombres, bordées de maisons trop hautes, et les cours trop restreintes formant en quelque sorte des puits profonds où l'air se renouvelle malaisément.

D'autre part, il conviendra de prendre des mesures pour que les gaz irrespirables provenant des foyers de chaleur ou de lumière soient rapidement entraînés : de hautes cheminées devront, à cet effet, les conduire jusque dans les parties élevées de l'atmosphère, au-dessus des toits des maisons, où les vents agissent sans rencontrer d'obstacles ; les établissements, qui donnent lieu à des émanations incommodes ou insalubres, devront être relégués aussi loin que possible des habitations et placés dans une direction telle par rapport aux vents régnants que ces émanations ne soient pas ramenées d'ordinaire vers le centre de l'agglomération, mais au contraire tendent toujours à s'en écarter.

Il est à peine besoin d'ajouter que les matières susceptibles d'entrer en décomposition ne devront jamais être abandonnées sur le sol des voies publiques, mais enlevées et transportées au loin avant d'avoir subi un commencement de putréfaction.

A défaut de ces précautions nécessaires, les habitants des grandes villes, suivant l'expression du professeur Poore, seraient tout à fait « dans la condition d'un poisson dans un bocal « où l'eau n'est pas renouvelée... (1) »

10. Rôle des plantations dans les villes. — C'est aussi en vue de contribuer au maintien de la pureté de l'atmosphère qu'on recommande de réserver dans les villes une place suffisante aux plantations. On reconnaît, en effet, aux végétaux la propriété d'utiliser, pour leur respiration et leur nutrition propres, précisément les éléments que rejettent tous les êtres se rattachant au règne animal ; ils les transforment, et renvoient à l'atmosphère des gaz capables de servir de nouveau à la respiration des hommes et des animaux.

« Ils sont de plus, dit Chevreul, la cause occasionnelle d'un « mouvement incessant de l'eau souterraine extrêmement favo- « rable à la salubrité du sol..., et ils s'accroissent en y puisant « les matières altérables, causes prochaines ou éloignées d'in- « fection (2). » C'est même à ce dernier effet que l'illustre savant attribue l'influence la plus salutaire.

Quoi qu'il en soit sur ce point, il est hors de doute qu'on doit applaudir à toute mesure ayant pour but de réserver à la vie végétale une partie de la superficie occupée par les agglomérations urbaines.

L'élévation progressive du prix des terrains conduit peu à peu les propriétaires à augmenter la proportion des surfaces bâties, au détriment des cours et surtout des jardins, dans l'intérieur des grandes villes ; il appartient à la collectivité de lutter

---

1. *Engineering Record*, 1892, page 487.
2. *Mémoire sur l'hygiène des cités populeuses.*

contre cette tendance fâcheuse en créant et plaçant sous la sauvegarde publique des plantations destinées à remplacer celles
que sacrifie l'intérêt privé.

Les arbres d'alignement, les parcs, les jardins publics, les
squares, qui contribuent tant à l'ornementation et à l'agrément
des villes, sont en même temps de puissants moyens d'assainissement.

11. Ventilation des édifices. Aération des maisons.
— Dans l'intérieur des édifices, et en particulier dans les lieux
de réunion, comme les théâtres, les cafés, les amphithéâtres,
etc. ; dans les habitations collectives comme les casernes, pri-
sons, lycées, écoles, etc. ; dans les établissements consacrés
aux malades, hôpitaux, hospices, ambulances, l'air est vicié
très rapidement par la respiration des personnes, la combustion du gaz d'éclairage ou les autres foyers de lumière et de
chaleur. Confiné dans des espaces restreints et clos de toutes
parts, il ne tarderait pas à devenir irrespirable, si l'on n'employait des moyens artificiels spéciaux pour le renouveler très
fréquemment. La *ventilation* est une des conditions essentielles
de la construction d'édifices consacrés à ces divers usages, et,
cependant, elle a été, elle est encore bien souvent négligée ou
traitée comme un objet secondaire, d'une façon tout à fait
insuffisante.

Elle n'exige pourtant d'ordinaire, lorsqu'on s'en préoccupe
dès le début et au moment même de la construction, que des
moyens extrêmement simples et peu coûteux : il faut tout
d'abord mesurer largement l'espace, de manière que le cube
d'air par personne soit suffisant, puis il convient de ménager
des prises d'air frais et d'assurer l'évacuation de l'air vicié ;
les sections des conduits doivent être calculées de manière que,
sans prendre une trop grande vitesse, la circulation des gaz
assure dans un temps limité le renouvellement complet de
l'atmosphère des diverses salles. Le plus souvent, les différences
de température, qui se produisent nécessairement dans les diverses parties de l'édifice, déterminent seules les courants ascen-
sionnels que l'on utilise pour la circulation de l'air ; si ce moyen
ne suffit pas dans certains cas spéciaux, on y pare en activant
la circulation, soit mécaniquement par des ventilateurs, soit

par des moyens physiques comme l'établissement de cheminées spéciales activant le tirage, ou de foyers uniquement destinés à augmenter l'écart des températures. Il convient seulement de prendre les précautions nécessaires pour que les courants d'air restent toujours insensibles et ne puissent incommoder les personnes qui se trouvent dans les salles ventilées ; l'air frais doit se mélanger lentement et peu à peu avec l'air ambiant, de manière à parvenir auprès d'elles à la température même de l'atmosphère qui les entoure, etc.

Dans les maisons, dans les habitations proprement dites, à l'exception de ces *logements insalubres* dont une réglementation sévère et strictement appliquée doit tendre à poursuivre la suppression absolue, l'aération naturelle suffit le plus souvent ; et c'est ce qui arrive lorsque les appartements ont une hauteur convenable, lorsque les chambres ne sont pas trop étroites, lorsque les fenêtres s'ouvrent sur des voies larges ou sur des cours bien aérées, lorsque les cheminées sont bien établies. Mais il n'en est plus ainsi dès que certaines circonstances provoquent dans une pièce en particulier, dans une salle de réunion par exemple, ou dans la chambre d'un malade, une altération plus rapide de l'air ; et cependant on peut dire que jamais les constructeurs ne se préoccupent des cas spéciaux, et ne prévoient les dispositions bien simples qui assureraient alors une ventilation efficace. Quelques prises d'air facultatives, quelques tuyaux d'évacuation bien placés, suffiraient presque toujours ; et que de fatigues, que de souffrances, on peut le dire, ils éviteraient dans les grandes villes !

Il faut avoir soin aussi d'empêcher toute rentrée d'air vicié ou impur dans l'intérieur des habitations, et prendre des précautions spéciales pour que jamais aucune communication ne puisse s'établir avec l'atmosphère des égouts, des fosses, etc. Les tuyaux d'évent des fosses fixes, les tuyaux de chute des eaux pluviales et des eaux ménagères ou des vidanges, pourraient devenir autant de foyers d'infection, si, par des moyens appropriés, on ne savait en intercepter en tout temps et de façon absolue toute communication avec les locaux habités.

§ 4.

ASSAINISSEMENT DU SOL

12. Conditions générales. — L'assainissement du sol exige, tout d'abord, de même que celui de l'atmosphère, l'éloignement aussi prompt que possible de tous les détritus solides ou liquides, déchets animaux ou végétaux, cadavres d'animaux, matières putréfiables ou susceptibles d'entrer en décomposition, boues, ordures ménagères, résidus de toute espèce que produisent inévitablement toutes les agglomérations urbaines, et dont le dépôt sur le sol et la fermentation subséquente serait une des causes les plus redoutables de contamination.

On a recommandé depuis quelques années de brûler les matières putrescibles, et c'est à cet ordre d'idées qu'il faut rapporter le mouvement qui s'est produit en faveur de la *crémation*. Par ce moyen, l'on détermine, en effet, très rapidement et sans danger, la combustion des matières qui étaient destinées à être comburées à la longue par l'action de l'air ou du sol, et les gaz produits rentrent immédiatement dans la grande circulation naturelle pour servir à la respiration et à la nutrition des végétaux. « Le feu purifie tout. »

Mais, dans la plupart des cas, on se contente de placer les *cimetières* d'une part, et d'autre part les *abattoirs*, les *voiries*, les *dépotoirs*, aussi loin que possible des centres habités. L'interdiction des *puisards*, *puits perdus*, *fosses sans fond*, la construction d'*égouts*, les systèmes perfectionnés de vidange, ont pour objet d'empêcher l'action des résidus liquides sur le sol et d'en assurer l'entraînement rapide à grande distance. Quant aux résidus solides, boues et ordures ménagères, il faut en assurer l'enlèvement par d'autres moyens.

13. Enlèvement des détritus solides. — Ce dernier problème, fort simple en apparence, soulève dans bien des villes des difficultés sérieuses, et, entre le système adopté à

Constantinople, où les chiens errants sont seuls chargés du soin de la voirie et de l'enlèvement des ordures ménagères, et les services considérables et perfectionnés constitués dans certaines villes, il y a bien des intermédiaires plus ou moins satisfaisants.

En général, les dépôts permanents d'immondices, *trous à fumier*, etc., sont interdits comme les puisards. Les habitants sont tenus de déposer les ordures ménagères sur la voie publique, mais certains jours et à certaines heures seulement, et des ouvriers spéciaux, pourvus d'un matériel approprié, procèdent alors à l'enlèvement des boues et autres détritus solides, souvent après que l'industrie des *chiffonniers* en a retiré tout ce qui est susceptible d'être employé à nouveau, chiffons, vieux papiers, etc. Des voitures les transportent au loin, dans des emplacements disposés pour les recevoir, où la fermentation se produit et transforme l'ensemble en un engrais assez riche et recherché malgré l'odeur insupportable qu'il répand et qui infecte le voisinage.

Il y a des villes, où l'opération est pour la collectivité une source de bénéfices, car, toutes les fois que les exigences de la voirie ne sont pas trop grandes, les enlèvements trop fréquents, les transports trop considérables, les cultivateurs du voisinage se chargent volontiers du service, soit en versant à la municipalité une somme d'argent en sus du travail qu'ils fournissent, soit en recevant une partie du prix de ce travail en sus des engrais qui leur sont abandonnés.

A Paris, les marchés passés pour l'enlèvement des ordures ménagères étaient encore une ressource pour la ville, il y a une trentaine d'années ; depuis, au contraire, ils sont devenus pour le budget une charge de plus en plus lourde, plus de **2.000.000 fr.** par an, bien que le mode d'enlèvement n'ait pas changé. De grands tombereaux découverts, fournis par des entrepreneurs qui servent d'intermédiaires entre le service municipal et les cultivateurs, parcourent toutes les voies publiques chaque jour, de bonne heure, et, aussitôt chargés, gagnent les dépôts de la banlieue ou les gares de chemin de fer, d'où les *gadoues* sont expédiées vers les régions de culture, dans diverses directions. Il n'est permis de déposer les ordures ménagères sur la voie publique que très peu de temps avant le passage des voitures, dans des boîtes de forme spéciale, dont un petit élévateur mécanique, suspendu à l'arrière du tombereau, facilite la manipulation. Le chiffonnage ne peut se faire que dans les boîtes, et sans en renverser le contenu ; il se pratique aussi dans les cours des maisons et dans les dépôts de la banlieue. Quant aux boues, elles sont, pour la majeure partie, envoyées aux égouts. Dans ces conditions, le service se fait rapidement et d'une façon assez satisfaisante : on a cependant, plus d'une fois, réclamé le remplacement des tombereaux par des chariots couverts, l'amélioration du mode de chargement et des départs plus rapides dans les gares. Il reste aussi à chercher des dispositions pratiques et commodes pour assurer le transport des ordures ménagères des divers étages de la maison dans la cour, pour en faciliter le rassemblement et la conservation jusqu'au moment où elles doivent être portées sur la voie publique : dans quelques maisons de construction récente on a tenté de résoudre ce dernier problème par l'installation de gaines verticales largement aérées, s'ouvrant aux étages par des trémies destinées à recevoir les ordures et aboutissant au niveau du sol dans les boîtes mêmes au moyen desquelles on les porte dans la rue.

Dans certaines villes, l'enlèvement des boues est devenu une sorte de service public, avec son personnel, son matériel, ses dépôts, et qui est tantôt, pour l'administration municipale, une source de revenus, tantôt, au contraire, une charge onéreuse pour le budget. Tel est le cas de Bruxelles, de Bucarest, d'un grand nombre de cités anglaises et américaines.

L'insuffisance fréquente des débouchés autour des grandes villes pour l'emploi agricole des gadoues, le peu de valeur de cet engrais en Angleterre et en Amérique ont provoqué dans ces derniers temps des tentatives d'utilisation par d'autres procédés, fabrication de composts, triage mécanique, extraction des graisses, etc., et déterminé surtout un mouvement considérable en faveur des procédés de destruction par le feu. Déjà plus d'une ville maritime, New-York, par exemple, se débarrassait de ses gadoues par projection à la mer ; mais ce système n'est pas lui-même sans inconvénients : impraticable par les gros temps, il constitue une menace pour le rivage et une gêne pour les pêcheurs de la côte. La *combustion* dans des fours spéciaux, au contraire, a parfaitement réussi et les applications vont en se multipliant : un premier essai avait été fait sans succès à Paddington (Londres) en 1870 ; en 1876 la ville de Leeds obtint de meilleurs résultats au moyen d'un four bien combiné, et cet exemple fut si rapidement suivi qu'en 1880 déjà 100 appareils, en 1890 288, en 1893 572 fonctionnaient en Angleterre, où l'on comptait, à la fin du premier semestre de 1895, 66 villes, représentant une population totale de 9 millions d'habitants, qui pratiquaient la combustion des ordures ménagères dans 679 fours. Le même procédé passait en Amérique dès 1876, était adopté par Buenos-Ayres en 1885 ; on l'applique actuellement à Hambourg ; il est à l'étude à New-York, en expérience à Bruxelles, Berlin, Paris, etc. Dans les fours perfectionnés de Jones, Horsfall, etc., la température réalisée sans addition de combustible atteint 1100°, les gaz infects sont brûlés de sorte que les cheminées dégagent très peu de fumée et point d'odeur ammoniacale, et l'on obtient un résidu solide représentant 25 à 48 pour 100 du poids des matières introduites, sorte de scorie homogène qui peut trouver certains emplois utiles et dont on fait déjà du béton, des briques, des carreaux, etc.

14. Revêtement des voies publiques. — Quelles que soient les mesures prises pour l'enlèvement complet et rapide des détritus solides, il est matériellement impossible qu'une petite partie de ces détritus n'y échappe et ne demeure sur la voie publique. Tel est le cas du crottin, quand il ne fait pas l'objet d'un service spécial comme à Londres, où des enfants vont le ramasser jusque sous les pas des chevaux pour le mettre dans des boîtes disposées à proximité en attendant le passage des véhicules chargés de l'enlèvement. Le balayage, le lavage des ruisseaux, peuvent encore, il est vrai, concourir à en débarrasser le sol, puisqu'ils en facilitent l'évacuation par les égouts. Mais il n'en reste pas moins une fraction minime qui, jointe aux résidus liquides non entraînés par la pluie ou les lavages, tendrait à imprégner la couche supérieure du sol et contribuerait bientôt à la contaminer gravement, si elle n'était pas efficacement protégée contre toute pénétration des matières organiques par un *revêtement* spécial.

Les besoins de la circulation publique ont fait adopter pour les chaussées, pour les trottoirs, pour les contre-allées, divers modes de revêtement qui répondent le plus souvent à la condition que nous venons d'indiquer. Mais tous ne présentent pas, à cet égard, les mêmes avantages.

Les uns, absolument imperméables, *asphalte, bitume, ciment*, procurent, en conséquence, une garantie complète.

D'autres sont bien composés de matériaux imperméables, mais présentent des *joints* plus ou moins nombreux, où, dans certaines circonstances, les liquides chargés de matières organiques peuvent pénétrer et subir la fermentation putride : les joints en sable des *pavages*, d'ordinaire imperméables, se vident parfois après de grandes pluies, ou un brusque dégel, et l'on y voit alors immédiatement se former une matière noire caractéristique qui rappelle la boue infecte des ruisseaux mal entretenus ; les *empierrements*, composés de pierrailles agglutinées également par le sable, doivent présenter le même inconvénient, quoique à un moindre degré, parce que les joints y sont multipliés, distribués en tous sens et très petits. C'est pour ce motif qu'on voit l'herbe pousser bientôt entre les joints des pavés ou sur les bords des chaussées empierrées, pour peu que l'entretien en soit négligé et que la circulation s'y ralentisse.

Certains revêtements enfin sont composés de matériaux dont l'imperméabilité propre n'est pas parfaite ; tels sont les *pavages en bois*, et, bien que les joints de ces pavages soient faits au mortier ou au bitume, les hygiénistes ont pu craindre d'en voir la couche supérieure, surtout dans les parties flacheuses et usées, s'imprégner parfois de liquides putrescibles, ce qui ne serait pas sans quelques inconvénients pendant les chaleurs : mais l'expérience a démontré que dans les voies larges et aérées, et si l'entretien est assuré avec les soins convenables, les pavés de bois, surtout de bois dur, ne se laissent point pénétrer par les souillures de la surface et ne constituent nullement une menace pour la salubrité (1).

1. Petsche, *Le bois et ses applications au pavage*, Paris, 1896.

15. Drainage des couches souterraines. — La présence d'une nappe souterraine, à faible profondeur, dans le sol d'une ville ou d'un quartier, est, en général, une mauvaise condition d'hygiène.

Tous les résidus liquides qui pénètrent le sol, au lieu de s'y infiltrer profondément et d'y subir à la longue une transformation complète, s'arrêtent dans la nappe et en altèrent les eaux. Là, plus que jamais, il y a tendance à faire des puisards, des fosses perdues, et, malgré les règlements les plus sévères, la surveillance la mieux organisée, on ne parvient pas à les supprimer entièrement; puis, le moindre défaut d'étanchéité des fosses fixes, des égouts, etc., contribue à l'altération de la nappe.

Suivant les saisons, l'état de sécheresse ou d'humidité, le niveau de la nappe varie, et ces variations ont, en général, des effets désastreux, soit que, en s'abaissant, elles laissent à découvert des couches contaminées où la putréfaction s'accélère, soit, au contraire, qu'elles apportent, en s'élevant, des causes de décomposition et d'insalubrité. Très souvent elles déterminent des maladies, des épidémies.

On a observé en Angleterre que les villes bâties sur un sol perméable au voisinage de la mer sont, en général, salubres, et l'on attribue cet avantage à l'invariabilité du niveau de la nappe souterraine qui, aboutissant à la mer, se tient nécessairement un peu au-dessus du niveau moyen constant de l'Océan. Plus on pénètre dans l'intérieur des terres, plus les variations de niveau des eaux souterraines s'accentuent. La présence de l'eau de mer dans le sol semble d'ailleurs moins dangereuse que celle de l'eau douce.

Les anciens connaissaient l'influence des nappes souterraines; Vitruve la signale et recommande de la combattre par le *drainage*.

Souvent, en effet, il y aurait intérêt à donner un écoulement aux eaux de la nappe ou à en abaisser le niveau. L'eau qui était stagnante se renouvelle alors et il en résulte l'introduction dans le sol d'une certaine quantité d'oxygène qui facilite la combustion des matières organiques.

Mais les applications du drainage dans les villes sont encore peu nombreuses. Dans quelques cas assez rares, la cons-

truction des égouts a été accompagnée de la pose de drains,
généralement placés dans la même tranchée, au-dessous ou à
côté des égouts proprement dits et sans communication avec
eux ; c'est ce qui a été fait, notamment à Danzig, dans quelques villes d'Angleterre et d'Amérique, dans certains quartiers de Munich. De nombreuses observations ont permis de
constater l'heureuse influence du drainage sur la santé publique, la diminution consécutive de la phtisie, de la fièvre typhoïde, des maladies inflammatoires, etc.

A Paris, Belgrand a songé à établir, dans les quartiers où,
au moment des inondations de la Seine, la nappe d'infiltration s'élève, envahissant les caves et menaçant la salubrité
publique, un système d'assainissement spécial. Il eût été
composé d'une série de pompes rotatives aspirant l'eau de la
nappe et la rejetant dans les égouts. Une installation-type,
établie sur la place du Palais-Bourbon, à la suite de l'inondation de 1876, a montré que ce système pouvait donner d'excellents résultats : le moteur employé était une petite turbine
horizontale montée sur l'arbre même de la pompe et mise en
mouvement par l'eau de la distribution.

§ 5.

IMPORTANCE CAPITALE DE L'EAU.

**16. Rôle multiple de l'eau comme élément de sa-
lubrité**. — L'action si directe de l'eau sur l'économie du
corps humain lui donne une importance toute spéciale : véhicule nécessaire des aliments, elle va les porter à l'intérieur de
l'organisme, en parcourt les parties les plus délicates, puis
entraîne les matières solubles qui n'ont point été assimilées
ou sont rejetées par les divers organes. Aussi conçoit-on aisément la nécessité de choisir, pour l'alimentation, une eau aussi
pure que possible ; la pureté de l'eau est encore plus indispensable, peut-être, que celle de l'air. Cette idée est même instinctive, pour ainsi dire, et, dans tous les temps, chez tous les

peuples, elle a été admise comme une de ces vérités qui s'imposent et ne sauraient point soulever de discussion. Les travaux de la science moderne sont venus confirmer d'une manière éclatante, d'ailleurs, l'importance de l'eau potable au point de vue de la santé publique; parmi les questions sanitaires, il n'en est pas qui mérite à un plus haut degré d'attirer l'attention des hygiénistes que celle de l'alimentation des villes en eau de bonne qualité.

« La bonne qualité des eaux, disait de Jussieu à l'Académie « des sciences, en 1733, étant une des choses qui contribuent « le plus à la santé des citoyens d'une ville, il n'y a rien à « quoi les magistrats aient plus d'intérêt qu'à entretenir la « salubrité de celles qui servent à la boisson. »

Puis, à côté de l'alimentation, il faut songer à l'assainissement, et, de tous les agents qui peuvent être utilisés pour cet objet, il n'en est pas de plus indispensable que l'eau elle-même. La pluie a pour effet de purifier l'atmosphère, car elle emprunte à l'air une partie des impuretés qui s'y accumulent; puis, en ruisselant sur le sol, sur les toits, etc., elle entraîne les poussières, les détritus qui s'y sont déposés. Et, comme la pluie ne suffirait pas le plus souvent à débarrasser les villes de toutes les impuretés, de tous les résidus qui ne sont ni entraînés par les mouvements de l'air, ni enlevés avec les boues et autres matériaux solides, il faut en imiter artificiellement les effets par des arrosages, des lavages périodiques, et se procurer dans ce but de l'eau en abondance.

A ces besoins primordiaux — alimentation proprement dite et assainissement — viennent s'ajouter encore une foule d'autres besoins, auxquels l'eau seule peut donner satisfaction, et qui sont des conditions nécessaires de la vie humaine et de la salubrité générale : usages domestiques, cuisson des légumes, lavages de toute nature, bains, etc., etc.

17. Eaux nuisibles. — Lorsqu'elle a servi, lorsqu'elle s'est chargée de matières organiques, non seulement l'eau ne peut plus être utilisée à nouveau, mais au contraire sa présence même est nuisible : si elle restait alors stagnante, les matières qu'elle contient en dissolution ou en suspension ne tarderaient pas à subir la fermentation putride, à répandre des odeurs dé-

sagréables et malsaines ; l'eau deviendrait en peu de temps une
cause grave d'insalubrité. Dès lors, il faut se préoccuper avant
tout de l'éloigner le plus rapidement possible, en facilitant son
écoulement, soit à la surface du sol, soit au moyen de conduits
souterrains ; il faut en débarrasser les habitations, les voies publiques, et la conduire en un temps très court à une distance
telle que la décomposition des matières organiques ne puisse
plus avoir d'influence fâcheuse sur l'agglomération urbaine.

Mais cela n'est pas encore suffisant, et il est à craindre que
ces eaux contaminées, continuant à s'écouler suivant la pente
naturelle du sol, n'aillent empoisonner quelque localité voisine
située un peu plus bas, avant que les agents naturels soient
parvenus à les débarrasser des matières organiques qu'elles
contiennent, à rendre au liquide une complète innocuité. Il
peut dès lors être nécessaire d'*épurer* les eaux par des moyens
artificiels.

18. Distributions d'eaux. Réseaux d'égouts. — Ce
simple aperçu des fonctions diverses de l'eau dans les agglomérations urbaines, fait immédiatement entrevoir l'importance
de cet élément de salubrité. Et l'on sent bien l'intérêt considérable qui doit s'attacher à tout ce qui concerne, d'une part,
l'amenée et la distribution des eaux utiles, et, de l'autre, l'évacuation et l'épuration des eaux nuisibles.

En effet, il est assez rare qu'on fasse dans les villes des travaux spéciaux pour la purification de l'air ou l'assainissement
du sol : tout se borne le plus souvent à l'application de quelques
principes généraux, de quelques règles prohibitives, à des mesures de police ou de voirie. Si l'on y ajoute parfois l'exécution
de certains ouvrages, c'est généralement par suite de circonstances exceptionnelles, et encore ces ouvrages ne sont-ils, d'ordinaire, que l'accessoire de travaux plus importants et d'un
autre ordre : le mode de revêtement des chaussées est choisi
surtout en raison des avantages qu'il présente pour la circulation des voitures ; les plantations, malgré leur rôle sanitaire,
sont disposées le plus souvent au point de vue de l'ornementation et de l'agrément ; on s'occupe de la ventilation de tel
édifice, suivant l'usage auquel il est destiné, au moment même
où on le construit, ou plus tard si l'expérience y a fait constater

certains défauts ou inconvénients résultant du manque d'aération ; il faut des motifs tout particuliers pour qu'on se préoccupe
du drainage du sous-sol dans un endroit habité.

Mais on ne conçoit guère une ville moderne de quelque importance sans un système de *distribution* amenant en tous les
points l'eau nécessaire à tous les usages, à l'alimentation, aux
lavages et à l'assainissement, ou sans un *réseau d'égouts* destiné à rendre commode, facile et rapide l'évacuation des eaux
chargées de matières organiques.

CHAPITRE II

L'EAU DANS LES VILLES

SOMMAIRE :

L'EAU DANS LES VILLES

§ 1.

NÉCESSITÉ D'UNE CIRCULATION CONTINUE DE L'EAU
DANS L'INTÉRIEUR DES VILLES

19. Distribution de l'eau utile. Évacuation de l'eau nuisible. — Agent de nutrition et d'assainissement tout à la fois, véhicule naturel des aliments, des germes, aussi bien que des déjections de toute espèce, l'eau est sans doute, parmi les éléments nécessaires à la vie, celui qui mérite de fixer avant tout l'attention des habitants des villes.

La salubrité exige, d'une part, que l'eau, aussi pure et aussi abondante que possible, soit mise à la portée de toutes les personnes qui composent l'agglomération urbaine, en quelque point du périmètre habité qu'elles se soient fixées, qu'à toute heure l'usage leur en soit facile ; et, d'autre part, qu'aussitôt après l'emploi l'eau plus ou moins chargée d'impuretés, de matières organiques, de détritus de toutes sortes, soit immédiatement conduite hors des habitations, puis rapidement évacuée au loin en dehors de la ville même.

Il doit donc s'établir une sorte de *circulation continue* et ininterrompue de l'eau dans les villes : et ce système de circulation peut être considéré comme une des conditions mêmes de la vie, une des lois nécessaires de l'hygiène.

Cela suppose que l'eau pure, amenée dans l'intérieur de chaque ville en masse suffisante, soit sans cesse répartie entre les divers quartiers, distribuée dans toutes les maisons, dans tous les locaux habités, afin d'y rendre les divers services que l'on en attend ; et que l'eau devenue inutile, ayant servi, char-

géc de résidus, trouve dans chaque local un orifice d'évacuation, aille rejoindre immédiatement celle provenant des habitations voisines, se réunisse de proche en proche à celle que
rejettent les divers quartiers, pour être finalement conduite en
masse vers un débouché suffisamment éloigné, en un point où
elle ne puisse plus nuire.

On conçoit aisément qu'un système aussi complet de circulation comporte des ouvrages multiples et complexes : les uns,
destinés à recueillir, rassembler, amener, emmagasiner sans
interruption aucune les masses d'eau nécessaires ; les autres
à les distribuer d'abord en un petit nombre de parts, puis en
fractions de plus en plus petites se subdivisant presque à l'infini pour aboutir à chacun des orifices de puisage ; d'autres
encore à recueillir les eaux impures à tous les orifices d'évacuation, à les rassembler en quantités de plus en plus considérables, à les réunir enfin dans les collecteurs qui doivent en
assurer l'écoulement rapide et le transport à distance.

**20. Comparaison avec le système circulatoire des
animaux.** — Il a été fait souvent une comparaison saisissante
entre ce système de circulation de l'eau dans les villes et le
mouvement du sang dans l'organisme animal.

De part et d'autre, le liquide vital est amené et distribué
par un réseau complet de canaux, d'embranchements, de ramifications de diamètres de plus en plus petits, et vient aboutir
par des vaisseaux extrêmement ténus aux points mêmes où
s'opèrent les transformations qui constituent les fonctions
essentielles et nécessaires des diverses parties de l'organisme.
Puis, après avoir servi, modifié dans sa composition par l'usage
même, chargé des matières inutiles ou nuisibles que rejette
cet organisme auquel il apportait la vie, ce même liquide, continuant son mouvement, passe dans une autre série de canaux,
d'abord très petits et très multipliés, puis de plus en plus gros
et de moins en moins nombreux, et finalement dans les troncs
communs d'évacuation qui vont le porter au contact des agents
naturels chargés de le revivifier pour un nouvel usage.

Les distributions d'eau, les réseaux de conduites, correspondent au *système artériel* ; les tuyaux de chute, les égouts,
les collecteurs constituent le *système veineux*.

§ 2.

EAU UTILE. ALIMENTATION

21. Utilité générale de l'eau. — « La nécessité d'une
« bonne fourniture d'eau est chose tellement reconnue aujour-
« d'hui qu'on n'a plus à le démontrer (1). »

En effet, « malgré l'abondance avec laquelle elle est répan-
« due à la surface du sol, l'eau manque souvent sur certains
« points où elle serait le plus utile ; il n'y a guère de champ
« qu'elle ne puisse rendre plus fertile, de ville qu'elle ne
« puisse rendre plus salubre, d'endroit qu'elle ne puisse
« embellir (2). »

« De l'eau partout », a dit Foucher de Careil, « car il en
« faut trop pour qu'on en ait assez. »

Cela est si vrai que le développement de certaines villes a
été une conséquence des facilités successivement données à
leurs habitants pour se procurer l'eau nécessaire aux besoins
de la vie. Londres en fournit un exemple remarquable. « Sans
« la fourniture d'eau artificielle et les robinets établis dans
« toutes les maisons, a dit lord Brougham, cette capitale n'au-
« rait pu atteindre qu'une faible fraction de son étendue et de
« sa population actuelles. » Et si l'on jette un coup d'œil sur
la suite des plans qui représentent les diverses étapes du développement de cette colossale cité, on la voit s'étendre d'abord
le long des deux rives de la Tamise sans s'éloigner du fleuve,
sans s'élever sur les coteaux ; puis former de nouveaux quartiers sur les premières pentes, dès que l'on y installe les premiers systèmes d'élévation d'eau avec leurs machines rudimen-
taires et leur canalisation en bois ; prendre enfin un nouvel essor
quand la transformation de la machine à vapeur à l'époque de
Watt et l'introduction des canalisations en fonte lèvent tous les
obstacles. Alors « l'eau peut être envoyée partout, l'espèce de

---

1. Darcy. *Les Fontaines publiques de la ville de Dijon.* Introduction.
2. Dupuit. *Traité de la conduite et de la distribution des eaux.* Avertissement, p. 5.

« blocus qui resserrait la ville prend fin, et de ce moment com-
« mence pour elle le prodigieux développement que nous
« voyons se continuer aujourd'hui avec une vitesse toujours
« croissante (1). »

    « Un voyageur célèbre, rapporte Arago, disait qu'il avait pu
« presque partout juger du degré de civilisation des peuples
« par leur propreté. » Et cette observation est pleinement
confirmée par les enseignements de l'histoire. Dans tous les
pays et dans tous les temps, le besoin d'eau a une tendance à
augmenter avec les progrès de la civilisation. Tout d'abord
l'eau n'est employée par l'homme que pour étancher sa soif,
pour se rafraîchir ; il ne lui en faut qu'une très faible quantité
et il est peu exigeant sous le rapport de la qualité. Puis le sens
de la propreté se développe peu à peu ; l'homme emploie alors
plus d'eau et il la veut claire, limpide, fraîche. Ensuite il apprend
à utiliser l'eau comme une matière appelée à lui rendre de nombreux services ; il l'emploie pour la cuisson de ses aliments, le
lavage de ses vêtements ; bientôt elle lui fournit la force motrice, etc. Chaque progrès de l'industrie humaine comporte un
nouvel usage de l'eau, pour ainsi dire, jusqu'au jour où, se
pliant aux exigences de la société la plus raffinée, elle devient
indispensable dans la maison, dans la rue, dans les usines, et
finit par être considérée comme l'un des instruments les plus
précieux que l'homme ait su emprunter à la nature, l'un des
éléments qui lui fournissent le plus de bien-être, celui qui est
le plus nécessaire à la salubrité publique.

    22. Usages divers de l'eau. — Dans les villes modernes,
les usages auxquels doit se prêter l'alimentation d'eau sont
extrêmement multiples et variés.

    En première ligne, il faut placer les *usages domestiques* et
le plus intéressant de tous : la *boisson*. Il y a des contrées où
l'on boit peu d'eau : dans les pays du Nord, par exemple, la
bière, le cidre et d'autres liqueurs fermentées constituent la
boisson habituelle, de sorte que l'on y attache peu d'importance au goût, à la limpidité, à la fraîcheur de l'eau potable.
Ailleurs, au contraire, dans les pays du Midi surtout, et presque

1. Couche. *Les eaux de Londres et d'Amsterdam*, 1883.

dans toute la France, l'eau est la boisson normale, et ses diverses qualités y sont par suite extrêmement appréciées. Mais partout l'eau est employée dans la maison pour l'hygiène du corps, la toilette, les bains, etc. ; pour la cuisson des aliments et les soins nombreux qui s'y rattachent, le lavage du linge, l'entretien des locaux habités, l'entraînement des déjections de toute nature, le nettoyage des cours ; puis viennent les soins à donner aux animaux domestiques, l'arrosage des jardins, la culture maraîchère, etc. Enfin, dans certains cas, l'eau arrivant sous pression, est utilisée comme force motrice, et les ascenseurs hydrauliques, qui se répandent depuis quelques années dans les grandes villes, en constituent à ce point de vue un emploi des plus intéressants.

Les distributions d'eau doivent satisfaire en même temps aux nécessités des *services publics :* tant pour la salubrité — arrosage des rues, lavage des caniveaux, nettoyage des marchés, entraînement des boues et détritus, curage des égouts, etc. — que pour l'agrément et l'ornementation des promenades — arrosage des plantations, alimentation des fontaines publiques — et pour la sécurité générale — extinction des incendies.

Puis viennent les divers *usages industriels,* si nombreux, si variés qu'on ne saurait en faire une énumération même approximative : il n'est pas d'usine où l'eau ne soit appelée à jouer un rôle important, pas de fabrication où elle n'intervienne. On peut citer cependant, parmi les usages les plus répandus : l'alimentation des lavoirs, établissements de bains, piscines, la fabrication des boissons artificielles, eaux de seltz et autres, la production et la condensation de la vapeur employée comme force motrice, la teinture...

23. Classement des divers usages de l'eau en deux séries distinctes. — Un examen tant soit peu attentif de ces modes variés d'utilisation fait aisément ressortir la possibilité de classer les usages multiples de l'eau en deux catégories distinctes.

Les uns mettent l'eau immédiatement ou indirectement en contact avec nos organes, et par suite le souci de la santé publique impose pour cette première catégorie le choix d'une eau pure, à l'abri de toute contamination antérieure, et qui ne puisse même pas être soupçonnée.

Les autres, en comportant l'emploi soit pour des lavages ou pour l'entraînement rapide des détritus, soit pour des opérations où interviennent la chaleur ou les agents chimiques, la pureté absolue de l'eau n'est plus nécessaire. Cela ne veut pas dire qu'il n'y ait toujours intérêt à rechercher de préférence celle qui présente la pureté relative la plus grande, car certains usages industriels ont sous ce rapport d'assez sérieuses exigences ; ainsi, par exemple, une eau peu chargée de sels est avantageuse pour l'alimentation des machines à vapeur ; mais il n'y a pas à se préoccuper des microbes qu'elle peut contenir, des principes plus ou moins suspects ou des germes qu'elle a pu recueillir. En somme, la plupart des eaux communes peuvent être employées à la satisfaction des usages classés dans la seconde catégorie.

On est ainsi amené à considérer l'eau destinée à l'alimentation des villes à un double point de vue, à distinguer celle qui doit être consacrée aux usages sanitaires proprements dits et dont la qualité doit avoir à coup sûr une influence sur la santé publique, de celle qui est employée à une foule d'usages d'un autre genre, et dont la pureté est beaucoup moins importante que la quantité.

D'une part, *l'eau alimentaire*, en prenant ce mot dans un sens très général ; d'autre part, l'eau de lavage, l'eau d'usage commun, l'eau matière première, *l'eau industrielle*. En Allemagne, ces deux espèces d'eau ont reçu deux noms distincts et maintenant consacrés, *Trinkwasser*, eau-boisson, et *Nutzwasser*, eau d'usage ou industrielle.

24. Distributions d'eau. — On appelle *distribution d'eau* un ensemble d'ouvrages conçus et combinés pour apporter à une collectivité, le plus souvent à une ville tout entière ou à plusieurs localités voisines en même temps, dans certains cas plus rares à une partie d'une très grande cité, l'eau nécessaire à tous les besoins des habitants, besoins privés, publics et industriels.

Le choix des sources alimentaires auxquelles on emprunte l'eau nécessaire et la disposition générale des ouvrages, tout

doit être combiné de manière à satisfaire le mieux possible à
l'ensemble des besoins généraux à desservir. Si, comme il arrive
souvent, les circonstances locales ne permettent pas de réunir
absolument toutes les conditions requises, il faut alors bien
déterminer celles auxquelles il importe surtout de répondre,
sans sacrifier outre mesure à telle ou telle préoccupation domi-
nante, et diriger en conséquence l'étude des projets et l'exécution des travaux.

Tantôt les considérations sanitaires devront faire rejeter
entièrement telle combinaison qui paraîtrait excellente à tous
autres égards ; et l'on ne devra pas hésiter à s'imposer des
charges très lourdes pour écarter un danger, quelque éloigné
qu'il paraisse, ou seulement la crainte plus ou moins justifiée
d'un péril éventuel pour la santé publique.

Tantôt il conviendra de ne pas montrer une exigence par trop
méticuleuse au point de vue de la pureté absolue de l'eau, de
ne pas attacher une importance exagérée à des différences
d'ordre secondaire, à des nuances insignifiantes, lorsqu'il s'agit
avant tout de répondre à l'ensemble des besoins d'une ville, de
fournir à tous les habitants, de la façon la plus large et la plus
commode, l'eau nécessaire à l'alimentation générale.

25. Service unique. Double service. — Malgré la multiplicité des besoins et la diversité des conditions parfois contradictoires qui s'imposent lors de l'établissement d'une distribution d'eau, c'est le système du *service unique* qui doit être
ordinairement préféré : la même eau est alors consacrée à tous
les usages et distribuée à tous les habitants par une seule canalisation. Ce système se recommande par sa simplicité, l'économie de premier établissement et d'entretien et la facilité du
service. Il est le seul rationnel toutes les fois qu'il s'agit de
desservir une localité d'importance médiocre ou moyenne, d'y
créer de toutes pièces une distribution d'eau, quand on ne rencontre pas de difficultés extraordinaires pour y fournir en quantité suffisante de l'eau de qualité acceptable, ce qui est le cas
le plus fréquent. C'est aussi l'*idéal* (1) au point de vue de l'hygiène, puisque, de la sorte, la sécurité est absolue, toute suspi-

1. *Congrès international d'hygiène*. Londres, 1891. M. Bechmann, rapporteur.

cion écartée, puisqu'on a la certitude de trouver toujours et partout de l'eau salubre, dont la consommation ne saurait offrir aucun danger pour la santé.

Mais dans les très grandes villes, où l'on est obligé de recourir à plusieurs sources d'alimentation parce qu'aucune ne répondrait isolément à l'ensemble des besoins, dans les localités déjà partiellement desservies où il est devenu nécessaire d'entreprendre des travaux complémentaires, dans celles où les eaux qu'il est le plus facile de se procurer sont de qualité inférieure et où l'eau pure ne peut être obtenue qu'à un prix élevé, il devient logique de recourir au *double service*, c'est-à-dire d'installer deux canalisations complètes et parallèles, apportant l'une l'eau alimentaire destinée au service privé, aux usages domestiques, l'autre, l'eau de lavage, l'eau d'usage commun pour les services publics et industriels. Cette division complique évidemment les ouvrages et l'exploitation du service, mais il peut arriver néanmoins qu'elle soit avantageuse ; le principe en découle d'ailleurs tout naturellement de la distinction qu'on a été conduit à faire entre les deux natures d'eau affectées à deux catégories d'usages bien différents.

Le choix entre les deux systèmes est, bien entendu, une question d'espèce, et l'on ne saurait donner à ce sujet d'indication générale : dans chaque cas, suivant les circonstances locales et les conditions particulières, c'est après discussion des diverses solutions en présence qu'on prendra la meilleure détermination.

§ 3.

EAUX NUISIBLES. ASSAINISSEMENT

26. Objet de l'assainissement des villes. — « Il ne « suffit pas de procurer à une ville, dit Parent Duchâtelet (1), « l'eau qui lui est nécessaire pour les besoins de la vie et le

1. *Essai sur les cloaques ou égouts de la Ville de Paris*, 1824. Préface.

« service des usines et des manufactures ; il faut, lorsque cette
« eau s'est chargée de toutes les impuretés qui nuisent à notre
« santé ou à notre bien-être, nous en débarrasser ; autrement,
« en se corrompant, elle serait une cause d'infection et ren-
« drait inhabitables les lieux où les hommes l'auraient amenée
« par leur art et par leur industrie ; de là la nécessité des
« égouts et des cloaques, que nous voyons toujours dans les
« grandes villes, tant anciennes que modernes, qui ont été
« abondamment pourvues d'eau. »

L'entraînement rapide des eaux impures — qui ne tarderaient pas à devenir nuisibles — est le complément nécessaire
de toute distribution d'eau ; l'*assainissement* doit forcément
s'ajouter à l'*alimentation* pour former ce circuit, cette circulation continue dont nous avons signalé plus haut l'importance
pour la salubrité des villes.

**27. Eaux ménagères, eaux résiduaires, vidanges,
eaux pluviales.** — Les *eaux ménagères*, les eaux provenant
des maisons, sont très chargées de substances chimiques ou
organiques, et on aurait à en redouter la putréfaction, si elles
n'étaient pas éloignées sans retard ; les eaux provenant des
usines, souvent plus chargées encore de matières fermentescibles, doivent être écoulées au loin avec le même soin ; enfin,
dans beaucoup de villes, on y réunit les déjections humaines,
eaux-vannes et matières de vidange, dont il importe plus encore
de se débarrasser avec la plus grande rapidité.

A cet écoulement presque constant d'eaux impures, il faut
ajouter l'apport essentiellement variable, au contraire, des
eaux pluviales. L'eau de pluie est parfois recueillie, utilisée,
pour les besoins domestiques ; mais, dans les villes, elle se
charge de tant d'impuretés, qu'on ne tarde pas à la considérer
comme une eau nuisible ; et, partout où une distribution d'eau
est établie, on cesse bientôt de faire usage de l'eau de pluie,
et l'on ne songe plus qu'à s'en débarrasser au plus vite et sans
peine.

Lorsque la pluie est abondante et que la masse d'eau tombée
dans un temps donné est considérable, il en résulte une sorte
de torrent qui lave parfaitement toutes les surfaces qu'il parcourt, entraîne toutes les impuretés qu'il rencontre et concourt

efficacement au nettoyage général ; lorsqu'elle tombe en moindre quantité, elle supplée du moins à l'arrosage, opère un lavage naturel des caniveaux, facilite le curage de tous les canaux destinés à l'écoulement des eaux nuisibles. La pluie doit donc être considérée comme un agent d'assainissement.

Mais, d'autre part, le débit des eaux pluviales, qui tombent pendant un orage sur une surface donnée, est relativement si considérable, même dans les villes populeuses et largement alimentées, que la nécessité d'écouler les eaux de pluie oblige à donner aux ouvrages d'évacuation des dimensions bien supérieures à celles qui conviendraient pour le seul écoulement des eaux résiduaires, des eaux-vannes et des eaux ménagères ; de sorte que, suivant les cas qui se présentent, suivant les circonstances, la pluie est considérée comme une précieuse ressource ou comme une gêne grave ; le plus souvent cependant on l'utilise pour l'assainissement des villes, et les ouvrages sont établis de manière à en assurer l'écoulement rapide en même temps que celui des eaux impures de l'usine et de la maison.

28. Réseaux d'égouts. — L'écoulement de toutes les eaux rejetées sur la voie publique, doit être assuré tout d'abord par la disposition donnée aux chaussées des rues : à cet égard, le système actuel des chaussées bombées au milieu, avec caniveau de part et d'autre et trottoirs surélevés pour la circulation des piétons, est bien supérieur à celui des anciennes chaussées à deux revers, avec ruisseau central. Les pentes longitudinales doivent être partout suffisantes pour qu'il n'y ait pas de stagnation et qu'en un temps très court toutes les eaux parviennent aux bouches d'égout les plus voisines.

Elles tombent alors dans des canaux souterrains, où la température est peu différente de la température moyenne, et où elles se trouvent soustraites à l'influence de la lumière et de la chaleur, causes les plus ordinaires de leur rapide décomposition.

Dans ces canaux ou *égouts*, les eaux, réunies sur une faible largeur et glissant sur une surface lisse, trouvent un écoulement plus facile, risquent moins de rencontrer à chaque instant quelque obstacle formant barrage, se trouvent soustraites à la vue et à l'odorat, et continuent, sans aucun inconvénient pour les rues, leur cheminement à travers la ville jusqu'aux points choisis pour leur déversement, points déterminés eux-mêmes de manière à les empêcher de nuire désormais à la salubrité publique.

29. Epuration des eaux d'égout. — L'assainissement obtenu par le fonctionnement d'un réseau d'égouts n'est pas toujours complet. Le plus souvent, les collecteurs aboutissent à une rivière, dont le courant est chargé d'entraîner au loin l'apport du réseau d'égouts, et où le mélange avec les eaux pures et l'oxydation naturelle finissent par détruire toutes les matières nuisibles.

Mais, lorsqu'il s'agit d'une agglomération très considérable, et que le cours d'eau est relativement peu important, l'oxydation n'est pas suffisante et la rivière est bientôt *polluée* ; il s'y forme des dépôts suspects, il s'y produit des fermentations fâcheuses, les eaux deviennent impropres à tous les usages, les poissons y meurent, il s'en dégage des gaz, etc.

En pareil cas, la tâche de l'assainissement n'est pas terminée, et il appartient aux habitants de la ville de prendre les mesures nécessaires pour éviter l'empoisonnement du cours d'eau, qui serait bientôt nuisible à eux-mêmes et aux habitants des localités inférieures.

Alors interviennent les divers procédés d'*épuration* des eaux d'égout, qui soulèvent des questions délicates, fort discutées dans ces derniers temps, et qui doivent constituer, dans bien des cas, le complément nécessaire de tout système intégral d'assainissement urbain.

CHAPITRE III

APERÇU HISTORIQUE

SOMMAIRE :

APERÇU HISTORIQUE

§ 1.

MONDE ANCIEN

30. Généralités. — D'après les documents parvenus jusqu'à nous, tous les peuples ont eu, dès la plus haute antiquité,
une connaissance assez développée des lois primordiales de la
salubrité publique.

Presque toujours, elles étaient présentées comme autant de
préceptes religieux, et un certain nombre de pratiques du
culte n'avaient d'autre objet que d'en imposer et d'en règle-
menter l'application. Les soins à donner au corps, les ablu-
tions, les bains, sont prescrits par toutes les religions de l'antiquité.

Les sources, les fontaines, étaient placées sous la sauvegarde
de la divinité, et très souvent des temples s'élevaient aux
endroits mêmes où elles sortaient de terre ; l'oracle de Delphes,
le temple d'Hiérapolis et même le temple de Salomon ont été
établis auprès de sources naturelles.

Il n'est guère de lieu habité du monde ancien, dont l'histoire ait conservé le nom, où l'on ne retrouve d'après des documents certains la trace d'ouvrages spéciaux et souvent considérables soit pour la fourniture de l'eau potable, soit pour
l'écoulement des eaux nuisibles. Et quelquefois la construction
de ces ouvrages a été traitée dans des proportions si grandioses,
dans de telles conditions de résistance et de durée, qu'ils ont
survécu aux plus beaux, aux plus célèbres monuments de l'architecture, et marquent presque seuls la place d'une civilisation disparue ; les puits d'Héliopolis et d'Éphèse, qui existent

encore, l'aqueduc de Carthage, que l'on a restauré, la longue
conduite récemment découverte et qui alimentait la citadelle
de l'antique Pergame (1), en sont des exemples remarquables.

La Mésopotamie et l'Egypte, ces berceaux de la civilisation,
sont des contrées arides, où les pluies sont peu fréquentes, les
sources rares, le climat chaud et sec. Le besoin d'eau devait
s'y faire d'autant plus vivement sentir que les moyens de se la
procurer étaient plus malaisés ; aussi l'esprit d'invention s'y
est-il exercé de bonne heure à la recherche de procédés artificiels pour le puisage, l'élévation, la mise en réserve de l'eau
potable. On retrouve partout la trace de cette préoccupation ;
à toutes les époques, les documents écrits, les faits historiques
montrent l'importance attachée dans ces pays à la présence
de l'eau : Abraham achète un puits à Abimelech ; Moïse fait
jaillir l'eau vive du rocher aussitôt après le passage de la mer
Rouge ; des sources jaillissantes se rencontrent dans les rêves
des poètes, et Mahomet ne les oublie pas dans le paradis qu'il
promet à ses fidèles.

Générale dans tout l'Orient, la préoccupation de l'eau se
retrouve en Grèce et dans le monde romain, où tout ce qui en
concerne l'usage a pris un si extraordinaire développement.

31. Ancienne Egypte. — La prospérité de l'ancienne
Egypte reposait tout entière sur un régime hydraulique artificiel vraiment admirable, qui avait pour objet l'utilisation des
crues du Nil et l'irrigation de sa riche vallée.

Ce sont sans doute les anciens habitants de l'Egypte qui ont
imaginé les *réservoirs artificiels*, destinés à emmagasiner des
masses d'eau considérables pendant les temps humides pour
les utiliser ensuite en détail aux époques de sécheresse : ils
ont construit des ouvrages gigantesques en ce genre ; le plus
connu de ces réservoirs, le lac Mœris, paraît avoir occupé
toute la superficie de la riche province actuelle du Fayoum (2).

On leur doit aussi l'invention de divers types de *machines
élévatoires*, qui servaient à remonter l'eau du Nil sur les deux
rives pour les irrigations, et que les inscriptions hiéroglyphiques
ont permis de reconstituer.

1. *Gesundheits-ingénieur*, 31 août 1896.
2. *Engineering*, 8 déc. 1893

Les hommes qui avaient créé de toutes pièces ce merveilleux système de fertilisation de la vallée du Nil, savaient apprécier les services que l'eau peut rendre sous un climat brûlant,
et devaient aussi pousser fort loin la connaissance des moyens
de se la procurer artificiellement, de la capter, de la distribuer, de l'utiliser. On trouve auprès des pyramides de Gizeh
des *puits* qui en sont sans doute contemporains. Le *puits de
Joseph*, au Caire, remonte peut-être à une très haute antiquité,
bien qu'il indique par ses dispositions un état fort avancé de
la science hydraulique : il se compose de deux puits successifs
de très grandes dimensions, creusés dans le roc, et reliés par
une chambre intermédiaire où était placé un manège qui mettait en mouvement la machine élévatoire ; la nappe à laquelle
le puits inférieur aboutit est à 90 mètres au-dessous du sol !
On considère comme à peu près certain qu'à l'époque des
Pharaons les Egyptiens connaissaient l'usage des tuyaux en
poterie et des conduites en plomb ; la *tête de lion*, si souvent
employée comme décoration des orifices de puisage, est d'origine égyptienne.

L'hygiène, l'étude des lois et l'observation des règles de la
salubrité étaient fort en honneur chez les prêtres de l'ancienne
Egypte : c'est à eux sans aucun doute que Moïse a dû emprunter quelques-unes de ses prescriptions sanitaires. Le *scarabée*,
si souvent reproduit sur les monuments égyptiens, semble avoir
été l'emblême de la salubrité, et la déesse Isis était représentée
tenant à la main la clé des écluses qui livraient passage aux
eaux chargées de fertiliser la vallée du Nil.

32. Assyrie. Perse. — Bien qu'on ait moins de documents
relatifs aux connaissances hydrauliques des anciens peuples de
l'Asie, il n'est pas douteux que les Assyriens et les Perses aient
aussi poussé fort loin l'art des irrigations ; sur les bords de
l'Euphrate, comme sur ceux du Nil, les engins destinés à l'élévation de l'eau étaient très répandus et c'est peut-être dans
cette région qu'on doit chercher l'origine de la noria.

Le puits d'Assur, découvert au milieu des ruines de Ninive,
remonte aux temps préhistoriques. Le lac ou réservoir artificiel, créé par la reine Nitocris, était si grand qu'il pouvait
recevoir pendant 22 jours tout le débit de l'Euphrate. Pour

l'arrosage des *jardins suspendus* de Babylone, l'eau de ce fleuve, élevée par une seule machine à **92** mètres de hauteur, était distribuée en pression par une canalisation métallique, et Sémiramis pouvait dire avec un légitime orgueil : « J'ai obligé « les cours d'eau à couler au gré de ma volonté, et ma volonté « les a dirigés là où ils devaient être utiles ; par eux j'ai rendu « fertiles les terres desséchées. » Ninive et Babylone étaient pourvues de véritables réseaux d'égouts. L'emploi de l'eau pour l'entraînement des matières fécales paraît être originaire de l'ancienne Asie.

Les Perses avaient si bien compris la nécessité de protéger les fleuves contre certaines causes de contamination que leurs lois interdisaient d'y jeter des excréments humains.

33. Extrême-Orient. — Les peuples de l'Extrême-Orient ont su également, dès les temps les plus reculés, se procurer par des moyens artificiels l'eau nécessaire à leurs besoins.

Les Chinois passent pour avoir été de tout temps fort habiles à creuser des puits de grande profondeur, et l'on croit qu'ils ont connu de bonne heure les puits artésiens.

Dans l'Inde, les puits et les étangs sont si répandus qu'on doit nécessairement en faire remonter l'origine à la plus haute antiquité. Lorsque les Anglais s'y sont établis, ils ont trouvé ces ouvrages par milliers : on a compté jusqu'à 53.000 étangs ou réservoirs artificiels dans la seule Présidence de Madras, et quelques-uns de ces réservoirs sont de proportions colossales : l'un d'eux couvre 20.000 hectares et a 48 kilomètres de tour. Dans la péninsule indienne et dans l'île de Ceylan, on rencontre des digues en terre barrant des vallées, dont les dimensions dépassent celles des plus grands ouvrages modernes du même genre.

La médecine indienne connaissait, dès l'époque des Védas, l'influence de l'eau sur la santé ; elle recommandait la propreté des habitations, celle des vêtements, et attribuait des propriétés curatives aux eaux pures en général et en particulier à celle du Gange, le fleuve sacré de l'Hindoustan.

34. Le peuple hébreu et sa capitale Jérusalem. — Mais chez aucun peuple de l'Orient on ne trouve un sentiment si juste et si profond et une application si complète des règles de l'hygiène et de la salubrité que chez le peuple hébreu.

Les lois de Moïse sont pleines de dispositions relatives à l'hygiène, et les Israélites les ont pendant de longs siècles religieusement observées.

Ils avaient compris la nécessité d'éloigner le plus rapidement possible des habitations toute matière organique en décomposition, et les matières fécales étaient emportées au loin et enterrées profondément dans le sol.

A toutes les époques, les Hébreux paraissent avoir hautement apprécié l'importance de l'eau, et l'on peut dire que l'eau joue un rôle considérable dans leur histoire ; c'est auprès d'un puits qu'Éliézer rencontre Rébecca, et la jeune fille descend les degrés qui aboutissent au niveau de l'eau pour y remplir sa cruche qu'elle va offrir à l'envoyé d'Abraham ; c'est dans un puits que Joseph est jeté par ses frères, et il en est retiré par les marchands madianites, sans doute au moyen du seau et de la corde qui faisaient nécessairement partie du bagage des caravanes. Le fameux puits de Jacob, où se désaltéra le patriarche, et qui est situé à Sichem, abreuve encore les pèlerins se dirigeant de la Galilée vers Jérusalem ; creusé dans le rocher, il n'a pas moins de 30 mètres de profondeur. Celui où le roi David étancha sa soif, entre Bethléem et Jérusalem, est encore fréquenté par les voyageurs.

Il n'y avait que deux puits à Jérusalem et une source à l'emplacement du Temple ; mais l'art avait suppléé à la nature, et l'eau de pluie y était recueillie dans un grand nombre de citernes, d'étangs, de réservoirs à ciel ouvert ou creusés dans le roc ; on retrouve entre Bethléem et Hébron les traces des étangs de Salomon, vastes réservoirs d'où partait la conduite en pierre de 0m,25 de diamètre qui amenait l'eau dans le Temple, sur la montagne de Sion.

D'après le témoignage d'Eusèbe, l'eau coulait à flots à Jérusalem, et celle qui n'était pas utilisée dans la ville servait à l'arrosage des jardins.

On a retrouvé l'emplacement du Temple de Salomon et l'on a pu en reconstituer les dispositions générales, grâce à la découverte de tout le système de conduits souterrains qui le desservaient et qui, creusés dans le roc dur, ont échappé à la

4

destruction. Les descriptions du Talmud se sont trouvées vérifiées, et il est hors de doute qu'un système complet d'assainissement et d'épuration par le sol fonctionnait à Jérusalem : le
sang des sacrifices était conduit avec les eaux impures du
Temple, et probablement aussi celles provenant de la ville,
dans deux bassins successifs placés à des niveaux différents et
reliés par un conduit souterrain ; dans le premier, se dépo-
saient les matières solides qui étaient vendues comme engrais
aux jardiniers de la vallée de Cédron ; dans le second, s'écou-
laient les liquides qui servaient à l'irrigation des jardins royaux.

§ 2.

GRÈCE ANTIQUE

35. L'eau chez les Grecs. — Il faut probablement classer parmi les nombreux emprunts qu'ils ont faits aux civilisa-
tions, plus anciennes, de l'Asie mineure et de l'Egypte, le goût
qu'ont toujours manifesté les Grecs pour une large utilisation
de l'eau dans les habitations et les jardins : l'*Odyssée* mentionne déjà l'existence d'une double canalisation d'eau dans
les jardins d'Alcinoüs ; c'est à Hercule, l'un des héros de la
mythologie grecque, que la légende attribue l'invention des
bains chauds ; les fontaines d'ornement, les cascades artificielles, les jets d'eau destinés à répandre la fraîcheur dans
l'atmosphère étaient un luxe extrêmement apprécié des Grecs
et des Orientaux.

Les sources leur apparaissaient comme sacrées ; ils n'en soup-
çonnaient pas l'origine et leur attribuaient volontiers des causes
surnaturelles ; c'étaient soit des communications avec l'intérieur de la terre, soit des fissures par où s'étaient écoulées les
eaux après le déluge de Deucalion : aussi les dérobaient-ils
souvent à la vue des profanes, en les entourant d'édifices consacrés au culte des dieux.

L'eau était pour eux un des quatre éléments de la nature
ils en appréciaient hautement les bienfaits et leurs poètes en

chantaient les louanges : on cite encore aujourd'hui l'expression de Pindare : ἄριστον μὲν ὺδωρ.

Bien qu'ils n'eussent aucun moyen d'analyse, les Grecs étaient parvenus à distinguer les qualités relatives des diverses eaux : Hippocrate attribuait à l'eau des marais et à l'eau dure une influence fâcheuse sur la santé, il recommandait même de ne pas boire l'eau conservée dans des citernes ; mais il préconisait l'usage des eaux saines et en particulier des eaux de sources.

36. Procédés d'alimentation. Modes d'emploi de l'eau.
— Les puits étaient fort nombreux en Grèce, et c'est à Danaüs qu'on attribuait le mérite d'en avoir creusé le premier.

On a retrouvé en divers points les traces d'anciens aqueducs ; Hérodote donne quelques détails sur celui de la ville de Samos, qui aurait été construit par un architecte de Mégare nommé Eupalinos, et se composait d'un canal de $2^m,46$ de large, en souterrain, sur une longueur de 1.295 mètres.

Divers types de *pompes* ont été employés par les Grecs. On trouve dans Hérodote la plus ancienne description connue de la *pompe aspirante*, réduite à un tuyau dans lequel se meut un piston plein. La *pompe élévatoire*, dont le piston est percé de part en part et muni d'un clapet, a été aussi en usage chez les Grecs ; la plupart de leurs navires étaient pourvus de cet engin. Enfin Vitruve attribue à un Grec, Ctésibus, élève de Héron, l'invention de la *pompe foulante*, qui remonterait ainsi à l'an 150 avant Jésus-Christ, et aurait été tout d'abord construite avec deux corps et un réservoir d'air, comme notre pompe à incendie. Les corps de pompe étaient en bois, et les pistons le plus souvent en cuir.

Les Grecs savaient distribuer l'eau par le moyen de conduites en bois, en poterie, en plomb, munies de robinets en bois ou en métal.

Dans leurs maisons, l'usage des latrines était fort répandu ; à défaut, on s'y servait de vases portatifs.

Les bains, qui avaient été considérés longtemps comme un luxe réservé aux riches, devinrent plus tard en Grèce un besoin populaire, et les établissements de bains y furent, à une certaine époque, très multipliés.

37. Lois et mesures de salubrité. — De nombreux documents établissent l'importance qu'attribuaient les Grecs à tout ce qui concerne la salubrité. La mythologie elle-même en fait foi puisqu'elle a classé parmi les douze travaux d'Hercule le nettoyage des écuries d'Augias.

On n'en saurait trouver de preuve plus certaine et plus frappante que cette inscription authentique provenant du temple de Delphes où l'on peut lire les mots suivants : « Il est défendu « de déposer des ordures sur le sol consacré. » L'humanité, c'est triste à constater, n'a guère fait de progrès sous ce rapport depuis trente siècles, puisqu'il est encore utile d'inscrire la même prohibition en termes presque identiques sur la façade de nos monuments !

Les grands législateurs de la Grèce antique n'ont pas manqué d'édicter des prescriptions relatives à la recherche et à l'usage de l'eau : Solon, notamment, a fixé le périmètre auquel devait s'étendre l'utilisation d'un puits public ; au delà de ce périmètre, chacun devait creuser un puits pour son alimentation et à 2 mètres au moins des propriétés voisines ; mais celui qui n'avait pas trouvé d'eau dans un puits à 20 mètres de profondeur avait le droit d'en puiser chaque jour l'équivalent de 54 litres chez son voisin.

Platon et Aristote considéraient l'un et l'autre une abondante alimentation en eau potable de bonne qualité comme une condition essentielle du maintien de la santé publique dans toute agglomération d'hommes ; ils faisaient, en conséquence, un devoir à ceux qui étaient chargés de la chose publique d'apporter à cette question toute leur sollicitude.

§ 3.

ÉPOQUE ROMAINE.

38. L'eau à Rome et dans le monde romain. — A Rome, l'emploi de l'eau à profusion et jusqu'au gaspillage, pour les usages publics et privés, devint un véritable besoin,

à tel point que, pour capter la faveur populaire, il n'était pas
de moyen plus sûr que de consacrer des sommes considérables à la construction d'ouvrages pour l'amenée, la distribution, l'utilisation de nouvelles eaux. Aussi les Romains n'ont-
ils reculé devant aucune difficulté matérielle, aucun obstacle,
aucun sacrifice pour se procurer de l'eau en abondance, et ils
ont poussé si loin l'art de l'hydraulique qu'ils sont encore aujourd'hui l'objet de notre admiration : les types grandioses
d'ouvrages qu'ils ont laissés, l'organisation remarquable de
leurs services sanitaires font de l'ancienne Rome la ville classique des distributions d'eau et de leurs applications.

D'après le commentaire de Frontin, traduit en 1820 par
Rondelet, Rome, sous Trajan, ne comptait pas moins de 9
aqueducs (1) d'une longueur totale de 443 kilomètres, avec
49.500 mètres d'arcades atteignant jusqu'à 32 mètres de hauteur, et 2.400 mètres de souterrains; ces aqueducs fournissaient 947.200 mètres cubes d'eau par jour, dont les deux
tiers environ étaient consacrés aux usages publics et un tiers
aux bains et autres usages privés. Déjà, sous Auguste, on dis-
tribuait à Rome 2^m,7 d'eau par jour et par tête d'habitant, et
l'on n'y comptait pas moins de 1.350 orifices de puisage et 591
fontaines d'ornement. Dans le courant d'une seule année.
Agrippa fit établir 130 réservoirs et 105 fontaines. Sous le règne de Constantin, il y avait à Rome jusqu'à 34 aqueducs, 15
thermes et 856 bains publics.

Un nombre aussi prodigieux d'ouvrages divers affectés à
l'usage de tous implique une organisation très complète du
service chargé d'en assurer le fonctionnement régulier. Au
temps de la république, c'étaient les censeurs et les édiles qui
en avaient la direction; sous l'empire, ce fut un haut fonction-
naire qui prit le titre de curateur. Les personnages les plus
en vue ne dédaignèrent point cette charge ; et Frontin, qui
l'occupa pendant le règne de Néron et celui de Trajan, avait
quitté pour devenir curateur des eaux le commandement supérieur d'une armée romaine en Bretagne.

On trouve encore la preuve de l'importance attachée par les
Romains à tout ce qui concerne l'emploi de l'eau dans le luxe

---

1. Appia Claudia, Anio vetus, Marcia, Tepula, Julia, Virgo, Alsietina, Claudia, Anio novus.

inouï qu'ils ont déployé à l'intérieur de leurs thermes, par
exemple, où les mosaïques et les revêtements de marbre
étaient d'un usage courant, et où l'on a rencontré des tuyaux
et des robinets d'argent massif. Que dire de ces canalisations
spéciales établies dans les théâtres pour rafraîchir les specta-
teurs au moyen d'une sorte de nuage de rosée? La salle à
manger de Néron était pourvue d'une disposition analogue,
et dans les fêtes les empereurs ou les plus riches patriciens ont
souvent dépensé des sommes énormes pour mélanger les par-
fums les plus délicieux et les plus rares à cette rosée artificielle.

Les goûts et les usages des habitants de Rome se répandi-
rent peu à peu dans les provinces et dans tout le monde romain; les ouvrages pour l'adduction de l'eau s'y multiplièrent, et l'on trouve encore un peu partout en Italie, en Grèce,
en Espagne, en France, en Allemagne même, les restes souvent imposants d'anciens aqueducs romains. Parmi les plus
célèbres, on peut citer en France l'aqueduc de Nîmes et le
fameux Pont du Gard; en Espagne les aqueducs de Ségovie
et de Séville. On a recueilli d'intéressants détails sur les
aqueducs romains de Lyon et de Sens; Metz et Antibes sont
alimentées par des dérivations romaines restaurées; et à Paris
on a utilisé les restes de l'aqueduc d'Arcueil construit, au
temps de la domination romaine dans les Gaules, pour alimenter les thermes de l'empereur Julien.

**39. Dispositions générales des distributions d'eau
romaines.** — Les distributions d'eau romaines étaient, d'une
manière générale, alimentées par des *dérivations*, et il ne paraît pas que les pompes et les machines élévatoires y aient
joué un rôle tant soit peu important.

Mais, dans les travaux de dérivation, les Romains étaient
passés maîtres.

Ils savaient faire des emprunts aux rivières et aux lacs, capter les sources naturelles et apparentes, découvrir et utiliser
les nappes souterraines, créer des sources artificielles au
moyen de véritables drains *(cuniculi)* que l'on rencontre encore de tous côtés autour de Rome.

Le mode d'établissement de leurs aqueducs indique une
connaissance approfondie des lois de l'hydraulique; ils n'ont

pas cessé, d'ailleurs, de faire des progrès dans l'étude de ces
lois et les aqueducs les plus récents ménagent mieux la pente,
présentent des tracés plus savants que ceux de construction
antérieure. La section des aqueducs n'est pas calculée, en général, d'après le débit ; elle semble plutôt déterminée par la
condition de permettre la circulation à l'intérieur de l'ouvrage,
sans doute en vue des réparations. Les matériaux mis en œuvre sont tantôt la pierre de taille, tantôt les moellons bruts
ou les briques, tantôt le béton dont l'emploi finit par devenir
de plus en plus fréquent ; dans les plus anciens aqueducs
(Appia, Anio vetus, Marcia), la maçonnerie est à pierres sèches avec une sorte d'enduit intérieur, plus tard, le mortier se
rencontre dans toute l'épaisseur des maçonneries. Pour franchir les vallées, les aqueducs sont portés le plus souvent par
des rangées d'arcades à un ou plusieurs étages ; et parfois
l'un des étages sert au passage d'une route ou d'un second
aqueduc. Cependant les siphons n'étaient pas inconnus des
Romains ; ainsi l'on a trouvé à Lyon des restes d'un siphon
formé de tuyaux de plomb ; mais la situation topographique
de Rome, dans une vaste plaine basse, à une distance médiocre de montagnes calcaires, devait leur faire préférer ces belles rangées d'arcades qui avaient, d'ailleurs, l'avantage de
frapper les regards du peuple et de flatter la vanité des donateurs.

Les Romains paraissent avoir prisé surtout la *quantité* plutôt que la *qualité* des eaux dérivées. On a calculé que les ressources dont disposait l'ancienne Rome ont dû atteindre jusqu'à 1.200.000 mètres cubes par 24 heures. On ne s'explique-
rait pas la nécessité d'un aussi énorme débit, pour une population évaluée à 300.000 ou 400.000 habitants, si l'on ne devait
admettre qu'une grande partie était perdue en route, soit par
les fissures des aqueducs, soit par les fuites de la canalisation ; il n'en a pas moins fallu, à une époque où l'industrie
était réduite à peu de chose, un développement tout à fait extraordinaire des usages de l'eau pour justifier l'adduction
d'un volume aussi considérable. Par contre, la qualité des
eaux amenées par les aqueducs était, en général, assez médiocre ; souvent elle arrivait trouble ou louche, et les bassins
de dépôt établis à l'extrémité des dérivations ne parvenaient
pas à la rendre limpide : cela n'avait pas d'inconvénient pour

le nettoyage des voies publiques, l'alimentation des fontaines et des naumachies, le service des thermes et des bains. Cependant les eaux consacrées à la boisson étaient, au contraire, choisies avec le plus grand soin, et, bien que ne possédant aucun procédé d'analyse, les Romains savaient fort bien distinguer et classer les diverses eaux suivant leur limpidité, leur sapidité, leur température ; ils ne se faisaient pas d'illusion sur les qualités alimentaires des eaux amenées dans leurs murs pour d'autres usages, et Pline l'Ancien, après s'être complaisamment étendu sur la splendeur des ouvrages qui conduisent à Rome de si imposantes masses d'eau, n'en déclare pas moins que l'eau de puits est la meilleure pour la boisson et d'un usage général.

Des bassins de dépôt, l'eau gagnait les *châteaux d'eau*, (castella, receptacula), qui étaient au nombre de 247 à Rome, d'après Frontin, et qui doivent être considérés surtout comme des organes de répartition (dividicula) : de là partaient les nombreuses conduites destinées à l'alimentation des édifices publics, des palais impériaux ou des concessions privées, toutes absolument distinctes et isolées, puisqu'il était rigoureusement interdit de faire aucun branchement sur une conduite publique. Les tuyaux étaient en plomb et présentaient une section en forme de poire qu'explique leur mode de fabrication : ils étaient obtenus par l'enroulement d'une feuille ou table de plomb, dont les deux extrémités étaient soudées à la partie supérieure.

Au temps de la république, les particuliers n'avaient droit qu'au trop-plein des bassins : seuls, quelques grands personnages pouvaient faire conduire l'eau jusqu'à leurs habitations. Sous l'empire, il devint possible d'obtenir des curateurs des concessions d'eau, toujours personnelles et viagères ; mais elles n'étaient d'abord accordées que comme une faveur en récompense de services rendus à l'État. Peu à peu elles se multiplièrent, et Frontin en compte 13.594 sur une seule dérivation. La quantité d'eau accordée à chaque concessionnaire était jaugée au moyen d'un tuyau d'une section déterminée sur 15 mètres de longueur ; l'unité était le *quinaire*, débit obtenu au moyen du module (calix), tuyau de bronze de $0^m,22$ de longueur et $0^m,023$ de diamètre environ, placé verticalement dans les réservoirs et s'ouvrant à 0^m,22 au-dessous du plan d'eau.

Les matériaux nécessaires à la construction des ouvrages pouvaient être empruntés moyennant indemnité aux propriétés privées, sur lesquelles le *curator operis* avait, en outre, le droit d'établir gratuitement les passages destinés à en faciliter le transport.

L'entretien des ouvrages était confié à diverses catégories d'ouvriers, respectivement chargés de telles ou telles parties de l'ensemble : il y en avait 240 à Rome, au temps d'Agrippa ; sous Claude, on en comptait 700, les uns à la solde de l'État, les autres payés par l'empereur.

Des mesures sévères édictées à diverses époques avaient pour objet la protection des aqueducs : il était défendu de planter des arbres, dans les villes, à 1^m,60 environ, dans les campagnes, à 4^m,80 des conduites d'eau ; toute dégradation était punie d'une amende considérable ; d'après une loi de l'an 404, chaque once d'eau détournée devait être payée une livre d'or.

40. Principaux usages de l'eau à Rome. — Les *bains* ont toujours été en honneur à Rome, et c'est à l'alimentation des bains qu'était consacrée une grande partie de l'eau amenée par les dérivations. Le Tibre avait suffi à cet usage pendant les trois ou quatre premiers siècles ; on s'y baignait dans le voisinage du Champ de Mars. Plus tard, l'eau Appia Claudia vint alimenter une gigantesque piscine consacrée aux bains populaires. Le médecin de Cicéron paraît avoir contribué à introduire les usages les plus raffinés de l'hydrothérapie grecque ; bientôt les bains chauds apparurent et motivèrent la construction des thermes, où le luxe ne tarda pas à prendre un si remarquable développement. Les bains devinrent un lieu de réunion et de plaisir ; les citoyens les plus riches et les plus influents y passaient une grande partie du jour ; on en a vu prendre jusqu'à sept bains dans une seule journée, et Pline a pu dire que, pendant six siècles, les bains ont constitué toute la médecine chez les Romains.

Les appareils publics de puisage, fontaines, bassins, étaient extrêmement nombreux à Rome, et, en général, ornés de sculptures, de statues de marbre ou d'airain représentant Jupiter Pluvius, le dieu égyptien Canope ou des figures allégoriques qui dissimulaient les tuyaux d'amenée et dont la bouche ou quelque autre partie du corps servant d'orifice laissait échapper la veine liquide. A Pompéi, à Herculanum, on a retrouvé un grand nombre de ces fontaines, et des peintures antiques montrent que l'on connaissait alors les jets d'eau verticaux; dans les villas où les Romains déployèrent un luxe fastueux, les jardins étaient ornés de fontaines et de cascades; ils se plaisaient à unir les combinaisons les plus surprenantes de l'hydraulique à la plus riche et à la plus artistique décoration.

Les temples, les théâtres, les camps établis aux abords de la ville impériale, étaient abondamment pourvus d'eau. Il y en avait aussi dans les cirques; de nombreux bassins étaient consacrés à ces naumachies auxquelles le peuple romain prenait tant de plaisir que, pour ce seul usage, Auguste dériva l'eau Alsietina et Claude fit disposer des tribunes sur les bords du lac Fucin.

41. Assainissement dans l'ancienne Rome. — Les Romains connurent aussi la plupart des pratiques d'assainissement que comporte l'hygiène des villes. A une certaine époque, les ordures ménagères et autres déjections étaient recueillies dans des vases qu'on vidait chaque matin dans les rues où elles étaient régulièrement enlevées : malgré les défenses édictées depuis, s'il faut en croire Juvénal, cet usage s'était perpétué, et, de son temps, on profitait de la nuit pour commettre mainte infraction aux règlements.

Avant l'empire, les maisons romaines ont été pourvues de latrines : on en a retrouvé des spécimens à Pompéi et à Pouzzoles; elles étaient souvent lavées par un abondant écoulement d'eau; un usage bizarre et inexpliqué les faisait placer presque toujours dans le voisinage des cuisines. Dans les palais impériaux, on ne dédaignait pas d'employer le marbre à les orner.

Les latrines publiques furent aussi répandues à Rome; on rapporte qu'elles étaient au nombre de 144 sous le règne de Dioclétien : elles étaient affermées aux foricarii, qui prélevaient une redevance sur ceux qui en faisaient usage.

Un fait remonter à Tarquin l'Ancien la construction de la *cloaca maxima*, grand égout, destiné d'abord à assainir le Forum, et qui n'était, sans doute, qu'un ruisseau naturel recouvert d'une voûte. Terminé par Tarquin le Superbe, il devint le collecteur des eaux d'égout de l'ancienne Rome, et il subsiste encore aujourd'hui, en partie du moins, sans avoir cessé de remplir le rôle qui lui avait été assigné il y a 2.500 ans. Agrippa développa le réseau des égouts de Rome, et le perfectionna en faisant établir sept réservoirs destinés à produire des chasses pour l'entraînement des matières dans le Tibre. Dans ses lettres à l'empereur Trajan, Pline le Jeune, gouverneur de la province de Pont et Bithynie, traite à plusieurs reprises des questions relatives à l'établissement d'égouts; il propose notamment, et l'empereur autorise la construction d'une voûte au-dessus d'un ruisseau devenu un véritable égout à ciel ouvert, le long d'une des principales rues de la ville d'Amastria.

§ 4.

MOYEN AGE

12. Invasion des barbares. Influence de l'Eglise. — Dans la dernière période de la puissance romaine, les empereurs, absorbés par les luttes intestines et par la défense des frontières, cessèrent de prendre soin de ces ouvrages qui avaient été pendant longtemps l'objet de toute la sollicitude de leurs prédécesseurs. Lorsqu'ils eurent transporté à Byzance le siège du gouvernement, ils ne songèrent qu'à mettre la nouvelle capitale au niveau de l'ancienne, et Rome fut négligée.

L'arrivée des barbares en Italie au vᵉ siècle lui porta le dernier coup. Les nouveaux venus n'avaient évidemment que du mépris pour les raffinements de la civilisation romaine; sous leur domination, les mœurs, les usages se transformèrent complètement : bientôt les thermes et les aqueducs ne furent plus que des ruines.

L'Église chrétienne qui devint alors prépondérante, et qui, recueillant l'héritage intellectuel du monde romain, se fit la dépositaire de la science, de la littérature et des arts, laissa

entièrement de côté les traditions sanitaires de l'ancienne
Grèce et de Rome. Il semble même que les pratiques de
l'hygiène aient été combattues et repoussées par elle comme
un luxe impie. Ne vit-on pas des moines s'imposer l'imitation
des ermites célébrés par saint Jérôme, et la pousser au point
de ne changer de vêtements qu'une fois par an? Les soins
corporels représentaient pour les âmes pieuses et timorées de
l'époque une sorte de péché.

43. Epoque féodale. — Dès lors, l'usage de l'eau se
trouva réduit à la satisfaction des besoins les plus impérieux,
de ceux auxquels l'homme ne saurait se soustraire et qui sont
antérieurs à l'état de société : « Pendant plus de mille ans, dit
« le Dr Playfair, non sans quelque exagération sans doute,
« pas un homme en Europe n'a pris de bain. »
Du reste, le régime féodal, en supprimant la puissance et
jusqu'à l'idée de l'État souverain, en ôtant aux villes toute indépendance, avait mis un obstacle absolu à l'exécution de
tous grands travaux collectifs d'adduction d'eau ou d'assainissement. Chacun se trouva réduit à ses propres ressources, et
dut se procurer soi-même, en allant naturellement au plus
près, le peu d'eau qui est indispensable à la vie : on dut, comme
l'homme des temps primitifs, se contenter de la puiser au
cours d'eau le plus voisin, ou la demander aux puits creusés
au voisinage immédiat des habitations.
Quant aux détritus, dont il fallait se débarrasser, souvent
sans sortir de l'enceinte étroite d'un monastère ou d'un château
fort, on apprit à en faire des dépôts dans quelque coin retiré.
Les latrines des châteaux furent souvent placées au haut des
murs extérieurs et en encorbellement, de manière que les matières pussent tomber directement dans le fossé. Vers le ixe siècle apparut l'usage des *fosses* étanches et des puisards ou
fosses sans fond : les *oubliettes*, de sinistre mémoire, n'étaient
probablement pas autre chose. Les latrines furent alors installées au-dessus des fosses, quelquefois superposées, étage
par étage, dans des tours spéciales.
Les conséquences de l'oubli profond dans lequel étaient
tombés les principes de l'hygiène et la science sanitaire, si
développée chez les Romains, ne tardèrent pas à être cruelle-

ment ressenties. Des maladies inconnues jusqu'alors, entre autres la lèpre et la peste noire, sévirent sous forme d'épidémies sur l'Europe entière : il a fallu de longs siècles et une nouvelle évolution dans l'histoire de l'humanité pour la débarrasser de ces fléaux, qui ont emporté, dit-on, plus du quart de la population d'alors.

14. Lente réaction. — Avec le réveil progressif des esprits, avec l'essor du pouvoir royal et l'émancipation des communes, qui eurent pour conséquence un certain développement commercial et industriel, commença un mouvement favorable au retour vers l'observation des lois de l'hygiène et de la salubrité publique. Mais cette réaction ne se produisit que peu à peu et ne se propagea qu'avec une extrême lenteur, limitée d'ailleurs par les ressources si restreintes des collectivités naissantes.

On se reprit à chercher à distance l'eau qu'on ne trouvait pas en assez grande abondance à proximité des centres habités ; çà et là, quelques sources furent dérivées, d'ordinaire au moyen de petites rigoles découvertes ou de conduites en bois ; puis on vit se créer au bord des rivières quelques systèmes élévatoires, composés de pompes grossières mises en mouvement par des moteurs hydrauliques.

C'est l'époque où Philippe-Auguste fit exécuter la première chaussée pavée à Paris, et où les moines de Saint-Laurent dérivèrent dans un aqueduc souterrain, qui existe encore, les eaux des Prés-Saint-Gervais ou des sources du Nord, au moyen desquelles on ne tarda pas à alimenter dans Paris quelques fontaines publiques et un certain nombre de concessions particulières.

C'est aussi au xiie siècle qu'il faudrait faire remonter, paraît-il, le forage des premiers puits jaillissants dans le comté d'Artois, d'où le nom de puits artésiens.

Au xiiie, Gênes fut alimentée par une dérivation de 8 kilomètres de longueur, et Londres vit établir la *grande conduite* qui amenait l'eau de Paddington au plus ancien réservoir de la Cité, celui de Westcheap, construit en maçonnerie et doublé de plomb.

§ 5.

TEMPS MODERNES

45. Époque de la Renaissance. — La tendance au progrès, qui a fait son apparition vers le xi° ou le xii° siècle, continue à s'accentuer et devient de plus en plus générale au commencement de l'époque moderne. Dans tous les pays de l'Europe, les mœurs se transforment : affinées par le mouvement général des esprits qui caractérise la période de la Renaissance, elles font naître des besoins nouveaux et provoquent l'exécution de travaux multiples dont on ne saurait méconnaître l'importance.

En Italie, les papes entreprennent la restauration de quelques-uns des aqueducs de l'ancienne Rome : l'Aqua Vergine, qui vint en 1568 alimenter 50 fontaines publiques ou privées, n'est autre chose que l'antique Aqua Virgo ; et l'Aqua Felice est formée de la réunion des eaux Claudia et Marcia avec quelques sources de la région.

En Angleterre, les travaux d'adduction d'eau prennent de notables développements ; les conduites vont alimenter successivement tous les principaux quartiers de Londres ; puis, en 1582, Pierre Maurice installe sous l'arche de rive du pont de Londres une machine élévatoire mue par une roue pendante et crée la première distribution d'eau à domicile au moyen de tuyaux en plomb.

Le système introduit à Londres par Pierre Maurice était déjà connu et pratiqué depuis quelque temps en Allemagne ; les brasseurs de Hanovre avaient, en 1527, établi des pompes mues par la force hydraulique ; Hambourg et Nuremberg avaient suivi cet exemple. Peut-être même faut-il faire remonter au xive siècle les premières applications des moteurs hydrauliques à l'élévation de l'eau en Allemagne, car dès cette époque des associations s'y étaient formées pour l'adduction d'eau dans les villes (Pumpenbrüder Genossenschaften). Augsbourg, au xve siècle, était abondamment pourvue d'eau ; Ulm comptait 168 cabines de bains en 1489.

Paris, au xvi° siècle, n'avait pas encore d'autres eaux que celles des sources du Nord, mais on y voit apparaître alors les premières concessions d'eau à titre onéreux. Le ruisseau de Ménilmontant, qui se jetait autrefois dans la Seine à Chaillot, après avoir couru au pied des coteaux de la rive droite, était déjà converti en égout. Un arrêt du Parlement venait, en 1533, imposer aux propriétaires l'obligation d'installer une fosse d'aisances dans chaque maison.

46. Dix-septième siècle. — L'impulsion une fois donnée, le mouvement ne s'arrête plus et les progrès vont continuer désormais, plus ou moins rapidement, jusqu'à nos jours.

Au xvii° siècle c'est la France qui, au cours d'une période de grandeur et de prospérité inconnues jusqu'alors, entreprend les ouvrages les plus considérables et les plus remarqués. Henri IV fait établir sous la deuxième arche du Pont-Neuf les pompes de la Samaritaine, mues par une roue pendante, et destinées à l'alimentation du Louvre et du jardin des Tuileries. Louis XIII, ou plutôt sa mère, Marie de Médicis, dérive les eaux de Rungis qui alimentèrent autrefois les thermes de Julien et construit sur les substructions romaines l'aqueduc d'Arcueil, dont le nom sert à désigner la dérivation tout entière : 14 fontaines publiques reçurent les nouvelles eaux ainsi amenées à Paris. Enfin, Louis XIV, voulant avoir de l'eau à profusion sur le plateau aride où il construit Versailles, ne recule devant aucune entreprise, devant aucune dépense, pour atteindre son but : il fait établir par le chevalier Deville et le hollandais Rennequin cette machine de Marly, que l'on considérait alors comme une merveille, et dont les 227 pompes, par trois élévations successives, portaient l'eau à 162 mètres de hauteur ; d'autre part, il fait entreprendre, sous la direction de Vauban, la dérivation de l'Eure et l'aqueduc de Maintenon, qui ne devaient jamais être achevés, et il prodigue dans le parc de Lenôtre les bassins de marbre, les effets d'eau desservis par un énorme réseau de conduites en fonte et en plomb.

Paris n'avait encore, cependant, en 1670, que 400 à 500 mètres cubes d'eau à distribuer par vingt-quatre heures ; la construction de la pompe Notre-Dame en porta le volume total à 1.400 mètres cubes environ ; mais le service régulier n'en profita guère à cause du nombre considérable des concessions gratuites dont les édits royaux étaient impuissants à réprimer l'abus. On avait commencé à construire des égouts dans la capitale ; mais la longueur totale n'en atteignait encore à la fin du siècle que 3 kilomètres environ. L'introduction de l'eau dans les cabinets d'aisances paraît dater de cette époque, et c'est vers 1660, dit-on, que l'usage en a été importé de France en Angleterre ; néanmoins, d'après le témoignage de Viollet Le Duc, « le château de Versailles ne renfermait qu'un nom-« bre tellement restreint de privés que tous les personnages « de la cour devaient avoir des chaises percées dans leur « garde-robe. »

A Londres, la distribution d'eau progressait aussi : la déri-vation dite New River remonte à cette époque : on y posait les premières bouches d'incendie, les premiers appareils de la-vage. Néanmoins les installations sanitaires y étaient encore bien imparfaites et la mortalité considérable au temps de la Révolution d'Angleterre.

47. Dix-huitième siècle. — Le XVIIIᵉ siècle est marqué par de grands progrès dans la construction des machines élé-vatoires : aux pompes plus ou moins grossières des temps antérieurs se substituent les premières pompes modernes *à double effet* (La Hire, 1716), les pompes *centrifuges* (Demours, 1732), les pompes *à plongeur* perfectionnées (Bramah, 1785), *le bélier hydraulique* (Montgolfier, 1797) ; en même temps ap-paraît *la machine à colonne d'eau ;* enfin *la machine à vapeur*, rendue pratique par Newcomen en 1711, appliquée dès 1761 à l'élévation des eaux de la Tamise, et perfectionnée par Watt et Bolton, vient s'implanter à Paris en 1781. La première ap-plication des *filtres* en pierre poreuse et l'emploi des *ventouses* sur les conduites d'eau remontent à cette époque, où la science hydraulique, fort en honneur, a su préparer les nombreux perfectionnements qui devaient permettre au siècle suivant le prodigieux essor des travaux de distribution d'eau.

Plusieurs des grandes compagnies qui alimentent Londres ont été fondées au XVIIIᵉ siècle : Chelsea (1724), Lambeth (1785), Grand Junction (1798).

A Paris, le besoin d'un accroissement des ressources en eau potable, très vivement ressenti, a donné lieu, pendant de longues années, à des recherches nombreuses, à des projets divers, parmi lesquels on doit citer celui de la dérivation de l'Yvette, proposé par Deparcieux en 1762, étudié par Chézy et Perronet, et abandonné en 1782 pour une simple dérivation de la Bièvre, concédée à de Fer, et qui échoua en 1789. En 1777, les frères Périer obtinrent des lettres patentes pour l'établissement « de pompes et machines à feu propres à élever l'eau de la Seine », et créèrent, en 1781 et 1783, les deux usines de Chaillot et du Gros-Caillou. Si la Compagnie des eaux, organisée par eux, succomba sous l'effort de l'agiotage et les attaques passionnées de Mirabeau, leurs machines, du moins, du type de Watt et Bolton, ont survécu et contribué utilement, pendant soixante-dix ans, à l'alimentation de Paris. A la fin du xviiie siècle, malgré la construction des pompes à feu, Paris disposait à peine de 10.000 mètres cubes d'eau par jour pour 600.000 habitants.

On n'y comptait guère, d'ailleurs, que 26 kilomètres d'égouts, reconstruits en partie par Turgot en 1755, avec réservoir de chasse rue des Filles-du-Calvaire. « Les vidanges « étaient centralisées à Montfaucon, et les bassins étagés des « buttes Chaumont, toujours prêts à déborder, infectaient l'air « des quartiers du nord et y gâtaient la nappe des puits (1). » Nulle part encore on n'avait réellement abordé ces questions d'assainissement, qui sont devenues aujourd'hui l'objet de tant de préoccupations, le point de départ de tant de travaux.

48. Première partie du dix-neuvième siècle. — A ce point de vue comme à celui des distributions d'eau, le commencement du xixe siècle n'a guère été que la continuation de la période précédente :

Suite des progrès dans la construction des machines élévatoires ; nouveaux types de pompes, rotatives, différentielles, etc. ;

Établissement de dérivations d'eau et surtout de systèmes élévatoires hydrauliques et à vapeur, en France, en Angleterre, en Allemagne, aux États-Unis, etc., etc. ;

1. Mille. *Assainissement*, p. 102.

5

Nouvelles méthodes de filtrage et premières applications de la filtration en grand par l'emploi du sable (Compagnie de Chelsea à Londres. Simpson, 1839) ;

Perfectionnements dans la fabrication des tuyaux de fonte et généralisation de leur emploi en remplacement des anciennes conduites en bois ou en plomb ;

Emploi des robinets-vannes ; première apparition des compteurs d'eau.

Le problème de l'assainissement commence à peine à se poser : on se borne, à Paris, à quelques prescriptions relatives à l'étanchéité des fosses fixes et à la translation de la voirie de Montfaucon à Bondy (1817) ; et c'est seulement après le choléra de 1832 qu'on y aborde, pour la première fois, l'étude d'un système d'égouts suffisamment étendu, et qu'on y crée le dépotoir de la Villette, sous la direction de MM. Emmery et Mary.

L'ouvrage le plus remarquable de l'époque est, sans contredit, le *canal de l'Ourcq*, dont l'idée, due à Riquet, l'auteur du canal du Midi, avait été reprise à la fin du xviiie siècle par l'ingénieur Brullée, et l'exécution décidée sous le Consulat (29 floréal an X), dans le double but d'alimenter Paris et d'ouvrir une nouvelle artère à la navigation. Les travaux, dirigés par Girard, et poursuivis avec activité de 1802 à 1814, furent interrompus alors pour être repris en 1823 par une compagnie concessionnaire. Ils n'ont été complètement achevés qu'en 1837.

§ 6.

ÉPOQUE ACTUELLE

49. Importance actuelle des questions sanitaires. — L'apparition du choléra en Europe a fixé l'attention sur les questions d'hygiène publique ; l'accroissement énorme de la population dans les grands centres, conséquence naturelle du développement des voies de communication, a donné à ces

questions une importance qu'on ne leur avait pas encore reconnue, et il en est résulté un immense et universel mouvement dans la voie du progrès.

Des études approfondies ont bientôt été entreprises de toutes parts ; des idées nouvelles se sont fait jour ; puis des travaux remarquables, largement conçus et rapidement exécutés, sont venus apporter à ces idées la plus belle consécra-
tion pratique. L'opinion publique, frappée des résultats
obtenus, s'est alors émue : l'alimentation et l'assainissement
des villes font désormais l'objet de discussions intéressantes,
parfois passionnées, toujours fécondes. La science, en portant
ses investigations de ce côté, s'est enrichie de données nouvelles ; elle a découvert l'existence et défini le rôle des microbes, qui lui ont livré la clé de phénomènes jusqu'alors
inexpliqués ; puis les congrès d'hygiène sont venus contribuer
à propager le mouvement commencé dans les grandes cités,
et qui s'étend progressivement aux agglomérations de second
et de troisième ordre.

C'est en Angleterre que ce mouvement paraît avoir pris
naissance ; c'est là du moins qu'il s'est révélé tout d'abord par
des applications importantes et nombreuses, à la suite du
Public Health Act de 1848. Mais les États-Unis, l'Allemagne,
la France, n'ont pas tardé à y prendre part, et peu à peu il a
gagné tous les pays civilisés, qui, entraînés successivement
dans la voie nouvelle, rivalisent aujourd'hui d'efforts pour
l'amélioration continue des conditions de la salubrité publique et de l'hygiène des villes.

50. Distributions d'eau. — L'eau en abondance est devenue pour les villes une impérieuse nécessité, et la consommation s'accroît dans des proportions inouïes, dépassant bien
vite toutes les prévisions même les plus larges.

Paris, qui disposait à peine de 15 litres d'eau par habitant
au commencement du siècle, se contente à peine d'un approvisionnement de près de 300 et prépare de grands travaux pour l'augmenter encore. La progression de la consommation y est si rapide que les 110.000 mètres cubes d'eau de
source amenés chaque jour depuis 1874 par la dérivation
de la Vanne pour le service privé, en sus des 20.000 de l a

Dhuis, étaient déjà insuffisants durant les chaleurs de l'été en 1881, et que, deux ans après l'achèvement du nouvel aqueduc de l'Avre (1893), qui en fournit 100.000 de plus, il fallait sans plus tarder aborder l'adduction des sources du Loing et du Lunain.

De même Vienne, alimentée depuis 1873 par l'aqueduc dit de François-Joseph, qui était considéré comme une solution complète et définitive, n'a cessé depuis de chercher des ressources complémentaires, si bien que la question de l'eau potable y reste à l'ordre du jour. Londres, qui a passé longtemps pour le type à proposer en exemple au monde entier, est depuis quelques années en proie à une agitation très vive et qui pourrait bien aboutir à la transformation intégrale de son système d'alimentation. New-York, si largement pourvue par son aqueduc du Croton, a dû en faire un second dans des proportions bien plus considérables. Glasgow, si fière de sa dérivation du lac Katrine, est obligée d'en construire une autre sur une échelle plus importante, etc.

On ne compte plus les villes qui ont créé ou renouvelé leurs distributions d'eau dans ces dernières années, au prix de dépenses colossales, et le mouvement dans ce sens ne paraît pas près de s'arrêter. Pour satisfaire à ces besoins nouveaux et sans cesse croissants on a dû entreprendre et mener à bien des ouvrages grandioses qui soutiennent aisément la comparaison avec ce que l'antiquité a laissé de plus remarquable. Après la dérivation de la Durance pour l'alimentation de Marseille, avec le remarquable aqueduc de Roquefavour, dû à l'ingénieur de Montricher, après les colossales usines à vapeur établies sur la Tamise en amont de Londres, la nouvelle machine de Marly et la grande usine hydraulique de St-Maur, après les dérivations de la Dhuis et de la Vanne, œuvre magistrale de Belgrand ; les dérivations américaines du Croton et du Potomac, et celle qui amène à Vienne les eaux des sources des Alpes Noriques, il convient de citer les nouveaux aqueducs de l'Avre à Paris, du Serino à Naples, du Croton à New-York, de la Vyrnwy à Liverpool, etc., etc., les grandes usines élévatoires de la ville de Berlin sur les bords des lacs Tegel et Müggel, celles d'Ivry et de Bercy pour le service public parisien,.. les belles installations de filtrage des eaux de Varsovie, Tokio, Anvers, etc., etc...

Inconnu dans la plupart des villes, il y a un quart de siècle, l'emploi de l'eau sur la voie publique pour le nettoyage
des chaussées, caniveaux et trottoirs, pour la salubrité et l'assainissement, devient de plus en plus général. Paris, qui a pris
l'initiative, et qui a une incontestable supériorité à cet égard,
ne compte pas moins de 21.000 appareils de service public :
bouches de lavage, d'arrosage à la lance, bornes-fontaines,
bouches d'incendie, fontaines de puisage et d'ornement, etc.

En même temps, des exigences nouvelles ont surgi pour le
service privé ; il ne suffit plus d'avoir l'eau dans chaque maison, il faut qu'elle parvienne à tous les étages, qu'elle soit
partout à la portée de la main ; aussi voit-on les hautes pressions se généraliser et la distribution proprement dite est-
elle partout l'objet de notables améliorations (1). D'autre part,
la consommation domestique réclame impérieusement des
eaux limpides, pures, salubres, et l'on n'hésite pas à faire de
gros sacrifices d'argent pour obtenir ce résultat. Les procédés
de filtrage, qui se sont multipliés et perfectionnés, ont peine
à défendre, contre la suspicion de plus en plus grande dont
elles sont l'objet, certaines eaux recherchées et considérées
comme excellentes il y a trente ans ; à Paris, l'eau de Seine
est totalement écartée de la maison et l'on y a substitué d'une
manière générale des eaux de sources captées au loin et amenées par de longs conduits fermés entièrement et à l'abri de
toute contamination ; à Vienne, on a complètement renoncé à
l'eau du Danube ; Berlin vient de remplacer l'eau de la Sprée ;
à Londres même, l'eau de la Tamise filtrée n'est plus en faveur auprès de l'opinion.

Le développement rapide des distributions d'eau a eu pour
conséquence naturelle un progrès considérable dans la fabrication des tuyaux en fonte, que de nombreuses usines produisent couramment aujourd'hui jusqu'au diamètre de $1^m,10$
et même de $1^m,30$, et avec une longueur utile de 4 mètres. En
même temps les appareils de toute espèce, qui trouvent leur
emploi dans les services d'eau, se sont multipliés et perfectionnés ; les compteurs d'eau, notamment, entrent dans la
pratique et se répandent rapidement. Paris en compte plus

1. Congrès international d'hygiène de Budapest (1894). M. Bechmann, rapporteur.

de 80.000 aujourd'hui. De nouvelles applications de l'eau en pression surgissent de divers côtés, distribution de force motrice, ascenseurs hydrauliques, etc.

51. Égouts. — Pendant que l'alimentation des villes s'améliorait si rapidement, un mouvement plus remarquable encore se produisait en vue de leur assainissement.

Jusqu'alors, les villes les mieux dotées à cet égard comptaient quelques kilomètres d'égouts établis sans vues d'ensemble, construits d'une façon peu rationnelle, mal entretenus et rarement curés; aucune, on peut le dire, pas même Paris, malgré les travaux importants exécutés depuis 1832, n'avait un véritable *réseau d'égouts* tel qu'on le conçoit maintenant.

En quelques années, l'immense superficie de Londres a été sillonnée de conduits souterrains établis d'après un plan d'ensemble admirablement étudié, et aboutissant à de grands collecteurs étagés qui, avec l'aide de puissantes usines de relèvement, ont été jeter à distance, dans la Tamise, toutes les déjections de la métropole britannique. C'est l'application la plus considérable du système qui a reçu le nom significatif de *Tout à l'égout*, et qui se répand de plus en plus parce qu'il est préférable à tous autres dans le cas général (1).

Presque en même temps, Belgrand traçait de main de maître les grandes lignes de l'assainissement de Paris, établissait le collecteur d'Asnières qui en constitue le grand émissaire, fixait les types si heureusement conçus, le mode de construction si rationnel et si économique des égouts de Paris, poursuivait l'exécution d'un magnifique ensemble de galeries partout accessibles, destinées à la fois à l'écoulement des eaux pluviales et ménagères, à la pose des conduites d'eau, au passage des fils télégraphiques, et en assurait le curage au moyen d'appareils remarquablement appropriés.

Les résultats obtenus ont été si merveilleux et si prompts que l'exemple donné par Londres et Paris a été immédiatement suivi dans la plupart des grandes villes; partout, en Angleterre d'abord, puis sur le continent, et peu à peu dans

1. Congrès international d'hygiène de Budapest (1894). M. Bechmann, rapporteur.

le monde entier, on a entrepris l'établissement de réseaux d'égouts, malgré l'importance des sacrifices qu'il a fallu s'imposer à cet effet. Berlin, Bruxelles, Francfort, Boston, Marseille, etc..., peuvent montrer avec une légitime fierté les grands et beaux ouvrages qui y assurent l'évacuation des eaux nuisibles.

Le progrès a été facilité par l'emploi de plus en plus répandu des canalisations de petit diamètre, disposées pour le curage automatique, et qui tendent à remplacer avantageusement les galeries étroites et surbaissées trop souvent admises autrefois pour l'établissement des égouts élémentaires (1).

52. Épuration des eaux d'égouts. — Mais, comme la réunion de toutes les déjections d'une grande ville dans un égout collecteur a pour résultat d'accumuler sur un point une masse énorme de matières organiques en décomposition, et d'y créer un foyer d'émanations insalubres, une conséquence naturelle de la création des réseaux d'égouts a été de mettre à l'ordre du jour l'épuration de l'immonde efflux des agglomérations urbaines chargé de tous les détritus de la vie et de l'industrie.

L'imagination des inventeurs s'est largement exercée à résoudre ce difficile problème, et le nombre est grand des procédés qui ont été proposés, essayés, préconisés, mis en œuvre sur une échelle plus ou moins considérable, pour la transformation ou l'utilisation des eaux d'égout. Peu de sujets ont eu le don de passionner à un aussi haut degré les ingénieurs, les médecins, les savants, les hygiénistes, les administrateurs ; les discussions ont été vives, ardentes, prolongées. Mais la lumière n'a pas tardé à en jaillir : et, si l'épuration de l'efflux urbain devient chaque jour une nécessité plus impérieuse (2), tous ceux qui ont étudié la question, sans idées préconçues, sont aujourd'hui d'accord pour reconnaître l'incontestable supériorité de l'action naturelle du sol perméable provoquée par l'épandage sous forme d'irrigations intermittentes et pour lui donner la préférence toutes les fois que les circonstances lo-

1. Congrès international d'hygiène de Budapest (1894). M. Bechmann, rapporteur.
2. Congrès international d'hygiène de Budapest (1894).

cales s'y prêtent et qu'on ne peut se contenter de la simple clarification ou de l'amélioration partielle que procurent à des degrés divers la plupart des traitements artificiels. Les belles expériences entreprises et poursuivies à Lawrence (États-Unis), dans la station d'essais de l'État de Massachusets, n'ont pas peu contribué à ce résultat.

53. Conclusion. — Ainsi donc le progrès est général : la consommation de l'eau potable, cet agent précieux de l'assainissement des villes, augmente partout dans des proportions jusqu'alors inusitées ; l'évacuation des eaux résiduaires, si nécessaire pour la salubrité des agglomérations urbaines, est l'objet d'améliorations considérables et incessantes ; enfin le succès a couronné les efforts tentés en vue de protéger les nappes d'eau superficielles contre la contamination par les déjections des villes.

Au milieu de la révolution scientifique et industrielle qui sera l'éternel honneur du XIXᵉ siècle, ce ne sera pas un des moindres titres de gloire de notre époque d'avoir posé les bases de la science sanitaire moderne et d'en avoir résolument appliqué les principes.

PREMIÈRE PARTIE

DISTRIBUTIONS D'EAU

CHAPITRE IV

LES BESOINS

SOMMAIRE :

LES BESOINS

§ 1.

QUANTITÉ D'EAU NÉCESSAIRE POUR L'ALIMENTATION

DES VILLES

54. Indétermination du problème. — La consommation de l'eau dans les villes est essentiellement variable, suivant les climats, les époques, les circonstances locales, les habitudes, etc. Ici, l'alimentation est assurée avec quelques litres d'eau par tête ; ailleurs, des centaines de litres sont gaspillés sans profit réel.

« Quoi de plus remarquable, disait Couche en 1883, que de voir
« Amsterdam au premier rang des villes d'Europe pour la propreté
« dans l'habitation, en ne distribuant par jour, à ses 350.000 habi-
« tants, que 16.000 ou 18.000 mètres cubes d'eau » (1), alors que la salubrité laisse bien à désirer dans la ville de Rome, qui reçoit 1.000 litres environ par habitant? Sens voit, depuis des siècles, 100.000 mètres cubes d'eau couler chaque jour dans ses rues, et n'en a pas moins réalisé, il y a quelques années, un progrès considérable en créant une canalisation destinée à fournir 600 mètres cubes à une population de 12.000 âmes.

« On peut répandre dans une ville une grande quantité d'eau, faire
« gonfler les ruisseaux de ses rues de manière à enlever les immon-
« dices qui s'y rassemblent, sans que, en définitive, les besoins de
« ses habitants soient parfaitement satisfaits..., et avec beaucoup
« d'eau rendre moins de services qu'avec une quantité infiniment
« moindre mieux distribuée. Là, comme ailleurs, l'intelligence, l'éco-
« nomie suppléent à l'abondance. La question d'une quantité d'eau
« nécessaire pour une ville d'une population déterminée ne com-
« porte donc pas de solution exacte, et on peut résoudre le problème
« de bien des manières différentes (2). »

1. Couche. *Les Eaux de Londres et d'Amsterdam*, Paris, 1883.
2. Dupuit. *Traité de la conduite et de la distribution des eaux*, Paris, 1855.

55. Mode d'évaluation. — On évalue le plus souvent la quantité d'eau consommée ou distribuée dans une ville en divisant le nombre de litres fournis chaque jour par le nombre d'habitants, c'est à-dire que l'on prend pour terme de comparaison la consommation ou l'alimentation totale par tête.

Il n'est cependant pas absolument rationnel d'admettre comme base unique de calcul le chiffre de la population. Dans bien des cas, en effet, l'usage qu'on fait de l'eau n'est pas proportionnel au nombre d'habitants ; s'il en doit être ainsi, jusqu'à un certain point pour la consommation domestique, ce serait plutôt d'après la superficie qu'il conviendrait de comparer les quantités d'eau employées dans les jardins ou sur les voies publiques, et il faudrait recourir à des données tout autres encore pour juger de l'importance relative des consommations industrielles.

On doit remarquer, du reste, que la dépense est nécessairement très différente, suivant que l'eau est mise à la portée même du consommateur, dans l'intérieur de l'habitation, à tous les étages, ou qu'il est obligé d'aller la puiser à distance, soit dans la cour, soit à la borne-fontaine de la rue, car « il en est de l'eau comme de toutes les bonnes choses de ce monde : plus on en consomme et plus on voudrait en consommer ; rien ne stimule plus la consommation que d'en avoir beaucoup sous la main » (1). La proportion du nombre d'abonnés, celle des logements distincts par maison, celle des habitants par logement, le système de tarification influent beaucoup aussi sur l'importance de la consommation générale dans toute distribution d'eau.

Quoi qu'il en soit, et sous réserve des observations qui précèdent, il faut se conformer à un usage désormais consacré, et c'est au chiffre de la population que seront rapportées toutes les indications de quantités d'eau qui vont être données ci-après.

56. Emplois divers de l'eau. — Pour arriver à se rendre compte d'une façon plus ou moins approximative de la quantité d'eau à distribuer dans une ville, il convient d'énumérer les usages divers auxquels il y a lieu de satisfaire.

Or, l'eau est utilisée dans la *maison*, dans la *rue*, dans les *usines*. Une distribution d'eau n'est complète que si elle assure le *service privé*, le *service public* et le *service industriel*.

Pour le service privé, la ration d'eau douce accordée aux matelots ou aux passagers, sur les navires en mer, va nous indiquer le

1. J. Arnould. *Nouveaux éléments d'hygiène*, 2ᵉ édit., Paris, 1889.

minimum absolu nécessaire à la vie de l'homme adulte : cette ration varie généralement entre 4 et 6 lires par jour pour les matelots ; elle est de 4 litres environ pour les émigrants sur les paquebots allemands ou anglais, et l'on admet que 2 litres doivent être consacrés à la boisson. Entre le minimum ainsi déterminé et la consommation de la maison moderne, surtout en Angleterre ou aux États-Unis d'Amérique, il y a un écart énorme, puisque, dans les villes très largement alimentées, cette consommation atteint et dépasse 100 litres. Rien n'est plus susceptible, en effet, de variation que l'emploi de l'eau dans l'habitation, et la petite quantité d'eau nécessaire pour étancher la soif n'est, le plus souvent, qu'une fraction insignifiante de la consommation totale. A la fois élément de propreté pour le lavage des personnes, des vêtements, des ustensiles et des matières premières de l'alimentation, agent d'assainissement pour l'entraînement rapide des détritus, matière indispensable à la cuisson des aliments et à l'entretien des jardins, objet de luxe quand elle alimente les fontaines d'ornement et les effets d'eau ou actionne les ascenseurs, l'eau se prête à mille services divers qui peuvent être plus ou moins développés, suivant les circonstances, le climat, la densité de la population, ses mœurs, sa richesse, etc., d'où les différences constatées d'une ville à l'autre et les divergences dans les appréciations des auteurs.

On sait que la consommation est d'ordinaire plus considérable dans les grandes villes que dans les petites, dans les quartiers riches que dans les quartiers pauvres ; dans une ville bien drainée, avec des maisons pourvues d'aménagements complets, salles de bains, water-closets, postes d'eau, etc., elle ne connaît d'autres limites que celles qui résultent de la dépense ou de la réglementation.

Le service public comprend le lavage des ruisseaux et des égouts en toute saison, l'arrosage des chaussées, trottoirs et contre-allées pendant les chaleurs, l'entretien des jardins publics, l'alimentation des fontaines de puisage et d'ornement, le service des incendies. On conçoit également que ses besoins ne puissent être appréciés d'une manière générale, car ils doivent varier avec l'étendue relative des voies publiques, leur largeur, le mode de revêtement des chaussées, la quantité de pluie, les exigences plus ou moins grandes de la population, etc. Mary admettait que le service public, à Paris, devait absorber 20 à 25 litres par habitant ; il indiquait encore ce chiffre, en 1868, dans son cours à l'École des ponts et chaussées : on y consacre plus de 100 litres aujourd'hui. Il est vrai de dire qu'aucune autre ville n'a poussé aussi loin jusqu'ici l'emploi de l'eau sur la voie publique ; beaucoup ne dépensent pas plus de 10 à 20 litres par jour

et par habitant pour l'ensemble des services de la rue. M. Frühling (1) compte dans les villes allemandes de 4 à 28 litres par tête et
de 0,7 à 3,7 pour 100 seulement de la consommation totale.

Pour le service industriel, les écarts sont naturellement plus grands
encore : presque nul dans certaines villes, ce service peut devenir
prépondérant ailleurs, et l'on ne saurait, à cet égard, donner aucune
indication générale. C'est une étude particulière à faire dans chaque
cas. Observons seulement que l'eau intervient dans l'industrie de
plusieurs manières : tantôt elle ne sert qu'aux lavages, tantôt elle est
employée comme dissolvant ou comme véhicule des matières utilisées dans les diverses opérations (sucreries, raffineries, teintureries,
tanneries, etc.), tantôt elle devient une matière première entrant
dans la composition des produits fabriqués (eaux minérales artificielles, brasseries, etc.). Dans les machines à vapeur, elle est l'agent
nécessaire à la production de la force motrice, quelquefois enfin elle
est employée en pression et fournit elle-même une force motrice
d'un autre genre.

57. Besoins correspondants. — *Service privé.* — Les chiffres
élémentaires qui avaient été autrefois admis à Paris pour l'évaluation de la consommation privée, par les arrêtés préfectoraux du 9
mars 1863 et du 7 juin 1864, et qui sont reproduits ci-dessous, semblent ne pas s'écarter encore beaucoup de la vérité :

Par jour et par personne domiciliée.	45 litres.
Par jour et par ouvrier.	5 —
Par jour et par élève ou militaire.	20 —
Par jour et par cheval.	100 —
Par jour et par vache.	100 —
Par jour et par voiture à 2 roues	40 —
Par jour et par voiture à 4 roues de luxe.	150 —
Par jour et par voiture à 4 roues de louage . . .	75 —
Par jour et par mètre carré d'allée, cour.	6 —
Par jour et par boutique.	150 —
Par jour et par mètre carré de gazon, allées de jardin, potager, massif de fleurs :	
de 1.000 à 2.000 mètres.	3 —
de 2.000 à 5.000 mètres	2 —
de 5.000 à 10.000 mètres et au delà	1 —
Par bain.	300 —

A Londres, en 1850, MM. Haywood et Simon admettaient que la
consommation des personnes variait suivant la condition plus ou
moins aisée des habitants, entre 55 litres et 15, et qu'elle était en
moyenne de 30. Depuis elle a augmenté sans nul doute, et M. W.
Humber, dans un traité sur les distributions d'eau, paru en 1876,

1. *Wasserversorgung und Entwässerung der Städte*, Leipzig, 1893, page 69.

comptait que, pour satisfaire à tous les besoins des personnes, il fallait 45 litres d'eau par tête, à la condition qu'il n'y eût pas de pertes ou de gaspillage. M. Rankine demandait de 40 à 70 litres. Dans la dernière enquête à laquelle a procédé, en 1892, la Commission royale des Eaux, M. Baldwin Latham évaluait encore à 15 gallons, soit 68 litres, la totalité des besoins du service privé.

MM. König et Poppe admettaient, en 1878, les bases suivantes pour l'Allemagne :

Par jour et par personne.	25 litres.
Par jour et par cheval	75 —
Par jour et par voiture à 2 roues	40 —
Par jour et par voiture à 4 roues . . . :	70 —

et M. Frühling, en 1893, propose de compter sur 35 à 51 litres par tête et d'envisager comme probable dans l'avenir une consommation de 55 à 71 litres (1).

Darcy comptait déjà, en 1856, qu'une ville devrait consacrer à la totalité des besoins du service privé 90 litres par jour. Il ne paraît pas que cette évaluation, alors fort large, doive être quant à présent sensiblement dépassée.

M. Fanning, dans son traité sur les distributions d'eau, qui a paru à New-York en 1882, ne demande pas plus pour les villes des Etats-Unis, où cependant la consommation dans la maison est si développée.

Service public. — Le désaccord est plus grand pour le service public. M. W. Humber ne demande que 5 litres par tête d'habitant, et M. Rankine, 15 pour le lavage des rues, le curage des égouts et le service des incendies dans les villes anglaises. M. Grahn, d'après une statistique faite sur les 80 villes les plus importantes de l'Allemagne, trouvait, en 1878, que la dépense d'eau du service public ne dépassait pas 11 litres : elle ne paraît pas y avoir sensiblement augmenté depuis lors. M. Fanning admet pour les Etats-Unis une consommation de 15 à 20 litres pour les fontaines de puisage et d'ornement, un demi-litre pour les incendies, et 45 litres pendant un tiers de l'année pour le lavage et l'arrosage des rues, soit en moyenne 30 à 65 litres.

A Paris, la dépense moyenne dépasse 100 litres et peut aller jusqu'à 150 : on y lave en toute saison les caniveaux deux fois par jour au moins, et cela dans toutes les rues sans exception ; on arrose abondamment les chaussées fréquentées pendant six mois de l'année et l'on emploie jusqu'à 6 et 7 litres par mètre carré à cet usage : tous les urinoirs publics sont lavés jour et nuit par un courant d'eau ;

---

1. *Wasserversorgung und Entwässerung der Städte*, page 72.

les jardins publics sont luxueusement entretenus, les fontaines publiques sont nombreuses et bien alimentées, etc.

Les bouches de lavage sont réglées, à Paris, de manière à débiter 1 litre 75 par seconde. On peut admettre qu'une borne-fontaine doit débiter un demi-litre à 1 litre, une bouche d'incendie ordinaire 2 à 5 litres et pour pompe à vapeur 10 à 30 litres.

Pour donner une idée du débit des fontaines monumentales, voici quelques indications au sujet des plus connues parmi celles qui existent à Paris :

Fontaine Saint-Michel.	44 litres	par seconde.
— de la place du Châtelet.	20	—
— des Innocents	37	—
Fontaines de la place du Théâtre-Français (chacune).	18	—
— de la place de la Concorde (chacune). . .	50	—
Jet d'eau du grand bassin des Tuileries	25	—
Gerbes du Palais-Royal, de la place Soufflot.	25	—
— de la place du Trocadéro.	240	—
Cascade du Parc de Montsouris	45	—
Grande cascade des Buttes-Chaumont.	80	—
Cascade et effets d'eau du Trocadéro	400	—
Fontaine lumineuse du Champ de Mars en 1889. . .	350	—

On ne dépense pas moins de 18.000 à 20.000 mètres cubes d'eau par jour, à Paris, pour le service des fontaines d'ornement alimentées en eau de l'Ourcq, qui cependant fonctionnent seulement de 11 heures du matin à la nuit ; c'est 9 litres environ par habitant. Les dimanches et jours de fêtes, la dépense s'augmente du débit des fontaines alimentées en eau de rivière et atteint 35.000 mètres.

A Rome, la fontaine de Trévi dépense 200 litres par seconde, celles de la place Saint-Pierre 75 litres chacune, et toutes les fontaines monumentales, dont l'écoulement est constant et ininterrompu, débitent 64.000 mètres cubes par 24 heures.

Service industriel. — Pour l'évaluation des consommations industrielles nous indiquerons seulement les chiffres élémentaires suivants :

Machines à vapeur :		
par cheval et par heure.	20 à 35 litres.	
— avec condensation.	200 à 800 —	
Brasseries :		
par litre de bière.	5 —	

M. W. Humber compte de 6 à 45 litres par tête pour la totalité des consommations industrielles dans une ville anglaise ; M. Rankine 30 ; M. Grahn admet, pour l'Allemagne, que le service industriel absorbe en moyenne un quart de la consommation totale, M. Frühling de 15 à 40 litres ; aux États-Unis, M. Fanning indique de 20 à 60 litres.

58. Consommation totale. — L'ensemble des besoins d'une ville était évalué par Darcy, en 1865, à 150 litres par habitant.

Dans des livres plus récents, on trouve encore des chiffres peu différents : M. W. Humber donnait, en 1876, comme limites inférieures et supérieures de la consommation totale des villes anglaises 70 litres (Norwich) et 240 litres (Glasgow) ; MM. König et Poppe, en 1878, indiquaient précisément encore la consommation de 150 litres comme une excellente moyenne pour les villes d'Allemagne. M. Frühling, en 1893, ne demandait même que 55 à 135 litres (1) pour l'Allemagne et M. Fanning, en 1882, pour les Etats-Unis, où l'usage de l'eau dans les maisons est plus général, de 140 à 250 litres.

On a trouvé, en 1892, que la consommation moyenne dans les 449 villes françaises de plus de 5.000 habitants dotées d'une distribution d'eau s'élevait à 111 litres seulement (2). D'après un relevé statistique dressé en 1891, les grandes villes d'Allemagne ne consommeraient, en moyenne, que 98 litres et sans l'appoint de Hambourg, 82 litres seulement : à Berlin, en 1895, la consommation a été de 68 litres. Londres dépensait 140 litres par habitant, en 1892, et devant la Commission royale des eaux, M. le professeur Robinson évaluait les besoins à ce même chiffre, tandis que M. Hawksley les réduisait à 105 litres. Mais Paris dépasse 210 litres, Boston et New-York 280, Chicago 500.

Il convient de remarquer d'ailleurs que tous ces chiffres se rapportent à la *consommation réelle* et à la *moyenne* de cette consommation dans l'année. Aussi, serait-ce commettre une erreur grave que de croire les besoins d'une ville entièrement satifaits, le jour où elle serait pourvue d'une *alimentation* qui ne lui assurerait pas un débit journalier notablement supérieur. Toute distribution doit être conçue de manière à parer aux *variations* inévitables de la consommation, ainsi qu'aux *pertes* de la canalisation et au *gaspillage*, qu'il est impossible de supprimer entièrement. Ce sont là trois éléments dont il faut tenir soigneusement compte dans les études relatives à l'alimentation des villes.

59. Variations annuelles, hebdomadaires et diurnes de la consommation. — En dehors, en effet, des différences qu'on constate dans la consommation d'eau d'un pays ou d'une localité à l'autre, et qui s'expliquent par les conditions climatériques ou les

1. Page 72.
2. Soc. de méd. publique. *Enquête statistique sur l'hygiène urbaine dans les villes françaises*. M. Bechmann, rapporteur.

habitudes diverses de la population, il en est d'autres qui se produisent dans chaque localité suivant les époques de l'année, les jours de la semaine, les heures de la journée.

Les variations *annuelles* sont dues, surtout, aux changements de température dans les diverses saisons : la chaleur surexcite la consommation en général, le froid la ralentit. Cela est si vrai que, lorsqu'on recherche la loi de ces variations et qu'on la compare à celle des températures, on est souvent frappé de leur analogie. Sur le diagramme ci-contre, on a tracé deux courbes qui représentent, l'une un relevé fait sur 250 compteurs pris au hasard dans Paris, pendant l'année 1884, et l'autre les oscillations du thermomètre durant cette même année ; le quasi parallélisme des deux courbes dans la partie médiane est assurément remarquable.

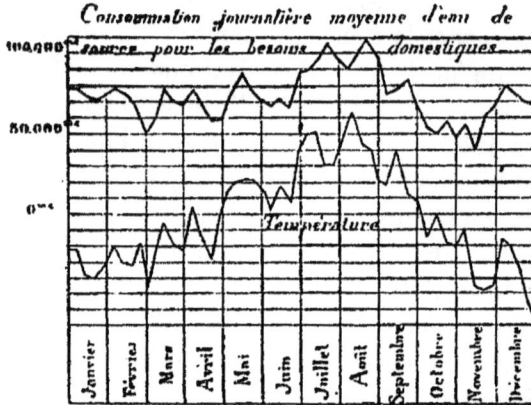

L'amplitude des variations annuelles est évaluée, par MM. König et Poppe, à 7 0/0 ; par M. Fanning, à 17 0/0 de la consommation moyenne, tantôt en plus, tantôt en moins ; ce dernier ajoute que la consommation peut augmenter de 30 0/0 pendant quelques semaines, de 50 0/0 pendant plusieurs jours, de 100 0/0 pendant quelques heures dans le courant de chaque année. M. Couche, ingénieur en chef des eaux de Paris, a démontré qu'au mois de juillet 1881 le service privé a momentanément absorbé, durant quelques journées de chaleur, trois et quatre fois la quantité d'eau qui lui suffisait d'ordinaire. Or, si l'on remarque que souvent les sources d'alimentation ont elles-mêmes un débit variable, suivant les époques de l'année, de telle sorte que le minimum de l'alimentation peut correspondre au maximum de la consommation, on comprendra aisément l'importance qu'il faut attacher aux variations annuelles, dans l'évaluation des quantités d'eau nécessaires pour une distribution d'eau.

Les variations *hebdomadaires* doivent être attribuées aux habitudes de la population. De tout temps, à Paris, on a constaté que les premiers jours de la semaine correspondent à une consommation plus faible, et les derniers à une consommation plus élevée. De même, la diminution résultant de la fermeture des ateliers le dimanche compense, et au delà, l'excédent de la dépense faite pour le service des fontaines monumentales. M. Fanning indique une amplitude de 10 0/0 en plus ou en moins pour les variations hebdomadaires.

Quant aux variations *diurnes*, elles résultent nécessairement de la plus ou moins grande activité de la consommation, suivant les heures du jour et de la nuit. Presque toujours, il se produit un maximum entre 7 et 10 heures du matin, un minimum vers midi, un second maximum de 4 à 6 heures du soir, puis une diminution continue jusqu'au second minimum, vers le milieu de la nuit. M. Fanning indique pour ces variations une amplitude de 37 0/0. D'après M. Wolffhügel, la consommation, au moment du maximum, atteindrait le double de la moyenne, et elle serait des deux tiers de la dépense totale du jour, entre 8 heures du matin et 6 heures du soir.

Les réservoirs et les tuyaux de distribution d'eau doivent se prêter aux variations hebdomadaires et diurnes de la consommation, et il faut les calculer en conséquence, non pas sur la moyenne, mais en vue du maximum de la quantité d'eau à distribuer : l'ingénieur allemand Thiem donne aux conduites un débit horaire égal au dixième du volume distribué dans les vingt-quatre heures, et d'après M. Frühling (1) le tiers de ce même volume serait la capacité minima qu'il conviendrait de donner au réservoir compensateur dans un service d'eau doté d'une alimentation constante et régulière.

Observons, en passant, que la loi des variations annuelles ou horaires doit être étudiée dans chaque cas spécial, car elle diffère très notablement d'une distribution à une autre. C'est ainsi, par exemple, que dans les pays froids il se produit fréquemment un maximum de consommation au plus fort de l'hiver, parce qu'on a soin de maintenir alors de petits écoulements dans tous les appareils, pour éviter la congélation.

60. Pertes. — Il n'y a pas de distribution où il ne se produise des pertes, dues à l'imparfaite étanchéité de la canalisation et des appareils. Quelque soin que l'on apporte au réseau des conduites publiques, à quelque surveillance qu'on soumette les installations privées, il est impossible de les éviter. On ne connaît pas de système de joint qui résiste indéfiniment à la pression de l'eau, point de robinets ou d'appareils qui ne s'usent ; au bout d'un temps plus ou moins long, des filets d'eau s'échappent çà et là par les fissures des

1. *Wasserversorgung...*, page 81.

joints et le jeu résultant de l'usure dans tous les appareils en vient
à livrer passage à de petits écoulements, insignifiants s'ils sont isolés, mais qui, vu leur nombre, finissent par prendre de l'importance.

Le contrôle le plus sévère, l'emploi des types les plus perfectionnés, l'entretien le plus minutieux ne peuvent que réduire les pertes
— et il y a moyen d'obtenir à cet égard des résultats fort intéressants
— mais jamais les supprimer entièrement.

« Il est généralement admis, dit le professeur Nichols (1), par
« les personnes chargées des distributions d'eau, que les pertes at-
« teignent 25 à 50 0/0 de la quantité d'eau dépensée. »

61. Gaspillage. — Le *gaspillage*, c'est-à-dire l'emploi de l'eau
sans but et sans utilité, est extrêmement fréquent : un cantonnier
qui laisse une bouche d'eau ouverte, et ne profite pas du courant
d'eau qui s'en échappe pour laver le caniveau correspondant, commet un gaspillage impardonnable ; gaspillage encore le calage d'un
robinet, pratiqué afin d'obtenir un écoulement continu, soit en été
sous prétexte de rafraîchir l'air, soit en hiver pour prévenir la gelée ;
gaspillage l'ouverture permanente des effets d'eau dans des établissements, tels que les écoles, où une population nombreuse s'agglo-
mère pendant le jour, mais qui sont déserts pendant la nuit. Sans
doute, il faut répandre l'eau à profusion, et il serait contraire aux
principes les plus élémentaires de l'hygiène d'en limiter l'usage ;
mais, comme il n'est point de ville qui dispose d'une alimentation
indéfinie, et qui puisse se procurer de l'eau sans dépenses presque
toujours considérables, on ne peut nulle part tolérer que l'usage
dégénère en abus.

L'introduction du *compteur*, qui enregistre l'eau à son passage et
permet de proportionner la redevance à la quantité consommée,
suffit le plus souvent pour donner à cet égard d'excellents résultats.
M. Wolffhügel montrait, en 1882, la consommation se maintenant
entre 60 et 90 litres à Berlin et Breslau avec les compteurs, tandis
qu'elle s'élevait de 140 à 220 litres dans les villes de Francfort,
Magdebourg, Dusseldorf, où la distribution se faisait à robinet libre.
A Paris, le gaspillage prenait, vers 1881, un développement inquié-
tant ; l'emploi des compteurs a si bien réussi à l'enrayer que, pendant plusieurs années, sans avoir rien ajouté à l'alimentation du
service privé, on a pu satisfaire sans peine aux besoins constamment croissants de la consommation. Tous les ingénieurs améri-

1. *Water Supply.* New-York, 1883, p. 195.

cains s'accordent à reconnaître que le gaspillage, encouragé par
l'absence de compteurs, est la cause principale de l'énorme consommation constatée dans certaines villes des Etats-Unis.

62. Augmentation progressive de la consommation. —
C'est un fait observé dans toutes les distributions d'eau modernes,
que la consommation augmente sans cesse et suit une marche beaucoup plus rapide que l'accroissement de la population.

Il résulte du diagramme ci-après, relatif à Paris, que, dans une
période de trente-cinq ans, la consommation moyenne totale, par
jour, a passé de 114.000 mètres cubes à 533.000, tandis que la population s'est accrue de 1.696.741 habitants à 2.500.000. Elle a presque quintuplé, pendant que la population augmentait de 40 0/0 seulement. L'eau était employée à raison de 67 litres par tête, en 1861,
et l'on en a consommé 216 en 1895.

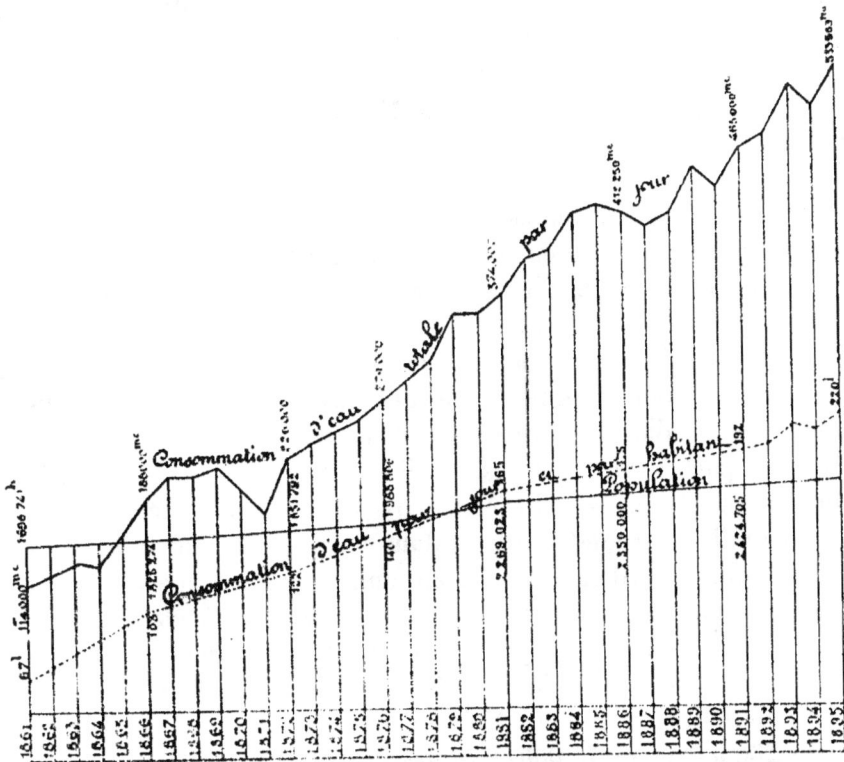

D'après M. Fanning, à New-York, la consommation par habitant
a augmenté en dix ans de 70 0 0, à Louisville, Chicago, Brooklyn.
Cleveland, de 100 0 0.

On conçoit, en effet, que, lorsqu'une distribution d'eau est récente, les anciens moyens d'alimentation continuent de fournir de
l'eau pendant un certain temps, que les habitudes de parcimonie,
motivées par la difficulté avec laquelle on se procurait l'eau antérieurement, ne s'effacent pas immédiatement : ce qui est considéré
d'abord comme un luxe devient peu à peu un besoin pour les classes
riches, puis pour la population entière ; enfin, des usages nouveaux
surgissent, grâce à la facilité et à l'économie qu'on trouve à les satisfaire par l'emploi de l'eau.

« Lors donc qu'on projette une distribution d'eau, il faut tenir
« compte dans une juste mesure des besoins présents et des besoins
« à venir. » (Dupuit). Et pour ces derniers on doit non seulement
calculer l'accroissement probable de la population, mais encore la
progression possible de la consommation par tête : c'est ainsi qu'à
Londres, où la transformation du système d'alimentation est à l'ordre du jour, certains ingénieurs ont pris, comme point de départ, le
volume nécessaire pour alimenter dans cinquante ans, à raison de
180 litres par tête, une population de **12 millions** d'habitants, alors
que la consommation actuelle est de 159 litres pour un peu plus de
5 millions.

63. Calcul de l'alimentation nécessaire. — Suivant qu'on
se préoccupe plus ou moins des diverses causes de variation et de
majoration qui viennent d'être signalées, suivant qu'on se propose
de satisfaire aux besoins immédiats ou à ceux d'un long avenir, on
se trouve naturellement conduit à admettre des chiffres sensiblement différents pour l'alimentation des villes. De là, des divergences importantes dans les évaluations des auteurs.

D'autre part, on ne doit pas oublier que la consommation, par
habitant, est, en général, plus élevée dans une très grande ville que
dans une ville de second ordre, et dans celle-ci que dans une petite
ville. L'ingénieur allemand Salbach compte 50 à 100 litres pour les
agglomérations de moins de 5.000 habitants, 120 au delà ; 150 à
200 litres pour les villes importantes. M. Fanning demande, pour
l'alimentation des villes de 10.000 habitants, 140 à 200 litres par
tête ; pour celles de 20.000, 170 à 230 ; de 30.000, 200 à 280 ; de
50.000, 250 à 320 ; de 75.000 et au-dessus, 260 à 450 ; les faits observés paraissent démontrer qu'il y a dans cette progression rapide
un peu d'exagération et il semble bien qu'avec les compteurs on peut
se tenir sensiblement au dessous des chiffres qui précèdent.

En France, on admet encore généralement que 200 à 250 litres, par tête, suffisent pour une large alimentation. Cependant, ce chiffre est jugé trop faible pour Paris, pour Lyon..., il est depuis longtemps et de beaucoup dépassé à Marseille, Grenoble, Besançon, etc.

En Angleterre, on s'accorde pour ne pas réclamer une alimentation plus abondante.

En Allemagne, MM. König et Poppe ont admis qu'une bonne distribution d'eau doit compter 150 à 170 litres, dont 25 en eau destinée à la boisson. M. Bürkli demande de 135 à 270 litres.

Néanmoins, M. Huet disait déjà, en 1878 : « Lorsque le service « public aura pris dans les villes d'Angleterre le développement « qu'il a dans les principales villes de France, et que, en France, « les besoins domestiques seront devenus ce qu'ils sont en Angle- « terre et en Amérique, la consommation s'élèvera facilement de « part et d'autre à 300 ou 400 litres par habitant. »

64. Données statistiques. — Voici, d'ailleurs, d'après des in dications récentes, quelle est l'importance de l'alimentation dans un certain nombre de villes de France et de l'étranger.

FRANCE

Noms des villes	Population	Alimentation par habitant et par jour	Observations
	—	—	
		lit.	1892
Grenoble.............	60.855	1.000	Enquête statistique sur
Bar-le-Duc	18.542	850	l'hygiène urbaine dans
Marseille............	406.919	765	les villes françaises.
Cannes	27.761	750	Bulletin de la Société de
Clermont-Ferrand	50.119	721	médecine publique et
Montélimar..........	13.873	700	d'hygiène profession-
Besançon	56.509	460	nelle.
Dieppe..............	22.771	410	
Valence.............	19.212	400	
Arcachon	7.910	320	
Montluçon..........	27.868	300	
Tarbes	25.646	300	
Beaune	11.421	250	
Nimes..............	71.623	250	
Rennes	61.139	240	
Nancy..............	79.038	220	
Bordeaux......	252.654	218	
Saint-Étienne........	133.443	210	
Paris	2.500.000	200	216 en 1895.
Ajaccio	17.565	200	
Caen....	46.417	200	
Cherbourg	37.013	200	
Epinal.............	20.932	200	
Montpellier	62.011	200	
Foix...............	7.418	190	
Périgueux	31.906	188	
Boulogne-sur-Mer.....	44.906	175	

FRANCE (*Suite*).

Noms des villes	Population	Alimentation par habitant et par jour	Observations
		lit.	
Auxerre.............	17.456	150	
Toulon.............	77.747	150	
Tours..............	60.335	150	
La Rochelle........	26.808	142	
Pau................	30.624	132	
Limoges............	68.477	130	
Morlaix............	16.013	125	
Albi...............	20.894	123	
Rouen.............	107.000	120	
Troyes.............	48.073	120	
Lyon...............	401.930	116	
Orléans............	63.705	115	
Amiens.............	83.400	110	
Dijon..............	65.300	100	
Gap................	11.621	100	
Le Havre...........	116.000	100	
Nevers.............	25.000	100	
Toulouse...........	148.220	100	
Angers.............	73.270	90	
Angoulême.........	34.647	85	
Chartres...........	21.903	85	
Le Mans...........	58.346	85	
Nice...............	97.720	80	
Lorient............	42.488	72	
Avignon...........	43.453	70	
Poitiers...........	34.600	65	
Bourges...........	45.342	55	
Elbeuf.............	22.104	55	
Nantes.............	125.000	50	
Saint-Malo.........	9.256	50	
Versailles..........	53.327	45	
Chateauroux........	20.000	40	
Perpignan..........	33.878	38	
Toul...............	12.352	35	
Mont-de-Marsan.....	12.031	33	
Bourg..............	18.968	30	
Langres............	10.719	30	
Saint-Brieuc........	20.202	20	
Mâcon.............	19.573	15	
Aurillac............	14.613	12	
Brest..............	70.778	12	
Digne..............	7.261	10	

ANGLETERRE

Noms des villes	Population	Alimentation par habitant et par jour	Observations
Aberdeen...........	125.560	270	Cong. d'hyg. Londres, 1891.
Glasgow............	840.000	225	—
Dublin.............	327.000	200	Hazen, 1894.
Newcastle..........	370.000	180	Cong. d'hyg. Londres, 1891.
Edimbourg.........	261.261	168	—
Londres............	5.633.332	159	Rœchling.
Belfast............	255.896	153	Cong. d'hyg. Londres, 1891.
Leeds..............	367.506	150	—
Birmingham.........	478.116	115	—
Manchester.........	505.343	114	—
Bournemouth.......	37.650	114	—
Liverpool...........	517.951	112	Engin. Record, 1892.

ANGLETERRE (Suite).

Noms des villes	Population	Alimentation par habitant et par jour	Observations
—	—	lit. —	—
Bristol...............	221.665	100	Cong. d'hyg. Londres, 1891.
Cardiff................	128.849	100	—
Richmond............	22.684	95	—
Ramsgate............	24.676	91	Rœchling.
Birkenhead..........	99.184	91	—
Darlington	38.060	86	—
Leicester............	142.051	77	—
Hastings	52.340	73	—
Stamford............	8.358	68	—

ALLEMAGNE

Hambourg..........	583.700	218	1892. Rœchling.
Lubeck	67.000	222	1894. Gesundheidts — Ingén.
Augsbourg..........	78.000	212	1892. Rœchling.
Cologne.............	265.000	164	—
Munich	373.000	152	—
Francfort-sur le-Mein.	191.000	142	—
Danzig...............	123.400	97	—
Magdebourg.........	220.740	94	—
Stuttgart............	144.800	85	—
Brème	140.100	84	—
Wiesbaden..........	68.470	84	—
Breslau	342.000	83	—
Dresde..............	295.700	82	—
Halle	122.000	80	—
Nuremberg..........	153.900	70	—
Berlin..............	1.700.000	68	1895.
Hanovre	204.700	62	1892. Rœchling.
Leipzig..............	378.000	60	—
Aix-la-Chapelle......	125.250	48	—
Erfurt	73.660	46	—

ÉTATS-UNIS

Alleghany...........	105.287	900	Rafter et Baker, 1894.
Buffalo..............	255.664	700	—
Détroit.............	205.876	600	—
Washington.........	230.392	590	—
Chicago.............	1.099.850	530	—
Philadelphie	1.046.964	500	—
Memphis............	64.495	470	—
Cincinnati..........	296.908	424	—
Baltimore..........	434.439	360	—
Boston..............	448.477	305	—
New-York...........	1.515.301	300	—
Saint-Louis.........	451.770	280	—
Rochester..........	133.896	255	—
San Francisco.......	298.997	230	—
Providence..........	132.146	180	—
Nouvelle-Orléans	242.039	140	—
Fall River..........	74.398	107	—

DIVERS

Rome...............	437.419	1.000	
Québec	85.000	568	Rœchling.
Bombay.............	810.000	230	—
Genève.............	70.000	230	Frühling (1893).
Zurich..............	80.000	225	—

DIVERS (*Suite*).

Noms des villes	Population	Alimentation par habitant et par jour.	Observations
		lit.	
Naples...............	481.500	200	Masoni (1895).
Rotterdam...........	240.000	200	Hazen (1894).
Bucarest.............	200.000	200	
Pétersbourg.........	960.000	150	Hazen (1894).
Sydney..............	423.600	145	Engineering (1895).
Buenos-Ayres.......	680.000	130	Génie civil (1896).
Mexico..............	326.394	130	Salazar (1893).
Florence............	192.000	79	Amerigo Raddi (1896).
Bruxelles...........	489.500	75	Putzeys (1893).
Vienne..............	1.365.000	75	
Amsterdam..........	515.000	75	Hazen (1894).
Odessa..............	300.000	73	Roechling.
Turin...............	314.000	70	(1890).
Shangaï.............		45	Roechling.
Venise..............	130.000	40	
Athènes.............	110.000	33	Quellennec (1890).
Trieste.............	120.000	22	(1896).
Messine.............	100.000	21	(1890).

§ 2.

QUALITÉS DE L'EAU DESTINÉE A L'ALIMENTATION DES VILLES

65. Eau pour la boisson. — L'eau destinée à la boisson, à laquelle s'applique plus particulièrement la dénomination usitée d'*eau potable* (en allemand, *Trinkwasser*), doit pouvoir être consommée dans l'état même où elle sort des conduites publiques.

Tel est l'axiome posé par Belgrand (1), et il en déduit que, sans préparation aucune, l'eau doit être *salubre* et agréable à boire, c'est-à-dire *limpide*, *fraîche*, sans saveur ni odeur.

L'eau chimiquement pure n'existe pas dans la nature, et toutes les eaux que l'on peut recueillir pour l'alimentation sont plus ou moins chargées de *gaz* dissous provenant de l'atmosphère, de *matières solides* en suspension ou en dissolution empruntées aux couches superficielles ou profondes du sol, et souvent d'impuretés résultant de la décomposition des *matières organiques* animales ou végétales, enfin, d'*organismes microscopiques*, algues ou microbes.

Une eau doit être considérée comme *salubre* si elle ne contient aucun élément reconnu nuisible à la santé. Mais, pour qu'elle soit

1. *La Seine*, p. 457.

acceptée sans défaveur, il faut de plus qu'elle soit manifestement dépourvue de tout mélange répugnant, mise à l'abri de toute contamination possible. « L'eau potable, comme la femme de César, ne « doit pas même être soupçonnée. » (Arago).

L'instinct naturel de l'homme le porte à rechercher une eau aussi pure que possible. Il consulte d'abord l'odorat, qui lui décèle la présence de très petites quantités de substances sulfhydriques ou ammoniacales ; le goût, qui lui fait rejeter toute eau fade, salée ou douceâtre. Mais bien des impuretés échappent à l'un et à l'autre sens ; aussi attache-t-il une importance primordiale à la limpidité, qui est le signe le plus apparent de la pureté de l'eau. Une eau est *limpide* « lorsqu'elle laisse voir distinctement les moindres objets dans des « profondeurs de 3 à 4 mètres. » Une très petite quantité d'argile en suspension suffit pour rendre l'eau *louche,* puis *trouble.*

Vue dans des vases de faible profondeur, l'eau pure est parfaitement incolore ; mais lorsque la profondeur atteint 2 à 3 mètres, elle prend une coloration très nette et d'un beau bleu d'azur. Les eaux qu'on rencontre dans la nature n'ont pas toujours cette couleur ; elles prennent souvent une teinte verte d'un ton plus ou moins franc, qui peut passer au vert jaunâtre, au jaune et même au brun.

Une eau chaude ou tiède en été n'est pas agréable à boire, et le consommateur aura tendance à lui préférer une eau moins pure mais plus fraîche ; une eau froide n'est jamais absorbée sans danger. « *Optimæ sunt quæ et hieme calidæ fiunt, æstate vero frigidæ* » telle était déjà l'indication d'Hippocrate. On dit que l'eau est *fraîche* « lorsque sa température est en toute saison peu différente de la « température moyenne de la localité. A Paris, les limites de la frai- « cheur sont comprises entre 9° et 14° centigrades. Dans le Sahara, « l'eau paraît très fraîche à 23° (1) ».

66. Eau pour les usages domestiques. — Pour la plupart des autres usages domestiques, il n'est pas indispensable que l'eau soit limpide ni fraîche ; mais elle doit toujours être salubre.

L'emploi qu'on en fait pour la toilette et les bains la met en contact direct avec le corps ; elle pénètre dans les pores de la peau, et. pour peu qu'elle renferme des impuretés, il se pourrait qu'elle eût une influence fâcheuse sur la santé : son action serait alors particulièrement à redouter si elle venait à rencontrer quelque partie du corps où la chair fût mise à nu par la moindre blessure.

1. Belgrand, *la Seine*, p. 458.

Lorsqu'elle est utilisée pour le lavage des vêtements ou des diverses parties de la maison, elle se trouve exposée à une évaporation rapide : les germes pernicieux, si elle en contient, se déposent alors sur les planchers, les vitres, les combles, d'où ils peuvent se répandre dans l'atmosphère et pénétrer dans l'organisme par la voie de la respiration.

Comme la police de sûreté, dit un hygiéniste allemand, M. Wolff-hügel, a le devoir d'empêcher l'introduction de matières explosibles ou inflammables dans les maisons pour la sécurité des habitants et du voisinage, de même l'hygiène publique doit veiller à la salubrité de l'habitation, afin que la négligence de quelques-uns ne rende pas illusoires les efforts faits dans l'intérêt de tous ; pour cela, aucun moyen n'est plus efficace qu'une distribution publique fournissant en abondance dans la maison une eau salubre, aussi bien pour les lavages que pour la boisson.

Il est de plus nécessaire que l'eau ne soit pas *dure*, c'est-à-dire ne contienne pas une quantité notable de sels calcaires ou magnésiens, afin de cuire les légumes sans les durcir et surtout de se prêter économiquement au lavage du linge. La chaux et la magnésie ont, en effet, la fâcheuse propriété de former avec les acides gras des composés insolubles qui durcissent par la cuisson. Ces composés, lorsqu'ils prennent naissance dans la préparation des aliments, en rendent la digestion difficile. Ils se précipitent sous forme de *grumeaux* quand on dissout le savon dans l'eau, d'où résulte une perte de savon proportionnée à la quantité de sels contenus dans l'eau.

67. Eau pour le service public. — Le service public n'a évidemment pas les mêmes exigences et l'on peut laver les ruisseaux et faire des chasses dans les égouts avec des eaux plus ou moins impures, troubles, colorées ou chargées de matières solides, sans aucun inconvénient.

Cependant une eau *claire*, sinon limpide, sera d'un meilleur effet dans les vasques des fontaines publiques et donnera une idée plus haute des soins apportés à tout ce qui concerne la salubrité. Elle aura, d'autre part, l'avantage d'éviter l'usure trop rapide des appareils et les nettoyages trop fréquents. Une eau très *calcaire* a l'inconvénient de former sur la paroi des conduites des dépôts qui en restreignent le débit et augmentent les pertes de charge ; le jeu des appareils de la distribution ne tarde pas à s'en ressentir et le *tartre* rend l'entretien particulièrement difficile. Enfin, pour l'arrosage des rues, trottoirs, allées, on ne doit employer qu'une eau salubre, car en lançant cette eau en pluie, en l'exposant à l'évaporation sur de grandes surfaces, on la met en contact avec l'atmosphère et l'on diffuse nécessairement les germes malfaisants qu'elle peut contenir.

Il n'est pas question ici de l'eau fournie par les *bornes-fontaines* et les *fontaines de puisage*, qui doit être considérée comme destinée à la consommation domestique et présenter à ce titre tous les caractères de l'eau potable.

68. Eau dans l'industrie. — Quant à l'eau employée dans l'industrie, elle doit présenter, suivant les cas, des qualités diverses. On peut dire toutefois d'une manière générale qu'on préférera presque toujours celle qui contient peu ou point de matières solides en suspension ou en dissolution.

Dans les lavoirs, dans les fabriques de tissus, dans les teintureries, etc., on évitera les eaux *calcaires*, qui ont une fâcheuse action sur le savon et les couleurs ; les eaux *ferrugineuses* qui donnent lieu à des taches de rouille ; dans les raffineries de sucre, les eaux *nitratées* qui ne sont pas favorables à la cristallisation.

Pour la confection des maçonneries, on rejettera une eau chargée de chlorures ou autres sels déliquescents, qui, par leur propriété d'absorber la vapeur d'eau contenue dans l'air, entretiennent l'humidité des murs, ou de substances azotées, qui provoquent la formation du nitrate de chaux ou salpêtre, si nuisible à la conservation des bâtiments.

La présence de matières organiques et surtout de micro-organismes est à redouter dans toutes les industries qui reposent sur une fermentation, comme la boulangerie, la tannerie et la fabrication de la bière.

Pour l'alimentation des chaudières destinées à la production de la vapeur, on recherche les eaux les moins riches en sels calcaires, parce que ces sels se déposent sur les parois et y forment des *incrustations*, dont on a grand'peine à se débarrasser, même par des extractions fréquentes et par l'emploi préventif de substances dites *désincrustantes*, et qui finissent toujours par rendre nécessaire travail de détartrage à la main, long et onéreux.

69. Substances utiles ou nuisibles à la santé. — Dans l'état actuel de la science, on ne saurait guère indiquer, d'une manière nette et précise, parmi les substances si variées que les eaux naturelles renferment en petites quantités, celles qu'il faut rechercher comme *utiles* à la santé, celles qu'il faut éviter comme *nuisibles* et les proportions des unes ou des autres que l'on ne doit pas dépasser.

Les travaux récents sur la matière ont modifié les idées qui avaient cours précédemment : tel caractère, auquel on attachait une importance capitale, il y a quelques années encore, se trouve aujourd'hui relégué au second plan.

Ainsi l'on demandait avant tout qu'une eau fût *aérée*, c'est-à-dire tînt en dissolution une certaine proportion des gaz qui entrent dans la composition de l'eau ; on qualifiait de *légère* celle où l'analyse décelait une notable quantité d'oxygène libre, de *lourde* celle où ce gaz était moins abondant, l'azote étant considéré d'ailleurs comme indifférent. L'absence d'oxygène dans l'eau passait pour être la cause de certaines maladies endémiques dans les pays de montagnes ; l'acide carbonique, en faible proportion, était recherché comme facilitant la digestion. Or, on sait aujourd'hui qu'une eau quelconque, pour peu qu'elle ait été exposée à l'air, contient l'oxygène, l'azote et l'acide carbonique dans des proportions déterminées par la solubilité respective de ces gaz et par la pression ambiante. L'eau distillée, l'eau des puits artésiens s'aère immédiatement dès qu'elle est amenée au contact de l'atmosphère. Et, dans un même échantillon d'eau, ces proportions de gaz dissous se modifient suivant les circonstances de température, de pression où il se trouve placé ; si on le conserve en vase clos, elles changent peu à peu, suivant que l'eau contient une plus ou moins grande quantité d'algues ou de microbes.

On a considéré pendant longtemps le *carbonate de chaux* comme une substance nuisible dans les eaux potables, au même titre que le *sulfate de chaux* dont la présence caractérise les eaux *séléniteuses*. Dupasquier, dans un ouvrage sur *les Eaux de source et les eaux de rivière*, combattit cette opinion, et, après lui, bien des auteurs ont admis, d'une part, que le carbonate de chaux, dissous dans un excès d'acide carbonique, intervient utilement à l'état de bicarbonate dans les phénomènes de la digestion, en saturant l'acidité trop grande du suc gastrique ; d'autre part, que la chaux concourt à la nutrition des jeunes enfants en fournissant un élément indispensable à la formation des os (1). Mais il semble résulter des statistiques contradictoires, dressées à ce sujet, que la présence du carbonate de chaux en quantité modérée n'a aucune influence sensible, bonne ou mauvaise, sur la santé publique.

De même encore, on a voulu trouver dans les substances minéra-

1. *Annuaire des eaux de la France pour 1851.*

les, que contiennent les eaux consacrées à la boisson, la cause du *goitre*, qui est localisé dans certaines régions. Pour les uns, le goitre était dû aux composés calcaires et magnésiens ; pour les autres, à la présence du brôme et du fluor ; quelques-uns l'ont attribué à l'absence de l'iode. Les faits paraissent démentir à la fois toutes ces théories. car on n'a pas trouvé de caractère identique persistant dans les eaux potables des contrées où le goitre est répandu ; et l'on en est revenu à se demander si c'est bien dans les eaux qu'on doit chercher la cause inconnue de cette maladie (1).

Ce qui contribue à jeter le doute sur ces questions et facilite la controverse, c'est l'immunité que donne l'habitude, *l'accoutumance*. Il est certain qu'une eau à laquelle les habitants d'une ville, d'une région, se sont habitués, peut n'exercer sur leur santé aucune influence fâcheuse, et, cependant, causer certaines maladies aux étrangers qui en usent accidentellement (2). Peut-être doit-on, il est vrai, se méfier des indications données quelquefois à ce sujet, de peur d'attribuer aux eaux des effets qui seraient dus à des influences climatériques.

Certains points, néanmoins, paraissent bien établis et sont admis par la généralité des hygiénistes :

1° Les matières minérales solides, en dissolution dans la plupart des eaux communes, et dont la proportion ne dépasse pas le plus souvent quelques dix-millièmes en tout, sels calcaires ou magnésiens, chlorures, sels de fer, etc., paraissent sans action sur l'organisme.

L'absence complète de ces matières n'est pas nuisible, puisque l'eau distillée, seule consommée par les marins et dans certains ports, n'altère point la santé. Dans les cas, assez exceptionnels, où quelques-unes d'entre elles s'y trouvent dissoutes en quantités notablement supérieures aux proportions ordinaires, l'eau rentre dans la catégorie des *eaux minérales ;* dès lors, sans être encore pernicieuse, elle peut n'être plus inoffensive ; il convient de ne pas la recommander comme boisson habituelle et de la réserver pour une action médicinale plus ou moins efficace.

2° La présence des matières organiques est au contraire redoutable pour la santé.

Bien qu'on puisse souvent absorber impunément des eaux qui en sont notablement chargées, il n'en est pas moins démontré que l'usage d'eaux contenant des matières animales ou végétales en décomposition provoque parfois dans l'organisme certains désordres, comme la *diarrhée*, la *dysenterie*, la *malaria*, sans qu'on sache bien

1. Wolffhügel. *Wasserversorgung*. p. 77.
2. Wolffhügel, p. 78. — Nichols. *Water Supply*, p. 18.

si ces matières sont la cause directe de la maladie, ou constituent seulement le milieu favorable au développement du germe.

3° Ce qu'il faut craindre par dessus tout, c'est la contamination de l'eau par les déjections des villes et de l'industrie.

L'homme a, pour les eaux puisées dans les rivières au-dessous du débouché des égouts, dans les nappes au voisinage des cimetières, dans les puits peu éloignés des fosses et des puisards, une répugnance instinctive qui se trouve hautement justifiée depuis la découverte des microbes. En effet, c'est précisément dans ces milieux que les bactéries pullulent, et, si leur nombre semble assez indifférent, puisque beaucoup d'entre elles sont inoffensives, on sait que quelques-unes sont caractéristiques de maladies déterminées dont l'eau peut devenir l'agent de transmission. Il est hors de doute que le *choléra* et la *fièvre typhoïde*, notamment, se propagent aisément par cette voie.

70. Inconvénients que présentent quelques eaux propres à la boisson. — Il y a lieu d'observer qu'une eau peut être bonne pour la boisson, lorsqu'on la puise directement là où elle est fournie par la nature, et présenter néanmoins certains inconvénients si on l'utilise pour une distribution d'eau. Ainsi les eaux chimiquement très pures, contenant très peu de sels minéraux, attaquent souvent le plomb des conduites, le zinc des réservoirs, et se chargent de composés toxiques qui peuvent devenir parfois nuisibles ou dangereux, tandis que, dans les mêmes conditions, des eaux plus riches en sels minéraux, en sels calcaires notamment, peuvent être impunément employées, après avoir passé dans des tuyaux de plomb et séjourné dans des récipients en zinc.

D'autre part, les eaux où le carbonate de soude se trouve en forte proportion, quoique parfaitement inoffensives, doivent être évitées à cause des dépôts qui résultent de leur passage dans des conduites et les appareils de la distribution : en effet, tandis que le sulfate de chaux est assez soluble et ne donne pas lieu à des dépôts, le carbonate ne peut être dissous dans l'eau qu'à l'état de bicarbonate, et ce sel est si peu stable que « l'agitation de l'eau suffit pour faire dégager une partie de l'acide carbonique et produire un dépôt de carbonate insoluble (1). » Il résulte des essais faits par Belgrand à ce sujet qu'une eau devient *incrustante* à la température ordinaire de l'air, lorsque la proportion de carbonate de chaux dissous dépasse

1. Belgrand. *La Seine*, p. 142.

18 à 20 centigrammes par litre. A la température de l'ébullition, l'eau
n'en retient plus que 3 centigrammes, et la congélation produit « un
« départ presque complet des sels terreux en dissolution (1) ».

Certaines eaux ont l'inconvénient de provoquer dans les conduites
en fonte la formation de concrétions volumineuses, qui en diminuent
la section utile, et finissent quelquefois par les obstruer complètement. Ces *tubercules*, dont la présence a été constatée à Grenoble, il
y a plus de cinquante ans, par M. Gueymard, et qui ont été observés
à Cherbourg, à Saint-Étienne, en France ; à Boston, en Amérique,
et dans beaucoup d'autres villes, seraient très probablement dus, s'il
faut en croire les résultats d'une étude de M. Lory, doyen de la Faculté des Sciences de Grenoble, à la présence de matières organiques
végétales en dissolution ou en suspension dans l'eau.

**71. Avantages que présentent certaines substances inu-
tiles ou nuisibles à la santé.** — En sens inverse, on peut remarquer que certaines substances inutiles à la nutrition, ou même nuisibles à la santé, et qu'il est préférable de ne pas rencontrer dans une
eau destinée à la boisson et au service privé, présentent des avantages spéciaux pour d'autres usages.

Tel est le cas du sulfate de chaux, dont la présence est généralement considérée comme fâcheuse, et qui aurait, paraît-il, une action
favorable dans la fabrication de la bière.

Une eau très chargée de matières organiques, détestable pour la
consommation domestique, sera, au contraire, excellente pour l'arrosage des jardins, puisqu'elle viendra fournir aux plantes une nour-
riture appropriée à leurs besoins.

Une eau un peu trouble, qui ne serait pas acceptée dans la maison, sera préférée souvent dans les usines pour l'alimentation des
machines à vapeur, parce que la vase qu'elle tient en suspension est
une sorte de désincrustant naturel, qui empêche la cristallisation des
sels calcaires, et détermine la formation de dépôts terreux sans
adhérence, que de simples extractions enlèvent aisément.

72. Pas de définition générale. — Il résulte des considérations qui précèdent que l'eau destinée à desservir les divers besoins
de la consommation se trouve avoir à satisfaire à des conditions diverses et parfois contradictoires.

Par suite, il serait difficile, sinon impossible, de donner une *défi-*

1. Belgrand. *La Seine*, p. 153.

nition de l'eau propre à l'alimentation, qui fût de nature à répondre à toutes les exigences et pût être acceptée par tout le monde.

On a cherché souvent à indiquer par des chiffres les quantités des divers corps dissous qu'il faudrait considérer comme des *limites*, et ne jamais dépasser, lorsqu'on choisit l'eau destinée à l'alimentation d'une ville. Mais les appréciations varient beaucoup à cet égard, et les auteurs indiquent des chiffres assez différents : les uns voudraient que la quantité totale de matières solides en dissolution fût inférieure à 2 décigrammes par litre ou 20 parties sur 100.000, d'autres admettent qu'elle peut s'élever jusqu'à 50 sans inconvénient ; ici, l'on rejette une eau contenant 15 ou 18 parties de sels calcaires sur 100.000 ; là, on accepte celle qui en contient 25 ou 30. Mêmes écarts pour les matières organiques : le Dr Frankland, qui fait autorité en la matière, tout en indiquant sa répugnance pour une classification quelconque, admet qu'une eau superficielle est très pure si elle contient moins de 0.2 pour 100.000 de carbone organique, douteuse quand la proportion dépasse 0,4, mauvaise au delà de 0,6 ; ce serait 0,1, 0,2 et 0,4 seulement pour une eau d'autre origine ; et la Commission anglaise de la pollution des rivières repousse une eau contenant plus de 0,2 de carbone ou 0,3 d'azote organique. Que conclure, sinon qu'il n'y a pas de type unique auquel on puisse utilement ramener toutes les eaux, et qu'il ne faut pas prendre les mêmes termes de comparaison pour des eaux d'origines différentes ?

A titre de renseignement, on donne ci-après le tableau des limites adoptées par le Comité consultatif d'hygiène publique de France, en 1885, sur la proposition de M. Gabriel Pouchet.

	EAU très pure	EAU potable	EAU suspecte	EAU mauvaise
Chlore	moins de 0g,015 par lit.	moins de 0g,04 (excepté au bord de la mer).	0g,05 à 0g,10	plus de 0g,10
Matière organique (Oxygène emprunté au permanganate en solution alcaline).	moins de 0g,001 ou 10cc de liqueur.	moins de 0g,002	moins de 0g,003 à 0g,004	plus de 0g,004
Perte de poids du dépôt par la chaleur rouge.	moins de 0g,015.	moins de 0g,040	de 0g,040 à 0g,070	plus de 0g,100
Degré hydrotimétrique } total	5 à 15	15 à 30	supérieur à 30	supérieur à 100
} persistant.	2 à 5	5 à 12	12 à 18	supérieur à 20

73. Conclusion pratique. — Il convient au reste d'observer qu'on doit se garder d'idées absolues et ne pas s'arrêter àun *criterium* unique quand il s'agit de choisir une eau pour l'alimentation d'une ville, car il se peut qu'elle ne réponde pas à d'autres données également importantes du problème complexe qu'il s'agit de résoudre. La solution la plus satisfaisante, celle qui, pour la plus grande somme d'avantages, présente le moins d'inconvénients, s'obtient fréquemment par un compromis, et l'on serait bien des fois arrêté dans la pratique, si l'on ne voulait pas se départir des règles un peu trop rigides qu'on est assez volontiers tenté de s'imposer *a priori*.

La difficulté qu'on éprouve parfois, en présence de diverses solutions possibles, à en trouver une qui soit complète et satisfasse seule à toutes les exigences, est un des motifs invoqués pour dédoubler dans certains cas le problème, en se résignant à desservir séparément la consommation domestique et les services public et industriel. On se procure en effet plus aisément et à moins de frais une eau quelque peu chargée d'impuretés, très suffisante pour la rue et les usines, mais inadmissible pour la boisson ; et, lorsque la pénurie d'eau potable ou l'énorme dépense à faire pour se la procurer en quantité convenable est un obstacle à une amélioration nécessaire, la double alimentation peut être justifiée, malgré les sujétions et les frais supplémentaires de canalisation qui doivent en résulter.

CHAPITRE V

LES RESSOURCES

SOMMAIRE :

LES RESSOURCES

§ 1.

GÉNÉRALITÉS

74. L'eau dans la nature. — La nature a mis à la portée de l'homme l'eau nécessaire à la satisfaction de ses besoins.

Il peut recueillir celle qui tombe sur le sol à l'état de *pluie*, de *neige*, de *grêle*, ou puiser celle qui ruisselle à la surface et y forme des *torrents*, des *ruisseaux* et des *rivières*, des *étangs* et des *lacs*, chercher dans les couches plus ou moins profondes du sous sol celle qui les imprègne, s'y accumule en *nappes* souterraines et vient émerger en certains points pour y constituer les *sources*.

Partout il trouve l'eau soumise à un renouvellement continu, qui en assure la pureté relative. Un échange s'opère sans cesse entre la terre et l'atmosphère qui l'entoure. Sous l'influence de la chaleur solaire, aussi bien sur les continents que sur l'immense superficie des mers, l'eau est transformée peu à peu en vapeur ; débarrassée de toutes les impuretés dont elle était chargée, elle va se mélanger à l'air ; puis, lorsque, par l'effet successif de l'évaporation, la tension de la vapeur dans l'air dépasse une certaine limite, un phénomène inverse, une condensation se produit, et il se forme des *nuages* qui sont entraînés au loin au gré des vents et des courants atmosphériques, jusqu'à ce qu'ils se résolvent en pluie. L'eau retombe alors et coule à la surface du sol, se chargeant rapidement de matières diverses minérales et organiques, en abandonnant quelques-unes sur son parcours, retenant les autres, pour aboutir finalement à l'Océan. Elle recommence ensuite la même évolution qui se reproduit perpétuellement, et qu'on a très justement comparée à une distillation continue « dans le grand alambic de la nature, dont le foyer est le soleil, l'atmosphère le condenseur, et la terre le récipient (1) ».

1. Figuier. *Merveilles de l'industrie : l'eau.*

75. L'eau de mer. — Les *mers*, recevant sans cesse l'apport des fleuves qui jouent sur les continents le rôle de collecteurs, se trouvent être, par suite, en même temps que le grand réservoir des eaux réparties à la surface du globe, le réceptacle de toutes les matières qu'elles entraînent ; comme l'eau n'en sort que par l'évaporation, c'est-à-dire parfaitement pure, ces matières s'y accumulent sans cesse : d'où l'explication de la *salure* des eaux de l'Océan.

L'*eau de mer* contient des quantités notables de matières salines dissoutes, et en particulier une proportion telle de *sel marin* (chlorure de sodium) qu'elle est absolument impropre à la boisson et même à la plupart des autres usages. Si, dans des circonstances exceptionnelles, on y a parfois recours, dans les villes maritimes (Yarmouth, Liverpool, Brighton, Plymouth, etc.), ce n'est jamais que pour des emplois spéciaux, comme l'arrosage des chaussées, le nettoyage des égouts, l'alimentation des machines à vapeur, à moins qu'on ne se résigne à la soumettre à une véritable *distillation* dans des appareils construits spécialement à cet effet, opération compliquée et dispendieuse, qui ne serait point pratique s'il fallait l'étendre à une consommation de quelque importance et qui n'est de mise que sur les navires ou dans des stations navales particulièrement déshéritées.

76. Les eaux douces. Leur origine. — Seules, les *eaux douces*, ainsi nommées par opposition à l'eau salée de la mer, sont employées d'une manière générale à l'alimentation.

Toutes ont la même origine : elles proviennent des *eaux météoriques*, résultant de la condensation de la vapeur d'eau dans l'atmosphère, qui tombent sur la terre à l'état de pluie le plus souvent, mais aussi sous forme de neige ou de grêle, suivant l'état des couches atmosphériques qu'elles traversent avant de rencontrer le sol.

Dans certaines régions montagneuses, où la température est toujours très basse, la neige s'accumule, s'entasse et constitue une masse compacte qui prend le nom de *glacier* ; la fusion partielle et lente de cette masse donne lieu au départ de filets liquides qui vont former un peu plus bas des sources et des ruisseaux. Mais, dans la plupart des cas, la neige, aussi bien que la grêle, fond assez rapidement et subit les mêmes effets que l'eau de pluie proprement dite.

Une partie de cette eau s'évapore et retourne à l'atmosphère, une autre ruisselle à la surface du sol en suivant les pentes les plus rapides, et va rejoindre le cours d'eau le plus voisin, et une troisième s'infiltre lentement dans l'épaisseur des terres, partout où elle rencontre des couches suffisamment poreuses ou fissurées.

L'*évaporation* se produit soit au moment même où la pluie tombe, soit peu à peu lorsque l'eau séjourne sur le sol, soit enfin par l'intermédiaire des plantes; aussi varie-t-elle avec la température, avec la nature et la configuration du sol, avec la végétation.

L'*infiltration* dans le sol est plus ou moins considérable, suivant le degré de porosité de la couche superficielle, l'état d'humidité ou de sécheresse du sol, les déclivités.

La fraction de la quantité d'eau tombée, qui n'a été ni évaporée ni absorbée par la terre, constitue l'*écoulement superficiel*.

Elle est d'une importance bien différente, selon que la pluie rencontre un terrain *imperméable*, à pentes rapides, dépourvu de végétation, en temps froid et humide, ou un sol *perméable* à pentes très adoucies, boisé ou en culture et desséché par la chaleur ; dans le premier cas, il n'y a pas d'absorption, presque pas d'évaporation, comme sur le toit d'un édifice, et la quantité totale, ou peu s'en faut, s'écoule dans un temps très court ; le coefficient d'écoulement atteint 0.98 en hiver, sur les terrains granitiques du Morvan (Vignon); dans le second, au contraire, l'évaporation est considérable, l'absorption très active et l'écoulement superficiel peu être réduit à néant : sables de Fontainebleau (Belgrand). Entre ces deux extrêmes, il y a bien des intermédiaires, aussi ne saurait-on donner des indications générales précises au sujet de la répartition de la quantité d'eau tombée entre l'évaporation, l'écoulement superficiel et l'infiltration. Dans chaque région, il y a lieu de se livrer à ce sujet à des observations directes qui rentrent dans le domaine de la *météorologie*.

L'eau évaporée à la surface du sol est totalement perdue pour l'alimentation. Celle qui s'écoule superficiellement ne peut être recueillie qu'en partie au passage. Celle qui s'est infiltrée dans le sol s'y accumule et constitue une réserve naturelle, à laquelle on peut avoir recours en tout temps et qui se prête à l'utilisation la plus complète.

77. Pauvreté relative des terrains imperméables. — On conçoit que les terrains où cette réserve est abondante sont ceux qui offrent le plus de ressources, ceux où elle est médiocre ou nulle qui en offrent le moins.

Ce n'est donc pas en général dans les terrains imperméables qu'il faut chercher l'eau nécessaire à l'alimentation.

Lorsque l'eau du ciel tombe sur un sol de cette nature, elle coule à la surface, un ruisseau se forme dans chaque repli de terrain ; les parties ameublies par la désagrégation naturelle des roches ou par la culture, celles qui sont couvertes de forêts ou de prairies retiennent momentanément une partie de l'eau et donnent lieu à une foule de petites sources ou plutôt à des *suintements* : mais bientôt l'égouttement plus ou moins lent diminue ou cesse ; ruisseaux et sources ne sont plus que des filets d'eau ou des *pleurs*, et souvent tarissent complètement.

Les cours d'eau des terrains imperméables ont par suite un régime *torrentiel* ; leurs crues sont très violentes et de courte durée, parfois de quelques heures seulement, et leur débit est faible relativement à l'étendue du bassin versant.

On reconnaît un terrain imperméable à la seule inspection d'une carte bien faite ; il est sillonné par une infinité de petits cours d'eau, la plupart éphémères et qui ne sont pas nécessairement alimentés par des sources. On le reconnaît aussi à ce double caractère mis en relief par Belgrand : les ponts y sont très nombreux et ont un très grand débouché, et les prairies naturelles s'y rencontrent non seulement au fond des vallées, mais encore à flanc de côteau et jusqu'au sommet des montagnes.

78. Richesse des terrains perméables. — C'est tout le contraire pour les terrains perméables ; l'eau s'infiltrant rapidement dans l'épaisseur du sol, l'écoulement superficiel se trouve presque supprimé, les petits ruisseaux sont rares, beaucoup de vallons restent secs et il n'y a de cours d'eau qu'au fond des grandes vallées. Mais ces cours d'eau alimentés par les nappes souterraines ou par des sources *pérennes*, ont un débit régulier, des crues lentes et de longue durée : ils méritent le nom de cours d'eau *tranquilles*.

On reconnaît les terrains perméables à la rareté des cours d'eau, au petit nombre ou au faible débouché des ponts, au contraste que présentent, dans les grandes vallées, les prairies naturelles et les marais du thalweg avec l'aridité des côteaux.

Ces terrains fonctionnent à la manière d'un éponge qui s'imbibe et retient l'eau, tant que ses pores peuvent en contenir, et s'égoutte très lentement sans jamais s'assécher.

Les sources n'y sont pas très nombreuses, mais leur débit est relativement important : elles ne sont pas disséminées au hasard, mais groupées au fond des vallées principales, véritables *lieux de sources*, qui constituent le drainage naturel des nappes souterraines.

§ 2.

LA PLUIE

79. Observations pluviométriques. — Les eaux météoriques étant la source commune de toutes les eaux auxquelles on peut recourir pour l'alimentation, la connaissance de la quantité de pluie qui tombe moyennement dans une région se trouve nécessairement l'un des éléments primordiaux des recherches à faire pour déterminer le volume d'eau qu'on peut y recueillir. Elle a d'ailleurs un intérêt tout particulier au point de vue de l'*hydrologie*, c'est-à-dire de la connaissance du régime des eaux et de l'*agronomie* ou étude des conditions de la culture. Aussi, dans presque tous les pays, a-t-on organisé dans un certain nombre de stations convenablement réparties des observations *pluviométriques* régulières.

A l'Observatoire de Paris, on enregistre, depuis 1689, les quantités de pluie tombées sur la terrasse de cet établissement. En 1854, Belgrand a obtenu pour le bassin de la Seine, l'organisation d'un *service hydrométrique* permanent, qui centralise les résultats de nombreuses observations conduites d'une façon rationnelle et systématique, fait une étude générale de la répartition des pluies et du régime des cours d'eau, et recherche les lois au moyen desquelles on arrive à prévoir les crues et à en calculer d'avance la hauteur en chaque point. Les inondations de la Saône, celles de la Loire et de la Garonne, etc., ont motivé la création de services d'*annonce des crues* qui ont étendu à tout le territoire français le système d'observations pluviométriques nombreuses et comparables inauguré par le service hydrométrique.

80. Quantité de pluie. — La quantité annuelle de pluie en un point donné s'exprime par la hauteur, en millimètres, de la tranche d'eau recueillie, et correspond à une répartition uniforme sur le sol de la totalité de l'eau tombée.

Elle est essentiellement variable suivant les circonstances topographiques, la direction des vents régnants, l'altitude, etc., et diffère souvent beaucoup d'une localité à l'autre dans un rayon peu étendu. Ainsi, dans le seul bassin de la Seine, tandis qu'il tombe à Paris, 556 millimètre d'eau par an on trouve dans le Morvan jusqu'à 2.038 millimètres, et en certains points de la Brie et de la Champa-

gue 400 millimètres seulement. Il tombe presque toujours plus
d'eau dans les vallées que sur les plateaux voisins.

En général, les hauteurs de pluie croissent avec les altitudes (1).
Le bassin de l'Yonne, plus élevé, que celui de la Seine, reçoit 782
millimètres au lieu de 684 millimètres ; ceux de l'Oise et de l'Aisne,
qui sont au contraire moins élevés, reçoivent 583 et 522 millimètres
seulement ; dans le Morvan, la hauteur de pluie atteint 1.850 millimètres aux Settons et 2.038 millimètres au Haut-Folin. De même,
on recueille 668 millimètres dans les plaines de l'Alsace, tandis
qu'il en tombe 1.360 millimètres sur la chaîne des Vosges ; 930
millimètres en Italie au sud de l'Apennin, et 1.335 millimètres au
nord, dans les plateaux de la Lombardie. Sur les pentes de l'Hima-
laya, on a trouvé jusqu'à 12 et 17 mètres d'eau par an.

Les hauteurs de pluie vont en augmentant à mesure qu'on se rapproche de la mer : on trouve 924 millimètres au Hàvre, 1.352 millimètres à Nantes, contre 556 millimètres à Paris ; — 2.320 millimètres à Bombay et 1.930 millimètres à Calcutta, contre 601
millimètres à Seringapatam.

Si l'on trace sur une carte les lignes *isoombres*, qui relient entre

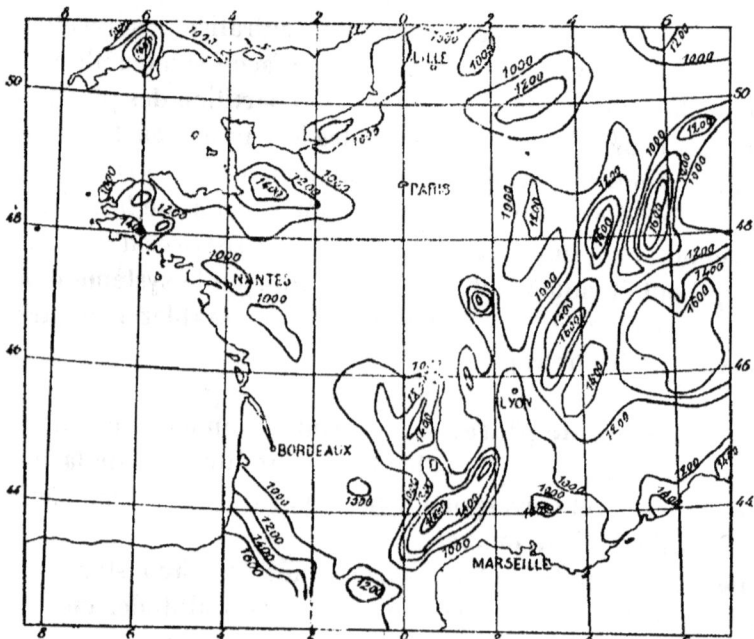

eux les points du territoire où la hauteur de pluie est la même, on
voit immédiatement se vérifier les deux lois qui viennent d'être

1. Première loi de Dausse (*Ann. des Ponts et chaussées*, 1842).

énoncées : ces lignes se rapprochent au voisinage des côtes, plus encore dans les régions montagneuses, et s'écartent au contraire dans les pays de plaines.

Les quantités de pluie présentent aussi des variations géographiques et constituent un des éléments caractéristiques des différents climats : on distingue les contrées *humides* où les pluies sont fréquentes et abondantes et les contrées *sèches* où il pleut rarement et peu.

D'une manière générale on peut dire qu'on trouve la moyenne augmentant quand on se dirige du pôle vers l'équateur ; en d'autres termes, elle diminue quand la latitude augmente.

En France il y a une différence notable entre le Nord et le Midi : celui-ci est bien plus humide que celui-là. Il n'est tombé que 683 millimètres de pluie en moyenne dans le bassin de la Seine durant les 20 années 1861-1881, et pour la France entière la moyenne s'est élevée à 760 millimètres.

81. Variations séculaires. — Dans une localité donnée, la hauteur de pluie varie d'une année à l'autre, mais les observations pro-

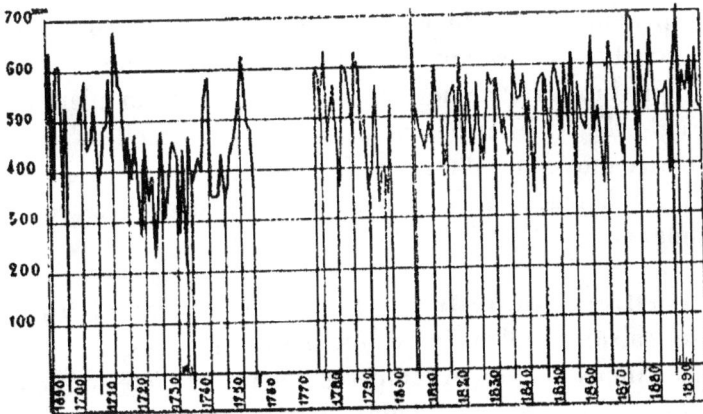

longées pendant de longues périodes n'ont pas permis de dégager de loi à cet égard. Les années *sèches* et les années *humides* se succèdent tantôt par alternances fréquentes, tantôt par séries plus ou moins longues, ainsi qu'on le constate à la vue du diagramme ci-dessus qui résume les observations faites à Paris de 1689 à 1872 sur la terrasse de l'Observatoire astronomique et de 1873 à 1894 à l'Observatoire météorologique de Montsouris. Ce diagramme accuse des variations assez considérables: le minimum, **210** millimètres, correspond à l'année **1733**, le maximum, **703** millimètres, à **1804**. M.

de Préaudeau(1) admet que la hauteur de pluie dans le bassin de la
Seine est de 620 à 750 millimètres pour les années moyennes, et
les écarts extrêmes de sécheresse ou d'humidité ne dépassent guère
trois dixièmes de la moyenne en plus ou en moins.

Récemment M. Binnie, Ingénieur en chef du conseil de Comté de
Londres, a cherché à tirer des déductions générales de l'étude comparative d'un certain nombre de relevés pluviométriques des pro-
venances les plus diverses, et il a ainsi établi qu'en prenant la
moyenne de 35 années on pouvait être assuré d'approcher de la
moyenne vraie à moins de 2 p. 100 d'erreur, que l'année la plus
sèche fournit 0,60 de la moyenne et l'année la plus humide 1,50,
que la pluie moyenne dans les deux années consécutives les plus sèches représente 0,69 et dans les deux années les plus humides 1,35
de la moyenne générale, que ces chiffres deviennent 0,82 et 1,20
quand ils s'appliquent aux plus longues séries d'années sèches ou
humides, que d'ailleurs les irrégularités sont moindres dans les
années sèches que dans les années humides, etc.

M. Victor Fournié a cru reconnaître que les variations séculaires
de la hauteur de pluie suivent à peu près la même loi pour des
stations peu éloignées les unes des autres, et il a posé en conséquence ce principe : que le rapport entre les hauteurs de pluie
pour deux localités suffisamment rapprochées est un nombre constant. Bien que l'expérience ne confirme pas, d'une manière générale, la règle de M. Fournié, on peut admettre qu'elle s'applique
assez bien aux moyennes d'un certain nombre d'années dans une
région comme le bassin de la Seine, où le climat est remarquablement homogène.

82. Variations annuelles. — La répartition des pluies entre
les diverses saisons de l'année est loin d'être uniforme.

Dans les climats chauds et tempérés, les pluies d'été sont d'ordi-

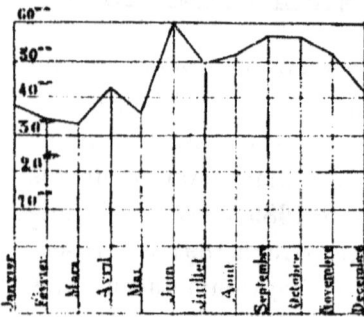

naire moins fréquentes mais plus
abondantes que les pluies d'hiver.
Or, ce sont les pluies ou les neiges
d'hiver qui se rendent en proportion
plus considérable dans les thalwegs
superficiels ou souterrains et qui contribuent le plus à l'alimentation des
cours d'eau, des nappes et des sources. Les eaux pluviales de la saison
chaude sont restituées en très grande partie à l'atmosphère par

1. *Manuel hydrologique du bassin de la Seine*, 1884.

l'évaporation directe du sol et des végétaux. Il est donc fort intéressant de connaître la loi des variations annuelles de la pluie lorsque l'on s'occupe de questions relatives à l'utilisation des eaux.

La courbe ci-dessus, qui résume les moyennes des constatations faites à l'Observatoire de Montsouris, de 1873 à 1884, accuse nettement la prédominance des pluies de la saison chaude à Paris, dans une période récente.

Le résumé des observations relatives aux périodes antérieures, à l'Observatoire de Paris, montre que cette prédominance est constante :

Périodes.	Saison froide.	Saison chaude.	Total moyen.
	mm	mm	mm
1689-1720	197,5	291,5	489,0
1721-1754	177,8	234,8	412,6
1774-1797	208,8	278,6	487,4
1805-1820	234,4	262,2	496,6
1821-1850	220,9	293,5	514,4
1851-1872	217,5	291,2	508,7

Dausse qui, depuis longtemps, a fait ressortir ce mode de répartition des pluies à Paris, l'a exprimé par la loi suivante : la quantité de pluie du semestre chaud (1er mai-30 octobre) dépasse en moyenne de moitié celle du semestre froid (1er novembre-30 avril).

On a observé également que cette loi s'applique aux stations pluviométriques du bassin de la Seine, où la hauteur de la pluie est inférieure à la moyenne.

83. L'eau de pluie. — L'eau de pluie, provenant immédiatement de la condensation des vapeurs dans l'atmosphère, devrait, semble-t-il, se présenter dans un état de pureté presque parfaite. Or, il est loin d'en être ainsi : avant même de tomber sur le sol, elle s'est chargée de gaz, empruntés à l'air ambiant, de substances solubles, de particules solides, et très souvent elle est plus riche en matières organiques que les eaux recueillies après un long parcours dans l'épaisseur des terres. Ce fait s'explique d'ailleurs sans peine si l'on songe que l'atmosphère reçoit nécessairement toutes les impuretés provenant de la respiration des plantes et des animaux, de la décomposition des matières organiques à la surface du sol, de la combustion, etc.; que les vents entraînent et mettent en suspension des poussières de toute nature, grains de sable, matières salines ou organiques, corps organisés, germes microscopiques.

Les gouttelettes d'eau emprisonnent et retiennent, au moment

8

même où elles se forment, toutes les impuretés qui se trouvaient réparties avec la vapeur d'eau dans une masse d'air considérable. Aussi, l'eau de pluie recueillie en mer est-elle plus pure qu'à l'intérieur des terres, en rase campagne que dans le voisinage des villes. Au contraire, la *rosée*, le *givre*, les *brouillards*, qui se forment dans les couches inférieures de l'atmosphère, sont plus chargés que la pluie provenant de couches plus éloignées du sol.

L'eau de pluie est toujours aérée ; et il n'en saurait être autrement, puisque, avant de tomber sur le sol, elle a traversé, dans un état de division extrême, une tranche épaisse d'air atmosphérique. Elle contient de **20** à **40** centimètres cubes de gaz dissous par litre (Péligot), dont deux tiers environ d'azote, un quart à un tiers d'oxygène, et jusqu'à un douzième d'acide carbonique. Baumert a trouvé à la température de **11°** :

Azote	64,46
Oxygène.	33,76
Acide carbonique.	1,77

L'analyse y décèle la présence d'une quantité notable de matières solides : Barral en a trouvé **35** milligrammes par litre, à l'Observatoire de Paris ; Marchand, à Fécamp, **50** milligrammes. Très fréquemment, la proportion est plus importante encore. Ce sont souvent des matières organiques, des composés ammoniacaux, des nitrates, sulfates, chlorures ; mais on y rencontre aussi des alcalis, de la chaux, de la magnésie, de l'oxyde de fer, de l'iode, du brome, etc.

La Commission anglaise d'enquête sur la pollution des rivières a trouvé, dans **81** échantillons d'eau de pluie ou de neige qu'elle a fait analyser, de $0^{mg},26$ à $3^{mg},72$ de carbone et $0^{mg},03$ à $0^{mg}66$ d'azote organique par litre.

Barral et surtout Boussingault ont fait de nombreuses observations sur la teneur de l'eau de pluie en ammoniaque. Ils ont trouvé à Paris des résultats variables, entre **1** et **10** milligrammes par litre, avec une moyenne de **3** milligrammes. Il semble d'ailleurs que la quantité d'ammoniaque aille en diminuant quand l'altitude augmente. Bobierre, à Nantes, en a trouvé $5^{mg},94$ à **7** mètres du sol et **2** milligrammes à **47** mètres ; dans les Vosges, Boussingault indique $0^{mg},79$ seulement. Au commencement d'une averse, l'eau de pluie contient plus d'ammoniaque qu'à la fin ; dans un des exemples cités par Boussingault, la quantité d'ammoniaque a passé de $6^{mg},59$ à $0^{mg}, 36$.

Matières organiques et ammoniaque paraissent provenir surtout du sol. La rosée en contient beaucoup, le brouillard plus encore. Et c'est un fait connu que, pour la neige, la proportion augmente par le séjour sur le sol : après trente-six heures, on a trouvé 10^{mg},34 d'ammoniaque au lieu de 1^{mg},78 (Boussingault), et 3 milligrammes au lieu de 0^{mg},60 (Lawes et Gilbert)

L'acide azotique existe presque toujours dans l'eau de pluie, généralement à l'état d'azotate d'ammoniaque. Barral en a trouvé 1^{mg},84 à 36 milligrammes. La proportion est généralement assez forte dans les pluies d'orage, où l'on constate en même temps la présence de l'ozone.

Le chlorure de sodium, provenant de l'océan, est entraîné au loin dans l'atmosphère ; l'air est salé au bord de la mer, et nulle part on ne le trouve exempt de traces de soude ; aussi l'eau de pluie en contient-elle toujours. Barral, à Paris, accuse une teneur de chlorure de sodium de 2^{mg},26 à 7^{mg},61, avec une moyenne de 3^{mg},5 par litre ; au voisinage de la mer, la proportion est plus forte : Fécamp, 15 milligrammes ; Marseille, 7 milligrammes ; Caen, 6 milligrammes ; Manchester, 15 milligrammes. Chatin a signalé la présence de l'iode dans l'eau de pluie : les iodures et bromures accompagnent, en effet, presque toujours les chlorures.

A Paris, l'eau de pluie renferme toujours du sulfate de chaux ; dans les pays manufacturiers, elle est d'ordinaire chargée d'acide sulfurique, emprunté aux produits de la combustion de la houille.

Le nombre des bactéries y est extrêmement variable ; plus grand au voisinage des villes qu'en rase campagne, au commencement d'une averse qu'à la fin, il a été trouvé de 300 à 20.000 par cent. cube à l'Observatoire de Montsouris.

84. Emploi de l'eau de pluie. — Tout ce qui précède se rapporte à l'eau de pluie telle qu'elle est recueillie dans les laboratoires. Mais, lorsqu'elle est reçue après avoir ruisselé sur les toits, dans les gouttières, elle est beaucoup moins pure encore ; sur son passage, elle a recueilli des poussières, des débris de charbon, des matières étrangères de toute nature. Aussi est elle très sujette à se gâter lorsqu'on la conserve pendant quelque temps. Hippocrate recommandait de la faire bouillir pour en prévenir la corruption et l'empêcher de contracter une odeur désagréable.

Quoi qu'il en soit, l'eau de pluie est plus pure que la plupart des eaux de sources ou de rivières : aussi est-elle d'un usage constant dans un grand nombre de localités. Bien que certains auteurs la considèrent comme fade et peu digestible, elle est habituellement acceptée sans peine pour la boisson. Excellente pour les bains, le lessivage du linge et les diverses opérations de l'industrie, elle est souvent employée au lieu d'eau distillée dans les laboratoires de chimie et dans les pharmacies.

Comme il est extrêmement difficile de se la procurer en grande quantité sur un point donné, l'eau de pluie ne se prête guère qu'à des alimentations très restreintes, celles d'une maison ou d'une ferme, d'un établissement industriel, d'un petit groupe d'habitations, par exemple. Elle ne saurait être la base d'une distribution d'eau publique de quelque importance.

§ 3.

LES EAUX SUPERFICIELLES

85. Les eaux à la surface du sol. — En laissant de côté l'eau de la mer, que la *salure* rend impotable et dont l'usage ne saurait être dès lors que très restreint, on peut classer en deux catégories distinctes les eaux qu'on rencontre à la surface du sol.

Les unes sont soumises à un écoulement continu, et, obéissant aux lois de la pesanteur, descendent peu à peu des points relativement élevés où commence leur cours, jusqu'à l'océan où elles vont finalement aboutir. Elles occupent les thalwegs des diverses régions qu'elles traversent et y forment des *torrents*, lorsque la vitesse dont elles sont animées est grande et que leur régime est très irrégulier ; des *ruisseaux*, quand elles ont une vitesse moindre, un régime moins variable et un faible débit ; des *rivières*, quand le débit est plus considérable ; des *fleuves* dans la dernière partie de leur course vers la mer. On les comprend sous le nom générique d'*eaux courantes*.

Les autres, au contraire, accumulées dans certaines dépressions naturelles du sol, y demeurent perpétuellement immobiles et méritent l'appellation d'*eaux dormantes*. Si elles s'épanchent sur un terrain peu déclive et le recouvrent d'une couche liquide sans profondeur, elles constituent un *étang* ; quand les bords de la cuvette sont plus escarpés et la masse d'eau plus profonde, c'est un *lac*.

Toutes les eaux de superficie sont dues, au moins en partie, à la réunion des filets liquides provenant du ruissellement de la pluie à la surface du sol. Mais il arrive souvent qu'elles reçoivent un complément d'alimentation, soit des affleurements d'une nappe souterraine, soit des sources qui jaillissent sur les bords ou dans le fond même de leur lit.

Suivant que l'un ou l'autre mode de formation domine, ces eaux diffèrent plus ou moins des eaux météoriques par la quantité et la nature des substances qu'elles tiennent en dissolution ; généralement plus riches en matières minérales, lorsque la proportion d'eau de source est grande, elles ont toujours une composition très variable et en rapport direct avec celle des terrains qu'elles ont traversés.

Si elles proviennent surtout des eaux pluviales, leur température suit une loi peu différente de celle de l'air, quoique les variations en soient moins rapides et moins étendues ; dans le cas contraire, elle tend ordinairement à se rapprocher de la température moyenne, et diffère parfois très sensiblement de la température de l'air suivant la proportion des eaux souterraines et la profondeur des couches d'où elles émergent.

Sous l'influence de la chaleur et de la lumière, la vie végétale et animale se développe dans toutes les eaux de superficie : plantes aquatiques, poissons, mollusques, algues et microbes y vivent et y meurent, y croissent et s'y reproduisent. Il n'en résulte aucune altération de la qualité de l'eau, lorsque cette eau est constamment et abondamment renouvelée, lorsque le mouvement continu auquel elle est soumise favorise l'action de l'oxygène sur les matières organiques provenant de la décomposition des substances animales ou végétales. Ne sait-on pas que les eaux les plus pures sont celles où vit la truite et où croît le cresson de fontaine ? Mais si l'eau est peu ou point renouvelée, et forme une masse de faible profondeur, la décomposition des végétaux ne tarde pas à y introduire des principes pernicieux ; des plantes d'un ordre inférieur, carex, mousses, cryptogames, s'y multiplient ; les poissons n'y peuvent plus vivre, des odeurs caractéristiques s'y développent, et elle devient absolument impropre à l'alimentation.

Un effet analogue se produit même dans les eaux à cours rapide et profond, lorsqu'on vient à y déverser en quantités considérables des résidus organiques provenant des égouts des villes ou des déjections des usines ; ces matières forment des dépôts putrides, la fermentation s'opère aux dépens de l'oxygène dissous, des gaz méphitiques se dégagent et l'insalubrité se manifeste.

86. Les eaux courantes. — Les caractères particuliers des *eaux courantes* résultent du mouvement incessant dont elles sont animées.

Si elles coulent sur des roches cristallines, elles n'entraînent qu'une très faible quantité de matières, et ne tiennent en dissolution que des traces de chlorures et de sulfates. En passant sur des terrains meubles et calcaires, elles se chargent de sels de chaux et de magnésie, dont la présence de l'acide carbonique favorise la dissolution ; on y trouve alors surtout du bicarbonate de chaux, sel assez soluble mais peu stable et dont la dissociation donne lieu à des dépôts de carbonate de chaux ; aux terrains gypseux, elles empruntent le sulfate de chaux, beaucoup plus soluble que le carbonate ; mais en même temps les terres végétales les dépouillent de certaines substances, telles que l'ammoniaque, la potasse, l'acide phosphorique. Ces deux actions, en sens inverse, ont d'ordinaire pour effet une augmentation des substances minérales dissoutes qui se trouvent généralement en plus grande quantité dans les eaux superficielles que dans les eaux pluviales, mais encore en moindre proportion que dans les eaux souterraines.

Suivant la vitesse plus ou moins grande de leur écoulement, les eaux courantes exercent sur le sol, lit et rives, une action destructive plus ou moins rapide, action mécanique et chimique tout à la fois. Les dépôts provenant de la désagrégation des roches, les terres meubles, les sables, les graviers sont entraînés en fragments plus ou moins gros, suivant la vitesse de l'eau ; les parties les plus denses se séparent les premières lorsque la vitesse diminue, et forment des dépôts, des alluvions ; les plus fines, les plus ténues restent fort longtemps en suspension, et constituent le *limon*, qui ne se dépose que très lentement et voyage souvent jusqu'à la mer. La proportion des matières entraînées peut être considérable : on cite les eaux du Gange, du Mississipi, comme chargées de quantités énormes de matières solides en suspension, celles du Rhône en contiennent ordinairement 20 grammes par mètre cube, celles de la Saône 40, de la Durance 280, du Tibre 900 à 1200. Dans les averses, la proportion augmente beaucoup et elle devient extrêmement importante en temps de *crue ;* la Saône entraîne alors 100 grammes par mètre cube d'eau, la Loire 250, la Seine 500, le Nil 1.580, la Durance 4.180, le fleuve Jaune plus de 5.000, l'Arno jusqu'à 32.000 (1).

Aussi la plupart des rivières ont-elles des eaux *claires* en temps d'étiage et se troublent-elles au moment des crues ; les cours d'eau torrentiels surtout deviennent extrêmement *troubles* lorsqu'ils traversent des terrains meubles ; ceux alimentés presque uniquement

1. Spataro, II, *Hygiène des Eaux,* page 503.

par des sources deviennent seulement *louches*. On dit que l'eau est claire lorsqu'un objet d'un décimètre carré de surface et de couleur blanche y est nettement visible à une profondeur de 0^m,50 ; elle est louche tant qu'on le distingue encore, trouble lorsqu'on ne le voit plus.

La durée des troubles varie beaucoup avec la constitution géologique du sol ; on a observé en France qu'ils durent trois à quatre jours sur les terrains granitiques, un peu plus longtemps sur le lias, tout le temps des crues sur les terrains calcaires. La Seine, à Paris, est claire pendant 225 jours par an, louche pendant 61, trouble pendant 79 ; l'Yonne, à Clamecy, est claire 316 jours, louche 35 et trouble 24 ; la Marne, à Saint-Dizier, est claire 58 jours, louche 105 et trouble 202.

Les rivières sont les collecteurs naturels de toutes les eaux résiduaires, et, lorsqu'elles traversent de grands centres de population, elles reçoivent une quantité considérable de matières organiques, de déjections de toute espèce, qui peuvent devenir une cause grave d'altération de leurs eaux ; la navigation, lorsqu'elle existe, contribue aussi à cette altération. Aussi les bactéries y sont-elles généralement en nombre assez considérable, d'autant plus élevé d'ailleurs que les causes de contamination ont sur leur pullulation un effet plus direct ; au-dessous des grandes villes, on en trouve parfois, dans un centimètre cube, plusieurs centaines de mille. Heureusement, l'agitation continuelle à laquelle les eaux des rivières sont soumises, favorise la dissolution des substances nuisibles, ainsi que la dissolution de l'oxygène, qui assure la combustion des matières organiques, et par là, combat efficacement la contamination progressive qui serait à redouter, et, par une sorte de purification spontanée, rend à l'eau sa pureté, son innocuité première. Ces effets sont loin de suffire dans certains cas ; aussi de grands efforts ont-ils été faits quelquefois, en Angleterre notamment, pour combattre ce que l'on y a désigné du nom de *pollution* des rivières ; une réglementation très sévère oblige les villes et les industries à épurer leurs eaux résiduaires, avant de les jeter dans le lit des cours d'eau qui servent à l'alimentation.

La composition de l'eau des rivières est nécessairement très variable, suivant le point de leurs cours où on la puise, le moment considéré, la nature du sol sur lequel elles coulent, la distance des centres habités, etc. Sa couleur passe du jaune doré sur le granit à la teinte bleuâtre des cours d'eau alimentés par des sources calcaires, aux tons verts, puis jaunes ou rougeâtres, dus à la plus ou

moins grande quantité et à la nature des matières en suspension. Sans
odeur aucune d'ordinaire, elle en prend de fâcheuses lorsqu'elle est
chargée de matières organiques en décomposition ; légère le plus
souvent et agréable au goût, elle acquiert, en pareil cas, une
saveur fade et repoussante.

Tandis que le *débit* des grands fleuves fournit sur leur parcours
des ressources presque indéfinies pour l'alimentation des agglomérations les plus importantes, beaucoup de petites rivières ne rou-
lent qu'une quantité d'eau assez faible, presque toujours utilisée
pour la salubrité de la région, pour les irrigations des prairies, pour
la marche des usines hydrauliques, et dès lors il n'est pas possible
d'en détourner une partie sans léser des intérêts respectables. Dans
ce cas extrême, et dans bien des cas intermédiaires, il est utile de
procéder à des jaugeages du débit, d'en observer les variations
souvent considérables avec les saisons de l'année, les périodes de
sécheresse et d'humidité : d'étudier en un mot le *régime* du cours
d'eau auquel on se propose de faire un emprunt.

Ce régime est très différent suivant le mode d'alimentation des
cours d'eau : ceux qui descendent des glaciers entrent en crue pendant les chaleurs de l'été, et c'est en hiver que se produisent les
basses eaux ; pour d'autres, *l'étiage* correspond à la saison chaude
et les crues ont lieu au printemps ou à l'automne ; il en est qui
présentent régulièrement deux étiages dans l'année ; quelques-uns
traversent des réservoirs naturels qui en régularisent le débit.

87. Les eaux dormantes. — Certains lacs, en effet, sont dus
à l'épanouissement des eaux d'une rivière dans une dépression naturelle qu'elles traversent ; tel est le cas du lac de Genève pour le
Rhône, du lac de Lucerne pour la Reuss, du lac de Constance pour
le Rhin, des lacs Majeur, de Côme et de Garde pour divers affluents
du Pô, des grands lacs de l'Amérique du Nord pour le Saint-Laurent. D'autres, alimentés par des ruisseaux ou par des sources, donnent naissance à un cours d'eau, et quelques-uns, dépourvus d'é-
missaire, ne perdent leurs eaux que par l'évaporation : les lacs
d'Annecy et du Bourget sont dans le premier cas ; le lac Pavin en
Auvergne, le lac d'Albano en Italie, qui occupent les cratères de
volcans éteints, sont dans le second.

De quelque façon qu'ils s'alimentent, les lacs jouent le rôle de
véritables bassins de décantation, où les eaux laissent déposer les
matières qu'elles tiennent en suspension, se clarifient et acquièrent
une transparence et une limpidité qui les distinguent nettement

des eaux de rivière. Tout le monde connaît la belle apparence des lacs qu'on rencontre dans les montagnes ; et l'on cite celui de Wettersee, en Suède, dont l'eau est tellement limpide, que l'œil y perçoit une pièce de monnaie à 35 mètres de profondeur. Les eaux du Rhône sont jaunes et chargés de limon au moment où elles se jettent dans le lac de Genève, et pendant assez longtemps on les suit, parce que leur coloration forme contraste avec la couleur bleue des eaux du lac ; mais elles finissent par se dépouiller de toutes les matières entraînées et sont claires et bleues lorsqu'elles en sortent à Genève.

La composition des eaux d'un lac dépend de celle des eaux superficielles ou souterraines qu'il reçoit et de la constitution géologique du sol ; mais elle est en général peu variable ; car l'immobilité même des eaux dormantes les met à l'abri des actions chimiques ou mécaniques qui tendent à modifier constamment la composition des eaux des rivières. Comme elles n'ont fait qu'un assez faible parcours à la surface du sol ou dans les couches souterraines, avant de parvenir à la dépression naturelle où elles s'accumulent, on les trouve en général peu chargées de principes minéraux : ainsi l'eau du lac de Gérardmer en est presque complètement dépourvue (Braconnot) et celle du lac Starnberg, près de Munich, n'en contient que 50 milligrammes au litre [1]. Au contraire, les matières organiques s'y rencontrent en assez grande quantité, et cela se conçoit, si l'on observe que l'oxygène de l'air, agissant à la surface seulement, ne saurait étendre à toute la masse d'eau l'effet de la combustion dont il est l'agent actif, et que facilite l'agitation dans les eaux courantes.

Une autre conséquence de l'immobilité des eaux dormantes se révèle par l'observation de la température à diverses profondeurs : à la surface, cette température suit la même loi que celle des eaux courantes, et subit des variations de même sens, mais un peu moins étendues que la température de l'air ; mais à mesure qu'on fait pénétrer le thermomètre dans les couches plus profondes, on constate que les variations tendent à diminuer, que la température devient de plus en plus constante et se rapproche de celle du maximum de densité de l'eau, 4°. Th. de Saussure, qui a mis en relief cette particularité, trouvait le 5 août 1779 dans le lac de Genève, 21°,2 à la surface et 6°, 1 à 50 mètres de profondeur.

1. Cette règle ne s'applique pas aux lacs qui n'ont pas d'émissaires ; les matières salines s'y accumulent, et l'eau y devient fortement minéralisée, au point de n'être quelquefois plus propre à la boisson. On peut citer, par exemple, la mer Morte, en Palestine, et les grands lacs de l'Afrique et de l'Asie centrale.

La quantité d'eau que peut fournir un lac dépend de son alimentation, ou plutôt de l'excès des apports par les affluents, par les sources et par les pluies, sur les pertes par l'évaporation ; l'étendue de sa surface ne donne aucune indication à cet égard. Lorsqu'un cours d'eau y prend naissance, on s'en rend compte aisément en établissant par une série de jaugeages le débit de ce cours d'eau ; mais, lorsqu'il n'a pas d'émissaire, on en est réduit à recourir à des observations délicates sur l'étendue du bassin versant, la quantité annuelle de pluie, la proportion des eaux météoriques recueillies, l'évaporation etc.

L'eau des étangs est de qualité inférieure à celle des lacs, car le manque de profondeur y favorise le développement de la vie végétale et par suite l'accumulation des matières organiques. Ces matières, lorsqu'elles viennent à entrer en putréfraction, déterminent une altération grave de l'eau, qu'elles rendent absolument impropre à tous les usages de la vie ; c'est alors que l'eau prend l'odeur caractéristique, dite *odeur de vase* ou *de marais*, et qu'il s'en dégage des gaz méphitiques, de l'acide sulfhydrique ou de l'hydrogène protocarboné (*gaz de marais*), principe ou véhicule des miasmes paludéens. Dans l'eau ainsi gâtée, les poissons meurent, d'où l'usage de vider et de nettoyer à intervalles réguliers les étangs artificiels. Les habitants du voisinage sont exposés aux fièvres intermittentes, aux fièvres pernicieuses, à la malaria.

88. Composition des eaux superficielles. — L'eau de mer renferme jusqu'à 35 et 38 grammes de sels par litre, dont 26 à 30 de chlorure de sodium. Quant aux autres eaux de surface, leur composition est extrêmement variable et présente des différences très grandes suivant leur nature et leur origine, suivant les régions considérées, les époques, la constitution géologique du sol, etc., et l'on ne saurait donner à ce sujet d'indications générales précises.

Les gaz qui y sont dissous, oxygène, azote et acide carbonique, s'y trouvent en proportions variables suivant le degré de pureté de l'eau.

Dans une eau non contaminée, les quantités d'oxygène et d'azote sont entre elles dans le rapport de leurs coefficients de solubilité, et celle d'acide carbonique est très faible ; dans une eau impure, la proportion d'oxygène diminue et peut même devenir nulle, tandis que celle d'acide carbonique augmente. Ainsi l'on a observé que l'oxygène est en moins grande quantité dans les eaux de rivière à la traversée des villes, et ne revient à la proportion normale qu'après un assez long parcours.

Les substances solides atteignent le plus souvent la proportion de 120 à 400 milligrammes par litre dans l'eau de rivière ; on a trouvé :

dans la Loire à Meung	135	milligr. par litre	(Deville)
— à Nantes	117	—	(Bobierre)
dans la Garonne à Toulouse	136	—	(Deville)
dans le Rhône à Lyon	140	—	(Bineau)
dans la Saône à Lyon	271	—	(Bineau)
dans la Seine à Paris	270	—	
— la Marne	217 à 511	—	
dans le Rhin à Strasbourg	232	—	(Deville)
— à Cologne	250	—	(Vohl)
dans la Moselle	116	—	
dans l'Escaut	294	—	
dans le Var	343	—	
dans l'Elbe à Magdebourg	260	—	(Reichardt)
— — près de Hambourg	127	—	
dans le Danube à Deggendorf	247	—	(Emmerich)
— — près de Vienne	111	—	
dans la Tamise à Londres	282 à 398	—	(Frankland)
dans la Vistule	188	—	
dans l'Ohio à Cincinnati	142	—	(Stuntz)
dans le Mississipi à Minneapolis	186	—	(Peckham)
dans le Nil	169	—	

et la Commission anglaise de la pollution des rivières, après avoir analysé un très grand nombre d'échantillons, a indiqué que le poids total par litre des substances solides dissoutes dans les eaux courantes de la Grande-Bretagne serait d'ordinaire de :

51 milligrammes pour terrains ignés ou métamorphiques ;

87 milligrammes pour les terrains stratifiés, non calcaires ;

95 milligrammes pour les mêmes terrains en culture ;

227 milligrammes pour les terrains calcaires ;

300 milligrammes pour les mêmes terrains en culture.

D'après Belgrand le *titre hydrotimétrique*, qui est en rapport direct avec la teneur en matières salines, varie pour la Seine de 16° à 21° 5 ; pour la Marne de 16°, 25 à 21°, pour l'Yonne de 1°, 8 à 15° ; pour l'Oise de 4° à 22°, etc.

Dans les eaux dormantes, la quantité de matières solides dissoutes est sensiblement moindre, ainsi qu'il a été indiqué précédemment, et c'est ce que confirment les résultats d'analyses donnés ci-après :

lac de Grandlieu		77
— Katrine (Ecosse)		38
— Rachel (Bohême)		69
— de Genève		152
— de Zurich		139
— Mystic (Boston. Etats-Unis)		98

Grâce à la facilité avec laquelle le bicarbonate de chaux se décompose par l'agitation, la proportion du carbonate de chaux dans les eaux de rivière n'est généralement pas assez forte pour que ces

eaux soient *inérustantés* ; par le fait de la dissociation du bicarbonate, une partie du carbonate de chaux dissous dans l'eau, en présence d'un excès d'acide carbonique, se dépose dans le lit même
des cours d'eau avec les sables et les graviers, et y forme parfois
ces bancs de graviers agglutinés par une gangue calcaire auxquels
les mariniers de la Seine ont donné le nom de *falaise*.

Les eaux superficielles contiennent toujours beaucoup moins
d'ammoniaque que l'eau de pluie. Poggiale a trouvé $0^{mg},17$ dans
l'eau de Seine à Paris, Boussingault $0^{mg},17$ et $0^{mg},48$ dans l'eau du
Rhin à Lauterbourg, la Commission anglaise de pollution des rivières $0^{mg},1$ à $0^{mg},7$ dans les cours d'eau de la Grande-Bretagne.

Rien n'est plus variable que les quantités de matières organiques
dans les eaux superficielles, et les méthodes employées pour le dosage de ces matières sont-elles mêmes si diverses que souvent les
résultats des analyses ne sauraient être comparés. La Commission
anglaise de la pollution des rivières a trouvé que la proportion
moyenne de *carbone organique* était comprise entre $2^{mg},68$ et $3^{mg},77$
par litre, et celle d'*azote organique* entre $0^{mg},24$ et $0^{mg},53$, pour
les quelques échantillons qu'elle a examinés ; elle accuse dans les
eaux de Londres (Tamise) $2^{mg},04$ de carbone et $0^{mg},36$ d'azote ;
les eaux de Glasgow (lac Katrin) en contiendraient respectivement
$1^{mg},97$ et $0^{mg},18$. La Seine, à Paris, d'après l'observatoire de Montsouris, aurait de 1 à 4 milligrammes de matières organiques par
litre.

Les matières organiques contenues dans les eaux de superficie
sont d'ailleurs de nature très diverse : les unes sont de simples composés chimiques ; d'autres des détritus végétaux ou animaux, des
poussières organisées ; d'autres enfin sont des êtres vivants, algues
ou microbes, dont le nombre extrêmement variable est un indice de
la contamination plus ou moins grande de ces eaux : on en compte
souvent plusieurs milliers par centimètre cube ; dans les cours d'eau
à l'aval des grandes villes, du débouché des égouts, ou dans les
mares stagnantes, c'est par dizaines, par centaines de mille, qu'on
les signale : par contre, dans les grands lacs, où les eaux séjournent fort longtemps et s'épurent lentement, on n'en trouve que fort
peu.

89. Emploi des eaux superficielles. — Les eaux de superficie, très répandues dans la nature et toujours d'un puisage facile
sont nécessairement fort employées. Dans tous les temps, les agglomérations urbaines se sont formées auprès des cours d'eau et sur le

bord des lacs, où les habitants devaient trouver sans peine l'eau indispensable à leurs besoins.

A la condition d'être prises en des points suffisamment éloignés des villes et à l'abri des causes de contamination auxquelles elles sont trop souvent exposées, ces eaux sont, en général, de qualité satisfaisante pour la plupart des usages courants, point trop dures, peu ou pas incrustantes, ordinairement légères et aérées.

Les inconvénients des eaux de rivière sont leur température essentiellement variable, leurs troubles si fréquents, et la progression croissante de la contamination par les déjections des villes et les résidus de l'industrie. Chargées de matières en suspension, elles ne sont souvent admises dans la consommation qu'après avoir subi une préparation préalable, qui a pour objet de les clarifier, soit par *décantation* dans les bassins de dépôt, soit par *filtration* à travers des couches de matières poreuses. Chaudes en été, glacées en hiver, elles ne peuvent être parfois employées à la boisson sans avoir été tiédies ou rafraîchies par des moyens artificiels. Enfin, quelque pures qu'elles paraissent au moment où l'on en fait choix pour l'alimentation d'une ville, quelque faible que soit la quantité de matières organiques qu'elles contiennent, il est toujours à craindre que le développement des agglomérations urbaines ou industrielles sur les rives ne vienne à compromettre une situation momentanément satisfaisante, mais que la nature des choses rend essentiellement précaire : à Londres, il a fallu déplacer successivement et reporter en amont toutes les prises d'eau faites dans la Tamise, édicter les règlements les plus sévères pour les protéger, organiser une surveillance spéciale ; et, malgré toutes les précautions prises, la *pollution*, suivant le mot consacré en Angleterre, continue ses progrès menaçants.

L'eau des lacs, presque toujours claire, moins riche en matières salines, et qu'on peut puiser à une température presque constante à la condition d'atteindre une couche suffisamment profonde, est souvent préférable pour les usages domestiques ; elle est souvent recherchée en Angleterre et en Amérique.

En France, il y a une tendance marquée à préférer les eaux de source aux eaux de rivière, parce qu'elles sont d'ordinaire limpides, fraîches, et mieux protégées contre les contaminations possibles. Beaucoup de villes, alimentées en eau de rivière, n'hésitent pas s'imposer de grands sacrifices pour remplacer cette eau par des eaux de source, soit qu'elles renoncent complètement à son emploi, soit qu'elles la réservent aux usages publics et industriels. Paris, Vienne, ont donné l'exemple, l'eau de la Seine, celle du Danube

y ont été complétement écartées du service privé. Les mêmes dispositions se manifestent en Allemagne, où le plus grand nombre des
distributions d'eau récentes sont alimentées en eaux souterraines.

Les eaux superficielles restent toujours cependant une des ressources les plus précieuses pour l'alimentation des villes, et conti-
nueront à rendre de grands services, tout au moins pour la satisfaction des besoins de la voie publique, des usines, de la salubrité,
quand même elles seraient de plus en plus rejetées par la consommation domestique. Leur abondance en est un gage assuré.

§ 4

LES EAUX SOUTERRAINES

90. Les eaux à l'intérieur du sol. — Presque partout on
trouve à l'intérieur du sol, dans les fissures des roches dures, dans
les interstices des grains de sable des terrains arènacés, des masses
d'eau, tantôt immobiles, tantôt animées d'une certaine vitesse dans
une direction donnée, qui constituent de véritables rivières ou lacs
souterrains, et auxquelles on a donné le nom général de *nappes souterraines*.

Celle que l'on rencontre tout d'abord lorsqu'on creuse le sol dans
une localité déterminée, y reçoit la désignation de *nappes d'eau des
puits*

Si l'on creuse plus avant, il arrive souvent qu'après avoir traversé cette première nappe, puis des terrains dépourvus d'eau, on
rencontre une seconde, puis une troisième nappe, plusieurs nappes
successives ; ce sont des *nappes profondes*.

Parfois enfin lorsqu'on atteint une de ces nappes, l'eau s'élève
par l'orifice que lui offre le puits et atteint une hauteur plus ou moins
considérable : on dit alors qu'on a rencontré une *nappe ascendante*.
Elle est *artésienne* si l'eau va jusqu'à jaillir au-dessus du sol.

Si l'on suit sur une carte géologique le développement du terrain
perméable dans lequel une nappe est comprise, on trouve toujours
les lignes d'affleurement supérieur où ce terrain reçoit directement
les eaux météoriques, et souvent, mais pas toujours, les lignes d'affleurement inférieur par où les eaux s'échappent au dehors en formant un *niveau d'eau* ou un *lieu de sources*.

Toutes ces eaux proviennent évidemment de l'infiltration pluviale à travers les pores de la couche superficielle du sol ; obéissant aux lois de la pesanteur, elles sont descendues peu à peu à la faveur des vides que présentent les terrains perméables, jusqu'à la rencontre de quelque couche imperméable au-dessus de laquelle elles ont dû s'accumuler, formant des cours d'eau dans les thalwegs, des mares stagnantes dans les cuvettes, ou pénétrant et se mettant en pression entre deux couches imperméables successives, dont l'ensemble constitue un véritable siphon naturel. Tantôt ce mouvement ce produit lentement, en raison de la résistance qu'éprouve l'eau à se glisser dans les canaux extrêmement étroits formés par la juxtaposition de grains très fins dans certains terrains, et des phénomènes de capillarité qui en sont la conséquence ; tantôt, au contraire, il est rapide, et dans de larges crevas-

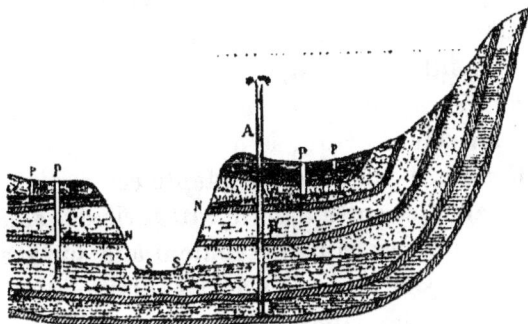

A, puits artésien ; — B, nappe des puits ; — C, deuxiè- me nappe ; — D, troisième nappe ; — E, quatrième nappe ; — F, nappe artésienne ; — N, niveau d'eau ; — P, puits ; — S, sources.

ses le plus souvent irrégulières, passent des courants animés d'une assez grande vitesse. Dans le premier cas la nappe, s'étendant sans interruption à travers la masse du terrain, est dite *continue* ; dans le second, au contraire, se divisant en filets liquides distincts qui s'écoulent dans des directions diverses par les fissures où ils trouvent un passage, elle est appelée *discontinue*. On a comparé assez justement le mode de formation des eaux souterraines à une sorte de *drainage* permanent des couches perméables du sol ; elles forment, dans l'épaisseur des couches stratifiées de la croûte terrestre, des réserves naturelles, accumulées depuis des siècles, dont le trop-plein s'écoule au dehors et qui sont constamment alimentées par de nouveaux apports des eaux pluviales.

L'infiltration lente de ces eaux à travers le sol a sur leur composition une double influence : d'une part, elles se chargent de matières solubles empruntées aux diverses natures de minéraux qu'elles rencontrent sur leurs parcours ; et d'autre part, elles subissent une sorte de *filtrage*, abandonnant dans les interstices du terrain les particules solides qu'elles tiennent en suspension, et se débarrassant des matières organiques dissoutes, sous l'influence des agents multiples de transformation de ces matières que recèlent les couches superficielles du sol. Les microbes eux-mêmes n'y résistent pas. Aussi les eaux souterraines sont-elles le plus souvent moins riches en matières organiques, mais plus chargées de sels solubles que les eaux de superficie, et presque toujours d'une limpidité parfaite.

La composition des matières dissoutes varie nécessairement avec la nature des terrains traversés, conformément à l'axiome déjà admis dans l'antiquité : *tales sunt aquæ quales terræ per quas fluunt.* Les eaux sont *calcaires* lorsqu'elles proviennent de la craie ou des terrains oolithiques, *sulfatées* quand elles imprègent des terrains gypseux, *ferrugineuses* si elles ont rencontré sur leur parcours des sels de fer, etc. Lorsque la quantité totale de matières dissoutes est considérable, l'eau correspondante cesse d'être classée parmi les eaux potables et entre dans la catégorie des *eaux minérales.*

Tout comme les eaux qui coulent à la surface du sol, les nappes souterraines sont exposées à la contamination par le contact avec les déjections des villes ou des usines : les engrais répandus à la surface du sol et dont les pluies dissolvent et entraînent les parties solubles, les puisards ou puits absorbants, les fosses sans fond, peuvent altérer gravement la composition des eaux souterraines du voisinage. Il faut reconnaître cependant que le danger est moindre, car, pour peu que le chemin à parcourir dans le sol soit assez grand, et l'écoulement suffisamment lent, la transformation naturelle se produit, les matières organiques sont détruites, et il ne reste, avec les chlorures et un petit nombre de microbes, que les sels solubles, tels que les nitrites et les nitrates, résultat final de cette transformation, et qui n'ont pas d'influence fâcheuse par eux-mêmes.

En outre, le séjour prolongé des eaux souterraines dans l'intérieur du sol en modifie la température. Celles qu'on rencontre à faible profondeur sont fraîches, c'est-à-dire que leur température s'écarte peu de la température moyenne de l'air dans la localité considérée. Celles qui proviennent des couches profondes participent à l'échauffement progressif de la croûte terrestre ; on les trouve de plus en plus chaudes à mesure qu'on s'éloigne de la surface, l'augmentation est en moyenne, de 1° C. pour 27 à 30 mètres de profondeur : de là l'explication de la température élevée des *eaux thermales.* Quelle que soit d'ailleurs la température observée, elle n'éprouve pas de modification sensible avec le temps, et cette invariabilité remarquable est un des caractères distinctifs les plus constants et les plus nets des eaux souterraines en général.

91. La nappe des puits. — Les particularités que présentent les eaux de la nappe des puits dérivent de leur situation à proximité de la surface du sol.

Divers cas se présentent suivant la nature des couches superficielles.

Si le terrain est très perméable et repose à une certaine profondeur sur une couche imperméable, la nappe recevant rapidement les infiltrations des eaux pluviales est influencée par les phénomènes atmosphériques ; il s'y produit des variations de hauteur, des *crues*. Toujours continue en pareil cas, la nappe présente une pente générale dirigée vers les affleurements inférieurs du terrain qui la renferme ; mais cette pente est rarement régulière, elle varie avec la résistance plus ou moins grande que rencontre l'écoulement dans le sol, parfois considérable si l'écoulement est lent, très faible s'il est rapide ou nul. Le voisinage d'une rivière et son régime ont une influence directe sur les variations du niveau de la nappe ; mais les eaux souterraines, se tenant à une cote un peu plus élevée que les eaux de superficie dans lesquelles elles se déversent, en restent nettement distinctes, et l'on peut creuser un puits sur la rive même ou dans le lit du cours d'eau sans y trouver autre chose que l'eau de la nappe caractérisée par une composition chimique très différente : les crues de la nappe sont parallèles et consécutives à celles de la rivière, mais les *décrues* sont d'ordinaire plus lentes. Au bord de la mer, l'eau des puits reste souvent douce alors même que leur niveau éprouve des oscillations en rapport avec le jeu des marées.

Si le terrain est peu perméable et plus ou moins fissuré, la nappe y est discontinue et irrégulière : le niveau de l'eau dans les puits est très variable et, tandis que les uns donnent un produit abondant, les autres sont complètement secs ou ne fournissent qu'un débit tout à fait insignifiant.

Si la couche superficielle est imperméable et recouvre une couche perméable dans laquelle se trouve la nappe des puits, les eaux de cette nappe ne sont plus alimentées par les eaux de pluie tombées dans le voisinage. Provenant d'infiltrations qui se produisent en des points éloignés, elles sont moins exposées à des variations fréquentes de niveau. Elles sont aussi plus à l'abri des contaminations possibles.

Au contraire, dans le premier des cas que nous venons d'examiner, l'altération des eaux de la nappe est toujours à redouter : le voisinage des villes ou des habitations, celui des usines d'où s'échappent des liquides toxiques et fermentescibles, celui des cimetières, l'existence de fosses, de puisards en communication plus au moins directe avec la nappe peuvent rendre les meilleures eaux parfaitement impropres à l'alimentation, sans même qu'aucun changement dans la couleur, l'odeur, le goût, la limpidité ne vienne le révéler. Un puits contaminé par les déjections d'un malade a été plus d'une fois — des observations certaines l'ont démontré — le point de départ d'une épidémie locale de fièvre typhoïde (1). Et ce n'est pas à des maléfices imaginaires qu'il faut attribuer l'empoisonnement des puits si fréquemment mentionné au moyen âge.

L'alimentation d'une nappe quelle que soit l'importance de son bassin souterrain, dépend de l'étendue des affleurements de la couche géologique correspondante, de la quantité de pluie qui tombe dans la région, du degré de perméabilité du sol, etc. Si l'on y puise un cube d'eau supérieur à celui des apports provenant de l'infiltration des eaux pluviales, le surplus est fourni par la réserve séculaire provenant de l'accumulation lente des eaux, qui ne se renouvelle qu'à la longue; on détermine par suite un abaissement persistant du niveau de la nappe, et il peut même arriver qu'on l'assèche entièrement. C'est ainsi que l'on procède lorsqu'on veut exécuter un ouvrage à sec dans un terrain ordinairement imprégné d'eau : on a recours à des *épuisements*. Il est d'ailleurs assez difficile de se rendre compte de l'abondance probable d'une couche aquifère ; la pente, l'étendue, l'épaisseur de la tranche d'eau donnent sans doute à cet égard des indications utiles ; mais on n'en peut retirer que des probabilités et point de certitude, et il faut recourir à l'expérience directe si l'on veut connaître à peu près exactement le débit qu'une nappe souterraine est capable de fournir.

La composition des eaux de la nappe des puits est extrêmement variable avec la nature du sol, la culture, les engrais employés dans la région, etc. Elle reste assez généralement sans modification jusqu'au bord même des rivières, de sorte qu'on rencontre jusque dans la berge et le fond même du lit de l'eau absolument différente de celle du cours d'eau. Lorsqu'une eau de puits ne contient ni ammoniaque, ni azote organique, ni chlore, on peut la déclarer bonne presque à coup sûr; elle est mauvaise ou tout au moins douteuse dans le cas contraire. Assez souvent on trouve cette eau chargée de protosels de fer qui, se transformant en présence d'un excès d'oxygène en sels de sesquioxyde peu solubles, ne tardent pas à donner à l'eau une couleur de rouille : c'est ce qui est arrivé à Leipzig, à Berlin, à Prague à Halle etc. (2). Souvent on constate simultanément le développement d'algues spéciales, la *Crenothrix polyspora* de Kühn, et

1. Épidémie de Pierrefonds, 1886, voir *Revue d'hygiène*.
2. Frühling, page 98.

la *Leptothrix ochracea* observées à Lille dans les eaux de la distribution et à Berlin dans celles provenant des puits creusés au bord du lac Tegel.

Quoi qu'il en soit, la nappe des puits, facilement atteinte par une fouille exécutée à sec, et fournissant aisément une eau limpide et fraîche là même où elle est nécessaire pour la consommation, rendra encore bien des services, comme elle en a rendu dans tous les pays et dans tous les temps. Elle est utilisée surtout pour les alimentations restreintes ; habitations isolées, fermes, exploitations agricoles, usines, petites agglomérations y trouvent une ressource précieuse, et c'est elle qui constitue la richesse, la seule cause d'existence de la plupart des oasis du Sahara.

92. Les nappes profondes. —Comme les nappes des puits, celles qu'on rencontre à une plus grande profondeur dans le sol sont tantôt stagnantes, tantôt en mouvement, suivant les ondulations des couches imperméables sous-jacentes, continues ou discontinues, selon que le terrain perméable qui les renferme est lui-même poreux ou fissuré ; de même aussi, elles sont ordinairement *absorbantes* et peuvent recevoir en certaine quantité les eaux qu'on vient à y déverser.

Mais, moins directement influencées par les variations atmosphériques, par les quantités de pluie tombées, etc., mieux abritées contre les contaminations possibles par les eaux impures répandues à la surface du sol, les nappes profondes ont en général un régime plus constant et leurs eaux une composition plus fixe.

D'autre part, en raison de la dépense à faire pour les atteindre, et de la difficulté plus grande de puisage, elles sont loin d'être aussi fréquemment utilisées. Lors donc que l'on y a recours, on peut espérer y trouver une alimentation plus sûre, une eau plus constamment semblable à elle-même, et c'est pourquoi elles sont recherchées de préférence à la nappe des puits pour les grands établissements industriels et les distributions d'eau.

Il est vrai que les eaux profondes, sont assez souvent plus chargées de sels, parce qu'elles ont fait à l'intérieur du sol un plus grand parcours ou un séjour plus prolongé. Et il est encore plus malaisé d'apprécier la quantité d'eau qu'elles peuvent fournir, bien que quelques-unes, par l'étendue et l'épaisseur de la formation géologique correspondante, paraissent constituer des réservoirs presque inépuisables.

Elles n'en constituent pas moins une ressource extrêmement

précieuse à laquelle on tend à faire des emprunts de plus en plus
nombreux et qu'il serait intéressant de mieux connaître, d'étudier
avec soin, d'apprendre à utiliser d'une manière rationnelle.

93. Les nappes ascendantes et artésiennes. — Entre les
nappes profondes et les nappes ascendantes et artésiennes, il y a une
seule différence essentielle : dans ces dernières l'eau est *en pression*.

Qu'on vienne à percer le toit au dessous duquel elles sont emprisonnées, l'eau s'échappe, atteint une hauteur plus ou moins grande,
parfois même dépasse le niveau du sol et s'élève en jet dans l'atmosphère ; c'est ainsi que l'eau du puits de Grenelle, à Paris, atteint
une hauteur de **38 mètres** au-dessus du sol.

Cette propriété des nappes artésiennes est utilisée pour la création
de véritables sources artificielles qui mettent sans puisage les eaux
profondes à la portée du consommateur, à l'endroit même où il se
propose de les employer.

Malheureusement la recherche des eaux en pression dans les couches profondes présente toujours un caractère assez aléatoire.

On ne peut faire en effet que des hypothèses plus ou moins plausibles sur le débit probable qu'une nappe jaillissante est capable de
fournir en un point donné. Les études les plus approfondies
de la constitution géologique du sous-sol peuvent fort bien se trouver en défaut ; les calculs les plus savants sont aisément déjoués
par la moindre irrégularité des couches souterraines. Aussi est-il
arrivé bien souvent que des forages, descendus au niveau des nappes artésiennes considérées même comme les plus abondantes, ont
donné lieu à de graves mécomptes, soit que l'insuccès ait été immédiat et complet, soit que le débit obtenu tout d'abord ait subi une
décroissance progressive plus ou moins rapide, soit enfin que les
derniers puits creusés aient déterminé une diminution du débit précédemment fourni par d'autres puits plus anciens.

L'eau de ces nappes a d'ordinaire une température assez élevée
qui la rend peu agréable à la boisson : il n'est pas rare de voir cette
température atteindre de 25° à 40° centigrades. Souvent aussi elle ne
contient qu'une faible quantité de gaz et se rapproche par sa composition des eaux minérales. La proportion des matières solides y est
d'ailleurs extrêmement variable, tantôt très importante, tantôt au
contraire bien moindre que dans l'eau des nappes ordinaires ; le dernier cas est le plus fréquent et il s'explique sans doute par ce fait
que les nappes jaillissantes se rencontrent plus généralement dans
les terrains arénacés.

94. Les sources. — Le déversement des eaux des nappes souterraines à la surface du sol par des orifices naturels constitue les *sources*. Ce sont en quelque sorte des trop-pleins par où l'eau s'échappe au dehors.

Cette explication qui nous paraît si évidente aujourd'hui, n'a été donnée cependant qu'à une époque relativement récente, et c'est à Bernard Palissy qu'on en doit attribuer l'honneur. « La cause pour- « quoi les eaux se trouvent tant ès sources qu'ès puits, dit-il dans « ses *Discours admirables de la nature des eaux et fontaines*, n'est « autre qu'elles ont trouvé un fond de pierre ou de terre argileuse « laquelle peut tenir l'eau autant bien comme la pierre. » Platon plaçait l'origine des sources dans les gouffres du Tartare ; Pline croyait qu'elles proviennent de l'eau de la mer qui en s'infiltrant dans les terres se débarasserait de ses principes salins, et Bacon se ralliait encore à cette théorie ; Descartes lui-même admettait que « les eaux pénètrent par des conduits souterrains jusqu'au-dessous « des montagnes d'où la chaleur qui est dans la terre les élevant en « vapeur vers leurs sommets, elles y vont remplir les sources des « fontaines et rivières. »

On conçoit que ces trop-pleins des nappes souterraines ne fonctionnent pas toujours d'une façon continue, et qu'à la suite d'une période de sécheresse, quelques-uns d'entre eux ne débitent plus d'eau ; ceux-là constituent ces *sources intermittentes* dont la nature et l'origine ont tant exercé la sagacité des hydrauliciens, et qui ont passé si longtemps pour un des phénomènes les plus mystérieux de la nature.

Belgrand distingue les sources en quatre classes. Dans la première, il place celles des terrains imperméables, disséminées partout sur la surface des terres et d'autant plus nombreuses et plus petites que le sol est plus imperméable. Dans la seconde, celles des terrains entièrement perméables toujours réunies dans les prairies humides et tourbeuses qui tapissent le fond des grandes vallées, peu nombreuses mais très abondantes, parce qu'elles sont alimentées par des bassins étendus. La troisième classe comprend les sources qui forment un *niveau d'eau* et apparaissent à la base d'un terrain perméable reposant sur un terrain imperméable ; on les trouve aussi bien à flanc de coteau que dans le fond des vallées La quatrième se compose des sources artésiennes qui se sont frayé un chemin à travers les terrains imperméables supérieurs, et jaillissent par un puits ou une cheminée naturelle. Le *lieu des sources* est pour la première classe, la surface même du pays ; pour la seconde, le thalweg des vallées principales ; pour la troisième, la ligne d'affleurement de la couche imperméable sous-jacente ; il n'y en a pas pour les sources de la quatrième classe, qui sont de véritable accidents. Les innombrables sources du Morvan (granit), et de l'Auxois (lias), appartiennent à la première classe ; les belles sources des terrains calcaires de la Bourgogne (oolithe), de la Champagne et de la Normandie (craie), de la Brie (terrains tertiaires), auxquelles on s'est adressé pour l'alimentation de Paris, à la seconde. Les niveaux d'eau les plus remarquables du bassin de la Seine sont ceux qui apparaissent au contact du calcaire oolithique et du lias, de la craie blanhee et du terrain crétacé inférieur, des sables supérieurs et des marnes vertes.

Certaines sources semblent être la réapparition de rivières qui, après avoir coulé quelque temps à ciel ouvert, se perdent en passant sur des terrains extrêmement perméables comme pour s'y écouler souterrainement : telle est, par exemple, la belle source de Laignes (Côte-d'Or), qui donne naissance au cours inférieur de la rivière de même nom, dont le lit est à sec en amont sur près de 20 kilomètres. Telles aussi les grandes sources de l'Iton, de l'Avre, de la Rille.., la source d'Arcier à Besançon, etc. L'emploi d'une matière colorante très subtile et d'ailleurs inoffensive, la fluorescéine, a souvent permis de reconnaître la réalité de ces communications supposées. En pareil cas, le débit de la source est d'ordinaire très supérieur à celui du cours d'eau avant sa disparition, et par suite il serait plus exact de dire qu'elle constitue l'exutoire d'une nappe souterraine à laquelle le ruisseau disparu est venu apporter son tribut.

La quantité d'eau fournie par une source n'est point constante. Ses variations sont en général consécutives de la quantité de pluie tombée dans la région. Elles se produisent toutefois avec une certaine lenteur, qui tient sans doute à la résistance que l'écoulement de l'eau éprouve dans le sous-sol, et restent assez souvent dans des limites restreintes, parce que le réservoir souterrain qui alimente la source remplit l'office de régulateur. Cependant on observe, à là suite de pluies torrentielles ou continues, de véritables crues des sources, dont l'eau perd quelquefois sa transparence habituelle pour devenir laiteuse dans les terrains calcaires, et plus ou moins jaune ou rougeâtre dans les terrains arénacés. Le régime des sources est fort différent d'ailleurs, suivant les circonstances climatériques de la contrée et la constitution géologique du sol ; assez régulier dans les terrains perméables de grande épaisseur, où le rapport des débits maxima et minima peut descendre à 1/4, 1/3, et même 1/2, il est très variable au contraire dans les terrains imperméables. Le maximum du débit se présente le plus souvent dans la saison humide, en hiver, dans nos pays ; mais il arrive aussi qu'il se trouve correspondre au plus fort de la saison sèche lorsque les sources sont alimentées par l'eau des glaciers et la fonte des neiges : les sources de la Vanne, captées pour l'alimentation de Paris, sont dans le premier cas ; elles donnent leur mininum de débit en octobre, et leur maximum en avril. Au contraire, celles qu'un aqueduc amène du Semmering à Vienne ont leur minimum en plein hiver, décembre ou janvier, et leur maximum dans l'été, ainsi que l'indique le diagramme où l'on a représenté en outre les courbes des débits de la source de Cérilly (Vanne).

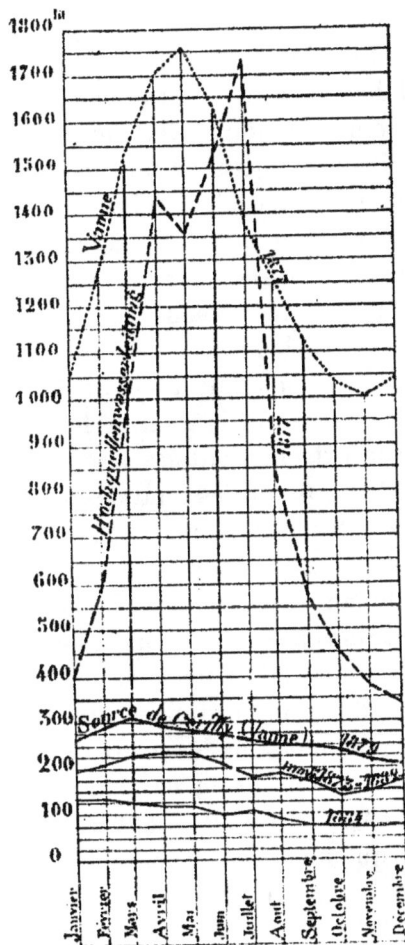

Dans une même région, dans la même vallée, on trouve souvent des sources qui ont un régime différent : les unes sont *pérennes*, c'est-à-dire ne tarissent jamais, ou n'éprouvent que des variations relativement lentes de débit ; les autres, au contraire, présentent des changements rapides et sont de temps en temps à sec ; il en est même *d'éphémères*, qui fournissent de l'eau durant quelques jours ou quelques semaines seulement. Ces différences s'expliquent soit par le plus ou moins d'importance des réservoirs souterrains correspondants, soit tout simplement par l'effet de la pente que prend la surface des nappes dans les terrains perméables drainés par des vallées profondes : la hauteur de la nappe variant avec l'humidité de la saison, les sources les plus rapprochées des faîtes tarissent lorsque le niveau descend au-dessous de leur point d'émergence, tandis que les sources basses ne cessent pas d'être alimentées. Quelques-unes présentent des singularités résultant de l'existence de siphons naturels, de ramifications compliquées des conduits, de cantonnements d'air, etc., la fontaine de Vaucluse en fournit un exemple bien connu (1).

La composition des eaux de source est celle même des nappes souterraines d'où elles proviennent. Peut-être, en débouchant à l'air libre, se chargent-elles d'une quantité de gaz un peu plus grande, mais leur teneur en matières solides ne varie pas, sauf pour quelques sources dites *pétrifiantes*, comme la fontaine de Saint-Allyre, en Auvergne, qui laissent immédiatement déposer un excès de carbonate de chaux et recouvrent d'une couche calcaire les objets que l'on vient à y plonger. Les plus pures sont celles des terrains primitifs, les *eaux de roche*; toutes les autres sont plus ou moins riches en sels minéraux. Quelquefois, la présence de la tourbe, que les eaux de source rencontrent à leur sortie du sol, « sans leur donner des propriétés précisément malfaisantes, peut « les rendre impotables en leur donnant un mauvais goût...; les « eaux du Morvan, qui sont d'une pureté extrême, ont assez sou- « vent une saveur herbacée très prononcée (2) », qui les rend désagréables à boire. De même que les nappes, les sources ne sont pas absolument à l'abri de toute contamination par les déjections répandues à la surface ou dans l'intérieur du sol ; l'altération de leurs eaux est plus à craindre lorsqu'elles sont dues à des courants souterrains, rapides et abondants, que si elles sont alimentées par un lent filtrage à travers les terres, dont l'effet est d'ordinaire une épuration progressive. On peut dire, cependant, que les eaux de source sont en général peu exposées à des dangers de ce genre, et que, sauf des cas tout exceptionnels et assez rares, elles sont très pauvres en matières organiques aussi bien qu'en germes organisés et extrêmement salubres.

La température des eaux de source présente l'invariabilité caractéristique des eaux souterraines, et s'écarte le plus souvent très peu de la température moyenne de l'air dans la localité; la source du Rosoir, à Dijon, marque presque constamment 10°, à quelques dixièmes de degré près ; la source de la Dhuis 9°,7 à 10°,7 ; celles de la Vanne 9°,5 à 11° ; les sources qui alimentent les aqueducs de Rome, 14° à 16° ; celles qu'on rencontre dans les montagnes, 5° à 8°.

La limpidité et la fraîcheur sont les qualités qui ont fait des eaux de source l'eau potable par excellence. A toute époque, les populations ont eu pour ces eaux une préférence instinctive, qui, venant s'ajouter au charme mystérieux d'une origine en apparence surna-

1. Dyrion. Le mécanisme de la fontaine de Vaucluse, 1893.
2. Belgrand. *La Seine*, p. 120.

turelle, a contribué à en faire un objet de vénération ; plus d'un peuple primitif leur a consacré un culte, et dans les campagnes il n'est pas rare de leur voir attribuer encore des effets miraculeux.

95. Composition des eaux souterraines. — Il résulte du mode même de formation des eaux souterraines, qu'elles doivent être, en général, moins chargées de gaz, de matières organiques et de microbes que les autres eaux, et contenir, par contre, une plus forte proportion de matières solides.

On y trouve, en effet, d'ordinaire, un peu moins de gaz dissous que dans les eaux météoriques et superficielles ; et, dans la composition du mélange gazeux, l'oxygène entre assez souvent en proportion moindre, tandis que l'acide carbonique y est plus abondant : ce qu'on explique par les combustions lentes qui ont lieu dans l'intérieur du sol. Ainsi, l'analyse des gaz dissous dans l'eau de la Dhuis et dans celle de la Vanne a donné :

	Dhuis	Vanne
	cc	cc
Oxygène	7,2	6,4
Azote	13,6	14,9
Acide carbonique	23,4	20,3
	44,2	41,6

par litre.

L'ammoniaque, que les eaux de pluie renferment en notable quantité, et qu'on rencontre en bien moindre proportion dans les eaux de superficie, se retrouve plus abondante dans les eaux profondes. La moyenne des résultats obtenus par la Commission anglaise de la pollution des rivières a été de $0^{mg},29$ par litre pour la pluie, $0^{mg},02$ pour les eaux de superficie et $0^{mg},12$ pour les eaux de nappes profondes ; mais elle accuse $0^{mg},01$ seulement d'ammoniaque pour les eaux de source.

Les matières organiques sont rares dans les eaux souterraines, soit parce qu'elles ont été retenues par les terres et par la végétation, soit qu'elles aient été transformées par la nitrification ; on n'en trouve guère en quantité un peu notable que dans certaines eaux de la nappe des puits particulièrement exposées à des contaminations par suite de quelque voisinage fâcheux. Cependant, les eaux profondes mêmes n'en sont jamais absolument dépourvues, et il arrive assez souvent qu'il s'y développe des végétations dès qu'elles voient le jour et se trouvent exposées à l'air libre. Et, bien qu'au début de la science bactériologique et des recherches microbiennes on ait annoncé l'absence totale de germes organisés dans les eaux des sources et celles des nappes profondes, les faits observés démontrent qu'il n'y a pas d'eau naturelle qui en soit totalement exempte; dans les eaux les plus pures qui aient été consacrées à l'alimentation, le microscope décèle la présence de bactéries, en petit nombre il est vrai, mais suffisant du moins pour qu'on doive admettre qu'il n'y a pas d'eau absolument stérile dans la nature.

La proportion relativement grande de matières solides dissoutes est un des traits caractéristiques des eaux souterraines. L'analyse d'un nombre très considérable d'échantillons a fourni à la Commission anglaise de la pollution des rivières les chiffres moyens suivants : **438** milligrammes par litre pour les eaux des nappes profondes et **282** milligrammes par litre pour les eaux de source, contre **96** millimètres par litre pour les eaux de superficie.

Cette proportion est peu influencée par les variations atmosphériques, bien que parfois la teneur saline d'une eau diminue légèrement après de grandes pluies.

Elle dépend surtout de la nature des terrains dans lesquels les eaux se sont accumulées : ainsi Belgrand indique que le titre hydrotimétrique des eaux de sources varie de 2° à 7° dans le granit, de 7° à 12° dans le crétacé inférieur (puits de Grenelle et de Passy), 12° à 17° dans la craie blanche (Somme-Soude 14°), 17° à 27° dans les calcaires de Beauce, les sables de Fontainebleau, la craie blanche couronnée par les terrains tertiaires (Vanne 17° à 20°, Avre 17°), le terrain néocomien, les calcaires oolithiques, 20° à 80° dans les marnes vertes et l'argile plastique (Arcueil 38°, Marly 48° Meudon 59°), 11° à 120° dans le lias, 60° à 155° dans les marnes du gypse (Meudon 68°, Prés St-Gervais 76°, Belleville 155°); en Angleterre on a trouvé que la quantité de sels en dissolution passe de **306** milligrammes par litre (grès rouge) à **831** milligrammes (terrain houiller) ; en Allemagne, de **70** milligrammes (granit) à **418** (dolomie) et **2.365** (gypse)(1) ; en Bohême, de **46** milligrammes (terrains primitifs) à **1.200** (étage silurien).

Voici d'ailleurs, à titre d'indication, quelques chiffres relatifs aux quantités de sels décelées par l'analyse dans certaines eaux de sources ou de nappes souterraines :

Eaux de sources :   mgr par lit.

Distribution d'eau de Paris.	Dhuis...	286	(Albert Lévy)
	Vanne..	246	
	Avre....	236	
—	Dijon..........	260	
—	Besançon.......	280	
—	Fécamp.........	320	
—	Lille...........	360	
—	Scarborough....	304	(Rivers pollution Commission)
—	Northampton...	314	
—	Glocester.......	445	

(1) Reichhardt.

—	Wiesbaden......	42	(Fresenius)
—	Ulm............	237	(Wacker)
—	Erfurt.........	355	(Reichhardt)
—	Würzbourg......	742	(Ossan)
—	Naples.........	273	(Masoni)
Eaux de nappes :			
Puits à	Paris..........	1170	(Poggiale)
id.		2507	(Maumené)
id.	1465 à	4694	(Albert Lévy)
	Bedford........	1407	(Rivers pollution Commission)
	Farringdon.....	1015	id.
	Dresde.........	124	(Scharmann)
	Essen..........	181	(Hartenstein)
	Hanovre........	410	(Fischer)
	Carlsruhe......	538	(Birnbaum)
	New-York.......	374	(Waller)
	Williamstown...	1121	(Nichols)
Puits artésien à	Passy..........	141	(Poggiale et Lambert).
—	Charlestown	3697	(Robertson)
—	St-Louis	8791	(Litton)

96. Emploi des eaux souterraines. — Dès l'apparition de l'homme sur la terre, il a puisé dans les sources, en même temps que dans les cours d'eau, l'eau nécessaire pour étancher sa soif : c'est auprès des sources que les caravanes installent leurs tentes, et plus d'un groupe de population n'a pas eu d'autre origine. La fraîcheur, la limpidité des eaux de source invitent, en effet, à la boisson, et pour cet usage elles ont une incontestable supériorité qui les a fait rechercher de tout temps et dans tous les pays. Les progrès de la science, en montrant que ces eaux renferment très peu de matières organiques et de corpuscules organisés, sont venus donner tout récemment une éclatante justification de cette préférence naturelle si marquée et si générale.

L'usage des eaux de la nappe des puits remonte à la plus haute antiquité ; il n'est guère de contrée où leur emploi n'ait été fort anciennement répandu, quoiqu'il suppose déjà un travail de recherche et l'exécution d'un ouvrage spécial. L'eau des puits est presque toujours fraîche et limpide, et la facilité avec laquelle on se la procure, bien souvent à l'endroit même où elle est utile, constitue en sa faveur un avantage manifeste. Malheureusement, elle est très exposée à la contamination progressive que tant de causes diverses tendent à provoquer partout où il y a des habitations et des terres en culture, et il en résulte qu'elle sera de moins en moins utilisée dans les villes. D'ailleurs, le débit d'une nappe est généralement limité ; et, pour peu que les puits se rapprochent, chacun d'eux ne s'alimente qu'au détriment des voisins, de sorte que la quantité peut assez souvent faire défaut en même temps que la qualité. Mais ces inconvénients disparaissent dans les campagnes, où les établissements sont éloignés les uns des autres, et l'eau des puits est appelée à y rendre toujours des services considérables.

La recherche des eaux profondes implique des études délicates, l'exécution de travaux d'une certaine importance et d'une réussite incertaine. Aussi, et sauf dans certaines régions, en Perse par exemple, est-ce à une époque relativement moderne qu'on a su les utiliser. Encore ne l'a-t-on fait presque partout que dans une proportion manifestement insuffisante, car les nappes profondes peuvent fournir en abondance des eaux fraîches, de même qualité que les eaux de source, et qui devraient être également appréciées. Cependant de nouveaux procédés surgissent, les applications deviennent plus fréquentes, et il est hors de doute que l'art de l'hydraulicien est appelé à faire dans cet ordre d'idées de nouveaux et intéressants progrès.

Quant aux eaux artésiennes, qui doivent ce nom à la province d'Artois où les premiers puits jaillissants de l'Europe ont été creusés vers le XIIe siècle, et qui étaient peut-être connues plus anciennement en Chine, c'est seulement depuis la création d'un outillage spécial qu'on a pu couramment en faire emploi. La température souvent élevée de ces eaux les rend parfois peu propres à la boisson ; excellentes au contraire dans la majorité des cas pour le lessivage du linge, l'alimentation des chaudières, la teinture, etc., elles sont en conséquence assez recherchées par l'industrie qui prise leurs qualités particulières et apprécie surtout les conditions de remarquable économie auxquelles il lui est souvent possible de se les procurer dans l'enceinte même des usines.

CHAPITRE VI

RECHERCHE, EXAMEN ET CHOIX
DES EAUX DESTINÉES A L'ALIMENTATION

RECHERCHE, EXAMEN ET CHOIX
DES EAUX DESTINÉES A L'ALIMENTATION

§ 1

ÉTUDE DES RESSOURCES D'UNE RÉGION

97. Considérations générales. — Lorsqu'on entreprend l'étude d'une distribution d'eau pour l'alimentation d'une ville, il s'agit, le plus souvent, de remplacer par un système général et unique les anciens modes d'alimentation jugés défectueux, et qui, d'ordinaire, dus à l'initiative privée, consistent dans l'utilisation de l'eau de pluie ou de l'eau de la nappe au moyen de citernes ou de puits. Dès lors ces deux natures d'eau se trouvent immédiatement écartées : elles conviennent du reste assez peu pour une distribution d'eau ; il est trop difficile de recueillir l'eau de pluie en grande quantité, et la nappe des puits est trop exposée soit à des diminutions de débit par suite de puisages abondants au voisinage, soit à des altérations de qualité par l'effet de l'infiltration dans le sol des eaux chargées de détritus.

On a donc recours, en général, aux rivières, aux lacs, aux sources ou aux nappes profondes.

Avant l'invention des *machines élévatoires*, on ne savait pas employer les eaux de nappes profondes non artésiennes, et l'on ne pouvait guère recourir qu'aux sources ou aux eaux superficielles dont le niveau était supérieur à celui des points à desservir et qui pouvaient y être amenées par l'action de la gravité.

Depuis, le champ des recherches s'est considérablement étendu, et l'on peut maintenant utiliser aussi bien les nappes profondes que les eaux de drainage ou de superficie, quel que soit le niveau de la prise par rapport à celui que l'on veut atteindre.

En d'autres termes, toutes les eaux de la région qui avoisine une agglomération urbaine peuvent être indifféremment employées à son alimentation, si elles présentent les qualités convenables : les moyens dont dispose actuellement l'art de l'ingénieur permettent en effet de vaincre tous les obstacles naturels, et dans le choix à faire il n'y a plus à en tenir compte que comme d'un élement, important il est vrai, de la dépense.

Suivant les divers modes de prise ou de captage auxquels se prêtent les eaux employées pour l'alimentation des villes, elles rentrent ordinairement dans une des cinq catégories suivantes :

Eaux superficielles (rivières, lacs, etc.);

Eaux de source ;

Eaux de drainage ;

Eaux profondes ;

Eaux artésiennes ou jaillissantes.

Tout naturellement on s'adresse d'abord aux sources et aux eaux de superficie, aux eaux *apparentes*; en second lieu viennent les eaux de *drainage*, récoltées dans le sol aux dépens de la première nappe en des points éloignés des habitations, et qui étaient déjà connues des anciens et utilisées par eux; et c'est seulement à défaut d'eaux disponibles de ces trois premières catégories que l'on va rechercher plus profondément dans le sol celles des deux autres.

98. Examen hydrologique et géologique du pays. — Si l'on veut procéder d'une matière rationnelle et ne faire un choix qu'à bon escient, la première étude à entreprendre en vue de l'établissement d'une distribution d'eau consiste dans l'examen des diverses solutions possibles, dont il convient de dresser l'état complet, l'inventaire pour ainsi dire, afin de les soumettre à une comparaison instructive.

A cet effet, on procède à une reconnaissance générale de la distribution naturelle des eaux dans la région qui entoure immédiatement la localité considérée, de manière à bien connaître l'*hydrologie* du *bassin* dans lequel elle se trouve située. Dans le cas où les résultats de cette reconnaissance ne sont point satisfaisants, et seulement dans ce cas, on peut être conduit à porter plus loin les investigations et à chercher mieux, au delà des limites du bassin, soit dans les bassins contigus, soit dans quelques autres plus éloignés. L'étude hydrologique n'est d'ailleurs pas complète si elle n'a porté que sur les eaux apparentes, et si l'on ne s'est pas rendu compte de la situation, de l'étendue et de l'importance des nappes supérieures qui pourraient se prêter à des drainages et sur lesquelles les puits isolés dans la campagne fournissent d'utiles indications.

Un examen *géologique* est nécessaire si l'on veut en même temps apprécier la possibilité de recourir à des forages et les chances que l'on aurait d'obtenir des eaux profondes ou artésiennes. Le plus souvent on trouve des indications, à cet égard, dans des travaux antérieurs faits à d'autres points de vue dans la région, cartes géologiques, recherches de mines, forages entrepris par l'industrie, carrières, etc.

Le beau livre de Belgrand, *La Seine*, où l'éminent ingénieur a résumé les remarquables travaux auxquels il s'est livré en vue de la discussion complète du problème de l'alimentation de Paris, est le modèle d'une étude de ce genre. Orographie, hydrologie, météorologie, géologie, régime des cours d'eau et des sources, porosité du sol, influence des forêts, etc., tout s'y trouve réuni. C'est un vaste ensemble résumé en quelques chapitres sous une forme saisissante ; et, tant qu'on ne sortira pas, pour l'alimentation de la capitale, du bassin de la Seine, auquel Belgrand a volontairement limité ses recherches, son livre restera la base de toutes les études qui peuvent être entreprises désormais afin d'augmenter l'approvisionnement d'eau de Paris. Il y a montré en outre l'influence des reliefs du sol sur la répartition des pluies, de la perméabilité des couches superficielles sur le nombre et le régime des cours d'eau, de la constitution géologique du sous-sol sur la composition des eaux ; il y a fait ressortir, à la suite d'une comparaison détaillée et approfondie, les avantages que présentent les eaux de source pour les usages domestiques ; il y établit enfin une classification rationnelle de ces eaux.

Les plus pures, celles des terrains *arénacés*, quel que soit leur âge (*granit, green sand, sables de Fontainebleau*), sont, en général, peu abondantes. Celles qui viennent ensuite, au contraire, fournies par les *calcaires non argileux* (*craie blanche de la Champagne et de la Normandie, calcaire de Beauce, terrains oolithiques de la Bourgogne*) sont extrêmement abondantes, et, malgré l'inconvénient d'une dureté un peu plus grande, constituent la ressource la plus précieuse pour l'alimentation de Paris. Les *marnes vertes*, *l'argile plastique*, les *calcaires oolithiques marneux*, les *terrains tertiaires* entre l'argile plastique et les marnes vertes, fournissent encore quelques sources, mais notablement plus riches en carbonate de chaux. Enfin, en dernière ligne, arrivent les eaux séléniteuses du *lias* et des terrains qui avoisinent la grande lentille de *gypse* du bassin parisien.

99. Hydroscopie. — Lorsque, à défaut d'eaux superficielles ou de sources apparentes, on est contraint de rechercher pour l'alimentation des eaux souterraines, il n'est point d'autre guide scientifique que l'étude géologique du sol, l'*hydrogéologie*, suivant l'expression d'un hydraulicien anglais, M. de Rance, point d'outil qui puisse remplacer la *sonde*.

Mais la science de la géologie et l'art du sondeur sont tout modernes, et, dès l'antiquité, on a cherché à utiliser l'eau des nappes et des cours d'eau souterrains que l'on savait découvrir par des procédés plus ou moins mystérieux. Ces procédés étaient déjà connus des Grecs, et les Romains avaient pour les chercheurs d'eau ou *aquilèges* les plus grands égards. Pline et Vitruve ont décrit quelques-uns des moyens employés pour la découverte des eaux souterraines : tantôt c'est l'observation des vapeurs qui s'élèvent au-dessus des terrains à l'intérieur desquels circulent les veines liquides, tantôt la recherche des points où séjournent de préférence les moucherons ou les grenouilles, de ceux où végètent les roseaux, les joncs, le baume sauvage, bien qu'on y aperçoive pas d'eaux superficielles. A une époque plus rapprochée de nous, on a eu recours à la *baguette divinatoire*, fourche de bois de coudrier, qui devait s'incliner irrésistiblement vers la terre pour indiquer la présence de sources souterraines, renouvelant ainsi le miracle de Moïse après la traversée de la mer Rouge : Jacques Aymard fit grand bruit à Paris, en 1693, avec ce talisman.

Même de nos jours, l'*hydroscopie* — c'est ainsi qu'on nomme l'art de découvrir les sources — est restée en honneur. L'abbé Paramelle, curé de Saint-Céré, s'est fait une célébrité, il y a quelque cinquante ans, en se consacrant à la recherche des eaux souterraines, et, dans un ouvrage spécial, il a exposé les principes de son art et formulé les règles qu'il en avait déduites. Partant d'un aphorisme de Sénèque : *Crede infra quidquid vides supra* — qui est exact sans doute dans le cas où la surface imperméable souterraine est parallèle à celle du sol, mais ne l'est plus si cette condition n'est pas remplie, c'est-à-dire dans le cas général — il admet que la nappe souterraine se forme et se déplace de la même manière que les eaux de superficie ; il calcule la profondeur à laquelle on peut espérer rencontrer l'eau d'après le niveau des puits, l'inclinaison des versants du vallon et l'examen de la pente des couches imperméables ; il apprécie le débit probable en partant de ces bases : que le rapport annuel du débit des sources à la quantité de pluie est d'environ 1/12 ; que les couches détritiques de 2 à 8 mètres d'épaisseur, reposant sur une couche imperméable suffisamment inclinée, produisent après une sécheresse ordinaire 4 litres par minute pour 5 hectares de superficie. Ces règles empiriques peuvent, on le conçoit, se vérifier assez souvent, mais elles laissent une large part à l'aléa : elles donnent fréquemment une probabilité, jamais une certitude.

L'abbé Paramelle a eu des imitateurs et l'on rencontre encore dans certains pays des *hydroscopes* qui, en l'absence d'études géologiques et hydrologiques approfondies, rendent quelques services pour la recherche des eaux lorsqu'on ne dispose pas de moyens plus scientifiques.

<h1 style="text-align:center">§ 2.</h1>

DÉTERMINATION DES QUANTITÉS D'EAU DISPONIBLES

100. Étude de l'importance des ressources. — Les ressources auxquelles on peut recourir pour l'alimentation d'une ville étant déterminées, il convient de se rendre compte des quantités d'eau qu'elles sont capables de fournir.

A ce sujet, nous nous bornerons à donner quelques considérations générales, renvoyant aux ouvrages spéciaux pour la description des procédés et des appareils de *jaugeage*.

Ce qu'il importe de connaître en général, remarquons-le tout d'abord, ce n'est point le débit moyen du cours d'eau, de la source, de la nappe où l'on se propose de puiser, encore moins le débit maximum, mais le *débit minimum*, qui seul fournit la limite des ressources disponibles en tout temps. Il y a intérêt à déterminer ce minimum aussi exactement que possible, ainsi que l'époque où il se produit, si l'on veut éviter des mécomptes ultérieurs.

Faute de pouvoir le faire directement, on raisonne parfois par analogie, et l'on cherche à déduire le résultat de quelques faits constatés non point sur la source d'alimentation même dont on s'occupe, mais sur quelque autre de nature peu différente, et qui se trouve dans la même région climatérique. Il faut se défier de ce genre d'assimilation qui n'est pas sans danger : rien n'est plus variable, en effet, que le régime hydraulique des diverses localités, et, en concluant de l'une à l'autre, on s'expose souvent à de grossières erreurs.

101. Eaux superficielles. — Les eaux courantes passent sans cesse par des périodes successives de crue et de décrue dont les lois sont elles-mêmes fort variables. Il peut y avoir intérêt à en étudier le régime en tout temps, mais c'est pendant les époques de sécheresse qu'il est le plus utile de les jauger.

A cet effet, s'il s'agit de petits cours d'eau, on établit un *déversoir*, de la largeur du lit autant que possible, et en mince paroi; ou l'on se sert des ouvrages existants, barrages mobiles, vannages des usines, etc. Pour les grands cours d'eau, où les mêmes moyens ne sont pas applicables, on se sert de *flotteurs* dont on note le passage en deux points déterminés qui doivent être aux extrémités d'une section à profil sensiblement uniforme, et l'on détermine ainsi la *vitesse superficielle* un peu supérieure à la vitesse moyenne (5/4 environ); on peut aussi chercher à obtenir directement la *vitesse moyenne* au moyen de *flotteurs de fond*; ou, si l'on veut plus de précision encore, on a recours au *tube de Pitot et Darcy* ou au *moulinet de Woltmann*.

Pour qu'un cours d'eau puisse satisfaire à des besoins donnés, il faut qu'en tout temps son débit soit supérieur au volume jugé nécessaire, et réponde notamment au maximum des besoins, à quelque moment qu'il vienne à se produire, quand bien même il coïnciderait, comme il arrive souvent dans les pays à climat tempéré, avec le minimum du débit. Et cela ne suffit pas si le cours d'eau est déjà consacré à d'autres usages que l'on est tenu de respecter, navigation, irrigations, moulins, etc.; alors le seul volume d'eau disponible est celui qui est superflu pour ces usages, à moins qu'on ne parvienne, par un système de *compensation*, à restituer aux usagers l'eau qu'on aurait à leur enlever. Dans ce but on crée parfois de vastes réservoirs artificiels où s'emmagasinent les eaux surabondantes en temps humide et qui sont destinés à fournir en temps sec l'appoint nécessaire pour compléter le débit requis. Ce procédé, fort usité en Angleterre, et appliqué, quoique moins fréquemment, dans tous les pays, rend des services précieux lorsque les vallées sont assez encaissées et le sol suffisamment imperméable pour se prêter à la construction de barrages-réservoirs sans dépenses exagérées; il sert soit à fournir l'eau nécessaire à l'alimentation de manière à ne porter aucune atteinte aux droits des usagers, soit à rendre à ces derniers un volume d'eau équivalent à celui qui leur a été enlevé en vue d'une distribution d'eau. L'établissement de semblables ouvrages exige des études spéciales sur la quantité annuelle de pluie, le régime des eaux, la perméabilité du sol, l'importance de l'évaporation, etc.

Les lacs sont des réservoirs de compensation du même genre, que la nature a mis à la disposition de l'homme. Lorsqu'ils ont un émissaire, on peut, en jaugeant le débit de cet émissaire, se rendre compte du volume d'eau qu'il est possible de leur emprunter. Quelquefois on observe de très grandes variations du niveau du lac et du débit de l'émissaire : c'est que la capacité du lac n'est pas suffisante pour établir une compensation complète, et l'on peut y remédier en relevant le plan d'eau artificiellement, pour augmenter le volume emmagasiné. Lorsque le lac n'a point d'émissaire, il est plus malaisé d'évaluer la quantité d'eau qu'il peut fournir, et, pour y parvenir, on est obligé de recourir à une étude approfondie du régime, des variations de niveau, du mode d'alimentation, etc.

102. Sources. — Des jaugeages précis et des observations continues sont encore plus nécessaires pour les sources, car si l'on trouve assez souvent dans un cours d'eau une quantité bien supérieure aux besoins à desservir, une source ne fournit, assez souvent, que tout juste le volume indispensable à l'alimentation d'une distribution d'eau, ou même une fraction seulement de ce volume.

Si le débit de la source considérée est peu important, on en fait un jaugeage direct, en constatant le temps nécessaire pour le remplissage d'une capacité déterminée : ce procédé primitif est évidemment le plus exact de tous.

Lorsque le débit est plus considérable, on établit le plus souvent un déversoir sur l'évacuateur du bassin sourcier. Mais on doit faire en sorte que le niveau naturel de la source ne soit pas modifié : on risque, en effet, si on l'élève, de diminuer le débit en augmentant la charge sur les orifices naturels des filets liquides, ou en créant des écoulements nouveaux à travers des fissures que l'eau n'atteint pas d'ordinaire ; et, si on l'abaisse, il est à craindre qu'il ne résulte de cet abaissement même un accroissement momentané du débit, dû à la vidange partielle du réservoir naturel alimentaire, et qui serait suivi bientôt d'une diminution persistante.

On ne doit jamais omettre d'observer le régime d'une source pendant au moins une année entière, afin de connaître le *minimum annuel* de son débit et l'époque où il se produit, et, s'il se peut, pendant plusieurs années consécutives, et surtout pendant une période de sécheresse, pour en déterminer le *minimum absolu* : plus longue est la durée des observations, plus la sécurité qu'elles procurent est grande, car il ne faut pas oublier que certaines sécheresses ne se produisent que tous les dix, quinze, vingt ans. Dans la plupart des cas, le temps manque pour faire des observations aussi prolongées ; et, afin d'y suppléer, on a recours soit aux souvenirs des habitants de la contrée, bien que les renseignements qu'ils fournissent soient d'ordinaire bien vagues et bien insuffisants, soit à des comparaisons par analogie, dont il convient de n'user d'ailleurs qu'avec une extrême réserve.

Remarquons, en passant, que les observations les plus conscien-
cieuses ne sauraient donner une sécurité parfaite : certaines sources autrefois utilisées ont disparu ; on retrouve d'anciens aqueducs
dans des vallons aujourd'hui desséchés ; et si l'on ne dispose pas
d'un *périmètre de protection* suffisant, des travaux exécutés dans
le voisinage d'une source, des forages, le percement de galeries de
mines, l'ouverture d'un souterrain de chemin de fer peuvent en
amener la suppression subite ou en réduire sensiblement le débit.
Ce sont là sans doute des dangers exceptionnels, mais qu'il convient
pourtant de signaler.

103. Nappes souterraines. — Pour apprécier le débit que
peut fournir une nappe souterraine, il n'est plus possible de recourir à un jaugeage, et l'on se trouve en présence d'une difficulté bien
plus grande.

Il convient d'examiner d'abord si la nappe dont il s'agit est stagnante ou animée d'une certaine vitesse, si c'est un lac ou un cours
d'eau souterrain. Pour cela, et à défaut de carte hydrologique, on
utilise les observations faites sur les puits existants ou dans les forages antérieurs ; ou bien on procède à une série de forages spéciaux, et l'on trace les courbes de niveau de la nappe : ces courbes,
si elles sont assez étendues, indiquent nettement soit une réserve
d'eau dans une cuvette naturelle, soit un courant dans le thalweg
d'une vallée souterraine.

Le cas d'une nappe d'eau en mouvement est toujours plus favorable, car il implique nécessairement un débit d'une certaine importance ; tandis qu'une nappe stagnante peut être de formation
ancienne et ne se renouveler que très lentement. On apprécie la vitesse de l'eau en mouvement dans le sol, soit au moyen de relevés
comparatifs des hauteurs variables de son niveau dans deux ou
dans un plus grand nombre de puits, soit par des observations sur
le retard des crues de la nappe par rapport à celles de la rivière à
laquelle elle correspond, soit en observant le temps au bout duquel
une substance dissoute (sel marin ou matière colorante) passe d'un
puits à un autre, etc. Il reste à connaître la section d'écoulement,
qu'on détermine par une série de forages suivant une ou plusieurs
lignes perpendiculaires au courant.

Dans le cas d'une eau dormante, la constatation, par le moyen
de forages, de l'étendue de la nappe, de son épaisseur, de ses pentes superficielles, ne donne d'indications que sur l'importance de la
réserve ; et, pour apprécier l'alimentation du lac souterrain, il faut

recourir à l'étude du bassin, des quantités d'eau de pluie, de la proportion des infiltrations, de la perméabilité du terrain, etc.

Quelque soin qu'on apporte à des opérations de ce genre pour l'évaluation du débit d'une nappe, elles ne conduisent en général qu'à une approximation assez grossière et qui laisse une grande part à l'aléa. Aussi, lorsqu'on veut avoir un résultat plus certain, a-t-on recours le plus souvent à l'expérience directe. Dans un puits, de diamètre suffisant, on installe une pompe, dont le fonctionnement doit être bien régulier et le débit assez grand pour déterminer en peu de temps un abaissement notable du niveau de l'eau dans le puits ; on peut arrêter la pompe à un moment donné et laisser remonter l'eau en notant le temps au bout duquel elle reprend son niveau primitif ; la nappe ayant fourni pendant ce temps une quantité d'eau égale à celle qui a été pompée, on en déduit aisément quel est son débit par seconde ou par minute. Mais il est préférable de continuer à pomper, de laisser établir un régime et de le maintenir le plus longtemps possible, d'une manière continue et sans arrêt des pompes ; si le niveau moyen de l'eau dans le puits reste invariable, c'est que la nappe fournit sans peine le volume d'eau élevé par les pompes, qui se trouve être une limite inférieure du débit de la nappe dans l'unité de temps. On conçoit que plus l'expérience est prolongée, plus les indications qui en découlent sont sérieuses. Cependant il ne faudrait pas en tirer encore de conclusion absolue, et il est bon de s'assurer que l'abaissement déterminé dans le puits ne persiste pas longtemps après la cessation des épuisements, sans quoi l'on pourrait craindre d'avoir dépassé le débit réel de la nappe et porté atteinte à la réserve séculaire ; il est utile aussi de rechercher si l'époque de l'année où l'on opère doit être celle du minimum de débit de la nappe, de peur de mécompte dans le cas contraire. Dans tous les cas, il est prudent de ne jamais compter que sur un volume d'eau notablement inférieur au débit observé ou calculé, quand même il résulterait d'une expérience prolongée et bien conduite.

« Il en est de l'eau souterraine, dit Dupuit, comme des richesses « minérales ; les sondages préliminaires en font bien reconnaître « et apprécier jusqu'à un certain point l'importance, mais l'exploi- « tation seule fournit des données positives sur leur étendue et leur « puissance. » Dans un cas comme dans l'autre, il faut bien se contenter de probabilités de succès, car il n'est guère possible de parvenir à une certitude complète.

Les prévisions sont particulièrement aléatoires lorsqu'il s'agit d'eaux artésiennes, car ni forage préliminaire, ni expérience directe n'est possible ; et, s'il s'agit du premier puits à percer dans une région, on en est réduit à des considérations théoriques, à des conjectures plus ou moins plausibles d'après la connaissance qu'on peut avoir des circonstances géologiques et de la constitution du sous-sol. Lorsqu'il existe déjà des puits artésiens au voisinage du point considéré, on cherche à tirer de l'observation des débits de ces puits des indications au sujet du débit probable que fournira un nouveau forage, en faisant application de la loi donnée par Darcy et Dupuit, et qui consiste en une assimilation complète du mouvement des eaux artésiennes à celui d'un liquide dans une conduite forcée, aussi bien quand ces eaux constituent un courant dans des canaux souterrains, que si elles forment une nappe continue dans une couche arénacée. Une nappe inférieure débitera, généralement, plus qu'une autre nappe qui lui est superposée, en raison de la charge plus grande déterminant l'écoulement; mais on observe parfois le contraire, et le résultat diffère naturellement suivant la facilité avec laquelle l'eau se meut dans le terrain où elle est emprisonnée. Il convient, en outre, de tenir compte de l'influence qu'exercent les puits voisins les uns sur les autres, car le débit total n'est sans doute pas indéfini, et d'ailleurs, le serait-il, que si l'on coupait la colonne jaillissante de l'un des puits, à un niveau inférieur à celui des autres, on augmenterait son débit, mais, en même temps on déterminerait, presque à coup sûr, une diminution du débit des puits voisins. Puis, une foule de causes accessoires peuvent encore intervenir et modifier le résultat : tantôt, par exemple, il se forme, grâce à l'entraînement des sables par les eaux jaillissantes, une cavité, une poche, à la base du puits, qui facilite l'écoulement et amène une augmentation du débit; tantôt, la paroi du puits n'étant pas étanche, une partie des eaux s'échappe par des fissures dans les terrains perméables traversés avant de parvenir au niveau du sol, et le débit observé se trouve, par suite, inférieur au volume réellement fourni par la nappe artésienne. D'autre part, il importe peu que les observations soient faites à telle ou telle époque de l'année, car le débit des eaux artésiennes est indépendant des saisons : on conçoit, en effet, que les variations du niveau du réservoir souterrain soient relativement faibles, et la charge, par suite, très sensiblement constante.

§ 3.

EXAMEN QUALITATIF DES EAUX

a. Examen préliminaire.

101. Caractères physiques. — Qand on se trouve en présence d'une eau destinée à l'alimentation, on est tout naturellement porté à la juger d'abord par son aspect, par ses caractères apparents, et ce qui frappe immédiatement c'est sa plus ou moins grande *transparence* et sa *couleur*. Puis, lorsque la vue a prononcé, les sens du toucher, de l'odorat et du goût interviennent et l'on examine la *température*, l'*odeur* et la *saveur* de l'eau. Enfin, si cette eau s'étale à la superficie du sol et y forme un bassin de quelque étendue, on remarque immédiatement les végétaux qui s'y développent, les animaux aquatiques qui y vivent; et, sans pousser loin les investigations botaniques ou zoologiques, on est plus ou moins favorablement impressionné, suivant qu'on trouve des plantes vigoureuses, au feuillage d'un vert franc, comme le *cresson de fontaine*, les *épis d'eau*, la *véronique*, etc., des poissons ou des crustacés aux mouvements rapides, à la chair délicate, comme la *truite*, l'*écrevisse*, ou que la végétation se rapproche de celle des marais, *roseaux*, *ciguë*, *joncs*, *nénuphars*, *carex*, etc., et que les poissons sont remplacés par des *grenouilles* et autres animaux d'ordre inférieur.

L'eau transparente comme le cristal sous une faible épaisseur, et d'un beau bleu d'azur sous une épaisseur plus grande, est d'un aspect séduisant et invite à la boisson ; l'eau trouble et d'un gris verdâtre est repoussante au contraire. Certaines eaux paraissent claires, mais ne tardent pas à se troubler, quand on les conserve, en prenant une teinte blanche ou verdâtre : ce sont des eaux chargées de matières organiques où se développent rapidement des animalcules ou des végétations microscopiques. D'autres, troubles au moment du puisage, se clarifient par le repos : c'est le cas de celles qui contiennent des matières minérales en suspension. Pour juger de la *limpidité* d'une eau, par comparaison avec une eau connue, on place des échantillons des deux eaux dans des vases ou des tubes identiques et disposés de manière que des tranches d'égale épaisseur se détachent sur un fond blanc.

La température de l'eau fournit presque toujours de précieuses indications. Souvent elle permet de conjecturer son origine ; en effet, lorsque cette température est très variable et s'écarte peu de celle de l'air ambiant, on peut affirmer, presque à coup sûr, que l'eau examinée provient surtout d'écoulements superficiels ; si elle est constante ou se maintient dans d'étroites limites, il s'agit au contraire d'une eau puisée dans les profondeurs du sol ; si elle est très élevée et dépasse notablement la température moyenne de la localité, l'eau est fournie, sans nul doute, par une nappe profonde, et le degré de chaleur permet d'en déterminer assez exactement la situation par rapport au niveau du sol ; si elle diffère peu de la température moyenne, l'eau doit être empruntée à une nappe située à une faible profondeur. Parfois, la considération de la température seule permet d'apprécier la proportion de deux eaux de nature différente dans un mélange, et de jauger l'apport de l'une d'elles, connaissant le débit de l'autre ou le débit total. Un thermomètre ordinaire à mercure, suffisamment sensible, et gradué en dixièmes de dégré, suffit dans la plupart des cas ; et c'est seulement lorsqu'il s'agit d'eaux profondes, et que les indications du thermomètre pourraient être altérées pendant le trajet, que l'on a recours à des instruments spéciaux.

L'odorat décèle la présence de très faibles quantités d'acide sulfhydrique, surtout si l'on a soin d'agiter l'eau en petite quantité dans un flacon à demi rempli. Il arrive souvent que la présence de l'acide sulfhydrique masque certaines odeurs qui apparaissent après l'addition d'une faible quantité de sulfate de cuivre. D'autres ne se dégagent que lorsque l'eau est tiède, à la température de 40°, par exemple. Toute odeur est une indication fâcheuse qui révèle la présence certaine d'impuretés et doit à elle seule faire rejeter une eau proposée pour l'alimentation.

Le goût ne décèle que la présence d'une assez forte proportion de sels. D'une sensibilité très différente suivant les individus, il peut être, en outre, singulièrement aiguisé par l'exercice. Aussi les limites données par certains auteurs n'ont-elles qu'une valeur relative : telle personne trouve une eau *salée* lorsqu'elle contient 1 gramme de chlorure de sodium par litre, telle autre ne sent rien ou croit reconnaître un goût de bois ou une saveur métallique, 0^{gr}, 5 de sulfate de chaux, d'alun, de chlorure de calcium, de nitrate de chaux, 0^{gr}, 05 de sulfate de fer, par litre d'eau, échappent absolument au goût. Au contraire, certaines eaux provenant de terrains tourbeux ont une saveur désagréable, bien que chimiquement très pures : de même, certaines eaux contenant des matières nuisibles peuvent avoir un goût agréable. On ne doit jamais oublier, d'ailleurs, que la température a une influence incontestable sur le goût, et il convient de renouveler, à 30°, l'essai fait d'abord à la température ordinaire. En somme, le goût, comme l'odorat, ne fournit que des indications vagues, insuffisantes, parfois même trompeuses. Une eau qui a une saveur prononcée doit être rejetée ; mais un goût agréable, pas plus que l'absence d'odeur, ne saurait suffire pour la faire admettre.

105. Étude des circonstances locales. — L'incertitude que laisse l'examen des caractères physiques d'une eau, et que l'analyse la plus complète est parfois impuissante à lever, donne une importance réelle à l'étude des particularités locales, étude qui peut souvent fournir des renseignements fort utiles sur sa qualité réelle.

Il convient d'observer, notamment, d'où elle provient, quels terrains elle traverse, si elle est exposée sur son parcours à des causes d'altération, quelle peut être l'origine des impuretés qu'on y trouve ; de rechercher l'influence qu'elle peut avoir sur la santé des populations qui en font usage, et la probabilité plus ou moins grande du maintien indéfini de l'état actuel ou d'une contamination progressive par le fait du développement de la population, de la culture ou de l'industrie.

Toutes choses égales d'ailleurs, on devra toujours préférer les eaux provenant de terrains non habités, soit nus, soit recouverts d'une végétation sauvage, à celles qui seraient prises dans le voisinage de quelque centre populeux ou au milieu de terrains en culture ; et les eaux courantes, superficielles ou souterraines, aux eaux stagnantes de toute nature. On évitera celles qui seraient puisées dans le voisinage d'un cimetière, d'un marécage, de puisards et de fosses, de dépôts de fumier, du débouché d'un égout, etc., quand même l'analyse n'aurait donné que des résultats favorables.

Quelquefois l'étiologie d'une maladie peut fournir pour le choix d'une eau potable une indication impérieuse, et motiver l'exclusion absolue de telle ou telle source d'alimentation jugée auparavent excellente, mais dont l'expérience aura démontré le danger.

Enfin il convient de tenir compte des préférences des populations, à moins qu'elles ne soient manifestement mal placées, auquel cas ce serait un devoir de les combattre. On irait au-devant d'un insuccès certain si l'on prétendait imposer dans une ville telle eau contre laquelle il y a une répugnance instinctive, un préjugé plus ou moins plausible parmi les habitants ; cette impression irraisonnée peut être, sans aucun doute, le résultat d'une erreur fâcheuse ; mais parfois aussi, et bien que les motifs apparents soient sans valeur, elle peut avoir une cause sérieuse qu'un événement fortuit mettra quelque jour en évidence ; ne fût-elle d'ailleurs qu'un pur effet de l'imagination, il n'en serait pas moins prudent d'y avoir égard, car, nous l'avons déjà dit, il importe que l'eau potable ne puisse pas être soupçonnée. Ne serait-il pas déplorable de voir l'eau distribuée dans une ville par un réseau de conduites, après y avoir été amenée à grands frais, tenue en suspicion par ceux qui devraient en faire usage ? Que dire si les médecins pouvaient, avec quelque apparence de raison, soit en proscrire absolument l'emploi, soit en interdire l'usage sans préparation préalable, et recommander les eaux minérales pour la boisson courante ?

b. Analyse chimique.

106. Généralités. — *L'analyse complète* d'une eau naturelle est une opération longue et délicate, en raison du nombre considérable de substances chimiques différentes qui s'y trouvent ordinairement en dissolution et des très faibles proportions de ces diverses substances.

Elle comprend une série d'essais qui supposent un laboratoire bien monté, de nombreux réactifs, et ne fournit pas, en somme, de résultats en rapport avec la peine qu'elle cause, l'outillage qu'elle réclame, le temps qu'il y faut consacrer. En effet, il importe peu, en général, de savoir exactement quels corps l'eau considérée tient en dissolution, mais seulement si elle renferme des substances *nuisibles* ou réputées telles, et en quelles proportions ; et, dès lors, on peut se borner le plus souvent à rechercher ces substances, sans attacher trop d'importance au surplus.

Aussi, tandis que précédemment on se croyait obligé de faire l'anayse complète d'une eau destinée à l'alimentation, on y a de moins en moins recours maintenant, et l'on préfère des méthodes plus rapides, qui ont pour objet de déceler et de doser les quelques substances dont il est le plus intéressant de constater la présence et de connaître les quantités.

Malheureusement, il y a de très grandes divergences dans la façon de procéder, soit pour les essais mêmes, soit pour l'indication des résultats ; et les chiffres obtenus ne sont pas comparables entre eux dans la plupart des cas. Pour en donner une idée, il suffira de faire remarquer que les mots *matière organique* désignent tantôt un poids de matières de nature assez indéterminée en dissolution dans l'eau, tantôt le poids ou le volume de gaz oxygène nécessaire pour en opérer la combustion, tantôt le poids du réactif qui le fournit ; que les quantités des divers corps dont la présence est révélée par l'analyse sont données tantôt en *cent-millièmes*, tantôt en *millionièmes* ou en *milligrammes par litre* — ce qui revient au même lorsque la densité de l'eau s'écarte peu de l'unité — soit en *grains par gallon*, et que le gallon n'a pas la même valeur en Angleterre et aux États-Unis, etc.

Il en résulte que l'analyse donne seulement des indications relatives, dont il est difficile de tirer parti pour une étude générale, et que les comparaisons les plus instructives, les plus utiles, se trouvent souvent rendues impossibles. C'est en vain qu'on a émis plus d'une fois le vœu d'arriver à une entente générale entre les chimistes des divers pays, et d'adopter un type unique et universel d'analyse des eaux ; parmi les nombreux congrès scientifiques qui se succèdent fréquemment à notre époque, celui qui réalisera ce vœu pourra compter parmi les plus utiles.

107. Prise d'échantillon. — La prise de l'échantillon à soumettre à l'analyse doit être faite avec des précautions toutes spéciales, si l'on veut éviter les causes d'erreur.

La quantité d'eau nécessaire est de 2 litres au moins ; il faut 5 et même 10 litres, si l'on veut procéder à une analyse complète.

On recueille cette quantité d'eau dans un flacon en verre, incolore de préférence, et n'ayant jamais servi, ou du moins n'ayant point contenu d'autre liquide. Si le flacon est enveloppé d'osier, il est bon que le revêtement d'osier soit amovible, afin qu'on puisse, au besoin, voir le flacon et son contenu. Les meilleurs bouchons sont ceux de verre ou de liège neuf et parfaitement sain. Flacon et bouchon doivent toujours être soigneusement nettoyés et lavés au moyen de l'eau même dont on veut prendre un échantillon.

Lorsqu'il s'agit de l'eau d'un lac, il faut avoir grand soin de faire la prise un peu au-dessous de la surface, afin de ne pas entraîner de corps flottants, et assez loin du fond pour ne pas agiter la vase. En rivière, il est indispensable de se placer dans le courant. Pour une source, on doit rechercher le point où les filets liquides émergent du sol. Dans tous les cas, l'eau doit être puisée, autant que possible, telle que la donne normalement la source d'alimentation qu'on se propose d'examiner. Il ne faut donc prélever l'échantillon que lorsque le régime est bien établi ; et s'il se produit des variations dans ce régime, suivant les saisons ou suivant les points considérés, il y a lieu de faire plusieurs prises en des endroits ou à des époques différentes. Enfin, chaque flacon doit être soigneusement cacheté et étiqueté.

Il est indispensable de procéder aux essais le plus tôt possible, car l'eau se modifie souvent par le repos ou sous l'influence des changements de température, et il est bon d'indiquer toujours après combien de temps et à quelle température l'analyse d'un échantillon d'eau a été faite.

Les réactifs employés doivent être parfaitement purs et ne contenir surtout aucune trace des corps que l'analyse est chargée de rechercher dans les diverses eaux.

108. Matières en suspension. — Lorsqu'une eau est trouble, on ne saurait procéder utilement à l'analyse qu'après l'avoir débarrassée des *matières en suspesion* A cet effet, on peut opérer soit par *décantation*, après un repos prolongé, soit par *filtration* sur un filtre en papier. Ce dernier mode est préférable, car il permet de déterminer la proportion des matières en suspension, qu'il est souvent intéressant de connaître. A cet effet, on fait passer une certaine quantité de l'eau à examiner sur un filtre en papier Joseph préalablement desséché à 100° et pesé ; on dessèche ensuite de nouveau, et on fait une seconde pesée ; la différence est le poids des matières en suspension dans la quantité d'eau considérée.

Une eau, même d'apparence limpide, contient toujours un grand nombre de matières en suspension. On s'en rend aisément compte en la plaçant dans un ballon de verre noirci et faisant passer dans ce ballon un faisceau lumineux qui fait apparaître sur son trajet une foule de particules solides, comme un rayon de soleil fait miroiter les poussières de l'air dans une chambre obscure. Le microscope

révèle dans la moindre goutte d'eau des corpuscules nombreux de forme et d'aspect variés : ce sont des débris animaux et végétaux, filaments de lin, de coton, plumes, poils, fragments de bois ou de paille, cellules, pollen, des infusoires et autres animalcules, des spores, des algues, des microbes, etc.

109. Gaz dissous. — Il était autrefois d'usage de faire une analyse complète des *gaz dissous* dans l'eau. Mais on a reconnu que la composition de ces gaz est chose assez indifférente, et qu'elle se modifie, d'ailleurs, le plus souvent après la prise ; aussi renonce-t-on presque toujours aujourd'hui à ce genre d'analyse, et se borne-t-on à déterminer la quantité d'*oxygène libre* en dissolution dans l'eau. On sait, en effet, qu'une eau chargée de matières organiques en est peu à peu débarrassée par l'action comburante de l'oxygène dissous ; la plus ou moins grande quantité de ce gaz en dissolution dans l'eau est considérée, par suite, comme un indice de sa plus ou moins grande pureté. Mais il ne faut voir dans cette recherche qu'un moyen de comparaison, utile par exemple pour suivre la loi de la contamination progressive d'un cours d'eau, et ne pas lui demander d'indications absolues qui seraient sans valeur, puisque certaines eaux dépourvues d'oxygène au moment où on les puise, sont néanmoins de bonne qualité, et inversement.

Parmi les diverses méthodes employées pour le dosage de l'oxygène libre en dissolution dans l'eau, le Comité consultatif d'hygiène de France a donné la préférence à celle présentée, en 1884, par M. Albert Lévy, chef du service chimique à l'Observatoire de Montsouris. Dans une certaine quantité d'eau, rendue alcaline par la potasse, M. Lévy verse un poids déterminé de sulfate de protoxyde de fer ammoniacal ; l'oxyde de fer se précipite, et une partie se transforme en sesquioxyde en présence de l'oxygène dissous dans l'eau : il reste à doser le sesquioxyde, ce qui se fait par différence en saturant la potasse et dissolvant les oxydes de fer par l'acide sulfurique, puis recherchant la quantité de protoxyde restant au moyen de l'addition d'une dissolution titrée de permanganate de potasse, opérée goutte à goutte avec une burette graduée.

110. Résidu solide total. — Au contraire, on détermine presque toujours le *résidu solide total*, que laisse l'évaporation d'un litre d'eau.

On opère sur une fraction de litre, sur 100 ou 250 centilitres le plus souvent, qu'on place dans une capsule de porcelaine, de nickel ou de platine, et qu'on porte à l'étuve jusqu'à dessiccation.

Le résidu solide ainsi obtenu ne représente pas la totalité des corps dissous : quelques-uns, en effet, s'échappent à l'état gazeux pendant l'évaporation ; d'autres se modifient sous l'influence de la chaleur ; d'autres enfin conservent, même après la dessiccation, une certaine quantité d'eau d'hydratation. Le résultat varie, d'ailleurs, suivant la température à laquelle on opère ; certains chimistes pratiquent l'évaporation à 100°, d'autres à 120° ou 140°, quelques-uns même à 180°, bien qu'une température aussi élevée donne lieu à de nombreuses décompositions. Il n'y a pas de motif absolu de préférence en faveur de tel ou tel mode d'opérer ; mais il est évident que les résultats ne sont pas comparables s'ils n'ont pas été obtenus dans des conditions identiques.

Le résidu est presque toujours blanc, si l'eau est de bonne qualité, et ne contient guère que des sels de chaux et peu de matières organiques ; il est coloré en jaune ou jaune-brun lorsqu'il s'y trouve du fer, des matières organiques, etc.

En portant au rouge la capsule de platine qui a servi à l'évaporation et contient le résidu, on obtient par différence la *perte au feu*, qui ne représente pas seulement le poids des matières organiques, comme on l'a parfois admis, mais en même temps les pertes résultant de la décomposition des nitrites et nitrates, de la réduction des sulfates, du départ du chlore, etc.

111. Détermination des quantités de certains corps en dissolution. — Les corps inorganiques dont on recherche le plus ordinairement la présence dans les échantillons d'eau soumis à l'analyse, sont les sels de chaux et de magnésie, les chlorures, les nitrates, les sulfates, l'ammoniaque.

La *chaux* est précipitée par l'oxalate d'ammoniaque : on recueille sur un filtre l'oxalate de chaux, qu'on transforme en chaux vive par la calcination, et l'on pèse immédiatement.

La *magnésie* se dose à l'état de phosphate ammoniaco-magnésien, obtenu en versant dans l'eau du phosphate de soude en présence d'un excès d'ammoniaque.

Pour la détermination du *chlore*, on emploie le nitrate d'argent, et l'on opère tantôt en précipitant le chlore sous forme de chlorure d'argent insoluble qui est desséché et pesé, tantôt au moyen d'une liqueur titrée de nitrate d'argent qui est versée goutte à goutte dans l'eau, préalablement colorée en jaune par le chromate neutre de potasse, jusqu'à ce qu'apparaisse la coloration rouge du chromate d'argent.

Diverses méthodes peuvent être employées pour le dosage des *nitrates*. Voici celle de M. Albert Lévy : l'eau est additionnée d'acide chlorhydrique, qui provoque la décomposition de l'acide azotique, et de sulfate de protoxyde de fer, qui se transforme partiellement en sel de sesquioxyde en présence de l'oxygène dégagé ; on détermine par différence, au moyen de permanganate de potasse, la quantité du sesquioxyde ainsi formé, et l'on en déduit le poids d'*azote nitrique* correspondant. L'opération ainsi conduite ne donne un résultat exact que si l'eau a été préalablement débarrassée des matières organiques et que l'on opère dans un milieu privé d'air.

L'*azote ammoniacal* est obtenu par le même chimiste en distillant une certaine quantité d'eau rendue alcaline par addition de magnésie, et recueillant les produits de la distillation dans une quantité connue d'acide sulfurique coloré en jaune par quelques gouttes de teinture de cochenille. On verse ensuite goutte à goutte une liqueur ammoniacale titrée jusqu'à l'apparition d'une coloration rouge violet caractéristique, et l'on trouve ainsi par différence la quantité d'acide sulfurique neutralisée par l'ammoniaque contenue dans l'eau, d'où l'on déduit le poids d'azote correspondant.

Les *sulfates* sont précipités par le chlorure de baryum et l'acide sulfurique est dosé à l'état de sulfate de baryte.

Quelquefois, mais plus rarement, il y a lieu de constater la présence du *zinc*, du *cuivre*, du *plomb*, etc.; nous ne donnerons pas ici l'indication des procédés employés pour ces recherches exceptionnelles, et nous renvoyons d'ailleurs aux ouvrages spéciaux pour ce qui concerne les appareils et le détail des opérations, nous contentant d'avoir indiqué le principe des méthodes considérées comme les plus sûres et les plus pratiques

112. Matières organiques. -- On s'est proposé souvent de connaître les quantités de matières organiques contenues dans une eau donnée et l'on a imaginé récemment divers procédés à cet effet, car aucun opérateur ne se contente désormais de rechercher la *perte au feu* ; comme nous l'avons indiqué plus haut, on n'obtient par ce moyen que des résultats inexacts et d'ailleurs variables suivant la température de la calcination et le mode d'opérer.

Parmi les méthodes récentes, il convient de citer le *procédé par l'ammoniaque* très usité en Angleterre, mais par lequel on dose seulement les matières azotées : il consiste à chasser d'abord l'ammoniaque contenue dans l'eau par la distillation, après quoi on additionne la liqueur de soude caustique et de permanganate de potasse et l'on reprend la distillation : il se reforme de l'ammoniaque, que l'on dose sous la rubrique *ammoniaque albuminoïde*.

11

La méthode du Dr Frankland, dite *par combustion*, a été appliquée par la Commission anglaise de la pollution des rivières dans le très grand nombre d'analyses qu'elle a faites. Elle comporte une série d'opérations longues et délicates qui supposent un laboratoire bien organisé et un opérateur habile. Une certaine quantité d'eau est évaporée et le résidu soumis à une analyse spéciale qui a pour objet d'isoler l'azote pour le doser à l'état gazeux et de convertir le carbone en acide carbonique dosé séparément. Les résultats sont donnés sous la désignation de *carbone organique* et *azote organique* ; on ajoute parfois les deux chiffres correspondants pour obtenir la somme des *éléments organiques*.

Un autre procédé, d'une application plus facile, auquel M. Albert Lévy a donné beaucoup de précision, et qui a été recommandé par le comité consultatif d'hygiène publique de France, consiste à doser la quantité d'oxygène nécessaire à la combustion des matières organiques. A cet effet, on porte à l'ébullition 100 centimètres cubes d'eau additionnée de quantités connues de carbonate de soude et de permanganate de potasse en excès ; on rend la liqueur acide, et on y verse du sulfate de fer ammoniacal qui la décolore : puis on ajoute goutte à goutte une liqueur titrée de permanganate de potasse jusqu'à réapparition de la coloration rose. On opère de même sur une autre prise de 200 centimètres cubes. La différence des lectures faites sur la burette graduée dans les deux cas donne la quantité de permanganate nécessaire à la combustion des matières organiques contenues dans 100 centimètres cubes d'eau, et l'on en déduit immédiatement le poids d'oxygène correspondant. C'est ce poids d'oxygène qui est donné comme résultat de l'analyse sous la mention : *matière organique*. Quelques expérimentateurs préfèrent, en appliquant la même méthode, opérer sur une liqueur alcaline.

Il y a parfois intérêt à rechercher dans les eaux certaines substances organiques de nature particulière, comme l'urine par exemple ou les matières fécales. Nous n'entrerons pas dans le détail des procédés spéciaux auxquels on a recours pour en déceler la présence.

113. Résultats des analyses et conclusions. — Quelque complète qu'elle soit, et avec quelque soin et quelque habileté qu'elle soit faite, l'analyse chimique seule est, dans la majorité des cas, impuissante à fournir une appréciation certaine de la valeur d'une eau. Sans doute elle permet d'écarter immédiatement une eau trop dure, contenant du plomb ou de l'arsenic, très chargée d'impuretés de diverse nature, etc. ; mais ce sont là des exceptions, et presque toujours elle laisse une incertitude telle qu'à défaut d'indications complémentaires il n'est pas permis d'en tirer de conclusion formelle. Dès 1851, l'*Annuaire des Eaux*, rédigé sous l'inspiration de Dumas, déclarait que l'analyse chimique d'une eau ne suffit pas pour la juger. Depuis lors, on s'est de plus en plus convaincu de cette vérité, en constatant que l'on trouvait parfois les mêmes quantités d'ammoniaque, de chlore, de matières organiques, dans une eau de bonne qualité employée de tout temps sans inconvénient, et dans une autre eau manifestement mauvaise.

Néanmoins, l'analyse chimique reste un guide sûr dans les recherches à faire sur la qualité d'une eau ; elle fournit des indications nombreuses et précises, d'une utilité incontestable, et que rien ne saurait remplacer. La connaissance des quantités de matières solides dissoutes, des proportions de chaux et de magnésie, la constatation de la présence de l'acide sulfurique, des sels de fer, etc.; sont indispensables pour toute eau destinée à un emploi industriel. Une trop grande quantité de matières organiques, révélée par l'analyse, suffit à faire condamner une eau destinée à la boisson. Une quantité un peu notable de chlore, d'azote nitrique ou ammoniacal est l'indice d'une contamination antérieure de l'eau par des déjections animales.

Sans doute, il ne faut pas donner aux résultats de l'analyse une importance exagérée, qui conduirait assez souvent à des conclusions erronées : ainsi la présence des nitrates, si la quantité en est très peu variable, doit être considérée comme la preuve d'une épuration efficace ; le chlore peut provenir de résidus industriels ou même du sel marin entraîné fort loin dans l'intérieur des terres par les vents qui viennent de l'océan, tout aussi bien que des déjections animales ; les matières organiques se trouvent dans les eaux des contrées vierges en aussi forte proportion parfois que dans celles des régions les plus peuplées, et, comme l'analyse chimique en fait connaître seulement la quantité totale sans en distinguer la nature, elle ne marque pas la différence entre les deux cas. Ses indications ne doivent donc pas être considérées comme absolues ; elles ont besoin d'être vérifiées, contrôlées, rectifiées par d'autres moyens d'investigation, d'autres procédés d'examen ; il faut les discuter avec soin, mais elles fournissent, à cette condition, de précieux renseignements sur la valeur relative des diverses eaux. L'analyse chimique constitue surtout un puissant instrument de comparaison.

c. — Méthodes rapides.

114. Hydrotimétrie. — La complication et la longueur de l'analyse chimique, le soin et l'habileté qu'elle réclame, l'incertitude qu'elle laisse, devaient nécessairement faire rechercher des méthodes plus rapides et d'une application plus facile, au moins pour la détermination des quantités de certains corps que l'on rencontre le plus généralement dans l'eau, ou pour la comparaison sommaire d'eaux de nature analogue où il est intéressant de connaître les proportions diverses d'un même élément.

L'*hydrotimétrie* est une de ces méthodes et la plus répandue. Elle a pour objet de déterminer la *dureté* ou la *crudité* d'une eau, ou, en d'autres termes, la quantité de sels terreux ou magnésiens qu'elle contient. Elle est basée sur cette observation du Dᵣ Clarke que, si l'on verse goutte à goutte dans l'eau une dissolution alcoolique de savon, il se forme d'abord des grumeaux insolubles par la combinaison des acides gras du savon avec la chaux et la magnésie, puis, le précipité formé, l'addition d'une seule goutte donne à l'eau une onctuosité telle que l'agitation y produit immédiatement une *mousse* légère et persistante. MM. Boutron et Boudet ont imaginé et appliqué, dès 1856, le procédé pratique généralement employé aujourd'hui : la liqueur titrée est composée de manière qu'une division de la burette graduée au moyen de laquelle on la verse corresponde à la saturation de 0ᵐᵍ, 4 de carbonate de chaux ; et l'on opère sur 40 centimètres cubes d'eau, de sorte que chaque division représente 10 milligrammes par litre, soit 1 cent-millième de carbonate de chaux ou une quantité équivalente de sels terreux. L'eau est placée dans un petit flacon à goulot étroit, où l'on verse la liqueur titrée goutte à goutte, au moyen de la burette, et qu'on agite fréquemment ; lorsque la mousse apparaît et persiste pendant deux minutes au moins, on lit le nombre de divisions de la burette et l'on a le *degré hydrotimétrique*.

Dans certains cas, il y a quelques précautions à prendre pour écarter toute chance d'erreur. Ainsi, lorsque l'eau est très chargée de sels terreux, les grumeaux se produisent en si grande abondance qu'ils empêchent la production de la mousse : on opère alors sur 20

ou sur 10 centimètres cubes de l'eau soumise à l'essai qu'on additionne de **20** ou **30** centimètres cubes d'eau distillée ; le degré trouvé doit être alors multiplié par **2** ou par **4**. Quand l'eau contient des sulfates et surtout du sulfate de magnésie, il se produit, après la précipitation des carbonates, une première mousse, dite *fausse mousse,* qui ne persite pas, et qu'il ne faut pas confondre avec la mousse caractéristique, qui se forme plus tard si l'on continue l'opération.

Les eaux potables marquent d'ordinaire de 3° à 25° à l'hydrotimètre ; l'eau de pluie, 0° à 10°.

Si, après avoir pris le degré hydrotimétrique d'une eau de la manière que nous venons d'indiquer, on fait cette opération sur la même eau préalablement bouillie, on trouve un résultat différent, parce que l'ébullition a déterminé la précipitation des carbonates ; ce résultat correspond aux sulfates terreux. C'est ce qu'on appelle en Angleterre *permanent hardness,* le degré de crudité persistant, par opposition au degré de crudité temporaire, *temporary hardness,* donné par la différence des deux lectures, ou au degré hydrotimétrique obtenu par l'application de la méthode ordinaire à l'eau non bouillie, *total hardness.*

Mais un degré de *hardness* correspond à un soixante dix millième de carbonate de chaux, de sorte que, pour 100 degrés hydrotimétriques, on ne compte en Angleterre que 70 degrés de *hardness.*

En Allemagne, chaque degré de dureté (*härte*) correspond à 1 cent-millième de chaux et non de carbonate de chaux, de sorte que les indications allemandes ne sont comparables ni à celles des chimistes français ni à celles des chimistes anglais ; 56 degrés de *härte* sont l'équivalent de 100 degrés hydrotimétriques.

115. Essais sommaires. — Certains essais sommaires, d'une application courante et facile, permettent aussi d'obtenir des renseignements utiles sur la composition d'une eau.

Par exemple, lorsqu'on la chauffe dans un ballon de verre, on voit les gaz dissous se dégager en *bulles,* dont la plus ou moins grande abondance renseigne jusqu'à un certain point sur son aération ; si on la porte à l'ébullition, les carbonates terreux se précipitent et déterminent un *trouble,* dont l'intensité permet d'en apprécier la quantité ; si on l'évapore, elle prend finalement une odeur de vase d'autant plus prononcée qu'elle contient plus de matières organiques

Le *sucre* a été jadis indiqué comme réactif pour déceler la pré-

sence de matières organiques provenant des égouts ou plus exactement de déjections animales : dans un flacon en verre incolore,
on verse un demi-litre d'eau, on ajoute quelques grammes de sucre,
on agite, et on laisse le flacon à la lumière pendant dix jours dans
un endroit chaud. Si l'eau devient trouble, il y a probabilité de
contamination ; si elle reste claire, de pureté relative.

On a proposé aussi l'emploi d'un aréomètre très sensible, gradué de manière qu'un degré corresponde à une teneur d'un dix-
millième de chlorure de sodium par litre, et au moyen duquel on
détermine le poids spécifique de l'eau soumise à l'essai ; on écarte-
rait toute eau marquant plus de 6° à l'*hydromètre*.

Bien entendu, ces essais sommaires n'ont qu'une valeur médiocre ; et il ne faut leur demander que ce qu'ils peuvent donner, c'est-
à-dire de simples présomptions.

d. Examen micrographique.

116. Considérations générales. — Les travaux récents sur
les êtres infiniment petits, que l'on rencontre partout dans la nature
et en particulier dans les eaux, ont donné lieu à l'apparition d'une
science nouvelle, la *micrographie*, dont les progrès ont été très rapides, et qui, dès à présent, vient grandement en aide à la chimie
pour concourir à la détermination de la qualité d'une eau donnée.

L'*examen micrographique* a tantôt pour objet la simple numération des microbes contenus dans l'eau, tantôt la détermination des espèces et, en particulier, la recherche des organismes *pathogènes*.

Cette seconde partie de l'opération a manifestement une plus
haute valeur au point de vue de l'hygiène, puisque beaucoup de
microorganismes sont inoffensifs et que la présence des *saprophytes*
en nombre plus ou moins grand dans une eau n'a pas nécessairement une influence sur la santé de ceux qui la boivent : mais on conçoit aisément combien elle doit être longue, délicate, coûteuse, et l'on
s'explique dès lors que souvent l'examen soit limité à la première.
Celle-ci d'ailleurs n'est pas sans importance : en attendant que les
propriétés des microbes de l'eau soient mieux connues, on en tire
d'intéressantes déductions, surtout quand il s'agit de comparer des
eaux analogues ou la même eau à diverses époques, avant et après
filtrage, etc.

Pour donner une idée de la sensibilité de ce mode de comparaison il suffira de rappeler les chiffres donnés par M. le Dr Miquel, chef du service micrographique à l'observatoire de Montsouris, après ses premiers essais micrographiques sur les eaux de Paris :

Eau de pluie.	7	bactéries par cent. cube
— de la Vanne (sources) .	62	—
— de la Seine à Bercy. . .	1.400	—
— — à Asnières .	3.200	—
— d'égout	20.000	—

Depuis, les méthodes se sont perfectionnées et le même expérimentateur a donné pour les mêmes eaux des chiffres beaucoup plus élevés, mais comme ils se présentent toujours dans le même ordre, le classement qui en résulte n'a pas varié. C'est dire que les chiffres ont surtout une valeur relative, et cette observation nous amène à mettre en garde contre les conclusions trop hâtives ou trop absolues qu'on pourrait tirer de la mise en parallèle de résulats empruntés à des analyses provenant de laboratoires distincts, dues à divers observateurs, faites à des époques différentes et au moyen de méthodes sans rapport entre elles. Ces résultats ne sont nullement comparables dans la très grande majorité des cas : aussi doit-on éviter de fixer les limites d'après lesquelles on déclarerait telle eau excellente, admissible, médiocre ou mauvaise, suivant les nombres de microorganismes qu'on y aurait accusés.

La détermination des espèces est encore hérissée de difficultés, et, avant qu'elle entre dans la pratique courante, il faut que la science fasse de nouveaux progrès sur la route féconde où elle est engagée depuis quelques années. Jusqu'à présent, en effet, on n'a pas isolé de microbes caractéristiques des affections les plus répandues dans nos climats ; et, si l'on connaît les microorganismes de la fièvre typhoïde et du choléra, on discute sur leur spécificité (1). Par contre, en mettant en évidence tels ou tels microbes connus, elle pourrait fournir sur la contamination des eaux, sur leur origine, des renseignements du plus haut intérêt ; et il est hors de doute qu'elle est appelée à rendre par là dans l'avenir, des services de plus en plus précieux.

117. Prélèvement et transport des échantillons. — Le prélèvement des échantillons exige des précautions beaucoup plus minutieuses encore que pour l'analyse chimique : il faut, en effet, éviter par tous les moyens possibles l'introduction d'organismes étrangers dans le liquide à examiner.

Pour cela l'emploi des vases purgés au préalable de tout micro-

1. Dr Miquel, *Manuel pratique d'analyse bactériologique des eaux*, 1891 (Pag. 107).

organisme s'impose. M. le Dʳ Miquel et divers expérimentateurs après lui ont employé, à cet effet, des tubes ou des ballons de verre effilés en pointe, scellés à haute température, dont on casse l'extrémité capillaire dans l'eau à essayer et qu'on scelle de nouveau à la lampe après remplissage. Cette façon de procéder est excellente mais pas à la portée de tout le monde. Ainsi emploie-t-on souvent de simples flacons ou matras de verre, de 100 à 200 cent. cubes de capacité, soigneusement stérilisés par la chaleur : on peut se contenter de les fermer avec un bouchon de liège légèrement carbonisé à la surface et de les placer pour les conserver dans une enveloppe de papier cachetée à la cire. Le vase destiné à la prise ne doit d'ailleurs être débouché que sous l'eau et au point convenablement choisi pour obtenir un échantillon normal.

La question du transport des échantillons soulève des difficultés d'un autre ordre. La rapidité extrême avec laquelle les microbes pullulent dans les eaux les plus pures, surtout quand ces eaux sont exposées à des variations de température, la brièveté de la vie de la plupart des microorganismes, commandent de pratiquer de préférence l'examen micrographique au moment et sur le lieu même du prélèvement. Mais la chose n'est point facile dans le plus grand nombre des cas, car ce lieu est éloigné du laboratoire de bactériologie et on ne saurait y envoyer toujours un expérimentateur muni de son nécessaire portatif. S'il faut faire voyager les échantillons, le procédé le plus sûr dont on dispose quant à présent, pour maintenir la teneur primitive en microbes, est de les amener à 0° en les plaçant dans la glace fondante ; et l'on construit des caisses spéciales où avec 3 à 4 kg. de glace on peut conserver un échantillon durant 36 heures sans que sa température dépasse 4° à 5°.

118. Indication sommaire des méthodes. — La *numération* des microorganismes se fait après ensemencement dans un milieu de culture liquide ou solide.

L'eau à examiner, préalablement diluée par mélange avec de l'eau stérilisée dans une proportion connue ou déterminée s'il y a lieu par un essai sommaire, est introduite par gouttes régulières, 0 gr. 04 environ, dans le milieu de culture, où par l'effet de la pullulation chaque microbe ensemencé provoque le développement d'une *colonie* : il ne reste qu'à dénombrer ces colonies pour en déduire par un calcul bien simple la teneur de l'eau en microbes.

M. le Dʳ Miquel a préconisé l'emploi des milieux liquides, soit naturels comme le sang, soit artificiels comme les bouillons de viande ou de peptone, les décoctions de champignons, les infusions de choux, etc.. où le développement d'une bactérie se manifeste sous forme d'un trouble ou d'un précipité, et la méthode des *ensemencements fractionnés* dans un grand nombre de ballons, après dilution préalable telle qu'une goutte ne renferme plus que 0 à 1 microorganisme. Chaque ballon reçoit une goutte de l'eau diluée, et après conservation durant quinze jours à l'étuve on compte le nombre des ballons altérés ou devenus stériles. Cette méthode, exacte et rigoureuse, exige un matériel important et un temps assez long, de sorte qu'elle ne s'est point répandue.

On lui préfère d'ordinaire la méthode, moins satisfaisante peut-être, mais élégante et commode, des cultures sur *plaques* en milieu solide, proposée à l'origine par M. le Dr Koch de Berlin. Un volume déterminé de l'eau à examiner est versé dans une certaine quantité de gélatine nutritive liquéfiée à 35° ou 40°, après mélange le tout est répandu sur une plaque de verre ou dans un flacon à fond plat stérilisé, posé horizontalement ; la gélatine se solidifie, emprisonne les microbes, et chacun d'eux devient le centre d'une colonie qu'on voit apparaître bientôt sous forme d'une tache qui va grossissant ; on dénombre les taches au bout de 3 à 5 jours et plus en s'aidant du microscope. Il faut prendre le soin de diluer l'eau, s'il y a lieu, pour éviter que la *liquéfaction* de la gélatine ne se produise avant l'expiration de ce délai.

Pour la *détermination* des espèces on peut employer certains agents physiques, comme la chaleur, qui permet de séparer les organismes auxquels convient telle ou telle température ; les réactifs chimiques, qui modifient les propriétés des milieux nutritifs et se prêtent au développement de certains germes ; ou prélever des portions des colonies obtenues par l'application des méthodes ci-dessus décrites, puis étudier les microbes isolés, soit en les cultivant dans des tubes contenant des liquides nutritifs ou sur des solides comme la pulpe ou le parenchyme des fruits, la pomme de terre, le sérum coagulé, la gélatine, la gélose, les mucilages, etc. pour amener le développement de leurs propriétés caractéristiques, soit en les inoculant à de petits animaux, tels que souris, cobayes, etc. afin d'en connaître la virulence.

119. Résultats. — Les renseignements fournis par l'examen micrographique de l'eau ont pris dès à présent une telle importance qu'il est maintenant d'un emploi général et qu'on ne se croit plus en droit de se prononcer sur la valeur hygiénique d'une eau sans y avoir recours.

Il a d'ailleurs permis de reconnaître les effets variables de la contamination dans les eaux de superficie suivant les points considérés, le régime, les saisons, etc. Il a fait ressortir la supériorité des eaux souterraines, toujours beaucoup moins riches en microbes parce qu'elles s'en sont débarassées en s'infiltrant à travers les terres. Il a mis en relief l'action épuratrice des couches filtrantes naturelles et artificielles.

Mais là encore, tout comme pour l'analyse chimique, on doit prendre soin de ne pas exagérer l'importance des résultats obtenus, de ne pas y attacher une foi trop absolue, de ne pas en tirer des déductions trop tranchantes. M. le Pr Duclaux, directeur de l'Institut Pasteur, a dit et répété « qu'aucun des procédés d'investigation micrographique ne donne la sécurité de jugement cherchée » (1) et il pense que « les analyses bactériologiques sont illusoires quand elles ne sont pas accompagnées d'une étude géologique du sol et du sous-sol de la région (2). »

C'est un puissant et utile moyen de comparaison, qui fournit de précieuses indications, mais dont l'emploi ne doit pas faire oublier que l'étude d'une eau exige autre chose que des opérations de laboratoire et que rien ne saurait remplacer l'examen approfondi des circonstances locales.

§ 4.

DU CHOIX A FAIRE ENTRE DIVERSES EAUX
POUR L'ALIMENTATION D'UNE VILLE

120. Comparaison générale des eaux de diverse nature. — Lorsqu'on a voulu établir *a priori* un classement général des diverses eaux fournies par la nature, on a souvent cité ce passage de Celse : *Aqua levissima pluvialis est, deinde fontana, tum ex puteo, post hæc ex nive aut glacie, gravior his ex lacu, gravissima ex palude*, en admettant avec lui que les eaux naturelles se répartissent comme suit par ordre de *légèreté* : eau de pluie, eau de source, eau de rivière, eau de puits, eau de glacier, eau de lac, eau d'étang ou de marécage.

Mais ce classement n'est plus conforme aux idées modernes, et il

1. *Annales de l'Institut Pasteur.* — Juillet 1894.
2. *Revue d'hygiène.* — Mai 1896.

n'est pas exempt d'erreurs. Il y a quelques années, la Commission anglaise de la pollution des rivières proposait de le remplacer par la classification suivante :

Eaux salubres....	{ 1 Eau de source..................... { 2 Eau de puits profonds............. { 3 Eau superficielle de montagne.....	} très agréables au goût. } assez agréables au goût.
Eaux suspectes...	{ 4 Eau de pluie..................... { 5 Eau superficielle de terrain cultivé...............	}
Eaux dangereuses.	{ 6 Eau des rivières recevant des eaux d'égout....... { 7 Eau des puits ordinaires.....................	} potables

qui, bien que plus satisfaisante, n'a certainement rien d'absolu, car on peut faire de bonnes distributions avec les eaux désignées comme suspectes ou même dangereuses.

D'ailleurs, nous l'avons vu, on ne saurait guère employer l'eau de pluie ni l'eau de puits pour l'organisation d'un service de quelque importance ; le choix se trouve restreint aux eaux des rivières, des lacs naturels ou artificiels, des sources et des nappes souterraines. De ces quatre principaux modes d'alimentation, les deux derniers tendent actuellement à l'emporter, à cause surtout de la difficulté que l'on éprouve à écarter toute cause présente ou future de contamination lorsqu'on a recours aux premiers : puis l'on recherche de plus en plus la limpidité et la fraîcheur, ce qui donne nécessairement l'avantage aux eaux provenant de l'intérieur du sol sur les eaux de superficie. Il est vrai que les sources font souvent défaut, que les nappes souterraines n'offrent pas toujours une ressource suffisamment sûre et abondante, tandis que les rivières, les fleuves, les lacs, fournissent des quantités d'eau presque indéfinies et d'une qualité très acceptable dans bien des cas : les procédés artificiels d'amélioration dont on dispose, permettent d'ailleurs d'en atténuer les inconvénients et contribuent à en étendre l'usage. Les lacs, en raison de la décantation qui s'y produit, présentent un certain avantage sur les cours d'eau, pourvu que les rives n'en soient pas habitées et les eaux exposées, par suite, à une contamination qui pourrait y devenir particulièrement fâcheuse : les lacs artificiels très répandus en Angleterre et aux Etats-Unis, et relativement rares sur le continent européen, conviennent mieux, en effet, aux régions montueuses et désertes qu'aux plaines cultivées de contrées comme la France ou l'Allemagne.

121. Étude des conditions locales. — En réalité, il y a lieu de faire une étude spéciale toutes les fois qu'il est question d'établir une distribution d'eau ; et le congrès de Dusseldorf paraît avoir posé le vrai principe lorsqu'il a pris, en 1876, la décision suivante :

« Toutes choses égales d'ailleurs, on doit donner la préférence au
« système qui présente le plus de garanties d'une bonne alimen-
« tation en tout temps, par suite de la simplicité et de la sûreté de
« son fonctionnement, et qui exige la moindre dépense de premier
« établissement et de frais annuels capitalisés. »

Pour se prononcer en parfaite connaissance de cause, il faut tout
d'abord poser avec soin les *données* du problème : quantités nécessaires, qualités requises, dépense possible, puis passer en revue les
ressources de la région, classer, discuter les diverses solutions, élimi-
ner celles que tel ou tel motif rend inacceptables, et faire une comparaison complète et rationnelle de celles qui ont résisté à l'élimination.

Dans cette étude délicate, il est souvent nécessaire de tenir compte
aussi de certaines particularités locales, de diverses circonstances
qui ne se rattachent pas directement à la seule considération du
mode d'alimentation : tantôt les eaux de sources auxquelles on voudrait recourir sont utilisées déjà, tantôt les rivières servent à la navigation, tantôt elles fournissent aux prairies des eaux d'irrigation,
de la force motrice aux usines, des eaux d'arrosage ou d'agrément
dans des propriétés particulières, etc., et l'on ne peut détourner une
partie du débit sans nuire aux usagers, d'où l'obligation de mettre en
balance les différents intérêts en présence, d'étudier les conséquences
de la perturbation apportée au régime ancien, les points de droit
qu'elle soulève, d'évaluer l'importance des indemnités ou des com-
pensations à fournir pour réparation du préjudice causé.

Fréquemment l'alternative se pose entre une *alimentation par
machines* et une *dérivation*, entre des eaux basses à élever au
moyen d'engins spéciaux et des eaux qui peuvent être amenées
simplement par l'effet de la gravité. Il n'est pas rare que le premier système se recommande par une dépense moindre de premier
établissement, mais il exige une surveillance assidue, un entretien
continu et délicat, des frais annuels relativement considérables. Le
second ne comporte qu'un entretien presque nul, des frais annuels
très réduits, mais suppose presque toujours un capital important
pour la construction des ouvrages. Les machines procurent peut-être
une sécurité plus grande, pourvu qu'il y en ait au moins une de rechange, et que l'on apporte les soins convenables à l'exploitation ;
tandis que la rupture d'un aqueduc peut causer une interruption
complète du service pendant un temps plus ou moins long. D'autre
part, une dérivation présente le caractère d'une solution définitive

d'un monument durable, alors que les machines les mieux établies,
les mieux entretenues, devront être remplacées au bout d'un temps
limité.

122. Qualités requises. — Nous avons précédemment fait connaître quelles sont en général les qualités que doit présenter l'eau
destinée à l'alimentation ; mais telle ou telle exigence peut pri-
mer les autres suivant les localités, les habitudes, les préférences plus
ou moins raisonnées de la population.

La fraîcheur et la limpidité, très appréciées dans les pays tempérés où l'on boit de l'eau pure, le sont beaucoup moins dans les
pays du Nord, où la rigueur du climat impose les boissons chaudes
ou fermentées : ceux-ci se contenteront d'eaux de superficie, d'eaux
de lac ou de rivière, ceux-là rechercheront volontiers des eaux souterraines.

Tantôt une eau agréable à la boisson sera considérée comme un
bienfait, quoique assez dure ; tantôt on rejettera une eau moins
chargée de sels parce qu'elle sera impropre à certains usages industriels spéciaux. Ici une forte pression est indispensable pour le service de quartiers hauts ou pour la fourniture de force motrice, là un
sol plat et uni, des maisons sans étages, permettent de faire un bon
service avec une très faible pression. Telle ville regarde comme
excellente une alimentation par drainages, par puits forés, par filtration artificielle ; telle autre croirait la salubrité gravement com-
promise si tous les habitants ne recevaient pas de l'eau de source.

123. Quantités nécessaires. — Il n'y a rien d'absolu non plus
en ce qui concerne les quantités : dans les pays où l'eau est rare, on
sait se contenter de peu, tandis qu'on la gaspille dans les villes où
elle est répandue en abondance ; ce qui serait ici le strict nécessaire
suffit là pour satisfaire et au delà à tous les besoins. Pour fixer les
idées, il n'est pas d'autre moyen que de procéder par comparaison,
de rechercher des cas analogues à celui que l'on considère : villes
de même importance, industries peu différentes, usages semblables,
eaux de même nature, et d'en tirer des inductions, mais en tenant
grand compte des particularités locales, des habitudes de la population, etc.

Le mode de délivrance de l'eau aux consommateurs n'est pas sans
influence sur la quantité consommée : elle reste dans des proportions raisonnables partout où elle est soumise à un contrôle efficace,
elle s'exagère et dépasse toute limite là où le contrôle est insuffi-

sant ou nul ; elle est plus grande avec une distribution constante
qu'avec un service intermittent. Il ne faut donc pas omettre cette
considération dans les calculs.

Puis, lorsqu'on a établi le chiffre qui représente la consommation
actuellement probable, il convient de faire la part de l'extension qu'elle
prendra sûrement dans l'avenir, en tenant compte à la fois pour la
période de temps qu'on peut raisonnablement envisager et de l'augmentation progressive de la population et de celle de la consommation individuelle, « non pas qu'il faille dès l'origine faire tous les sa-
« crifices nécessaires pour doubler ou tripler la distribution... mais
« on doit donner à tous les travaux des dispositions qui permettent
« d'augmenter la distribution avec le moins de perte possible (1). »
Le système qui se prête à des augmentations successives du débit
et à l'échelonnement des dépenses répond mieux que tout autre à cette
condition. Les prises en rivière et les alimentations par machines
ont ici l'avantage, parce que, d'une part, rien n'est plus facile que
d'augmenter la puissance des engins élévatoires quand on le veut,
et que, d'autre part, on dispose généralement d'une réserve presque indéfinie, les installations premières n'utilisant qu'une faible fraction du débit. Au contraire, les sources ne fournissent qu'une quantité d'eau presque toujours limitée, et il est impossible d'augmenter après coup la portée d'un aqueduc.

124. Dépense. — Quelque prospère que soit la situation financière d'une ville, ce n'est pas moins un devoir pour ses représen-
tants que de se préoccuper de l'importance des dépenses à prévoir
pour la réalisation de tel ou tel projet, et de donner la préférence,
toutes choses égales d'ailleurs, à la solution qui impose au budget
le plus faible sacrifice. Le mieux serait, en pareil cas, l'ennemi du
bien ; et la municipalité qui adopterait une solution dispendieuse,
parce qu'elle comporterait un ouvrage plus monumental ou des
dispositions plus élégantes, tandis qu'une autre moins brillante,
mais plus économique, eût donné les mêmes résultats, n'aurait certainement pas bien mérité de ses administrés ; ceux qui ont le maniement des deniers publics ne sont-ils pas tenus, en effet, de les
ménager, afin d'en tirer la plus grande somme d'améliorations
possible ?

Il faut se garder aussi, sans aucun doute, de l'exagération contraire ;
et une aveugle parcimonie serait plus coupable encore peut-être
qu'une ruineuse prodigalité. L'eau de bonne qualité n'est-elle pas

1. Dupuit. *Traité de la conduite et de la distribution des eaux.*

le premier élément de salubrité pour une ville ? L'hygiène ne commande-t-elle pas de l'y répandre à profusion ?

Qu'est-ce à dire sinon que l'on doit se tenir dans une juste mesure, éviter les dépenses de luxe, se borner au nécessaire, mais le faire largement, sans hésiter, afin d'assurer à la fois pour le présent et pour un avenir prochain une abondante et saine alimentation ?

125. Alimentation multiple. — Il peut arriver que l'étude entreprise pour l'établissement d'une distribution d'eau démontre l'impossibilité de satisfaire à toutes les conditions du problème au moyen d'une seule des solutions en présence : Celle-ci ne saurait fournir une quantité d'eau suffisante, mais elle a l'avantage au point de vue de la qualité ; celle-là donnerait et au delà le débit nécessaire, mais la qualité laisserait à désirer : telle autre serait excellente, mais trop chère, s'il fallait lui demander la totalité de l'alimentation, etc.

C'est en pareil cas que l'on se trouve conduit à recourir à une *alimentation multiple.*

Dans les très grandes villes, cette solution s'impose assez souvent ; car il sera toujours malaisé d'amener sur un seul point et par un ouvrage unique une masse d'eau considérable, et, y arriverait-on, qu'une autre difficulté se présenterait pour la répartir ensuite sur une surface étendue. D'ailleurs, il est avantageux de diviser les risques, et les conséquences d'un accident sont bien moins redoutables s'il ne peut en résulter qu'une perturbation partielle.

Une alimentation multiple ne comporte pas toujours des canalisations distinctes, une distribution également multiple : les diverses eaux amenées par dérivations ou élevées par machines, peuvent être toutes mélangées dans un réservoir unique ou dans un système de réservoirs reliés entre eux, d'où partent les artères principales du réseau de conduites. Mais souvent chaque nature d'eau sera réservée à un quartier distinct, et l'on aura, pour ainsi dire, plusieurs distributions d'eau séparées, quoique voisines, chacune d'elles ne comportant qu'une canalisation unique dans le périmètre qu'elle dessert. D'autres fois on adoptera deux canalisations et l'on classera les diverses sources d'alimentation en deux catégories : l'une pour les usages domestiques, l'autre pour les usages publics et industriels.

Les villes de deuxième ou de troisième ordre, qui doivent chercher autant que possible à simplifier les rouages, afin de rendre le contrôle et la surveillance plus faciles, préféreront d'ordinaire un système unique d'alimentation et de distribution lorsqu'elles entreprendront de toutes pièces l'installation d'un service d'eau. Néanmoins diverses circonstances, et, entre autres, l'existence d'une ancienne distribution devenue insuffisante, peuvent y motiver aussi l'adoption d'une alimentation multiple et même d'un double service de distribution.

Mais dans tous les cas — le Congrès international d'hygiène de Londres (1891) s'est nettement prononcé dans ce sens — il convient de ne délivrer dans les habitations qu'une seule nature d'eau, afin d'éviter des confusions presque certaines et des plus fâcheuses pour les usages domestiques : comment empêcher, en effet, d'une manière réellement efficace, l'emploi de l'une des eaux pour la boisson si elles sont toutes deux à la portée de la main ? A Paris, on a pu sans trop d'inconvénients pousser jusque dans les maisons la double canalisation, et il est beaucoup d'immeubles pourvus à la fois de l'eau de source et de l'eau de rivière, sans que la confusion y soit possible : grâce à la différence de pression des deux services, l'une des deux eaux se trouve forcément réservée aux usages des écuries, remises, cours... et l'autre, atteignant seule les étages supérieurs, dessert nécessairement les cuisines, cabinets de toilette, etc.

126. Difficulté du choix. — On conçoit sans peine qu'il ne soit pas toujours facile de concilier des conditions parfois contradictoires : et trop souvent aucune des solutions en présence ne réunit à la fois qualité, quantité et économie. Il faut donc les discuter une à une, les comparer avec grand soin, finalement céder sur tel ou tel point, et arriver enfin à une sorte de transaction, de manière à satisfaire le mieux possible à l'ensemble des exigences constatées. Le choix soulève par suite bien souvent des questions fort délicates, et c'est ce qui explique les discussions parfois passionnées auxquelles donnent lieu les projets de distribution d'eau, les hésitations fréquentes des municipalités, et l'obligation où elles se trouvent de recourir aux ingénieurs spéciaux les plus autorisés pour préparer et motiver la décision à prendre.

Avant tout, il faut s'efforcer d'éviter les idées préconçues : qu'on tienne compte de toutes les conditions du problème, qu'on fasse une étude complète des diverses solutions possibles, qu'on les soumette à une discussion consciencieuse, et la lumière doit se faire, le choix s'imposer. Peut-être ce choix prêtera-t-il encore à quelques critiques et ne sera-t-il point parfait de tous points : là comme en bien des choses, il faut savoir se contenter d'un *à peu près*.

CHAPITRE VII

CAPTAGE DES EAUX

SOMMAIRE :

CAPTAGE DES EAUX

§ 1.

UTILISATION DE L'EAU DE PLUIE.

127. Les citernes. — Le moyen le plus simple de recueillir l'eau
de pluie tombée sur les toits des bâtiments est d'amener le produit
des gouttières dans une dépression du sol rendue étanche par une
légère couche d'argile : on a ainsi une *mare* comme on en rencontre
dans beaucoup de fermes de la Normandie et de la Beauce. Mais
l'eau de ces mares se corrompt rapidement et se couvre de végétations : elle est impropre à l'alimentation.

Partout où l'eau de pluie est recueillie pour la consommation domestique, on fait usage de *citernes*.

Ce sont des réservoirs, la plupart du temps creusés dans le sol
au-dessous ou auprès des bâtiments, aux parois revêtues d'argile, de
bois, de métal, ou maçonnés et couverts. Un *trop-plein* assure l'é-
vacuation des eaux surabondantes ; un *tuyau de puisage* sert à y
prendre l'eau au moyen d'une pompe, à moins qu'on n'y plonge
tout simplement un seau.

Les citernes ont été répandues dès la plus haute antiquité : nous
avons cité celles de Jérusalem ; Carthage en avait d'immenses qui
furent restaurées et utilisées par les Romains et qui servent maintenant de réservoirs pour Tunis ; on en compte un très grand nombre et de proportions remarquables à Constantinople où elles
remontent à l'époque byzantine (1). Elles sont encore employées presque dans tous les pays ; et en Suisse, en Hollande, en Autriche, en Italie, aux États-Unis elles servent même quelquefois à l'alimentation
des villes.

Grimaud de Caux, dans son ouvrage sur les *Eaux publiques*, a
montré le parti qu'on peut tirer des citernes pour une alimentation

(1) Forchheimer et Strzygowski. — Die byzantinischen wasserbehälter in Konstantinopel, 1891.

rationnelle des habitations rurales et des petites agglomérations, situées loin des sources et des rivières, et où l'eau de puits fait défaut.

128. Nécessité de précautions spéciales. — Il ne faut pas
se dissimuler, cependant, que les citernes constituent un mode d'a-
limentation assez imparfait, parce qu'elles impliquent la stagnation
de l'eau. Elles ne peuvent répondre aux besoins domestiques qu'à
la condition d'être construites avec grand soin et entretenues avec
des précautions toutes spéciales, qui sont dans la pratique un véritable assujettissement et risquent fort par suite d'être souvent négligées.

Si l'on n'éloigne pas, en effet, les premières eaux de pluie, nécessairement chargées de toutes les souillures entraînées, pour recueillir seulement les eaux subséquentes, relativement pures ; si on
ne maintient pas le tuyau de puisage à un niveau convenable, assez
loin du fond pour ne pas agiter les impuretés qui s'y déposent et de
la surface pour ne pas recueillir celles qui flottent, si l'on n'assure
pas la propreté constante de l'eau par des curages fréquemment
renouvelés, on risque de voir cette eau se corrompre et l'on s'expose à mille causes d'insalubrité.

C'est là ce qui explique la tendance moderne vers l'exclusion des
eaux de citernes, soit pour la boisson, soit même pour les autres
usages : elles disparaissent peu à peu dans les villes pourvues d'une
distribution d'eau.

129. Dispositions recommandées. — Il importe de se conformer aux recommandations suivantes, si l'on veut tirer d'une citerne le meilleur parti possible :

Éloigner par un moyen automatique ou non les premières eaux
de pluie ;

Décanter toujours les eaux recueillies dans un *citerneau* d'où elles
passent par déversement dans la citerne proprement dite ;

Rendre les parois absolument étanches afin d'empêcher toute
communication avec les eaux plus ou moins impures du sous-sol ;

Éviter toute liaison entre le trop-plein et les conduits d'assainissement des habitations, afin de rendre impossible la pénétration de
liquides ou de gaz insalubres ;

Employer des matériaux inaltérables à l'eau — le mortier laisse
dissoudre un peu de chaux, la tôle se rouille et rend l'eau ferru-
gineuse, le goudron lui communique un mauvais goût, etc. ;

Déterminer avec soin la position du tuyau de puisage qui doit toujours être alimenté tout en restant suffisamment éloigné du fond et de la surface ;

Maintenir la réserve d'eau dans l'obscurité, afin d'y empêcher le développement de la vie animale et végétale ;

Nettoyer fréquemment toutes les parties de l'ouvrage et les curer à vif fond, deux fois par an au moins.

Bien souvent quelqu'une de ces précautions a été négligée ; et l'on rencontre des citernes qui ne sont ni étanches ni à l'abri de la lumière, où l'eau est recueillie et puisée sans aucun soin, qu'on cure peu ou point ; il s'y forme alors d'abondants dépôts de matières organiques et autres, mis en mouvement à chaque pluie, et qui entrent en putréfaction pendant l'été, en communiquant au liquide une saveur *sui generis*, celle de l'eau *croupie*. M. Nichols cite une enquête faite à Memphis (États-Unis), d'où il est ressorti que, sur 529 citernes visitées, 190 n'étaient pas étanches et 94 douteuses ! Il mentionne également les citernes en bois de cyprès très répandues à la Nouvelle-Orléans et qui sont établies presque toujours au-dessus du sol, à peine ou point couvertes, et quelquefois exposées aux émanations de privés mal tenus.

En sens inverse, et comme preuve de la possibilité de conserver indéfiniment l'eau de pluie lorsque les précautions ont été bien prises, il est à propos de rapporter ici la découverte faite, il y a quelques années, à Alger, d'une citerne antique cachée sous une mosaïque entièrement recouverte de terre, et où l'eau a été encore retrouvée agréable à boire et bonne à tous les usages, après y avoir séjourné pendant de longs siècles !

130. Citernes filtrantes — On peut apporter aux citernes une notable amélioration en y adaptant un mode de filtration de l'eau soit au moment où on la recueille, soit à l'instant où on la puise.

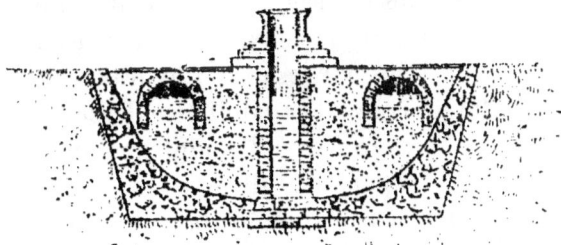

Les citernes de Venise fournissent un exemple classique du premier type. Pendant longtemps elles ont été le seul mode d'alimentation de cette ville si originale. Elles se composaient d'un réservoir creusé dans le sol en forme de tronc de pyramide renversé, et dont les parois étaient couvertes d'un lit d'argile compacte obtenu en lançant avec force les

unes sur les autres une série de boules d'argile pétries à la main ;
le réservoir était rempli de sable fin et l'eau y arrivait par des bâches, dites *cassetoni*, en pierre, placées aux angles, et reliées par une
rigole en briques posées à sec ; elle était recueillie, après avoir
traversé le sable, dans un puits circulaire central alimenté par des
barbacanes placées à la partie inférieure.

Le second type, fréquemment employé aux États-Unis, mériterait d'être plus répandu. Tantôt le tuyau de puisage plonge dans
une petite chambre séparée de la citerne par une cloison poreuse
en pierre, en brique ou même en charbon ; tantôt l'aspiration se
fait à travers un filtre fixe ou mobile ; ailleurs l'eau est recueillie
dans un réservoir placé sous le toit et passe à travers un filtre
avant de descendre dans l'intérieur de la maison, ou bien elle
est refoulée par une pompe de la citerne souterraine dans un réservoir supérieur pourvu d'un filtre.

§ 2

EMPLOI DES EAUX DE SUPERFICIE

a. Eaux courantes.

131. Prises directes en rivière. — Lorsque, pour l'alimentation d'une ville, on fait un emprunt à un cours d'eau, deux cas
se présentent, suivant que l'eau doit être amenée par l'effet de la
gravité et au moyen d'une rigole, d'un canal, d'un aqueduc ou
d'une conduite forcée, ou qu'elle est aspirée et refoulée par des
engins mécaniques.

Dans le premier de ces deux cas, les ouvrages de prise d'eau ne
diffèrent pas essentiellement d'ordinaire de ceux qu'il est d'usage
d'établir pour dériver les eaux utilisées par les usines hydrauliques
et les irrigations Si le débit total du cours d'eau doit être détourné,
on construit en travers du lit un barrage fixe, à l'amont duquel est
placée l'origine de la dérivation : les eaux surabondantes s'écoulent, s'il y a lieu, par déversement au-dessus du barrage, et un
orifice inférieur sert à faire de temps à autre un nettoyage de la
retenue. Quand on n'a besoin que d'une fraction du débit, on dispose un ouvrage partiteur, de manière à diviser le courant et à
détourner une moitié, un tiers, une portion déterminée quelcon-

que du volume d'eau. Enfin, si la quantité d'eau à prélever sur le débit total est très faible par rapport à ce débit, la prise se compose d'un orifice établi sur la rive ou en un point quelconque du lit et muni simplement d'un appareil de fermeture mobile.

On a encore recours à des ouvrages du même genre, toutes les fois que l'eau doit passer par des bassins de dépôt ou de filtrage, avant de parvenir aux machines élévatoires.

Les dispositions de ces ouvrages de prise d'eau varient à l'infini, suivant les circonstances locales ; et, comme ils ne présentent pas d'intérêt spécial au point de vue de l'alimentation, nous ne nous arrêterons pas à en décrire les types les plus répandus.

132. Précautions particulières. — Il convient cependant d'indiquer les conditions auxquelles ils doivent satisfaire.

Comme l'eau doit être puisée au point où elle est le plus pure, on recommande de placer la prise loin de toute cause de contamination, débouché d'égout, lavoir, etc. Dans les grands cours d'eau, il faut éviter les endroits où le défaut de vitesse et les remous tendent à accumuler les impuretés, et prendre l'eau soit en plein courant, soit dans une partie de la rive constamment balayée par un écoulement rapide.

Parfois, il y a intérêt à recueillir l'eau à un niveau déterminé, tantôt à la surface et par déversement, tantôt à quelque profondeur. Ailleurs, on se proposera de la prendre à une distance constante de la surface, dont le niveau est lui-même variable ; et l'on emploiera, pour y parvenir, un artifice du genre de celui qui a été appliqué sur la rivière Dee pour la distribution d'eau d'Aberdeen, où un flotteur règle le niveau du déversoir de prise constitué par l'orifice supérieur d'un tuyau oscillant.

Dans les cours d'eau exposés à des crues importantes et qui entraînent par suite des matériaux plus ou moins grossiers suivant les époques, ou dans ceux dont la surface se congèle en hiver, il peut être utile de faire la prise selon les circonstances à des niveaux différents. Dans ce cas on a eu parfois recours à plusieurs séries d'orifices étagés munis d'appareils de fermeture et qu'on met en service alternativement : à la prise de la Vésubie (Nice) les orifices sont percés dans un mur en maçonnerie placé sur la rive ; à St-Louis (États-Unis) la nouvelle prise d'eau dans le Mississipi a été construite au milieu même du fleuve et y a reçu la forme d'une pile allongée avec avant-bec, les orifices de prise y sont ménagés à diverses hauteurs dans la maçonnerie et des vannes dispo-

sées dans des chambres intérieures de manœuvre en commandent
le fonctionnement ; on a établi un dispositif analogue à Belgrano
pour le service de Buenos-Ayres, une
grande tour carrée de 11^m de côté, sur-
montée d'un phare, y a été construite
dans le Rio de la Plata à 1625^m de la
rive.

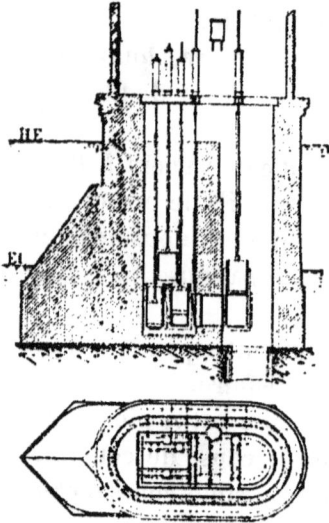

Presque toujours il est indispensable d'arrêter les corps flottants, d'en
empêcher l'introduction dans les conduits : des *crépines* placées sur les
prises mêmes ou des *grilles*, fixes ou
mobiles, à barreaux plus ou moins
rapprochés, à mailles plus ou moins
serrées, disposées sur le trajet de l'eau,
sont généralement employées à cet
effet. La possibilité de mettre ces dernières à la portée de la surveillance
doit les faire préférer souvent aux crépines, dont la visite est généralement difficile et dont le *feutrage* peut être dès lors très rapide.

Le service des eaux de Paris se sert d'un type de grille fixe qui
mérite d'être cité : c'est une série de fers plats, maintenus à des
écartements réguliers de 0^m,015 à 0^m,020 par des traverses, et qui
présentent leur tranche au courant ; en ne les engageant qu'à
moitié dans les traverses et leur donnant une position inclinée,
on rend très facile le nettoyage au moyen de griffes ou de râteaux.

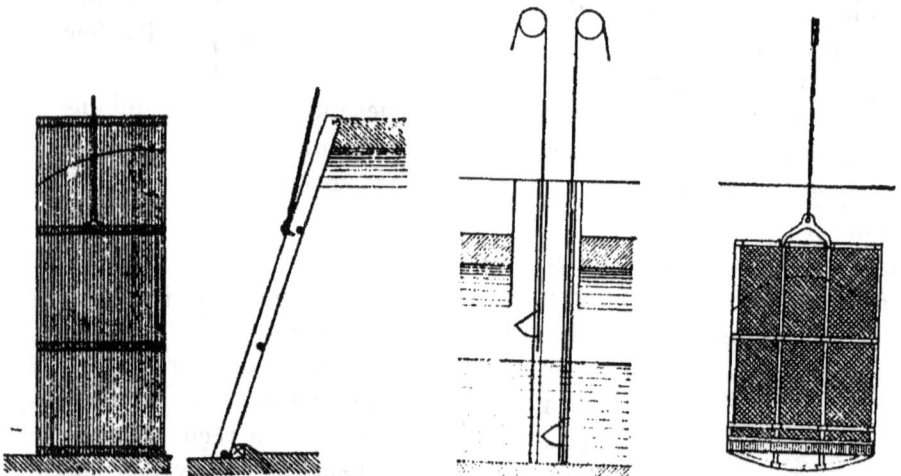

On y a souvent aussi fait emploi de grilles mobiles composées d'un cadre en fer portant une toile métallique ; un panier, également en métal, placé à la partie inférieure, retient les corps flottants, et, en juxtaposant deux appareils semblables, qui servent alternativement et qui sont mus à l'aide de treuils ou de contrepoids, on assure un nettoyage facile et rapide, en même temps qu'un service ininterrompu.

133. Conduites d'aspiration. — Lorsque la prise en rivière est en relation directe avec les machines élévatoires, elle se réduit à une *conduite d'aspiration* en fonte ou en tôle posée dans une tranchée au fond de la rivière et sur la rive jusqu'à l'entrée de l'usine. Il y a grand intérêt dans ce cas à empêcher l'introduction des corps flottants et des sables ; et, à cet effet, la conduite doit déboucher dans le courant même, à une certaine hauteur au-dessus du fond, et présenter son orifice vers l'aval ; par surcroît de précaution, on en garnit souvent l'extrémité d'une sorte de grillage formant une grossière *crépine*. Et si la rivière est navigable, on la protège contre le choc des bateaux en la surmontant d'une estacade en charpente ou *patte d'oie* avec voyant apparent, que l'on éclaire au besoin pendant la nuit. Ces diverses dispositions sont appliquées aux prises d'eau établies en Seine par le service des eaux de Paris.

Prise d'eau de l'usine d'Ivry.
A. Patte d'oie ; — B. Conduite d'aspiration.

La conduite peut être posée à l'abri d'un bâtardeau, ou formée de tuyaux à joints mobiles qui permettent de la couler dans l'eau. Souvent elle est en tôle et rigide ; on la fait alors flotter aisément, et, après l'avoir amenée au-dessus de l'emplacement qu'elle doit occuper, on la descend en la lestant ou y introduisant une surcharge d'eau ; une ligne de pieux contre laquelle elle s'appuie assure la réussite de l'opération, et des plongeurs font ensuite sous l'eau les raccordements nécessaires.

Malgré toutes les précautions, il est rare que les conduites ne s'ensablent pas plus ou moins vite ; et, en vue de cette éventualité, on doit se ménager les moyens d'en opérer le nettoyage. Le mode le plus pratique est l'emploi des *chasses* au moyen de l'eau à haute pression empruntée aux conduites de refoulement de l'usine élévatoire, que l'on introduit dans le tuyau de prise d'eau, après l'avoir isolé par un robinet ou une vanne spéciale. De temps en temps il faut recourir en outre au scaphandre pour dégager la crépine et l'orifice d'aval.

134 Chambres de prise. — Quand la distance est grande de la prise proprement dite à l'usine, une conduite d'aspiration se maintiendrait difficilement étanche et serait exposée à laisser introduire par les joints des eaux souterraines de nature plus ou moins suspecte. Il est préférable, dans ce cas, d'établir les orifices d'aspiration des appareils élévatoires dans une *chambre d'eau* construite dans l'enceinte même de l'usine au niveau convenable pour être mise simplement en communication avec la rivière ; dès lors, la conduite, n'ayant plus d'autre rôle que de relier la chambre d'eau à la prise en rivière, fonctionne sans pression et peut être conservée longtemps en bon état, surtout si l'on dispose d'un moyen pratique pour y opérer des chasses de temps à autre ; quant à la chambre, où il se dépose des vases, il est relativement facile de la nettoyer, soit en l'isolant par une vanne et procédant par épuisement, soit en draguant ou pompant les vases sans avoir même à interrompre le service. Ce système a été appliqué en 1883 à l'usine de la ville de Paris, à Ivry ; les deux conduites de prise

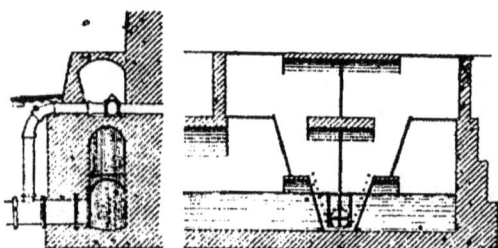

d'eau aboutissent à une galerie voûtée, dans laquelle se trouvent les crépines des pompes, et chacune débouche entre deux grilles inclinées destinées à retenir les corps flottants qui auraient échappé aux grillages des pattes d'oie.

Quand l'établissement d'une communication directe entre le cours d'eau et la chambre construite sur la rive se trouve présenter quelque inconvénient, on peut tourner la difficulté en reliant la prise à la chambre d'eau par une conduite en forme de *siphon*. C'est ce qu'on

a fait récemment sur le bas Rhône pour surmonter les digues de rive : un éjecteur assure alors l'amorçage du siphon. A Paris, en 1887-88, pour éviter des tranchées dispendieuses et un travail délicat en terrain mouillé nous avons disposé de la sorte les prises en Seine des usines élévatoires de Javel et de Bercy, et un petit tuyau reliant le point haut à l'aspiration des pompes suffit pour maintenir les siphons amorcés.

135. Théorie de la filtration naturelle. — Les troubles constituant l'inconvénient le plus sensible des eaux de rivières, on a cherché à s'y soustraire en puisant l'eau, non point dans le lit des cours d'eau, mais dans les dépôts de gravier perméables qui se forment en certains points sur les rives, afin de la recueillir après son passage à travers une certaine épaisseur de gravier et d'obtenir ce que l'on a qualifié de *filtration naturelle*.

Ce principe paraît avoir été appliqué pour la première fois à Toulouse, par d'Aubuisson, en 1825-1828 : on y obtint de l'eau limpide et fraîche, d'une qualité très supérieure à celle des eaux souvent boueuses de la Garonne. Le succès de la tentative provoqua de nombreuses imitations : les distributions d'eau de Lyon et de Nîmes, dues à M. Aristide Dumont, ardent propagateur et défenseur convaincu de la filtration naturelle, celles d'Angers, de Nevers, de Blois, de Fontainebleau, etc., furent établies d'après le même système. On en cite aussi de nombreuses applications à l'étranger : Nottingham et Perth en Angleterre et en Écosse, Dresde, Magdebourg en Allemagne, Gênes, Bologne, Florence en Italie, Budapest en Hongrie, Lowell aux États Unis, etc.

« On supposait naguère, dit le professeur Nichols — et les per- « sonnes qui n'ont pas fait une étude spéciale du sujet le croient en- « core — qu'en pareil cas l'eau provient de la rivière et se trouve « filtrée par un passage à travers le sable et le gravier. Sans doute, « dans certains cas, une proportion considérable est ainsi dérivée, « mais, en règle générale, c'est le contraire qui est vrai (1) ».

Belgrand a démontré, en effet, que l'eau des graviers est presque toujours à un niveau plus élevé que l'eau de la rivière, qu'elle a une composition différente et une température beaucoup plus constante : c'est manifestement l'eau de la nappe souterraine provenant des côteaux et dont la pente est dirigée vers le thalweg. Il est donc hors de doute que si l'on « se contentait de prendre l'eau dans les graviers « sans abaisser le plan d'eau, on serait certain de ne pas recevoir une

1. *Water Supply*, p. 118.

« seule goutte d'eau provenant de la rivière (1). » On suppose, il est vrai, qu'en abaissant le niveau de l'eau dans la tranchée ouverte près de la rive au-dessous de celui de la rivière on fait un appel à l'eau de cette dernière. Mais, là encore, les faits relevés par Belgrand prouvent qu'il n'en est pas ainsi le plus souvent : sur les bords de de la Seine, par exemple, l'eau recueillie dans les puits voisins, même avec abaissement du plan d'eau de 1 mètre au-dessous de celui de la rivière, a été trouvée absolument distincte de l'eau du fleuve, l'essai hydrotimétrique donnait dans ces conditions 46° à Port à l'Anglais, 135° à Austerlitz, alors que l'eau de la Seine marquait 19° ; de même les résultats de l'essai hydrotimétrique ont permis de différencier très nettement les eaux des galeries de Lyon, de Nevers, Blois, qui titraient 16°, 5° et 8° de celles du Rhône ou de la Loire qui marquaient 18°, 20° et 14°. M. Salbach a fait des constatations analogues à Dresde, Cologne, Halle, Bonn, etc. Il semble donc que les berges se colmatent et perdent le plus souvent toute perméabilité.

Dans quelques cas relativement rares, le phénomène du colmatage ne se produisant pas, l'abaissement artificiel du plan d'eau dans une tranchée voisine de la rivière y détermine réellement un appel : l'eau qu'on en tire alors est fournie à la fois par la nappe et la rivière, elle résulte d'un mélange en proportions variables de ces deux eaux et participe par suite de leurs propriétés respectives.

Il faut des circonstances toutes spéciales pour obtenir réellement par ce procédé de l'eau de rivière filtrée : c'est ainsi que dans la plaine Saint-Julien, près de Troyes, sorte d'île comprise entre la Seine et la Barse, non loin du confluent, Couche a observé, en 1880, un véritable courant souterrain, analogue aux infiltrations d'un canal à flanc de coteau dont une digue ne serait pas étanche : le titre hydrotimétrique est bien celui même de la Seine, et la température, sans éprouver des variations aussi prononcées que celles des eaux de la rivière, n'a pas non plus la constance ordinaire de celle des eaux de nappe.

En général ce sera donc parmi les eaux souterraines qu'on devra classer celles qui proviennent des galeries creusées au bord des rivières.

b. Eaux dormantes.

136. Prises d'eau dans les lacs. — Les prises d'eau dans les lacs peuvent être établies dans des conditions analogues aux prises

1. *La Seine*, p. 463.

d'eau en rivière et présenter des dispositions presque identiques. Elles en diffèrent cependant en quelques points. Rares d'ailleurs en France, elles sont surtout nombreuses en Angleterre et aux États-Unis : Glasgow est alimentée par le lac Katrin, Genève par le lac Léman, Boston par le lac Cochituate, Chicago par le grand lac Michigan.

Il est important de placer la prise à un niveau convenablement déterminé, de manière à obtenir toujours un débit suffisant malgré les variations de hauteur de la surface ; assez bas pour éviter l'introduction des corps flottants, les obstructions par les glaces, et pour que la température reste sensiblememt constante.

En outre, dans les lacs qui reçoivent les eaux d'égout des villes, il est nécessaire de puiser l'eau à une distance suffisante des rives contaminées, car l'absence de courant rend le départ des matières très lent, l'oxydation est faible, et l'eau reste corrompue sur une assez grande étendue. Il a fallu pour ce motif déplacer la prise d'eau de la ville de Zurich. Chicago a dû faire ses prises à plusieurs kilomètres du bord au moyen de tunnels souterrains aboutissant à des tours isolées au milieu du lac et pourvues de vannes à diverses hauteurs.

Des tunnels de prise ont été parfois employés aussi en pays de montagnes pour aller chercher l'eau de lacs situés à des altitudes considérables dans des dépressions profondes ; c'est le cas du lac Bleu dans les Pyrénées, des lagunes du Rio-Rimac au Pérou.

Lorsque les lacs ont des rives peu inclinées, dans la zone sans profondeur qui les entoure la végétation se développe et les herbes pourries communiquent à l'eau un goût de poisson, de concombre, de croupi, de sorte qu'elle n'est plus acceptée pour l'alimentation. Ce phénomène s'aggrave encore lorsque, par suite du peu d'étendue du lac, les variations de niveau y sont grandes et qu'une partie des rives est alternativement couverte et à découvert. Dans le premier cas, il peut être utile de construire sur le pourtour des murs ou des perrés de manière à supprimer la partie marécageuse ; dans le second, on est souvent conduit à augmenter la profondeur et la capacité du lac en l'endiguant sur une partie de son pourtour et à le transformer ainsi en réservoir artificiel.

137. Lacs artificiels. — On se procure souvent, en effet, des *réserves* d'eau en barrant le passage aux eaux de ruissellement au moyen de digues établies en travers des vallées.

Lorsque la réserve est sans profondeur et constitue un *étang*, l'eau y acquiert bien vite les défauts ordinaires des eaux de marécages et devient impropre aux usages domestiques. Ainsi, quelque intérêt que présente, au point de vue de l'histoire de l'hydraulique, le système ingénieux et complexe d'étangs artificiels créés, au 17e siècle, sur le plateau qui domine Versailles au sud-ouest, pour contribuer à l'alimentation du parc et du château, on ne saurait certainement le proposer comme un exemple à imiter. Les *eaux blanches* des étangs, bien qu'admises encore dans la distribution d'eau de Versailles, sont de qualité médiocre et nécessairement très chargées de matières organiques.

Au contraire, quand on barre une vallée profonde et encaissée et qu'on y forme un véritable *lac*, on obtient une réserve importante, où l'eau se décante, acquiert une température presque constante, s'altère peu, pourvu que la profondeur ne descende nulle part au-dessous de 1m,50 à 2 mètres, et qui est considérée, particulièrement en Angleterre et aux États-Unis, comme une excellente ressource pour l'alimentation des villes.

La création de lacs artificiels a été pratiquée dans l'antiquité, soit en profitant de dépressions naturelles et les fermant au moyen de barrages et de digues, soit en creusant à bras d'homme d'immenses fouilles destinées à emmagasiner l'eau nécessaire à l'alimentation et surtout à l'irrigation des terres : nous avons cité les grands lacs de l'Égypte, les innombrables réserves d'eau de l'Inde. En Espagne, on a eu recours à ce moyen, pour la fertilisation des campagnes dans des temps fort reculés. A notre époque, il est encore fréquemment appliqué pour le même objet : la construction de grands barrages compte parmi les travaux les plus utiles pour la colonisation de l'Algérie. Le même procédé sert aussi à l'alimentation des canaux de navigation à point de partage, à la régularisation du débit des rivières dont l'eau est utilisée par l'industrie : il se prête à la compensation destinée à restituer aux cours d'eau en temps normal la fraction du volume que leur enlève l'alimentation des villes ; il est enfin très employé pour cette alimentation même. New-York, Baltimore, Philadelphie, Manchester, Liverpool, Dublin, Edimbourg, Dundee, Bombay, Melbourne, Verviers, Saint-Etienne, etc., ont des distributions d'eau basées sur la constitution de vastes réserves artificielles. Ces réserves sont exposées aux mêmes inconvénients que les lacs naturels, souvent même à un plus haut degré : en été, lors de la baisse des eaux et durant les jours de chaleur, l'eau y prend souvent un goût et une odeur détestables, comme il est arrivé à San Francisco il y a quelques années ; ailleurs les habitations, les villages se développant sur les rives — c'est le cas du lac du Croton qui alimente New-York — l'eau est altérée par les déjections de toute nature et se trouve menacée d'une contamination progressive.

138. Établissement des lacs artificiels. — La création d'une de ces réserves d'eau suppose une étude approfondie des conditions locales ; il est indispensable de connaître, en effet, la superficie du bassin versant, la hauteur annuelle des pluies, la fraction que l'on en peut recueillir (1), l'importance des besoins, la capacité à donner à la retenue, et d'apprécier l'influence des infiltrations, celle de l'évaporation, le régime probable. Cette étude soulève une multitude de questions délicates auxquelles il est souvent malaisé de répondre avec quelque certitude, et il ne faut pas s'étonner si, dans bien des circonstances et malgré les soins les plus grands, les réserves d'eau ont donné lieu à de sérieux mécomptes.

Pour l'établissement de la *digue du barrage*, il faut rechercher un emplacement favorable, éviter, par exemple, le voisinage immédiat des centres habités, choisir le point où, avec la moindre dépense, on obtiendra le maximum de capacité, ce qui dépend de la nature du sol, de la valeur des terres, de leur état de culture, de la forme et de l'étendue de la vallée, des dimensions à donner à l'ouvrage, etc. Suivant que les circonstances s'y prêtent plus ou moins bien, suivant aussi l'importance du volume emmagasiné, la dépense par mètre cube varie dans des limites très étendues ; on cite des cas où elle est inférieure à 0,01 (Inde, Californie) et d'autres où elle atteint 0,25, 0,50 et jusqu'à 1 fr. (France).

Parfois on se trouve conduit à substituer à une réserve unique une série de retenues, soit superposées dans le même vallon (2), soit réparties dans plusieurs vallons voisins. Dans tous les cas, un examen topographique et géographique détaillé doit accompagner l'étude du régime hydraulique.

Au surplus, « les barrages ne peuvent pas être établis indistinc- « tement dans toute espèce de terrains… il faut que les terrains sur « lesquels les eaux devront s'étendre offrent une résistance suffisante « pour supporter la pression énorme développée par le poids de la « digue et des eaux accumulées ; en d'autres termes, ils ne doivent « pas être de nature à se détremper profondément, à tasser ou à

1. 3/7 d'après Mary, 1/2 d'après Graeff, Picard ; 0,15 à 0,94 avec une moyenne de 0,33 d'après les observations faites sur les lacs artificiels en France.

2. Réservoirs du Pas-de-Riot et de Rochetaillée ; voir l'introduction au traité des *Ponts en maçonnerie* de l'Encyclopédie.

« couler quand surviennent des incidents météorologiques. Sans
« cela on peut compromettre gravement la sûreté des villes qui
« recourent à ce mode d'alimentation, ainsi que les contrées situées
« sur le parcours naturel des eaux en aval de la digue (1). »

On a conservé en Espagne le souvenir de la rupture du barrage
de Puentès le 30 avril 1802 (608 noyés, 89 maisons détruites), en
Angleterre celui de la destruction du barrage de Sheffield (11 mars
1864) et de l'inondation qui en a été la conséquence (798 maisons
détruites, 238 noyés) ; en Algérie, plusieurs grands barrages ont été
emportés pendant la saison des pluies, et le flot auquel a donné lieu
le 11 décembre 1881 la rupture de celui de l'Habra a eu pour conséquence la destruction des cultures, l'entraînement de la terre végétale, la ruine de la contrée ; aux Etats-Unis le 31 mai 1889 la
destruction subite de la digue du South Fork a détruit la ville de
Johnstown et fait plus de 10.000 victimes (2) ; en France l'émotion
causée par la catastrophe de Bouzey, survenue le 27 avril 1895, n'est
point encore dissipée. Ces exemples suffisent à faire comprendre
la grandeur du péril, la responsabilité qui en résulte, et la nécessité
des précautions à prendre dans la préparation des projets, l'établissement des calculs de résistance, l'étude des dispositions d'ensemble et de détail, dans le choix des matériaux, l'assiette des fondations, la construction des barrages et des ouvrages accessoires,
déversoirs de trop-plein, aqueducs de prise d'eau, vannages, etc.,
enfin dans la surveillance et l'entretien. Il faut, en pareille matière,
ne rien laisser au hasard et ne jamais s'écarter des règles de la
prudence la plus stricte et la plus vigilante.

Les eaux se décantant par le repos, derrière les digues qui les
retiennent, donnent lieu à des *dépôts* de vase plus ou moins abondants, dont l'accumulation, si elle est tant soit peu rapide, ne tarde
pas à présenter de graves inconvénients ; le dévasement, qui s'impose alors, est une opération toujours délicate et malaisée, parfois
insalubre, et qui constitue la plus grosse difficulté de l'entretien des
lacs artificiels.

139. Digues-barrages en terre. — Les grands ouvrages, qu'on
établit en travers des vallées pour la formation de ces énormes retenues d'eau peuvent être construits en *terre* ou en *maçonnerie*.

Le mode le plus simple d'établissement des digues-barrages en
terre est celui qui a été fort anciennement appliqué dans l'Inde et
dans l'Ile de Ceylan : sur le sol naturel simplement gratté, le remblai

1. De Freycinet. *Principes de l'assainissement des villes* ; 1870, p. 42.
2. A. Dumas. Etude sur les barrages-réservoirs (Génie Civil, 1895).

s'exécute par petites couches ; il est foulé aux pieds des hommes et des animaux, tassé par l'effet des alternatives de sécheresse et d'humidité dues à la succession des moussons, et finit par former une énorme masse, bien homogène, qui résiste parfaitement à la pression de l'eau. L'épaisseur du barrage, au couronnement, atteint généralement la moitié au moins de la hauteur maxima. La figure ci-contre donne la coupe d'une digue de ce type, celle de Cummun dans la présidence de Madras.

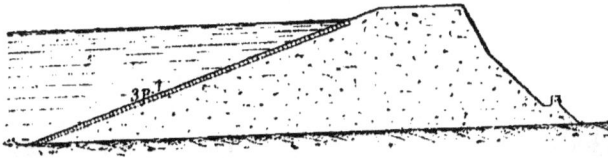

A notre époque, ce système de construction exigerait beaucoup trop de temps et une somme trop considérable de main-d'œuvre, et les types modernes de barrages en terre n'ont pas une pareille masse. Le *type français*, dont le principe se rapproche de celui des digues de l'Hindoustan, se compose essentiellement aussi d'un massif homogène et imperméable mais où la terre est remplacée par un *corroi*, sorte de mélange d'argile et de sable rendu compacte par l'addition d'un peu de chaux(1) et trituré au moyen de rouleaux ou de disques en fonte. La largeur en couronne ne dépasse pas 5 à 8 mètres ; le talus amont reçoit une pente de 1,5 pour 1 et se compose soit d'un plan incliné, soit d'une série de gradins, le talus aval présente une suite de pentes variant de 1,5 à 3,5 pour 1 et formant de petits plans inclinés séparés par des banquettes ; la face d'amont est revêtue soit d'un perré reposant sur une couche de cailloux, soit de petits murs en gradins. Ce type a été surtout appliqué à des retenues destinées à l'alimentation des canaux à point de partage et à des hauteurs généralement inférieures à 20 ou 25 mètres.

Les nombreuses *digues anglaises*, exécutées plutôt pour l'alimentation des villes, sont d'un système moins satisfaisant *a priori* : elles se composent toujours d'un massif central en argile corroyée pénétrant profondément dans le sol et placé entre deux couches de remblais de choix exécutées avec un soin particulier, puis de deux autres massifs en remblais ordinaires à talus très inclinés ; le premier assure l'étanchéité, les deux autres procurent la résistance grâce à

1. 12 litres de chaux en poudre par mètre cube de corroi (Vallée).

13

leur grande épaisseur et à leur empattement considérable. M. Raw-
linson donne au corroi une épaisseur de 1 pied par 3 pieds d'eau,
et aux deux massifs latéraux, destinés à protéger le corroi contre
la pression de
l'eau d'un côté et
l'effet de l'air de
l'autre, des talus
de 3 pour 1 à l'a-
mont et 2,5 pour
1 à l'aval. Le remblai est exécuté au wagon sans trituration spéciale.

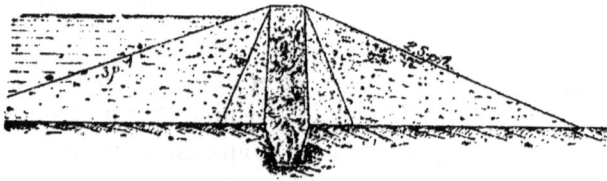

La digue française de Saint-Férréol (canal du Midi) est d'un type
mixte qui se rapproche de celui des digues anglaises et qui ne paraît guère mériter d'être recommandé : elle est formée d'un mur
central en maçonnerie de 34 mètres de hauteur sur lequel s'appuient
de part et d'autre des massifs en terre limités par des talus à pentes adoucies. C'est cependant d'après ce type mixte que sont établies
les digues américaines les plus récentes, et, par raison d'économie,
on tend à y réduire de plus en plus l'épaisseur du mur médian : à
la digue de Southbridge (Massachussets), construite en 1895, ce mur
est en béton et n'a reçu que $0^m,30$ d'épaisseur sur une première
hauteur de 4 mètres puis $0^m,20$ seulement jusqu'au dessus du plan d'eau
de la retenue (1) ; à celle d'Otay (Californie), établie presque en même
temps, le mur est
remplacé par un
masque en tôle d'a-
cier scellé dans la
position verticale
sur un fort massif de
maçonnerie et re-
couvert de part et d'autre d'une couche d'asphalte puis de quelques
centimètres de béton (2), les remblais d'amont et d'aval sont d'ailleurs formés exclusivement de moellons et pierrailles.

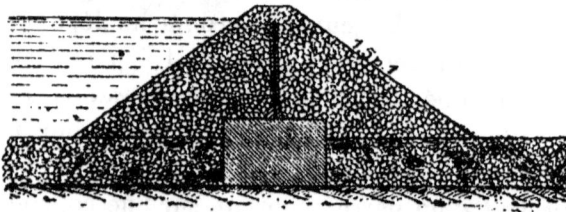

140. Murs-barrages en maçonnerie. — Pour les retenues de
grande hauteur les digues en maçonnerie présentent sur les digues
en terre une supériorité marquée. Au point de vue de l'entretien
et de la durée comme à celui de l'établissement des ouvrages accessoires, les *murs-barrages* offrent, en effet, des garanties très supérieures, et ils ont l'avantage considérable de se prêter à des calculs

1. *Engineering Record* 12 septembre 1896.
2.   *id.*   27 juin 1896.

de résistance qui sont pour le constructeur un guide extrêmement précieux.

En raison des pressions énormes qui s'y développent ces ouvrages doivent être assis sur un sol parfaitement incompressible et inaffouilla- ble ; eu égard aux efforts qu'ils ont à supporter vers l'amont il est bon de leur donner en plan une courbure prononcée vers l'intérieur de la retenue, qui leur permette de fonctionner comme une voûte, si les circonstances viennent à l'exiger ; et cela ne doit pas empê- cher d'adopter des profils transversaux capables d'assurer en chaque point la stabilité propre de la section correspondante.

Les anciens murs-barrages, ceux notamment qui ont été cons- truits au XVIe siècle en Espagne, ont reçu des sections trapézoïda- les ou rectangulaires épaisses, mas- sives et coûteuses, dont la digue d'Alicante fournit un exemple et qu'on retrouve encore dans certains ouvrages tout à fait modernes comme la digue de la Gileppe, à Verviers. C'est à une époque relativement récente que des ingénieurs français, MM. Graeff, Delocre, Bouvier, Guil- lemain, ont posé les principes et donné les formules des calculs de résistance usités aujourd'hui, pour lesquels nous renvoyons aux traités spéciaux (1), en même temps qu'ils traçaient des profils rationnels dont le prototype est celui du réservoir du Furens, cons- truit en **1861-66** pour l'a- limentation de la ville de Saint-Etienne.

Quelque confiance que puissent inspirer les cal- culs, on ne doit pas ou- blier du reste qu'ils ont pour point de départ des hypothèses — incompres- sibilité du sol, monoli- thisme et imperméabilité du massif — qu'il est dif-

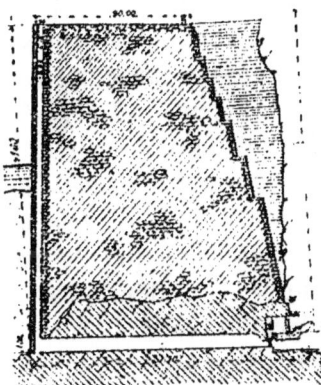

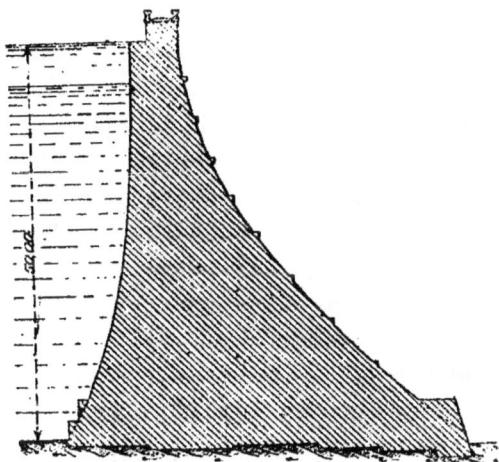

---

1. Guillemain. *Encycl. des tr. publics*. Rivières et canaux (II. chap. XXV § 7).

ficile de réaliser : malgré tous les soins, les suintements à travers les maçonneries sont presque inévitables, les variations de température déterminant toujours des fissures dans des ouvrages de grande longueur, les conditions de fondation laissant parfois à désirer ou se modifiant avec le temps par l'action de l'eau sous pression. On se rapprochera le plus possible des conditions théoriques en recherchant pour y asseoir les murs-barrages le roc vif et compact, pour en composer le massif des matériaux résistants et des mortiers de qualité supérieure ; on veillera rigoureusement à éviter toute chance d'écrasement, tout travail d'extension dans les maçonneries ; on donnera au couronnement une épaisseur convenable et on l'élèvera au-dessus du niveau des plus hautes vagues ; on prendra des soins particuliers pour l'établissement des ouvrages accessoires, etc. Peut-être même dans certains cas sera-t-on conduit à protéger l'ouvrage contre les infiltrations par un mur de garde formant drainage, comme le recommandait naguère M. Maurice Lévy.

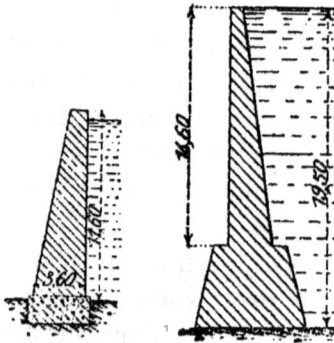

En Amérique on fait volontiers montre de plus de hardiesse, soit parce qu'on travaille dans des pays neufs et souvent presque déserts, soit parce que les considérations économiques y priment celle de la sécurité publique, et l'on s'écarte souvent des règles tutélaires qui viennent d'être rappelées pour adopter des dispositions qui pourraient motiver des craintes légitimes et qui cependant ont parfois réussi : témoin les murs-barrages du Rio-Grande (Panama) (**1**) et de Bear-Valley (région aride des États-Unis) (**2**).

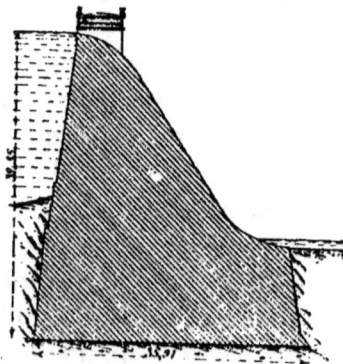

En Europe, au contraire, et bien que la valeur du nouveau type français, reproduit aux barrages de Ternay, du Ban, de Chartrain, de Pont, etc., soit universellement reconnue, on a tendance à exagérer plutôt les mesures de prudence, quoiqu'on adopte encore, comme on l'a fait tout récemment pour le mur-barrage de

1. *Génie civil* 1895 : 2ᵉ série page 238.
2. Ronna. — *Bulletin de la Soc. d'encourag.* ; août 1896.

la Vyrnwy (eaux de Liverpool), des profils beaucoup plus massifs que ceux résultant des calculs.

141. Ouvrages accessoires. — Un barrage formant retenue d'eau est nécessairement accompagné de plusieurs ouvrages accessoires, *prise d'eau, bonde de vidange, déversoir de trop plein,* auxquels viennent s'ajouter parfois soit des appareils de dévasement soit des *bassins de décantation,* destinés à recevoir les troubles des affluents, ou des *rigoles de ceinture,* permettant de les dériver, de manière à diminuer l'importance des envasements.

La prise d'eau, la bonde, le déversoir ne doivent pas être établis dans la digue même, si elle est en terre, parce qu'ils en rompraient l'homogénéité et y détermineraient des points faibles qui pourraient devenir une cause de rupture : il y a cependant de nombreux barrages où l'on n'a pas observé cette précaution et qui n'en ont pas moins fonctionné avec succès ; c'est d'ailleurs sans inconvénient lorsque les digues sont construites en maçonnerie. La meilleure disposition consiste à ouvrir dans le flanc du coteau, sur l'un des côtés du vallon, un tunnel destiné à recevoir les conduites de prise d'eau et de vidange, et plus haut, sur le même coteau ou sur le coteau opposé, une rigole découverte ou voûtée pour le déversoir de superficie à moins qu'il ne communique lui-même avec le tunnel inférieur. Souvent la prise d'eau est placée dans une tour isolée, construite dans la retenue même, en arrière de la digue, et reliée au couronnement par une passerelle : des vannes disposées à diverses hauteurs livrent passage à l'eau vers les conduites d'évacuation.

Le déversoir de superficie et la bonde de vidange rejettent les eaux inutilisées dans l'ancien lit du cours d'eau, au fond du thalweg de la vallée ; la vitesse de l'écoulement de ces eaux est grande, et, pour éviter les ravinements, il faut d'abord adoucir la pente autant que possible, puis recourir à des revêtements maçonnés sur une certaine longueur.

Au réservoir de Mittersheim (1), le déversoir de superficie a été remplacé très heureusement par un appareil fort simple et qui occupe beaucoup moins de place, le *déversoir-siphon* imaginé par M. Hirsch. C'est un tuyau métallique recourbé, formant siphon, et qui

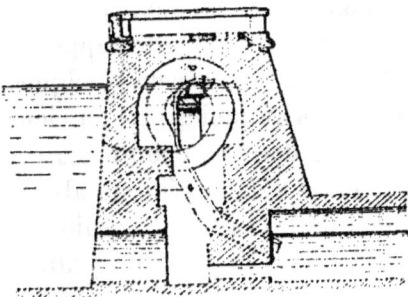

1. Canal des houillères de la Sarre.

est amorcé ou désamorcé par l'effet d'un *tuyau amorceur* dont l'orifice présente deux lèvres horizontales, l'une au niveau même de la retenue réglementaire, l'autre quelques millimètres plus bas : lorsqu'il y a écoulement dans l'amorceur, l'air est entraîné et l'aspiration se produit dans le siphon qui s'amorce ; mais, dès que la lèvre supérieure découvre, l'air rentre, le siphon se désamorce et cesse de fonctionner. Cet appareil a été perfectionné depuis à Marseille pour le nouveau réservoir Saint-Christophe, par M. Ribaucour, qui l'a rendu plus sensible en y adaptant un amorceur et un désamorceur distincts.

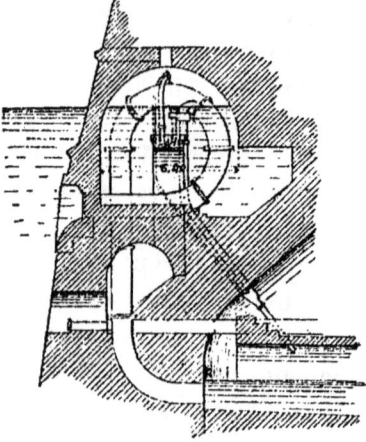

Le couronnement des murs-barrages est souvent garni de *parapets* et disposé pour servir à la circulation des voitures ; à défaut de largeur suffisante, la chaussée peut être portée en partie par des encorbellements en forme de contreforts, disposition récemment admise au barrage de la Mouche (Canal de la Marne à la Saône).

§ 3.

EMPLOI DES EAUX SOUTERRAINES

a. **Première nappe ou nappe des puits**.

142. Puits ordinaires. — Le moyen le plus simple de puiser l'eau de la première nappe souterraine qu'on rencontre dans l'épaisseur du sol est de creuser un *puits* jusqu'à la rencontre de cette nappe, et de l'y faire pénétrer de quelques décimètres au moins : si l'on vient à épuiser dans la chambre ainsi formée, on y détermine un abaissement de niveau et par suite un appel, et l'eau de la nappe y afflue par l'effet de la charge.

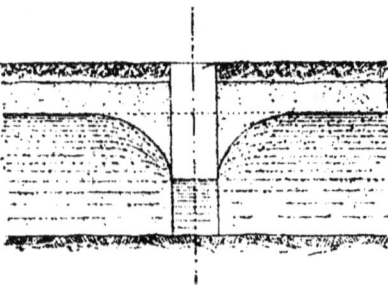

La surface de l'eau prend alors la forme d'une sorte d'entonnoir dont le sommet serait sur l'axe du puits. La courbe génératrice de la surface de révolution qui limite cet entonnoir, est ainsi, que l'ont démontré Darcy et Dupuit, indépendante du débit et varie seulement avec les hauteurs d'eau dans le puits et dans le sol, l'étendue de terrain intéressée ou la porosité des couches aquifères, et les dimensions du puits. Il résulte d'ailleurs de la théorie établie par ces deux auteurs que le débit d'un puits est proportionnel à la charge et à l'épaisseur moyenne de la tranche d'eau, lorsque le puits est descendu jusqu'au terrain imperméable, et qu'il varie très peu avec les dimensions données à la section horizontale du puits lui-même.

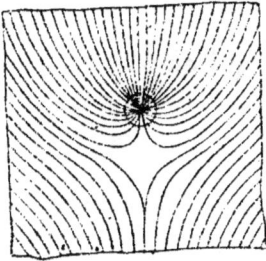

Quand la nappe n'est pas limitée par une surface horizontale mais présente une inclinaison sensible, l'entonnoir qui y est déterminé par la présence d'un puits en service prend une forme dissymétrique et les filets liquides affectent des courbures analogues à celles que représente la figure ci-contre et que nous empruntons à M. Fossa-Mancini (1).

Le plus souvent les puits ne sont pas descendus jusqu'à la couche imperméable sous-jacente ; il en résulte que l'eau afflue par le fond en même temps que par les parois latérales, ce qui change un peu les conditions de l'écoulement. D'autre part, quand deux puits sont rapprochés l'un de l'autre, les entonnoirs correspondants se pénètrent, et cette intersection a pour conséquence une diminution du débit pour l'un d'eux au moins.

Lorsque le volume d'eau qu'on retire d'un puits dépasse le débit normal que peut fournir la nappe correspondante, le niveau de l'eau s'abaisse d'une façon permanente ; dans le cas contraire, un équilibre s'établit, et le niveau, après s'être abaissé, reste fixe pendant la durée du puisage, puis se relève ensuite plus ou moins rapidement lorsqu'on y a mis fin.

Le débit des puits étant indépendant de la section, on leur donne généralement la forme et les dimensions les plus favorables pour l'usage que l'on veut en faire, l'installation des engins d'épuisement, etc. Le plus souvent, cependant, ils reçoivent la forme circulaire qui est la plus avantageuse, parce quelle donne la plus grande surface pour le moindre périmètre, et la meilleure comme résistance, lorsqu'il y a lieu de recourir à un revêtement dans les terrains meubles.

Les matériaux employés pour le revêtement intérieur des puits

1. Ann. des Ponts et chaussées, 1890, 1re sem., 1893, 2e sem.

doivent être indécomposables à l'eau, afin de n'en pas altérer la qualité. Le bois ne sert pour cet usage que dans certains cas particuliers, notamment dans les salines. Quelquefois on emploie des anneaux en tôle boulonnés à l'intérieur et formant extérieurement une surface cylindrique lisse. Mais c'est la maçonnerie qui est la règle. Le bois se conserve bien dans l'eau, mais il pourrit assez vite à l'air humide ; le fer communique à l'eau un goût de rouille ; la maçonnerie, si elle est exécutée avec des moellons calcaires et de la chaux grasse, peut en augmenter la dureté. Il convient de choisir de préférence une maçonnerie de pierres siliceuses ou de briques hourdées au mortier de ciment ou de chaux hydraulique.

Tout puits doit être surmonté d'une *margelle* qui empêche les chutes et facilite le service. Parfois on y ajoute un couvercle destiné à protéger l'eau contre les projections, ou même une toiture à laquelle on suspend les appareils de puisage.

« De temps immémorial, dit M. Ronna, les puits ont été l'unique ressource des contrées éloignées des cours d'eau ; dans les pays d'Orient ils déterminent l'emplacement des lieux habités, les haltes des troupeaux, les étapes des voyages... » Dans tous les pays l'usage en est fort répandu, car ils répondent à une multitude de besoins divers et fournissent une excellente solution, dans bien des cas, pour des alimentations restreintes. Il n'est pas rare qu'ils desservent des distributions d'eau, soit qu'on relie entre eux plusieurs puits au moyen de galeries ou de conduites générales d'aspiration, comme on l'a fait naguère à Leipzig, à Francfort, à Nuremberg, etc., soit qu'on obtienne un débit assez grand par un puits unique descendu dans une nappe très abondamment alimentée et coulant comme une véritable rivière souterraine dans un terrain entièrement perméable ; ce dernier cas s'est rencontré dans certaines vallées sèches de la Normandie, à Saint-Valery-en-Caux, à Étretat, dans la vallée de la Vesle à Reims, dans la plaine d'Alsace, à Strasbourg, Colmar et Mulhouse, et dans certaines localités en Allemagne. Il faut alors plus que jamais avoir soin de choisir l'emplacement du puits, de manière à être absolument à l'abri de toute cause de contamination loin des habitations, des cultures, des fosses et des puisards, des cimetières, etc., et, autant que possible, en amont.

143. Construction des puits. — Pour construire un puits, on commence par creuser le sol sans précaution spéciale jusqu'à ce qu'on atteigne le niveau de l'eau. Puis on établit sur le fond de la fouille un cadre en bois ou *rouet*, sur lequel on élève la maçonnerie du revêtement jusqu'à une certaine hauteur, et l'on recommence à creuser en ayant soin d'écoper ou d'épuiser au seau pour faciliter le travail : le rouet descend alors peu à peu sous le poids de la maçonnerie. Ce procédé ne peut guère s'appliquer que lorsqu'il s'agit de pénétrer seulement de $0^m,80$ ou 1 mètre dans l'épaisseur de la nappe. Quand on veut aller au-delà, il faut recourir à un épuisement continu, ou draguer sous l'eau, opérer par *épuisement* ou par *havage* ; quelquefois on a recours au fonçage à l'air comprimé ou par injection d'eau. Si, avant d'avoir atteint le fond, le rouet s'arrête, la charge qu'il supporte ne suffisant plus pour vaincre le frottement latéral, on emploie le plus souvent un second rouet plus petit qu'on passe à travers le premier et avec lequel on recommence la même série d'opérations ; si l'on procède par épuisement on peut aussi exécuter avec précaution une fouille sous le premier rouet et construire une série de piliers isolés en maçonnerie formant un anneau inférieur. Enfin, lorsqu'on est parvenu au fond, on complète le revêtement en remontant jusqu'au niveau du sol. Quand on se sert d'anneaux en tôle, le premier de ces anneaux porte une tranche en cornière qui fait l'office de rouet. A la partie inférieure du revêtement, quelle qu'en soit la nature, on ménage toujours un facile passage à l'eau, soit par des *barbacanes* pratiquées dans la maçonnerie, soit en construisant le premier anneau à pierres sèches, soit en perçant des trous dans la tôle.

On dispose le plus souvent les appareils de puisage soit au-dessus soit à l'intérieur des puits. Il n'y a aucun avantage à utiliser, comme on l'a quelquefois proposé, le revêtement même des puits ordinaires comme conduite d'aspiration : il semble, au premier abord, qu'en recouvrant le puits d'une cloche dans laquelle se produirait l'aspiration, on puisse obtenir un débit plus considérable qu'en y descendant un tuyau de plus petit diamètre ; mais la théorie indique et l'expérience démontre qu'il n'en est pas ainsi. D'ailleurs cela suppose un revêtement absolument étanche, ne permettant aucune rentrée d'air, condition assez difficile à réaliser en pratique.

144. Puits tubulaires. On emploie assez souvent aujourd'hui un procédé rapide d'établissement des puits, qui s'est répandu d'abord aux-États-Unis, et a rendu de grands services à l'expédition anglaise d'Abyssinie en 1867-1868. D'où les noms de *puits américains* et *puits d'Abyssinie*, auxquels il convient de préférer les désignations caractéristiques de *puits instantanés* ou de *puits tubulaires*.

Un tuyau en fer de 3 à 6 centimètres de diamètre intérieur muni d'une pointe de fer ou d'acier, et percé de trous, est enfoui dans le sol à coups de mouton jusqu'à ce qu'il pénètre dans la couche aquifère. S'il n'est pas assez long, on ajoute un second tuyau en fer plein, ajusté ou vissé sur le premier, puis un troisième, et on surmonte le tout d'une pompe. Il n'y a donc pas de déblai : le sol se trouve légèrement comprimé tout autour du puits dont le revêtement forme en même temps la conduite d'apiration. Au premier moment, l'eau élevée par la pompe est trouble, parce qu'il se forme sans doute alors une *poche* à la base ; puis elle s'éclaircit peu à peu, et finit par devenir parfaitement limpide.

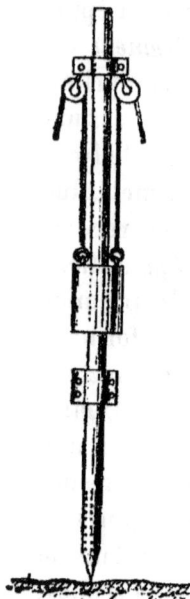

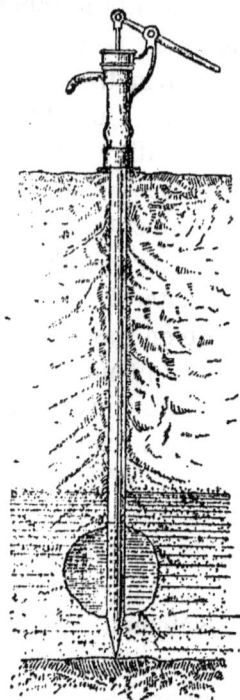

Ce procédé est d'une application rapide, commode et peu coûteuse ; il peut être fort utile pour des recherches, des études ou des exploitations de peu de durée ; les armées en campagne peuvent en tirer un excellent parti. Il a d'ailleurs l'avantage de fournir aisément des puits descendant assez bas dans la nappe, et donnant par suite un fort débit, pourvu que la profondeur totale ne dépasse pas 9 mètres au-dessous de la pompe. Aux États-Unis plusieurs distributions d'eau, celle de Brooklyn en particulier, ont été basées sur l'emploi systématique de puits tubulaires disposés en séries et reliés entre eux par des conduites générales d'amenée ou d'aspiration.

De grands perfectionnements apportés récemment en Italie à la construction des puits tubulaires ont donné à leur emploi une impulsion nouvelle et pleine de promesses. En se servant de tubes d'acier très résistants terminés à la partie inférieure par un tronc de cône ouvert et non plus par une pointe, en battant ces tubes au moyen d'une sonnette à vapeur, on a pu atteindre des diamètres de 0m,20, 0m,60 et même 0m,70 et des profondeurs de 50 à 60 mètres. Dans ces conditions le système prend une portée beaucoup plus considérable, car rien n'empêche de descendre la pompe

dans l'intérieur des puits de grand diamètre, et d'aller en conséquence puiser en grande quantité l'eau de nappes situées à un
niveau quelconque au-dessous du sol.

145. Puits forés. — Quand la première nappe est située à une
grande profondeur au-dessous du sol, il devient en effet difficile et
dispendieux de procéder à la construction d'un puits de grand diamètre par les procédés ordinaires. Le plus souvent, dans ce cas, on a
recours à la *sonde*, qui permet d'atteindre aisément les profondeurs
les plus considérables avec des diamètres plus ou moins grands
suivant les besoins. L'outil qui sert à effectuer les *forages* est, on le
sait, attaché à l'extrémité d'une longue tige rigide en fer, composée
de barres successives vissées les unes aux autres, et qu'on manœuvre à l'aide d'une chèvre. Le *puits foré* est presque toujours revêtu
d'un *tubage*, qui s'exécute parfois en bois, en cuivre, en fonte, mais
le plus généralement en tôle : les tubes sont assemblés successivement les uns au bout des autres et descendent tous ensemble à la
suite de la sonde, jusqu'au moment où la colonne s'arrête refusant
de continuer la descente sous l'effet de son poids augmenté de la
surcharge, ou même sous l'effet de verrins hydrauliques ; une nouvelle série de tubes de diamètre moindre est alors introduite à l'intérieur de la première colonne et descendue à l'aide d'un outil plus
petit ; puis une troisième série, et ainsi de suite, de sorte que le
puits va en se rétrécissant et que le tubage se compose d'une série
d'anneaux dont la disposition d'ensemble rappelle celle d'une lunette d'approche. Aussi convient-il de commencer toujours par un
assez grand diamètre, quand le puits doit atteindre une profondeur
notable, si l'on ne veut pas s'exposer à finir par un tube trop étroit ;
le débit est, il est vrai, théoriquement indépendant du diamètre,
mais il pourrait en résulter une gêne pour l'installation des engins
élévatoires.

L'industrie a très fréquemment recours aux forages pour le service des usines qui ont besoin d'importantes quantités d'eau ; les
grands établissements isolés, situés loin des cours d'eau, les utilisent aussi dans bien des cas. Et plus d'une distribution d'eau est basée sur leur emploi : des puits creusés dans la craie, près de la
machine de Marly, fournissent à Versailles des eaux limpides et
fraîches qui y ont complètement remplacé l'eau de la Seine en
1895 ; depuis fort longtemps certains quartiers de Londres sont partiellement alimentés par des puits descendus également dans le terrain crétacé et desservis par de puissantes machines à vapeur.

146. Puits dans les sables aquifères. — Dans certains terrains ébouleux, et surtout dans les couches épaisses de sable très fin, le fonctionnement d'un puits détermine un entraînement de particules solides, qui peut avoir pour conséquence la ruine de l'ouvrage, en même temps que l'eau fournie devient impropre à tout usage sans décantation préalable. Aussi a-t-on souvent renoncé pour ce motif à puiser l'eau dans les sables aquifères fluents, où elle est cependant parfois abondante et de bonne qualité. Depuis quelques années de grands efforts ont été faits pour triompher de cette difficulté, et ils ont été assez souvent couronnés de succès.

Le procédé le plus généralement employé consiste à creuser dans les sables un puits d'assez grand diamètre, dont le revêtement est un tube de métal à paroi extérieure lisse : quand ce puits est à la profondeur voulue, on y descend un tube de prise, de diamètre plus petit, percé de trous, garni de fines toiles métalliques, on l'enveloppe d'une couche filtrante formée de sable à grains convenablement choisis et soigneusement disposée dans l'espace annulaire réservé entre le tubage du puits et le tuyau de prise ; après quoi on retire le tubage avec précaution. La figure ci-contre représente un ouvrage de ce genre construit pour le service d'eau de Nuremberg (1).

M. Lippmann a exécuté sur le plateau de Rambouillet un certain nombre de puits au moyen d'un système qui n'est pas sans analogie avec le précédent, mais dont le dispositif est plus simple : il descend dans le puits tubé un cuvelage en fonte de forme polygonale garni de pierres poreuses que l'enlèvement du tubage laisse ensuite en contact direct avec le sable fin (2).

L'inconvénient de ces procédés est que la visite des puits et les réparations, s'il y a lieu, sont à peu près impossibles. A ce point de vue le système Smeker, adopté à Mannheim (3), présente une

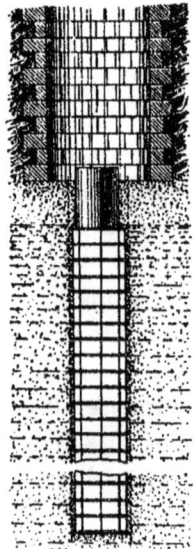

1. Frühling. *op. cit.* page 259.
2.   *ib.*   258.
3. *Génie civil.* 1888. p. 390.

supériorité marquée : dans le puits tubé on descend encore une sorte de tuyau filtrant, composé cette fois de deux tubes concentriques à fond plein, perforés sur leur pourtour, mais, au lieu de retirer complètement le tubage on le relève seulement assez pour découvrir les tuyaux perforés ; de petits tubes spéciaux servent d'ailleurs à enlever par aspiration les dépôts de sable fin qui se formeraient dans l'intérieur de la prise, et si, malgré cette précaution, il se produit des engorgements, rien n'est plus facile que de redescendre le tubage et d'extraire les tuyaux filtrants pour les visiter, les nettoyer et les remettre en état.

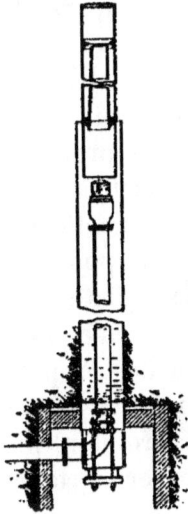

147. Drainages. — Quand on se trouve en présence d'une nappe de peu d'épaisseur, où chaque puits donne un débit très faible, et que, pour répondre à certains besoins, il faudrait les multiplier outre mesure, on est conduit à remplacer les puits par des *galeries*, à fond ou parois perméables, qui agissent de la même façon sur la nappe et produisent l'effet d'une série de puits juxtaposés. Si la nappe est à faible profondeur, les galeries peuvent être remplacées par des *drains*, autrement dit par des files de tuyaux à joints perméables, ou même par de simples *pierrées*.

Ce mode de captage des eaux d'une nappe était connu des Romains, et l'on retrouve dans la campagne de Rome des traces très nombreuses des *cuniculi* au moyen desquels ils l'avaient assainie et alimentée. Perdu sans doute dans la nuit du moyen âge, il a été retrouvé par Bernard Palissy, qui l'a indiqué comme un moyen de créer des *sources artificielles*. Bélidor l'a décrit sous la même désignation : « Quand on veut, dit-il, avoir beaucoup d'eau, on creuse « une tranchée à une profondeur convenable avec pente suffisante ; « on étend sur le fond un lit de terre glaise bien battue, ensuite « on construit deux murs pour former un petit canal que l'on re- « couvre avec des pierres plates, et ensuite des gazons renversés « pour empêcher qu'en recomblant la fouille, il ne tombe rien sur « le fond ». MM. Ward et Chadwyck ont préconisé en Angleterre l'emploi de ce système, et se sont efforcés de le généraliser, en montrant que le drainage d'une surface suffisamment étendue dans un terrain tant soit peu perméable permet de recueillir une fraction notable des eaux d'infiltration et peut aisément desservir une distribution d'eau.

Un certain nombre de villes anglaises ont eu recours aux drainages pour leur alimentation, notamment Farnham, Rugby, Sandgate, Paisley, Ayr, Kilmarnock, etc. ; mais presque toujours en profitant de circonstances géologiques et topographiques spéciales, qui permettent de recueillir, sur une superficie donnée, les eaux d'infiltration d'une surface beaucoup plus étendue. En effet le procédé, précédemment indiqué pour la création de sources artificielles, suppose l'utilisation d'étendues considérables de terrain ; d'où cette appréciation de M. de Freycinet qu'il est « d'une exécution à peu près impossible sur une grande échelle » (1) ; mais il devient plus praticable quand on s'adresse « non plus à la surface elle-même qu'il « faudrait attaquer en tous ses points, mais à une couche très per- « méable contenant en quelque sorte déjà toute formée la nappe « qu'il s'agirait précisément de créer par le drainage ordinaire ; il « suffit dès lors d'attaquer cette couche seulement en certains « points » (2).

C'est ainsi que la ville de Liège a été chercher les eaux des coteaux de la Hesbaye au moyen de *galeries drainantes* traversant à grande profondeur le terrain houiller et les argiles de la base du terrain crétacé. Plus récemment Aix-la-Chapelle a recueilli des eaux d'alimentation par des galeries percées dans le calcaire et les grès carbonifères (1880-86) et Wiesbaden dans les quartzites et les phylloles du Münzberg (3). Bruxelles est alimentée depuis 1873 par un système de galeries drainantes qui ont été successivement établies et développées, d'une part sous le bois de la Cambre et la forêt de Soignes, de l'autre dans la haute vallée du Hain. Le même mode de captage a été proposé pour la ville d'Iassy (4).

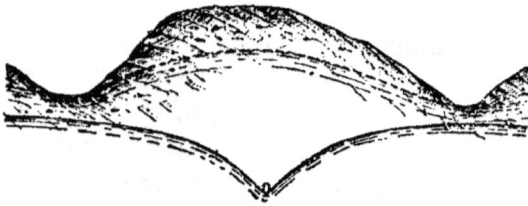

Ailleurs ce sont des conduites souterraines qui ont servi à la collecte des eaux : Haguenau, par exemple, reçoit depuis 1733 par l'intermédiaire d'une conduite de ce genre, établie conformément aux indications précitées de Belidor, l'eau retenue sous un coteau sablonneux du voisinage par un bourrelet naturel d'argile, et un drainage

1. *Principes de l'assainissement des villes*, p. 44.
2. *Ib*. p. 45.
3. Frühling, *op. cit.* page 238.
4. Bechmann. *Rapport sur l'alimentation d'eau de la ville d'Iassy.*

complémentaire y a été exécuté en 1857 ; Hanovre a employé récemment un procédé analogue sur une échelle plus importante.

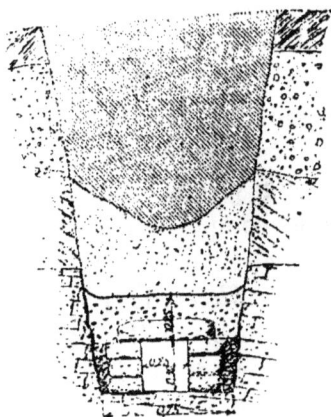

Limoges, Rennes, Lorient, Quimper ont été alimentées aussi depuis peu par des drainages exécutés dans les vallons granitiques au moyen d'un procédé qu'ont successivement perfectionné MM. Lesguillier, Soulié et Considère, et qui consiste à y ouvrir, à travers la tourbe et les terrains décomposés recouvrant le granit fissuré, et jusque dans le roc vif, des tranchées, au fond desquelles on établit des rigoles de section rectangulaire en pierres sèches (1), soigneusement protégées contre la pénétration des eaux de superficie par une couche de béton avec chape en mortier de ciment recouverte elle-même avant le remblai d'une épaisse couche de sable siliceux(2).

Le danger des drainages est qu'ils peuvent amener un abaissement progressif de la nappe souterraine en soutirant un volume d'eau supérieur aux apports qu'elle reçoit, de telle sorte que l'alimentation pourrait venir à manquer au moment où on en aurait le plus besoin. On y pare en disposant sur le parcours des conduits ou des galeries des appareils d'obturation permettant d'y régler l'écoulement à volonté et de constituer en conséquence des réserves souterraines plus ou moins importantes.

Quelquefois on a obtenu directement des réserves de ce genre en établissant dans des vallons étroits des barrages transversaux, mais en simples corrois d'argile, descendus dans une tranchée jusqu'au fond imperméable : on forme ainsi une sorte de cuvette où les eaux s'accumulent et dans laquelle on peut puiser suivant les besoins.

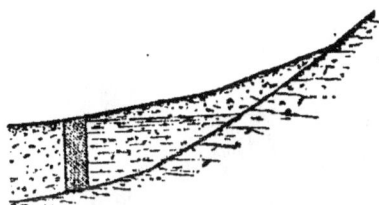

148. Galeries captantes. — Les nappes les plus largement alimentées se trouvent naturellement au fond des grandes vallées, près des thalwegs, et souvent, par suite, au voisinage des rivières ;

1. Soulié. *Approvisionnement d'eau dans les terrains granitiques*, 1895.
2. Considère. *Captages d'eau de Quimper*. Ann. P. et Ch. avril 1896.

aussi, est-ce là qu'on est venu placer fréquemment, pour l'alimentation des villes, des galeries de drainage, destinées à fournir des quantités d'eau considérables. Ce sont ces *galeries captantes* qui ont donné lieu à la théorie de la filtration naturelle, dont nous avons examiné plus haut la valeur.

Si elles sont très proches du bord, les galeries sont quelquefois alimentées en partie par les eaux de la rivière ; mais, même dans ce cas, il suffit de les éloigner un peu pour n'y plus trouver que les eaux de la nappe, reconnaissables à leur composition différente et surtout à la constance de leur température. Rien n'est plus instructif à cet égard que l'histoire des anciens *filtres* de Toulouse, donnée tout au long par d'Aubuisson, dans son livre (1), et résumée dans celui de Dupuit, et celle des galeries et des bassins de filtration de Lyon, par M. Dumont (2). On y apprend que des galeries, trop rapprochées de la rivière, donnent parfois une eau à température variable, se troublant aisément (2ᵉ filtre de Toulouse) ; que, dans des tranchées découvertes, l'eau est exposée à une altération rapide par l'effet du développement de la végétation (1ᵉʳ filtre de Toulouse) ; que le débit n'augmente pas avec la surface du radier des galeries (bassins de Lyon), etc. Et l'on est conduit à conclure que, en règle générale, les galeries captantes doivent être longues et étroites. couvertes, tracées transversalement à l'écoulement de la nappe ou, ce qui revient au même, à peu près parallèlement aux rives du cours d'eau, et assez profondes pour qu'on puisse y abaisser le plan d'eau de manière à obtenir une augmentation de débit par l'effet de la charge qui en résulte. Conclusion identique à celle qu'on tirerait de la théorie des puits, si l'on consi.

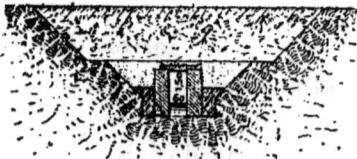

Toulouse.

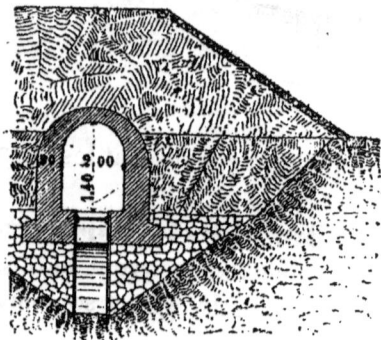

Angers.

1. *Les Fontaines publiques de la ville de Toulouse.*
2. Dumont. *Les eaux de Lyon et de Paris.*

dère une galerie comme une suite de puits juxtaposés, et qui justifie cette assimilation.

Les figures ci-dessus représentent les sections de galeries captantes à Toulouse et Angers ; la suivante représente une de celles de Lyon.

Lyon.

Parfois on a construit de semblables galeries non plus sur les bords mais sous le lit même des cours d'eau.

Récemment, pour recueillir l'eau du Tarn ou de la nappe souter-

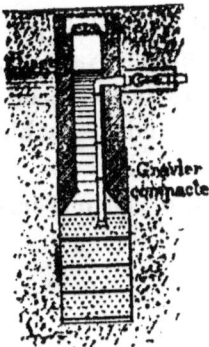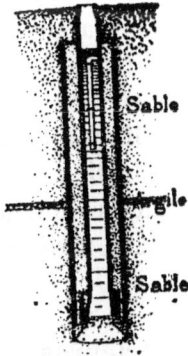

raine de la vallée destinée à l'alimentation de la ville d'Albi, on a préféré aux galeries une disposition inspirée par la théorie et certainement plus rationnelle. Des puits ont été descendus à grande profondeur dans le banc de gravier aquifère au moyen de l'air comprimé. La même solution a été appliquée pour l'alimentation de Berlin, sur le bord du lac Tegel, où l'on

Albi   Berlin (Tegel)

n'a pas creusé moins de vingt-trois puits profonds répartis sur une longueur de 1.500 mètres autour de l'usine élévatoire, et reliés entre eux par deux conduites maîtresses d'aspiration. C'est aussi à des puits que la ville de Budapest a recours pour ses nouveaux captages d'eau sur la rive gauche et dans une île du Danube. A Lyon même, en 1886, au lieu de prolonger les galeries devenues insuffisantes, on a creusé cinq puits dans les graviers du Rhône près de l'usine de Saint-Clair.

Quelles que soient les dispositions qu'on ait adoptées, les galeries captantes ont bien souvent donné lieu à des mécomptes : le débit a

14

été, en général, inférieur aux prévisions, quelquefois dès le début, plus fréquemment au bout de quelques années. Le cas s'est présenté à Toulouse, Lyon et Angers, à Magdebourg, Vienne, Glasgow, etc. On conçoit, en effet, que l'abaissement du plan d'eau, résultant des épuisements, détermine l'entraînement des sables qui, peu à peu, viennent obstruer les petits conduits naturels par où l'eau afflue ; il se produit une sorte de *colmatage*, et le seul remède consiste à prolonger les galeries à grands frais. A Lyon, le débit s'est trouvé tellement réduit en temps de basses eaux, malgré toutes les améliorations successivement apportées aux galeries, qu'il a fallu y introduire directement l'eau du Rhône, c'est-à-dire renoncer précisément aux avantages que l'on avait cherché à obtenir par la création des galeries, si bien qu'après les avoir prônées avec enthousiasme, on a été amené à rechercher un autre mode d'alimentation.

Il faut en conclure que le système des galeries captantes peut rendre de bons services dans des cas spécialement favorables, mais n'est pas susceptible d'applications aussi générales qu'on pourrait le croire au premier abord. Les principales conditions du succès sont le choix du terrain qui doit être très perméable, plutôt graveleux que de sable fin, mais point vaseux, puis l'abondante alimentation et la grande épaisseur de la nappe. Pour obtenir la permanence du débit, il faut éviter de faire des épuisements exagérés, d'augmenter outre mesure la charge et, par suite, la vitesse d'écoulement de l'eau ; pour conserver la limpidité, il est indispensable de protéger les galeries contre l'infiltration des eaux pluviales, ce que l'on n'obtient pas toujours par un gazonnement, et surtout empêcher la submersion par les crues de la rivière.

b. Nappes inférieures.

149. Puisage dans les nappes profondes. — Pour utiliser l'eau de la seconde ou de la troisième nappe que l'on rencontre à partir de la surface du sol, il faut soit ouvrir dans la couche de terrain correspondante une galerie horizontale ou peu inclinée, en partant de l'affleurement qui apparaît au flanc de quelque coteau, soit traverser une ou deux couches aquifères.

C'est seulement dans certains cas particuliers et par suite de conditions topographiques spéciales qu'on peut avoir recours aux galeries. M. Nichols cite la ville de Dubuque (Iowa-États-Unis) qu'alimenterait une galerie de ce genre de plus d'un mille de longueur.

Quand il s'agit de descendre verticalement jusqu'à la nappe, le mode de construction des puits ordinaires n'est plus applicable en général. Dans quelques circonstances cependant on a pu y recourir encore. Ainsi, dans les Landes, où la couche perméable supérieure et la couche imperméable sous-jacente (*alios*) ont de très faibles épaisseurs, et où la première nappe est peu abondante, le travail se fait aisément, et il suffit d'un bourrelet d'argile entourant extérieurement le revêtement maçonné pour empêcher toute communication entre les deux nappes.

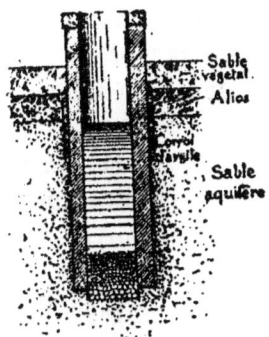

Les puits tubulaires ou instantanés peuvent être utilisés avec avantage pour traverser une première couche aquifère et descendre jusqu'à une couche inférieure ; mais, avant les perfectionnements récents apportés à la pratique du système, il ne permettait pas d'atteindre de grandes profondeurs, car le moment venait vite où le frottement latéral, s'opposant à la descente, déterminait le *refus*, comme dans le fonçage des pieux. L'emploi de tubes plus gros et plus résistants, présentant une ouverture de moindre diamètre à la partie inférieure, de manière à remplacer la simple compression du sol par un déblai partiel, puis le battage à la vapeur, sont venus modifier à ce point les conditions d'utilisation des puits tubulaires, qu'ils paraissent appelés au contraire, maintenant, à jouer un rôle très important dans le captage des eaux souterraines à grande profondeur.

Dans la plupart des cas néanmoins, c'est encore à des *forages* qu'il faut recourir : on commence par descendre un puits ordinaire jusqu'au niveau de la première nappe ; à partir de ce point, on continue par un puits foré qui est tubé ou non, suivant la consistance des terrains traversés ; et, si l'on ne veut pas capter au passage les eaux des couches aquifères traversées, on cherche à étancher complètement le puits sur la hauteur correspondante en exécutant un bétonnage très soigné entre deux tubages concentriques.

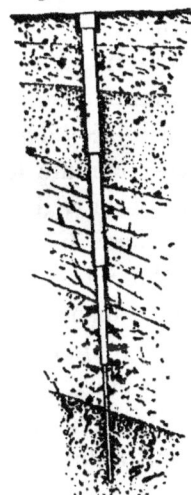

150 Nappes artésiennes. — Parmi les nappes profondes auxquelles on peut recourir pour l'alimentation, on recherche de préférence les nappes jaillissantes qui permettent d'éviter ou tout au moins de réduire les frais d'élévation de l'eau.

Les puits jaillissants paraissent avoir été connus dans l'antiquité, il est certain que les Chinois en avaient très anciennement la pratique, mais ils n'ont paru en Europe qu'au XII° siècle, dans le comté d'Artois, d'où le nom de puits artésiens. Ils ne se sont guère répandus, d'ailleurs, que depuis les progrès considérables réalisés au commencement du siècle actuel dans l'art du sondeur. Très nombreux aujourd'hui, ils sont utilisés surtout pour l'alimentation de grandes usines, brasseries, raffineries, etc., ou d'établissements publics, hôpitaux, etc. Un certain nombre de villes y ont eu recours également pour leur alimentation : le puits de Grenelle, universellement connu comme le premier exemple de puits artésiens à grande profondeur, a été creusé à Paris de 1833 à 1852 ; le puits de Passy a été établi ensuite, et deux autres puits ont été entrepris à la place Hébert et à la Butte-aux-Cailles ; de 1830 à 1837, on a creusé, à Tours, 11 puits de 112 à 170 mètres de profondeur ; 17 puits à Venise, de 1847 à 1856 ; etc., etc. Charlestown (Etats-Unis) compte de nombreux puits artésiens de 20 à 400 mètres de profondeur. Dans la province de Constantine, en Algérie, plus de 400 puits, de 85 mètres de profondeur en moyenne, dont 158 jaillissants, ont été creusés pendant la période 1856-1878.

Puits artésien dans une oasis du Sahara.

Ces puits rendent incontestablement de grands services, et méritent d'être recommandés pour l'alimentation d'établissements isolés ou de contrées déshéritées, comme le Sahara ou la région aride des Etats-Unis. Pour les villes, l'aléa, inséparable de la recherche des eaux artésiennes, la qualité souvent médiocre de ces eaux, leur température élevée, l'abaissement progressif du débit, fréquemment observé, et notamment à Tours, Venise, etc., sont autant de circonstances qui en ont diminué la vogue.

151. Débit des puits artésiens. — Darcy et Dupuit ont établi la théorie des puits artésiens et formulé les lois qui en régissent le débit : leurs ouvrages[1] contiennent à ce sujet des détails très complets et très intéressants. Darcy distingue deux cas, suivant que le débit du puits est faible comparativement à l'alimentation de la nappe, ou qu'il atteint une fraction notable de cette alimentation.

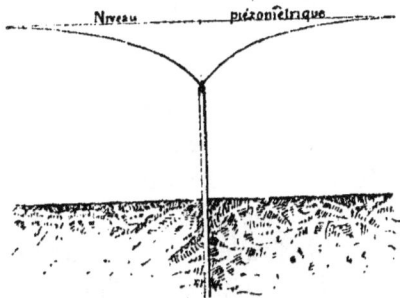

Le *niveau piézométrique*, autrement dit le niveau auquel l'eau jaillissante s'élèverait dans un tube indéfini sans écoulement, reste constant dans le premier cas, et varie dans le second avec le débit.

Dans le premier cas, la loi de l'écoulement est celle même qui s'appliquerait à un puits ordinaire établi dans une nappe dont le niveau supérieur serait le niveau piézométrique de la nappe artésienne; le débit est indépendant du diamètre du puits artésien, ou du moins il varie très peu avec ce diamètre, tant qu'il n'y a pas à tenir compte de la perte de charge résultant du frottement de l'eau dans le tubage.

Dans le second cas, plus le débit augmente, plus le niveau piézométrique s'abaisse, parce que l'accroissement de débit entraîne une augmentation de frottement dans les canaux naturels qui alimentent le puits.

Si l'on emprisonne l'eau jaillissante dans un tube indéfini et qu'on coupe ce tube à diverses hauteurs, on trouve, dans le second cas, des débits variables sans proportionnalité avec les hauteurs.

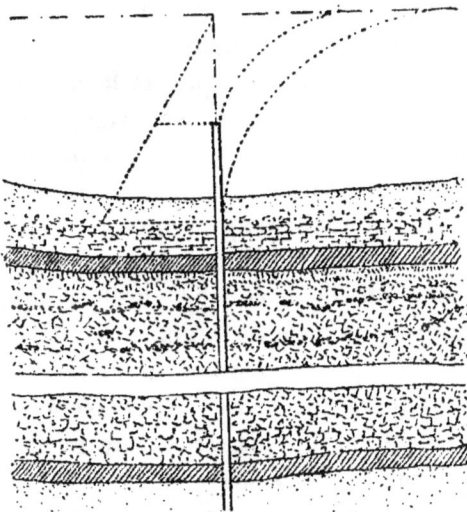

Dans le premier cas, au contraire, cette proportionnalité existe; de telle sorte qu'il suffit de connaître les débits à deux niveaux donnés pour en déduire le niveau piézométrique de la nappe.

De ces règles fort simples, il semble résulter qu'il serait facile de distinguer, dans chaque cas, si la nappe aquifère est très largement ou faiblement alimentée; mais des causes multiples de per-

1. Darcy. *Les Eaux publiques de la ville de Dijon.* — Dupuit. *Traité de la conduite et de la distribution des eaux.*

turbation interviennent, et modifient souvent les faits au point de s'opposer à toute vérification de la théorie. Les plus fréquentes sont le frottement exagéré dans le tube ascensionnel, les pertes en route par les joints du tubage ou dans l'intervalle annulaire entre le tubage et le trou de sonde, l'absorption par les couches perméables, etc.

Le débit d'un puits artésien, étant complètement déterminé par sa position, la hauteur du tube ascensionnel et la charge, est absolument indépendant de l'alimentation de la nappe ; par suite, tel puits aura un débit très faible, bien qu'alimenté par une nappe très abondante, et tel autre un débit considérable fourni par une nappe mal alimentée. Il peut donc arriver que le débit dépasse l'alimentation totale de la nappe, auquel cas celle-ci s'épuisera peu à peu ; le niveau piézométrique s'abaissera d'une façon continue, et le débit lui-même ira en diminuant jusqu'à cessation complète de l'écoulement.

Le même effet peut résulter du percement de plusieurs puits dans la même nappe : on a observé le fait dans un grand nombre de localités, notamment à Tours, à Venise, etc. Le puits de Passy, bien qu'à trois kilomètres du puits de Grenelle, y a provoqué une diminution du débit qui ne peut évidemment s'expliquer par une insuffisance d'alimentation, puisque la nappe correspondante reçoit les infiltrations d'une surface de 300 kilomètres de développement et 20 kilomètres de largeur moyenne : c'est que la distance n'était pas suffisante et qu'il y a eu intersection des cônes d'action des deux puits.

Il paraît se former, en général, une poche à la base de chaque colonne artésienne : c'est ainsi que les premières eaux fournies par le puits de Grenelle ont entraîné une énorme quantité de sables. Quelquefois même l'écoulement ne se produit qu'après la formation de cette poche, comme si elle en était la condition nécessaire ; tel a été le cas d'un puits creusé à Saint-Denis en 1830, où l'eau ne jaillissait pas, bien qu'on eût dépassé le niveau de la nappe, et d'où elle s'est échappée tout à coup en abondance après qu'on eût retiré, au moyen d'une pompe, une certaine quantité d'eau chargée de sable. Le travail de désagrégation de la couche aquifère, qui résulte de l'afflux des filets liquides à la base du puits, se continue parfois longtemps, et, se propageant peu à peu, se manifeste par des accidents ; un éboulement souterrain détermine, par exemple, un arrêt ou une simple réduction de débit ; puis, le régime normal se rétablit, après l'évacuation d'eaux troubles chargées de matières en suspension.

152. Etablissement des puits artésiens. — Souvent on place les puits artésiens en des points hauts, choisis de préférence parce que le sol s'y trouve au niveau même où l'on se propose d'amener l'eau. Dupuit signale, avec raison, l'inconvénient grave de cette pratique : en effet, rien n'empêche de conduire l'eau où l'on veut lorsqu'elle jaillit au-dessus du sol, et, en se plaçant en un point bas, on reste maître de couper la colonne ascensionnelle en tel ou tel point de sa hauteur et de faire varier le débit dans certaines proportions, tout en diminuant notablement la dépense ; au contraire, quand on entreprend le percement en un point haut, on augmente beaucoup les frais et l'on perd en même temps l'avantage précité. C'est ce qui est arrivé pour le puits de Passy : il eût tout aussi bien réussi, sans aucun doute, au bois de Boulogne, là même où l'on en devait utiliser le produit, et il aurait coûté notablement moins.

Primitivement, on creusait ces puits comme les puits ordinaires jusqu'à la couche imperméable recouvrant la nappe jaillissante ; à partir de ce moment, on effectuait le percement avec les plus grandes précautions, et lorsque l'eau commençait à jaillir, ou plutôt qu'un premier filet d'eau apparaissait, les ouvriers se sauvaient au plus vite. Ce procédé n'était pas sans danger ; il n'est d'ailleurs applicable que lorsqu'il n'y a pas de nappes supérieures. La sonde, manœuvrée du haut, procure au contraire une sécurité complète, et les perfectionnements apportés à cet engin n'ont pas moins contribué que les progrès de la géologie à répandre l'usage des puits artésiens ; lorsqu'on a été en mesure de déterminer approximativement d'avance la position des nappes jaillissantes, et qu'un outillage très complet a permis d'entreprendre les percements les plus difficiles, on n'a plus hésité à entrer largement dans une voie qui semblait pleine de promesses. Bien que, dans le cas le plus général, celui où le débit du puits est très faible par rapport à l'alimentation de la nappe, il n'y ait guère d'intérêt à augmenter le diamètre du puits, la tendance pratique a été de le faire néanmoins, malgré l'augmentation du poids des outils et des tubages et l'excédent de dépenses qui en résulte, soit à cause des facilités que les grands diamètres offrent pour l'exécution du travail et la réparation des accidents, soit en vue de réduire les pertes de charge résultant de l'écoulement dans un tuyau de grande longueur : Les puits de Passy, de la Butte-aux-Cailles et de la place Hébert à Paris, ont reçu respectivement 0 m. 70, 1 m. 20 et 1 m. 50 de diamètre.

Malgré les progrès de la science et de l'outillage modernes les grands puits artésiens constituent encore des opérations aléatoires, exposées à des accidents trop fréquents, et qui exigent de longues années de travail. Un exemple classique, maintes fois cité, est fourni par le puits de Grenelle, commencé à Paris en 1833 et qui n'a été terminé qu'en 1852, bien que l'eau y ait jailli dès 1841. Les incidents qui se sont produits pendant le percement ont été des plus instructifs : la sonde s'était brisée à 115 mètres de profondeur, il a fallu créer un outillage spécial pour la retirer du puits ; les tuyaux en cuivre de $0^m,003$ d'épaisseur s'écrasant, on dut les remplacer par des tuyaux en tôle ; le forage s'écartant de la verticale, force fut de le reprendre en perçant le premier tube et le faisant traverser par le nouveau. Enfin la dernière colonne, de $0^m,17$ de diamètre, est parvenue à une profondeur de 549 mètres dans les sables verts, au-dessous du gault, après avoir traversé les terrains tertiaires et la craie. L'eau s'élève à 38 mètres au-dessus du sol, dans une

Monument du puits artésien de Grenelle.

conduite logée à l'intérieur d'un édifice érigé sur la place Breteuil, à quelque distance du puits, qui est situé dans la cour de l'abattoir de Grenelle. Ce grand ouvrage qui a coûté tant d'efforts et donné lieu à des dépenses considérables n'a jamais fourni qu'un minime appoint — quelques centaines de mètres cubes par jour — à la distribution d'eau parisienne.

153. Nappes ascendantes. — Parmi les nappes profondes qu'atteignent les forages on en rencontre très souvent dont les eaux, sans être artésiennes, c'est-à-dire sans avoir assez de pression pour jaillir au-dessus du sol, s'élèvent néanmoins plus ou moins haut dans les puits. Ces eaux *ascendantes* sont également fort recherchées, car elles peuvent être très souvent utilisées au niveau qu'elles atteignent spontanément ou tout au moins n'exigent qu'un effort de relèvement peu considérable.

Elles paraissent appelées à prendre une importance particulière depuis les progrès récents apportés à l'établissement des puits tubulaires. En effet, l'emploi de puits de très petit diamètre a parfois révélé l'existence de ces eaux dans des régions où on ne les soupçonnait pas, notamment quand elles se trouvent dans des couches de sable un peu compact ou argileux où l'écoulement est relativement lent et où par suite un puits ne provoque qu'un débit restreint : dans ce cas, l'action des puits ne s'étend qu'à de très courtes distances et on a pu, en conséquence, en percer à des intervalles très rapprochés, à 10 mètres par exemple, sans qu'ils exercent les uns sur les autres d'influence appréciable ; d'où la possibilité d'en disposer un grand nombre sur un espace peu étendu et de se procurer de la sorte des quantités d'eau importantes dans des conditions remarquablement économiques.

Les nouvelles alimentations d'eau de Padoue et de Venise sont basées sur ce système de captage. Venise en particulier a substitué depuis peu aux eaux troubles fournies par un cours d'eau voisin, la Brenta, celles infiniment supérieures à tous égards que M. Lavezzari a recueillies dans la plaine de Sant' Ambrogio, au moyen de nombreux puits de 0^m,08 à 0^m,10 de diamètre descendus à 12 ou 15 mètres de profondeur environ dans le sol : chacun de ces puits débite moyennement 1 litre par seconde d'une eau fraîche et limpide, sans entraînement de sable. Comme cette eau remonte jusqu'à une faible distance de la surface, il a été facile de la recueillir par déversement dans un collecteur général qui la conduit par simple gravité à l'ancien établissement hydraulique de Moranzani où le matériel existant a pu être utilisé pour la refouler, comme antérieurement les eaux de la Brenta, dans la conduite d'amenée posée à travers la lagune.

Le succès obtenu par le fonçage de puits de petit diamètre dans les couches alternantes de sable et d'argile qui constituent le sol de la Vénétie a provoqué de la part de l'ingénieur en chef de Bucarest, M. Coucou, des recherches semblables, dans la plaine valaque dont l'aspect général et les coupes géologiques témoignent d'une analogie frappante avec ce pays : la tentative a pleinement réussi, et à une profondeur presque identique on a trouvé aussi l'eau ascendante précisément au niveau convenable pour l'utilisation de l'aqueduc et du réservoir actuels, il semble donc que les puits tubulaires permettent de résoudre le difficile problème de l'alimentation de la capitale roumaine (1) et le système paraît, en outre, susceptible de nombreuses applications dans la région.

Le même système a été proposé par M. Thiem pour l'alimentation de Breslau ; d'après le Dr Coni, la ville récente de la Plata (République Argentine) compterait également de nombreux puits descendus dans une nappe ascendante.

c. — Sources.

154. Prises d'eau dans les bassins sourciers. — Les sources émergent souvent dans un bassin naturel, plus ou moins étendu ou profond, où s'étalent leurs eaux, et dans lequel se développe presque toujours une végétation luxuriante.

Parfois, lorsque le volume d'eau dont on a besoin est de beaucoup inférieur au débit de la source, on se contente de faire une saignée dans le bassin sourcier ou d'y plonger une conduite de prise d'eau sans rien changer aux dispositions naturelles. Cette pratique donne de l'eau chargée de matières organiques, provenant des plantes aquatiques, des insectes, des poissons qui vivent dans le bassin sourcier, tantôt échauffée par le soleil, tantôt refroidie au contact de l'air froid, toujours exposée aux contaminations.

Si l'on veut obtenir un débit plus considérable, une eau plus pure, une sécurité plus grande, il est indispensable de procéder à des *travaux de captage*.

155. Travaux de captage. — Ces travaux consistent à rechercher les filets naturels, à les dégager, à les suivre, et à en recueillir le produit. S'ils sont peu abondants, un simple *drain* suffit ; s'ils fournissent un plus grand volume d'eau, on construit une *galerie* ; on a recours à une *chambre* pour le captage d'un groupe naturel de sources ou pour rassembler les apports d'une série de drains ou de galeries.

Lorsque la source s'échappe d'une couche rocheuse, on y pratique des conduits souterrains ; si elle émerge d'un coteau, on établit un drain suivant une des horizontales du terrain, ou une galerie avec paroi imperméable du côté du vallon et perméable au contraire vers le coteau; si elle sourd en jets verticaux de la profondeur du sol, on emprisonne les *bouillonnements* dans des galeries

---

1. Bechmann. — Rapport sur l'alimentation d'eau et l'assainissement de la ville de Bucarest, 1893.

ou des chambres maçonnées sans radier, qu'il est avantageux de
fermer et de couvrir ; si elle s'épand dans le sol et se perd en ruis-
selets sur une grande surface, on la draine au moyen de conduits
perméables.

Un bel exemple de captage est fourni par le nouveau service
d'eau de Naples où les sources Urciuoli, qui alimentent l'aqueduc
de Serino, ont été l'objet de travaux conduits avec soin et qui ont
donné d'excellents résultats : les figures ci-dessous montrent l'état
de la prairie où émergeaient ces sources avant et après l'exécution

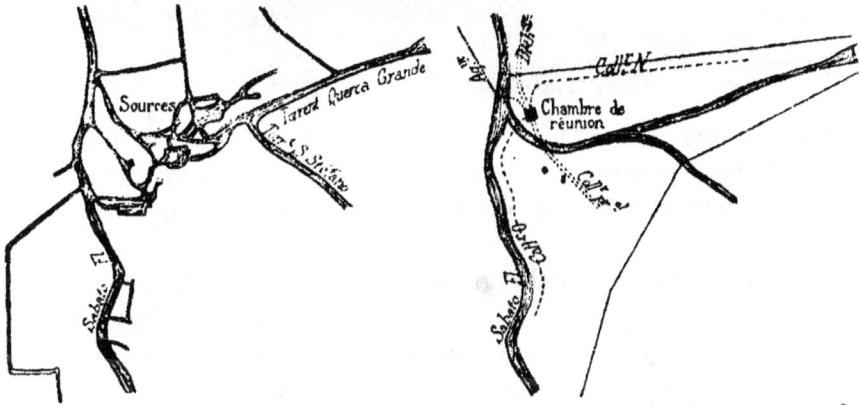

des travaux ; on voit nettement dans la dernière les trois canaux collecteurs au moyen desquels on en a recueilli les eaux, la chambre
de réunion où aboutissent ces canaux ainsi que l'amorce de l'aqueduc.

Souvent, afin d'augmenter le débit, on détermine un abaissement
du plan d'eau, de manière que l'écoulement se produise sous une
charge plus grande ; mais il faut apporter la plus grande réserve
dans toute modification de ce genre, car il peut en résulter, à la
suite d'une augmentation momentanée du volume d'eau, un ap-
pauvrissement permanent de la réserve naturelle qui alimente la
source. Quelquefois, par suite de circonstances spéciales, on peut
être amené à relever, au contraire, le plan d'eau ; il faut s'attendre
alors à une diminution certaine du débit tant à cause de l'augmentation de la charge sur les orifices naturels que par suite d'infiltrations
nouvelles à travers des couches perméables que l'eau ne pouvait
antérieurement atteindre.

156. Dispositions des ouvrages. — Dans tous les pays, et dès
les temps les plus reculés, des ouvrages ont été établis pour le captage des sources. Les Romains, qui ont fait tant de travaux d'adduction d'eaux de sources, paraissent avoir été fort habiles à les capter.

Comme exemple des procédés employés par eux, nous donnons, dans la figure ci-après, le dessin relevé par Belgrand, lorsqu'il procéda lui-même au captage de la source de Noé, dans la vallée de la Vanne. Ce dessin représente les restes des ouvrages qui avaient servi à recueillir les eaux de la source à l'époque romaine, lorsqu'elle servait avec plusieurs autres à l'alimentation de Sens ; on y aper-

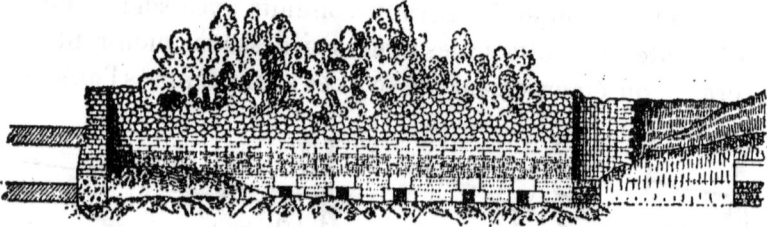

çoit les drains ou *griffons* qui amenaient les filets d'eau dans un bassin découvert en maçonnerie, où le plan d'eau paraît avoir été artificiellement relevé, sans doute en vue d'une augmentation de la pente dans l'aqueduc.

Les beaux travaux de Belgrand pour le captage fort complexe des sources de la Vanne, méritent d'être cités comme types des procédés employés à notre époque ; presque tous les cas s'y sont présentés. La source de la Bouillarde a été simplement enfermée dans une chambre circulaire en maçonnerie recouverte d'une voûte sphérique. C'est cette même disposition qui a été appliquée en 1892-93 à la plupart des sources de l'Avre. Celle de Cé-

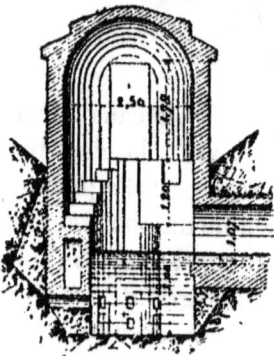

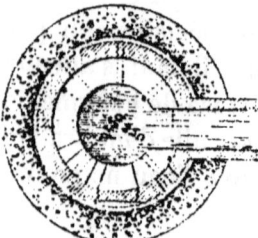

Source de Cérilly (Vanne)

Source de la Bouillarde
(Vanne).

rilly, qui formait un bassin naturel ou *abîme*, étendu et profond, réunit aujourd'hui ses eaux dans une vaste chambre maçonnée et voûtée, construite à l'emplacement du bassin et après abaissement du plan d'eau. A la source d'Armentières, des galeries souterraines de recherches ont dû être percées dans le rocher pour amener tous les filets d'eau dans une chambre circulaire en maçon-

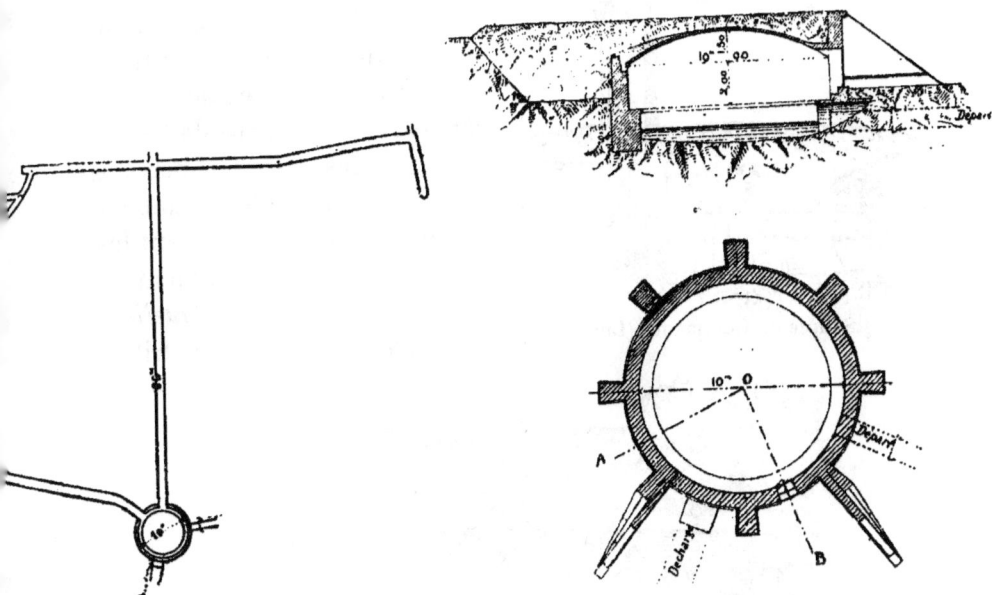

nerie recouverte d'une voûte sphérique. De nombreuses galeries maçonnées et couvertes, mais sans radier, où de petites voûtes extrêmement légères servent à la fois à la circulation et au maintien de l'écartement des piédroits, ont été employées pour recueillir les eaux des sources de St-Philbert, de St-Marcouf, du Miroir, de Noé, etc. Des drains composés de files de

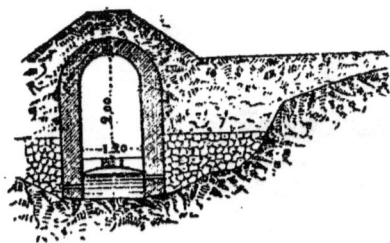

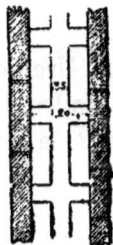

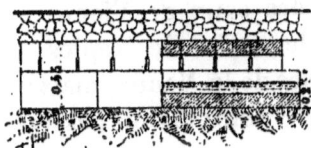

Drain d'Avallon

tuyaux en béton de ciment moulé, d'un type analogue à celui que le même ingénieur avait appliqué avec tant de succès à l'alimentation d'Avallon, ont servi à la captation des sources des Pâtures, du Maroy, etc.

Il convient de citer encore parmi les ouvrages modernes les plus remarquables en ce genre : les prises de la ville de Lille, dues à M. Masquelez, ingénieur en chef des Ponts et Chaussés, et notamment la chambre de captage de la source de Guermanez ; les galeries percées dans le roc dur et les chambres maçonnées où débouchent les belles sources qui alimentent la dérivation dite *Hochquellen-wasserleitung* pour la distribu-

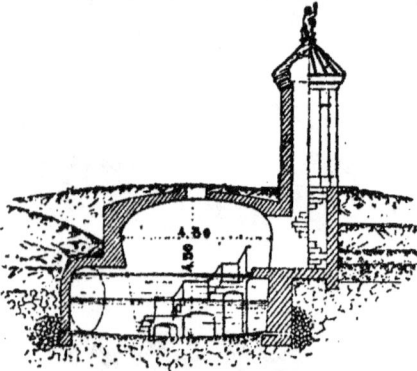

Source de Guermanez (Lille).

Source de Kaiserbrunn (Vienne)

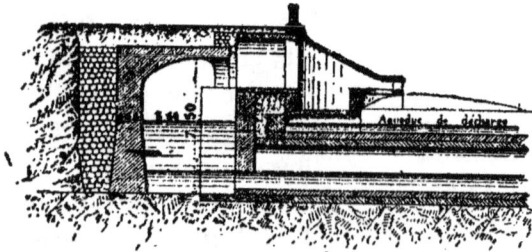

Source de Stixenstein (Vienne).

tion des eaux de Vienne ; les collecteurs des sources Urciuoli pour le service de Naples, dont les sections rappellent celles des galeries de la Vanne, mais avec des épaisseurs de maçonnerie plus considérables et sans passerelles de circulation.

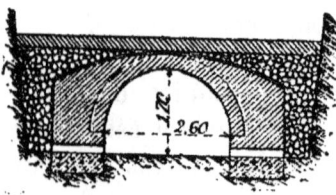

157. Précautions spéciales. Ouvrages accessoires. — Si l'on veut conserver à l'eau des sources ses précieuses qualités, il est indispensable de la mettre à l'abri contre les atteintes de la malveillance, contre toute tentative de détournement, de la protéger contre les diverses causes de contamination et notamment contre l'afflux des eaux de superficie, l'invasion des matières organiques ou des vases, etc. A cet effet, les ouvrages doivent être toujours clos et couverts, de manière à empêcher l'introduction directe des insectes et autres animaux et s'opposer au développement de la vie végétale incompatible avec l'obscurité, sans toutefois supprimer la ventilation ; des rigoles ou des fossés doivent être employés à détourner les eaux superficielles, et, pour plus de sûreté, il convient de tenir le plan d'eau des sources un peu au-dessus de celui de la nappe voisine et de descendre les maçonneries des chambres ou galeries jusqu'au terrain imperméable. Enfin, il est prudent d'acquérir toutes les fois qu'on le peut, un *périmètre de protection* suffisamment étendu.

En vue de combattre *l'envasement*, souvent rapide et toujours inévitable, des dispositions spéciales doivent être prises pour des nettoyages périodiques ; les *décharges de fond* sont utiles pour effectuer ces nettoyages. Et comme, malgré tous les soins, ils se produit des dépôts plus ou moins abondants, on doit recommander de placer le départ de l'aqueduc assez haut pour qu'ils ne soient pas entraînés, sans atteindre cependant la surface dont il faut éviter aussi les impuretés ; souvent aussi, on a recours à des *chambres* ou *puisards de désablement.*

Les sections des drains, galeries, déversoirs de superficie, décharges de fond, etc., doivent être calculées de manière que le service soit assuré en tout temps et notamment au moment du maximum de débit.

Il est bon de compléter le captage d'une source quelconque par l'installation d'un appareil de jaugeage, cuve, vannage ou déversoir, disposé de telle sorte que l'emploi en soit toujours facile et n'exige qu'un temps fort court et des opérations extrêmement simples.

Lorsque plusieurs sources concourent à une même alimentation il faut les rendre indépendantes afin de pouvoir les visiter successivement sans interruption de service.

CHAPITRE VIII

PROCÉDÉS EMPLOYÉS

POUR

L'AMÉLIORATION DES EAUX NATURELLES

SOMMAIRE

PROCÉDÉS EMPLOYÉS

L'AMÉLIORATION DES EAUX NATURELLES

§ 1.

CONSIDÉRATIONS GÉNÉRALES

158. — Infériorité des procédés artificiels. — En principe l'eau destinée à l'alimentation doit être naturellement pure et salubre, de manière à pouvoir être absorbée sans préparation aucune. Il ne peut y avoir de doute sur ce point : la préférence instinctive des populations en fait foi. C'est un axiome qui n'a pas besoin d'être démontré.

Et, en effet, quelque perfectionnés que puissent être les procédés employés pour l'amélioration de l'eau, ils reposent toujours sur des conceptions théoriques plus ou moins justifiées, et ne satisfont pas assez complètement l'esprit pour inspirer une confiance absolue.

Sans doute on dispose actuellement de procédés artificiels capables de débarrasser l'eau d'une grande partie des substances étrangères dont elle est chargée, de transformer l'eau d'égout la plus infecte, l'urine, l'eau chargée de sels de plomb et de cuivre, etc, en une eau que l'analyse tant chimique que bactériologique révèlera presque pure, plus pure que beaucoup d'eaux naturelles de bonne qualité ; et cependant à qui persuadera-t-on qu'il vaut mieux boire cette eau qu'une eau de source limpide et fraîche, où les laboratoires auront néanmoins signalé la présence de quelques milligrammes de sels et d'un petit nombre d'organismes microscopiques ? Jamais on ne songera sans doute à distribuer pour l'alimentation d'une ville de l'eau d'égout filtrée !

« Une eau qui a besoin d'être filtrée, » disait naguère M. le D⊓ Vallin, « est une eau qu'on n'aurait jamais dû songer à amener dans un « service public ; c'est une dépense ruineuse et l'on n'obtient que

« des résultats illusoires. La filtration est un pis-aller... C'est un
« moyen d'attendre qu'on ait réussi à se procurer une eau très pure
« qui, celle-là, n'ait pas besoin d'être filtrée » (1).

Tout récemment la commission chargée de juger le concours ouvert par la ville de Paris en 1894, en vue de rechercher le meilleur
procédé d'épuration ou de stérilisation des eaux de rivière, s'est
prononcée dans le même sens. Après un examen très approfondi des
148 dossiers présentés au concours, après un grand nombre d'expériences pratiques, d'essais en grand, et d'analyses, elle a finalement déclaré, par l'organe de son rapporteur, M. le Dʳ A. J. Martin, que les résultats de cet examen « témoignent une fois de plus
« qu'il est actuellement impossible d'obtenir par aucun filtre, grand
« ou petit, et d'une manière permanente, une eau comparable à l'eau
« de source, convenablement choisie, bien captée et suffisamment
« protégée. La véritable épuration de l'eau de boisson, ajoutait-elle,
« consiste dans l'approvisionnement en eau de source » (2).

Il convient d'observer en outre que l'eau traitée par les procédés
artificiels, et en particulier l'eau filtrée, se conserve assez mal dans
la plupart des cas. Si on ne la tient pas soigneusement à l'abri des
variations de température elle s'altère relativement vite (3), ce qui
est encore une cause d'infériorité manifeste.

159. Utilité des procédés d'amélioration. — Quoi qu'il en
soit, les procédés artificiels d'amélioration des eaux se répandent de
plus en plus.

C'est qu'on se trouve trop souvent dans l'impossibilité de se procurer de l'eau naturellement pure, soit qu'il n'y en ait pas à proximité, soit que la dépense à faire pour la chercher au loin dépasse de
beaucoup les ressources disponibles. Des habitations isolées, des
établissements publics ou industriels créés dans les régions mal alimentées, des armées en campagne dans des pays malsains, des villes
situées dans des contrées peu favorisées au point de vue hydrologique, recourent avec avantage aux moyens que les progrès de l'art
mettent à leur disposition pour rendre potables les eaux naturelles
plus ou moins contaminées qui se trouvent à leur portée.

Un exemple bien fait pour frapper les esprits a été donné en 1892
par les villes voisines de Hambourg et d'Altona, toutes deux alimentées par des prises dans l'Elbe situées à faible distance l'une de

1. *Revue d'hygiène*, juin 1896.
2. *Revue d'hygiène*, avril 1896.
3. Croës. *Congrès de Buffalo*, 1883.

l'autre. La première, où l'eau du fleuve était alors distribuée sans filtration préalable, a eu sur 623.000 habitants 17.975 cas de choléra et 7.611 décès (1), tandis que la seconde, où les habitants depuis peu ne recevaient plus que de l'eau filtrée, restait presque entièrement indemne. Il n'y a pas lieu de s'étonner qu'après un aussi terrible avertissement Hambourg n'ait pas hésité à dépenser 12.500.000 francs pour une installation grandiose de filtres.

Le rôle que sont appelés à jouer les procédés artificiels d'amélioration des eaux est surtout considérable dans les grandes vallées où les villes populeuses se sont établies et développées au voisinage des cours d'eau et loin des montagnes où l'on eût pu rencontrer de bonnes eaux naturelles. En Angleterre les installations pour le traitement préalable des eaux d'alimentation sont nombreuses ; elles se multiplient depuis quelques années dans l'Europe continentale, où un grand nombre de villes allemandes, Berlin en tête, Varsovie, St-Pétersbourg, etc., y ont eu recours ; aux États-Unis, où l'on s'est jusqu'à présent préoccupé beaucoup plus de la quantité que de la qualité des approvisionnements d'eau, un mouvement commence à se produire en faveur d'une application étendue de ces procédés, et les belles expériences entreprises et scientifiquement conduites par l'État de Massachusets n'y ont sans doute pas peu contribué.

Mais — on ne doit jamais l'oublier — les procédés artificiels ne sont efficaces qu'à la condition d'être l'objet de soins minutieux et assidus. Ils supposent une surveillance constante, des analyses fréquentes et régulières, et comportent des dépenses élevées. Mal appliqués, sans les précautions et le contrôle indispensables, ils peuvent devenir plus dangereux qu'utiles, gâtant l'eau au lieu de l'améliorer. Toute négligence en pareille matière est coupable, car elle peut être grosse de conséquences pour la salubrité publique.

160. Classification et appréciation comparative des divers procédés. — Les divers procédés d'amélioration de l'eau, qui ne font tous que reproduire artificiellement les moyens de purification employés par la nature elle-même, peuvent se classer en quatre catégories :

1° Procédés mécaniques.
2° — physiques.
3° — chimiques.
4° — mixtes.

Tant qu'on n'a su reconnaître la pureté d'une eau qu'à ses pro-

1. *Engineering Record*, 15 avril 1893.

priétés organoleptiques, l'application des procédés artificiels a eu surtout pour objet la clarification des eaux troubles : ce qu'on se proposait en général, c'était de restituer aux eaux la limpidité, signe apparent mais trompeur de leur pureté. Les progrès de l'analyse chimique ont fait entrer ensuite en ligne de compte d'autres desidérata et l'on s'est pris à chercher l'adoucissement des eaux dures ou la diminution de la teneur en matières organiques. La connaissance des propriétés biologiques a donné depuis peu une importance prépondérante à la considération de la richesse microbienne, et peut-être même est-il juste de dire, avec M. le Dr Guinochet (1), qu'il y a « une tendance exagérée en ce moment à ne plus considérer pour « la détermination de la pureté d'une eau potable que la pré- « sence ou l'absence des microbes dans cette eau ».

La transformation successive des idées a nécessairement beaucoup influé sur le choix des moyens employés pour réaliser l'amélioration de l'eau. A l'origine, alors qu'on recherchait avant tout la clarification des eaux troubles, on se contentait soit d'une simple décantation comme à Marseille pour les eaux de la Durance, soit, si l'on avait recours à la filtration, du passage à travers des corps quelconques à pores plus ou moins grossiers, comme dans les anciennes *fontaines marchandes* de Paris. Quand plus tard on s'est préoccupé d'agir sur les matières en dissolution, de diminuer la teneur en sels ou en matières organiques, c'est à des substances capables d'avoir sur ces corps une action chimique qu'on s'est adressé. Enfin, lorsqu'on en est venu à vouloir se protéger contre les microbes, on a cherché soit des masses filtrantes à pores extrêmement fins, capables de les arrêter au passage, soit des agents physiques ou chimiques destinés à les détruire radicalement.

De là périodiquement une vogue éphémère, un engouement passager pour tel ou tel système, tel ou tel dispositif, qui ne tarde pas à être remplacé par quelque autre dans la faveur de l'opinion. Ces changements d'appréciation ainsi que la multiplicité même des tentatives ne s'expliquent que trop par l'extrême difficulté du problème : le choix du meilleur procédé est chose d'autant plus délicate que nous ne sommes pas en possession d'un *criterium* assez sûr pour en pouvoir juger la valeur relative ; et d'autre part « il n'y « a pas en pratique d'appareil parfait (2), c'est-à-dire donnant à « coup sûr et indéfiniment, moyennant une dépense en rapport avec « le résultat à obtenir, une eau absolument satisfaisante... »

1. Guinochet. *Les Eaux d'alimentation*, 1894, page 7.
2. Guinochet, *op. cit.* page 33.

§ 2.

DESCRIPTION SOMMAIRE DES DIVERS PROCÉDÉS

a. Procédés mécaniques.

161. Agitation. — On a parfois tenté d'obtenir une certaine amélioration des eaux en les faisant tomber sur des moellons ou des branchages de manière à les diviser en minces filets et à offrir une grande surface à l'action de l'air. Une eau privée de gaz peut être de la sorte rapidement aérée.

En outre — Belgrand l'a démontré par des expériences faites à l'aqueduc d'Arcueil — l'agitation ainsi obtenue a la propriété de débarrasser certaines eaux incrustantes d'une partie du carbonate de chaux en excès qu'elles renferment. Il a fait lui-même une application de ce procédé à l'eau de la Dhuis pour en abaisser de quelques degrés le titre hydrotimétrique.

Récemment on a proposé d'appliquer au traitement des eaux potables les appareils basés sur la force centrifuge et qui clarifient les liquides dans les industries du papier et du sucre, en rejetant les particules en suspension vers la circonférence où elles sont recueillies et éloignées (1).

162. Décantation. — Les matières en suspension dans l'eau, d'un poids spécifique généralement supérieur à celui de l'eau elle-même, ne s'y maintiennent que par l'effet de l'écoulement : elles s'en séparent et se déposent dès que l'écoulement cesse ou se ralentit. De là l'emploi de la *décantation* pour débarrasser l'eau des *troubles* qui la rendent impropre à l'alimentation. Inutile pour l'eau des lacs qui sont des bassins de clarification naturels, elle s'applique plus spécialement aux eaux des rivières et surtout des rivières à régime plus ou moins torrentiel.

Dès que la vitesse dont les eaux sont animées diminue, les matières en suspension se déposent par ordre de grosseur et de densité ; l'effet est très rapide si les eaux sont un peu chargées, il l'est d'autant plus que l'écoulement devient plus lent, et atteint le maximum lorsqu'il est complètement supprimé, que l'eau est mise au *repos*. A mesure que les substances les plus lourdes et les plus grossières se sont déposées, celles qui restent, de plus en plus ténues, et les

1. Guinochet, *op. cit.*, page 133.

microbes eux-mêmes qui sont des corps pesants infiniment petits et d'un poids spécifique probablement assez voisin de celui de l'eau, obéissent à la même loi mais avec une lenteur croissante. Pour arriver à une clarification complète il n'est pas rare qu'une durée de huit à dix jours soit nécessaire ; et il y a des eaux qui ne se cla- rifient jamais, quelque prolongé que soit le repos auquel on les sou- met : telles sont les *eaux blanches* de Versailles, l'eau du Rio de la Plata à Buenos-Ayres, etc.

Cette lenteur de la décantation oblige à donner aux bassins une étendue considérable, ce qui en fait des ouvrages dispendieux ; c'est ainsi que pour clarifier les eaux du canal de Marseille, dérivées de la Durance, il a fallu construire 7 grands bassins de 7 millions de mètres cubes de capacité. De plus, et M. Wolffhügel a fait ressortir la gravité de cette considération au point de vue de l'hygiène, « l'im- « mobilité de ces grandes masses d'eau, pendant huit à dix jours con- « sécutifs... pourrait en amener promptement l'altération... » (1) Aussi admet-on généralement, avec Arago, que le repos ne doit « pas être adopté comme méthode définitive de clarification de l'eau « destinée à l'alimentation des grandes villes et qu'on doit le con- « sidérer comme un moyen de la débarrasser de ce qu'elle renferme « de plus lourd et de plus grossier ». C'est à ce rôle qu'est le plus souvent réduit en pratique l'emploi de la décantation : elle sert à opérer avant la filtration un premier dégrossissage qui en facilite et simplifie les opérations.

La tendance actuelle, telle qu'elle se manifeste très nettement en Allemagne, est à la réduction de la capacité des bassins de dépôt ; en 1866, ceux d'Altona contenaient plus de deux fois le volume con- sommé par jour dans cette ville, en 1894 ils se trouvaient réduits au tiers de ce volume ; de même à Magdebourg ils ont été ramenés de 1876 à 1894 au tiers de leur importance primitive (2). S'il n'en est pas de même en Angleterre, et si les Compagnies qui alimentent Londres y ont été mises dans l'obligation d'augmenter leurs bassins de dépôt, au point de disposer d'un volume égal à neuf fois le dé- bit quotidien, c'est que le service du contrôle voit un intérêt de pre- mier ordre à réaliser de la sorte un approvisionnement suffisant pour éviter toute prise d'eau dans la Tamise durant les crues, alors que les eaux y sont à la fois troubles et gravement contaminées par le déversement du trop-plein des égouts dans les localités riveraines.

La décantation peut être intermittente ou continue. Dans le pre-

1. Darcy. *Les eaux publiques de Dijon*, page 561.
2. Hazen. *The filtration of public water supplies*, 1895.

mier cas une installation complète comporte quatre bassins, afin d'en avoir constamment un au repos, un en remplissage, un en vidange et un en nettoyage. Dans le second cas deux bassins suffisent, ou même un seul si l'on dispose d'un moyen mécanique pour enlever durant le fonctionnement même les dépôts qui s'y produisent : comme l'effet résulte alors simplement d'une réduction de vitesse il importe qu'elle soit aussi brusque que possible et l'on recommande par suite de donner au bassin une très large section ; on doit d'ailleurs faire en sorte qu'un courant ne puisse s'établir sur un espace limité de l'orifice d'entrée à celui de sortie, soit en disposant des chicanes sur le parcours, soit en établissant comme nous venons de le faire à l'usine de Colombes des déversoirs sur tout le pourtour du bassin.

La tranche d'eau reçoit généralement 2 à 4 mètres d'épaisseur et, pour que cette épaisseur soit utilisée, il est à recommander de combattre l'effet des variations de température en obligeant l'eau par l'interposition d'une cloison mobile, à remonter vers la surface en hiver, à descendre vers le fond en été, avant de gagner les orifices de sortie.

A Iglau, en Moravie, on a eu l'idée de donner à un bassin de décantation une profondeur exceptionnelle (17^m,30), afin d'obtenir en été un abaissement de la température ; grâce à cette disposition et à une capacité 17 fois plus grande que le débit quotidien, on a obtenu un refroidissement de 7° à 10° ; l'effet inverse se produit en hiver mais dans une proportion bien moindre, le réchauffement n'a pas dépassé 2°.

Il y aurait peut-être intérêt quelquefois à couvrir les bassins, l'obscurité et la fraîcheur devant retarder notablement la putréfaction des matières organiques et l'altération de l'eau ; mais on recule d'ordinaire devant la dépense très importante qui en résulterait. D'autre part, le Dr Frankland attribue à l'action du soleil sur la surface des bassins une influence favorable à la destruction des microbes.

163. Filtration. — Les corps poreux retiennent aisément les matières en suspension dans l'eau qu'on oblige à les traverser. Cet effet est naturellement d'autant plus complet que les pores sont plus petits et la masse filtrante plus épaisse. D'où la règle posée par Darcy que « le volume d'eau qui passe à travers un filtre est proportion- « nel à la pression et en raison inverse de l'épaisseur ». Il a dé- montré d'ailleurs que « ce qu'on gagne en vitesse on le perd en « efficacité ». Aussi, à mesure qu'on cherche à obtenir par la fil- tration des résultats plus parfaits, est-on conduit à se servir de ma- tériaux à grains de plus en plus fins et à se contenter de débits de plus en plus restreints.

Tant qu'on s'est borné à juger la qualité d'une eau d'après son aspect et qu'on ne s'est pas proposé en conséquence d'autre amé- lioration que l'arrêt des troubles grossiers, on a pu employer pour la filtration un grand nombre de substances, telles que certaines pierres naturelles, le sable fin, la terre cuite, les éponges, les tissus, le feutre, le papier, la laine de scories, etc. Le charbon animal ou végétal a longtemps joui d'une grande faveur qui s'est accrue encore quand l'analyse chimique est venue démontrer qu'il a la propriété de retenir certains sels et une fraction notable des matières organi- ques. Plus récemment la considération prépondérante des micro- organismes a fait donner la préférence à l'utilisation de la porce- laine dégourdie, de l'amiante, de la terre d'infusoires, de la cellu- lose, etc.

Ainsi les premiers filtres établis à Paris en 1806, dans l'établis- sement privé du quai des Célestins, pour la clarification de l'eau de Seine, étaient formés de quatre couches superposées, éponges, sable, charbon et sable. Plus tard les fontaines marchandes municipales reçurent des filtres composés, d'après le procédé Fonvielle, d'é- ponges, de gravier, de zinc, de limaille de fer et de charbon, ou le procédé Souchon, d'éponges et de laine tontisse, etc.

Or, grâce aux notions plus exactes que l'on possède maintenant sur la qualité des eaux potables, et aux enseignements de l'analyse chimique et biologique, on rejette aujourd'hui toute matière fil- trante capable de fournir aux microorganismes un milieu de cul- ture et d'en favoriser la multiplication, en particulier les substances organiques telles que les éponges, la laine, etc. ; peut-être con- vient-il d'écarter pour le même motif la cellulose ; et l'abandon dans lequel est tombé depuis quelques années le charbon (1) s'explique par ce fait qu'en retenant dans ses pores une partie de la matière or-

1. Guinochet, *op. cit.* page

ganique de l'eau, il se prête au développement des microbes et en laisse par suite toujours passer dans l'eau filtrée. D'autre part, certaines substances, comme le fer, ont sur l'eau une action chimique ; et si elles entrent dans la composition d'un filtre, le résultat obtenu ne peut plus être attribué à un simple effet mécanique. Ce sont les substances poreuses *inertes* qui seules doivent être employées à la confection d'un filtre proprement dit.

Parmi celles-là il n'en est guère qu'une, le sable, qui, par son abondance dans la nature et son bas prix, se prête à l'utilisation en grand et qui ait en conséquence servi de base à l'installation des grands établissements pour l'amélioration de l'eau distribuée dans les villes. Les autres, pierres poreuses, porcelaine dégourdie, amiante, terre d'infusoires, se prêtent plutôt à la confection de filtres de petite dimension pour l'usage industriel ou domestique.

Toutes ces matières produisent en même temps que l'effet mécanique dû à la petitesse de leurs pores une action chimique plus ou moins prononcée et assez mal définie qui a pour conséquence de retenir au passage une partie des corps en dissolution dans l'eau. Suivant qu'on attache à cette action spéciale une importance plus ou moins grande, qu'on la recherche ou qu'on la redoute, le choix se modifie : elle est plus sensible, en effet, dans la porcelaine que dans l'amiante, dans le sable siliceux que dans le sable calcaire, etc.

Une autre considération doit également influer sur le choix de la matière filtrante, c'est celle de la facilité du nettoyage. En effet, toutes s'encrassent rapidement et laissent alors bientôt passer les microbes qu'elles retenaient plus ou moins complètement d'abord ; aucune ne procure donc une absolue sécurité, et surtout ne peut servir indéfiniment sans de fréquents nettoyages. Les matières meubles, comme le sable, peuvent être aisément renouvelées : on enlève de temps à autre la couche imprégnée de dépôts et pénétrée par les microbes ; les matières solides comme la porcelaine peuvent être nettoyées par un brossage énergique, ou mieux par la stérilisation. Si ce nettoyage indispensable est négligé à un moment donné, le débit diminue rapidement, en même temps les microbes pullulent, et l'on n'obtient plus qu'une faible quantité d'eau et de très mauvaise qualité.

Les dispositifs des appareils doivent être aussi étudiés avec grand soin, car il faut éviter que l'eau puisse s'échapper par une fissure, un joint défectueux et passer de la sorte sans être filtrée, ce qui arrive trop souvent et constitue un danger d'autant plus redoutable que l'opération procure alors une sécurité illusoire. Il faut aussi qu'ils soient combinés de manière à se prêter à une facile surveillance et surtout à des nettoyages fréquents sans trop de peine ni de dépense : cette dernière condition est souvent réalisée par la possibilité de renverser le courant qui tend alors à débarrasser la matière filtrante des impuretés dont elle s'est chargée.

Ce qui vient d'être dit laisse entrevoir que la confection d'un filtre parfait est d'une réalisation malaisée (1). Et l'on s'explique dès lors les conclusions sévères de la commission du concours de la ville de Paris, lorsqu'elle déclare que, si les grands filtres à sable constituent une solution acceptable du problème, ils n'en sont pas moins des « appareils d'une extrême fragilité », et que parmi tous les autres modes de filtration « il n'en est pas un seul qui satisfasse à la fois à « l'ensemble des conditions considérées comme nécessaires.... pas « un seul dont le fonctionnement régulier et réellement efficace « puisse être garanti plus de deux ou trois semaines au maximum « et pour plusieurs d'entre eux quelques jours seulement » (2).

b. Procédés physiques.

164. Ebullition. — Chez certains peuples la coutume de ne boire que de l'eau bouillie remonte à une époque fort ancienne ; cette eau est alors le plus souvent aromatisée au moyen de plantes variées dont la plus répandue est le thé. Cette pratique, basée sur une notion vague de l'amélioration résultant de l'action de la chaleur, s'est trouvée récemment justifiée par la découverte des effets destructifs de la chaleur sur les microbes.

Il résulte, en effet, des expériences instituées en 1884 par M. le Dr Miquel qu'à 100°, et surtout si l'ébullition est maintenue durant quelque temps, l'eau est généralement débarrassée des microorganismes qu'elle contient dans la proportion de 995 pour 1000.

Dès que le thermomètre dépasse 40° à 45°, cette action de la chaleur devient très sensible ; la plupart des microbes meurent avant qu'il atteigne 50° ; à 90° ils deviennent extrêmement rares ; à 100° les bactéries pathogènes sont habituellement toutes détruites et le très petit nombre de microorganismes qui ont survécu sont inoffensifs. Cet effet varie naturellement avec la nature des microbes : les spores, les germes des bacilles sont les plus résistants de ces corpuscules organisés, et parfois ils conservent leur vitalité

1. Dr Guinochet, op. cit., page 30.
2. Rapport de M. le Dr A.-J. Martin. *Revue d'hygiène*, 1896, pages 316 et 317.

même après le maintien de la température de 100° pendant plusieurs heures.

Quoi qu'il en soit on conçoit que les hygiénistes, particulièrement préoccupés de la destruction des microbes pathogènes dans l'eau de boisson, recommandent hautement l'*ébullition* comme une précieuse ressource quand on se trouve en présence d'une eau suspecte.

Sans doute les matières en suspension n'en sont point éliminées par ce procédé, et d'autre part, l'eau est modifiée dans sa composition par suite de la disparition des gaz dissous et de la précipitation de certains sels minéraux. L'opération comporte en outre une dépense relativement élevée si elle se fait en grand, et une sujétion sérieuse quand on l'emploie en petit.

Et puis l'*eau bouillie* se conserve mal : en présence de l'air elle a une fâcheuse tendance à récupérer en partie sa teneur primitive en microbes.

On lui reproche enfin d'être lourde et indigeste.

Si elle vaut mieux que sa réputation, si elle conserve d'ordinaire assez de matières minérales pour les besoins alimentaires et peut être facilement aérée de nouveau par exposition ou battage à l'air, il n'en est pas moins vrai qu'elle a toujours une saveur fade, franchement désagréable, qui explique l'usage du thé et des autres plantes aromatiques et qui probablement en empêchera l'emploi continu et général.

L'ébullition doit donc être considérée surtout comme un excellent moyen prophylactique contre les épidémies microbiennes, et il convient d'en préconiser l'usage toutes les fois qu'on a des motifs particuliers de se défier momentanément de l'eau de boisson.

165. Stérilisation par la chaleur. — L'ébullition laissant subsister quelques microbes et notamment un assez grand nombre de germes ne saurait donner à cet égard une garantie absolue. On a donc voulu faire mieux et, l'expérience ayant démontré que pas un microbe contenu dans l'eau ne résiste à une température de 120°, on s'est proposé de réaliser cette température afin d'obtenir une *stérilisation* complète.

L'opération devient alors plus difficile et plus dispendieuse, on le conçoit, puisqu'il faut tenir l'eau sous pression ; de plus, si l'on veut qu'elle soit encore potable, il y a lieu de la maintenir aérée en s'opposant à l'échappement des gaz dissous ; et, comme la chaleur ne fait que détruire les microbes, l'addition d'un filtre s'impose.

Tel est le concept d'après lequel les constructeurs ont imaginé les divers *appareils stérilisateurs* parmi lesquels il convient de citer celui de MM. Rouart, Geneste et Herscher. L'eau à stériliser, après avoir traversé un *filtre dégrossisseur*, puis deux caisses, dites *échangeurs*, où elle s'échauffe au contact de serpentins parcourus par l'eau stérilisée, parvient à la chaudière où elle est portée pendant dix minutes à 125°; de là elle passe dans les serpentins des échangeurs où elle se refroidit, et s'échappe enfin après avoir traversé encore un *clari-*

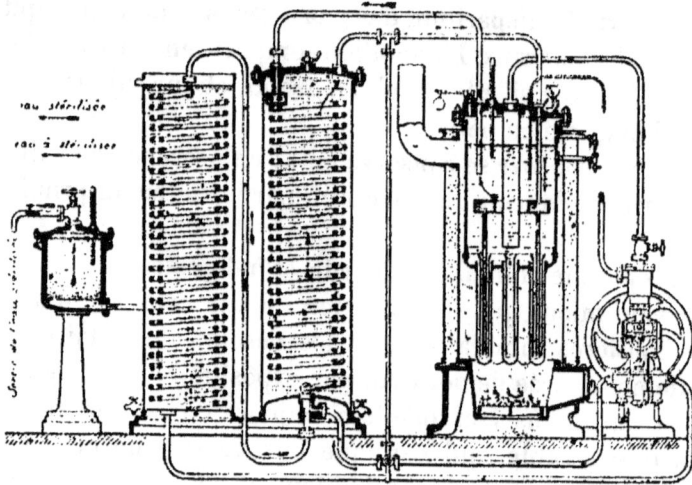

ficateur destiné à retenir les sels précipités.

Cette seule description montre qu'il s'agit d'un engin délicat, exigeant une dépense élevée d'installation et d'exploitation ainsi qu'un personnel spécial pour un volume d'eau nécessairement restreint.

Un pareil système est évidemment trop compliqué pour entrer dans la pratique courante de l'alimentation des villes, et doit être réservé pour certains cas déterminés où la présence des microbes est le danger le plus pressant, par exemple quand il s'agit de se mettre en garde contre une épidémie locale ou de desservir dans un hôpital les services de chirurgie.

166. Traitement par l'électricité. — L'électricité a reçu tant d'applications et rendu tant de services qu'on ne pouvait manquer de songer à l'utiliser également pour l'amélioration des eaux naturelles. Plusieurs tentatives ont été faites dans ce sens, mais jusqu'à présent il n'y en a guère qu'une qui ait donné des résultats assez probants pour mériter de fixer l'attention.

C'est celle de M. le baron Tyndal qui, après avoir créé à Oudshoorn, près de Leyde, une usine destinée à stériliser par un courant électrique l'eau extrêmement souillée du vieux Rhin, est venu présenter son système à Paris en 1895, lors de l'Exposition d'hygiène du Champ de Mars.

Le procédé consiste à produire au moyen d'un courant électrique à tension extrêmement élevée une proportion considérable d'*ozone*, dont l'action destructive sur les matières organiques et en particulier sur les microbes a été signalée par Ohlmüller en 1893. L'eau traitée à Oudshoorn est d'abord clarifiée sur un filtre à sable, puis soumise à l'action de l'ozone : elle perd alors sa couleur, sa saveur et son odeur répugnantes, prend l'aspect de l'eau distillée, et se révèle à l'analyse, d'après le D. Van Ermergem, débarrassée des microbes et d'une partie notable des matières organiques (1).

Des essais en grand, entrepris par l'inventeur, viendront montrer si le système répond aux espérances qu'il permet de concevoir, s'il donne d'une manière continue et sans dépense exagérée des résultats constamment satisfaisants, et s'il doit recevoir en conséquence des applications en grand ou s'il convient de le réserver comme le précédent pour des cas spéciaux et des volumes restreints.

c. Procédés chimiques.

167. Nombreux réactifs. — De tout temps on a cherché à modifier la composition des eaux naturelles impropres à la consommation par l'addition de substances convenablement choisies : l'*alun* par exemple, a été fort anciennement employé pour cet usage dans certains pays. Depuis que l'hygiène et l'industrie modernes ont mis le problème à l'ordre du jour, les tentatives se sont tellement multipliées qu'on ne saurait dénombrer les substances et les combinaisons auxquelles on a proposé de recourir.

Pour en faciliter l'examen on peut distinguer deux cas, suivant que l'action chimique s'applique à certaines eaux de composition particulière, telles que les eaux séléniteuses, calcaires ou magnésiennes, ou s'adresse aux eaux de composition chimique normale mais souillées par des matières en suspension ou par les détritus des villes ou des usines.

Dans le premier cas on cherche par l'addition de réactifs appropriés à diminuer la proportion des substances minérales dissoutes dont la présence, en trop grande quantité, communique à l'eau des propriétés fâcheuses pour l'usage particulier auquel on la destine :

1. *Revue d'hygiène*, 1895, page 1040.

la *chaux*, la *baryte*, la *soude*, etc., servent par exemple à débarrasser l'eau des bicarbonates, des sulfates, qu'elle tient en dissolution.

Dans le second cas, on se propose plutôt soit de séparer les matières en suspension dans l'eau en y déterminant un précipité gélatineux ou floconneux qui réalise une sorte de *collage* — l'*alun*, le *sulfate d'alumine*, certains *sels de fer* donnent ce résultat — soit de diminuer la proportion des matières organiques en les comburant par l'addition de corps riches en oxygène tels que les permanganates, soit enfin de détruire en tout ou partie les microorganismes, ce qu'on obtient par l'addition de *chaux*, de *sublimé*, d'*acide borique* ou même par le simple usage du *savon*.

Toutes ces substances peuvent être employées isolément ou simultanément suivant l'effet simple ou complexe qu'on veut réaliser. Elles doivent être d'ailleurs l'objet d'un choix judicieux selon l'usage auquel l'eau est destinée ; car telle préparation, admissible pour celle qui doit servir à la production de la vapeur ou à tel autre emploi industriel, serait répugnante ou dangereuse pour celle qui doit être livrée à la consommation domestique : la baryte, le sublimé sont des poisons ; la soude, l'alun ne doivent pas être ingérés dans l'organisme.

Quel que soit le réactif employé, il se produit toujours un précipité dont il faut ensuite débarrasser l'eau traitée par un procédé mécanique approprié, décantation ou filtrage, qui ne joue au reste dans le traitement qu'un rôle secondaire.

168. Abaissement du titre hydrotimétrique. — La diminution de la dureté ou l'*adoucissement* de l'eau est une opération souvent pratiquée dans les régions où les eaux sont très chargées de calcaire, surtout quand l'industrie y a pris quelque développement. On l'obtient souvent par une simple addition de chaux qui transforme le bicarbonate soluble en carbonate neutre insoluble : le précipité a d'ailleurs pour effet d'entraîner mécaniquement les matières en suspension y compris la majeure partie des microbes.

Le procédé Clark, très répandu en Angleterre, est basé sur cette réaction et consiste dans l'addition d'un lait de chaux en proportion convenable à l'eau qu'il s'agit de traiter et qu'on laisse ensuite déposer dans un réservoir. La lenteur avec laquelle se forme le dépôt est un inconvénient qu'on a corrigé par divers dispositifs (systèmes Porter, Atkins, etc.) portant sur le mode de séparation du précipité. L'eau d'alimentation de la ville de Southampton est traitée par le système Atkins-Clark.

Dans le procédé Gaillet et Huet, usité dans les usines du Nord de la France, c'est encore la chaux qui est le réactif principal mais additionnée d'un peu de soude ; le dépôt du précipité est facilité par des diaphragmes inclinés, d'où il glisse dans un collecteur, et un filtre de copeaux termine la clarification.

Le procédé à l'*anticalcaire*, recommandé par M. Burlureaux, a pour base l'emploi d'un mélange de chaux, de carbonate de soude et d'alun, dont la formule est établie de manière à convenir pour le traitement de la plupart des eaux calcaires communes : il a pour objet de produire à la fois l'adoucissement, la clarification et la stérilisation partielle de l'eau.

169. Séparation des matières en suspension. — L'*alun*, préconisé à Bucarest par M. le Dr Babès, clarifie l'eau, mais ne la donne qu'exceptionnellement pure de germes (1). Au lieu de l'employer seul, on y ajoute souvent du carbonate de soude ou de l'eau de chaux : l'alumine se précipite alors à l'état gélatineux et l'effet est à la fois plus sûr et plus complet. On obtient des résultats analogues avec le *sulfate d'alumine*, qu'on se procure à bas prix parce qu'il est le résidu de certaines fabrications de produits chimiques, et dont l'emploi s'est par là même beaucoup répandu.

Le fer et quelques-uns de ses composés sont également employés pour précipiter les matières en suspension et débarrasser l'eau des microbes. On se propose généralement alors de provoquer la formation du *sesquioxyde de fer* hydraté qui donne un précipité gélatineux, colloïdal, analogue à celui de l'alumine, et qui a de plus l'avantage d'exercer une certaine action oxydante sur les substances organiques. Il se produit en même temps des réactions complexes, assez mal connues, mais plutôt favorables à la purification de l'eau et à la destruction des microorganismes. M. Bishof a proposé l'emploi du *fer spongieux* ; depuis, les applications du système Anderson, dont il sera question plus loin, ont fait préférer la tournure de fonte ou le fer granulé : en agitant l'eau en présence du métal on a constaté qu'elle se charge d'une certaine quantité de sels ferreux, qui se transforment à l'air en sels ferriques insolubles et déterminent assez bien l'épuration cherchée. *L'oxyde de fer magnétique* a été employé avec succès en Angleterre par M. Spencer. Le *perchlorure de fer* a donné lieu aussi à de nombreuses applications.

170. Oxydation des substances organiques. — Comme on

---

1. Dr Guinochet, *op. cit.* page 162.   16

vient de le voir, l'action du fer et de ses composés a en partie pour effet l'oxydation des matières organiques contenues dans l'eau. Quand cette oxydation est l'objet principal de l'amélioration qu'on cherche à réaliser, on s'adresse plutôt au *permanganate de potasse* qui est un oxydant énergique, et qui, employé en léger excès, détruit absolument les microbes : les matières organiques se décomposent en eau et acide carbonique et il se précipite un bioxyde ou un oxyde salin de manganèse insoluble. Ce réactif est assez cher et ne se prête guère, en conséquence, à l'emploi en grand, mais son action est très efficace et il peut rendre de précieux services dans des cas particuliers pour le traitement de volumes restreints. Récemment on a préconisé le *permanganate de chaux*.

Il convient de signaler en outre ici l'effet de l'air atmosphérique, de l'oxygène qui y est contenu, de l'azote qui s'y trouve naturellement ou dont on y provoque la formation, sur l'eau en gouttelettes ou en lames minces, effet qu'on réalise par différents moyens mécaniques ou physiques précisément en vue de l'action chimique qui doit en résulter. Dans plusieurs procédés entrés dans la pratique on fait tomber l'eau en pluie dans un courant d'air, ou l'on insuffle au contraire un courant d'air dans l'eau qu'on se propose d'améliorer.

d. Procédés mixtes.

171. Combinaisons diverses. — Quand on veut obtenir un résultat aussi complet que possible, presque toujours on est conduit à combiner plusieurs moyens d'ordre divers, et l'on peut dire que, parmi les procédés de traitement artificiel qui ont eu quelque succès, la plupart sont des procédés mixtes, où l'amélioration de l'eau relève à la fois de plusieurs des catégories précédentes et dépend d'une association plus ou moins heureuse d'effets distincts qui se complètent l'un par l'autre.

Déjà précédemment nous avons vu que l'emploi de l'électricité a parfois pour but de développer de l'ozone en vue de l'action chimique qui doit en résulter, que plus d'un réactif emprunté à la chimie provoque à la fois une décomposition des substances en dissolution et une précipitation mécanique de celles en suspension dans l'eau ; dans la décantation on attribue certains effets à la lumière solaire, dans le filtrage à la présence de l'oxygène dans les pores de la masse poreuse, etc. En un mot, il est rare qu'on se trouve en présence d'un procédé simple, d'un effet unique.

Mais, dans beaucoup de combinaisons, on recherche plus particulièrement l'un des effets qui s'y produisent concurremment, et les autres peuvent être considérés comme secondaires. La désignation de *procédés mixtes* convient plutôt à ceux où plusieurs effets distincts jouent un rôle également important.

Le plus souvent ce sont des réactions chimiques qui se trouvent associés à des effets mécaniques. Nous en donnons ci-après quelques exemples.

172. Filtration après traitement chimique. — Plusieurs procédés notamment sont basés sur une filtration à travers un corps poreux faisant suite à un traitement chimique préalable.

Le *système Anderson*, imaginé en 1884 pour le traitement des eaux très polluées de la Nethe qui servent à l'alimentation d'Anvers, et appliqué depuis dans un certain nombre de villes, notamment à Libourne, à Boulogne-sur-Seine, et qui vient d'être généralisé dans la banlieue de Paris, consiste en deux opérations distinctes, dans deux appareils séparés : 1° traitement de l'eau par le fer métallique, 2° aération, décantation et filtration par le sable. L'eau traverse d'abord un cylindre métallique tournant, dit *revolver*,

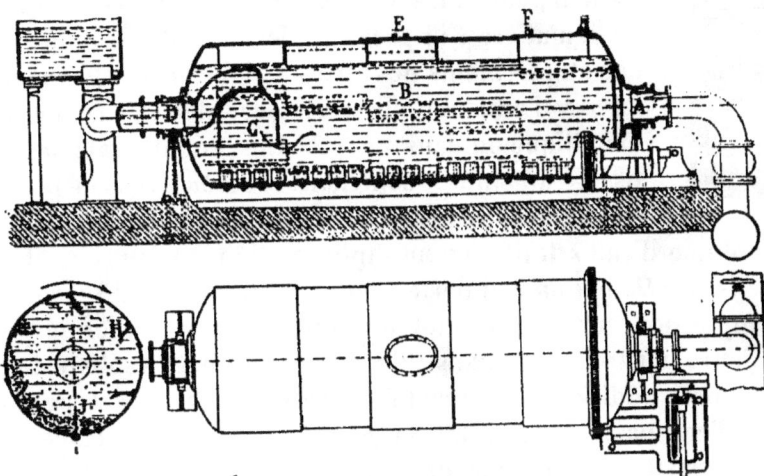

qui porte à l'intérieur des tablettes, destinées à mettre constamment en mouvement du fer granulé : après y avoir été maintenue pendant un temps convenable, elle en sort trouble, verdâtre, chargée de sels ferreux. On l'aère alors, en la faisant couler dans une rigole découverte, ou même on y insuffle de l'air pour hâter la transformation de ces sels en sels ferriques insolubles, puis on l'amène dans des bassins de décantation, où elle ne tarde pas à prendre une teinte jaunâtre et abandonne un premier dépôt, après quoi elle passe sur des filtres à sable : le sesquioxyde de fer hydraté se précipite à l'état colloïdal et vient former sur le sable une membrane gluante qui

contribue à retenir les matières en suspension, et l'eau filtrée sort limpide, incolore, débarrassée de 33 pour 100 au moins des matières organiques et presque de la totalité des microbes.

Le *système Maignen*, appliqué en 1895 aux eaux de la Divette à Cherbourg, a pour base la filtration sur un tissu d'amiante, après passage de l'eau à travers une matière spéciale, appelée par l'inventeur *carbo calcis* et qui est le mélange d'une sorte d'anticalcaire et de charbon animal : il se produit là une série de réactions chimiques, qui débarrassent l'eau d'une foule de principes étrangers solubles, et une filtration très efficace ; mais l'emploi du charbon fait craindre une diminution rapide du pouvoir stérilisateur, dans tous les cas le renouvellement fréquent de la matière s'impose. La dernière disposition donnée aux éléments des filtres Maignen consiste à placer un sac d'amiante plissé en accordéon dans un vase métallique ou dans un sac plus grand également en tissu d'amiante et contenant le *carbo-calcis* en poudre et en grains ; suivant les dimensions à donner au filtre et le volume d'eau à traiter on multiplie les éléments ainsi institués.

Le *système Howatson* comporte l'emploi d'un réactif, dit *ferozone*, de composition variable suivant la nature des eaux, et formé pour la majeure partie d'un mélange de sulfate de fer et de sulfate d'alumine ; après addition de ce réactif, et précipitation dans un premier bassin, l'eau passe dans un filtre à *polarite* où cette substance, très riche en oxyde magnétique de fer, alterne avec du sable fin en couches de faible épaisseur.

173. Filtration intermittente. — Il y a lieu de ranger également parmi les procédés mixtes la *filtration intermittente*, appliquée par M. Hiram Mills à Lawrence (État-Unis) en 1893, et qui consiste dans le passage périodique de l'eau à travers une couche de sable, qu'on laisse se reposer, s'égoutter et s'aérer de nouveau durant les intervalles. Par ce moyen la couche poreuse recouvre toute l'activité de ses propriétés oxydantes et la nitrification s'y produit très rapidement. Mais, ce qu'on gagne de la sorte au point de vue de la destruction des matières organiques, on le perd à celui de l'effet mécanique nécessairement restreint ou troublé par les interruptions de service ; et il ne paraît pas que la diminution de nombre des microbes soit obtenue plus vite ni plus complètement par ce procédé que par la filtration continue (1). Aussi semble-t-il devoir être réservé pour les cas spéciaux où l'eau est exceptionnellement chargée de matières organiques ; les eaux qu'on se propose de filtrer contiennent habituellement assez d'oxygène dissous pour comburer la très faible proportion de ces substances qu'elles tiennent en dissolution, de sorte que rien ne motiverait l'abandon de la filtration continue (2).

Un des cas spéciaux auxquels il vient d'être fait allusion s'est présenté à Chemnitz, en Saxe, où des puits creusés sur une des rives de la rivière Zwönitz ne donnaient par filtration naturelle qu'une eau colorée et odorante, chargée de fer, parfaitement impotable : plus de vingt ans avant l'essai de filtration intermittente de Lawrence, on y obtint un remarquable succès par l'emploi de l'eau en irrigations systématiques sur les prairies mêmes où se trouvent les puits de captage.

174. Traitement des eaux ferrugineuses. — On s'est trouvé assez fréquemment dans ces dernières années en Allemagne, et à plusieurs reprises aussi en Hollande, en présence du problème de l'amélioration des eaux de nappe chargées de sels ferreux, qui ne sont pas acceptées sans répugnance dans la consommation usuelle, à cause de leur fâcheuse propriété de prendre à certains moments une couleur de rouille. A Berlin, M. Œsten, puis M. Piefke ont successivement imaginé et appliqué des procédés spéciaux de traitement approprié, qui paraissent avoir assez bien réussi ; M. Thiem a fait à Leipzig une installation spéciale pour le même objet ; on en cite de récentes à Hertogenbusch et Aurich (Hollande), etc. Toutes ont pour base une double opération, comprenant d'abord une oxydation rapide en présence de l'air, provoquée par une division de l'eau en minces filets au moyen de dispositifs variés (passage à travers une masse de coke concassé, de gros gravier, de moellons, etc.), puis une filtration continue sur une couche de sable : c'est à peu de chose près le mode appliqué dans le système Anderson à l'eau qui s'échappe du revolver ou cylindre purificateur.

1. Hazen. *The filtration of public water supplies.* page 98.
2. Ib. page 103.

§ 3.

PRATIQUE DE LA FILTRATION CONTINUE POUR L'ALIMEN-TATION DES VILLES.

175. Grands filtres à sable. — Sauf de rares exceptions il n'a guère été employé pour le traitement en grand des eaux destinées à l'alimentation des villes qu'un seul procédé, celui dit *procédé anglais*, et qui consiste dans la *filtration continue* de l'eau au moyen de couches horizontales de sable et de gravier qu'elles traversent de haut en bas.

Ce procédé, qui avait déjà été antérieurement appliqué à Glasgow et dans quelques villes anglaises, a été introduit à Londres en 1839 par M. Simpson, ingénieur de la Compagnie de Chelsea. Depuis lors toutes les compagnies de Londres l'ont successivement adopté, et, il s'est répandu peu à peu dans la Grande-Bretagne, puis sur le continent européen, aux États-Unis, et on peut dire dans le monde entier.

L'eau, préalablement débarrassée par décantation des troubles les plus grossiers, est amenée dans des bassins à fond et parois imperméables, constituant les *filtres* proprement dits, où elle s'étale en tranche d'épaisseur uniforme et recouvre les couches filtrantes rangées par grosseurs croissantes de matériaux, les plus fins en haut et les gros en bas. Un courant lent et régulier s'établit alors à travers ces couches ; les impuretés restent à la surface, et *l'eau filtrée*, recueillie vers le bas par une série de *drains*, est conduite finalement dans les réservoirs, où elle s'emmagasine avant d'être jetée dans la distribution. Quand après quelques temps le filtre, plus ou moins obstrué, ne fonctionne plus normalement, on le vide, on enlève la vase déposée et la partie de la couche supérieure de

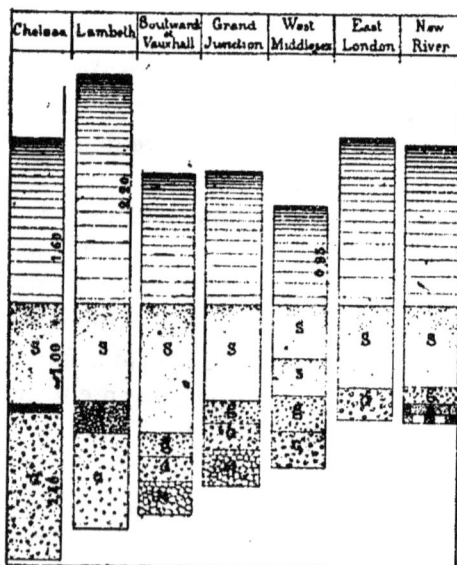

Filtres de Londres

S, sable ; — C, cailloux ; — g, gravier fin. —
G, gros gravier ; — M, moellons ; — B, briques.

sable salie par le dépôt, puis on recommence l'opération, et ainsi de suite tant que la diminution d'épaisseur de la couche de sable fin n'en rend pas nécessaire le rechargement.

Jusqu'à une époque récente on ne jugeait de l'efficacité de la filtration que par la limpidité de l'eau filtrée et c'est un peu au hasard qu'on réglait l'épaisseur des couches filtrantes, la charge d'eau (voir ci-dessus les dispositions des filtres de Londres), ainsi que la vitesse d'écoulement.

L'étude plus approfondie des résultats obtenus a fait introduire depuis quelques années des perfectionnements très importants dans la confection des ouvrages et la marche de l'opération.

176. Effet de la filtration.—Les nouvelles méthodes d'analyse introduites vers 1870 par MM. Wanklyn et Frankland ont d'abord appelé l'attention sur la très faible diminution de la matière organique dissoute par l'effet de la filtration : on s'est donc attaché pendant quelques années en Angleterre à protéger par tous les moyens les eaux destinées à passer sur les filtres contre les diverses causes de contamination extérieures et il s'est manifesté une tendance très nette à l'augmentation de l'épaisseur des couches de sable.

Les révélations de l'analyse biologique ont déterminé plus tard un mouvement inverse, en démontrant que la filtration débarrasse presque complètement l'eau des microbes qu'elle contient, et que cet effet est dû surtout à la couche mince et visqueuse de vase qui se dépose dès le début de l'opération à la surface du sable : d'où, en Allemagne surtout, une tendance à la diminution de l'épaisseur des couches de sable, réduites au rôle de support inerte.

On crut même un moment que tous les microbes étaient retenus à la surface du sable et que le petit nombre de microorganismes trouvés dans l'eau filtrée provenaient des couches inférieures du filtre et des drains ; mais des expériences, instituées à l'usine de Stralau (Berlin) par MM. Fränkel et Piefke en 1890, au moyen de cultures de microbes spéciaux, pathogènes et autres, montrèrent que les filtres en laissaient toujours passer une certaine proportion, très faible il est vrai, moins de 1 pour 100 parfois. Les expériences de Lawrence (Massachussets), en 1892-93, ont confirmé ce résultat de l'observation.

Il paraît aujourd'hui admis sans conteste que l'élément actif des filtres réside précisément dans la mince couche de vase formée par le dépôt des matières en suspension, et que cette pellicule suffit à procurer une clarification très complète en retenant la presque totalité des substances insolubles et des microbes, tandis

que les substances insolubles dissoutes la traversent presque intégralement et ne subissent dans les filtres qu'une diminution sans
importance.

On en conclut que pour obtenir un résultat satisfaisant il faut provoquer d'abord un dépôt lent de la couche de vase et ne mettre le
filtre en service que lorsque cette couche est constituée ; il est d'ailleurs à recommander, afin de ne pas avoir à renouveler fréquemment cette opération, d'espacer le plus possible les nettoyages (1)
sans exagérer cependant la pression nécessaire pour déterminer
l'écoulement.

177. Dispositions des filtres. — Dans l'installation des filtres
modernes on se propose de réaliser les conditions suivantes : régularité suffisante, lenteur convenable, constante égalité d'action (2).
La *régularité* est nécessaire au maintien de l'équilibre qui s'établit
dans l'appareil et que des variations de régime pourraient compromettre ; la *lenteur* garantit seule l'élimination des particules les plus
ténues ; et l'*égalité d'action* est indiquée si l'on veut que l'eau soit
aussi complètement purifiée dans toutes les parties d'un même bassin et dans les divers bassins d'un même établissement.

Pour remplir ces conditions il importe d'abord de rendre le fonctionnement des filtres indépendant des variations de la consommation, ce qu'on réalise en donnant une capacité suffisante aux réservoirs d'eau filtrée (1).

On calcule d'ailleurs l'étendue de la *surface active* nécessaire d'a-
près le *débit* qu'on se propose d'obtenir par mètre carré et qui doit
être assez faible pour maintenir la vitesse d'écoulement au-dessous
d'une certaine limite : au début on admettait volontiers le débit de
3 m. c. 60 par mètre carré et par jour ; on a même été jusqu'à 5 et
7 m. c. à Londres ; on se tient maintenant bien au-dessous, à Berlin, à Varsovie ce n'est plus que 2 m. 40, à Hambourg moins encore ;
la vitesse doit être au reste différente suivant l'état de l'eau à filtrer.
Puis, la surface active déterminée, on y ajoute le complément nécessaire pour tenir compte des chômages périodiques résultant des
nettoyages et des réparations.

Bien qu'une très grande épaisseur de sable ne soit pas indispensable, elle est à recommander néanmoins, parce qu'elle contribue à
la perfection du résultat, en régularisant dans une certaine mesure
l'écoulement, et permet de renouveler un grand nombre de fois le

1. Frankland. *Conférence au Sanitary Institute*, 1895.
2. Lindley. *Rapport au Congrès de l'utilisation des eaux fluviales*, 1889.

nettoyage sans apporter de sable nouveau (1) : il est bon que la couche de sable n'ait jamais moins de 0 m. 40 à 0 m. 60 d'épaisseur, et le sable doit être assez fin, aussi pur que possible, à grains nets, et de qualité parfaitement régulière.

Les couches inférieures de gravier et de galets doivent être soigneusement criblées et se succéder par ordre de grosseur ; leur épaisseur doit être suffisante, pour s'opposer à l'entraînement des particules appartenant à la couche supérieure, et pas exagérée, tant par mesure d'économie que pour éviter l'accumulation inutile d'une trop grande quantité d'eau filtrée, qui n'y séjournerait pas sans se charger à nouveau de micro-organismes divers (2); 0 m.20 à 0 m. 30 doivent être considérés comme une proportion convenable.

Au voisinage des drains les galets seront arrangés avec soin pour que l'écoulement ne rencontre aucun obstacle et qu'il n'y ait aucune chance de dislocation.

Quant aux drains eux-mêmes on leur donnera des sections telles que la perte de charge y soit très faible, sans quoi l'égalité d'action ne se réaliserait point dans l'étendue des filtres, où il y aurait des différences sensibles de pression entre les points éloignés et les points rapprochés des orifices de sortie (3).

A mesure qu'un filtre s'obstrue par l'usage la *charge* nécessaire à son fonctionnement augmente pour un même *débit* ou le débit diminue pour une même pression. On obtient la régularité désirable au moyen *d'appareils de réglage* qui permettent soit de faire varier les deux éléments, soit l'un d'eux isolément en rendant l'autre constant. Dans les installations anciennes on maintenait habituellement la charge constante et on laissait le débit diminuer jusqu'au moment où l'on arrêtait l'écoulement pour procéder au nettoyage : le réglage se faisait à la main au moyen de vannes ou de robinets. Pour les nouveaux filtres de Berlin, M. Gill a imaginé un dispositif ingénieux qui consiste à interposer au sortir du filtre une chambre d'eau intermédiaire où le niveau est maintenu à peu près

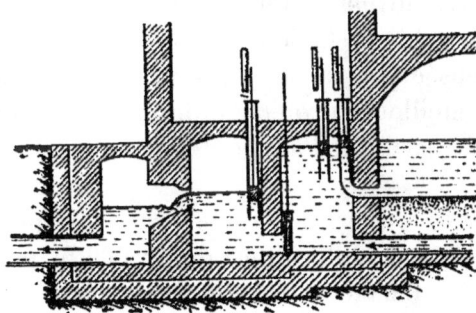

1. Frankland. *Conférence au Sanitary Institute*, 1895.
2. Hazen, *op. cit.* page 32.
3. Lindley. *Congrès pour l'utilisation des eaux fluviales* 1889.

constant par une vanne manœuvrée à la main : trois flotteurs donnent constamment les niveaux de l'eau sur les filtres, au sortir des
drains et dans la chambre intermédiaire, mettant ainsi en évidence
la charge effective sur le filtre et l'épaisseur de la lame d'eau sur le
déversoir qui mesure le débit. A
Hambourg on a reproduit une disposition, recommandée par Kirkwood
à St-Louis (Etats-Unis) dès 1866, et
qui consiste dans l'emploi d'un déversoir mobile réglant à la fois la
charge et le débit et qui est encore
manœuvré à la main. M. Lindley, à
Varsovie, a rendu le débit constant au moyen d'un déversoir automatique, à flotteur et tube télescopi-
que, qui suit les variations de niveau
de l'eau filtrée et s'abaisse en conséquence à mesure que l'obstruction
progressive du filtre exige une charge
croissante. Des régulateurs automatiques de types un peu différents ont
été adoptés aussi à Zurich et à Worms (1) ainsi qu'à Tokio (Japon) (2).

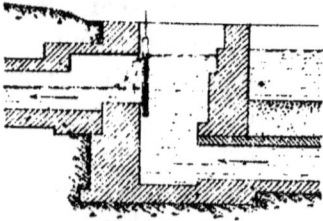

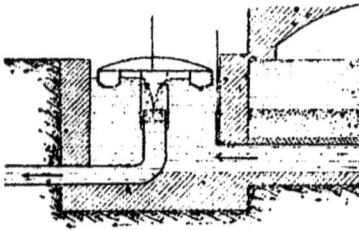

Les filtres étaient tous découverts à l'origine, ils le sont encore
en Angleterre, en Hollande, à Hambourg. Mais dans les pays froids,
où les gelées prolongées causaient en hiver de grands embarras au
service d'exploitation, on a été conduit à les recouvrir de voûtes en
maçonnerie, protégées elles-mêmes par une couche plus ou moins
épaisse de terre : c'est ce qui est arrivé notamment à Berlin, à Kö-
nigsberg, à Zurich, etc ; les filtres de Varsovie sont couverts, ceux
de St-Pétersbourg n'auraient pu autrement fonctionner en hiver. Il
en résulte une augmentation notable de la dépense de construction,
mais qui est en partie compensée par la suppression des frais de
cassage de la glace, par une meilleure protection des ouvrages, et
qui procure durant une notable partie de l'année des résultats très
supérieurs.

Le prix de revient des filtres découverts en Angleterre, y compris
tous les appareils accessoires et la tuyauterie, est de 50 à 60 fr. par
mètre carré de surface filtrante ; il s'élève à 80 et 90 fr. pour les
filtres voûtés.

1. Engineering Record. 1er août 1896.
2. Proff. Burton. *Water supply of towns* 1894.

178. Fonctionnement des filtres. — Un fonctionnement bien réglé est aussi important au point de vue de l'efficacité des filtres qu'une construction rationnelle et soigneusement appropriée.

Le *remplissage* doit se faire de bas en haut jusqu'à la surface de la couche de sable au moyen d'eau propre : un choix judicieux des hauteurs relatives du filtre et du réservoir d'eau filtrée permet d'utiliser pour cela les variations diverses du niveau de ce dernier. Au dessus du sable on achève de remplir avec de l'eau trouble qu'on laisse au repos pendant un jour ou deux pour favoriser la formation de la pellicule visqueuse ; on commence ensuite à filtrer lentement, parfois en écoulant l'eau encore imparfaitement clarifiée qui passe, jusqu'à ce que la couche de vase soit simplement formée. Le *fonctionnement* normal commence alors.

Ce fonctionnement peut durer de huit jours à trois mois suivant l'état de l'eau, le plus souvent il a lieu pendant trois à quatre semaines. L'épaisseur de la tranche d'eau qui recouvre le sable est maintenue tout le temps constante, et l'on n'arrête l'écoulement que lorsque le débit est devenu trop faible ou la perte de charge trop considérable (0 m. 60 à 0 m. 65 par exemple).

On met alors le filtre en *chômage*, et on le vide complètement, de manière à laisser l'air pénétrer dans toute l'épaisseur des couches de sable et de gravier. Puis on râcle la surface pour enlever la couche de vase et 1 à **3** centimètres de sable très chargé d'impuretés. Toute cette opération est menée aussi rapidement que possible. C'est seulement lors du dernier *nettoyage*, avant de rapporter du sable nouveau, qu'on pousse plus loin le râclage et qu'on enlève toute la partie de la couche de sable qui a été colorée par le dépôt des matières en suspension ou même qu'on remanie toute l'épaisseur du sable fin jusqu'au gravier.

Dans les localités où le sable est cher, on procède au lavage de celui qui a servi et qui a été enlevé par le râclage, soit au moyen d'une lance alimentée d'eau en pression, soit au moyen *d'appareils laveurs* à tambours tournants (Berlin, Zurich, Magdebourg, etc) ou composés d'un éjecteur qui fait passer successivement le sable par une série de caisses à eau d'où il sort finalement parfaitement propre (East London, Hambourg, etc.). Cette opération exige un volume d'eau quinze fois au moins supérieur à celui du sable et coûte au bas mot **1 à 2** fr. par mètre cube ; aussi à Varsovie, où le sable est à bon marché, y a-t-on renoncé et n'emploie-t-on que du sable neuf.

Les frais de la filtration atteignent ordinairement, y compris l'amortissement, 1 centime à 1 centime et demi par mètre cube, sans compter ceux de la décantation préalable qui représentent encore 1/4 à 1/3 de centime.

179. Autres systèmes de filtration continue en grand. — C'est seulement par exception que des systèmes de filtration continue différents de celui qui vient d'être décrit ont été appliqués à des distributions d'eau. On a déjà cité plus haut ceux usités jadis dans les fontaines marchandes de Paris pour la clarification d'une fraction des eaux distribuées dans cette ville et que l'arrivée des eaux de source a fait disparaître. Et l'on ne mentionnera ici que le *système Fischer-Peters*, qui a reçu des applications récentes à Worms et à la gare de Magdebourg, et où l'eau traverse des plaques poreuses artificielles en sable aggluliné, disposées verticalement pour en faciliter le nettoyage : ces plaques sont creuses de manière à présenter une double surface utile et l'eau filtrée s'écoule par les conduits intérieurs.

D'autres systèmes ont été maintes fois proposés mais sans être sortis de la période des essais et sans avoir donné lieu à des installations en grand. Parmi les plus récents et qui ont fixé momenanément l'attention il convient de citer :

le *filtre Lefort* qui consisterait en une série de puits maçonnés, construits dans le lit même des rivières et au centre d'îles artificielles en sable fin et homogène, où l'eau ne pénètrerait que par des bar-

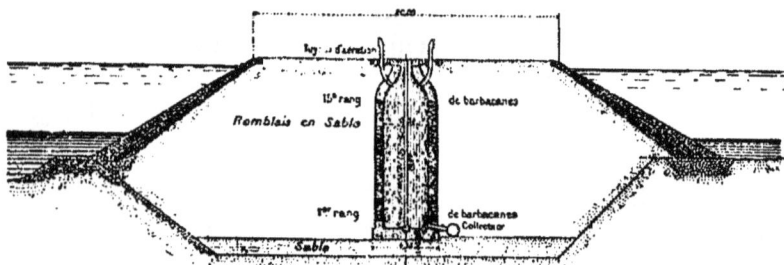

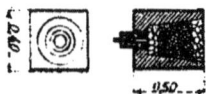

bacanes ouvertes ou fermées à volonté ; — Une expérience faite à Nantes a donné des résultats satisfaisants, mais il est douteux qu'ils puissent se maintenir indéfiniment, la disposition même des ouvrages ne se prêtant guère aux nettoyages périodiques et au renouvellement de la matière filtrante ;

le filtre Breyer à base de poudre d'amiante, qui, après avoir reçu à Vienne (Autriche) diverses formes, a été présenté par l'inventeur à l'Exposition d'hygiène de Paris (1895), en vue d'applications en grand. Il suffirait de mettre la poudre d'amiante en suspension dans l'eau et de la laisser déposer sur une plaque poreuse inerte quelconque pour obtenir une pellicule filtrante à pores extrêmement fins et par suite d'une efficacité parfaite ; un retour d'eau permettrait d'enlever aisément cette pellicule lorsqu'elle serait salie par l'usage et l'incombustibilité de l'amiante se prête remarquablement à une stérilisation par le feu qui en permettrait indéfiniment le réemploi.

§ 4

FILTRATION INDUSTRIELLE ET DOMESTIQUE

180. La filtration à l'usine. — Beaucoup d'industries exigent l'emploi d'eaux pures ou claires : lorsqu'elles n'en trouvent pas à leur portée ou que les distributions d'eau des villes ne la leur fournissent pas dans les conditions convenables, elles ne reculent pas devant la complication ou la dépense d'un traitement spécial.

Aussi tous les procédés d'amélioration des eaux ont-ils reçu des applications industrielles plus ou moins étendues, et les appareils créés à cet effet sont-ils extrêmement nombreux et d'une très grande diversité.

La description de ces appareils ne rentre pas dans le cadre du présent ouvrage, et il suffira de dire, pour les caractériser, qu'ils se prêtent généralement au traitement de volumes d'eau assez considérables, quoique moins importants que pour l'alimentation des villes ; que souvent ils sont étudiés en vue de réduire les emplacements nécessaires, d'obtenir une production considérable par unité de surface filtrante, de réaliser un écoulement rapide ; et que, par contre, on ne redoute pas de s'y astreindre à des mains-d'œuvre délicates et répétées, à des soins assidus, à l'emploi de mécanismes, qu'on éviterait dans d'autres cas, mais qui ne soulèvent pas d'objection de principe quand on les applique dans des usines. C'est ainsi que certains filtres industriels comportent des agitateurs, mûs à la main ou par une force motrice quelconque et destinés à renouveler les surfaces filtrantes, que d'autres impliquent des démontages ou des manœuvres à courts intervalles pour le renouvellement ou la vérification des substances employées, etc.

181. La filtration dans la maison. — Toutes les fois que l'eau distribuée dans une ville n'est pas offerte aux habitants dans

l'état même où elle peut être consommée, il convient de recourir à
la *filtration domestique* ; malgré les progrès des distributions d'eau,
ce sera longtemps une nécessité dans bien des localités, et qui sub-
sistera toujours dans le ; petites agglomérations rurales, les habitations isolées, etc.

Cette nécessité doit toujours être considérée comme une extrémité
fâcheuse, car ia pratique de la filtration dans la maison même est
un embarras, et elle ne donne une sécurité véritable que si elle est
l'objet de soins méticuleux sur lesquels il serait illusoire de compter de la part de la grande majorité des consommateurs.

Aussi conviendrait-il de ne pas l'étendre en dehors des cas où
elle s'impose, comme on le fait parfois inconsidérément, depuis
que la découverte des microbes pathogènes a semé l'inquiétude
dans les esprits et contribué à mettre en suspicion les eaux potables
en général, sans en exempter les plus pures.

On ne devrait jamais oublier qu'un filtre médiocre ou mal entretenu est plus nuisible qu'utile. Une eau naturellement fraîche est
exposée à des variations de température parfois regrettables quand
elle traverse lentement un appareil de ce genre ; et si, par sa composition ou par suite du dépôt qui s'y est formé à la longue, il se
prête au développement et à la culture des microorganismes, l'eau
en pourra sortir plus impure qu'elle n'y est entrée.

Quoi qu'il en soit, on ne demande plus seulement aux filtres domestiques de clarifier l'eau, on veut aujourd'hui qu'ils la débarrassent des microbes qu'elle renferme, et c'est à ce point de vue spécial
qu'on se place le plus souvent pour en apprécier la valeur comparative. Aussi recherche-t-on pour la constitution des appareils les
substances qui ont les pores les plus fins ; et à la *pierre poreuse*, au
grès, a-t-on substitué la *porcelaine dégourdie* (Chamberland) à
grain extrèmement fin, la *terre d'infusoires* (Berkefeld) et la *porcelaine d'amiante* (Garros) à grain plus fin encore. Mais alors le passage de l'eau se fait si lentement que, même sous pression, on ne
peut obtenir un débit suffisant pour l'usage courant, et qu'il faut
adapter au filtre un réservoir, au risque de gâter l'eau en la conservant au repos à la chaleur de l'appartement.

D'autre part c'est une utopie que de vouloir trouver une substance dont les pores soient plus petits que les bactéries ou les germes microbiens ; aussi toutes celles auxquelles on a recours, même
les plus efficaces au début, laissent-elles passer les microorganismes
au bout de quelques jours, sans doute par suite de la propagation
des cultures de proche en proche dans l'épaisseur de la couche fil-

trante (Miquel, Freudenreich, Lacour, Guinochet) et l'on n'obtient de sécurité réelle que par des nettoyages fréquemment répétés ou par des stérilisations périodiques.

182. Types de filtres domestiques. — Connue et appliquée dès l'antiquité, la filtration domestique était alors obtenue par l'emploi de vases en terre poreuse ou en grès mince. En France, vers le milieu du xviiᵉ siècle, on remplaça la terre poreuse par le sable disposé dans des vases en cuivre ou en bois doublé de plomb ; Amy, en 1745, ajouta au sable diverses autres matières poreuses, notamment l'éponge ; en 1800, Duchesne décrivait, dans le *Dictionnaire de l'Industrie*, la *fontaine filtrante* si répandue depuis à Paris jusqu'à l'adduction des eaux de source, et qui consistait en un réservoir prismatique en pierre de liais, en grès vernissé ou en marbre, dans lequel deux dalles en pierre lithographique, l'une verticale, l'autre inclinée, forment une petite chambre isolée où l'eau pénètre à travers les pores de la pierre et s'accumule lentement. Ce type de *réservoir-filtre*, est, ainsi que l'a reconnu M. le Dᵣ Miquel, parfaitement capable de retenir les microbes (1), mais il est généralement mal construit et l'entretien en est difficile.

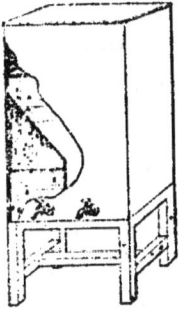

Parmi les autres filtres *à basse pression* qui sont entrés successivement dans la pratique il convient de citer : les appareils Ducommun, brevetés en 1814 et où la clarification de l'eau était obtenue par le passage à travers des couches de sable et de charbon ; le filtre anglais Bischof basé sur l'emploi de l'éponge de fer et du sable ; de nombreux appareils où le charbon animal joue le principal rôle, enfin le modèle primitif du filtre Maignen, où l'eau traverse deux couches superposées de *carbo-calcis*, l'une en grains, l'autre en poudre, qui reposent sur un petit sac en tissu d'amiante coiffant lui-même un cône en faïence percé de trous, et où les dispositions prises facilitent le nettoyage et le renouvellement de la matière filtrante.

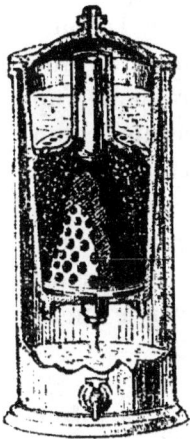

Les distributions d'eau modernes se faisant à *haute pression* on

_____
1. *Manuel pratique d'analyse bactériologique des eaux*. Page 171.

en a profité pour établir une autre série d'appareils filtrants qui s'adaptent aux robinets de prise et délivrent ainsi directement l'eau filtrée. En France le filtre Chanoit, construit par la maison Carré, a reçu d'assez nombreuses applications il y a quelques années : l'eau y passe de bas en haut à travers une matière poreuse incorruptible, la laine de scories, et s'élève peu à peu en comprimant l'air contenu dans le récipient métallique, de sorte qu'elle reste aérée ; les dépôts se forment à la partie inférieure et un robinet de purge permet de procéder de temps à autre au nettoyage.

En Angleterre on a longtemps employé un petit filtre composé d'une poche en grès que l'eau était obligée de traverser de dedans en dehors au sortir de la conduite d'alimentation. Aux États-Unis de nombreux *robinets-filtres* se sont un moment partagé la faveur publique. Mais tous ont cédé la place à la *bougie* en porcelaine dégourdie de M. Chamberland (système Pasteur), qui retient les microorganismes d'une manière si complète qu'elle est employée dans les laboratoires pour opérer la stérilisation des liquides, et dont le dispositif se prête aux nettoyages fréquents qui sont la condition même de son bon fonctionnement. Le succès de la bougie Chamberland a provoqué l'apparition de nombreux filtres concurrents, les uns établis sur le même type mais avec d'autres matières filtrantes, tels que les filtres Berkefeld en terre d'infusoires, Mallié en porcelaine d'amiante, les autres présentant des dispositifs différents comme le filtre Breyer à micromembrane d'amiante, etc.

183. Pratique de la filtration par les bougies Chamberland. — La bougie en porcelaine dégourdie, qui constitue le filtre Chamberland, ne laisse passer l'eau que goutte à goutte, et débite seulement quelques litres à l'heure, même sous une forte pression. De plus ce débit ne tarde pas à diminuer, au fur et à mesure de la formation sur la surface de la bougie d'un dépôt mucilagineux

résultant de l'arrêt des matières en suspension et qui constitue un
milieu de culture favorable au développement et à la pullulation
des microbes, de sorte qu'au bout d'un temps plus ou moins long,
souvent quelques jours seulement, l'eau qui passe n'est plus pure,
contient des microbes en nombre croissant, et il n'en passe qu'un
volume de plus en plus restreint. Pour obtenir dans chaque cas une
quantité d'eau suffisante, on a construit des appareils contenant
plusieurs bougies qui fonctionnent simultanément; on a même pu,
en choisissant une porcelaine de pâte spéciale, établir des filtres à
bougies multiples qui fonctionnent sous une pression de quelques
décimètres seulement, ce qui a permis d'en étendre l'usage à d'autres
eaux qu'à celles fournies par les distributions d'eau. Pour permettre le nettoyage et la stérilisation des bougies ayant servi et recouvertes de dépôts, on en a rendu le démontage facile ; il est dès lors
possible de les brosser, de les laver à l'eau bouillante, de les faire
passer à l'étuve, ou de les traiter à froid par le permanganate et le
bisulfite de soude.

D'après M. Guinochet, pour être assuré d'avoir presque indéfiniment de l'eau privée de microbes il faut nettoyer tous les jours les
bougies par frottement et faire toutes les semaines (plus souvent
si l'eau est très impure) une stérilisation (1).

Des opérations aussi fréquemment répétées constituent à coup sûr
une sujétion grave en même temps
qu'un danger à cause de la très
grande fragilité des bougies. Aussi
a-t-on cherché à en diminuer les inconvénients par des dispositions
spéciales, au moins pour les filtres
à bougies multiples destinés aux
établissements importants. M. O.
André a construit notamment un
nettoyeur au moyen duquel on
peut, sans démontage et sans risque
de bris ou de fêlure des bougies,
procéder en 20 ou 25 minutes à
l'enlèvement du dépôt qui s'est
formé à la surface : pour cela on
suspend le fonctionnement de l'ap-
pareil, et on y fait arriver l'eau en jets cinglants en même temps
qu'on fait passer sur les bougies des frottoirs en caoutchouc, le tout
par le jeu de quelques robinets et la manœuvre d'une manivelle.

1. *Les eaux d'alimentation*, page 313.

CHAPITRE IX

AMENÉE DE L'EAU
PAR LA GRAVITÉ

SOMMAIRE :

AMENÉE DE L'EAU PAR LA GRAVITÉ

§ 1.

GÉNÉRALITÉS

184. Différents modes d'amenée de l'eau. — L'eau destinée à l'alimentation est généralement captée en un lieu plus ou moins éloigné de celui où elle doit être consommée ; il faut donc, avant de la *distribuer* aux consommateurs, l'*amener* en un point convenablement choisi dans le voisinage. Entre ce point d'arrivée et la prise d'eau, il y a une certaine distance horizontale à franchir, en même temps qu'une différence de niveau dans un sens ou dans l'autre.

Si le point de départ est plus élevé que le point d'arrivée, la *pesanteur* suffit presque toujours pour obliger l'eau à parcourir la distance horizontale qui les sépare. Imitant alors ce qui se passe dans la nature, où l'eau s'écoule en vertu de la gravité, soit à la surface du sol dont elle suit les pentes, soit dans les canaux qu'elle s'est elle-même creusés dans les couches profondes, on lui fait un *lit artificiel*, où on la conduit, après l'avoir détournée de son ancien cours, et où elle se met en mouvement, grâce à la différence de niveau qui lui permet de vaincre la résistance que le frottement sur les parois oppose à son écoulement. C'est ce qu'on appelle une *dérivation*.

Si c'est le point d'arrivée qui est situé plus haut, la pesanteur devient un obstacle qu'il faut vaincre par l'emploi d'une force motrice capable d'*élever* l'eau jusqu'au niveau qu'elle doit atteindre. Le plus souvent, les machines qui élèvent l'eau lui font en même temps franchir la distance horizontale du départ à l'arrivée. D'autre fois, elles la refoulent tout d'abord à une altitude un peu supérieure à celle du point d'arrivée, à l'origine d'un canal où elle coule ensuite par le seul effet de la gravité : c'est ainsi que la machine de Marly élève l'eau destinée à Versailles au sommet d'un côteau voisin, d'où elle gagne cette ville par simple écoulement, et que les nouvelles eaux de Constantinople sont portées des bords de la mer Noire jusque sur les collines qui la dominent, pour s'écouler ensuite vers Péra dans un aqueduc de grande longueur.

Parfois on est conduit à réunir, pour les amener au même point, des *eaux hautes* qui pourraient s'y rendre par le seul effet de la gravité, et des *eaux basses* qui ne sauraient y parvenir sans l'effort des machines. L'aqueduc qui amène à Paris les sources de la Vanne offre un exemple de cette combinaison mixte : des machines jettent dans la dérivation des sources hautes le produit de plusieurs sources basses, de telle sorte que ces dernières ont pu être utilisées sans perdre l'avantage résultant de l'altitude supérieure des autres. C'est ainsi également que le débit du canal de l'Ourcq est renforcé du produit de machines élévatoires qui y refoulent l'eau de la Marne.

185. Dérivations. — Le type primitif des dérivations est la *rigole en terre*, tout-à-fait analogue au lit naturel que se creusent les cours d'eau au fond des vallées. La nécessité de prévenir les corrosions des parois de ce *canal*, et surtout d'empêcher les infiltrations dans un sol perméable, a conduit à en revêtir le fond et les bords de bois ou de maçonnerie, à faire des *aqueducs découverts*. Puis le besoin de protéger l'eau contre les agents naturels de contamination, de la mettre à l'abri des variations de température, l'obligation de vaincre les obstacles naturels que la topographie du terrain oppose parfois au tracé des rigoles, ont donné naissance aux *aqueducs couverts* en maçonnerie, aux *conduites* en bois, en poterie, en métal. Pour franchir les vallées, on a dû supporter la rigole, couverte ou non, au moyen d'*arcades*, et créer les *ponts-aqueducs*, ou recourir aux *siphons*, c'est-à-dire à des conduites posées suivant les déclivités du sol, et dans lesquelles l'eau, descendant d'abord jusqu'au fond de la dépression naturelle à traverser, remonte ensuite sur l'autre versant à une hauteur un peu moindre. Pour passer d'un côté à l'autre d'un contrefort, on a imaginé de percer des *souterrains* dans le sol meuble ou dans le roc.

Quel que soit d'ailleurs parmi les divers types de dérivations celui qu'on ait choisi, l'écoulement s'y produira toujours en vertu de la *pente* dont on dispose et d'où résulte la *charge* qui permet de vaincre le frottement. La ligne qui joint le point de départ au point d'arrivée prend le nom de *ligne de pente* ou *ligne de charge*. Si la pente est uniformément répartie sur toute la longueur, l'eau tend à prendre un mouvement uniforme, dans le cas contraire son mouvement est varié. Lorsque rien ne s'y oppose, sa surface s'établit suivant la li-

gne de pente même, qui se confond alors avec la *ligne d'eau* ; c'est
ce qui arrive dans les aqueducs découverts ou fermés dont le profil
suit précisément cette ligne et auxquels s'applique l'appellation de
conduites ou *aqueducs libres*. Lorsque le profil s'écarte de la ligne de
pente et s'abaisse en contre-bas pour remonter plus loin à son niveau,
l'eau ne peut le suivre qu'à la condition d'être enfermée dans un tuyau qu'elle remplit complètement,
où elle se met en pression et qui constitue une *conduite forcée*.

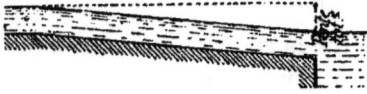

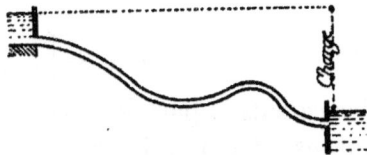

Les anciens n'employaient les conduites forcées que pour des écoulements de peu d'importance, sauf
de rares exceptions ; mais ils ont construit des conduites libres de
grandes dimensions, parmi lesquelles les plus célèbres, les neuf
aqueducs de l'ancienne Rome, présentaient des longueurs comprises
entre 16 kil. 6 (*Appia*) et 91 kil. 6 (*Anio vetus*). Dans les dérivations
modernes, les conduites forcées jouent un rôle considérable, bien
que la majeure partie en soit toujours exécutée en conduites libres.
Au point de vue de la longueur totale, ce sont celles qui ont été exécutées pour l'alimentation de Paris, la *Dhuis*, la *Vann*·, l'*Avre*, qui
tiennent le premier rang, elles ont respectivement **131**, **173** et **102**
kilomètres de longueur ; on peut citer ensuite Vienne 98 kilomètres, Naples 83, Francfort 82, New-York (*Croton*) 65, etc.

186. Formules de l'écoulement dans les aqueducs libres. —
Nous ne traiterons pas ici des lois de l'écoulement dans les aqueducs libres ou dans les conduites forcées, pour l'étude desquelles
nous renverrons aux ouvrages spéciaux (1).

Nous rappellerons seulement les formules habituellement employées pour résoudre les problèmes qui se présentent dans la pratique, et d'après lesquelles ont été dressées les tables usitées pour
faciliter les calculs.

Pour les aqueducs libres, ce sont encore les formules dûes à de
Prony et à MM. Darcy et Bazin qui sont le plus généralement appliquées en France. Elles donnent l'une et l'autre une relation entre
la pente I, le *rayon moyen* R (égal au rapport de la section ω au
périmètre mouillé χ) et la vitesse moyenne U.

---

1. Flamant. Hydraulique. — *Encycl. tr. publ.* 1891.

La formule de Prony :

$$RI = a\,U + b\,U^2$$

qui comporte deux coefficients constants

$$a = 0,000044 \qquad\qquad b = 0,000309$$

a le grave défaut de ne tenir aucun compte de la rugosité des parois, qui varie dans des limites très étendues et a une influence considérable sur la vitesse dans les cours d'eau de petite section.

Celle de MM. Darcy et Bazin :

$$RI = b_1\,U^2$$

présente au contraire un coefficient variable b_1 de la forme $\alpha + \dfrac{\beta}{R}$, qui est précisément destiné à faire dans les calculs la part de la rugosité, et auquel ont été attribuées, suivant les catégories de parois, les quatre valeurs ci-après :

Parois très unies (ciment lissé, bois raboté, etc.)

$$0,00015\left(1 + \frac{0,03}{R}\right)$$

Parois unies (pierre de taille, briques, planches, etc.),

$$0,00019\left(1 + \frac{0,07}{R}\right)$$

Parois peu unies (maçonnerie de moellons, etc.)

$$0,00024\left(1 + \frac{0,25}{R}\right)$$

Parois en terre ;

$$0,00028\left(1 + \frac{1,25}{R}\right)$$

On a proposé depuis d'en ajouter une cinquième : (1)
Parois en gravier ;

$$0,00040\left(1 + \frac{1,75}{R}\right)$$

A l'étranger d'autres formules, dûes à MM. Ganguillet et Kutter, Robert Manning, Humphreys et Abbot, sont employées concurremment avec celle de MM. Darcy et Bazin. Plus compliquées, parce qu'elles font entrer la pente I avec le rayon moyen R dans l'expression du coefficient variable, elles ne paraissent pas donner de résultats plus approchés de la réalité.

Pour une première approximation on se sert encore fréquemment de la formule simplifiée, dite de Tadini :

$$U = 50\sqrt{\overline{RI}}$$

1. Ganguillet et Kutter.

On peut ramener à la même forme $U = C\sqrt{RI}$ les formules rappelées plus haut, et M. Flamant a dressé des tables donnant le coefficient C d'après MM. Darcy et Bazin, Ganguillet et Kutter et Robert Manning (1).

On trouvera aux annexes (I) une table donnant les valeurs du coefficient b_1 d'après MM. Darcy et Bazin, pour les valeurs du rayon moyen comprises entre 0,01 et 6,00.

187. Formules de l'écoulement dans les conduites forcées. — On se sert pour la résolution des problèmes relatifs à l'écoulement dans les conduites forcées de formules analogues, établies d'après les résultats d'expériences faites à diverses époques, et donnant une relation entre la vitesse moyenne U, la *perte de charge* J et le diamètre D de la conduite supposée circulaire.

Comme pour les aqueducs libres, les coefficients numériques sont constants dans les formules anciennes. Celle de Prony, donnée plus haut, devient dans le cas des tuyaux :

$$\frac{DJ}{4} = a\,U + b\,U^2$$

et les coefficients a et b reçoivent les valeurs :

$$a = 0,000017 \qquad b = 0,000348$$

Les tables calculées sur cette base sont encore usitées : elles donnent des résultats assez approchés de la réalité pour les conduites en service de diamètres moyens ($0^m,20$ à $0^m,60$) ; mais elles conduisent à des dimensions trop faibles pour les tuyaux à petit débit et un peu fortes au contraire pour les grands débits. Nous donnons aux annexes une de ces tables (II). La formule monôme de Dupuit

$$U = 51\sqrt{\frac{DJ}{4}}$$

est commode mais d'une exactitude insuffisante.

Darcy, le premier, a proposé l'emploi d'un coefficient variable afin de tenir compte de l'état des parois, et sa formule

$$\frac{DJ}{4} = b_1\,U^2$$

où

$$b_1 = 0,000507 + \frac{0,00001294}{D}$$

pour la fonte recouverte de dépôts, et prend une valeur deux fois

---

1. Flamant, Hydraulique, pages 660-663.

moindre pour la fonte neuve, trois fois moindre pour les tuyaux en
tôle ou en verre, a été fort employée, bien qu'elle conduise à des
dimensions exagérées pour les grands et moyens diamètres. On
trouvera également aux annexes (III) une table calculée d'après
cette formule.

D'autres formules, dûes à Weisbach, à MM. Ganguillet et Kutter,
etc., sont usitées à l'étranger mais ne paraissent pas supérieures à
la précédente.

Récemment des tentatives ont été faites pour serrer de plus près
le problème et obtenir des résultats plus approchés. En Allemagne
M. Albert Franck, chez nous M. Maurice Lévy ont indiqué des formules nouvelles. En dernier lieu M. Flamant, après une discussion
approfondie de 92 séries d'expériences connues (1), a proposé la
formule suivante :

$$\frac{DJ}{4} = \frac{a}{\sqrt[4]{DU}} U^2$$

où le coefficient a prend les valeurs

    0,00023 pour la fonte en service

    0,000185 pour la fonte neuve

    0,00013 à 15 pour le plomb, le verre, le fer blanc, etc.

et qu'il a mise encore sous la forme

$$\frac{\Upsilon}{J} = \frac{1}{\sqrt[4]{Q^7}}$$

Il a calculé pour la fonte en service des tables donnant les valeurs
de Υ et de Q correspondant aux différents diamètres : nous les repro-
duisons aux annexes (IV), ainsi qu'un *abaque* très remarquable,
construit d'après la même formule et suivant la méthode de M.
d'Ocagne, par M. le commandant Bertrand.

Si l'on dispose d'une pente totale importante, il est avantageux
d'en profiter pour réduire la section de l'aqueduc en augmentant la
vitesse ; l'économie obtenue par suite de cette réduction n'est point
négligeable, bien que la section varie seulement comme l'inverse
de la racine carrée de la pente. Dans le cas où la pente totale
pourrait donner lieu à une trop grande vitesse, on la divise en ména-
geant des chutes en certains points, ce qui parfois facilite singulièrement l'adaptation du profil au relief plus ou moins accidenté du
terrain. Cette adaptation nécessaire conduit souvent aussi à faire

1. *Annale des Ponts et Chaussées*, 1892, 2e sem. page .

varier la pente et, par suite, la section d'un point à l'autre de l'a-
queduc.

« On ne peut soumettre, dit Dupuit, la pente des aqueducs aux
« lois d'une formule algébrique. C'est une question éminemment
« complexe comme celle de la pente des routes, des chemins de
« fer, etc. Pas plus que pour ces travaux, l'ingénieur ne doit s'as-
« sujettir à des limites de pente et à des pentes uniformes. Dans
« toute l'étendue du parcours, la pente et la section doivent varier
« suivant le relief du terrain ; cependant il va sans dire que, toute
« variation de ces quantités étant par elle-même un inconvénient,
« il faut qu'elle soit toujours motivée par des considérations d'une
« certaine importance. Il ne faut pas perdre de vue que la question
« à résoudre est de conduire une certaine quantité d'eau d'un point
« à un autre avec le plus d'économie possible (1). »

La considération de la nature des parois et des dégradations auxquelles peut les exposer la trop grande rapidité de l'écoulement
limite d'ailleurs les vitesses admissibles. Dans les aqueducs libres
le maximum peut varier beaucoup suivant les matériaux employés.
Dans les conduites forcées, toujours exécutées en matériaux résistants, ce maximum peut être assez élevé ; mais en pratique on
s'impose souvent de ne pas dépasser $2^m,00$ par exemple et même
moins pour ne pas augmenter outre mesure les pertes de charge. Au
reste, quelle que soit la vitesse, elle n'empêche jamais la formation
de ces dépôts adhérents qu'on trouve dans la plupart des conduites
d'eau après un temps plus ou moins long et qui sont si marqués
dans les aqueducs romains malgré leurs fortes pentes et les vitesses
considérables qui devaient en résulter.

189. Tracé des dérivations. — Le tracé d'un aqueduc libre
comporte toujours une étude fort délicate : les difficultés sont plus
grandes que pour le tracé d'une voie de communication, car l'écoulement de l'eau exige une pente continue, et, pour trouver sur toute
la longueur le terrain au niveau qui convient à l'établissement de
cette pente, il faut souvent décrire de nombreuses sinuosités, contourner les contreforts, pénétrer jusqu'au fond des vallons ; souvent
aussi le sol s'abaisse bien au-dessous de la ligne de charge ou s'élève
partout au-dessus, de telle sorte qu'il faut nécessairement placer
l'aqueduc en remblai ou en déblai, sur des supports de grande
hauteur, ou en tranchée profonde. Des ouvrages d'art plus ou moins

---

1. *Traité de la conduite et de la distribution des eaux,* p. 238.

importants et coûteux deviennent alors indispensables, *arcades*,
ponts-aqueducs, *souterrains* ; d'autres fois, ils s'imposent encore
par suite de l'obligation d'abréger le parcours, dont le développement excessif entraînerait de trop grandes pertes de charge ou des
dépenses inadmissibles. Tantôt l'étude du tracé ne laisse aucune
hésitation et aboutit à une solution unique ; tantôt, au contraire, elle
révèle la possibilité de plusieurs combinaisons différentes, entre
lesquelles il y a lieu de faire un choix, et doit être alors complétée
par un examen minutieux des conditions et des moyens d'exécution,
par une discussion approfondie et méthodique.

Le tracé des conduites forcées est, au contraire, relativement facile.
Il est manifestement nécessaire qu'en aucun point ces conduites ne
s'élèvent plus haut que la ligne de charge, car l'eau ne saurait la
dépasser, et comme elle s'arrêterait au moment de l'atteindre, il
ne se produirait pas d'écoulement. Mais, cette condition remplie,
le profil peut être établi suivant une ligne quelconque ou à peu près.
Sans doute on doit chercher à éviter les sinuosités trop profondes,
qui augmentent la pression dans les conduites et obligent à en accroître la résistance, ainsi que les points haut où l'air tend à s'accumuler et ne tarde pas à faire obstacle à l'écoulement ; mais ce
sont là des difficultés secondaires et dont on triomphe au besoin en
augmentant les épaisseurs et en disposant des appareils pour l'é-
vacuation de l'air. Cette facilité de tracé est un avantage précieux
qui permet souvent de se dispenser d'expropriations coûteuses, en
empruntant le sol des voies publiques existantes, et de simplifier
par suite les opérations préliminaires et les formalités de tout
genre, ou de diminuer la longueur du parcours et la durée des travaux, etc. D'autre part elle n'est pas sans danger, car il arrive parfois qu'elle motive une préférence irraisonnée, et qui ne résisterait
pas à une comparaison sérieuse, en faveur des conduites forcées,
alors que les aqueducs libres seraient plus satisfaisants à tous égards
et surtout plus économiques. Remarquons d'ailleurs, en passant, que
les conduites forcées ne s'appliquent pas au cas où la ligne de charge
est en grand déblai, puisqu'un souterrain devient alors nécessaire
et qu'il est rationnel d'y faire couler l'eau librement, au lieu de l'en-
fermer dans une conduite qui serait placée elle-même dans la galerie et dont l'addition doublerait inutilement les frais.

§ 2.

AQUEDUCS DÉCOUVERTS

190. Rigoles en terre. — Les rigoles en terre, dont l'exécution est généralement fort économique et qui rendent de grands services dans certains cas, notamment pour les irrigations, constituent un mode très défectueux d'amenée de l'eau destinée à l'alimentation des villes.

En effet, outre qu'elle s'y perd en partie par infiltration, l'eau y est exposée à des causes multiples d'altération : entraînement de parcelles détachées des parois, dissolution de certaines substances contenues dans le sol, action de l'air et du soleil, développement de la végétation ; elle s'y charge d'impuretés, et y éprouve des variations de température considérables, depuis les chaleurs extrêmes causes de fermentations fâcheuses, jusqu'aux froids rigoureux qui l'immobilisent en la transformant en glace.

Ces inconvénients s'atténuent dans les rigoles de grandes dimensions, larges et profondes, où l'eau a un cours assez rapide pour s'opposer à l'envasement et à la pousse des herbes ; mais alors il faut souvent défendre les berges contre la corrosion au moyen de revêtements en fascinage ou de perrés ; la dépense qui en résulte, celle d'acquisition des terrains sur une largeur assez grande pour recevoir les talus, etc., les frais d'étanchement, ceux d'entretien et de curage, peuvent faire disparaître en partie l'économie que paraît présenter *à priori* la rigole en terre sur l'aqueduc maçonné.

Quoi qu'il en soit, dans certaines circonstances, les rigoles sont utilisées avec avantage : citons, par exemple, le cas de l'alimentation des réserves d'eau obtenues par le barrage des vallées ; l'eau devant s'y clarifier par le repos, peut y être reçue sans inconvénient quoique chargée des troubles dus à son écoulement dans des canaux en terre.

Parmi les applications les plus connues on peut mentionner le New-River à Londres, le beau canal exécuté en vertu de la loi du 4 juillet 1838 par M. de Montricher, pour l'alimentation de Marseille, qui emprunte à la Durance jusqu'à 13 mètres cubes par seconde et n'a pas moins de 81.754 mètres de longueur, enfin les rigoles qui dépendent du système des étangs de Versailles.

Le plus souvent les rigoles reçoivent la section type des canaux, de la forme d'un trapèze, avec plafond horizontal et talus plus ou moins inclinés suivant la nature du terrain. Leur pente varie de $0^m,05$ à $0^m,70$ par kilomètre, la vitesse de l'eau de $0^m,30$ à $0^m 60$ sans revêtement des berges, et de $0^m,70$ à $1^m,20$ avec revêtement.

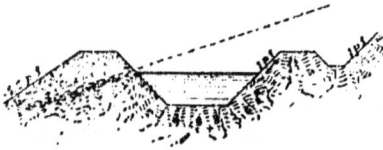

Quand une rigole est taillée dans le roc compact et résistant, les parois peuvent être tenues verticales ; la section devient alors rectangulaire, et rien n'empêche d'admettre des vitesses supérieures à $1^m,20$: ce cas n'est pas rare dans les pays de montagnes. Il se rencontre dans certaines sections du canal de la Durance, bien que la section normale de ce canal soit trapézoïdale, avec 3 mètres de largeur au fond, 7 mètres à la ligne d'eau et $2^m,40$ de profondeur · sa pente générale est de $0^m,33$ par kilomètre.

Souvent les parois reçoivent un revêtement sur une certaine hauteur seulement, au voisinage de l'eau, afin d'y protéger les terres contre les corrosions résultant de l'agitation superficielle.

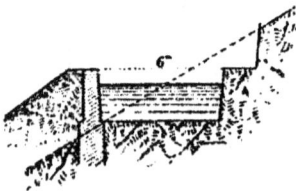

Parfois, lorsque les rigoles sont tracées à flanc de côteau, le côté en remblai est formé par un mur en maçonnerie, avec ou sans talus en terre : le premier cas se rencontre sur le parcours du canal de Marseille.

Des *fossés* sont fréquemment disposés sur l'un des côtés de la rigole, pour recevoir et détourner les eaux de superficie, dont le mélange avec l'eau dérivée pourrait avoir des conséquences fâcheuses ; des *banquettes* sur l'un des côtés ou sur les deux pour faciliter la surveillance et l'entretien ; des *contre-fossés* ou des *drains* pour protéger les terres contre les infiltrations, etc.

191. Canaux d'amenée servant à la navigation. — Les grandes dimensions qu'on est obligé de donner aux rigoles en terre, lorsque sous une pente assez faible elles doivent amener des quantités d'eau un peu considérables, ont dû naturellement suggérer l'idée de les utiliser en même temps pour la navigation. Mais il est rare que les circonstances se prêtent à l'adoption de cette combinaison mixte, peu recommandable d'ailleurs, puisque la navigation vient ajouter une cause de contamination de plus à toutes celles auxquelles l'eau est déjà exposée dans les canaux en terre.

Le canal de l'Ourcq en fournit un exemple. Créé pour amener à Paris 80.000 mètres cubes par 24 heures d'eau dérivée de la rivière de l'Ourcq et de quelques autres affluents de la Marne, il n'en fournit pas moins de 130.000 aujourd'hui, à la cote 52, soit 25 mètres au-dessus du niveau de la Seine : d'autre part, il dessert une navigation assez active, qui s'effectue au moyen de bateaux spéciaux, dits *flûtes* d'Ourcq, de 28 mètres de longueur, 3 mètres de largeur, et d'une capacité de 50 tonnes ; et, de plus, il assure l'alimentation des canaux Saint-Denis et Saint-Martin. Sa longueur est de 107.914 mètres, avec une pente totale de 15^m,35, rachetée tant par la pente des biefs (0^m,0625 à 0^m,12366 par kilomètre) que par 10 écluses de 0^m,60 à 1^m,80 de chute. Les eaux amenées à Paris par le canal de l'Ourcq sont exclusivement affectées aux usages publics et industriels, lavage et arrosage des rues, cours et jardins, alimentation des lavoirs, machines à vapeur, etc.

A plusieurs reprises, on a proposé de recourir encore une fois à un ouvrage de ce genre pour compléter l'alimentation de Paris : un canal navigable à grande section y amènerait une quantité d'eau considérable empruntée à la Loire, en suivant un tracé qui permettrait d'aboutir sur les coteaux au sud de Paris à la cote 70, soit 43 mètres au-dessus du niveau de la Seine. Malgré plusieurs études sérieuses, dont l'une avait en même temps pour objet l'irrigation de la Beauce, ce projet n'a pas abouti ; la dépense en serait considérable et il ne fournirait qu'une eau de qualité médiocre bien que peu minéralisée.

192. Rigoles en maçonnerie. — On évite une partie des inconvénients des rigoles en terre en y substituant des aqueducs maçonnés : la pousse des herbes, la corrosion et l'éboulement des berges ne sont plus alors à redouter ; l'écoulement est meilleur, le débit plus grand pour une même section, le curage insignifiant.

La section transversale n'ayant plus nécessairement la forme d'un trapèze ou d'un rectangle, il convient de choisir celle qui, pour un même périmètre mouillé, donne la plus grande surface d'écoulement. Or, si l'on représente par 1 la vitesse que prendra l'eau dans une section rectangulaire dont la hauteur est le double ou le huitième de la base, on trouve que

dans le *carré* équivalent la vitesse sera 1,07
— *double carré* — — 1,09
— *demi-hexagone* — — 1,13
— *demi-cercle* — — 1,15

ce qui fait ressortir la supériorité de la section demi-circulaire.

Mais l'absence de couverture laisse l'eau exposée aux contaminations par les poussières, les insectes, etc., aux variations de température aussi ; la maçonnerie souffre souvent, par suite de la gelée, au voisinage de la ligne d'eau ; enfin, la dépense devient beaucoup plus considérable et se rapproche sensiblement de celle occasionnée par la construction des aqueducs couverts, qui doivent alors être préférés.

§ 3.

AQUEDUCS COUVERTS

193. Leurs avantages. — Dans un aqueduc couvert, l'eau est garantie contre les contaminations du dehors, les eaux superficielles, le développement des végétaux ou des insectes, la chaleur et le froid, contre la malveillance même, pour peu que l'on prenne les précautions convenables.

La constance de la température y est obtenue à la seule condition que le dessus de la couverture soit à une profondeur suffisante au-dessous du sol, 0m,80 à 1 mètre dans nos pays, 2 mètres sous un climat plus froid. Les eaux de la Dhuis et de la Vanne conservent à 1 degré près leur température initiale, après des parcours de 130 et 170 kilomètres, aussi bien pendant les grandes chaleurs de l'été que pendant les froids les plus vifs de l'hiver, de sorte qu'elles arrivent aux réservoirs sans avoir perdu la fraîcheur qu'elles présentent aux sources mêmes. Le même résultat a été constaté sur la dérivation de l'Avre et sur tous les aqueducs couverts de grande longueur convenablement établis.

La composition de l'eau ne paraît point s'altérer par un écoulement prolongé dans un aqueduc en maçonnerie ; elle ne se charge pas de chaux, si elle est naturellement douce, et, pour peu qu'elle soit incrustante, elle dépose sur toute la surface mouillée une couche de tartre solide et adhérent, qui supprime tout contact direct avec les parois.

Le prix d'établissement des aqueducs n'est d'ailleurs pas trop élevé lorsqu'on leur donne une section de forme rationnelle, étudiée de manière à réduire au minimum les cubes de déblai et de maçonnerie. En effet, une galerie souterraine, nécessairement maintenue par le sol naturel dans lequel elle est placée, ne peut pas se renverser à l'extérieur ; et, pour peu qu'on donne à la voûte assez de flèche pour rendre très faible la poussée aux naissances, on arrive aisément à obtenir, même avec une épaisseur de maçonnerie très réduite, l'équilibre entre la poussée et la pression extérieure des terres, telle qu'elle s'exerçait sur le massif que la galerie remplace. C'est, en somme, une espèce de tuyau auquel il convient de donner une épaisseur variable avec le diamètre, mais toujours médiocre et à peu près constante sur tout le périmètre.

194. Section transversale des aqueducs couverts. — On doit rechercher, pour les aqueducs couverts comme pour les rigoles, la forme qui correspond au plus fort rayon moyen, ou, en d'autres termes, celle qui, pour un périmètre donné, offre la plus grande section d'écoulement ; il faut en même temps se proposer de réduire au minimum la poussée exercée sur les terres.

La forme circulaire répond mieux que toute autre à cette double condition, car, d'une part, une voûte en plein cintre ne donne pas de réaction horizontale aux naissances, et, d'autre part, on peut admettre que la figure correspondant au rayon moyen maximum est le segment de cercle qui a pour corde le côté du triangle équilatéral inscrit (1).

Dans certains cas, cependant, on peut être conduit à préférer au cercle une autre forme qui présente quelque avantage à d'autres points de vue. C'est ce qui arrive notamment lorsqu'on veut donner à l'aqueduc une section qui permette la circulation d'un homme debout, et que le cercle calculé pour le débit nécessaire ne présenterait qu'une hauteur insuffisante ; la forme *ovoïde* est alors la forme la plus favorable, car elle se prête aisément à une augmentation de hauteur, tout en conservant, soit pour l'écoulement, soit pour la poussée, les avantages de la forme circulaire. Le profil se compose alors d'une demi-circonférence supérieure qui constitue l'intrados d'une voûte en plein cintre, et d'un arc circulaire inférieur raccordé à la demi-circonférence par deux arcs de grand rayon. Le plus souvent le rayon de l'arc inférieur est plus

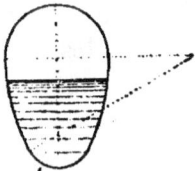

1. En réalité, le maximum, d'après M. Collignon, correspond au cas où l'arc mouillé est de 257° 28', tandis que la règle pratique donnée ci-dessus suppose un arc de 240° seulement. Il est supérieur d'un cinquième environ au rayon moyen du cercle plein ou du demi-cercle. (0,6086 r au lieu de 0,50).

petit que celui de la demi-circonférence supérieure, l'œuf présente
son petit bout vers le bas : cette disposition a en effet l'avantage de
permettre d'appuyer les maçonnerie des piédroits sur les parois de
la fouille, plus étroite au fond qu'au sommet. Mais, si le volume
d'eau à écouler est considérable, il peut devenir avantageux d'a-
dopter la disposition inverse, de placer en bas le gros bout de l'œuf,
afin d'augmenter la section mouillée, tandis que vers le haut il
suffit d'avoir une largeur permettant le passage des épaules de
l'homme chargé de la visite.

Les aqueducs anciens ne présentent pas ces formes rationnelles ;
presque toujours le radier est plat, les piédroits sont verticaux, et
par suite les épaisseurs données aux maçonneries considérables.
Quelquefois on s'est proposé d'y rendre la circulation possible,
même pendant l'écoulement de l'eau, et l'on a disposé à cet effet, à
côté de la *cunette* destinée à recevoir l'eau, une *banquette* spéciale,
ce qui oblige à relever la voûte, de manière à laisser une hauteur
suffisante au-dessus de la banquette, et conduit à des sections énormes pour un volume insignifiant : c'est évidemment un luxe inutile
et auquel on doit renoncer, à moins qu'on ne se trouve dans quelque circonstance exceptionnelle, comme il peut arriver par exemple dans le cas du percement d'un souterrain, où la section minima
est évidemment celle qui permet le travail d'un homme.

Un aqueduc circulaire ou ovoïde en déblai peut être exécuté
avec une épaisseur très faible de maçonnerie, pour peu que le terrain soit de consistance moyenne, et réduite à celle d'une simple
chape s'il est solide et compact ; les épaisseurs doivent être augmen-
tées lorsque l'aqueduc est en relief, la base élargie lorsque le sol
est meuble ou compressible.

195. Types d'aqueducs couverts. — Les sections des aqueducs de la Dhuis et de la Vanne, construits par Belgrand en 1864-66
et 1868-74 pour l'alimentation de Paris, sont conformes aux indications théoriques qui précèdent. Celle de l'aqueduc de la Dhuis est
ovoïde, plus large vers le bas que vers le haut, sa hauteur est de
$1^m,76$ et sa largeur maxima de $1^m,40$; l'épaisseur uniforme des maçonneries ne dépasse pas $0^m,18$. L'aqueduc de la Vanne présente
une section circulaire de $2^m,10$ de diamètre intérieur, l'épaisseur
des maçonneries est de $0^m,20$ seulement aux extrémités du diamètre vertical et de $0^m,28$ à celles du diamètre horizontal ; les collecteurs secondaires ont reçu aussi la forme circulaire, mais avec un
diamètre intérieur de $1^m,80$, $1^m,70$, $1^m,60$ et des épaisseurs propor-

tionnées. Ce sont d'excellents types à suivre pour la construction
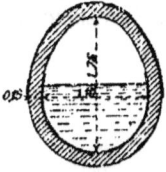 de grands aqueducs dans des
terrains ordinaires. Ils ont été
reproduits depuis lors dans les
divers travaux d'adduction d'eau
exécutés en France pour les villes de Lille, Dieppe, Grenoble,

Dhuis.

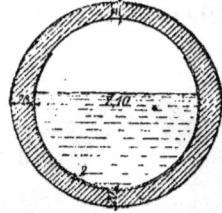

Vanne.

Paris (dérivation de l'Avre 1890-93), etc.

Pour les petits aqueducs non visitables la meilleure forme est
celle d'un tuyau cylindrique, auquel on donne une résistance plus
que suffisante avec des épaisseurs extrêmement faibles. Ainsi l'on
a obtenu dans la vallée de la Vanne d'excellents résultats pour la
confection de petits aqueducs, destinés à conduire l'eau
des sources secondaires aux collecteurs, avec des tuyaux
en béton moulés par bouts de 0^m,60 à 1 mètre, et qui
pour 0^m,30 à 0^m,35 de diamètre intérieur ont reçu seulement 0^m,03
ou 0^m,04 d'épaisseur. Les tuyaux en ciment armé ou en poterie de
grès réussissent fort bien avec des épaisseurs plus faibles encore,
pourvu qu'ils soient recouverts de 0^m,80 à 1 mètre de terre.

Ces types sont récents ; ils n'ont été adoptés en France que depuis l'époque, encore peu éloignée, où Dupuit a posé les principes
qui doivent présider à la construction des aqueducs couverts et que
nous avons résumés plus haut. Ils commencent à se répandre à
l'étranger : ainsi aux États-Unis on a donné une forme ovoïde,
analogue à celle de l'aqueduc de la Dhuis, à la conduite qui amène
à Boston les eaux du lac Cochituate (hauteur 1^m,93, diamètre maximum 1^m,52, épaisseur 0^m,23 ; et depuis à celle plus considérable
(Section 5mq.) qui fournit dans la même ville l'eau de la rivière Sud-
bury ; l'aqueduc du Potomac, qui alimente Washington, a reçu
comme celui de la Vanne la forme circulaire (diamètre 2^m,75) ; celui de la Virnwy (Liverpool-1893) ; le nouvel aqueduc du Croton
(New-York) ; l'aqueduc de Naples, achevé en 1885, ont reçu également, dans certaines parties, des sections circulaires, avec des diamètres variant de 2^m à 4^m,50. Mais celui de Vienne (Autriche), qui
n'a été mis définitivement en service que dans le courant de 1875,
présente encore une section à piédroits verticaux et radier plat, avec
des épaisseurs de maçonnerie considérables ; celui du Lock Katrine,
qui alimente Glasgow et qui remonte à 1856-59, a une forme plus
satisfaisante sans doute mais encore une épaisseur trop grande et
l'on y retrouve le radier plat ; le premier aqueduc du Croton, construit en 1838 pour la ville de New-York (États-Unis) a bien une

voûte assez mince en plein cintre, mais un radier aplati et des piédroits fort épais, et les sections en fer à cheval ou rectangulaires sont

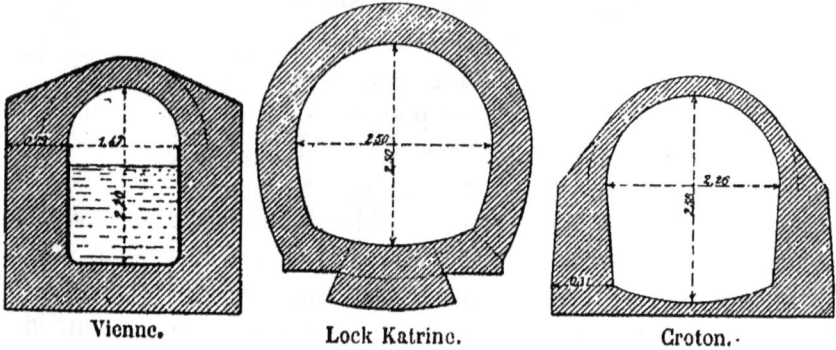

Vienne.   Lock Katrine.   Croton.

encore en faveur chez les ingénieurs anglais et américains, qui viennent de les appliquer récemment aux nouveaux aqueducs de Glasgow et Manchester et sur la majeure partie de sa longueur au second aqueduc du Croton (New-York).

Longtemps l'aqueduc du Rosoir, construit par Darcy en 1839 pour
l'alimentation de la ville de Dijon, a été cité comme un modèle, malgré l'épaisseur exagérée donnée aux maçonneries. L'aqueduc

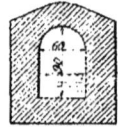

Dijon.

de ceinture, à Paris, qui conduit les
eaux de l'Ourcq du bassin de la Villette
au réservoir Monceau, et qui a été construit de 1808 à 1816, a été, à juste titre,
l'objet des critiques de Dupuit : le volume des maçonneries y est considérable.

Ces types étaient la reproduction
améliorée de ceux des aqueducs construits au XVIIᵉ et au XVIIIᵉ siècles, où d'é-
normes sections ont été employées
pour l'amenée de très petites
quantités d'eau ; l'aqueduc d'Arcueil, qui remonte à l'époque de
Louis XIII, celui de Montpellier,
qui a fait au cours du siècle dernier la réputation de Pitot, en
fournissent des exemples.

Les anciens aqueducs romains avaient des
sections du même genre, mais comme ils re-

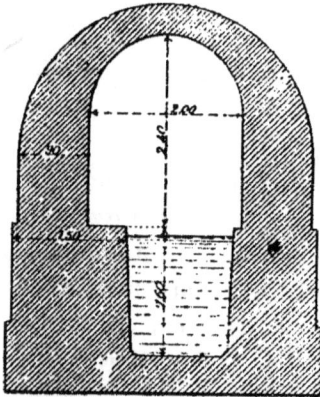

Aqueduc de ceinture à Paris.

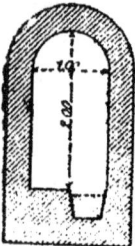

Montpellier.

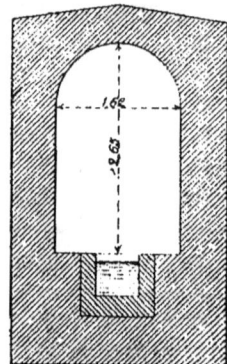

Aqueduc d'Arcueil.

cevaient des volumes d'eau considérables, l'utilisation des maçonneries y était poussée bien plus loin en réalité.

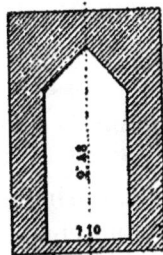

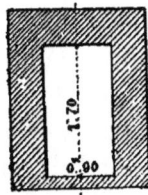

Anio vetus.   Marcia.   Virgo.

196. Mode de construction des aqueducs. — Les aqueducs
couverts de grande section ont de tout temps été exécutés en maçonnerie ; on y a fait en général emploi soit des matériaux trouvés
dans le voisinage du tracé soit des plus répandus et des plus usités
dans la région. Au fur et à mesure des progrès réalisés dans les
constructions hydrauliques, on y a consacré des matériaux de plus
en plus petits : la pierre de taille, le moellon, la brique ont été successivement employés par les Romains aux diverses époques de leur
histoire ; et, dans les temps modernes, on a commencé encore par la
pierre de taille, que l'on trouve aux aqueducs d'Arcueil, de Montpellier, etc., pour passer ensuite aux moellons appareillés, puis aux
moellons bruts, aux briques et même au béton.

La fabrication des ciments a favorisé cette transformation. Les ciments présentent, en effet, pour la construction des aqueducs des
avantages incontestables; leur grande résistance permet de réduire
les épaisseurs des maçonneries, leur prise rapide facilite le décintre-
ment des voûtes, et ils se prêtent merveilleusement à la confection
des enduits. Les mortiers de ciment s'allient mieux avec les matériaux siliceux qu'avec les moellons calcaires, et on recherche en conséquence les premiers de préférence ; c'est ainsi qu'on a utilisé la
meulière de la Brie à la construction de l'aqueduc de la Dhuis et des
parties de ceux de la Vanne et de l'Avre les plus rapprochées de Paris, le grès et le silex dans d'autres parties de ces derniers aqueducs.

Les maçonneries ne sont pas étanches en général, celles hourdées au mortier de ciment moins encore que les autres, car le dosage en est tel d'ordinaire que les vides du sable y sont incomplètement remplis : pour empêcher qu'elles ne laissent échapper au
dehors les eaux à écouler dans l'aqueduc, ou pénétrer à l'intérieur
les eaux superficielles, on les recouvre d'ordinaire d'un enduit sur

le périmètre mouillé et d'une chape sur l'extrados de la voûte. Les Romains ont connu les enduits et l'on en retrouve des traces non équivoques dans leurs aqueducs les plus récents, au pont du Gard, à Sens, etc., mais l'usage s'en est perdu, et les aqueducs modernes en pierre de taille en étaient dépourvus; aussi l'étanchéité y laissait-elle si fort à désirer qu'on a dû revêtir d'une lame de plomb la cuvette de l'aqueduc de Montpellier (1).

Le béton gras, exécuté avec soin et suffisamment comprimé, peut être rendu étanche sans enduit, même sous une faible épaisseur; grâce à cette propriété, il est appelé à rendre des services pour la confection des petits aqueducs. Deux procédés peuvent être appliqués pour l'emploi du béton : tantôt on le coule dans la fouille autour de mandrins en bois ou en tôle, qu'on fait avancer peu à peu au fur et à mesure de la prise, de manière à obtenir des conduits monolithes, sans joints sur toute la longueur; tantôt on prépare des bouts de tuyaux moulés dans des moules à charnières en bois ou en tôle, et on les assemble dans la fouille en formant le joint au moyen d'un bourrelet de béton ou de mortier qui enveloppe les abouts, soit droits, soit à emboîtements mâle et femelle, de deux tuyaux successifs; un outil en bois, introduit à l'intérieur pendant la confection du joint, empêche les bavures. Le premier procédé est le plus recommandable, mais il exige une main-d'œuvre extrêmement soignée et par suite une surveillance assidue; le second est d'une application plus facile et se prête mieux pour les petits aqueducs à l'adoption de très faibles épaisseurs. Belgrand n'a pas hésité à recourir au béton Coignet pour la construction de l'aqueduc de la Vanne, malgré les grandes dimensions de l'ouvrage, dans toute la traversée de la forêt de Fontainebleau, où les matériaux faisaient défaut.

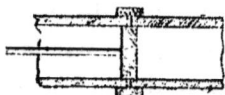

Les aqueducs en maçonnerie sont d'ordinaire recouverts au moyen de *voûtes*. On trouve cependant un certain nombre d'anciens aqueducs dont la couverture est formée par des *dalles;* nous citerons le pont du Gard parmi les aqueducs romains, les aqueducs de Montpellier, de Breslau, parmi les ouvrages modernes, mais les dalles coûtent cher dès que les dimensions sont un peu grandes, et on ne les emploie plus que dans les cas tout à fait exceptionnels. Pour protéger la couverture contre les intempéries et contre les chocs qui

---

1. On a récemment étanché par le même procédé l'aqueduc d'Arcueil (dérivation de la Vanne), dont l'enduit s'était fissuré en même temps que les maçonneries, par suite de tassements dans les fondations.

pourraient en provoquer la dislocation, on la recouvre presque toujours d'une couche de terre de 0^m,80 à 1 mètre d'épaisseur au

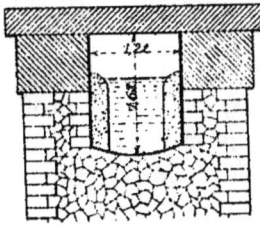

Pont du Gard.   Aqueduc de Montpellier.   Aqueduc de Breslau.

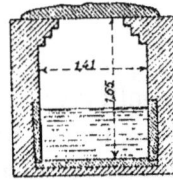

moins; c'est une excellente garantie contre les effets des variations
de température, et à laquelle il est bon de recourir aussi bien pour
les aqueducs en relief que pour ceux en tranchée.

Lorsque cette précaution a été prise, l'entretien des aqueducs en
maçonnerie de ciment se réduit à fort peu de chose; les enduits
s'y conservent et les réparations y sont rarement nécessaires. Mais,
lorsque les maçonneries ne sont pas enveloppées de terre, il ne tarde
pas à s'y produire des fissures, d'où résultent des pertes d'eau, et
qui peuvent amener à la longue la ruine de l'ouvrage ; les aqueducs
de l'ancienne Rome ont dû être restaurés à maintes reprises pour
y rétablir l'écoulement de l'eau, qui se perdait sur le parcours, par
suite de la dislocation des maçonneries, plus ou moins hâtée par les
entreprises des riverains.

Les eaux très calcaires déterminent la formation d'un dépôt adhérent sur les parois des aqueducs ; on trouve des incrustations de
grande épaisseur dans les aqueducs romains, (voir ci-dessus la
section de l'aqueduc du pont du Gard) ; à la rigueur, dans les aqueducs visitables, il serait possible de procéder à l'enlèvement de
ces dépôts s'ils devenaient gênants, mais dans les petits aqueducs
on ne saurait y songer, et c'est un motif pour éviter, si faire se
peut, l'adduction des eaux incrustantes, qui ont d'ailleurs plus
d'un inconvénient.

Les tuyaux en *poterie* ou en *grès* sont parfois utilisés pour l'établissement d'aqueducs de très petites dimensions. On les fait soit
à emboîtement, soit droits ; dans ce dernier cas le joint s'exécute

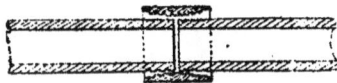

au moyen d'un manchon. Ils sont le plus souvent reliés entre eux à
l'aide d'un coulis de ciment pur ou de mortier de ciment. Les con-

duites ainsi obtenues sont lisses, l'écoulement s'y fait bien; mais elles sont très fragiles, point élastiques, et demandent à être efficacement protégées contre les chocs et les variations de température.

Le *ciment armé*, désigné aussi sous les dénominations de *sidéro-ciment*, de *système Monier*, et qui consiste dans l'emploi de carcasses métalliques en barres de fer ou d'acier, rondes ou profilées, noyées dans un mortier de ciment, a été proposé depuis peu pour la construction des aqueducs. Nous l'avons employé avec succès en 1894 à la confection d'un conduit circulaire de 3 m. de diamètre faisant partie de l'émissaire général des eaux d'égout de Paris. Ses qualités de résistance, de légèreté et d'économie semblent devoir lui assurer de nombreuses applications.

§ 4.

CONDUITES FORCÉES

197. Amenée de l'eau en pression. — Les conduites forcées présentent au point de vue de la préservation des qualités de l'eau les mêmes avantages que les aqueducs libres couverts; elles la protègent également contre l'action de la lumière, les variations de température, les contaminations possibles. D'autre part elles offrent de grandes facilités de tracé et d'établissement, et permettent souvent de diminuer les grands parcours qu'imposeraient les aqueducs libres; ainsi, d'Uzès à Nîmes, la conduite forcée a 20 kilomètres de longueur, tandis que l'aqueduc romain qui reliait les deux mêmes points n'en n'avait pas moins de 50; de même à Rome l'antique Marcia, rétablie en 1870 sous le nom de Pia, n'a plus qu'un parcours de 52 kilomètres, dont certaines parties en conduite forcée, au lieu des 91 kilomètres qu'elle avait à l'origine.

Mais la pression, qui s'exerce à l'intérieur des conduites forcées, oblige à y employer soit des épaisseurs plus grandes, soit des matériaux plus résistants. D'autre part le frottement de l'eau, se produisant sur tout le périmètre, y détermine une perte de charge plus considérable que dans les aqueducs libres, de telle sorte que la vitesse et le débit y sont moindres pour une même section. La conséquence est que la dépense au mètre courant est plus grande pour la conduite forcée que pour l'aqueduc libre.

Puis la conduite forcée est plus fragile, plus exposée aux ruptures, à cause des pressions intérieures qu'elle supporte. Presque toujours formée d'une file de tuyaux, elle présente aux joints des points faibles; le moindre tassement la disloque. Et, comme une rupture arrête immédiatement le service, on n'obtient une sécurité réelle qu'en dédoublant la conduite et la composant de deux files de tuyaux parallèles et suffisamment éloignées l'une de l'autre, ce qui augmente encore de 50 pour 100 au moins la dépense de premier établissement.

Sans doute, quelle que soit la dépense par mètre, elle peut être compensée pour l'ensemble par des abréviations de parcours, par la suppression de certains ouvrages en relief au-dessus du sol, et souvent il peut y avoir économie à remplacer un aqueduc libre par une conduite forcée. Mais en général, lorsqu'on a le choix, l'aqueduc libre est plus avantageux, et il convient presque toujours de réserver l'emploi des conduites forcées pour le cas où la ligne de charge se trouve à une grande hauteur au-dessus du sol.

198. Matériaux employés. — Les conduites forcées s'exécutent le plus habituellement en tuyaux de fonte. Mais on en a construit avec beaucoup d'autres matériaux.

Le *bois* y a été employé quelquefois. On cite une grosse conduite en bois de 1^m,20 de diamètre qui amenait encore récemment à Toronto (Canada) l'eau captée dans une île du lac Ontario ; et à Denver (États-Unis) on a construit une conduite de 0^m,76 de diamètre en douves de pin cerclées de fer qui supporte une pression d'eau de 56 mètres sur une longueur de 26 kilomètres (1).

La *poterie* peut servir à l'exécution de conduites de petit diamètre et soumises à de faibles pressions, mais sa fragilité la rend peu propre à cet usage.

La *maçonnerie* et surtout le *béton* sont préférables, quoique très sensibles aux variations de température et par suite exposés à des accidents assez fréquents; on en a fait de nombreuses applications : c'est par une conduite en béton de 1^m,30 de diamètre que l'eau de la Vanne pénètre dans Paris, au sortir du réservoir de Montrouge; à la Lauvière, le canal du Verdon présente une conduite forcée en maçonnerie de 2^m,30 de diamètre.

Le *ciment armé* offre aux constructeurs une ressource nouvelle pour l'établissement des conduites forcées et a déjà reçu plus d'une application, en général sous des pressions modérées, notamment à Venise pour l'amenée des nouvelles eaux d'alimentation à travers la

1. Génie Civil. — 18 avril 1894.

lagune, à Bône, etc. Nous l'avons employé en 1894 à la construction d'une conduite forcée de 1^m,80 de diamètre où la pression s'élève jusqu'à 20 mètres (1).

Le *plomb*, seul métal qui ait été appliqué par les Romains à la confection des conduites forcées, n'a pas assez de résistance pour que l'emploi en soit économique dès que le diamètre est un peu considérable. Aussi, bien que l'usage du plomb soit presque général pour l'établissement des petites conduites de distribution, ne s'étend-il pas à l'établissement de conduites de diamètre supérieur à 0^m,06 ou 0^m,08, à moins de cas tout spéciaux, où ce métal se trouve présenter sur le fer quelque avantage particulier.

La *fonte* s'emploie en tuyaux moulés de 2^m,50 à 4 mètres de longueur utile, presque toujours à *emboîtement* : les joints sont faits le plus souvent à la corde goudronnée et au plomb. Beaucoup d'autres modes de jonction ont été imaginés et peuvent s'appliquer aux conduites forcées en fonte aussi bien qu'aux conduites de distribution, — nous donnerons quelques détails à ce sujet dans un chapitre ultérieur (2) — mais aucun n'a supplanté le joint à emboîtement qui est de beaucoup le plus répandu. On fabrique des tuyaux en fonte de tous les diamètres, depuis 0^m,03 jusqu'à 1^m,30 : la dimension de 1^m,30, récemment atteinte en France, ne paraît pas encore avoir été dépassée nulle part dans la fabrication courante.

Quand on a besoin d'aller au delà, on peut recourir aux tuyaux en *tôle* de fer ou d'acier rivés, que rien n'empêche d'exécuter sur des dimensions quelconques. Ces tuyaux l'emportent aussi sur ceux en fonte, même pour les diamètres courants, quand ils doivent supporter de très fortes pressions. De même dans certains cas spéciaux, par exemple lorsqu'il s'agit de franchir d'une seule portée un ravin ou un cours d'eau, car ils peuvent former au besoin des conduites rigides de grande longueur. On les emploie soit nus, soit enveloppés de bitume ou de béton. Enfin l'on commence à fabriquer des tuyaux d'une seule pièce en tôle d'acier qui sont peut-être appelés à un brillant avenir.

§ 5.

TRAVERSÉE DES VALLÉES

199. Arcades. — Lorsque le tracé d'une rigole ou d'un aqueduc

---

1. Première conduite de refoulement d'Argenteuil (Aqueduc d'Achères. Emissaire général des eaux d'égout de Paris).
2. Voir chapitre XII.

rencontre une vallée, l'idée qui se présente le plus naturellement à l'esprit, pour franchir cet obstacle, est de supporter l'ouvrage à la traversée de la vallée par une substruction, dans laquelle on pratique, s'il y a lieu, des ouvertures pour le passage des routes et des cours d'eau.

Les longues séries *d'arcades*, qui sillonnent la campagne romaine, s'y entre-croisent, s'y superposent, dont l'aspect monumental n'a pas peu contribué à faire la grande réputation des hydrauliciens de l'ancienne Rome, étaient des substructions de ce genre, destinées à prolonger jusqu'aux portes de la Ville éternelle les aqueducs qui y versaient en si grande abondance l'eau recueillie dans l'Apennin.

Arcades d'Hadriana.

Arcades de Claudia et d'Anio novus.

On les retrouve dans tout le monde romain, et le pont du Gard, qui portait l'aqueduc consacré à l'alimentation de la ville de Nîmes, est un bel exemple devenu classique de ces monuments gigantesques dont les ruines subsistent encore et n'ont pas cessé d'exciter une admiration méritée.

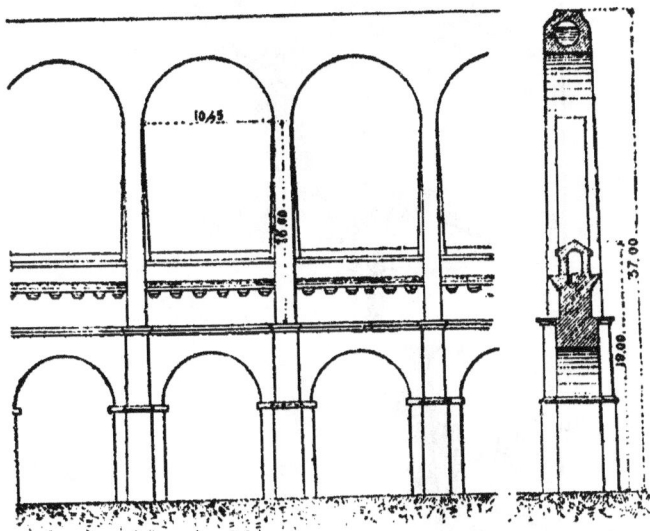

Aqueduc d'Arcueil.

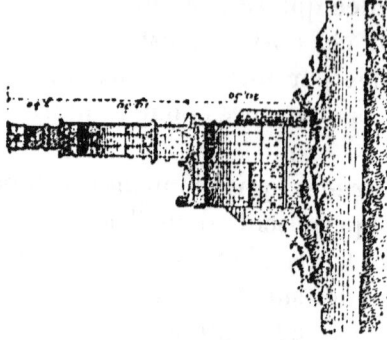

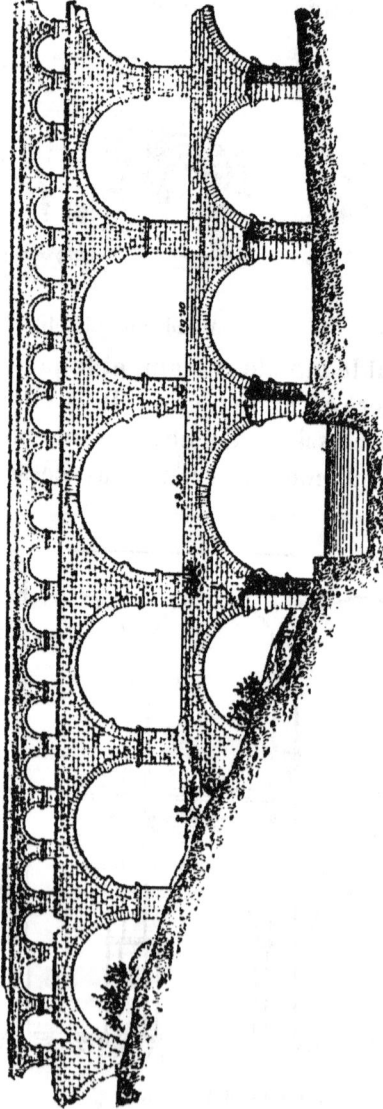

Pont du Gard.

Souvent, dans la construction des aqueducs modernes, on a pris pour types les beaux ouvrages des Romains. Nous ne citerons que pour mémoire les lourdes masses des aqueducs de Marly et de Buc qui portent à Versailles les eaux de la Seine et celles des étangs, de l'aqueduc de Maintenon commencé par Vauban pour y amener celles de l'Eure. Mais l'aqueduc d'Arcueil, établi par Marie

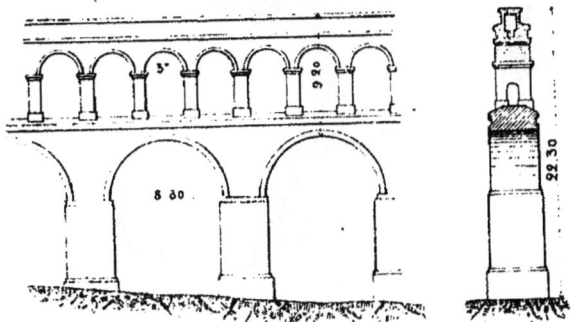

Aqueduc du Peyrou (Montpellier).

de Médicis aux portes de Paris sur les ruines de l'aqueduc des Thermes de l'empereur Julien et surmonté lui-même aujourd'hui par l'aqueduc de la Vanne, l'aqueduc du Peyrou à Montpellier (Pitot, 1752), l'aqueduc de Roquefavour sur le canal de Marseille (de Montricher, 1842), qui n'a pas moins de 393 mètres de longueur et 82 mètres 65 de hauteur, peuvent soutenir la comparaison avec ceux que nous a légués le monde antique.

Les nombreuses arcades de la dérivation de la Vanne (Belgrand,

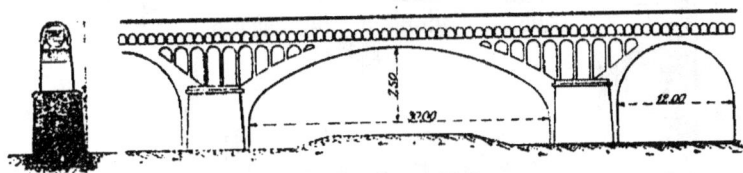

Arcades du Grand Maître.

1868-1874) dont nous donnons ci-contre deux spécimens, et qui ne

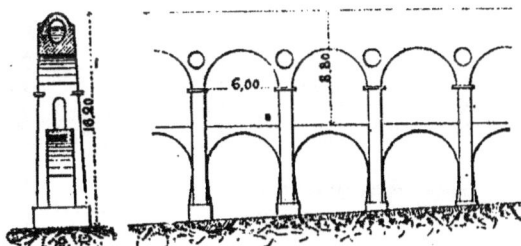

Arcades de Pont-sur-Yonne.

mesurent pas moins de 16.600 mètres de longueur totale, sont dignes aussi d'une mention, de même que celles de la dérivation

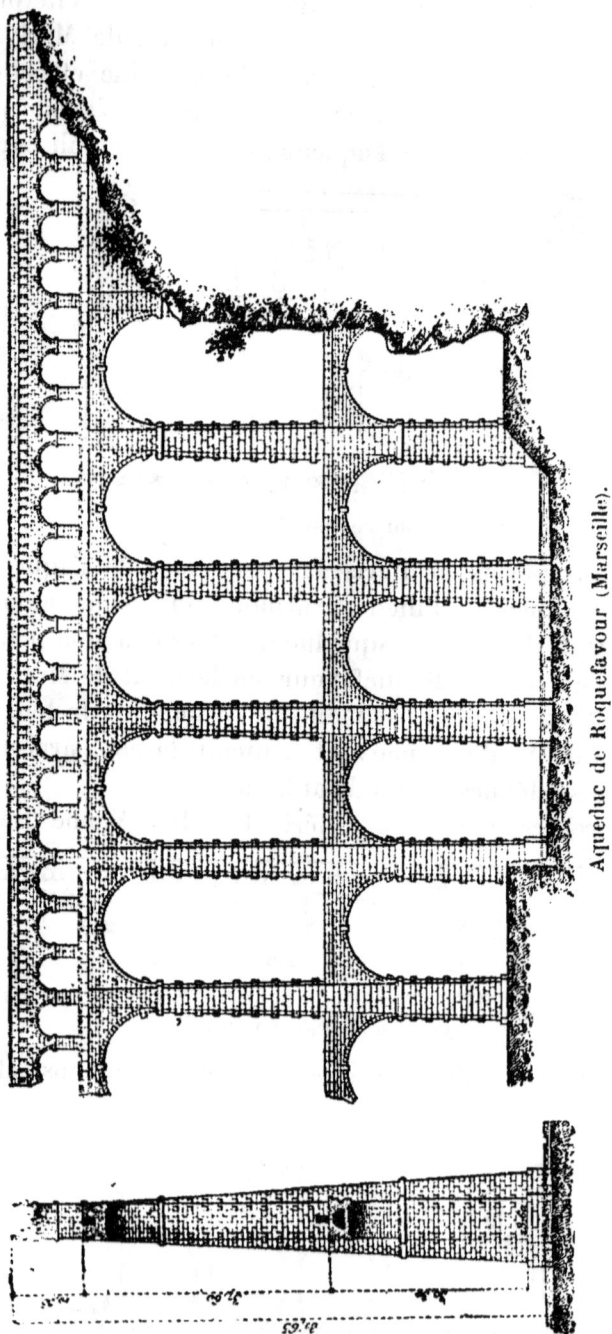

Aqueduc de Roquefavour (Marseille).

**François-Joseph entre le Semmering et Vienne (Autriche), de l'a-
queduc de Naples, etc.**

Mais, Dupuit l'a dit, si l'on doit *admirer* ces ouvrages, il faut autant que possible ne pas les *imiter*, car ils coûtent fort cher, et l'on dispose aujourd'hui de moyens plus économiques pour faire passer un aqueduc au travers d'une vallée. Le prix des arcades croît

Arcades de Mödling (Vienne).

rapidement avec la hauteur, tandis que celui des siphons reste à peu près constant, quelle que soit la profondeur de la vallée ; on peut poser des files de tuyaux dans une direction quelconque, tandis que l'établissement d'arcades de grande hauteur suppose le choix préalable d'un emplacement approprié que l'on n'atteint pas sans d'assez longs détours quelquefois. Il faut donc, pour motiver l'emploi des arcades, ou une hauteur très faible qui en restreint la dépense, ou quelque motif impérieux, comme l'obligation imposée à Belgrand pour la dérivation de la Vanne d'écouler une quantité d'eau considérable avec une pente extrêmement réduite.

200. Ponts-Aqueducs. — La conclusion qui précède n'est pas applicable au cas où la distance à franchir est très faible : le siphon perd alors une partie de ses avantages, car il ne va pas sans pertes de charge assez sensibles, et sans quelque complication de raccordement à ses deux extrémités, tandis qu'une seule arche ou une poutre métallique sans supports intermédiaires peut suffire à porter l'aqueduc. Nous donnons deux types de *ponts-aqueducs* empruntés l'un à la dérivation du Loch Katrine (Glasgow), l'autre à celle de la Vanne (Paris), qui semblent parfaitement motivés. L'un

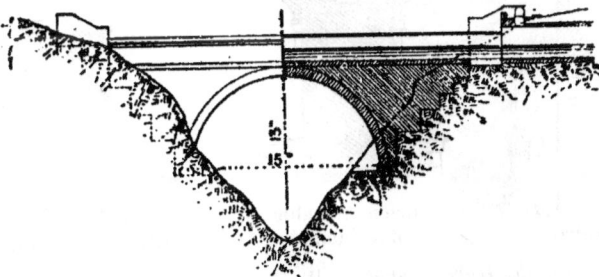

Pont-aqueduc de Blaircairn.

se compose d'une arche en maçonnerie jetée sur un ravin étroit et profond, où il eût été sans doute difficile de placer un siphon, l'autre est un tablier métallique établi au-dessus du chemin de fer du Bourbonnais, évidemment préférable en l'espèce à un siphon, que pour la sécurité de l'exploitation on eût été obligé de placer dans une galerie maçonnée.

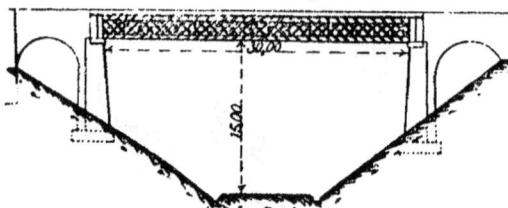

Pont-aqueduc par dessus le chemin de fer du Bourbonnais.

201. Mode de construction de ces ouvrages. — Les ouvrages au moyen desquels on fait passer un aqueduc au-dessus des vallées comportent nécessairement une *cunette* pour l'écoulement de l'eau et un *support* destiné à soutenir cette cunette à la hauteur convenable,

Le support est analogue à ceux qui sont employés pour le passage des routes, chemins de fer, canaux, et nous renvoyons en conséquence pour ce qui le concerne aux ouvrages spéciaux (1). Nous ne nous arrêtons ici qu'aux détails relatifs à la cunette.

Elle ne présente rien de particulier si elle est découverte ; c'est une rigole en maçonnerie.

Mais très souvent la cunette reliant entre elles deux portions d'un aqueduc couvert, doit être couverte elle-même. Tantôt la couverture est formée par des *dalles* comme au pont du Gard ou à l'aque-

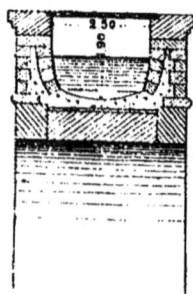

Pont de Blaircairn

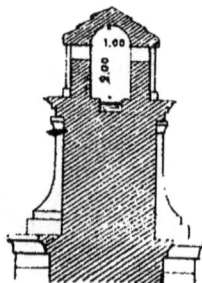

Ancien aqueduc d'Arcueil.

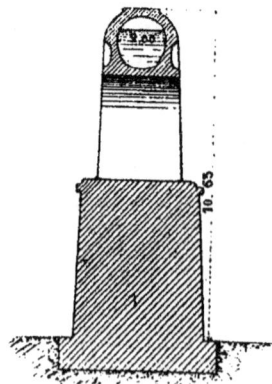

Arcades du Grand Maître.

1. Voir *Encyclopédie des travaux publics* : DEGRAND et RÉSAL. Ponts en maçonnerie ; RÉSAL, Ponts métalliques.

duc du Peyrou (voir 196) tantôt par des *plateaux de bois* : le pont-aqueduc de Blaircairn sur la dérivation du Loch Katrine en est un exemple ; tantôt par des *plaques métalliques* ; mais le plus souvent elle se compose d'une voûte, soit nue, soit recouverte de terre. Dans les anciens ouvrages l'épaisseur donnée à la voûte est considérable :

Arcades d'Arcueil.

le hardi constructeur qui a conçu la dérivation de la Vanne n'a pas hésité à réduire cette épaisseur au minimum par mesure d'économie ; mais il a, cette fois, dépassé un peu la limite convenable, et ses voûtes minces, exposées sans défense à la gelée ou au soleil, tandis que l'écoulement de l'eau entretenait au-dessous une température à peu près constante n'ont pas tardé à présenter de nombreuses fissures. Il a fallu arroser les unes pendant les grandes chaleurs, blanchir les autres à la chaux pour empêcher l'absorption des rayons solaires, finale-

ment les transformer en les recouvrant d'une couche de terre comprise entre deux murettes rapportées, suivant un profil nouveau étudié par Couche, et qui a pleinement réussi. La section si massive de l'aqueduc de

Vienne (dérivation François-Joseph), partout recouvert d'une épaisse couche de terre, a du moins évité un pareil inconvénient.

Quelquefois la cunette en maçonnerie est remplacée par une *buse* en bois ou en métal. Le bois est appelé surtout à rendre des services pour des ouvrages provisoires ou de peu de durée : on réussit fort bien à étancher les joints en les calfatant au minium après avoir relié les plats-bords contigus par un fer plat pénétrant de part et d'autre dans une rainure ; la buse

est portée par des tréteaux ou des palées en charpente. Pour des ouvrages définitifs on a plutôt recours au métal, et l'on emploie des buses en tôle qui, dans certains cas, peuvent présenter des avantages sur les arcs en maçonnerie ;

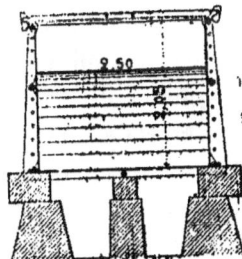

Pont sur le chemin de fer du Bourbonnais

Pont de Calegarton

19

les supports sont alors, soit en maçonnerie comme au pont de la dérivation de la Vanne sur le chemin de fer du Bourbonnais, soit en métal comme à l'aqueduc de Calegarton, un des ouvrages de la dérivation du Lock Katrine. Lorsque la longueur de la buse est un peu considérable, il faut en prévoir les mouvements de dilatation, et prendre des dispositions spéciales pour assurer l'étanchéité des raccords avec la maçonnerie de l'aqueduc de part et d'autre : ces dispositions ont pour objet de laisser jouer librement le métal tout en formant une sorte de joint s'opposant à l'échappement de l'eau.

202. Siphons. — Les *siphons* constituent incontestablement le type par excellence des ouvrages destinés à porter l'eau d'un coteau à un autre au travers de la vallée qui les sépare : presque toujours plus économiques que les arcades ou les ponts-aqueducs, ils l'emportent aussi par leur extrême simplicité, par la facilité avec laquelle ils s'adaptent à tous les tracés, par leur aptitude remarquable à franchir les dépressions de grande profondeur. La dérivation qui alimente aujourd'hui la ville de Naples n'eût sans doute pu être exécutée, n'eût probablement pas même été conçue, si l'on n'avait pas eu à sa disposition le siphon pour la traversée de la plaine basse de 20 kilomètres de largeur, qui sépare les collines dominant la ville du massif montagneux où ont été captées les sources Urcioli, et dont le sol est à 170 mètres au-dessous de la ligne de charge.

Un siphon n'est autre chose qu'une conduite forcée substituée à l'aqueduc couvert sur une partie du parcours de la dérivation, et qui ne présente d'ailleurs aucune particularité, sauf à ses deux extrémités, où les raccordements avec les deux tronçons de l'aqueduc de part et d'autre doivent être étudiés de manière à réduire au minimum les remous et les pertes de charge qui en résultent, ou à faciliter les opérations de remplissage, de mise en service ou d'arrêt, et à permettre l'évacuation de l'air. On dispose à cet effet des ouvrages spéciaux, dits *têtes de siphon*.

Les siphons s'exécutent le plus souvent en tuyaux de fonte ; c'est la fonte qui a été employée pour les grands siphons de l'aqueduc de Naples, pour la plupart de ceux des aqueducs de la Dhuis, de la Vanne et de l'Avre, etc.

Quelquefois, lorsque la pression n'était pas trop considérable, on les a établis en béton ou en maçonnerie : un certain nombre des siphons de la Vanne, par exemple, ont été construits en maçonnerie par mesure d'économie, mais la difficulté et surtout la lenteur des réparations ont conduit à les remplacer peu à peu par des tuyaux de

fonte. L'avilissement du prix de la fonte laisse plus rarement aujourd'hui l'avantage à la maçonnerie. Par contre le ciment armé
semble appelé désormais à servir assez souvent pour l'établissement des siphons soit en concurrence avec la fonte, soit pour les
gros diamètres que les fonderies n'ont point abordés.

La tôle de fer ou d'acier rivée se prête également à la construction de tuyaux de grande dimension. On a employé la tôle de fer
à la Lauvière (canal du Verdon), où la partie basse d'un siphon de
2ᵐ,30 de diamètre à été exécutée d'une seule pièce, sur une lon-

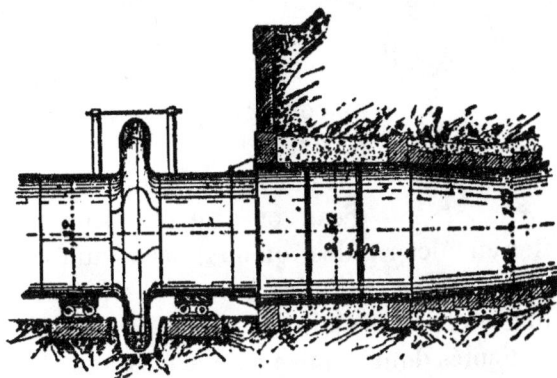

gueur assez impor-
tante pour que les ef-
fets de la dilatation
y fussent très sensi-
bles : aussi a-t-on fait
reposer les abouts de
cette grosse conduite
métallique sur des
chariots de roulement
et interposé des *souf-
flets de dilatation.* En
1892 on a construit en tôle d'acier la conduite de 1ᵐ,50 de diamètre, qui franchit la Seine à Saint-Cloud pour l'amenée de l'eau de
l'Avre à Paris : les tuyaux, de 6 mètres de longueur, sont assemblés au moyen de joints spéciaux qui se prêtent à la dilatation.
La tôle a l'inconvénient, lorsqu'elle est employée sans revêtement,
d'être attaquable par la rouille, et cet inconvénient est d'autant plus
grave, pour les siphons posés en terre et directement en contact avec
le sol humide, que la résistance considérable de la tôle et son prix
conduisent à l'employer sous de très faibles épaisseurs. Ce danger
a été pour la conduite de l'Avre à peu près complètement évité en la
plaçant dans une galerie en maçonnerie où il est facile de la surveiller et de l'entretenir de peinture.

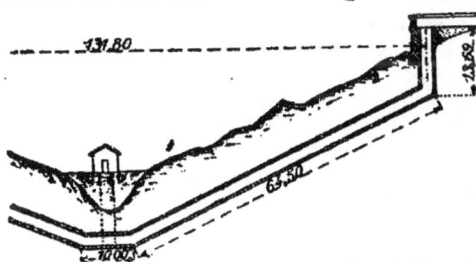

Un des siphons du canal
du Verdon, celui de la Trem-
passe, a été simplement
creusé dans le sol du ravin ;
ce sol étant rocheux et compact, il a suffi de boucher en
maçonnerie les fissures rencontrées et de revêtir la pa-
roi d'un enduit épais pour obtenir une étanchéité parfaite. C'est là

une solution élégante et économique, mais qui n'est applicable évidemment que dans les circonstances fort rares et pour les grandes sections : l'emploi du bouclier, qui est entré maintenant dans la pratique courante pour le percement des souterrains, permettra peut-être d'y recourir plus fréquemment.

En général les siphons sont posés en terre sur tout leur parcours. Il arrive qu'on rencontre au fond des vallées des parties humides et tourbeuses, où le sol, très compressible, se prête à l'assiette d'une construction quelconque : Belgrand établissait alors les siphons en fonte sur des petits supports en bois ou en maçonnerie portés sur des pieux.

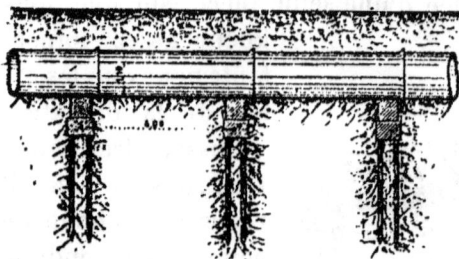

Pour traverser les cours d'eau on a le plus souvent recours, soit à des conduites en tôles rigides, qu'on descend au fond de l'eau dans des rigoles draguées à cet effet, soit à des files de tuyaux en fonte, reliés entre eux par des joints flexibles ou à rotule constituant des systèmes articulés dont la mise en place est plus facile : le premier type a été appliqué récemment pour des amenées d'eau à Zwolle (Hollande), à Magdebourg (Allemagne), etc ; le second à Rotterdam, pour le passage de la Meuse sur 1000 mètres de longueur, puis à Portland, Rochester, New Syracuse (Etats-Unis). Dans certains cas on a établi sous le lit du cours d'eau une galerie souterraine en maçonnerie et placé les conduites dans cette galerie : le siphon établi en 1885 à la traversée du Drac pour l'alimentation de Grenoble est de ce type ; il

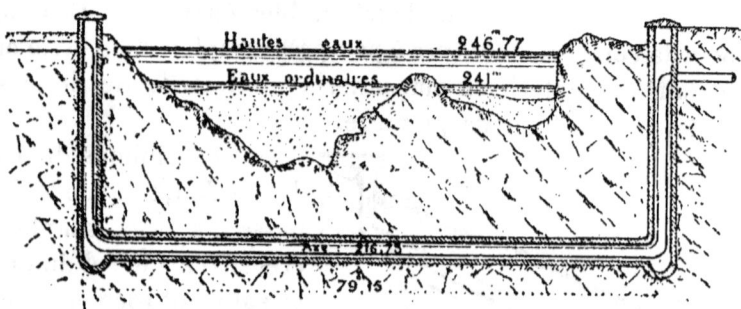

Siphon du Drac.

se compose de deux conduites en fonte de $0^m,70$ de diamètre logées dans un souterrain de forme elliptique creusé dans le roc et revêtu de maçonnerie : c'est également dans une galerie percée sous la Mersey que passent les conduites d'acier qui mènent à Liverpool l'eau de la Virnwy. Rien n'empêcherait aussi d'appliquer à des adductions d'eau potable le type d'ouvrage que nous avons adopté en 1893 et en 1895 pour faire passer d'une rive à l'autre de la Seine à Clichy et au pont de la Concorde les eaux d'égout de Paris, autrement dit d'introduire l'eau directement dans une galerie souterraine percée sous le lit du fleuve et pourvue d'un revêtement étanche : c'est du reste par ce moyen que le second aqueduc du Croton franchit la rivière de Harlem avant de parvenir à New-York.

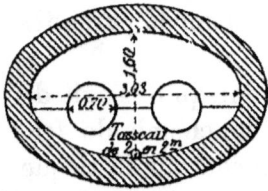

Pour obtenir dans toutes les parties d'une dérivation une égale sécurité, on est souvent conduit à dédoubler les siphons, qui, de tous les ouvrages, sont les plus exposés aux ruptures accidentelles : on se résigne à ce surcroît de dépense afin d'éviter des interruptions complètes de service durant l'exploitation. La division des risques par ce moyen n'est au reste d'une efficacité absolue que si les deux conduites sont tenues assez écartées pour que la rupture ne provoque pas le tassement ni la destruction partielle de l'autre : c'est une économie mal entendue que de poser, comme on l'a fait quelquefois, les deux conduites dans la même tranchée.

203. Ponts-Siphons. — Il est des cas assez fréquents où l'on est conduit à tenir les siphons au-dessus du sol dans la partie basse de la vallée, en les plaçant sur une substruction quelconque : l'ouvrage prend alors le nom de *pont-siphon*.

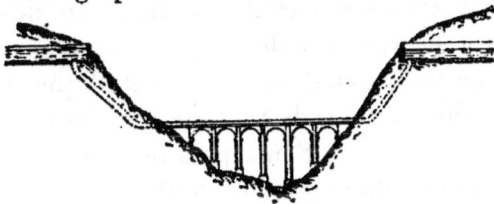

Dans quelques anciens ouvrages on paraît avoir adopté ce système pour éviter une trop grande pression dans les tuyaux, qui se trouvent alors établis à un niveau intermédiaire entre le sol naturel et la ligne de charge. C'est sans doute une considération de ce genre qui a motivé les dispositions de l'aqueduc romain du mont Pila pour l'alimentation du coteau de Fourvières à Lyon, aussi bien que celles des aqueducs delle Torri (xiiie siècle) à Spolète, et delle Arcate (xviiie siècle) construit en travers de la vallée du torrent Geivato, près de Gênes. Mais on sait fabriquer aujourd'hui

des tuyaux capables de résister aux plus fortes pressions, et il n'y a
en vue d'obtenir à grands plus lieu de recourir aux ponts-siphons
uniquement frais une réduction de l'effort de l'eau sur la paroi des
tuyaux.

Les ponts-siphons ne se recommandent que lorsqu'il s'agit de
passer de préférence au-dessus d'une rivière, d'un chemin de fer,
d'une route, au lieu de descendre au-dessous, en courant le risque
de placer le siphon dans la nappe, ou d'en rendre la visite et la réparation extrêmement difficiles. Ce cas se présente d'ailleurs assez
fréquemment ; et les aqueducs modernes comportent des ponts-siphons importants, parmi lesquels nous citerons : celui de l'ancien
aqueduc du Croton (New-York), sur la rivière de Harlem, assez
élevé pour laisser 30 mètres de hauteur libre à la navigation et qui
se compose de quinze arches en plein cintre, dont huit de 24m40
d'ouverture et sept de 15m25, ceux de la dérivation de la Vanne,
aux traversées de l'Yonne et du Loing, qui constituent aussi des ouvrages considérables, puisque le premier ne compte pas moins de
cent soixante-deux arches, dont une de 40 mètres et quatre de trente
mètres pour une longueur totale de 1.493 mètres et le second cin-
quante-trois arches et 584 mètres de longueur.

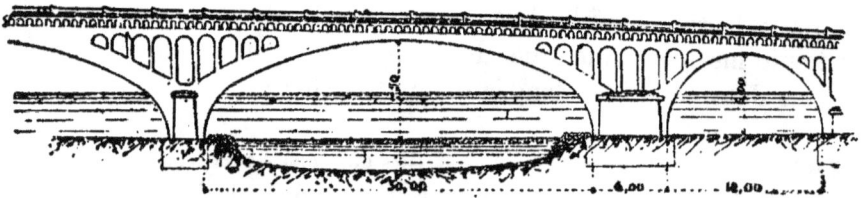

Pont-siphon du Loing.

Les substructions, qui supportent dans ce cas les conduites, sont de
véritables ponts en maçonnerie. On en construit également en métal ; les siphons de la Vanne à la traversée de l'Essonne sont portés par une poutre en treillis, ce sont aussi des poutres métalliques à
treillis qui supportent la conduite en acier de 1m50 de diamètre de
l'aqueduc de l'Avre à la traversée de la Seine près de St-Cloud.
Quelquefois on les réduit à des dispositions extrêmement simples, en
donnant aux tuyaux les longues portées qu'ils comportent ; c'est ainsi

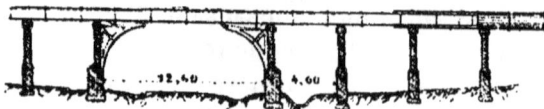

Drymen bridge.

que le pont-siphon ap-
pelé Drymen bridge,
sur l'ancienne dériva-
tion du Loch Katrine,
se compose simple-
ment de tuyaux de tôle reposant sur des piliers assez écartés. On

s'est même servi de la résistance propre des tuyaux pour les transformer en véritables poutres à longue portée, soit en les renforçant au besoin par des treillis ou des chaînes comme à la traversée de la vallée du Wissahickon (distribution d'eau de Philadelphie), formée de

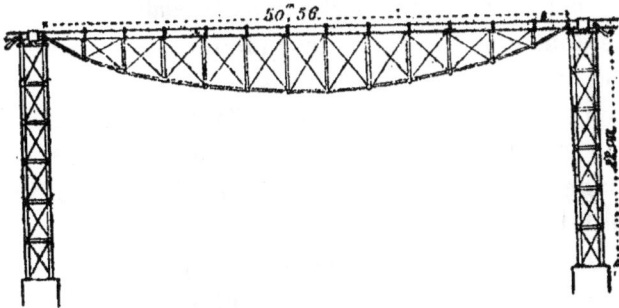

Pont du Wissahickon.

quatre travées de 50 mètres d'ouverture, soit en les courbant en arc comme à l'aqueduc de Lisbonne ou à celui du Potomac (Washington, au-dessus du College-branch et du Rock-Creek, où les portées atteignent 36m60 et 61 mètres avec une flèche d'un dixième seulement.

Les conduites métalliques se trouveraient, dans les ponts-siphons, fort exposées aux variations de température, si l'on ne prenait le soin de les protéger, tantôt en les enveloppant de terre ou de sable, ce qui est possible sur un support en maçonnerie et a été fait au siphon d'Yonne, tantôt en les plaçant dans des galeries voûtées comme au pont de la rivière d'Harlem, tantôt en les recouvrant d'un cuvelage en bois (Drymen bridge). Cependant, si la longueur de l'ouvrage n'est pas considérable, et si l'eau a une vitesse assez grande, on peut sans danger supprimer tout revêtement : au siphon du Loing, bien que la longueur des conduites dépasse un demi-kilomètre, on les a laissées nues sans inconvénient, en prenant seulement la précaution de les peindre en blanc pour diminuer l'absorption des rayons solaires.

§ 6.

SOUTERRAINS

301. Percement des contreforts. — Quand le tracé d'une dérivation rencontre une colline, il faut ou la contourner, si la chose est possible, ou y ouvrir un passage souterrain.

Dès les temps anciens on a été conduit à cette seconde solution : Hérodote cite un aqueduc souterrain à Samos, on en a retrouvé un autre à Jérusalem, et l'émissaire du lac Fucino, exécuté sous l'empereur Claude, se composait d'un souterrain de 5.700 mètres de longueur, percé en grande partie dans le rocher.

L'outillage dont dispose l'ingénieur moderne lui permet d'aborder plus facilement et à moins de frais les ouvrages de ce genre : aussi voit-on adopter maintenant des tracés devant lesquels les anciens auraient dû certainement reculer. Bien souvent même on trouve avantage à percer un souterrain à travers une colline plutôt que de la contourner : outre que l'on gagne ainsi de la pente, en diminuant la longueur, on assure à l'ouvrage une meilleure assiette en le plaçant dans la masse compacte plutôt que dans les éboulis du coteau, et l'on réalise en même temps des économies, car, si la section de l'aqueduc est assez grande et le terrain de consistance moyenne, l'exécution d'un souterrain n'y est point coûteuse. C'est ce qui est arrivé naguère pour l'amenée de la source de Cochepies dans l'aqueduc de la Vanne : projetée d'abord à flanc de côteau et suivant les sinuosités du contrefort qui sépare le vallon du Rû Saint-Ange de la vallée de la Vanne, la dérivation a été raccourcie de trois kilomètres par le percement de trois souterrains, de 6.600 mètres de longueur totale, dans la craie blanche.

Toutes les dérivations récentes comportent de nombreux souterrains, tant en France qu'à l'étranger : le canal de Marseille n'en a pas moins de 18 kilomètres, la Dhuis 12, la Vanne 42, il y en a 10 kilomètres sur le parcours de l'aqueduc du Loch Katrine, 8 sur l'aqueduc François-Joseph à Vienne, 14 sur celui de Naples, 30 sur la dérivation de l'Avre. Et la tendance actuelle est de leur faire la part de plus en plus grande : le tracé du nouvel aqueduc du Croton s'écarte de l'ancien pour se jeter en souterrain vers l'intérieur des terres, malgré la dureté des roches rencontrées ; et le second aqueduc du Loch Katrine (Glasgow) comporte près de 29 kilomètres de souterrains sur un parcours total de 38 kilomètres.

205. Section des aqueducs souterrains. — La section de l'aqueduc souterrain est assez souvent différente de celle de l'aqueduc en tranchée, à cause du mode différent de construction de l'ouvrage dans les deux cas. Il y a pour le souterrain une section minima qui ne saurait être réduite ; c'est celle qui correspond à l'espace nécessaire pour le travail d'un mineur, soit environ $1^m,80$ de hauteur et $0^m,80$ de largeur : d'où résulte que les percements sont peu avantageux en général pour les petits débits, et que la forme ovoïde s'impose, tant que le cercle qu'on pourrait lui substituer avec avantage au point de vue de l'écoulement de l'eau n'atteint pas $1^m,80$ de diamètre. D'autre part, si le terrain est dur, compact, imperméable, on peut supprimer tout revêtement et se contenter de régler le déblai; s'il est dur, mais perméable ou fissuré, un simple enduit sur le périmètre mouillé suffit d'ordinaire, et le terrain reste à nu à la partie supérieure.

Lorsqu'un revêtement est indispensable, on l'exécute en maçonnerie, et on lui donne une épaisseur plus ou moins grande suivant les dimensions de la section, sa forme générale et la consistance des terres.

§ 7.

OUVRAGES ACCESSOIRES.

206. Leur objet. — Pour assurer le fonctionnement régulier et le bon entretien d'un aqueduc de dérivation, il est indispensable de le munir d'un certain nombre d'ouvrages accessoires, destinés à en faciliter le remplissage et la vidange, à y assurer le maintien du plan d'eau normal, à en permettre la visite et les réparations, etc.

Il faut en effet prévoir l'échappement de l'air lorsqu'on met en service les diverses parties de l'aqueduc et les siphons en particulier, et disposer pour cela des *ventouses* ou des *puits d'aération*; des *bondes* ou *vannes* de vidange sont nécessaires, ainsi que des *rigoles de décharge*, pour conduire au besoin les eaux de l'aqueduc dans le lit de quelqu'un des cours d'eau qu'il rencontre, si un nettoyage ou un travail intérieur quelconque en réclame la mise à sec; pour parer aux variations inévitables du plan d'eau, conséquence des variations du débit, et empêcher qu'il ne dépasse la hauteur des enduits, on doit avoir les moyens d'écouler les eaux surabondantes, et préparer pour cet objet des *trop-pleins*, le plus souvent en forme de *déversoirs*; pour fournir en tout temps la possibilité de pénétrer dans l'aqueduc en vue d'observations, de jaugeages, de prises d'échantillons d'eau, etc., des *regards*, munis d'escaliers ou d'échelles, doivent être disposés de distance en distance, on les utilise aussi d'ailleurs pour l'aération et pour la descente des matériaux en cas de réparation; aux extrémités des siphons, les regards d'aération et d'accès prennent des dimensions un peu plus grandes, afin de con-

tenir tous les appareils que comporte leur fonctionnement, vannes
ou bondes, trop-pleins, ventouses, décharges, etc. Pour compléter
cette énumération il convient d'ajouter les *trous d'homme* pour la
visite des siphons, les *vannes d'arrêt* pour limiter les pertes d'eau
en cas de rupture de l'aqueduc, puis les indicateurs ou enregistreurs de niveau, les appareils de jaugeage, d'alarme, etc.

En Angleterre, où l'on admet assez volontiers les appareils automatiques, on trouve en outre des dispositions spéciales pour la régularisation du débit, l'arrêt de l'écoulement en cas de fuite, etc.

207. Regards. Puits. Ventouses. — De tous ces ouvrages accessoires celui qui est le plus répandu, et qu'on trouve appliqué
aussi bien aux aqueducs anciens qu'aux dérivations modernes, c'est
le *regard*, auquel il suffit du reste de donner des dispositions fort
simples pour qu'il remplisse son rôle multiple. Les *puits* ne sont
autre chose que les regards correspondant aux parties en souterrain,
et sont formés par quelques-uns des puits de service, utilisés d'abord
pour l'exécution de l'ouvrage, conservés ensuite, après avoir reçu
un revêtement durable, et pourvus d'un moyen de descente approprié.

Les regards sont disposés le plus souvent à des intervalles réguliers sur la longueur des aqueducs, plus rapprochés pour les petits
aqueducs, où le parcours intérieur est difficile ou impossible, que
sur les grands où la circulation n'est point malaisée : dans le premier cas il convient de ne pas dépasser un écartement de 100 mètres, dans le second on peut aller
sans inconvénient jusqu'à 500 mètres, comme on l'a fait pour la Dhuis,
la Vanne, etc. On donnait autrefois
aux regards des dispositions monumentales ; on les exécutait souvent
en pierre de taille avec un certain
déploiement de luxe qui s'explique
par la préoccupation de mettre en
évidence, au moins en quelques
points, le caractère important d'un
ouvrage presque entièrement dissimulé à la vue. Aujourd'hui, au contraire, on s'attache à leur donner
des dispositions simples et économi-

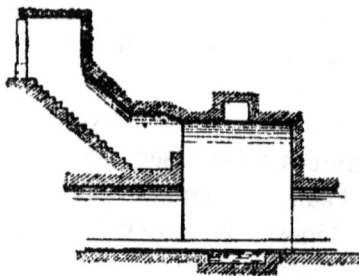

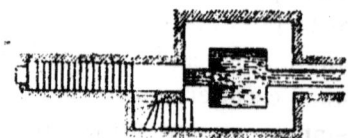

Regard de l'ancien aqueduc d'Arcueil.

ques : tantôt ils sont placés sur l'axe de l'aqueduc, tantôt latéralement, fermés par un tampon en pierre, en métal ou en bois, ou

surmontés d'une petite chambre d'accès munie d'une porte ; la dérivation de la Vanne et l'aqueduc François-Joseph, à Vienne,
sont munis de regards de ce dernier type.

Regard de l'aqueduc de la Vanne.   Regard de l'aqueduc de Vienne.

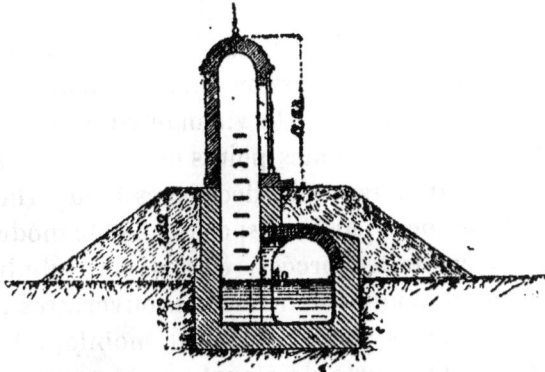

Dans tous les cas, des dispositions spéciales doivent être prises
pour garantir l'eau contre les atteintes de la malveillance, l'afflux
des eaux de superficie, l'introduction des insectes ou des grenouilles,
la pénétration des racines des plantes pivotantes, etc. Le résultat
cherché s'obtient plus aisément avec des portes qu'avec des tam-
pons.

Sur la Dhuis et la Vanne on a construit, à intervalles éloignés,
des regards plus grands que les autres, qui se prêtent à l'introduction dans l'aqueduc d'un bateau plat, dans lequel un homme peut
s'étendre, afin de vérifier l'état de la voûte et des enduits, l'importance des infiltrations, etc., en se laissant glisser au fil de l'eau.

Les *ventouses*, pour l'échappement de l'air confiné en certains
points des aqueducs, sont particulièrement utiles aux extrémités
des siphons et aux points hauts des conduites forcées. Tantôt ce
sont des cheminées ou des tuyaux verticaux débouchant à l'air libre à une hauteur convenable, tantôt des appareils spéciaux qui
se manœuvrent à la main ou automatiquement, et que nous retrouverons appliqués aux conduites de distribution.

208. Déversoirs, décharges. — Les *déversoirs* sont des seuils
horizontaux placés en certains points des aqueducs, à une faible
hauteur au-dessous du niveau maximum admis pour l'eau, et par où,
en cas de surabondance de débit, le trop-plein s'écoule pour gagner
un conduit de décharge. On les place aux sources, afin de profiter
des anciens évacuateurs naturels, puis sur le parcours des aqueducs,
à la rencontre du thalweg des vallées, du lit des cours d'eau, par-

tout où il est possible d'écouler un volume d'eau un peu considérable sans raviner les terres. Les dispositions des déversoirs peuvent d'ailleurs varier beaucoup et ne présentent guère d'intérêt par elles-mêmes ; il suffit que les dimensions en soient calculées de manière que le trop-plein y passe totalement, et que l'eau ne puisse jamais se mettre en pression dans l'aqueduc.

Les *décharges*, pour la vidange complète des aqueducs, se placent souvent aux mêmes points que les déversoirs, qui ne sont autre chose d'ailleurs que des décharges de superficie. Mais elles en diffèrent absolument par les dispositions et le mode de fonctionnement : pour les conduites forcées, ce sont des tubulures munies de *robinets-vannes*, pour les aqueducs des ouvertures pratiquées dans le radier et fermées par un appareil mobile, tel qu'une vanne ou une *bonde* de fond, sorte de clapet qui se manœuvre au moyen d'une tige ou d'une vis, et dont nous retrouverons l'application dans les réservoirs. Quelquefois, mais très rarement, ces appareils sont rendus automatiques ; le plus souvent l'ouverture s'opère à la main, et, comme elle doit avoir lieu surtout en cas d'accident, il convient de rendre la manœuvre très aisée et très prompte : le cantonnier, chargé de la surveillance d'une certaine longueur d'aqueduc, doit pouvoir la faire seul sans difficulté.

Dans certains cas exceptionnels, notamment quand les siphons passent sous le lit des cours d'eau, toute décharge directe est impossible. Il faut alors pour vider les conduites, procéder par épuisement. On a installé toute une machinerie spéciale à cet effet au tunnel sous la Mersey qui renferme les conduites de la Virnwy (Liverpool).

209. Têtes de siphons. — En raison de leur rôle complexe, les têtes de siphons reçoivent nécessairement d'assez grandes dimensions ; ce sont des regards plus importants que les autres, contenant à la fois des appareils de remplissage et de vidange, de déversement et d'échappement d'air. La figure représente une des têtes de siphons de l'aqueduc de la Vanne, où ces divers appareils se trouvent réunis.

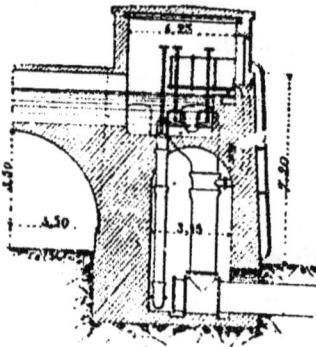

L'étude des détails doit être faite avec soin, pour éviter soit les pertes de charge par l'effet des remous, toujours assez considérables aux abords des siphons, soit les coups de bélier, dus à l'échappement trop brusque de l'air, soit les efforts trop grands lors des manœuvres, qui doivent en général pouvoir être effectuées aisément par un seul homme.

Aux grands siphons établis il y a quelques années près de Naples,

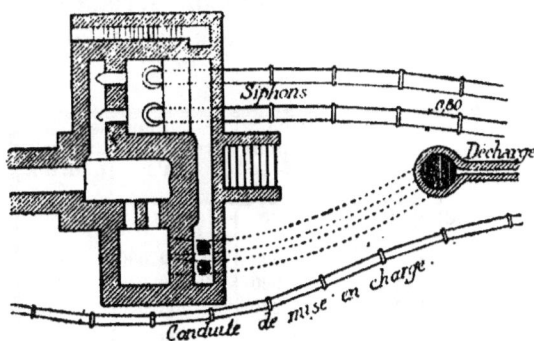

on a pris, à cause de la pression énorme qu'ils supportent, une précaution coûteuse mais excellente : une conduite spéciale de mise en charge, de petit diamètre (200^{mm}), va porter l'eau aux points bas des grosses con-duites forcées de 700 et 800 millimètres de diamètre, afin d'assurer un remplissage lent de bas et haut et d'éviter par suite des bouillonnements tumultueux et des déplacements brusques de l'air, qui sous de fortes pressions peuvent devenir parfois dangereux.

Les têtes des siphons du nouvel aqueduc du lac Thirlmere (Manchester) sont pourvues de valves automatiques, commandées par des appareils à flotteurs ou à cataractes, et qui arrêtent d'elles-mêmes l'écoulement en cas de rupture.

§ 8.

DÉPENSES

210. Coût de l'adduction des eaux. — L'adduction d'un volume d'eau déterminé comporte suivant les circonstances des dépenses extrêmement variables et au sujet desquelles on ne saurait donner d'indications générales. Il est évident que les distances à franchir, les pentes, le relief et les accidents du terrain, la nature du sol, sont autant de causes qui modifient l'importance des ouvrages, et que, suivant le choix des types, les dispositions de détail, le prix des matériaux et celui de la main d'œuvre, le coût de ces ouvrages sera lui-même très différent.

Mais il peut être souvent intéressant de connaître les résultats auxquels on est parvenu dans des opérations antérieures : et c'est à ce titre que nous croyons devoir donner ci-après le montant des dépenses faites pour un certain nombre de travaux d'adduction d'eau d'importance diverse. Ces dépenses comprennent généralement à la fois les aqueducs principaux, tant en tranchées que sur arcades ou en souterrains, les siphons, et les ouvrages accessoires, regards, chambres de captage, réservoirs, installations mécaniques, ainsi que les acquisitions de terrain et les indemnités.

Aqueducs		Dates	Longueur	Débit maximum par 24 h.	Dépense	
					totale	p.m. lin.
			kilomètres	m. cubes	francs	
Dhuis	Eaux de Paris	1864	131	40.000	18.000.000	137
Vanne		1874	173	120.000	50.000.000	289
Avre		1893	102	120.000	35.000.000	343
Achères	Eaux d'égout de Paris	1895	14	800.000	11.000.000	785
St-Etienne		1863	17	13.000	5.100.000	300
Dieppe		1882	6	4.500	700.000	155
Rennes		1888	42	20.000	4.000.000	95
Croton ancien	New-York	1842	61	370.000	65.000.000	1.060
— nouveau		1890	53	1.200.000	135.000.000	2.550
Potomac (Washington)		1859	18	300.000	12.500.000	700
Cochituate (Boston)		1848	24	45.000	27.000.000	1.120
Loch Katrine ancien	Glasgow	1860	56	180.000	20.000.000	357
— nouveau				250.000		
Thirlmere (Manchester)		1892	154	227.000	40.000.000	260
Vienne		1873	94	250.000	48.000.000	510
Lisbonne		1880	114	40.000	19.500.000	170
Naples		1885	82	172.000	40.000.000	480
Bombay		1892	86	154.000	37.500.000	436

Les *prix de revient par mètre linéaire* qui figurent dans la dernière colonne peuvent fournir un premier aperçu des dépenses à prévoir dans des cas analogues. Mais, comme ils correspondent à des débits très différents, ils ne sont évidemment pas comparables entre eux. En les rapportant à un même débit pris pour unité — celui de 100 litres par seconde par exemple — on trouve au contraire des chiffres qui peuvent devenir d'utiles termes de comparaison.

Il en ressort au reste immédiatement ce fait, assurément aisé à concevoir, que la dépense d'adduction décroît relativement, toutes choses égales d'ailleurs, quand le volume de l'eau amenée augmente. C'est ainsi que ce qui est revenu à Dieppe à 300 fr., à St-Etienne à 200 fr., ne coûte plus à Rennes que 40 fr., à la Dhuis que 29 fr., à la Vanne 20 fr., et à l'aqueduc d'Achères 8 fr., pour des ouvrages de types analogues, mais de débits croissants, et que pour les grands aqueducs récents à l'étranger on a dépensé : 26 fr., à Manchester ; 24 fr., à Naples et à Bombay ; 18 fr., au Croton.

211. Prix de revient des conduites forcées. — Considérées isolément, et indépendamment de tous autres ouvrages, les
conduites forcées se prêtent mieux à des évaluations approchées
applicables dans tous les cas ordinaires, parce que leur prix de revient dépend principalement du coût de la matière employée, la
fonte presque toujours, dont le cours est bien établi.

On a dit souvent qu'on peut les estimer au mètre linéaire à raison de 1 fr. par centimètre de diamètre. Cette formule simple et
commode se rapproche assez de la réalité pour les diamètres
moyens, elle donne des chiffres trop forts pour les petits et trop faibles pour les gros. Nous proposons d'y substituer une formule plus
générale qui concorde assez bien avec les faits et qui donne en
francs, d'une manière approchée, le coût du mètre linéaire de conduite en fonte compris posé pour un diamètre intérieur D exprimé
en centimètres : $D \left(1 + \dfrac{D - 100}{250} \right)$. L'une et l'autre se rapportent au
cas des pressions habituellement admises dans la pratique cou-
rante, soit inférieures à 60 ou 80 mètres d'eau ; lorsqu'on va au-delà,
la fonte doit être *renforcée*, et les surépaisseurs donnent lieu à une
plus-value notable.

Les conduites forcées en *béton*, qu'on construit ordinairement sur
place avec les matériaux rencontrés dans la localité, sont d'un prix
plus variable ; il en sera ainsi également des conduites en *ciment
armé;* et, suivant les circonstances, elles peuvent avoir ou non
l'avantage à ce point de vue sur les conduites en fonte.

Celles en *acier* sont actuellement plus coûteuses dans tous les
cas et ne sont employées en conséquence que là où des circonstances spéciales l'exigent.

212. Prix de revient des conduites libres. — Les *aqueducs libres* à section circulaire, fréquemment employés aujourd'hui,
sont de véritables conduites sans pression, et l'on peut dès lors en
évaluer le prix de revient par une formule analogue à celle qui
vient d'être donnée pour les conduites forcées mais donnant des
chiffres moins élevés. Nous proposons la suivante : $\dfrac{D}{2} \left(1 + \dfrac{D - 100}{400} \right)$
qui peut servir à une première et grossière approximation pour
l'établissement de conduites libres en *maçonnerie*, en *béton* ou en
ciment armé : selon les conditions particulières à la localité l'avantage pourra rester, tantôt à l'un, tantôt à un autre de ces trois modes
de construction.

Si l'on emploie les tuyaux de *fonte* du commerce, qui ont des épaisseurs suffisantes pour servir à l'établissement de conduites forcées, le coût est le même que pour ces dernières ; on le diminue parfois en réduisant quelque peu les épaisseurs.

Quant aux tuyaux en *grès*, ils permettent d'établir les conduites libres de petit diamètre à des prix généralement inférieurs à ceux du béton ; mais la dépense croît plus rapidement que les dimensions, à cause des difficultés du moulage, pour les gros diamètres, et au-dessus de $0^m,40$ l'avantage reste au béton presque dans tous les cas.

CHAPITRE X

ÉLÉVATION MÉCANIQUE DE L'EAU

SOMMAIRE :

ÉLÉVATION MÉCANIQUE DE L'EAU

§ 1.

APPAREILS EMPLOYÉS POUR L'ÉLÉVATION DE L'EAU

213. Classification. — « L'invention et l'usage des machines à
« élever l'eau, dit le général Morin, remontent à l'origine des so-
« ciétés ; et les souvenirs de l'antiquité nous montrent l'impor-
« tance que tous les peuples y ont attachée. Aussi, depuis des siè-
« cles, presque toutes les formes, toutes les dispositions qu'il est
« possible d'imaginer, ont-elles été connues, employées et décrites
« dans les ouvrages historiques et scientifiques... Il faut cependant
« remarquer que telle idée ingénieuse, qui à certaines époques
« n'était pas exécutable, a pu devenir plus tard réalisable avec
« succès... »[1]. C'est ainsi que les progrès de la mécanique et la généralisation de l'emploi de la vapeur comme force motrice ont grandement contribué à répandre l'emploi des engins destinés à élever
l'eau pour l'alimentation des villes, et à en multiplier les applications.

Le bon marché relatif des installations mécaniques, le peu de
temps qu'elles exigent, la simplicité des études préparatoires, les
font bien souvent préférer à des dérivations coûteuses, d'une exécution plus longue et plus difficile.

Aussi le nombre des engins actuellement employés à l'élévation
de l'eau est-il considérable. Pour les passer plus aisément en revue, nous les classerons en plusieurs catégories :

la première comprendra les *appareils élévatoires* proprement
dits, qui prennent directement l'eau à élever, et la montent comme
un corps pesant quelconque, en profitant seulement de sa mobilité ;

la seconde, ceux qui agissent par *aspiration* et *refoulement*, produisant d'abord la raréfaction de l'air dans un espace fermé, où

---

1. Morin. *Machines et appareils à élever les eaux.*

l'eau pénètre par l'effet de la pression atmosphérique, puis l'expul-
sant avec force pour la porter à une hauteur quelconque ;

dans la troisième viendront se ranger les appareils où l'action d'une
chute d'eau est directement utilisée, et sert le plus souvent à l'élévation d'une partie de l'eau débitée ;

dans la quatrième enfin, ceux où l'eau est refoulée, entraînée ou
projetée par l'effet de la détente d'un gaz, vapeur à haute pression
ou air comprimé.

211. Appareils élévatoires proprement dits. — Les appareils de la première catégorie sont fort nombreux ; de formes et de
dispositions très variées, ils se prêtent surtout à l'élévation de
l'eau à de faibles hauteurs, et conviennent plutôt aux épuisements et
aux irrigations qu'à l'alimentation des villes.

Les plus simples de tous sont l'*écope*, sorte de pelle creuse en
bois, manœuvrée ordinairement à la main ; le *van*, le *baquet* et le
seau, qui peut être employé directement, ou soulevé par le moyen,
soit d'un levier à bascule, soit d'une corde passant sur une poulie
ou sur un treuil.

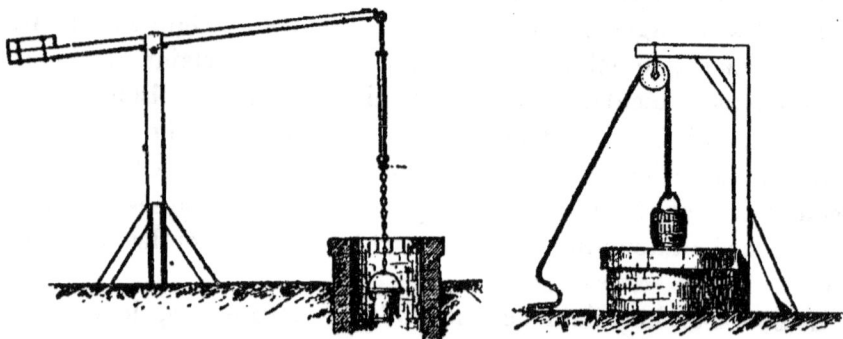

Puis viennent les *chapelets*, verticaux ou inclinés, composés
d'une série de palettes, fixées sur une chaîne sans fin mise en
mouvement par un ou deux tambours et qui entraîne l'eau dans un

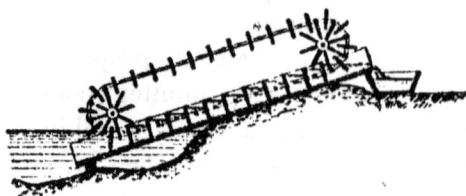

Chapelet.

Tympan.

conduit vertical ou une auge inclinée ; les *norias*, ou chaines à pots, sortes de chapelets où les palettes sont remplacées par des récipients en forme d'écope ou de seau, et qui, fonctionnant sans auge, peuvent au besoin élever l'eau à des hauteurs considérables ; les *roues à augets* et les *tympans*, où l'élévation est due au mouvement de rotation imprimé à un arbre unique.

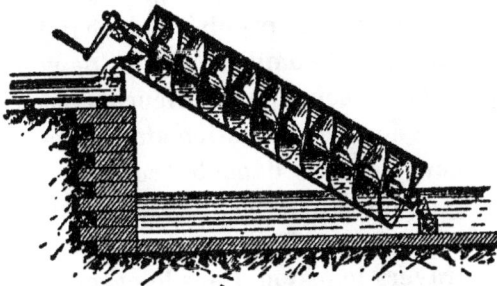

La *vis d'Archimède* se compose de surfaces hélicoïdales, disposées entre une enveloppe et un noyau cylindrique, sur lesquelles l'eau monte de spire en spire, par l'effet de la rotation imprimée à l'ensemble.

La *pompe spirale* est formée d'un tuyau enroulé en hélice sur un cylindre horizontal, à demi noyé et animé d'un mouvement de rotation ; une des extrémités du tuyau étant ouverte et plongeant dans l'eau à chaque demi-révolution du cylindre, il y pénètre alternativement de l'eau et de l'air ; l'air emprisonné se comprime de plus en plus à chaque tour, et finit par refouler l'eau hors du tuyau dans la conduite ascensionnelle avec laquelle il se relie. Cette pompe peut aussi fonctionner à une certaine hauteur au-dessus de l'eau avec un tuyau d'aspiration.

215. Appareils agissant par aspiration et refoulement. — Dans la seconde catégorie se rangent les diverses espèces de *pompes*, dont les nombreux dispositifs se ramènent toujours à deux types : celui où il y a seulement aspiration, et celui où il y a tout à la fois aspiration et refoulement.

L'effort de la *pompe aspirante* est employé à faire le vide dans le corps de pompe, où l'eau est ensuite refoulée par la pression atmosphérique. Comme la hauteur de la colonne d'eau, qui fait équilibre à cette pression, est de $10^m,33$, ce chiffre donne la limite théorique de la hauteur d'élévation qu'une pompe aspirante pourrait atteindre, si les frottements y étaient nuls et si elle produisait un vide parfait ; en pratique, on ne saurait dépasser 7 à 8 mètres au plus. Réduite à sa forme la plus simple, la pompe aspirante se compose d'un corps de pompe vertical, muni à la base d'une soupape, et prolongé au-dessous par un tuyau plongeant dans l'eau à élever, et d'un piston, qui se meut dans le corps de pompe, tantôt de bas en haut, tantôt de haut en bas, et qui porte lui-même une deuxième soupape. Pendant la marche ascendante du piston le vide se fait dans l'espace fermé compris entre les deux soupapes, et, la soupape inférieure s'ouvrant sous l'effort de la pression atmosphérique, l'eau pénètre dans le corps de pompe. Pendant la marche inverse, la soupape inférieure étant fermée et la soupape supérieure ouverte, l'eau passe à travers le piston. Dans le premier mouvement la force qui a agi sur le piston, doit vaincre, en dehors des frottements, la pression atmosphérique s'exerçant sur la face supérieure du piston ; dans le second la résistance est réduite aux frottements seuls.

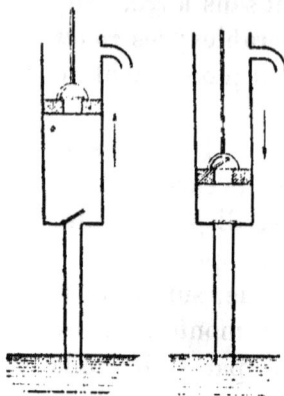

Dans toute pompe agissant par refoulement, l'eau, en sortant du corps de pompe, pénètre dans un tuyau ascendant dans lequel elle est chassée avec assez de force pour atteindre un orifice supérieur de déversement. Tantôt le tuyau ascensionnel est placé au-dessus du corps de pompe et les soupapes sont disposées comme dans la pompe aspirante ; alors, pendant la montée du piston, le vide se fait au-dessous, tandis qu'il élève au-dessus l'eau qui vient de le traverser, et, dans la descente, l'eau passe simplement de dessous au dessus, de sorte que l'effort à faire pour l'élévation de l'eau a lieu seulement durant la première partie de la course ; la pompe est dite *aspirante et élévatoire.* Tantôt le tuyau ascensionnel débouche dans le corps de pompe au-dessous du piston, qui est plein, et la seconde soupape est placée à l'orifice inférieur de ce tuyau : alors l'aspiration seule a lieu pendant le mouvement ascendant du piston, le refoulement ne se produit que lorsqu'il descend, et l'effort auquel est dû l'élévation de l'eau se partage entre les deux parties de la course ; la pompe est dite *aspirante et foulante.*

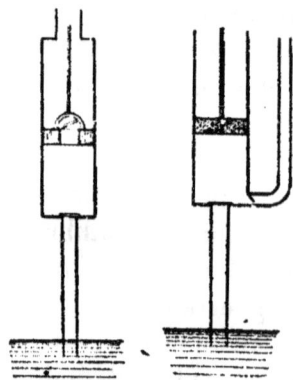

Les *pompes oscillantes* ne sont qu'une variété des pompes aspirantes et foulantes, où le mouvement recti-

ligne du piston est remplacé par le mouvement angulaire d'une
palette qui se meut dans un tambour à base de secteur circulaire.
Dans les *pompes rotatives*, le mouvement alternatif de cette palette
est remplacé par un mouvement continu qui permet la suppression
des soupapes.

Seules, les *pompes centrifuges* reposent sur un principe différent :
un mouvement de rotation très rapide y est imprimé à des ailettes
qui tournent dans un tambour fixe, et, tandis que l'eau projetée par
la force centrifuge vers la circonférence du tambour gagne de là
le tuyau de refoulement, il se produit vers l'axe un vide relatif qui
y détermine l'aspiration de l'eau. Là encore des soupapes ne sont
pas nécessaires.

216. Appareils utilisant directement des chutes d'eau.
— Parmi les appareils de la troisième catégorie, il en est un qui a
reçu dans la pratique des applications nombreuses, c'est le *bélier
hydraulique*, dont le jeu est basé sur l'utilisation du choc, qui se
produit quand une colonne d'eau en mouvement subit un arrêt brusque, et qui est vulgairement désigné sous le nom de coup de bélier.

Cet appareil, construit pour la première fois en 1796 par Montgolfier, se compose d'un tuyau d'amenée aboutissant à un orifice
muni d'une soupape et communiquant, par une autre ouverture
pourvue d'une seconde soupape, avec un réservoir d'air relié au

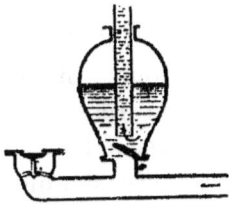

tuyau de refoulement. L'eau prenant, en vertu
de la chute, une vitesse de plus en plus grande
dans le tuyau d'amenée, la première soupape
est entraînée et vient fermer brusquement l'orifice inférieur ; le choc qui en résulte détermine
l'ouverture immédiate de la seconde soupape
qui livre passage à une certaine quantité d'eau ;

mais, par suite de la compression de l'air, la résistance à vaincre ne
tarde pas à se traduire par un ralentissement, qui a pour conséquence la fermeture des deux soupapes, et l'appareil se retrouve
prêt pour une nouvelle évolution, tandis que l'air se détendant refoule l'eau qui a pénétré dans le réservoir d'air.

Le bélier a un très bon rendement : Eytelwein avait obtenu jusqu'à 80 p. 100 dans une série d'expériences ; Bailey Denton a trouvé
jusqu'à 90 p. 100 quand la hauteur d'élévation est faible comparativement à la hauteur de chute, 66 p. 100 quand elle est au contraire relativement considérable. Très rustique, peu coûteux, mar-
chant aisément sans surveillance ni graissage, s'il est solidement

établi et bien réglé, cet appareil peut rendre de grands services dans bien des cas.

En raison de son principe même, il ne peut élever qu'une fraction de l'eau motrice. On a tenté, sans grand succès, de le modifier de manière à élever une eau différente, en remplaçant la dernière soupape par un diaphragme en caoutchouc. Ce résultat est obtenu au contraire aisément par les *machines à colonnes d'eau*, où un moteur hydraulique se trouve directement attelé à une pompe à mouvement alternatif.

L'appareil Adams, basé sur le principe de la fontaine de Héron, et qu'on a récemment appliqué à l'élévation des eaux d'égout, présente le même avantage.

217. Appareils agissant par expansion des gaz. — La quatrième catégorie comprend des appareils d'invention assez récente où la vapeur est utilisée pour obtenir l'aspiration et le refoulement de l'eau, soit par un effet d'entraînement, soit par des alternances de pression et de vide.

Dans les uns, dérivés de l'*injecteur Giffard*, un jet de vapeur en pression est lancé par un ajutage effilé suivant l'axe d'un tuyau en communication avec le réservoir d'eau inférieur et dans la direction de la conduite aboutissant au réservoir supérieur : l'écoulement rapide de la vapeur produit un entraînement de l'air, et par suite un appel, qui a pour conséquence l'aspiration de l'eau du réservoir inférieur ; et cette eau, mélangée à la vapeur, se précipite dans le tuyau ascensionnel pour gagner le réservoir supérieur. On appelle *injecteurs* ceux qui servent à refouler l'eau dans une capacité où elle est en pression, *éjecteurs* ceux qui sont destinés au contraire à produire une simple aspiration.

Les autres, dits *pulsomètres*, *pulsateurs*, et parmi lesquels on doit ranger la pompe Greeven, sont fondés sur le principe suivant : un espace clos relié aux réservoirs inférieur et supérieur par des tuyaux munis de soupapes est mis par intermittence en communication avec un générateur de vapeur ; l'eau qui y est contenue est refoulée vers le réservoir supérieur au moment où la vapeur en pression y pénètre ; puis, l'afflux de vapeur cessant, la condensation se pro-

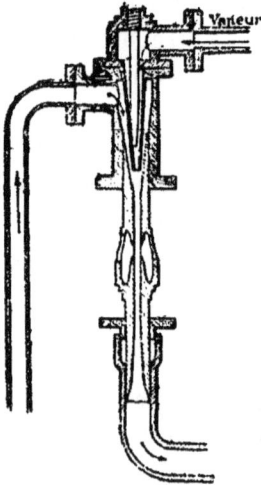

duit, et l'eau du réservoir inférieur y est précipitée à son tour par l'effet de la pression atmosphérique. Des dispositions ingénieuses ont permis de réaliser la marche automatique de ces appareils.

Injecteurs et pulsomètres sont d'ailleurs caractérisés par la propriété, qu'ils possèdent les uns et les autres, de ne pouvoir débiter qu'un mélange d'eau avec une faible quantité de vapeur : l'eau qui y passe est donc toujours plus ou moins échauffée.

Dans la même classe viennent se ranger les appareils où l'eau est actionnée par l'air comprimé : la force d'expansion de l'air, au moment où la détente s'opère détermine l'élévation ou le refoulement de l'eau avec laquelle il est en contact ; un dispositif spécial assure alors l'échappement de l'air détendu, l'amenée d'un nouveau volume d'eau, puis l'intervention de l'air comprimé. Avec ces appareils, dont le type est *l'élévateur Shone*, appliqué au refoulement des eaux d'égout, il ne saurait y avoir d'aspiration.

218. Utilisation des divers appareils servant à l'élévation de l'eau. — On conçoit que les appareils qui fournissent de l'eau échauffée par son mélange avec la vapeur ou refoulent une fraction de l'eau employée pour les mettre en mouvement ne sauraient être applicables dans tous les cas, et qu'il faut les réserver pour les circonstances spéciales où ces conditions obligées de leur fonctionnement se trouvent être sans inconvénient. Ainsi les appareils à action directe de vapeur, dont le rendement est d'ailleurs très faible, n'ont trouvé que des applications industrielles, et ne sont pas utilisés jusqu'à présent pour l'alimentation des villes. Et c'est seulement dans les propriétés particulières ou dans les localités de second ordre, où l'on dispose de petites chutes et où les besoins de l'alimentation sont restreints, que l'on emploie le bélier hydraulique.

Les appareils de la première catégorie, quoique extrêmement répandus, ne conviennent en général, qu'à de faibles hauteurs ascensionnelles, et sont plus aptes au service des irrigations qu'à l'élévation d'eau à grande hauteur nécessaire pour les distributions urbaines. Parmi ces appareils il en est, comme le seau, qui ne peuvent être employés que pour de petites quantités d'eau ; d'autres ont un rendement médiocre, comme le chapelet, où les pertes d'eau entre les palettes et l'auge prennent vite de l'importance ; quelquelques-uns néanmoins, tels que les norias, les vis d'Archimède, etc., peuvent, dans des cas particuliers, recevoir des applications très justifiées.

Mais l'appareil par excellence pour l'élévation de l'eau, c'est la pompe, dont le principe se prête aux combinaisons les plus variées, et qui se plie à toutes les exigences de la pratique : l'eau n'y subit aucune altération, et, dans de bonnes conditions d'emploi, le rendement en est excellent. Aussi l'usage des pompes est-il tout à fait général, et ce n'est guère qu'au moyen d'engins de cette espèce que se fait l'élévation mécanique de l'eau pour l'alimentation des villes.

§ 2.

POMPES.

219. Pompes à mouvement alternatif. — Les pompes *à piston* ou *à mouvement alternatif* sont de beaucoup les plus répandues. Elles se subdivisent en plusieurs classes suivant leur mode de fonctionnement, leur disposition générale, la position relative des tuyaux d'arrivée et de départ de l'eau.

Telles qu'elles sont décrites au paragraphe précédent, c'est-à-dire sous la forme la plus simple, les pompes ne produisent l'élévation ou le refoulement de l'eau que dans l'un des deux sens du mouvement rectiligne du piston, d'où la désignation de *pompes à simple effet*. L'effort à faire pour les mettre en mouvement est dès lors nécessairement varié, et l'écoulement de l'eau dans la conduite ascensionnelle se produit par saccades, ce qui n'est pas sans avoir des inconvénients.

Pour les éviter, on a été conduit à modifier les dispositions primitives des pompes à pistons, de manière à obtenir dans les deux parties de la course des effets équivalents, en équilibrant les efforts dans les deux sens. La pompe *à double effet*, qui répond à cette condition, comporte un piston plein, animé d'un mouvement alternatif, dans un corps de pompe pourvu de deux orifices d'aspiration et de deux orifices de refoulement. A volume égal, la pompe à double effet débite deux fois autant d'eau que la pompe à simple effet ; et, si les intermittences du mouvement de la colonne liquide, dans la conduite ascensionnelle, ne sont pas supprimées, elles y sont du moins considérablement réduites.

On obtient d'ailleurs le même résultat en accouplant deux pompes à simple effet, de manière que le mouvement de leurs pistons soit alterné, et plus de régularité encore au moyen de trois pompes ou plus, à simple effet, convenablement combinées.

Tantôt l'axe des pompes est vertical, tantôt horizontal, quelque-fois aussi, mais plus rarement, incliné : le choix entre les divers modes d'intallation dépend soit du moteur et des organes employés pour la transmission du mouvement, soit de la hauteur de l'aspiration. La position verticale convient bien aux pompes à simple effet, et en particulier aux pompes élévatoires, dont l'effort, se produisant à la montée du piston, fait travailler la tige à la traction, c'est-à-dire dans les conditions les plus favorables : on ne peut obtenir le même avantage avec les pompes foulantes placées verticalement qu'en amenant l'eau *au-dessus du piston*, contrairement à la disposition habituelle. Les pompes à double effet s'accommodent mieux de la position horizontale.

Les applications innombrables des pompes à mouvement alternatif et la diversité des cas auxquels on s'est ingénié à les adapter, ont eu nécessairement pour conséquence une très grande variété dans les formes et les détails de construction. Nous nous bornerons à passer en revue le principaux types en usage.

220. Pompes à simple effet. — Les pompes à simple effet peuvent être réparties en plusieurs catégories distinctes suivant que le piston y est *plein*, percé et muni de *clapets*, ou *plongeur*.

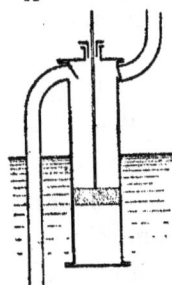

Celles à piston plein sont verticales ou horizontales, élévatoires ou foulantes; le corps de pompe est tantôt ouvert d'un côté, ce qui a l'avantage de laisser le piston apparent et de faciliter la surveillance et l'entretien de la garniture, tantôt fermé et pourvu d'un presse-étoupe pour le passage de la tige.

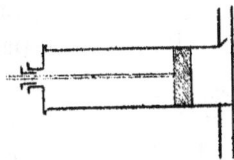

Lorsque le piston livre passage à l'eau et porte des clapets, la pompe est presque toujours verticale, aspirante et élévatoire. Les filets liquides suivent alors une direction constante dans leur mouvement ascendant, et la tige travaillant à la traction peut recevoir une longueur quelconque sans inconvénient.

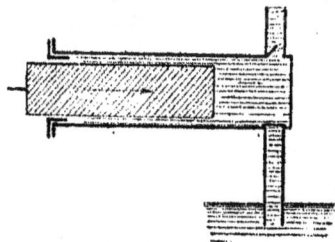

Le piston plongeur n'est qu'une heureuse modification du piston plein, qui supprime la nécessité de l'alésage intérieur du corps de pompe, réduit la garniture à un simple presse-étoupe, toujours visible et facile à entretenir, et diminue les frottements. La position horizontale lui convient particulièrement, tandis que, lorsqu'il se meut dans le sens vertical, la tige travaille presque toujours à la descente, et se trouve par suite exposée à fléchir, pour peu qu'elle soit longue. Il faut faire exception pour la machine de Cornouailles, où le poids du piston suffit à équilibrer la colonne ascensionnelle.

221. Pompes doubles à simple effet. — Nous avons dit précédemment qu'on dispose souvent les pompes à simple effet par paires, en alternant le mouvement des deux pistons pour obtenir l'égalité de travail dans les deux sens, en même temps qu'une régularité plus grande de débit, comme avec la pompe à double effet.

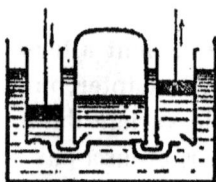

Pompe à incendie.

Le type classique des pompes ainsi *conjuguées* est la *pompe à incendie*, composée de deux pompes foulantes placées côte à côte dans une même bâche et refoulant dans un même récipient d'air.

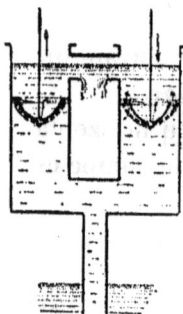

La pompe Letestu, très répandue en France pour les épuisements à faible profondeur, sur les chantiers de travaux, est aussi une pompe double, formée de la réunion de deux pompes aspirantes à mouvement conjugué.

Pompe Letestu.

La pompe horizontale Girard, un des meilleurs types de pompes élévatoires, dont les applications sont fort nombreuses aujourd'hui en France et à l'étranger, et que l'on trouve notamment dans les usines élévatoires de la ville de Paris (Saint-Maur, l'Ourcq, Ménilmontant, Montmartre, Laforge, Bercy, Colombes, etc.) ; du canal de l'Est (Vacon, Pierre-la-Treiche) etc., etc., se compose essentiellement de deux pompes à simple effet, placées en regard l'une de l'autre suivant le même axe et pourvues d'un piston plongeur unique.

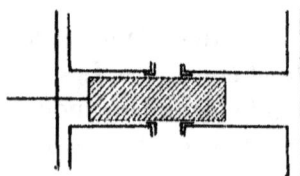

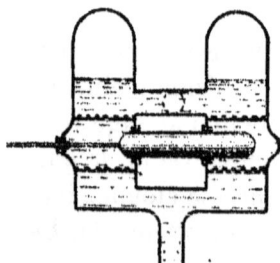

Il convient d'en rapprocher le type de la pompe double installée en 1888 à l'usine du quai de Javel à Paris où le piston unique horizontal s'engage de part et d'autre dans des cloches formant corps de pompe et réservoirs d'air et entre des plateaux portant les clapets.

Très souvent aussi on rencontre des pompes aspirantes et élévatoires, simplement *juxtaposées*, sans liaison entre elles, mais qui refoulent alternativement dans la même conduite.

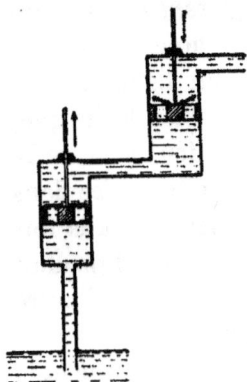

Dans d'autres cas les deux pompes accouplées ont été *superposées*, et reliées par un tuyau de communication, de manière que le piston de l'une aspire à travers le piston de l'autre, qui lui-même refoule au travers du premier. Cette disposition, qui se rencontre dans plusieurs des usines élévatoires de la ville de Paris (Austerlitz, Ivry), a reçu des applications assez fréquentes : elle a l'avantage d'assurer aux filets liquides une vitesse toujours dirigée dans le même sens, variable sans doute, mais jamais nulle. On l'a étendue parfois à un jeu de trois pompes, disposées en gradins et reliées deux à deux par des tuyaux de jonction.

222. Pompes à double effet. — La pompe à double effet proprement dite donne un travail parfaitement symétrique, mais présente l'inconvénient d'inverser à chaque extrémité de la course le mouvement des filets liquides : on lui reproche, en outre, la difficulté de la visite et de l'entretien de la garniture du piston plein qui ne peut se faire sans démontage. Cet engin n'en a pas moins reçu de nombreuses et excellentes applications : il est en service dans plusieurs usines de la ville de Paris dont les machines remontent à une cinquantaine d'années (Port à l'Anglais, Dépotoir de la Villette).

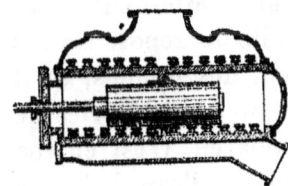

La pompe à double effet s'est répandue aux États-Unis d'une façon remarquable, sous la forme que lui a donnée la maison Worthington et qui comporte un piston plongeur allongé se mouvant dans un cylindre très court ouvert à ses deux extrémités, et disposé au centre d'une cloison partageant en deux parties égales et symétriques une grande chambre d'eau comprise entre deux plateaux garnis de nombreuses soupapes.

Récemment MM. Baillet et Audemar lui ont donné une forme

originale en plaçant dans un corps de pompe unique, coupé par une cloison, deux pistons animés d'un même mouvement portant chacun des clapets inversement disposés.

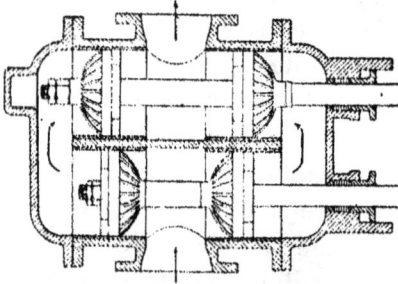

La *pompe différentielle* se rapproche de la pompe à double effet, mais elle s'en distingue nettement par cette particularité que, refoulant dans les deux sens de la course du piston, elle aspire dans un seul. Le piston a deux sections différentes et fonctionne à la fois comme piston plein et comme piston plongeur : quand il produit l'aspiration d'une part, il refoule d'autre part, l'eau comprise dans l'espace annulaire situé entre le corps de pompe et la tige renflée formant plongeur ; quand le mouvement se produit en sens inverse, l'aspiration cesse entièrement, la partie pleine du piston refoule et l'espace annulaire se remplit ; en sorte que, pour équilibrer les efforts, il faut que les deux sections du piston soient entre elles à peu près dans le rapport de 1 à 2. Pour cette pompe, comme pour la pompe à double effet proprement dite, la position horizontale est la meilleure, parce qu'elle permet un guidage plus sûr de la tige du piston et l'expose moins à la flexion.

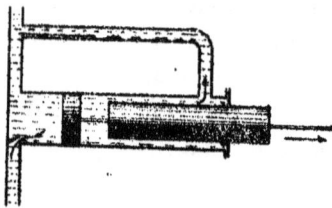

223. Jeu des pompes à mouvement alternatif. — Dans toute pompe à mouvement alternatif il y a une capacité, formée par le corps de pompe fixe et le piston mobile, dont le volume change à chaque instant, où l'eau se précipite quand il augmente, d'où elle est chassée quand il diminue. Le mouvement du liquide y est constamment varié, dirigé tantôt dans un sens, tantôt alternativement dans deux sens différents, avec ou sans intervalle de repos. De ces changements de vitesse et de direction résultent des remous, qu'il faut atténuer autant que possible, afin de diminuer les pertes de force vive et d'augmenter l'effet utile de l'appareil. C'est en vue d'obtenir ce résultat qu'on doit s'attacher à donner à l'eau de larges passages, à rendre aisé et doux le mouvement des soupapes et clapets, à supprimer les causes de chocs, à faciliter l'écoulement de toutes manières.

La vitesse du piston, quel que soit le moteur qui l'actionne, n'est jamais uniforme ; nulle aux extrémités de la course, elle va en augmentant jusqu'à un maximum pour décroître ensuite pendant chacune des deux parties de la course. Si, au moment de l'aspiration, l'eau éprouve de trop grandes résistances dans les tuyaux d'amenée, ou au passage des orifices d'admission, il peut arriver que sa vitesse d'écoulement ne soit pas suffisante, et que, ne pouvant suivre le piston, elle s'en sépare momentanément aux environs du maximum de vitesse de la machine ; lorsque la marche du piston se ralentit, l'eau ne tarde pas alors à le rattraper, en produisant un choc doublement fâcheux, parce qu'il comporte une perte de force vive, un travail inutilisé, et qu'en même temps il détermine des vibrations redoutables pour la conservation du système. Il y a là un écueil qu'il ne faut jamais perdre de vue dans la construction des pompes.

Dans certains cas il est nécessaire d'obtenir des débits variables au moyen d'un même système élévatoire, et l'on a recours à cet effet à divers artifices. Le meilleur, sans contredit, lorsque les circonstances permettent d'y recourir, c'est l'emploi de plusieurs pompes distinctes que l'on met en marche ensemble ou séparément. Mais souvent on se contente d'une pompe unique dont on fait varier le nombre de coups par minute, ou la longueur de course : de ces deux moyens, le premier est sans inconvénient, s'il est appliqué dans des limites restreintes, si la variation ne dépasse pas la proportion de 3 à 4 ou de 2 à 3 par exemple ; le second doit être au contraire évité, parce qu'il a pour effet de produire une usure irrégulière des pièces frottantes, dont certaines parties travaillent constamment et certaines autres à intervalles plus ou moins éloignés.

224. Rôle de l'air. — Les gaz dissous dans l'eau jouent un rôle assez important dans le fonctionnement des pompes. Au moment de l'aspiration, il se produit dans le corps de pompe un abaissement de pression, un vide relatif, qui détermine le dégagement de ces gaz ; des bulles se forment dans toute la masse d'eau, et tendent en vertu de leur faible poids spécifique à gagner les points hauts ; puis, dans la période de refoulement, l'*air* dégagé se comprime, se redissout en partie, ou est entraîné à l'état gazeux. Si la forme du corps de pompe est telle que l'air parvenu au point le plus haut ne puisse s'y maintenir et soit nécessairement entraîné au dehors, la présence des bulles de gaz n'a aucun inconvénient ; au contraire leur mélange avec l'eau communique au liquide une certaine compressibilité qui est plutôt un avantage. Mais s'il peut se former quelque part un *cantonnement d'air*, il en résulte nécessairement une diminution du rendement de la pompe, en même temps que des chocs dangereux : en effet, la présence dans le corps de pompe d'une masse gazeuse, qui se dilate considérablement au moment du vide, s'oppose à l'admission d'un volume d'eau suffisant, et la contraction, qu'elle éprouve au moment de la compression, détermine de brusques mouvements du liquide et provoque des chocs analogues à celui que l'on obtient dans les laboratoires de physique au moyen du *marteau d'eau*.

Aussi l'air est-il considéré comme un ennemi par les constructeurs de pompes ; et l'on ne doit rien négliger pour en assurer le départ régulier, en empêcher l'accumulation durable ou momentanée en certains points, ainsi que l'évacuation brusque. Lorsque la forme générale de la pompe est telle qu'un cantonnement d'air s'y produit nécessairement, on a recours pour s'en débarrasser à des *ventouses*, ou petits clapets spéciaux automobiles, s'ouvrant de dedans en dehors au moment de la compression : mais le jeu de ces appareils est parfois en défaut, parce que l'air entraîné par le mouvement de la masse liquide, ne se porte pas exactement pendant le fonctionnement de la pompe à l'endroit où il se placerait à l'état statique, et il en résulte alors des irrégularités et des chocs dont on a grand peine parfois à démêler la cause et surtout à trouver le remède.

225. Vitesse. Rendement. — Les changements de sens répétés dans la marche du piston, les résistances qu'y oppose la force d'inertie de l'eau, les frottements au passage des orifices d'admission et d'évacuation de l'eau sont autant de causes qui restreignent la vitesse des pompes. Il faut entendre par là, non point la vitesse linéaire du piston, qui peut sans inconvénient varier dans des limites assez étendues, mais le nombre des coups par minute, qui est le plus souvent limité à **20**, **25** ou **30** et atteint rarement **50** ou **60**.

Toute augmentation de vitesse, ayant pour conséquence un accroissement de débit pour une pompe donnée ou une diminution de prix pour le même produit, doit être considérée comme un progrès. Les perfectionnements apportés aux dispositions d'ensemble et de détail des divers types de pompe ont très souvent pour objet d'atténuer les résistances en vue de permettre une augmentation de la vitesse.

Le *rendement en volume* d'une pompe, c'est-à-dire le rapport du volume d'eau élevée au volume engendré par le piston, dépend de l'étanchéité des garnitures, de la tenue des clapets, et des mesures prises pour que l'eau suive aisément le piston ou pour que l'air soit régulièrement et complètement évacué. Dans une bonne pompe le rendement en volume peut être pratiquement presque égal à l'unité, atteindre couramment 95 et 98 pour 100. Il arrive même parfois qu'il s'élève jusqu'à l'unité ou même la dépasse, ce qui s'explique par un effet analogue au coup de bélier, déterminant soit un entraînement dû à la vitesse acquise soit un gonflement du corps de pompe ; mais en pareil cas des chocs, des vibrations sont inévitables, et, loin de rechercher un tel rendement, il convient de ne point l'admettre, afin de ne pas courir le risque d'altérer les divers organes et de compromettre la solidité de l'ensemble.

L'*effet utile* ou *rendement mécanique* est le rapport entre le travail utile et l'effort nécessaire pour l'obtenir. Pour calculer le travail utile, mesuré d'ordinaire *en eau montée*, il suffit de faire le produit du volume d'eau élevé par la hauteur d'élévation. On obtient un rendement mécanique d'autant plus satisfaisant que les frottements sont plus réduits, les résistances opposées au mouvement de l'eau plus atténuées, les chocs entièrement annulés. Ce rendement augmente d'ailleurs avec la hauteur d'élévation ; on le conçoit aisément, si l'on remarque que les résistances passives sont une force constante, dont l'importance relative doit aller en diminuant à mesure que le travail utile s'accroît. Avec une très bonne pompe placée dans des conditions favorables le rendement mécanique peut atteindre et même dépasser 85 pour 100 ; mais très souvent dans la pratique il est sensiblement inférieur à ce chiffre, et, si les dispositions prises sont défectueuses, il peut s'en éloigner beaucoup.

226. Corps de pompe. — Nous venons de voir que les pompes supportent des alternatives incessantes de pression et de vide, qu'elles sont exposées à des chocs ; elles doivent donc être construites de manière à présenter une grande résistance. Les *corps de pompe*, presque toujours en fonte, reçoivent à cet effet des formes arrondies et l'on y évite autant que possible les parties plates ; les attaches sont étudiées de manière à obtenir la fixité nécessaire pour s'opposer aux vibrations.

Il est bon de chercher à y réduire autant que possible les pertes de pression résultant des changements de direction des filets liquides, des coudes, des rétrécissements ou des épanouissements brusques, qui ont une assez grande importance lorsque la hauteur d'élévation est faible. Il ne faut pas cependant exagérer l'influence de ces pertes ; quand la hauteur d'élévation est grande, quand les conduites d'aspiration ou de refoulement sont longues, on peut les considérer souvent comme presque négligeables.

Les espaces compris entre les positions extrêmes du piston et les clapets d'admission ou d'évacuation de l'eau reçoivent le nom d'*es-paces nuisibles*, parce qu'ils ne sont pas sans inconvénient au moment de l'*amorçage*, quand la pompe fonctionne comme pompe à air ; il peut arriver, en effet, que la masse gazeuse, qui s'y loge au moment de la compression, soit assez considérable pour prendre, lorsqu'elle se dilate au moment du vide, un volume tel qu'elle réduise ou anni-hile l'effet de l'aspiration. Mais, en prenant par avance la précaution de remplir la pompe d'eau, on supprime radicalement cet inconvé-nient, à la condition, il est vrai, que les gaz dissous et qui se déga-gent par l'effet du vide trouvent un échappement assuré par les clapets de refoulement.

Si cette condition n'était pas remplie, il se produirait un de ces cantonnements d'air, dont nous avons signalé les inconvénients et qu'il faut éviter à tout prix. Aussi l'eau doit-elle monter constam-ment, dans son passage à travers le corps de pompe, et ne jamais redescendre : tout point haut sur son parcours donne nécessaire-ment lieu à une accumulation d'air qui nuit au fonctionnement de l'appareil.

Enfin toutes les mesures doivent être prises pour rendre facile et rapide la visite des pistons et des clapets, la réfection des garnitu-res, le remplacement des pièces avariées.

227. Pistons. — Le mode de construction des organes mobiles, pistons et clapets, a, pour le fonctionnement de toute pompe, une importance considérable. Aussi croyons-nous devoir entrer dans quelques détails au sujet des dispositions qu'on donne le plus sou-vent à ces organes essentiels.

Le piston plein ou percé et garni de clapets, qui glisse à frottement dans un corps de pompe alésé, doit être pourvu d'une garniture par-faitement étanche, sans quoi la différence des pressions qui s'exer-çent à chaque instant sur les deux faces déterminerait le passage de filets d'eau ou de bulles d'air d'un côté à l'autre, au détriment de l'effet utile. Or la perfection de la garniture ne s'obtient que si l'on vient à bout de sérieuses difficultés : en effet, lorsqu'elle présente une grande longueur elle tend à augmenter par trop le frottement et les résistances passives, quand elle est dure elle raie le cylindre, etc. L'étoupe est employée dans la majorité des cas pour la confec-tion de cette garniture ; mais on y fait usage aussi très fréquem-ment de cuir, de caoutchouc, de segments métalliques ; le cuir em-bouti et les anneaux de caoutchouc ont cet avantage que c'est la pression même de l'eau qui les applique sur les parois, assurant ainsi l'étanchéité du joint, tout en donnant un frottement assez doux grâce à leur élasticité. Pour refaire la garniture d'un piston de cette espèce il faut nécessairement l'amener hors du corps de pompe, et ce n'est guère que d'après le bruit occasionné par les fuites qu'on en reconnaît le besoin.

Au contraire, on peut s'assurer à chaque instant de l'étanchéité de la garniture d'un piston plongeur, et, sans la refaire, on peut souvent l'améliorer par un simple serrage des boulons du presse-étoupe.

Dans les pompes verticales, le poids du piston étant supporté par la tige, la garniture ne fatigue pas plus d'un côté que de l'autre et s'use régulièrement ; dans les pompes horizontales, le poids du piston portant nécessairement sur le bas du corps de pompe, la garniture s'use plus vite en-dessous en même temps que le cylindre s'ovalise, et l'on recommande, pour parer à ces inconvénients, soit d'élégir le piston pour en rendre le poids très faible, soit de le tourner de temps en temps pour égaliser l'usure, soit de prolonger la tige de manière à le faire porter sur un plus grand nombre de points.

Le piston des pompes différentielles a l'inconvénient d'exiger deux garnitures dissemblables, qu'il est difficile de rendre également bonnes en même temps.

Pour diminuer l'effet de la résistance de l'eau lors des changements de sens du piston et permettre une marche plus rapide de cet organe, on a été conduit depuis un certain nombre d'années, à en modifier la forme : les pistons plongeurs, qui s'y prêtent plus ai-

sément, ont reçu des abouts arrondis ou effilés, et les résultats ont été remarquablement satisfaisants, surtout lorsqu'on est venu à les compléter en donnant au corps de pompe la forme renflée ou en baril qui a permis d'atteindre des vitesses jusqu'alors inconnues (1m,80 par seconde en moyenne, dans les grandes pompes type Girard de l'usine à vapeur de la Ville de Paris, à Saint-Maur).

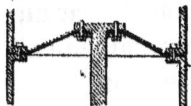

On a proposé aussi de remplacer le piston par un disque rendu solidaire d'une membrane ou diaphragme attaché à la paroi du corps de pompe, ce qui supprime tout frottement sur cette paroi, en rend l'alésage inutile et annihile la garniture. Mais jusqu'à présent les pompes à membranes ont reçu peu d'applications et seulement dans des cas spéciaux.

228. Soupapes et clapets. — Qu'ils soient portés par les pistons ou adaptés aux corps de pompes, *mobiles* ou *dormants*, les clapets jouent un rôle si considérable dans le fonctionnement des pompes qu'ils méritent d'appeler tout particulièrement l'attention.

Dans quelques cas assez rares, mus par le moteur lui-même, ils sont ouverts par des transmissions spéciales de mouvement au moment précis où ils doivent livrer passage à l'eau, ou fermés à l'instant où le passage doit cesser : M. Riedler a donné récemment une vogue nouvelle à ce dispositif. Mais dans la généralité des applications leur mouvement est automatique, ils s'ouvrent et se ferment par l'effet même des variations de pression dans le corps de pompe.

Pour que leur fonctionnement soit entièrement satisfaisant, les clapets doivent :

1° être étanches — ce qui s'obtient soit par un rodage parfait des surfaces métalliques en contact, soit par l'emploi de substances élastiques, cuir, caoutchouc, etc., soit par l'addition de garnitures en bois, en cuir, en ébonite, etc. ;

2° s'ouvrir rapidement et sous un effort très faible — d'où la nécessité de réduire au minimum le poids de la partie mobile et d'atténuer les frottements et les résistances passives ;

3° livrer immédiatement un large passage à l'eau — tant pour diminuer les pertes de force vive dues à la contraction de la veine liquide que pour éviter l'arrêt des corps entraînés par l'eau et qui pourraient s'opposer à une fermeture hermétique ;

4° se fermer aisément, sans hésitation et sans choc — ce qui suppose une levée faible, un guidage sûr, et une surface relativement petite.

Il est difficile de remplir à la fois toutes ces conditions dont quelques-unes même sont contradictoires, et, pour s'en rapprocher, on a imaginé un très grand nombre de dispositions.

Les clapets les plus simples se composent d'un *disque* en métal battant sur un siège également en métal, ou d'une rondelle plate en cuir ou en caoutchouc s'appuyant sur une pièce métallique en forme de grille : la *levée* est limitée par un arrêt et le mouvement doit être convenablement guidé. Ce type de soupape est léger, il ne comporte presque pas de frottement, mais il expose une grande surface à la pression et convient par suite plus particulièrement pour les pompes travaillant sous une pression modérée. Les soupapes Letestu, bien que de forme tronconique, se rattachent à ce type : elles se composent en effet de lames de cuir, battant sur un siège métallique percé de trous ; fixées vers l'axe et entièrement libres à la circonférence, elles laissent aisément passer tous les corps solides entraînés par l'eau.

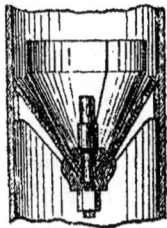

Les *soupapes à boulet* se comportent de la même manière, elles ne se coincent pas et retombent aisément sur leur siège ; mais si elles sont en métal, elles ont l'inconvénient d'être lourdes, même lorsqu'on les fait creuses, et de se mater par suite sur le siège, ce qui altère bientôt la sphéricité ; en caoutchouc on ne peut dépasser d'assez faibles dimensions.

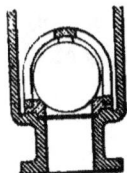

Les *clapets à charnières*, très usités, reçoivent diverses dispositions ; tantôt c'est un disque en métal, avec charnières également en métal, tantôt une lame de cuir flexible, fixée sur le siège et formant la charnière, et que renforcent deux lames de tôle de manière à lui permettre de résister à la pression. Le poids de ces clapets peut varier à volonté, ils donnent de grandes ouvertures, la levée se limite aisément au moyen d'un taquet d'arrêt ; mais la surface exposée à la pression est grande, et la charnière donne lieu à des frottements qui ont pour conséquence une usure rapide.

Pour assurer et régulariser la fermeture des soupapes on a souvent recours à des *ressorts* Les clapets Girard, dont le fonctionnement est excellent, se composent d'un disque métallique surmonté d'une tige et d'un ressort à pincette ou ressort de voiture, dont on peut régler la tension à volonté. Ils ont l'avantage de rendre bien apparent à l'extérieur le mouvement de la soupape, ce qui en facilite singulièrement la surveillance. Le ressort à pincette peut d'ailleurs être remplacé par un ressort en spirale ou à boudin.

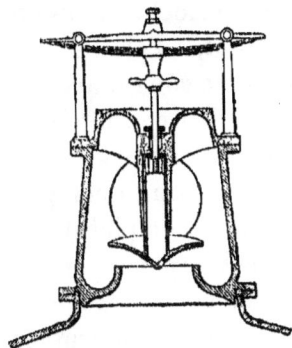

Lorsqu'on ne dispose pas d'une grande section et que l'on veut avoir néanmoins un large passage d'eau, on a recours à un artifice, qui consiste à remplacer le disque unique par une ou plusieurs couronnes concentriques, découvrant, au moment de la levée, des orifices en forme de rainures circulaires. Quand la soupape se compose d'une couronne elle est dite *à double battement* : — telle est celle représentée par la figure et qui a été appliquée à Paris à l'usine élévatoire de l'Ourcq. Avec deux couronnes concentriques, la soupape présente quatre battements : les grandes pompes de Berlin en offrent un exemple, Mais on a sans doute été un peu loin dans cette même ville lorsqu'on a admis des soupapes à douze battements, car les passages d'eau deviennent alors bien étroits et doivent donner lieu à des contractions et à des pertes de charge considérables. L'emploi d'un double battement permet de réduire autant qu'on le veut, en donnant une forme spéciale à la couronne mobile, la surface exposée à la pression. C'est par cet artifice que l'on obtient les soupapes dites *équilibrées*. Un type de soupape de ce genre fort répandu est celui qui porte le nom de Cornouailles et où la couronne est en forme de cloche : nous en donnons un exemple emprunté à l'usine de Chaillot, à Paris. Il s'en fait également en forme de tronc de cône renversé.

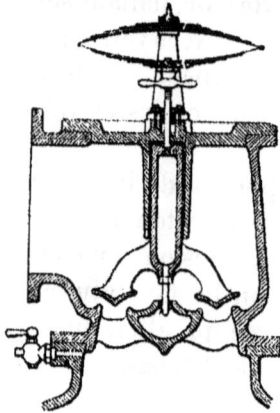

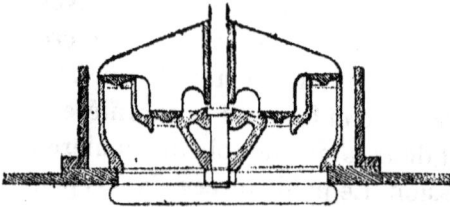

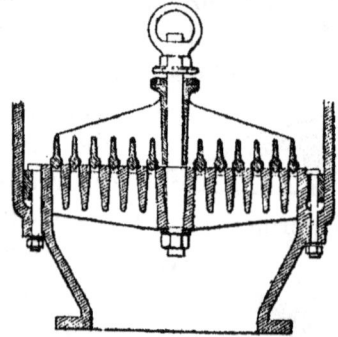

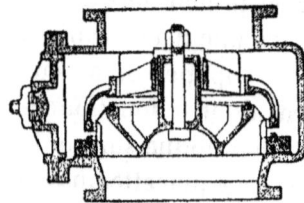

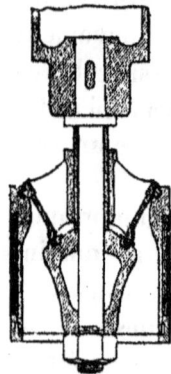

Lorsqu'on désire offrir une section considérable au passage du liquide, sans donner aux pièces mobiles un trop grand poids ou des formes compliquées, on renonce fréquemment à l'emploi d'une grande soupape unique, et on la remplace par des *soupapes multiples*. Dans cette catégorie se rangent : les soupapes formées de couronnes concentriques indépendantes, les soupapes *étagées* disposées sur un siège en forme de pyramide, les soupapes juxtaposées à charnières parallèles, appliquées par M. Farcot aux pompes de la Ville de Paris dans les usines Saint-Maur et d'Ivry, et qui sont pressées par des ressorts en caoutchouc réglables au besoin de l'extérieur ; les soupapes-disques à ressort de Worthington, ainsi que les soupapes Corliss, formées d'un anneau plat en métal, avec ressort spirale aplati, qui ont été appliquées par le Creusot aux pompes élévatoires de l'usine de Javel, à Paris, et qui légères et très mobiles, conviennent bien aux pompes à grande vitesse, tandis que les grandes soupapes pesantes ne sauraient s'appliquer qu'à des pompes à marche lente.

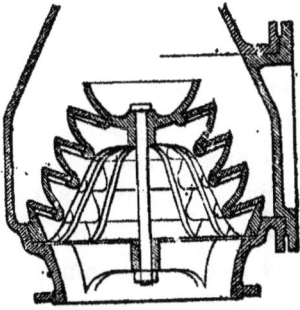

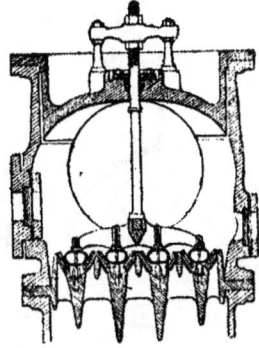

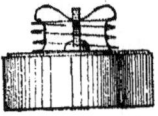

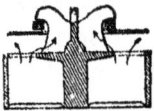

Souvent les soupapes dormantes sont placées dans des boîtes spéciales ou *chapelles* disposées au-dessous, au-dessus ou à côté du corps de pompe : c'est le cas des soupapes de Cornouailles ou des clapets Girard. D'autres fois elles se trouvent dans un second corps cylindrique placé à côté de la pompe proprement dite. L'une et l'autre disposition permet de leur donner des sections aussi grandes que l'on veut. Au contraire les clapets placés sur les pistons présentent souvent des ouvertures insuffisantes, et les artifices auxquels on a recours pour livrer un plus grand passage à l'eau ne parviennent pas à remédier entièrement à cet inconvénient.

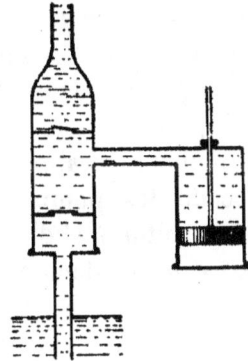

229. Pompes oscillantes. — Nous nous bornons à signaler en passant les *pompes oscillantes,* qui n'ont guère reçu d'applications, mais n'en ont pas moins un certain intérêt, parce qu'elles marquent la transition entre les pompes à mouvement rectiligne et les pompes rotatives. L'organe mobile, qui remplace le piston, y est animé d'un mouvement angulaire alternatif, produisant l'aspiration et le refoulement de l'eau.

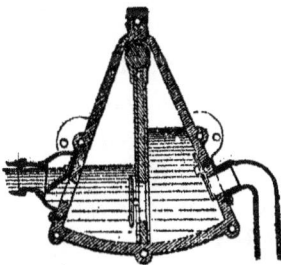

C'est presque toujours une palette portant une soupape et qui se meut dans une boîte, à base de secteur circulaire, pourvue de deux orifices munis de clapets : le jeu de l'appareil est tout à fait analogue à celui de la pompe rectiligne à simple effet.

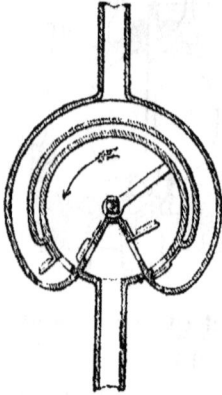

Dans la *pompe à vanne* les soupapes sont dormantes, et de part et d'autre de la palette se produisent des alternatives de pression et de vide comme dans la pompe rectiligne à double effet.

Il peut se rencontrer des cas où ce genre d'appareils soit avantageux, parce que le mouvement angulaire s'obtient parfois plus aisément que le mouvement rectiligne ; mais l'étanchéité y laisse toujours beaucoup à désirer, à cause de la difficulté d'adapter des garnitures à la palette mobile.

230. Pompes rotatives. — Les *pompes rotatives*, qui paraissent avoir une tendance à se propager et reçoivent sous diverses formes des applications variées, ont un avantage théorique certain sur les pompes à mouvement alternatif. Elles communiquent en effet au liquide un mouvement continu, toujours de même sens, beaucoup plus favorable à l'utilisation de la force que le fonctionnement saccadé des pompes ordinaires. Mais l'impossibilité d'y appliquer des garnitures et d'y obtenir un contact précis des surfaces frottantes est un obstacle pratique à leur généralisation ; elles ne peuvent pas être étanches ; et l'on a même observé qu'elles donnent de meilleurs résultats lorsqu'on y laisse un peu de jeu entre les organes que lorsqu'on y crée, en supprimant ce jeu, des frottements entre les surfaces solides ou des efforts de compression dont les conséquences peuvent être fâcheuses.

Toutes les pompes rotatives se ramènent à deux types, les pompes *à un seul axe* et les pompes *à deux* ou *à plusieurs axes*.

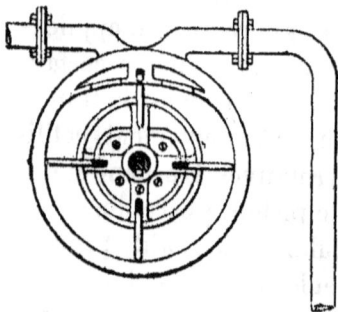

Les premières se composent d'un disque tournant dans un tambour, par rapport auquel il est excentré, et portant un certain nombre de palettes mobiles, qui limitent entre la paroi intérieure et le disque des espaces de capacité variable, communiquant tantôt avec l'aspiration, tantôt avec le refoulement sans l'intermédiaire des soupapes.

Deux palettes au moins sont nécessaires, et l'on en emploie rarement plus de quatre ; elles s'appliquent sur la paroi du tambour, soit en vertu de leur poids, soit par l'action de ressorts ; mais, dans un cas comme dans l'autre, elles donnent lieu à des frottements assez considérables, de sorte que le rendement est médiocre.

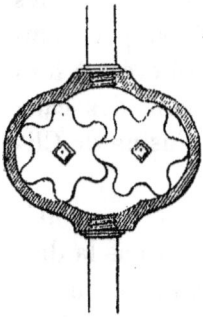

Dans les pompes à deux axes, dont le type primitif est la *pompe à engrenages*, les frottements sont moindres ; et, bien que cet avantage soit compensé par la nécessité de faire entraîner le second arbre par le premier au moyen d'une transmission spéciale, le rendement est généralement meilleur. Mais il faut prendre des précautions particulières pour maintenir exactement les positions respectives des deux arbres et éviter la torsion.

Les types les plus récents se distinguent par le soin avec lequel on y a étudié la loi de l'écoulement afin d'offrir à chaque instant à l'eau la section convenable, supprimer par suite toute compression, et réaliser un effet régulier et constant. La pompe Greindl paraît être celle qui, actuellement, remplit le mieux ces deux conditions : son rendement effectif, d'après M. Poillon, atteindrait 77 0/0.

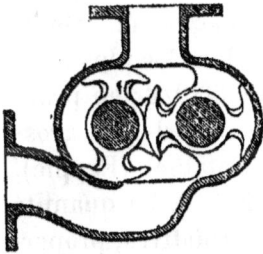

Ainsi donc, quoi que l'on ait pu en attendre, les pompes rotatives ne donnent pas en pratique des résultats aussi parfaits que les bonnes pompes à mouvement rectiligne alternatif. D'ailleurs elles ne peuvent s'appliquer aux élévations à grande hauteur, à cause de leur manque d'étanchéité, ni au passage d'eaux troubles ou chargées de sables qui ne tarderaient pas à les engorger, ou en détermineraient l'usure rapide. Elles se recommandent cependant dans nombre de circonstances par leur grande simplicité d'organes, leur aptitude aux grandes vitesses, et les facilités de commande et d'installation qui en résultent.

231. Pompes centrifuges. — L'organe mobile dans les *pompes centrifuges* est aussi animé d'un mouvement de rotation ; mais, quelle qu'en soit la forme, il ne fait pas piston, et c'est la force centrifuge seule qui détermine le refoulement de l'eau vers la circonférence et par suite l'aspiration au centre. La force centrifuge augmentant avec la vitesse, on conçoit qu'il faut faire tourner l'organe mobile d'autant plus rapidement que l'effort requis est plus grand, la hauteur à franchir plus considérable. Mais il y a des limites pratiques qu'il convient de ne pas dépasser ; et, c'est pourquoi les

pompes centrifuges, dont le fonctionnement est satisfaisant jusqu'à
10 et 15 mètres, ne peuvent guère aller au delà. D'autre part, il est
vrai, les ouvertures, les passages d'eau peuvent y être fort larges
sans inconvénients, de sorte qu'elles s'accommodent des eaux les
plus chargées, des eaux d'égout par exemple ; aussi, ont-elles été préférées à toutes autres pour le relèvement des eaux
des collecteurs parisiens à l'usine de Clichy.

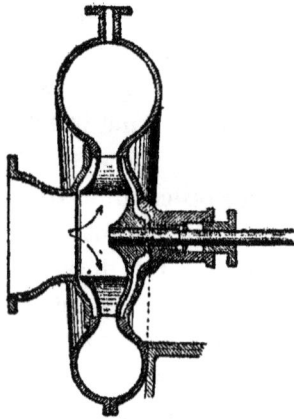

Nous nous en tiendrons à ces considérations, et nous n'aborderons pas la description détaillée des types nombreux de
pompes centrifuges à axe horizontal ou
vertical, à palettes ou aubes droites, courbes, hélicoïdales, plus ou moins longues,
plus ou moins nombreuses, etc.

Ajoutons seulement que le rendement de ces engins élévateurs
est assez faible. Théoriquement et dans les conditions les plus favorables, il pourrait, d'après M. Poillon, atteindre 66 0/0 ; en pratique, la maison Farcot atteste avoir obtenu plus pour de très grosses pompes à faible élévation dans l'usine du Katatbeh (Egypte),
mais les petites ne donnent guère plus de 25 à 30 0/0. La quantité
d'eau élevée n'y est pas, comme dans les pompes rotatives, proportionnelle au nombre de tours : nulle, lorsque la vitesse est insuffisante, elle augmente ensuite avec le nombre de tours, mais sans suivre la même progression.

§ 3.

ASPIRATION

232. Observations générales. — Dans toute installation de
pompes, il faut apporter la plus grande attention aux dispositions
prises, soit pour l'*aspiration*, soit pour le *refoulement*. De ces dispositions, en effet, dépend en partie le bon fonctionnement du système, dont le choix même est souvent commandé par les conditions
spéciales du refoulement et de l'aspiration.

La hauteur de l'aspiration, par exemple, peut être dans certains
cas un motif péremptoire pour écarter les pompes horizontales et

donner la préférence aux pompes verticales, qu'il est plus facile de placer au niveau convenable, à moins qu'on ne se résigne à adapter à la machine élévatoire un organe supplémentaire, destiné à élever l'eau une première fois dans une bâche où elle sera reprise par les pompes horizontales, et auquel son rôle spécial a valu le nom de *pompe nourricière*.

On doit éviter, autant que possible, les conduites de grande longueur à l'aspiration, soit à cause des pertes de charge qui en résultent, surtout si le diamètre est faible, et des chocs qui en sont la conséquence, par suite de la difficulté qu'éprouve l'eau à suivre le piston de la pompe, soit par crainte de multiplier les joints, c'est-à-dire les chances de rentrées d'air ou même d'eau empruntée à la nappe superficielle au détriment du jeu de la pompe ou de la qualité de l'eau élevée. Les sinuosités, les coudes brusques, les étranglements, les variations de section, sont autant de causes de pertes de charge, qu'il faut sans doute subir parfois, mais qu'on doit toujours réduire autant que possible.

Pour qu'une pompe marche dans de bonnes conditions, il faut donc que la hauteur d'aspiration soit modérée (6 à 7 mètres au plus), la longueur du tuyau d'aspiration faible, son diamètre suffisant et régulier, son tracé peu accidenté.

233. Dégagement des gaz dissous. — Nous avons déjà signalé le rôle important que jouent les gaz, qui se dégagent de l'eau pendant l'aspiration, dans le fonctionnement des pompes. C'est à l'intérieur de la conduite d'aspiration que le dégagement des gaz dissous commence à se produire et il faut en tenir grand compte pour l'étude des dispositions à donner à cette conduite. Ainsi, l'eau doit la parcourir toujours en montant, sans jamais redescendre ; car tout point haut sur le parcours déterminerait un *cantonnement d'air*, qui ne tarderait pas à devenir un obstacle à l'écoulement, et pourrait même en amener l'arrêt complet en provoquant le *désamorçage* de la pompe. Si le cantonnement d'air est voisin de l'orifice d'admission de l'eau dans le corps de pompe, il peut donner lieu à un phénomène singulier dont l'explication échappe au premier abord : à certains moments des coups, des chocs graves se produisent dans la pompe, puis disparaissent pour se reproduire à quelque temps d'intervalle ; ils sont dus au passage d'énormes bulles d'air qui s'engouffrent tout à coup dans la pompe, quand le cantonnement d'air a pris d'assez grandes proportions pour qu'une partie de la masse gazeuse soit entraînée par le liquide.

Quelquefois des circonstances locales ne permettent pas d'éviter un point haut sur le parcours de la conduite d'aspiration. On doit alors, pour conjurer d'avance les inconvénients du cantonnement de l'air, pourvoir à son évacuation en disposant à cet effet un éjecteur, une pompe spéciale, ou tout simplement, si c'est possible, un tuyau ascendant de petit diamètre reliant le point haut au corps de pompe.

234. Réservoir d'air d'aspiration. — Lorsque la conduite d'aspiration est longue et sinueuse, alors même qu'elle ne serait pas exposée à des cantonnements d'air, que les pertes de charge n'y seraient pas trop grandes et que l'eau suivrait le piston sans difficulté, elle n'en donne pas moins lieu à des chocs toutes les fois que la colonne d'eau est brusquement arrêtée ou subitement mise en route. L'incompressibilité du liquide et l'inertie de la masse ont en effet pour conséquence un coup de bélier dans le premier cas, et, dans le second, un retard suivi d'une accélération subite, qui provoque également un coup de bélier.

Pour faire disparaître ces effets fâcheux, qui, dans les pompes à mouvement alternatif, se produiraient à chaque course du piston, ou tout au moins pour les atténuer, on utilise le dégagement d'air qui se produit dans la conduite : la masse gazeuse est accumulée dans une capacité spéciale, où elle forme une sorte de matelas compressible, destiné à recevoir le choc au moment de l'arrêt de la colonne, et de ressort appelé à vaincre l'inertie au moment de la mise en route.

Cette capacité, qui prend le nom de *réservoir d'air d'aspiration*, est disposée près de l'orifice d'admission dans le corps de pompe ; ses dimensions varient avec celles du corps de pompe ou plutôt avec le volume de la *cylindrée*, avec la hauteur de l'aspiration aussi, et doivent être calculées, dans chaque cas, de manière à produire une atténuation suffisante des chocs. Elle joue d'autre part durant la course un rôle secondaire, qui n'est pas sans intérêt, et qui consiste à corriger les effets dus à la variation de la vitesse du piston, en régularisant l'écoulement de l'eau, de manière qu'elle ne se précipite point sur le piston lorsqu'il se ralentit et ne cesse pas de le suivre lorsque son mouvement s'accélère. M. König recommande l'emploi du réservoir d'air toutes les fois que la hauteur

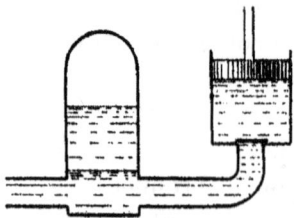

de l'aspiration dépasse 6 mètres et la longueur 15 mètres ; et il conseille de lui donner pratiquement une capacité égale au volume d'eau débité par la pompe en une minute.

La forme à donner au réservoir d'air n'est pas indifférente, car il importe d'éviter les inconvénients des cantonnements d'air spontanés, les chocs, les rentrées brusques de grosses bulles dans le corps de pompe, etc. Le plus souvent il se compose d'une cloche verticale en forme de cylindre surmonté d'une demi-sphère ; l'air s'y accumule alors par l'effet même de l'aspiration, jusqu'au moment où le plan séparatif de l'eau et de la masse gazeuse atteint le niveau de la génératrice supérieure de la conduite d'aspiration ; le volume d'air cesse alors d'augmenter, parce qu'à chaque oscillation de petites bulles s'en détachent pour suivre la génératrice supérieure de la conduite et pénétrer dans le corps de pompe, de sorte que le niveau séparatif reste constant. Quelquefois on a donné bien à tort au réservoir d'air la forme d'un corps cylindrique horizontal, à l'une des extrémités duquel plonge la prise d'eau de la pompe, tandis que l'autre reçoit le débouché de la conduite d'aspiration : dans ces conditions, le plan séparatif de l'air et de l'eau ne se maintient pas à un niveau constant, il s'incline tantôt dans un sens, tantôt dans l'autre, à chaque mouvement du piston de la pompe ; et, lorsque ces oscillations deviennent considérables, l'air s'introduit par grosses bulles dans la pompe et y provoque des désordres ; au lieu de se régler de lui-même comme dans le cas précédent, l'appareil exige des soins continus, il faut y introduire de l'eau si le volume d'air est trop grand, de l'air au contraire s'il est insuffissant.

235. Amorçage des pompes. — Ce qui vient d'être dit se rapporte au fonctionnement normal des pompes ; il y a lieu de se préoccuper en outre de leur mise en route et des dispositions à prendre pour la faciliter en réalisant l'*amorçage*.

Pour amorcer une pompe, il faut évacuer l'air qui remplit l'espace compris entre le piston et le niveau de l'eau dans les conduites d'aspiration, et remplir d'eau ce même espace. On y parvient en faisant fonctionner quelque temps la pompe comme pompe d'air ; à chaque coup une fraction du volume d'air emprisonné est chassée au dehors, et l'eau s'élève peu à peu dans la conduite d'aspiration. Mais l'opération ne réussit que si la hauteur d'aspiration est assez faible pour ne pas exiger un vide trop parfait, s'il n'y a pas de rentrée d'air, et si les *espaces nuisibles*, où l'air s'emmagasine au moment du refoulement, sont assez petits pour ne pas contenir une masse gazeuse capable de remplir la pompe ou tout au moins d'y empêcher l'afflux de l'eau lors de l'aspiration.

Souvent, en vue de faciliter l'amorçage, on place au bas de la conduite d'aspiration un clapet, dit *clapet de pied*, qui a pour objet de permettre le remplissage de la conduite au moyen d'un tuyau d'alimentation, et qui doit en outre maintenir la conduite pleine pendant les arrêts de la pompe. Mais ce clapet est un organe mobile de plus, que sa position même interdit de visiter et de réparer commodément, et qui, dans les grandes pompes surtout, peut causer plus d'ennuis qu'il ne rend de services. On y a complètement renoncé dans les usines élévatoires de la Ville de Paris, bien qu'elles contiennent plus d'une pompe aspirant à grande profondeur ; on se contente, lorsqu'il faut procéder à l'amorçage d'une pompe, de la faire fonctionner comme pompe d'air pendant quelque temps, après avoir introduit dans le corps de pompe une quantité d'eau suffisante pour remplir les espaces nuisibles.

§ 4.

REFOULEMENT

236. Inertie de la colonne d'eau. — Le refoulement d'une cylindrée d'eau dans la conduite ascensionnelle détermine nécessairement un mouvement général de la masse d'eau qui y est contenue, puisque l'incompressibilité du liquide s'oppose à ce que le volume d'eau supplémentaire introduit y trouve sa place sans qu'un volume égal soit rejeté au dehors à l'extrémité opposée. On conçoit que ce mouvement général ne s'opère ni instantanément ni sans résistance et qu'il y ait un effort à faire pour vaincre, en dehors des frottements, l'*inertie* de la colonne d'eau.

Si la longueur de la colonne est grande, l'inertie y prend une importance considérable, le mouvement intermittent du piston ne pouvant s'y transmettre qu'avec une certaine lenteur tend à y produire des mouvements ondulatoires qui se propagent peu à peu dans la masse entière ; il en résulterait au début des coups de bélier extrêmement violents, et, en marche normale, des soubresauts et des vibrations continuelles, qui ne manqueraient pas d'amener des ruptures ou tout au moins une détérioration rapide de la conduite, si l'on n'y parait par des dispositions spéciales destinées à rendre ces effets moins violents et moins redoutables.

On les atténue déjà en refoulant sur une même conduite au moyen de plusieurs pompes conjuguées au lieu d'une seule ; chaque coup de piston n'introduisant dans la colonne qu'un volume d'eau réduit et les coups successifs s'intercalant d'une façon régulière, le mouvement ondulatoire devient plus rapide et l'amplitude des vibrations diminue. Cet effet s'accentue encore avec les pompes rotatives ou centrifuges qui tendent à substituer un mouvement continu aux mouvements alternatifs des pompes ordinaires, si bien que dans un grand nombre d'applications on se dispense avec ces pompes de toute addition ayant pour but de remédier à l'inertie de la colonne de refoulement.

237. Châteaux d'eau. — L'idée la plus simple et la plus naturelle qui puisse venir à l'esprit, quand on cherche un moyen d'éviter les inconvénients que nous venons de signaler, c'est évidemment de s'efforcer de réduire au minimum la longueur de la conduite de refoulement en plaçant le réservoir à alimenter dans le voisinage des pompes. Mais, comme il n'est pas toujours possible de le faire, on peut se mettre dans des conditions analogues en disposant, à côté des pompes et à la hauteur convenable, un petit bassin, où l'on fait aboutir l'eau refoulée et d'où elle s'écoule ensuite jusqu'au réservoir par le seul effet de la gravité. C'est cette solution qu'avait adoptée au XVIIᵉ siècle le chevalier Deville, à Marly ; sa machine élevait l'eau directement sur le coteau, à l'origine d'un aqueduc qui la conduisait à Versailles.

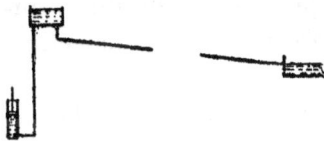

Les *châteaux d'eau* sont fondés sur le même principe. La conduite ascensionnelle se dresse verticalement dans le voisinage immédiat des pompes, et débouche dans une petite bâche, où vient s'épanouir l'eau refoulée par elles ; une deuxième conduite, descendante et juxtaposée à la première, a son origine dans la bâche, et l'eau s'y met en pression pour gagner de là le réservoir ou le réseau de distribution. La tour qui surmonte le puits artésien de Grenelle est un véritable château d'eau ; les frères Périer à la fin du XVIIIᵉ siècle avaient eu recours à un château d'eau pour la pompe à feu du Gros-Caillou, établie à Paris en un point très éloigné des coteaux ; on en a établi à Toulouse, à Brive ; M. Dumont en a fait à Lyon une application en élevant, à côté de la machine destinée

au service de Fourvières, la colonne en fonte de 55 mètres de hauteur qui a reçu le nom de colonne de Montessuy.

En Angleterre et en Amérique, on a substitué au château d'eau, sous la désignation de *stand-pipe*, un simple tuyau vertical ouvert à la partie supérieure ; en d'autres termes, on a supprimé la bâche et réuni en une seule les deux conduites verticales ascendante et descendante. Si la section du tuyau unique est suffisante, on obtient ainsi, à moins de frais, un résultat analogue à celui que procure le château d'eau, avec cette différence cependant que la pression varie dans la conduite suivant les oscillations du niveau de l'eau dans la colonne à air libre, tandis que la bâche à niveau constant du château d'eau la maintient parfaitement régulière, ou, en d'autres termes, qu'il n'y a pas, comme avec le château d'eau, une solution de continuité affranchissant complètement les pompes du contre-coup des effets qui peuvent se produire au delà dans la conduite forcée ou dans le réseau desservi par elle.

238. Réservoirs d'air de refoulement. — A moins de circonstances toutes spéciales, il n'y a plus lieu de recourir à des châteaux d'eau ou à des ouvrages analogues, dispendieux et incommodes, depuis qu'on a imaginé d'employer pour le même objet des *réservoirs d'air*, dont le prix est insignifiant et l'efficacité incontestable, et qui sont devenus l'accessoire obligé de toute pompe élévatoire à mouvement alternatif.

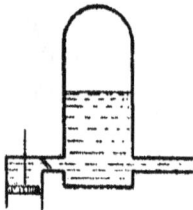

Ils se composent, comme les réservoirs d'air d'aspiration, d'une simple cloche, placée sur le parcours de la conduite de refoulement et le plus près possible de la pompe, et qu'on maintient remplie d'air à un niveau convenable ; mais ici l'air est à une pression supérieure à celle de l'atmosphère, tandis qu'il est à une pression inférieure dans les réservoirs d'air d'aspiration.

A chaque coup de piston le volume d'eau refoulé s'introduit dans cette capacité, sans avoir à vaincre l'inertie d'une masse d'eau considérable, et vient comprimer l'air qui y est emmagasiné ; puis l'air comprimé se détend, et, reprenant son volume primitif, refoule un égal volume d'eau dans la conduite ascensionnelle par un mouvement progressif et régulier. Si les proportions du réservoir d'air sont bonnes par rapport au volume de la cylindrée et si l'air y est maintenu avec soin au niveau convenable, le résultat obtenu est tellement parfait que le mouvement de l'eau dans la conduite devient absolument uniforme, et qu'elle arrive d'une façon continue à l'extrémité de cette conduite, sans qu'on puisse y saisir la moindre trace de secousses ou de mouvements ondulatoires. Tout se réduit à une simple oscillation verticale du niveau de l'eau dans la cloche.

Pour calculer la capacité à donner aux réservoirs d'air, on se donne soit l'amplitude d'oscillation, soit la variation qu'on ne veut pas dépasser ; dans la majorité des cas cette capacité varie entre 10 et 20 cylindrées. La forme des réservoirs d'air n'est pas indifférente ; il y a notamment avantage à en augmenter la hauteur en diminuant la section, de manière à ne pas favoriser la dissolution de l'air dans l'eau, qui est proportionnelle à l'étendue de la surface où elle s'opère : ce motif a fait préférer quelquefois à la cloche cylindrique une forme en tronc de cône renversé.

Il faut, en effet, prendre des précautions spéciales pour avoir constamment de l'air en quantité suffisante dans les réservoirs d'air ; sous l'influence de la pression il a tendance à se dissoudre, et disparaît peu à peu en conséquence, si l'on n'a pas soin de le renouveler de temps à autre ou même d'une façon continue. Souvent il est nécessaire de munir les machines élévatoires d'une petite pompe spéciale de compression. Très fréquemment aussi on se contente de ménager sur l'aspiration une petite prise d'air, dite *reniflard*, dont on règle l'ouverture de manière à faire passer exactement la quantité d'air voulue pour maintenir le niveau convenable dans le réservoir. Ce dernier procédé n'est applicable que lorsqu'il y a une certaine hauteur d'aspiration et il a pour conséquence une légère diminution du rendement en volume de la pompe ; d'autre part, la pompe d'air spéciale est une cause de sujétions assez sérieuses. On la remplace parfois, en Angleterre et en Allemagne, par un cylindre qu'on remplit alternativement d'eau empruntée à la conduite de refoulement et d'air fourni par l'atmosphère ; cet air passe dans le réservoir à chaque manœuvre de robinets.

239. Dispositions diverses du refoulement. — La tuyauterie de refoulement peut recevoir deux dispositions différentes : tantôt elle constitue un système de conduites tout spécial qui n'a pas d'autre rôle que de conduire l'eau refoulée de la pompe au réservoir, sans qu'il en soit distrait aucune partie en route ; tantôt au contraire elle est reliée à la canalisation générale de distribution, alimente sur son parcours un certain nombre de prises, et n'amène au réservoir que la quantité d'eau excédente qui n'a pas été consommée en route.

De ces deux dispositions c'est la seconde, à coup sûr la plus économique, qui est le plus fréquemment adoptée dans les petites installations, où la considération de la dépense prime toutes les autres. Elle a l'inconvénient de faire travailler les pompes sous une pression constamment variable, ce qui en rend le fonctionnement moins bon et la surveillance moins sûre, de masquer la production des fuites qui peuvent en conséquence échapper longtemps à toutes les recherches, d'empêcher toute vérification possible de la marche régulière et du rendement des pompes, etc. L'autre disposition est bien préférable, s'il ne faut pas en acheter trop cher les avantages ; la pression sur les pompes étant constante, la moindre variation du manomètre indique à coup sûr une perturbation et appelle par suite l'attention du personnel, une fuite sur la conduite ascensionnelle n'arrête pas la distribution même partiellement, les expériences pour la vérification du rendement en volume des pompes sont extrêmement faciles. Le choix à faire entre les deux solutions est une question d'espèce qui ne peut être tranchée a *priori* d'une manière générale.

240. Conduites ascensionnelles. — Les conduites de refoulement proprement dites, ne faisant pas de service en route, peuvent être posées, comme toutes les conduites forcées, suivant un profil quelconque. Cependant il est bon d'éviter autant que possible les points hauts intermédiaires, à cause des accumulations d'air qui s'y produisent et dont on a toujours de la peine à se débarrasser, et de gagner le réservoir par une série continue de rampes sans aucune contre-pente.

Le diamètre à donner aux conduites de refoulement est indéterminé, puisqu'on peut, en augmentant la force des machines, vaincre l'excès de perte de charge résultant d'un accroissement de débit pour un diamètre donné ou d'une réduction de diamètre pour un volume d'eau fixe ; mais il convient, en pratique, de rester dans des limites assez peu étendues, afin de ne pas forcer la dépense des conduites, d'une part, et de ne pas s'exposer, d'autre part, à des frottements considérables qui auraient plus d'un inconvénient. On se propose le plus habituellement d'obtenir une vitesse d'écoulement variant de $0^m,60$ à 1 mètre par seconde.

Toute conduite ascensionnelle part de la pompe ou mieux du réservoir d'air correspondant, et va déboucher soit dans le bassin même où l'eau doit être emmagasinée, soit dans une petite bâche spéciale d'où on peut la répartir à volonté entre les divers compartiments du bassin. Des robinets d'arrêt sont placés assez souvent en certains points de sa longueur de manière à la partager en plusieurs biefs qu'on peut vider séparément ; mais, il est à craindre qu'un de ces robinets reste fermé par erreur au moment où l'on mettrait la pompe en route, ce qui déterminerait nécessairement une rupture ; à la suite d'accidents de ce genre, le service des eaux de Paris a renoncé à l'emploi des robinets d'arrêt, et les conduites ascensionnelles de ses diverses usines n'en sont plus munies ailleurs qu'à la sortie même du réservoir d'air. Il est vrai que pour parer au danger d'une mise en route des pompes sur une conduite de refoulement barrée, on place quelquefois sur les conduites, à la sortie du réservoir d'air, une soupape automatique maintenue par un ressort ou chargée d'un poids convenablement réglé ; mais les appareils de ce genre qui fonctionnent très rarement font souvent défaut le jour où l'on en aurait besoin, et, depuis longtemps, on y a renoncé pour ce motif dans le service des eaux de Paris.

Deux conduites ascensionnelles valent mieux qu'une, car il en résulte une division des risques qui est un gage de sécurité ; pour plus de garantie, il convient même de les poser suivant des tracés différents ou tout au moins dans des tranchées distinctes et suffisamment éloignées pour qu'une fuite sur l'une ne soit pas une menace pour l'autre.

§ 5.

CHOIX DU MOTEUR.

241. Considérations générales. — Le choix du moteur à employer pour une élévation d'eau dépend tout d'abord de la nature même de la force qu'il s'agit d'utiliser : ici, une chute d'eau disponible assure à jamais et presque sans dépense le fonctionnement du système, ailleurs il faut recourir à grands frais à l'emploi de la vapeur.

Le choix varie aussi nécessairement avec l'importance du travail à accomplir et avec les circonstances locales. Dans une ville importante, où les ateliers de constructions sont à proximité, où le service est dirigé par un personnel technique instruit, et surtout quand il s'agit de développer une puissance considérable, on n'hésite pas à recourir aux engins les plus perfectionnés, bien qu'ils soient plus délicats et demandent des soins plus assidus. Dans une petite localité au contraire, où les réparations sont malaisées, la surveillance médiocre, le travail demandé peu important, on donne volontiers la préférence aux engins les plus simples, les plus robustes, les plus rustiques. Là on visera surtout l'excellence du rendement, la réduction des frais d'exploitation ; ici on recherchera l'économie de premier établissement, et des garanties sérieuses de résistance et de durée.

Le type d'appareil élévatoire auquel a conduit l'étude des conditions à remplir, débit, hauteur de refoulement et d'aspiration, etc., et le mode de fonctionnement probable de cet appareil, peuvent aussi motiver la préférence à donner à tel ou tel moteur.

En résumé il ne peut être présenté à ce sujet que des indications générales ; pour chaque cas il y a lieu de se livrer à un examen approfondi des circonstances particulières dans lesquelles on se trouve placé, examen qui seul peut conduire à une solution rationnelle.

242. Moteurs animés. Moteurs à vent. — Les *moteurs animés* ne sont utilisés pour l'élévation de l'eau que si l'on n'a besoin que d'un effort assez faible et intermittent : l'écope, le baquet, le seau sont manœuvrés à bras d'homme ; on se sert de pompes à bras pour les arrosages, les épuisements, l'extinction des incendies, etc. ; le manège mû par un cheval, un bœuf, un âne, est employé couramment pour la mise en mouvement des appareils destinés au service des irrigations, tels que les chapelets, norias, tympans, etc. Le travail des moteurs animés est d'ailleurs fort cher : celui de l'homme ne saurait s'appliquer que dans des cas tout spéciaux, et les animaux attelés au manège ne se trouvent pas dans des conditions avantageuses, le mouvement circulaire auquel ils sont astreints les fatigant vite.

Le *vent* peut rendre des services dans les pays plats où on l'utilise également bien de quelque côté qu'il vienne. On trouve en Hollande et dans le Nord de la France un grand nombre de moulins à vent employés à élever l'eau destinée aux irrigations ; et il y a souvent avantage à installer de petits moulins actionnant des pompes pour l'alimentation d'habitations isolées, d'établissements ruraux, etc. Le plus grave inconvénient du vent comme moteur, c'est qu'il est très intermittent, si violent parfois que les engins les plus robustes n'y résistent qu'à grand'peine, et souvent nul ou insignifiant au moment où l'on en aurait le plus besoin : il se prête mal d'autre part à l'utilisation en grand. Pour de petites installations, et surtout si l'on a soin d'assurer le service pendant les chômages fréquents au moyen d'un réservoir de capacité suffisante, son emploi est commode et économique.

243. Moteurs hydrauliques. — Les chutes d'eau sont très fréquemment utilisées pour la commande des appareils élévatoires en France, en Allemagne, et en général dans les pays où le charbon est cher.

La force motrice qu'elles fournissent gratuitement a par malheur presque toujours un inconvénient grave, celui de varier dans des limites assez étendues. Le débit des cours d'eau et des sources éprouve des changements considérables d'une année ou d'une saison à l'autre, la hauteur de chute se modifie également ; et le produit de ces deux éléments, qui représente la force brute disponible, la *puissance* de la chute, est par suite essentiellement variable. Ajoutons qu'il résulte des lois hydrologiques mêmes que cette puissance descend le plus souvent à son minimum à peu près à l'époque où les besoins, surexcités par la chaleur, éprouvent précisément un accroissement sensible et tendent à atteindre au contraire leur maximum. Il faut donc que la force disponible soit de beaucoup supérieure à celle qu'exige la mise en mouvement des appareils élévatoires pour qu'on soit assuré de leur fonctionnement constant et régulier ; et, lorsqu'il n'en est pas ainsi, on se trouve forcé de parer à l'insuffisance ou aux défaillances de la chute d'eau par un recours à l'emploi de la vapeur, qui comporte une dualité d'installation dont le moindre défaut est d'augmenter grandement la dépense.

Le mode d'utilisation d'une chute d'eau doit être en rapport avec sa hauteur et son débit, en même temps qu'avec le type des appareils qu'elle doit actionner.

Les *roues* et les *turbines*, qui sont les moteurs à eau les plus employés, se prêtent également bien en général à la commande des pompes ; mais leurs allures respectives, très différentes, doivent faire préférer tantôt les unes, tantôt les autres. Les premières ont le plus souvent une marche lente et peuvent en conséquence commander sans intermédiaire des pompes à mouvement alternatif ; les secondes, à mouvement rapide, ne conviennent guère qu'aux pompes rotatives ou centrifuges si l'on n'interpose un engrenage ou une courroie. D'autre part, tandis que les turbines peuvent s'appliquer à peu près à toutes les chutes, quels que soient le débit et la hauteur, à la seule condition d'être calculées et construites spécialement pour chacune d'elles, les *roues en dessous* ne sauraient convenir qu'aux chutes les plus faibles, les *roues de côté* et leurs variétés, roues Poncelet, Sagebien, etc., aux chutes moyennes, les *roues en dessus* aux grandes chutes, sans dépasser cependant une hauteur de 8 à 10 mètres.

Dans les cas les plus ordinaires, on a presque toujours le choix entre plusieurs moteurs ; il faut alors faire une comparaison entre eux et tenir compte de leurs propriétés respectives. On sait par exemple que les roues en-dessous ne permettent guère d'utiliser plus des 35 centièmes de la puissance de la chute, que les roues de côté peuvent aller jusqu'à 65 centièmes, les roues Sagebien, et les roues en-dessus jusqu'à 80, les turbines jusqu'à 75 et plus. On sait aussi que les roues sont plus rustiques, plus faciles à construire et à réparer que les turbines, qu'elles laissent passer plus aisément les corps flottants, feuilles, morceaux de bois, etc., qu'elles se prêtent mieux aux variations de débit ; tandis que les turbines, plus délicates, s'engorgent facilement mais coûtent moins d'entretien et se plient seules aux variations de la hauteur de chute.

Nous n'entrerons pas, d'ailleurs, dans plus de détails à ce sujet et nous nous bornons à ces considérations générales, renvoyant pour la description des divers types aux ouvrages spéciaux.

Il convient d'ajouter seulement que l'utilisation des moteurs hydrauliques est aujourd'hui grandement facilitée par l'emploi des transmissions à distance au moyen des *câbles télédynamiques*, de *l'eau* ou de *l'air comprimé*, et surtout des *courants électriques* à haute tension, qui permettent d'en multiplier les applications.

244. Moteurs à vapeur. — A défaut des forces naturelles on fait emploi de la vapeur dont l'usage est aujourd'hui général.

Les *moteurs à gaz d'éclairage*, *à gaz pauvre*, *à air chaud*, *à pétrole*, n'ont reçu encore pour l'élévation de l'eau que de très rares applications dans des circonstances exceptionnelles.

On peut dire que tous les types de machines à vapeur — et il y en a un nombre considérable à l'étude desquels nous ne saurions nous arrêter sans sortir du cadre de cet ouvrage — se prêtent à la commande des appareils élévatoires : nous nous proposons seulement de donner ici quelques indications de nature à guider l'ingénieur dans la comparaison qu'il lui faudra faire avant de donner la préférence à l'un d'entre eux.

Les moteurs à vapeur peuvent être *verticaux*, *horizontaux* ou *inclinés*. La dernière disposition reçoit peu d'applications. La première se prête bien à la commande d'appareils élévatoires à mouvement alternatif dont l'organe mobile se déplace verticalement : on lui reconnaît généralement certains avantages au point de vue de la durée des cylindres, dont l'usure est très lente et très régulière ; elle n'est cependant pas à recommander quand elle exige, pour la commande des pompes, des tiges de grande longueur exposées à la flexion, ou l'intermédiaire d'un balancier, organe d'un réglage délicat, et qui, prenant ses points d'appui soit sur les murs des bâtiments soit sur des supports spéciaux à une grande hauteur au-dessus du sol, exige des apparaux de levage particuliers, motive l'extension du service d'entretien et de surveillance à deux étages différents, et transmet parfois des ébranlements fâcheux aux maçonneries en élévation. La disposition horizontale facilite manifestement le service, qui se fait entièrement de plain-pied, mais on lui reproche la tendance à l'ovalisation des cylindres sous le poids du piston, qui peut en réduire la durée.

Presque toujours le moteur à vapeur comporte un *arbre de rotation*, sur lequel est calé un *volant*, destiné à faciliter le passage des *points morts* et à compenser à chaque instant les différences entre la puissance et la résistance, en emmagasinant l'excès de force ou le restituant suivant les cas. Mais on a employé aussi pour l'élévation de l'eau des moteurs dépourvus de ces organes, soit en y attelant plusieurs pompes dont les mouvements sont convenablement alternés de manière que l'une d'elles soit toujours en pleine course quand la machine est au point mort, soit en admettant un arrêt à chaque extrémité de la course, comme dans le type de Cornouailles, qui a été considéré pendant longtemps comme le meilleur de tous pour les élévations d'eau. Le piston, en descendant sous l'action de la vapeur, soulève un poids par l'intermédiaire d'un balancier horizontal supérieur ; puis un arrêt se produit, l'admission cesse, et le poids, entraînant le piston-vapeur, détermine le refoulement de l'eau, tandis que la vapeur passe par une conduite d'équilibre de la partie supérieure à la partie inférieure du cylindre jusqu'à un nouvel arrêt qui précède la réadmission de la vapeur : ces diverses phases du fonctionnement de la machine de Cornouailles à simple effet ne peuvent se succéder très rapidement, la marche de cette machine est donc nécessairement lente, ses proportions sont par suite relativement considérables, et d'autre part

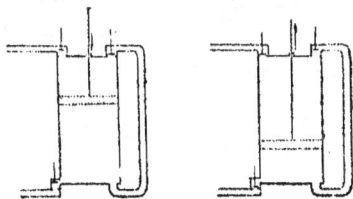

elle n'a plus, sur les machines à double effet actuellement en usage, l'avantage qu'elle a pu présenter à une certaine époque au point de vue de la consommation. Justifié peut-être dans les mines, où elle utilise le poids énorme des tiges de piston des pompes à grande profondeur, l'emploi de cette machine ne l'est plus pour les élévations d'eau des villes.

Au premier abord, il semblerait que la marche *à pleine pression* devrait être la plus avantageuse pour des moteurs à vapeur actionnant des pompes, car l'effort reste alors sensiblement le même en tous les points de la course, aussi bien sur le piston moteur que sur celui de la pompe, et les deux diagrammes, représentant le travail moteur et le travail résistant, sont tous deux des rectangles. Mais la pratique a montré que l'emploi de la *détente* procure une économie notable de consommation et qu'on peut corriger les effets de la non-concordance des efforts moteurs et résistants, soit par un calcul convenable du volant, soit par une répartition de la détente entre deux ou trois cylindres moteurs en adoptant des machines *à double ou triple expansion*. Les moteurs du type Woolf à deux cylindres où les pistons marchent parallèlement et dans le même sens, ont été appliqués avec succès aux élévations d'eau, particulièrement aux machines verticales à balancier. Dans les moteurs Compound, à deux et trois cylindres, qui se sont beaucoup répandus depuis 1873, les pistons ont encore des courses égales et parallèles, mais dont le point de départ diffère pour chacun d'eux, sauf dans le cas où l'on adopte la disposition *en tandem*, c'est-à-dire où ils sont montés sur une tige unique. Les moteurs genre Corliss, à un seul cylindre mais à longue détente et fermeture brusque d'admission, donnent des résultats aussi avantageux au point de vue de la consommation, coûtent ordinairement moins cher, et se prêtent souvent mieux à la commande des pompes : ils demandent d'autre part plus d'entretien, et ne présentent probablement pas les mêmes garanties de durée.

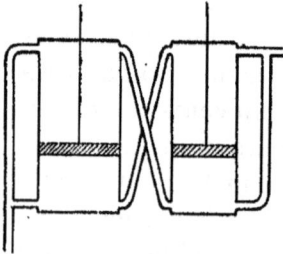

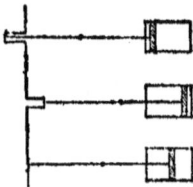

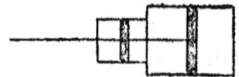

Il n'y a pas d'autre motif *à priori* que l'économie à réaliser sur le combustible pour donner la préférence aux machines *à haute pression* et *à condensation* sur les machines *à basse pression* et *à échap-*

pement libre. L'emploi des hautes pressions permet toujours de réduire la consommation du charbon, et l'on n'admet plus guère de moteurs travaillant à moins de 4 ou 5 kilogrammes de pression ; on va même à **8,10** et **12** kilogrammes avec les moteurs Compound. La condensation ne devient avantageuse qu'avec des machines d'une puissance moyenne, l'échappement libre est préférable pour les petites, quand les circonstances locales ne s'y opposent pas.

Autrefois on ne se servait pour la commande des pompes que de moteurs *à marche lente* ; les machines de Cornouailles ne donnent que 7 à 8 coups par minute. Les progrès apportés à la construction des pompes, les modifications heureuses des pistons et des clapets, les moyens appliqués pour diminuer les effets d'inertie, ont permis d'augmenter peu à peu la vitesse de marche des machines élévatoires, et elles font couramment aujourd'hui *30, 40 tours et plus par minute*. Rien n'empêche d'ailleurs d'adopter des moteurs *à grande vitesse*, lorsque la commande se fait par l'intermédiaire d'organes de transmission qui permettent de modérer néanmoins la vitesse des pompes à mouvement alternatif, ou lorsqu'il s'agit de pompes rotatives ou centrifuges. La tendance actuelle des constructeurs est tout en faveur des moteurs rapides, qui sont à la fois moins coûteux et moins encombrants.

245. Générateurs de vapeur. — L'emploi de moteurs à vapeur implique celui de générateurs destinés à les alimenter ; et, bien qu'au premier abord le choix de tel ou tel type de chaudières paraisse sans doute assez indifférent au point de vue de l'élévation de l'eau, il n'en faut pas moins s'inspirer des circonstances particulières dans lesquelles on se trouve pour déterminer celui qui doit être préféré dans chaque cas.

En dehors des considérations d'emplacement, de nature d'eau alimentaire ou de combustible, qui s'imposent en premier lieu, il conviendra, par exemple, de rechercher les chaudières *à grande réserve d'eau et de vapeur* (ordinaires, à bouilleurs et réchauffeurs, semi-tubulaires, etc.) pour les services d'eau à marche continue de jour et de nuit, où l'on doit compter avec les négligences des chauffeurs et les défauts de surveillance, et celles *à mise en pression rapide* (tubulaires où à petits éléments) pour les services intermittents, à besoins variables et changements subits. Les grandes masses d'eau et les fortes épaisseurs de briques sont avantageuses pour les services de jour, avec interruption complète pendant la nuit, parce qu'elles conservent longtemps la chaleur et réduisent le temps nécessaire pour la remise en marche.

La *surface de chauffe* et la *surface de grille* doivent être calculées de manière à suffire largement à la production de vapeur requise et à la consommation correspondante de combustible : mais on doit éviter les exagérations auxquelles les constructeurs sont parfois enclins, parce que le travail des machines élévatoires reste constant et ne comporte pas ces accroissements successifs, qui, dans les ateliers industriels, conduisent si souvent à demander aux chaudières une quantité de plus en plus grande de vapeur.

La simplicité des formes est une des conditions à recommander surtout, car le générateur de vapeur est souvent considéré comme un accessoire et traité comme tel, et c'est pourquoi il faut en rendre la surveillance, l'entretien, le nettoyage, les réparations aussi faciles que possible. Elle est particulièrement nécessaire quand il s'agit d'installations de peu d'importance ou de localités éloignées des ateliers de construction.

§ 6.

MACHINES ÉLÉVATOIRES

246. Multiplicité des types. — L'appareil élévatoire proprement dit, la pompe dans la majorité des cas, peut être relié de diverses manières au moteur destiné à l'actionner; et il en résulte un grand nombre de combinaisons diverses, d'où la grande multiplicité des types de machines élévatoires.

Cette multiplicité s'explique et se justifie par les différences qui se présentent dans les conditions d'établissement des usines et qui s'opposent à la généralisation d'un système quelconque ; pour chaque installation, pour ainsi dire, la solution rationnelle est autre et le choix doit résulter d'une étude sérieuse et approfondie, d'une discussion impartiale des circonstances spéciales dans lesquelles on se trouve placé.

247. Commande directe. — Dupuit recommande avec raison de s'attacher à ce que la transmission soit aussi directe que possible, et à éviter « l'intermédiaire d'engrenages qui donnent lieu à des chocs assez sensibles à cause de l'inégalité des résistances (1) ».

On appelle proprement *commande directe* l'attelage des organes mobiles du moteur et de l'appareil élévatoire sur une même tige

1. *Conduite et distribution des eaux*, 2° édition, p. 302.

animée d'un mouvement de rotation ou d'un mouvement rectiligne alternatif, comme on peut l'obtenir, par exemple, en disposant sur un arbre unique une turbine et une pompe rotative ou centrifuge, ou en faisant porter sur un axe commun le piston d'une machine à vapeur à double effet, avec ou sans volant, et celui de la pompe correspondante.

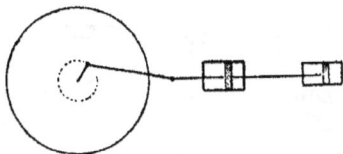

Ainsi définie, la commande directe suppose une connexion complète des organes mobiles essentiels du moteur et de la pompe et une identité absolue de mouvements, qui ne peuvent être admises que dans un nombre limité de cas. Souvent les organes doivent se déplacer dans des conditions très différentes de sens, de direction, de vitesse, et il faut nécessairement recourir à des pièces mobiles accessoires afin de les relier entre eux et de transmettre le mouvement en le transformant. Pour se conformer à la recommandation de Dupuit, on doit chercher à réduire au minimum le nombre de ces intermédiaires et les frottements qu'ils occasionnent.

248. Transmissions. — Les organes de *transmission* en usage sont de nature diverse, suivant la transformation de mouvement qu'ils ont à effectuer.

Un des plus simples est le *balancier* qui sert à passer d'un mouvement rectiligne alternatif à un autre, parallèle et de même sens ou de sens différent, avec ou sans changement d'amplitude. Il peut être vertical ou horizontal.

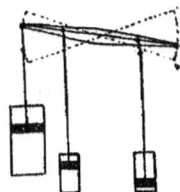

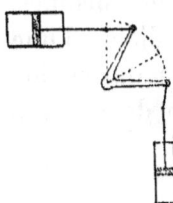

Le *levier coudé* permet de transmettre un mouvement rectiligne alternatif et d'en modifier à la fois la direction et l'amplitude; le même résultat peut encore être obtenu par le moyen d'un arbre de rotation spécial pourvu de deux manivelles.

Pour passer d'un mouvement rectiligne alternatif à un mouvement de rotation continue, ou *vice versa*, on se sert d'ordinaire d'une *bielle* et d'une *manivelle*; presque toujours l'addition d'un *volant* s'impose alors pour faire disparaître les chocs et assurer le passage du point mort à chaque extrémité de la course.

Les *engrenages* sont employés pour transformer un mouvement de rotation en un autre mouvement de rotation, de vitesse, d'amplitude et de sens différents. On peut obtenir les mêmes résultats au moyen de *courroies* ou de *câbles*; mais ce dernier genre de transmission, dont l'emploi si répandu dans l'industrie présente de grands avantages toutes les fois qu'il s'agit d'efforts variables ou intermittents, n'est guère appliqué aux machines élévatoires dont le travail constant et régulier s'accommode bien de transmissions métalliques, sauf cependant pour des installations provisoires, pour des épuisements, par exemple, où il rend de grands services à cause de la facilité avec laquelle il se plie aux dispositions les plus variées.

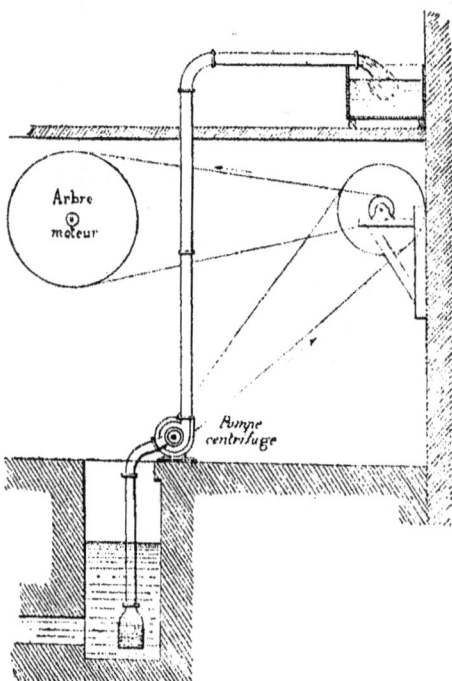

249. Types de machines élévatoires mues par l'eau.

— Quelques exemples vont nous servir à préciser le mode d'emploi des organes que nous venons de passer en revue.

Nous avons donné précédemment un type de machine élévatoire mue par l'eau et constituée par une pompe centrifuge commandée directement par une turbine montée sur le même arbre ; ce type exceptionnellement simple a été appliqué aux petites usines de Flacy, qui dépendent de la dérivation de la Vanne.

Le mouvement des moteurs hydrauliques, roues ou turbines, est le plus souvent transmis aux pompes par l'intermédiaire d'une bielle et d'une manivelle : c'est la disposition adoptée dans les usines de la ville de Paris, à Saint-Maur et Isles-les-Meldeuses, où le moteur est une roue-turbine Girard à axe horizontal actionnant deux jeux de pompes doubles à simple effet placés de part et d'autre, à Laforge et à Maillot (dérivation de la Vanne),

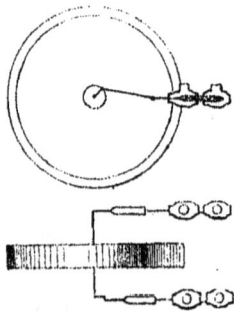

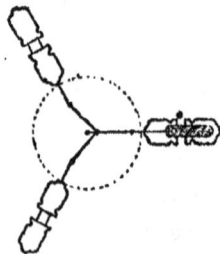

ainsi que dans les usines du canal de l'Est, à Pierre-la-Treiche et à Valcourt, où le moteur est une turbine à axe vertical, commandant deux, trois ou quatre pompes doubles à simple effet du type Girard,

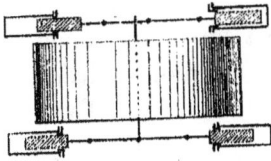

au moyen de manivelles calées à 180°, 120° ou 90° sur l'arbre de rotation. On la trouve également à Marly où chacune des grandes roues de côté entraîne quatre pompes à piston plongeur à simple effet, au moyen de quatre manivelles calées sur l'arbre de rotation et de quatre bielles.

Lorsque les différences de vitesse ou les positions respectives du

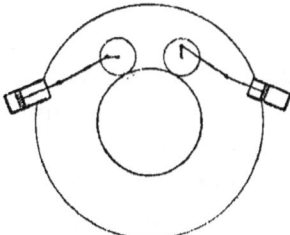

Trilbardou.

moteur ne permettent pas de recourir à ce mode simple de transmission, ce qui arrive assez souvent, on a recours à des en-

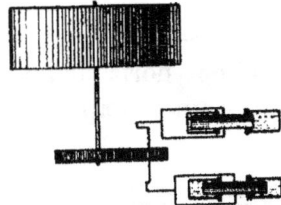

Malay.

grenages. Tel est le cas des machines installées pour le service des eaux de Paris à Trilbardou, à Malay et Chigy (Vanne), et qui se composent de grandes roues Sagebien, actionnant par engrenages droits des pompes à double effet inclinées ou des pompes doubles horizontales à simple effet. On trouve aussi à l'usine de Saint-Maur des turbines à axe vertical qui commandent chacune, par des engre-nages coniques, deux pompes horizontales Girard.

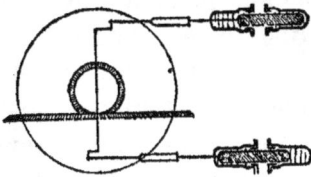

St-Maur.

250. Types de machines élévatoires mues par la vapeur. — Le type le plus simple de machine élévatoire à vapeur com-

porte un cylindre moteur et une pompe dont les pistons sont attelés sur la même tige. On le rencontre à l'usine de Hampton, près de Londres (Southwark and Vauxhall Company) ; c'est le Bull engine où le moteur genre Cornouailles et la pompe sont tous deux à simple effet. Il est appliqué assez souvent avec moteur et pompe à double effet à de petites pompes dites pompes à vapeur à action directe, et destinées surtout à l'alimentation des chaudières. La machine élévatoire Worthington, très appréciée et extrêmement répandue aux États-Unis, et qui a fait récemment son apparition en

Angleterre et en France, se rattache au même type, quoiqu'elle soit formée en réalité de deux machines jumelles, chacune comportant un moteur Compound en tandem et une pompe à double effet.

Les machines élévatoires à vapeur dont il est fait actuellement en Europe le plus d'applications sont celles à commande directe, mais avec addition d'un arbre de rotation et d'un volant. Tantôt

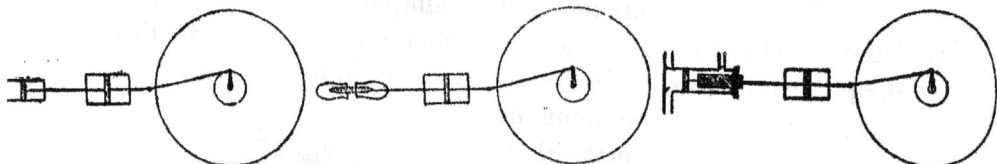

elles sont horizontales et comportent soit un seul piston moteur attelé à une pompe à double effet, à une pompe double à simple effet, ou à une pompe différentielle, soit deux pistons moteurs de dimensions différentes, Woolf ou Compound, presque toujours attelés à deux pompes semblables ou même trois pistons à mouvement parallèle.

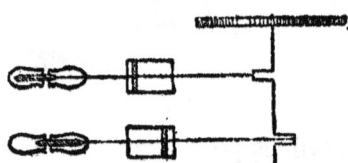

La première combinaison était appliquée dans plusieurs des anciennes usines de la ville de Paris (Port-à-l'Anglais, Maisons-Alfort; Dépotoir de la Villette) où un moteur à distribution de vapeur par tiroirs actionnait des pompes à double effet et à clapets plats en tôle et cuir ; la plupart des usines de construction moderne pour le service de Paris (Saint-Maur, Ourcq, Laforge, Maillot, Javel, Bercy, Colombes), ont des moteurs genre Corliss ou Sulzer, à cylindre unique et quatre distributeurs de vapeur, tiroirs circulaires ou soupapes, longue détente et fermeture brusque d'admission avec pompes doubles du type Girard. Cette même combinaison a été adoptée à Vacon, sur le canal de l'Est (moteur Corliss et pompe Girard), et dans un très grand nombre d'installations récentes en France et à l'étranger.

Quelquefois, deux machines semblables sont accouplées, c'est-à-dire qu'elles ont un arbre commun et un volant unique. Tantôt ces machines sont verticales ; on y attelle alors des pompes différentes, presque toujours à simple effet, et les moteurs Compound prennent l'avantage sur ceux à cylindre unique, parce qu'ils se prêtent bien à la

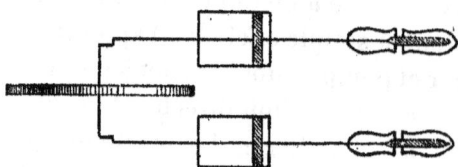

commande des pompes conjuguées doubles ou triples ; on en trouve plus d'un exemple en Angleterre et en France ; l'usine élévatoire de Mâcon comporte une machine de ce genre à triple expansion avec trois pompes étagées.

Viennent ensuite les machines où le mouvement de la tige du piston moteur est transmis à celui du piston de la pompe par un *balancier*. On a eu très fréquemment recours au *balancier horizontal supérieur* : on le trouve dans la machine de Cornouailles, à simple effet, sans arbre de rotation ni volant (Cornish beam engine), dont il y a de beaux spécimens en Angleterre, à Londres en particulier, et qui a été appliquée à Paris (usine de Chaillot), à Lyon, etc.; dans la machine verticale à double effet, à cylindre moteur unique ou double, avec arbre de rotation et volant, dont il a été fait de nombreuses et belles applications aux élévations d'eau, et qui fonctionnent dans d'excellentes conditions à Paris, aux usines d'Austerlitz et de l'Ourcq ; en France, à Angers, Reims, etc.; en Angleterre, à Lambeth, Chelsea, Sunderland, etc. ; en Allemagne, à Altona ; en Portugal, à Lisbonne, etc. L'axe du balancier peut être porté soit par des colonnes ou des bâtis en forme d'A ; dans ce dernier cas seul, il est rendu indépendant des murs des bâtiments, auxquels dans les autres il communique assez souvent des trépidations plus ou moins sensibles. Les tiges des pompes peuvent être suspendues en divers points du balancier, tantôt symétriquement par rapport à l'axe (pompes distinctes à simple effet, pompes conjuguées ou superposées), tantôt sur le bras opposé à celui où s'attelle le piston moteur, tantôt au point d'attache de la bielle actionnant l'arbre de rotation ; parfois, l'une des pompes est placée directement au-dessus ou au-dessous du cylindre-vapeur.

Dans un certain nombre d'installations, on rencontre aussi le

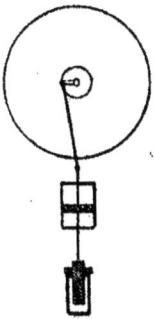

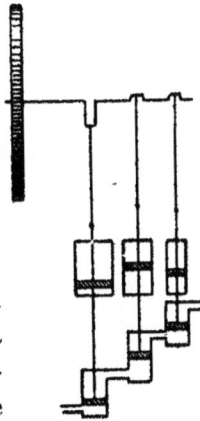

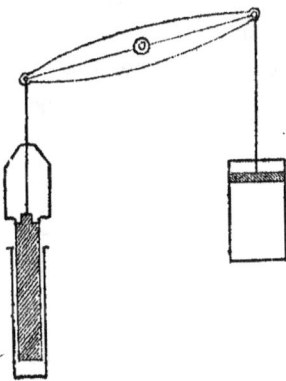

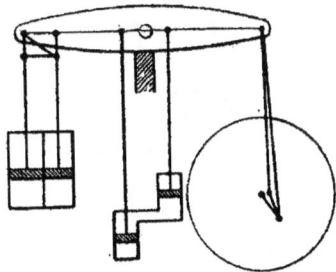

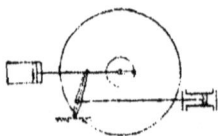

balancier vertical, reliant à un moteur horizontal une pompe également horizontale située à un niveau différent. Les machines de l'ancienne usine des eaux de Paris au Port-à-l'Anglais étaient de ce type.

Le *levier coudé* a été appliqué en 1883 à six grandes machines installées, à l'usine d'Ivry pour le service de la Ville de Paris et composées de moteurs horizontaux genre Corliss actionnant des pompes doubles à simple effet superposées.

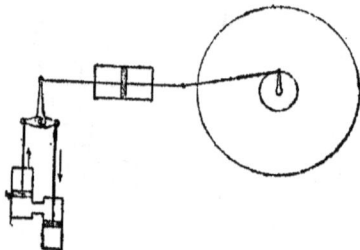

Une *bielle* et une *manivelle* peuvent servir à transmettre le mouvement du moteur à l'arbre d'une pompe rotative, qui, le plus souvent, porte en même temps le volant : cette disposition est assez souvent employée avec des moteurs horizontaux, à cylindre unique, comme au Katatbeh (Egypte), à Clichy (usine élévatoire des eaux d'égout de Paris), plus fréquemment verticaux ou même inclinés, à double ou triple expansion.

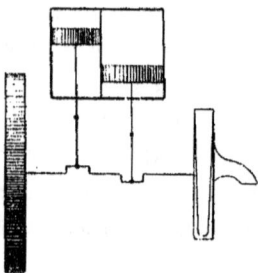

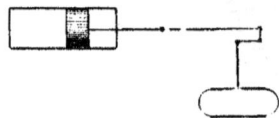

Les mêmes organes peuvent servir à transmettre le mouvement de l'arbre de rotation à une pompe placée *en retour,* parallèlement à la machine, soit verticale, soit horizontale.

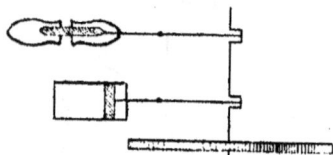

On emploie rarement avec les machines à vapeur les transmissions par *engrenages*, qui sont plus compliquées, plus exposées aux ruptures, souvent bruyantes, et celles par *câbles* ou *courroies*, moins satisfaisantes au point de vue mécanique.

251. Appareils accessoires. — Les machines élévatoires doivent être généralement munies d'appareils destinés à en faciliter la surveillance et le contrôle.

Le plus important est le *manomètre*, qui fait connaître la pression de l'eau dans la conduite de refoulement, fournit des indications sur la hauteur atteinte, les pertes de charge, le travail effectué, révèle les fuites, etc. Ce manomètre est généralement métallique ;

dans les grandes usines, il y en a plusieurs; on dispose en outre, quelquefois, un manomètre à mercure à air libre qui sert à vérifier le réglage de temps à autre.

On complète utilement les indications du manomètre placé sur le refoulement par l'addition d'un *indicateur de niveau* donnant, à chaque instant, la position du plan d'eau à l'aspiration. Un *indicateur de fuites*, avec signal d'alarme, peut rendre, en cas d'accident, des services signalés, en provoquant l'arrêt immédiat des machines.

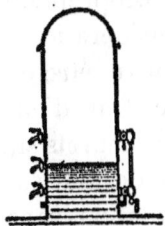

Le mécanicien doit s'assurer constamment de l'état du réservoir d'air de refoulement, s'il veut éviter des perturbations dans la marche des pompes; à cet effet, on le munit d'un *niveau d'eau* à tube de verre semblable à celui des chaudières à vapeur. Presque toujours on y adapte aussi un jeu de trois robinets qui donnent d'utiles indications en cas de rupture du tube de verre.

Un *compteur de tours* est indispensable pour constater le nombre de coups de piston de la pompe dans un temps donné, le travail effectué par la machine, le volume d'eau élevé, etc.

Il est fort utile aussi de disposer d'un indicateur pour le relevé des diagrammes tant sur la pompe que sur le cylindre moteur, afin de s'assurer périodiquement de la bonne marche de la machine, d'en reconnaître les irrégularités, d'en démêler les causes, et de comparer le *travail indiqué* au travail utile.

252. Rédaction des programmes. — L'ingénieur chargé des travaux de distribution d'eau n'est généralement pas mécanicien; il doit donc s'abstenir de faire choix à priori d'un type déterminé de machine, car il risquerait de ne pas donner la préférence à celui qui convient le mieux aux circonstances spéciales dans lesquelles il se trouve, ou de ne pas tenir compte des progrès de la mécanique qu'il lui est permis d'ignorer. Le meilleur mode de procéder consiste à rédiger un programme, définissant très exactement le travail à effectuer, et laissant d'ailleurs au constructeur-mécanicien, au spécialiste, le soin de rechercher, en toute liberté, quels sont les moyens à mettre en œuvre pour y parvenir, sauf à lui imposer les conditions particulières commandées par des considérations d'emplacement et autres dispositions locales (1), à préciser la durée des travaux, à fixer les limites de responsabilité et les garanties de consommation, à les sanctionner par des pénalités appropriées, etc.

1. Voir aux Annexes un programme de ce genre.

Le nombre des constructeurs ayant quelque expérience des machines élévatoires n'est pas très considérable; ils sont connus dans chaque région, de sorte que très souvent on se contente de s'adresser à l'un d'eux en lui demandant un projet. S'il s'agit d'une affaire de quelque importance, il vaut mieux procéder par voie de *concours* public ou restreint: le concours excite l'émulation, stimule la concurrence, fait parfois surgir des idées nouvelles, et donne presque toujours un résultat avantageux au point de vue de la dépense. Mais il faut se garder de l'adjudication proprement dite, où le prix seul l'emporte sur toutes les autres considérations: car c'est souvent la machine la plus chère qui se trouve être en même temps la plus économique, si l'on tient compte des frais d'entretien et d'exploitation; et l'on s'exposerait à bien des regrets si, renonçant à la faculté de choisir, on courait le risque de tout sacrifier à une réduction irréfléchie des dépenses d'installation, sans faire entrer dans le calcul l'importance variable des bâtiments et des massifs de fondation ou celle de la consommation d'eau ou de vapeur, sans se réserver d'apprécier les avantages techniques de tel ou tel type, les garanties plus ou moins sérieuses offertes par les divers soumissionnaires.

253. Travail des machines. — Le travail d'une machine élévatoire est généralement défini *en eau montée*. On entend par là le travail réellement utile, ou, en d'autres termes, le produit de la quantité d'eau élevée par la hauteur totale d'élévation. Souvent, c'est la *hauteur manométrique* que l'on considère et non la *hauteur réelle,* afin de tenir compte non seulement de l'élévation absolue de l'eau, mais aussi de l'effort employé à vaincre le frottement dans la conduite ascensionnelle, et qui constitue évidemment un travail utile quand il s'agit de refouler l'eau à distance. On obtient pratiquement la hauteur manométrique en ajoutant au chiffre fourni par la lecture du manomètre placé sur le refoulement celui qui représente la hauteur de l'appareil au-dessus du niveau d'aspiration.

Le travail en eau montée est nécessairement inférieur au *travail mesuré* au frein de Prony sur l'arbre du volant, ou au *travail indiqué* par les diagrammes relevés à l'appareil de Watt, car il laisse en dehors les résistances que la force motrice rencontre dans les transmissions et dans le jeu des pompes, et qui absorbent dans les meilleures installations 20 à 30 pour 100 de la puissance des machines. La considération du travail en eau montée est incontestablement préférable à toute autre dans le cas particulier des machines élévatoires, parce que, d'une part, ce travail est bien celui qui est réellement utile, et, d'autre part, il se mesure très aisément : il suffit en effet de jauger l'eau au réservoir, dont on connaît d'ailleurs l'altitude par rapport à celle de l'aspiration, et de faire une lecture au manomètre, tandis que les expériences au frein de Prony et les relevés de diagrammes sont des opérations délicates, qui exigent une certaine habileté de main et des connaissances théoriques plus étendues. Il n'est pas toujours facile de jauger l'eau dans le réservoir, mais on arrive au résultat en déterminant une fois pour toutes le rendement de la pompe en volume, sauf à vérifier de temps à autre s'il se maintient sans modification, et en relevant le nombre des coups de piston de la machine, ce qui revient à utiliser l'appareil élévatoire lui-même comme un véritable compteur d'eau.

Pour les machines à vapeur la consommation garantie est le plus souvent évaluée en charbon d'une nature déterminée, et on la vérifie par des pesées. Mais lorsqu'on s'adresse à deux fournisseurs différents pour la livraison des machines et celle des chaudières, c'est en consommation ou en production de vapeur que la garantie est exprimée ; et les constatations, plus délicates, comportent le mesurage de l'eau d'alimentation, au moyen de compteurs ou de bâches tarées et en tenant compte des pertes par les purges, des retours d'eau aux générateurs, etc. Pour les grandes machines de 150 chevaux en eau montée et au-dessus, les meilleurs constructeurs peuvent actuellement obtenir une consommation réduite à 1100 gr. de charbon tout venant de bonne qualité, ou de 9 kilog. de vapeur par heure et par force de cheval de 75 kilogrammètres mesurée en eau montée ; pour les moyennes 1300 à 1400 grammes de charbon ; pour les petites, au-dessous de 30 chevaux, 1600 à 2000.

Pour les machines hydrauliques, on compare le travail utile en eau montée à la puissance brute de la chute utilisée, le rapport ainsi obtenu est le *rendement* du système. Ce rendement n'atteint que très difficilement et dans les machines les plus perfectionnées 65 pour 100. Il est prudent de ne pas compter en général, sur plus de 55 à 60 pour 100.

Très souvent, pour la réception des machines, on se contente d'un *essai* de quelques heures ou de quelques jours : cette pratique a l'inconvénient de donner un résultat incomplet, car avec un personnel d'élite et spécialement dressé, on obtient aisément des rendements exceptionnels, tandis que l'on masque sans peine des défauts que l'exploitation viendra révéler plus tard. Il est bien préférable, quand on le peut, de stipuler une longue garantie applicable à un délai d'un an par exemple.

§ 7.

INSTALLATION, ENTRETIEN, EXPLOITATION
DES MACHINES ÉLÉVATOIRES.

254. Emplacement des usines. — Les machines élévatoires doivent être nécessairement placées près du point où se trouve l'eau qu'il s'agit d'élever et à une assez faible hauteur au-dessus du niveau de cette eau, afin de ne pas dépasser les limites pratiquement admissibles pour la longueur de la conduite et la hauteur d'aspiration.

Cette obligation ne va pas sans causer quelquefois des difficultés sérieuses. On peut être contraint par exemple d'établir une usine sur des terrains bas et submersibles, ou sur un sol vaseux sans consistance, ce qui entraîne dans le premier cas la nécessité de l'élever sur des substructions importantes pour la mettre à l'abri des crues, et dans le second d'aller chercher à grande profondeur un terrain de fondation suffisamment résistant.

Lorsqu'il s'agit d'élever de l'eau déjà reçue dans un réservoir, on est conduit le plus souvent à se placer dans le voisinage du réservoir, ce qui peut avoir pour conséquence certaines sujétions, telles que des acquisitions de terrain dispendieuses, des expropriations, des précautions à prendre pour éviter le bruit ou la fumée. Par contre on est libre, dans ce cas spécial, de se placer soit plus haut que le réservoir, de sorte que les pompes aient à faire aspiration, soit plus bas de façon qu'elles reçoivent l'eau déjà en pression.

255. Bâtiments. — La forme et les dimensions des bâtiments d'une usine élévatoire dépendent essentiellement des machines que l'on doit y placer, et qui ont dû être choisies au reste de manière à satisfaire à un certain nombre de conditions, parmi lesquelles se range forcément la possibilité de les disposer dans le terrain affecté à l'usine.

Un établissement de ce genre, d'utilité publique au premier chef, ne comporte qu'une exécution sobre et rationnelle ; les motifs d'architecture ou d'ornementation n'y sont pas à leur place. Cependant, au voisinage ou dans l'intérieur des villes, il y a lieu quelquefois de tenir compte de certaines considérations d'aspect ou de perspective : sans faire d'une usine élévatoire un monument plus ou moins prétentieux, comme c'était de mode autrefois, il convient de rechercher alors les dispositions, qui, tout en répondant aux conditions techniques à remplir, ne choquent point l'œil des délicats.

Ce qui est indispensable, ce qu'il faut rechercher avant tout, c'est la facilité du service, la commodité de la surveillance ; et, à cet effet, on devra éviter de mesurer avec trop de parcimonie l'espace et la lumière, s'efforcer d'assurer l'aération des salles, chercher à y maintenir une température convenable, etc. Toutes les dépenses faites dans cet ordre d'idées au moment de la construction de l'usine sont bien vite couvertes par les économies d'exploitation qu'elles permettent de réaliser, ou le complément de sécurité qui en résulte. Il faut aussi ne pas oublier les nécessités de l'entretien, rendre l'accès aussi aisé que possible auprès de toutes les parties des machines, afin que les graissages, les nettoyages, les menues réparations sur place se fassent vite et bien ; prévoir les démontages partiels et ménager les emplacements ou les passages nécessaires, imposer enfin par des dispositions spéciales les soins de propreté si utiles pour la conservation et le bon fonctionnement des engins mécaniques.

On doit recommander notamment de donner aux salles des chaudières des dimensions suffisantes pour la manœuvre des ringards, la sortie des grilles ou des tubes, l'approvisionnement du charbon, aux sous-sols, si l'installation en comporte, une hauteur telle qu'on puisse y circuler partout sans se baisser ; de séparer complètement les salles des machines des chambres de chauffe, pour en écarter les poussières de charbon ; de donner la préférence aux types de dallages dont le nettoyage est le plus facile.

256. Constructions accessoires. — Toute usine élévatoire comporte, en dehors des salles des machines et des générateurs, certaines constructions de moindre importance qui en constituent l'accessoire obligé.

C'est d'abord un *magasin* pour les huiles de graissage, les chiffons et autres fournitures courantes ;

Puis un petit *atelier* pour les menues réparations, que le mécanicien chargé de la conduite des appareils doit pouvoir effectuer lui-même à peu de frais et sans perte de temps : les machines-outils.

simples et en petit nombre, dont l'atelier est muni, meule à repasser, tour, machine à percer, sont mues d'ordinaire à bras ; mais elles peuvent aussi recevoir leur mouvement du moteur par une transmission spéciale, courroie, câble télédynamique, eau en pression, courant électrique.

Parfois, et surtout dans les pays où le climat est très humide, on dispose un *hangar* à *charbon* pour mettre le combustible à l'abri de la pluie, à défaut on réserve un *parc* à *charbon*, pourvu de bascules pour la pesée, et avec ou sans dispositions mécaniques pour le débarquement et le transport du combustible. Dans quelques installations récentes, un local particulier a dû être affecté à l'établissement des machines chargées d'assurer l'éclairage par l'électricité. Enfin un *bâtiment d'habitation* est indispensable pour assurer en tout temps de jour et de nuit le gardiennage et la surveillance continue des machines.

257. Entretien des machines. — Du bon entretien des machines dépend la régularité de leur fonctionnement et surtout leur durée : on ne saurait donc y apporter trop d'attention.

Tout d'abord la construction même doit être étudiée dans tous ses détails au point de vue de la facilité de l'entretien : les divers organes doivent être disposés de manière à rendre sûre et commode la lubrification de toutes les surfaces frottantes, à éviter les chocs et les vibrations qui deviennent si aisément des causes de détérioration rapide, à permettre de corriger les effets de l'usure et de supprimer le jeu que prennent les pièces mobiles au moyen d'un serrage graduel ; nulle part il ne doit pouvoir se produire d'effort exagéré dépassant les limites de résistance pratique. La considération si importante des facilités d'entretien intervient parfois pour limiter les dimensions des machines, car, lorsque les pièces sont très lourdes et encombrantes, les visites et les démontages deviennent des opérations extrêmement malaisées, longues et onéreuses : et, bien qu'il y ait économie de premier établissement à recourir à de très puissantes machines, ce motif a contribué à faire adopter dans certains grands services, à Paris notamment, la limitation de la force de chaque machine élévatoire à 250 ou 300 chevaux utiles au maximum pour une hauteur d'élévation de 40 à 70 mètres. Dans les très grandes usines on a recours à des *ponts-roulants* munis d'engins de levage et mûs à bras ou par une force motrice quelconque pour la commodité des opérations.

Pour réduire autant que possible la dépense d'entretien et les

interruptions de service dues aux réparations, il convient de procéder d'urgence aux menus travaux d'entretien dès que l'utilité s'en
manifeste, de maintenir toujours l'ensemble en bon état, de soigner
les garnitures, d'arrêter immédiatement les pertes d'eau, les fuites
de vapeur, les rentrées d'air, d'avoir certaines pièces en double
etc. Lorsque les machines sont en chômage, il est indispensai̇ʾ ̇e
ne pas les abandonner à elles-mêmes et de les faire tourner de temps
à autre, afin d'éviter la rouille et de ne pas s'exposer à les retrouver
incapables de fonctionner le jour où l'on en aurait besoin.

Une propreté minutieuse est de règle dans les usines comme sur
les navires, et il ne faut pas la considérer comme un vain luxe,
mais comme une garantie essentielle d'un bon entretien; elle empêche les grippements, les échauffements des parties frottantes; elle
oblige surtout le personnel à voir souvent et de près tous les organes,
à en surveiller le fonctionnement, à suivre les progrès de l'usure, de
telle sorte qu'il ne peut manquer de constater les désordres qui se
produisent et se trouve en mesure de prévoir et d'empêcher, par un
arrêt ou une réparation faite à propos, les ruptures et les accidents.

258. Exploitation. — Les nécessités de l'entretien obligeant à
mettre de temps en temps en chômage les pompes et les moteurs et
surtout les générateurs de vapeur, pour les visites, les nettoyages, les
réfections de joints et de garnitures, les réparations, etc., sans compter les accidents qu'il faut toujours prévoir, une exploitation continue
ne peut être assurée que si l'on dispose de chaudières de rechange,
et même de deux systèmes élévatoires distincts, dont l'un puisse
fonctionner pendant que l'autre est au repos. Dans les très grandes
usines, où il y a un nombre de machines supérieur à deux, on peut
se contenter d'une proportion plus faible d'engins de rechange :
1 sur 3 ou 4 suffira dans la plupart des cas. Il est d'ailleurs utile
souvent d'avoir plusieurs machines pour être en état de répondre
aux variations incessantes des besoins, car il est d'ordinaire peu
avantageux de faire varier le débit, en changeant les conditions de
marche pour lesquelles les machines ont été calculées et construites,
et, dans les grands services d'eau, il est préférable de multiplier
les appareils plutôt que d'en restreindre par trop le nombre et d'en
augmenter la puissance au delà d'une certaine limite.

Malgré les précautions prises pour assurer les rechanges, la permanence du service, qui est la condition obligée de la plupart des
élévations d'eau, suppose des soins assidus et intelligents, et l'on
ne saurait, en conséquence, apporter trop de sollicitude au choix du

personnel. Le conducteur-mécanicien, auquel on confie la direction d'une usine élévatoire, doit avoir l'attention toujours en éveil, et il se présente assez souvent des circonstances où il lui faut déployer une présence d'esprit et une habileté de main qu'on trouve seulement chez les meilleurs ouvriers. Un personnel consciencieux peut seul réaliser, d'autre part, une exploitation réellement économique.

Quel qu'il soit, au reste, si l'on veut éviter le coulage qui tend à se produire dès que la surveillance se néglige, il est nécessaire de faire tenir exactement une comptabilité matières où l'on consigne jour par jour la fourniture et la consommation de charbon, d'huile, de graisse, de chiffons, d'outils, etc.

Un excellent moyen de contrôle, qui constitue en même temps la plus efficace des garanties contre les dépenses exagérées, consiste à faire tenir des *bulletins quotidiens*, portant les heures de mise en marche, d'arrêt, le nombre de tours, la quantité d'eau montée, la consommation de charbon s'il y a lieu, les niveaux d'eau, les indications des manomètres, ainsi que les incidents survenus, les réparations, etc.

D'autre part, il est à recommander de relever sur des *registres*, en ouvrant un compte spécial à chaque appareil, les visites, les réparations, les incidents de toute nature.

259. Dépenses d'installation et d'exploitation. — Le prix d'installation des machines élévatoires varie nécessairement avec les types choisis, leur allure, leur force relative, etc., mais il est à peu près le même dans les diverses localités, car les frais de transport n'entrent que pour une part assez faible dans la valeur des machines. Il a d'ailleurs notablement diminué depuis un certain nombre d'années; et, tandis que Dupuit indiquait, il y a tantôt 40 ans, le prix de 2.500 francs par cheval utile en eau montée pour la fourniture d'une machine élévatoire à vapeur (pompe, moteur, générateur), on peut admettre aujourd'hui que ce chiffre doit être ramené à 1 000 ou 1.500 francs au plus pour les installations de moyenne importance avec pompes à pistons et vitesses modérées. et bien au-dessous — 500 à 800 francs — pour les grandes installations et les allures rapides.

Le prix des bâtiments varie, au contraire, beaucoup d'une localité à l'autre, et dépend essentiellement des circonstances locales, de sorte qu'on ne peut donner à cet égard aucune indication générale. Cependant, on ne se trompe guère en admettant dans une première évaluation pour l'établissement d'une usine élévatoire pourvue de machines de force moyenne (30 à 100 chevaux) en comptant sur une dépense globale de 2500 fr. par cheval, machines, bâtiments, terrains et accessoires compris. Cette dépense peut descendre à 2000 fr. et même à 1500 fr. ou moins encore pour les très grandes usines et les machines de puissance considérable.

En même temps que le prix des machines à vapeur s'est abaissé, il s'est produit aussi pour les machines une diminution sensible des frais d'exploitation. En effet, les progrès de la mécanique ont permis d'obtenir de très notables réductions sur le gros élément de la dépense, le combustible : au lieu de 2 kilogrammes qu'il fallait admettre avec Dupuit vers 1860, on descend aisément aujourd'hui à 1 kilog. 500 et moins pour des machines de 40 à 100 chevaux de force, et les grandes machines de 100 à 250 chevaux élevant l'eau à 30 ou 40 m. au moins ne consomment normalement pas plus de 1 kilog. 200 par cheval en eau montée. C'est ici le lieu de faire observer que la consommation par cheval utile varie un peu avec la hauteur de refoulement et tend à diminuer quand cette hauteur augmente ; on conçoit qu'il en doit être ainsi, puisque le travail perdu à vaincre les résistances passives est constant ou à peu près, pour une machine donnée, et que l'augmentation de la hauteur de refoulement affecte seulement le travail utile.

Le prix des machines hydrauliques est tout à fait comparable à celui des machines à vapeur ; mais si l'on tient compte des travaux accessoires, canaux d'amenée et de fuite, barrages, etc., on peut dire qu'il est presque toujours plus élevé. L'abaissement du taux de la consommation de charbon pour les moteurs à vapeur, joint à divers avantages tels que la facilité d'installation en un point quelconque, tend à leur faire donner très souvent la préférence sur les moteurs à eau ; il convient néanmoins, lorsqu'on a le choix, de se livrer dans chaque cas à une comparaison sérieuse et approfondie, en tenant compte des frais de premier établissement et du capital correspondant aux frais annuels d'exploitation.

260. Prix de revient de l'eau élevée. — Dans toute exploitation rationnelle il doit être tenu un compte exact des dépenses d'où l'on peut déduire le *prix de revient* de l'eau élevée. Ce prix de revient est évalué tantôt au mètre cube d'eau montée dans les réservoirs, tantôt par 1000 mètres cubes d'eau montée à 1 mètre de hauteur ; le second mode d'évaluation permet seul de faire des comparaisons d'une exploitation à une autre quand les hauteurs d'élévation sont très différentes.

Si l'on ne tient pas compte de l'intérêt du capital consacré à l'installation, et de l'amortissement, qui, pour des machines, doit toujours être assez rapide, on trouve que le prix de revient de l'eau élevée par machine à vapeur en France, pour une marche à peu près continue et une hauteur ordinaire d'élévation (40 à 60 mètres), atteint d'habitude 0 fr. 02 à 0 fr. 05 par mètre cube et 0 fr. 30 à 1 franc par 1000 mètres cubes élevés à 1 mètre. Ce prix varie nécessairement avec le prix du charbon, le taux des salaires, etc., mais il dépend beaucoup de la puissance de la machine, parce que les frais de personnel prennent pour les petites installations une importance très considérable, et de son régime de marche, car il devient très élevé pour les usines qui sont fréquemment en chômage et sont destinées surtout à servir de renfort ou de rechange dans une distribution alimentée par une dérivation ou des machines hydrauliques.

L'eau élevée par moteurs à eau coûte très peu si l'on ne tient compte que des frais annuels : 0 fr. 004 à 0 fr. 005, par exemple, pour l'élévation d'un mètre cube au réservoir, et 0 fr. 10 environ pour 1000 mètres cubes montés à 1 mètre. Mais, quand on ajoute l'intérêt du capital et l'amortissement, le prix de revient atteint souvent la moitié et même les deux tiers du prix de l'eau élevée par machine à vapeur.

Le prix de revient des eaux amenées par dérivation est extrêmement variable, et on ne peut rien dire de général à ce sujet, si ce n'est qu'il est presque toujours plus élevé que celui de l'eau montée par des moyens mécaniques. Lors donc que ce sont les considérations d'économie qui priment toutes les autres, comme il arrive quand les travaux à exécuter pour une élévation d'eau incombent à un particulier ou à une compagnie qui a une concession d'une durée limitée, c'est bien souvent un motif de préférence qui influe sur le choix de la solution et fait pencher la balance en faveur de l'élévation par machines.

CHAPITRE XI

RÉSERVOIRS

SOMMAIRE :

RÉSERVOIRS

§ 1ᵉʳ

CONSIDÉRATIONS GÉNÉRALES

261. Rôle des réservoirs. — L'eau amenée par une dérivation ou élevée par des machines pour l'alimentation d'une ville est presque toujours reçue dans un ou plusieurs *réservoirs*, qui dominent le réseau de la distribution.

Ces ouvrages ne sont pas destinés, comme les vastes réserves dont nous avons parlé dans un précédent chapitre, à contenir un approvisionnement d'eau capable de parer aux besoins du service pendant une période de plusieurs semaines ou de plusieurs mois. Ils ne doivent pas être confondus non plus avec les bassins de compensation, qui emmagasinent l'eau dans la saison humide, pour la restituer à l'époque des sécheresses, et encore moins avec les bassins de dépôt, où l'eau séjourne afin de se clarifier par l'effet du repos. Leur véritable rôle est celui de *régulateurs* de la distribution : ils ont pour objet essentiel de maintenir dans les conduites la pression jugée utile pour assurer convenablement le service, et de compenser les variation diurnes de la consommation, en recevant à certaines heures la fraction du volume fourni par l'alimentation, qui n'est pas absorbée par la distribution en ville, et la restituant ensuite quand ce volume devient au contraire momentanément insuffisant.

Si, pour remplir utilement ce double office, les réservoirs doivent être en état de contenir une quantité d'eau notable, cela leur permet de rendre accessoirement de précieux services quand l'arrivée de l'eau est interrompue par un accident quelconque. A ce dernier point de vue, ils sont particulièrement indispensables, et ils doivent recevoir, par suite, une capacité plus grande, dans les villes qui sont alimentées par une dérivation unique ; les ruptures, auxquelles une dérivation est toujours exposée, ont alors pour conséquence un arrêt complet de l'alimentation, et, pendant le temps de la réparation à effectuer en quelque endroit parfois assez éloigné et dans des con-

ditions plus ou moins difficiles, on ne dispose que de l'approvisionnement d'eau contenu dans les réservoirs pour répondre à tous les
besoins de la distribution. Ils reçoivent sans inconvénient des dimensions moindres dans les villes alimentées par une usine élévatoire pourvue de rechanges, ou dont la distribution est desservie à
la fois par plusieurs systèmes d'alimentation distincts, parce que les
accidents, qui peuvent s'y produire, n'y ont pas pour conséquence
une interruption complète de l'arrivée de l'eau.

262. Niveau. — Le niveau de l'eau dans le réservoir détermine
la pression en tous les points du réseau de conduites correspondant : il doit être tel que, malgré les pertes dues au frottement
contre les parois des tuyaux, même au moment du débit maximum,
l'eau conserve jusqu'aux orifices de puisage une *charge* suffisante
pour répondre aux besoins du service, ou en d'autres termes, que le
niveau piézométrique passe assez haut au-dessus du sol. Pour un
service de rez-de-chaussée on peut se contenter à la rigueur d'une
charge de 4 à 5 mètres seulement ; mais il faut 8 à 10 mètres pour
assurer le service du premier étage, 24 à 25 mètres pour les étages
supérieurs des maisons dans nos pays, plus encore pour les bâtiments de hauteur exceptionnelle ou, si l'on veut se servir de l'eau
par jet direct pour l'extinction des incendies, l'utiliser comme force
motrice, etc.

Il est évident que plus le réservoir est proche des points à desservir, et plus les conduites de distribution sont grosses pour un débit
donné, moins il y a de perte de charge par l'effet de l'écoulement.
On conçoit donc qu'il y ait quelquefois à mettre en balance les avantages ou les inconvénients respectifs de deux solutions, dont l'une
comporterait un réservoir plus élevé avec des conduites de moindre
diamètre, et, l'autre des conduites plus fortes avec un réservoir placé
un peu moins haut. De même on est assez souvent conduit à établir deux
ou plusieurs réservoirs en divers points d'un même réseau de distribution, afin de diminuer les distances que l'eau devra franchir, et d'obtenir une régularisation plus complète des pressions : cette disposition, quoique coûteuse, est à recommander, dans le cas où la charge totale n'est pas considérable, et où l'on se trouve dans l'obligation de
la ménager le plus possible en diminuant les pertes par frottement
dans les tuyaux.

263. Emplacement. — La position ordinaire et normale d'un
réservoir est *en tête* du réseau qu'il dessert, au point où aboutit la

conduite d'alimentation, et d'où partent les conduites maîtresses formant le tronc commun de la canalisation générale de distribution· Lorsqu'il est ainsi placé, un réservoir se prête également bien au jaugeage de l'eau fournie et à celui de l'eau dépensée, l'écoulement de l'eau se fait toujours dans le même sens, les manœuvres sont simples et se comprennent aisément.

Quand on veut avoir un second réservoir sur le même réseau de conduites en vue d'y améliorer les pressions, il convient de l'établir à l'extrémité opposée, *en bout* de la canalisation : l'eau sortant du premier réservoir va s'y emmagasiner alors en partie, après avoir traversé tout le réseau, aux heures où la consommation est faible, et, quand le service est plus actif, elle en sort suivant une direction inverse, de telle sorte que, dans la partie médiane de la distribution, l'eau afflue par les deux côtés à la fois. Les circonstances topographiques se prêtent assez souvent à une combinaison de ce genre, notamment dans les villes assises au bord d'un cours d'eau, au fond d'une vallée, et dominées de part et d'autre par des côteaux plus ou moins élevés ; elle a été appliquée par Darcy à Dijon, où l'aqueduc du Rosoir vient se terminer au réservoir de la Porte-Guillaume, qu'une conduite de distribution traversant toute la ville relie à celui de

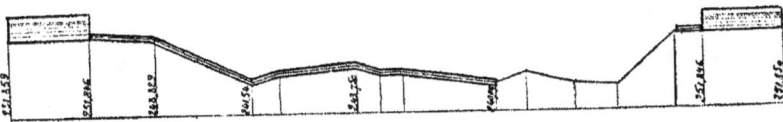

Montmusard. On en trouve à Paris une application intéressante sur une grande échelle : l'eau du canal de l'Ourcq, qui est reçue d'abord

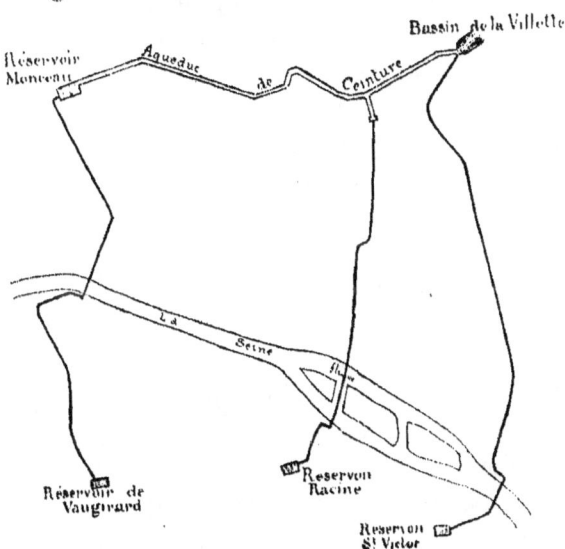

au bassin de La Villette, est répartie le long des côteaux de la rive droite de la Seine par l'aqueduc de ceinture, qui la conduit jusqu'au réservoir Monceau ; et des conduites de distribution, se détachant de l'aqueduc de ceinture et traversant tout le réseau des conduites secondaires, vont aboutir de l'autre côté de la Seine, à trois réservoirs d'extrémité, Saint-Victor, Racine et Vaugirard, placés à un niveau un peu inférieur, qui s'approvisionnent la nuit et soutiennent efficacement le service durant le jour.

Il arrive souvent que, dans un but d'économie ou pour quelque autre motif, on supprime le réservoir de tête en conservant celui d'extrémité : la conduite d'amenée de l'eau sert alors elle-même à la distribution avant d'arriver au réservoir ; elle fait suivant le terme consacré, le *service en route*. Cette disposition a une partie des avantages que présente l'emploi de deux réservoirs placés en tête et en bout du réseau, mais elle ne procure pas autant de sécurité, ne se prête pas aux jaugeages et empêche de suivre aussi bien les variations qui se produisent dans le service : elle est d'ailleurs plutôt à recommander dans le cas d'une dérivation que dans celui d'une alimentation par machines, parce que, la marche des pompes n'étant pas continue, il arrive fréquemment que l'eau n'afflue pas des deux côtés dans la distribution. ce qui est plus rare avec un aqueduc où l'écoulement doit être constant.

264. Capacité. — Pour remplir le rôle de régulateurs de la distribution, il suffit que les réservoirs soient à même de recevoir à chaque instant du jour la fraction de la quantité d'eau amenée ou élevée que n'absorbe point le service et de fournir le supplément nécessaire aux heures où le volume distribué dépasse l'alimentation. On peut donc leur donner une capacité notablement inférieure au volume d'eau représentant la consommation d'une journée.

Dans le cas d'une dérivation, cette capacité doit être relativement grande, parce que l'arrivée de l'eau est continue et qu'il faut en conséquence pouvoir l'emmagasiner durant la nuit tout entière : il est bon de la prendre égale au moins à la moitié du volume amené par 24 heures, bien que M. Frühling ait montré, d'après l'amplitude des variations horaires, qu'elle pouvait être limitée à moins d'un tiers.

Elle peut être extrêmement réduite, presque nulle même, avec un service d'eau alimenté au moyen de machines, si l'on s'astreint à faire varier le volume d'eau élevé par les pompes suivant les besoins de la distribution ; c'est ainsi que dans les pays plats, comme la Hollande, on sait se contenter de simples bâches de très faible volume placées au sommet de tours élevées ; mais, on le conçoit, l'attention soutenue et les soins incessants, qu'exige dans de pareilles conditions la conduite du service, constituent une lourde sujétion, et, toutes les fois que la disposition des lieux s'y prête, il est bien préférable d'avoir des bassins de capacité suffisante pour supprimer, si faire se peut, la marche de nuit, et admettre pendant le jour le fonctionnement continu des machines d'alimentation à une allure constamment la même, ce qui, d'après M. Frühling, impliquerait l'emmagasinage d'un volume d'eau variant de 21 à 64 pour 100 de la consommation diurne (1).

Dans la plupart des cas, on dépasse la proportion strictement indispensable pour assurer la régularisation du service, afin de se créer une réserve destinée à parer aux accidents qu'il faut toujours prévoir et qui peuvent entraver momentanément l'arrivée de l'eau. Mais ce surcroît de sécurité coûte généralement cher, et la considération de la dépense oblige d'ordinaire à se tenir dans des limites fort restreintes. Au reste il convient d'observer qu'une longue stagnation de l'eau n'est pas chose désirable, et qu'il ne faut pas s'y exposer en donnant aux réservoirs de trop grandes dimensions. La règle la plus habituellement suivie consiste à prendre pour la capacité des réservoirs un cube égal ou un peu supérieur au volume d'eau maximum à distribuer dans une journée.

Cette règle est excellente toutes les fois qu'il s'agit d'une alimentation par machines ou multiple, où l'on dispose de rechanges et où les interruptions ne peuvent être que partielles ou de courte durée. Il est à propos d'aller un peu au delà quand le service dépend d'une dérivation unique de grande longueur : c'est ainsi qu'on a donné aux bassins supérieurs de Ménilmontant à Paris, où aboutit l'aqueduc de la Dhuis, et aux réservoirs de Montretout, qui reçoivent les eaux de l'Avre, une capacité suffisante pour contenir deux à trois fois le volume que fournirait par jour l'aqueduc coulant à plein débit, tandis que l'ensemble des réservoirs dont dispose le service des eaux à Paris ne constitue qu'un approvisionnement un peu supérieur à la consommation d'une journée (2).

Vienne, alimentée par un aqueduc, possède de vastes réservoirs capables d'assurer le service pendant deux jours ; au contraire, la plupart des villes allemandes, généralement desservies par des machines, se contentent d'un approvisionnement d'eau à peine suffisant pour une demi-journée.

Il ne faut pas oublier d'ailleurs que la *capacité utile* d'un réservoir est toujours un peu inférieure à la capacité totale, parce qu'il s'y forme, même avec les eaux les plus claires, des dépôts, et qu'on

1. Frühling, Wasserversorgung, p. 81.
2. Ib. page 84.

24

doit éviter en conséquence l'envoi dans les conduites de la tranche
d'eau qui occupe le fond de l'ouvrage.

265. Forme générale. — Pour limiter la dépense de construction des réservoirs, on doit s'attacher à réduire le développement
des parois, et rechercher le moyen d'obtenir le plus grand volume
possible sous la moindre surface.

A ce point de vue, c'est la demi-sphère qui présenterait le plus
d'avantages. Mais cette forme est difficile à réaliser ; et, si l'on peut
s'en rapprocher exceptionnellement dans la construction de certains ouvrages métalliques, on adopte en général de préférence le
cylindre à base circulaire. Dans la plupart des gares de chemins
de fer les réservoirs sont cylindriques ; on en construit beaucoup
aussi sur plan circulaire ou demi-circulaire pour les services urbains
en Angleterre (Greenwich, Canterbury, Aberdeen, etc.), en Allemagne (Halle, Remscheid, Mannheim, etc.), aux Etats-Unis. En France
on en trouve plusieurs à Paris (place St-Pierre, Buttes-Chaumont,
Ménilmontant...), à Dijon (Porte-Guillaume), etc.

Mais la forme cylindrique elle-même comporte des sujétions qui
en compensent souvent et au delà les avantages ; si elle convient
parfaitement pour les réservoirs dont l'enceinte est formée par une
digue en terre ou pour les cuves métalliques, on y renonce fréquemment quand on emploie la maçonnerie pour adopter plutôt
des bassins sur plan carré ou rectangulaire. Parmi les surfaces à
quatre côtés et à angles droits, c'est le carré qui présente le moindre périmètre pour une aire donnée ; il doit donc être choisi en premier lieu à défaut du cercle. Quand le réservoir est divisé en deux
compartiments on est conduit à écarter le carré à son tour, pour
adopter le rectangle.

Au reste la question ne se présente sous un aspect aussi simple
que si le terrain dont on dispose se prête à toutes les combinaisons
et si l'enceinte est de beaucoup la partie la plus importante de la
dépense. Quand l'ouvrage est en déblai dans un sol résistant et
qu'on peut réduire l'épaisseur des parois, quand il est en élévation
à grande hauteur et qu'il faut en soutenir le radier par des substructions, quand il doit être couvert, d'autres considérations interviennent et peuvent conduire à des conclusions différentes. Puis les circonstances topographiques, les difficultés d'acquisition de terrains,
les convenances architecturales influent aussi sur le choix et peuvent faire donner aux réservoirs des formes très diverses, parfois
même irrégulières, et sans aucun rapport avec celles qui résulteraient
de tel ou tel motif théorique.

266. Épaisseur de la tranche d'eau. — La dépense de construction des réservoirs varie beaucoup avec l'épaisseur de la tranche d'eau qu'ils doivent contenir. Plus cette épaisseur est grande, plus la surface est réduite pour une capacité donnée, mais aussi plus l'enceinte doit être résistante : et, si l'on veut obtenir la solution la plus économique, il faut évidemment, dans chaque cas procéder par voie de tâtonnements.

Mais la considération de la dépense n'est pas la seule dont ont ait à tenir compte. Il faut observer que, pour réduire les variations correspondantes de pression dans le réseau des conduites, on doit éviter de trop grandes dénivellations dans le réservoir, et qu'à ce point de vue il y aurait avantage à diminuer la hauteur de la couche d'eau emmagasinée et par suite à en augmenter la surface. D'autre part une hauteur d'eau trop faible n'est pas sans inconvénients, car elle expose davantage aux variations de température et aux diverses causes d'altération ; et de plus, comme il est toujours nécessaire de prendre l'eau à distribuer assez bas pour ne pas entraîner les poussières de la surface, assez haut pour ne pas agiter la vase du fond, une fraction seulement de cette hauteur est réellement et toujours utilisable.

En pratique, l'épaisseur de la tranche d'eau dans les réservoirs est le plus ordinairement comprise entre 2 et 5 mètres.

267. Dispositions diverses. — Les réservoirs sont presque toujours divisés en deux *compartiments*, dont l'un reste en service pendant que l'autre est mis en nettoyage ou en réparation : c'est une excellente mesure à laquelle il est bon de se conformer. Mais il est inutile de pousser la division plus loin, à moins qu'on n'ait à desservir plusieurs réseaux distincts ou à distribuer des eaux de natures différentes ; ce serait compliquer sans motif, les dispositions de l'ouvrage et les manœuvres, à moins que l'on ne veuille, en obligeant l'eau à passer par plusieurs bassins successifs, s'opposer à une stagnation même partielle. Cette dernière considération est invoquée parfois en Allemagne pour justifier la construction de murs intérieurs, que l'eau doit contourner pour se rendre de l'orifice d'arrivée à celui de départ ; on trouve ces sortes de *chicanes* aux réservoirs de Schmelz et de Rosenhügel à Vienne, à celui de Francfort-sur-le-Mein, etc. On se contente ordinairement de placer les deux orifices à la plus grande distance possible l'un de l'autre.

Les matériaux employés pour la construction des réservoirs doivent être de nature telle qu'il ne puisse résulter de leur contact avec l'eau une altération quelconque de ses qualités ; si l'on est contraint exceptionnellement d'utiliser des matériaux qui donnent des craintes à cet égard, on doit avoir soin de les protéger par un revêtement ; on empêchera, par exemple, les terres argileuses de se délayer en les recouvrant d'un perré ou d'un bétonnage, on protégera la tôle contre la rouille par une peinture ou un enduit.

Une *couverture* est toujours utile, elle garantit l'eau contre la projection de corps étrangers, contre la chute des poussières de l'air ; en la mettant à l'abri de la lumière, elle s'oppose au développement de la vie végétale et de la vie animale ; si elle a une épaisseur suffisante elle la défend en outre contre les variations de température. On ne peut dire évidemment qu'une couverture soit indispensable quand l'eau séjourne peu de temps dans les bassins, quand elle y arrive déjà à une température voisine de celle de l'air et variable avec elle, lorsque surtout elle n'est pas destinée aux usages domestiques ; mais elle offre de précieux avantages au contraire s'il s'agit d'empêcher l'altération d'une eau à température constante, destinée à la boisson, et qui, exposée un peu longtemps à l'air sous un climat chaud ou tempéré, risquerait fort d'y perdre la plupart de ses qualités.

§ 2.

RÉSERVOIRS EN DÉBLAI

268. Conditions d'établissement. — La meilleure situation qu'on puisse rencontrer pour un réservoir est celle où il se trouve entièrement en déblai, soit dans une dépression naturelle, soit dans une fouille ouverte pour le recevoir. La dépense à faire pour l'établissement de l'enceinte se trouve ainsi réduite au minimum, puisqu'on profite de la résistance propre du sol et que souvent il suffira de recouvrir les parois d'un revêtement destiné uniquement à en empêcher l'altération. On obtient d'autre part une très grande sécurité, puisqu'il n'y a pas à craindre de ruptures de l'enceinte par le renversement des parois ; tout au plus y a-t-il quelques précautions à prendre contre les infiltrations possibles, qui dans tous les cas ne sauraient avoir pour conséquence une inondation subite ou une catastrophe redoutable.

Mais, pour établir un réservoir en déblai, il faut trouver réunies plusieurs conditions favorables qui font souvent défaut : un terrain disponible au niveau convenable, un sol suffisamment résistant et que le contact de l'eau ou les infiltrations ne peuvent ni délayer ni dissoudre, un déblai point trop dur ni trop dispendieux. L'absence de la première de ces conditions oblige souvent à établir les réservoirs au-dessus du sol, soit partie en déblai et partie en élévation, soit entièrement en élévation, ce qui sûrement n'est pas aussi avantageux et offre moins de garanties.

269. Réservoirs en tranchée. — Il est rare qu'on puisse utiliser une dépression naturelle pour l'établissement d'un réservoir de distribution, rare aussi que le terrain soit inaltérable au contact de l'eau et complètement imperméable sans être très dur ; on est donc contraint le plus souvent d'ouvrir une fouille et d'en revêtir les parois.

Quand le terrain est compact et résistant, les parois de la fouille peuvent être tenues presque verticales ou sous une inclinaison très faible ; et, comme la poussée est nulle, le revêtement se réduit à la plus simple expression, à un enduit, par exemple, avec ou sans

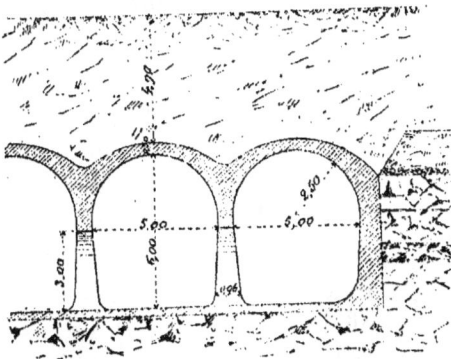

interposition d'une couche mince de maçonnerie ou de béton. Au réservoir d'Emmerin (distribution d'eau de Lille), établi dans ces conditions, le revêtement du fond, le *radier,* est très mince et la maçonnerie du pourtour n'a que l'épaisseur nécessaire pour supporter la retombée de la voûte de couverture.

Quand le terrain, quoique compact, est trop peu consistant pour ne pas prendre un talus incliné lorsqu'on abandonne à elles-mêmes les parois de la fouille, on peut bien encore ne donner au radier qu'une assez faible épaisseur, $0^m,20$ à $0^m,40$, par exemple, mais il faut nécessairement

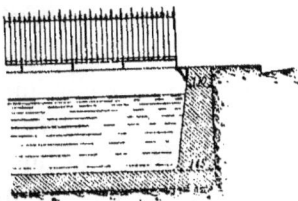

Réservoir Monceau.

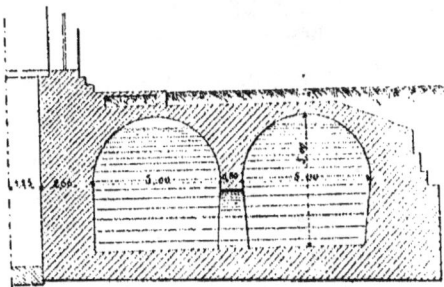

Réservoir de la Porte-Guillaume.

former l'enceinte soit au moyen d'un *mur* assez épais pour résister à la poussée des terres, soit en réglant les terres suivant leur talus naturel et les recouvrant d'un *perré* ou d'un *bétonnage*. Le réservoir Monceau, à Paris, et celui de la Porte-Guillaume à Dijon, sont des exemples du premier cas ; celui des Buttes-Chaumont, à Paris, en est un du second, il a été creusé dans les marnes vertes et l'on a simplement revêtu les talus d'une couche mince de béton.

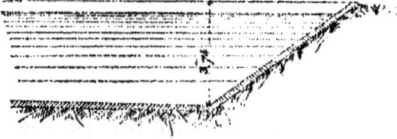
Réservoir des Buttes-Chaumont.

270. Réservoirs en souterrain. — Quelquefois, au lieu d'établir les réservoirs à fleur de sol ou dans une tranchée à ciel ouvert, on se trouve amené à les construire à grande profondeur en ouvrant dans les couches du sous-sol des fouilles en souterrain. Cette méthode est excellente quand le terrain s'y prête : on obtient, en effet, par là, une couverture naturelle de grande épaisseur, et, par suite, une parfaite égalité de température et une sécurité absolue.

Récemment, des réservoirs souterrains ont été construits pour la ville de Naples dans des conditions particulièrement favorables : il a suffi de creuser à cet effet de vastes galeries dans le tuf résistant, mais tendre, qui constitue les collines avoisinant la ville, et un simple enduit de 0^m,05 à 0^m,13 d'épaisseur en tout y assure l'étanchéité. A Fécamp, à

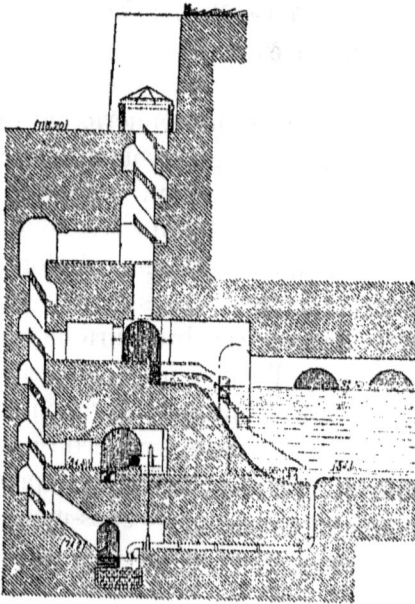
Réservoir de Naples.

Sens, des réservoirs ont été creusés dans la craie compacte ; le ciel est resté apparent sans aucun revêtement, et les parois sont recouvertes d'une couche très mince de maçonnerie. A Nuremberg (Bavière), on cite un réservoir du même genre

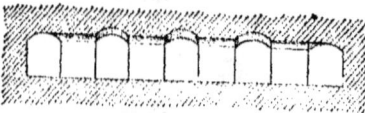
Réservoir de Nuremberg.

pratiqué dans une épaisse couche de grès avec un revêtement de briques.

271. Dispositions spéciales contre les infiltrations. —
Lorsque le terrain est de telle nature qu'il est nécessaire de le protéger contre les infiltrations possibles, afin d'éviter des effets de
tassement, de désagrégation, d'entraînement, d'amollissement, de
dissolution même, capables de compromettre la solidité des ouvrages et d'en préparer la destruction, il faut avoir recours à des dispositions spéciales.

C'est en pareil cas qu'en Angleterre on interpose souvent une
couche plus ou moins épaisse de terre glaise ou d'argile. En
France, on préfère ordinairement pratiquer un *drainage* sous le
radier ou derrière les murs, afin de recueillir immédiatement et de
conduire au loin les eaux d'infiltration ; mais ce procédé n'est applicable qu'aux réservoirs construits au sommet ou sur le flanc d'un
coteau, car il faut assurer un écoulement facile à l'eau des drains.

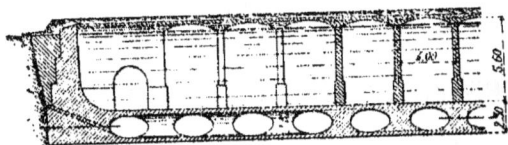

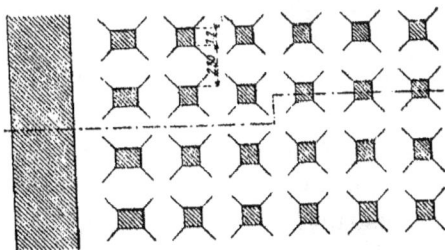

Lors de la construction
du réservoir de Villejuif
(1882), fondé sur un *banc
de gypse* dur et compact
mais assez soluble, nous
avons employé un pro-
cédé coûteux, mais qui
donne une grande sécu-
rité : au-dessous du ra-
dier et dans toute son
étendue ont été pratiquées
des galeries, partout ac-
cessibles, où tombent né-
cessairement les eaux
d'infiltration du radier,

Réservoir de Villejuif.

où sont ramenées également celles du pourtour et qui les conduisent
à un égout avec lequel elles se raccordent ; c'est encore un drainage, mais que l'on peut constamment surveiller dans toute ses
parties, et qui permet de visiter à toute époque le radier, d'en observer les fissures, d'en assurer la réparation ; on y trouve en même
temps le moyen de disposer commodément la tuyauterie d'arrivée

et de départ de l'eau. Des galeries
du même genre ont été disposées
au réservoir de Montmartre (1887) ;
mais, par surcroît de précaution,
on a interposé dans la couche
épaisse de béton qui les porte,

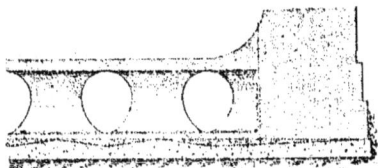

un enduit réglé suivant une série de pentes et de contrepentes for-

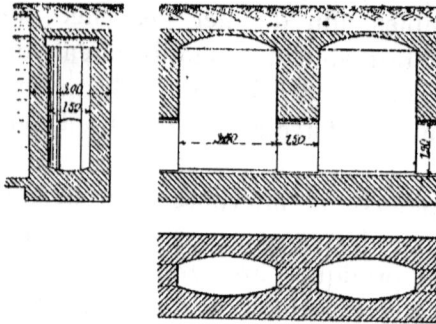

mant des rigoles drainées par des tuyaux de poterie. A Montretout (1892), on s'est contenté d'un drainage simple sous le radier, mais des évidements ont été pratiqués dans les murs et mis en communication entre eux et avec un évacuateur commun pour recueillir sur tout le pourtour et écouler les eaux d'infiltration.

§ 3.

RÉSERVOIRS EN ÉLÉVATION.

272. Réservoirs partiellement en déblai. — Fréquemment les réservoirs sont placés de telle sorte que la tranche d'eau emmagasinée soit partie au-dessous, partie au-dessus du sol : ce cas se présente, par exemple, lorsque le terrain naturel n'est pas tout à fait à une altitude suffisante pour un réservoir entièrement en déblai, lorsqu'il présente à faible profondeur une couche dure dont le déblai serait coûteux et qui fournit une excellente base de fondation, ou encore quand l'ouvrage est construit à flanc de côteau.

Un revêtement plus ou moins épais peut suffire dans la partie basse, où les parois sont formées par le sol naturel, mais, dans la partie haute, l'enceinte doit être rendue assez résistante par elle-même pour supporter la poussée de l'eau, et composée entièrement de matériaux rapportés.

Ce sera tantôt une *digue en terre* avec un revêtement F, fascinage

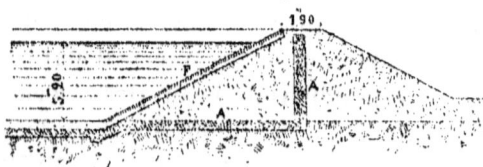

Réservoir d'Aberdeen.

perré, etc., comme on en rencontre assez souvent en Angleterre, où il est en outre d'usage d'interposer un corroi d'argile A ; tantôt, et plus généralement, ce sera un *mur en maçonnerie*

Dans bien des cas, la distinction entre la partie haute et la partie basse disparaît, et l'enceinte est formée sur toute sa hauteur par un

mur, dont l'épaisseur est calculée soit en tenant compte de la résistance du sol naturel contre lequel il s'appuie latéralement vers sa
base, soit exactement comme s'il était tout à fait en élévation et
construit comme tel ; ces deux dispositions se rencontrent à Paris,

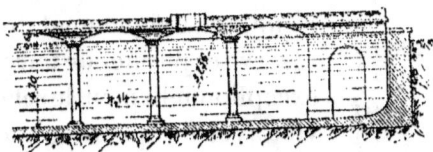

Réservoir de Charonne.

Réservoir de Gentilly.

Réservoir de Rosenhügel (Vienne).

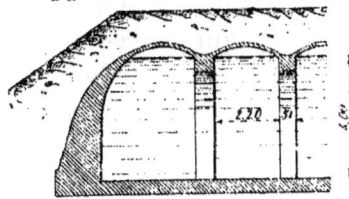

l'une au réservoir de Charonne, l'autre à celui de Gentilly ; on
trouve à Vienne (Autriche), des
exemples de la première, à Leipzig une application de la seconde.

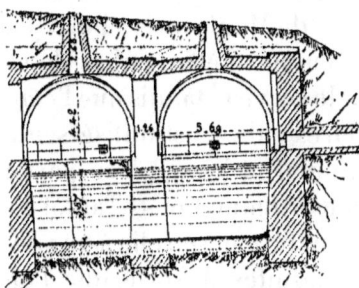

Réservoir de Leipzig.

273. Réservoirs entièrement en élévation. — Quand le
niveau du sol conduit à placer le ré-
servoir entièrement en élévation,
non seulement l'enceinte doit résister
par elle-même à la poussée de l'eau
sans aucune intervention du sol,
mais en outre le radier doit être
porté par des substructions dont les
dispositions dépendent de la hauteur à leur donner et de la nature de
la fondation. D'ordinaire, ces substructions se composent de voûtes en
berceau ou de voûtes d'arêtes, dont
les retombées sont portées par des
murs ou des piliers, et qui forment
parfois des galeries, utilisables soit
pour la pose de la tuyauterie de
service, soit même comme maga-
sins. Les réservoirs du Panthéon,
de Grenelle et Racine, à Paris, l'an-

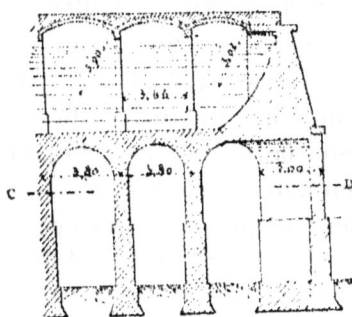

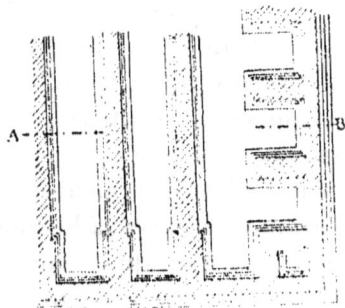

Réservoir d'Orléans
Coupe suivant A,B. — Plan suivant C,D

cien réservoir de Reims, celui d'Orléans, sont dans ce cas.

Afin de tirer un meilleur parti de cet étage inférieur, dont l'altitude du sol a fait une nécessité, on a été conduit, dans certaines circonstances, à le pourvoir d'un radier et à le transformer en un second réservoir placé au-dessous du premier. Tantôt le *bassin infé-*

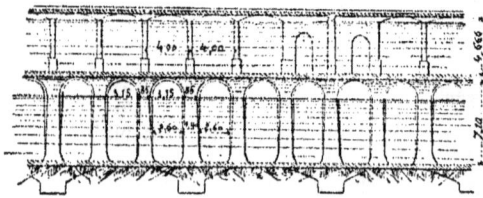

Réservoir de Montsouris.

rieur sert uniquement de réserve et permet de faire exceptionnellement le service avec une pression un peu moindre en cas d'accident ou de pénurie d'eau ; c'est le cas du réservoir de Montsouris à Paris (eau de la Vanne), où l'*étage supérieur*, de 100.000 mètres cubes de capacité, est destiné à faire ordinairement le service, tandis que l'*étage inférieur*, qui peut contenir 130.000 mètres cubes, est utilisé seulement pour recevoir le trop-plein du premier et le suppléer parfois pendant la nuit à l'époque des grandes consommations. Tantôt l'étage inférieur reçoit de l'eau d'une autre nature et se relie à un autre

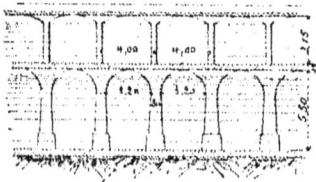

Réservoir de Belleville.

réseau de conduites, de sorte que l'ouvrage forme en réalité deux réservoirs distincts superposés : les réservoirs de Ménilmontant, de Passy, de Belleville, à Paris en fournissent des exemples ; les bassins hauts assurent, dans la partie correspondante de la distribution, le service privé ou domestique en eau de source, et les compartiments du bas, le service public et industriel en eau de rivière.

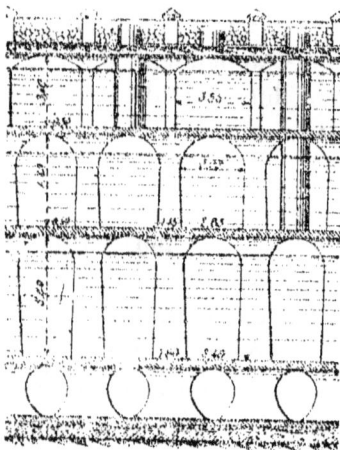

Le réservoir que nous avons construit en 1887-89 sur le sommet de la butte Montmartre, à Paris, ne comprend pas moins de quatre étages superposés : les trois supérieurs reçoivent des eaux de diverse nature et font trois services différents, le quatrième est un simple support utilisé pour le passage des conduites.

Les dépenses d'établissement croissent très rapidement avec la hauteur de l'ouvrage au-dessus du sol, quand on emploie la maçonnerie pour la

construction du réservoir proprement dit ; aussi est-on conduit souvent, comme il est arrivé récemment à Bordeaux et à Buenos-Ayres,

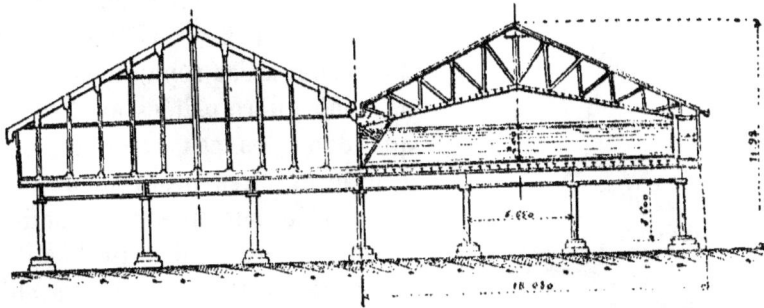

Réservoir de Bordeaux.

à donner la préférence à des bassins en métal dans le cas où le
fond du réservoir doit être placé à un niveau très supérieur à celui
du terrain. Les cuves métalliques sont fort employées pour les alimentations de gares, où l'eau doit être tenue à proximité des voies
et à quelques mètres au-dessus du niveau des rails : elles sont à
base circulaire ou rectangulaire ; la première disposition est la plus
avantageuse bien qu'elle ne se prête guère à la division du réservoir en deux compartiments ; on y supplée au besoin en le composant de deux cuves juxtaposées.

274. Tours d'eau. — Quand une cuve formant réservoir est placée au sommet d'une construction de grande hauteur, l'ensemble
prend le nom de *tour d'eau*. Le volume d'eau emmagasiné est alors
toujours fort restreint ; et, si l'ouvrage doit commander le service
d'eau d'une ville de quelque importance, il faut renoncer à lui donner une capacité suffisante pour compenser les variations diurnes
de la consommation et faire l'office de régulateur de la distribution.
On ne lui demande plus que d'assurer la permanence de la pression
dans les conduites, et c'est en agissant sur l'alimentation qu'on pare
aux variations qui se produisent dans le service.

Les tours d'eau ne sont généralement employées que dans des
localités où toute amenée d'eau par la gravité est impossible, et où
il faut nécessairement recourir à des machines élévatoires. Les
variations de débit s'obtiennent dès lors par l'arrêt ou la mise en
marche d'une partie des pompes ou simplement par des changements de vitesse du système ; le petit approvisionnement d'eau
contenu dans le réservoir n'a d'autre rôle que d'empêcher les changements brusques de pression et de donner le temps nécessaire pour
les manœuvres ; il n'en est pas moins appelé à rendre de précieux

services, car, sans cet intermédiaire, la distribution, déjà difficile dans de pareilles conditions, deviendrait absolument précaire.

En Angleterre, en Allemagne, en Hollande, aux États-Unis, les tours d'eau sont assez répandues ; elles ne sont guère usitées en France que dans des cas exceptionnels. Tantôt la cuve proprement dite est portée sur une construction en maçonnerie, qui se prête à des dispositions plus ou moins architecturales et reçoit une décoration en rapport avec l'emplacement qu'elle occupe, et où, à côté de l'échelle ou de l'escalier d'accès, les conduites ascendante et descendante trouvent aisément place. D'autres

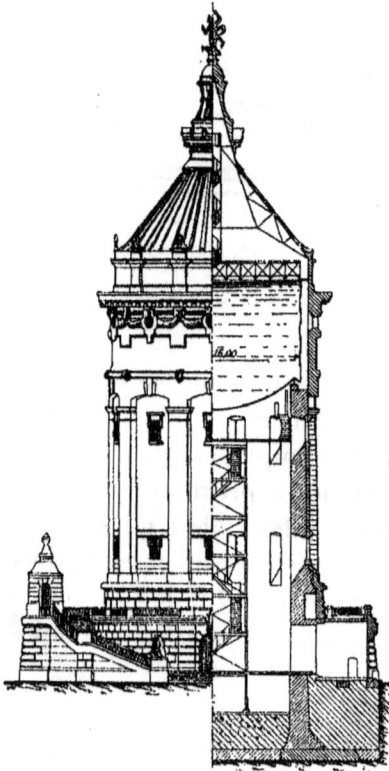

Mannheim.

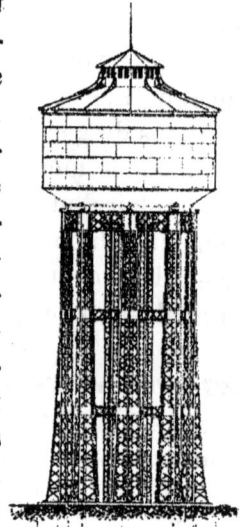

Parc du Vésinet.

fois, le support est formé d'une charpente à claire-voie en bois ou en fer : à l'établissement d'Haarlem (eaux d'Amsterdam), les montants de ce support sont constitués par les conduites elles-mêmes, ce qui est une disposition à la fois rationnelle et économique.

§ 4.

MODE DE CONSTRUCTION DES RÉSERVOIRS

a. — Réservoirs en maçonnerie.

275. Radier. — Dans les réservoirs en maçonnerie établis directement sur le sol naturel, le *radier* n'est qu'un simple revêtement destiné à protéger le sol contre les infiltrations, à en empêcher le délavage, et à faciliter les nettoyages périodiques : une couche de béton ou de maçonnerie de 0m,20 à 0m,40 d'épaisseur recouverte d'un enduit suffit dans la plupart des cas.

Dans les réservoirs en élévation, où le radier est placé à une certaine hauteur au-dessus du sol, il est porté par des voûtes,.ou mieux formé par ces voûtes mêmes, dont on remplit les reins pour avoir une surface plane qu'on recouvre d'un enduit.

Une pente doit être donnée au radier de manière que l'eau n'y puisse pas séjourner quand on procède au *vidage* du réservoir ou au nettoyage du fond ; au point le plus bas est placé l'*orifice de décharge*. Parfois, au lieu d'une pente générale, toujours un peu difficile à obtenir sans bosses ni flaches et dont l'établissement exige un certain soin, on dispose une série de *caniveaux* qui remplissent le même office et aboutissent également à la décharge.

276. Murs d'enceinte. — L'enceinte s'exécute soit en maçonnerie proprement dite soit en béton. Vers 1840 le béton a été assez souvent employé en France ; plusieurs des réservoirs de Paris qui remontent à cette époque et ont été construits sous la direction de Mary ont été exécutés en béton. Depuis on est revenu à la maçonnerie, dont la composition est toujours mieux connue, et qui, sans atteindre un prix sensiblement plus élevé, est peut-être moins exposée aux malfaçons. En Allemagne on a présenté dans ces dernières années comme une innovation l'emploi du béton. Et l'on a construit récemment de grands réservoirs en béton à Wiesbaden, à Munich, etc.

Si l'*enceinte* est appuyée sur le sol naturel on lui donne une épaisseur variable suivant les circonstances : elle peut constituer un simple revêtement et n'offrir aucune résistance par elle-même, ou au contraire, venir ajouter un appoint plus ou moins important à la résistance propre du terrain. Quand elle est en élévation, l'épaisseur du *mur* doit être calculée de manière qu'il puisse résister efficacement à la poussée de l'eau : le calcul ne présente d'ailleurs aucune difficulté ; il est analogue à celui des murs de soutènement mais la substitution de la poussée de l'eau, qui est parfaitement déterminée comme intensité, comme direction, comme point d'application, à la poussée des terres, qui varie au contraire d'un cas à l'autre, le rend beaucoup plus simple et plus sûr (1). Une règle empirique donnée par Dupuit a été appliquée parfois : elle consistait à

1. Voir dans l'*Encyclopédie des Travaux publics* : Flamant, Résistance des matériaux, p. 98.

donner au mur une épaisseur moyenne égale à la moitié de la hauteur de la tranche d'eau qu'il devait supporter. Cette proportion est exagérée ; et, surtout avec les excellentes maçonneries qu'on peut faire aujourd'hui grâce à l'emploi de la chaux éminemment hydraulique et du ciment, il convient de se tenir notablement au dessous et de ne jamais dépasser le tiers de cette hauteur. Au reste, la forme du profil influe beaucoup sur la stabilité du mur ; il est avantageux à ce point de vue de lui donner un fruit prononcé vers l'extérieur ; et, lorsqu'il y a plusieurs étages d'eau, on se trouve conduit à établir le mur supérieur en surplomb vers l'intérieur par rapport au mur de l'étage bas.

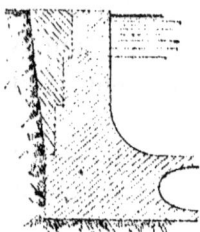

Réservoir de Villejuif.

Les murs de séparation ou de *refend* doivent être établis de telle sorte qu'ils puissent également bien résister dans un sens ou dans l'autre selon celui des compartiments contigus qui est plein ou vide : leur profil doit donc être symétrique et, par suite, on est amené à leur donner le plus souvent un double fruit, une même inclinaison sur les deux faces. Comme les murs

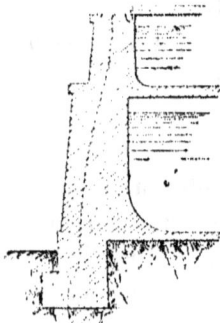

Réservoir de Passy.

de pourtour, ils se raccordent presque toujours avec le radier par une sorte de congé ou *solin* de 0m,50 à 2m,00 de rayon.

Réservoir de Gentilly.

On protège quelquefois les murs en élévation par un *revêtement en terre* formant talus gazonné : c'est une précaution excellente, quand elle est applicable, et un moyen très efficace de défense contre les variations de température, dont les effets se traduisent, pour les murs découverts, par la production à peu près inévitable de fissures dans les maçonneries. Il faut disposer pour ce genre de revêtement d'une étendue

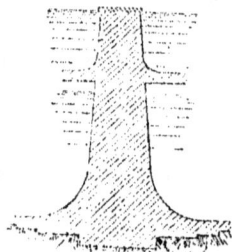

Réservoir de Belleville.

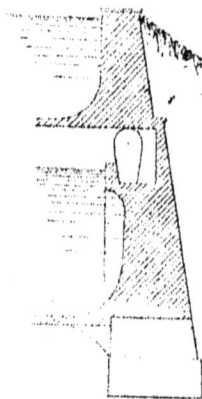

Réservoir de Montsouris.

suffisante de terrain, car il en résulte une augmentation de la superficie de l'ouvrage d'autant plus considérable que la hauteur est plus grande. Une application en a été faite à Paris au réservoir de Montsouris où il s'agissait de conserver à l'eau de la Vanne qui s'y emmagasine la fraîcheur si appréciée des consommateurs.

277. Moyens employés pour obtenir l'étanchéité. — Quelle que soit la composition des maçonneries employées pour la construction des murs de réservoir, elles ne sauraient par elles-mêmes former une enceinte étanche. Toutes les maçonneries, en effet, même celles où les vides du sable sont entièrement remplis par la chaux ou le ciment, finissent par se laisser pénétrer par l'eau qui les délaye et s'y fraie peu à peu un passage ; et, quant à celles qui sont hourdées avec un mortier maigre, elles sont essentiellement poreuses et constituent une sorte de crible que l'eau traverserait sans peine. Il est donc indispensable, pour obtenir l'étanchéité des bassins, d'avoir recours à l'interposition d'une couche de matière imperméable.

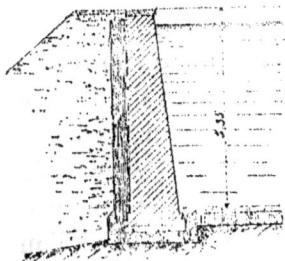

En Angleterre, on fait souvent emploi d'argile à cet effet : on en forme une sorte de corroi dont on recouvre entièrement les parois de la fouille, et qui se trouve ainsi placé entre le terrain et la maçonnerie : ce procédé, d'ailleurs assez peu satisfaisant, n'est évidemment applicable qu'aux réservoirs complètement enveloppés de terre. En France, le moyen employé d'une manière absolument générale consiste dans l'application d'un enduit de mortier de ciment (1 de sable fin pour 1 de ciment) sur la face des maçonneries qui doit être mise en contact avec l'eau, cet enduit reçoit une épaisseur qui varie de $0^m,01$ à $0^m,04$. Dans d'autres pays, on a utilisé aussi l'asphalte pour le même objet.

Mais il ne suffit pas d'obtenir l'étanchéité au début, il faut la maintenir, et pour cela s'efforcer d'empêcher la formation de *fissures* sur toutes les parois en contact avec l'eau, ou les fermer s'il s'en produit malgré toutes les précautions prises. Les tassements du sol de fondation sont à ce point de vue particulièrement redoutables ; trop souvent, sous les pressions différentes du radier et des murs de pourtour, le sol s'affaisse inégalement et une fente s'ouvre au pied des murs ; c'est pour prévenir cet effet fâcheux qu'on a soin d'y pratiquer un large solin, mais ce moyen n'est pas

toujours efficace. D'autre part, dans les grands réservoirs, les effets
de contraction ou de dilatation, qui résultent des variations de température de l'air ambiant ou de l'eau emmagasinée, ne tardent pas
à produire des fissures soit dans les enduits seuls, soit même dans
les maçonneries des murs et des radiers. Il faut donc avoir soin de
procéder de temps à autre, et surtout aux changements de saison,
au printemps et à l'automne, à des visites minutieuses, puis à des
réparations, qui constituent la partie délicate de l'entretien des réservoirs. Quand les fissures sont limitées à l'enduit, il suffit de le
dégrader sur une certaine étendue et de le refaire partiellement ;
mais, si elles s'étendent à la maçonnerie, une réparation ainsi faite
n'aurait aucune chance de durée, et l'enduit neuf serait presque
immédiatement dans le même état que l'ancien ; il faut donc alors
renoncer à fermer la fissure et s'attacher seulement à empêcher
l'eau d'y pénétrer. On employait autrefois à cet effet des feuilles
de plomb ; Couche a imaginé et fait appliquer à Paris un procédé

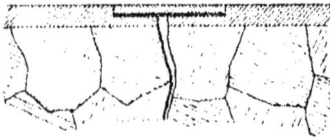

nouveau qui a fort bien réussi : il consiste à poser au-dessus de la fissure
préalablement dégagée avec soin une
feuille mince de caoutchouc, dont on
colle les bords extrêmes au moyen d'une
liqueur composée d'une dissolution de caoutchouc dans la benzine
et dont on laisse la partie médiane libre, non sans avoir parfaitement nettoyé, dressé et séché les lèvres de la fissure : l'élasticité du
caoutchouc se prête aux mouvements de la maçonnerie et il résiste
malgré son peu d'épaisseur à la pression de l'eau, surtout si l'on
a soin de le protéger en le recouvrant d'une couche mince d'enduit
de ciment.

b. *Réservoirs métalliques.*

278. Cuves en tôle. — Les réservoirs métalliques se composent le plus ordinairement de cuves de forme cylindrique et à fond

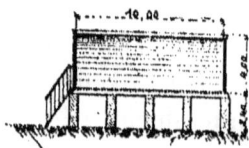

plat, construites au moyen de feuilles de tôle
rivées : la paroi, grâce à sa forme, résiste
aisément à la poussée de l'eau, et peut être
composée de tôles de faible épaisseur, mais
le fond est exposé à la flexion et il faut qu'il
soit supporté par une aire en maçonnerie ou par un grillage en
bois ou en fer. Quand la cuve reçoit une forme rectangulaire, le
même inconvénient se présente pour les parois, dont il faut alors

prévenir les déformations en les renforçant par des cornières ou les reliant entre elles au moyen de tirants. Dans l'un et l'autre cas, l'entretien du fond plat de la cuve laisse à désirer, car, la face inférieure n'en pouvant être surveillée et entretenue comme il conviendrait au moyen d'applications périodiques de peinture ou d'enduit, la rouille s'y met et vient en compromettre la durée.

On peut remédier à cet inconvénient en remplaçant le fond plat par une calotte sphérique, dont le pourtour seul, renforcé au moyen

d'une cornière, est solidement fixé sur le mur formant support, et qui reste entièrement apparente. Ce mode de construction a été appliqué pour la première fois en grand à Paris, lors de l'établissement de la cuve de 1.200 mètres cubes de capacité, installée par Dupuit sur les hauteurs de Chaillot (1). Le fond à calotte sphérique a l'avantage d'obéir librement aux effets de contraction et de dilatation dus aux variations de température ; mais il est indispensable que rien n'entrave les mouvements qui en résultent, sous peine de provoquer des déchirures dont les conséquences pourraient être fort graves, et, par suite, les raccords de la tuyauterie doivent toujours présenter une élasticité suffisante. Ce type a reçu et reçoit encore de nombreuses applications.

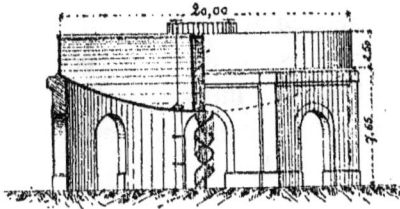

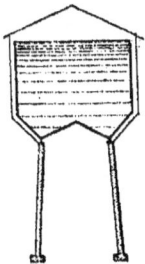

Plus récemment, M. Intze en a proposé un autre dont un des avantages consiste à n'exercer sur le support que des efforts verticaux : la paroi verticale cylindrique est reliée à la couronne d'appui par une surface conique et le fond de la cuve reçoit la forme d'un cône, dont la pointe est supprimée dans les réservoirs de grande dimension. Les applications faites à Remscheid (400 m. c.), à Thionville (500), à Düren (550), à Bremerhaven (600), ont donné d'excellents résultats et provoqué de nombreuses imitations : plusieurs réservoirs de ce type ont été construits dans ces dernières années à Paris (place St-Pierre, Montsouris) et aux environs (Ville-Evrard, Vésinet, etc.).

Les cuves en tôle ne défendent pas l'eau contre les effets des variations de température, et, s'il faut la soustraire à cette influence, il est né-

Réservoir de Düren.

1. Les cuves de Chaillot n'existent plus depuis longtemps ; elles ont été remplacées par le réservoir de Passy.

cessaire de les envelopper complètement d'une chemise en bois ou en maçonnerie que l'on recouvre d'une toiture légère. On a cons-

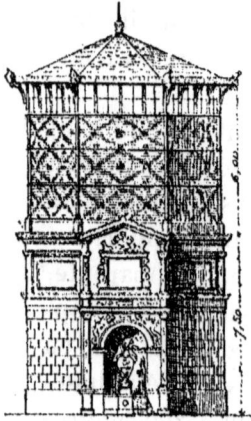

tamment recours à ce moyen dans la pratique : à titre d'exemple, nous citerons le petit réservoir du Château sur la butte Montmartre à Paris, où une cuve en tôle de 150 mètres de capacité, établie sur un support en maçonnerie, est enfermée dans une construction en fonte, fer et briques d'un aspect satisfaisant.

279. Cuves en fonte, en ciment armé.— On emploie quelquefois, mais plus rarement, des cuves en fonte composées de pièces boulonnées : la fonte a l'avantage de mieux résister que la tôle à l'action de l'air humide et de ne pas exiger autant de soins d'entretien, mais le poids considérable d'une construction de ce genre en restreint nécessairement les applications.

M. Monier paraît avoir été le premier à construire des cuves en *ciment armé* composées d'une ossature métallique à claire-voie, sorte de grillage en fils de fer ou en barreaux légers, noyée dans une couche de mortier de ciment de quelques centimètres d'épaisseur. Beaucoup moins exposés que les cuves en tôle aux effets des variations de la température, les réservoirs ainsi obtenus ne craignent pas la rouille et se comportent fort bien : leur prix d'établissement est relativement peu élevé, leur entretien presque nul. La Compagnie générale des Eaux, qui en a fait d'assez nombreuses applications, vient de faire établir à Bagneux une cuve de ce type, dont la capacité n'est pas inférieure à 4.000 me.

§ 5.

COUVERTURE DES RÉSERVOIRS.

280. Divers modes de couverture. — Nous avons déjà signalé l'utilité qu'il y a très souvent à couvrir les réservoirs. Lorsqu'ils sont de petite dimension, on se contente de simples *toitures* ;

c'est le cas général pour les cuves métalliques ; souvent aussi on a employé des toitures en charpente pour des bassins en maçonnerie, et les réservoirs des anciennes communes suburbaines de Pa-

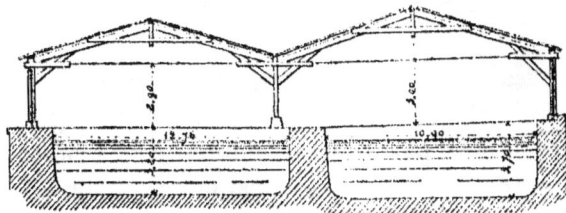

Ancien réservoir de Charonne.

ris en fournissaient plusieurs exemples. Ce mode de couverture est peu coûteux, il n'implique pas la construction dans l'intérieur même des bassins de piliers de support venant en restreindre la capacité, mais il est moins efficace que les voûtes recouvertes de terre et comporte un entretien plus dispendieux.

Aussi l'emploi des *voûtes* s'est-il fort répandu, surtout pour les grands réservoirs, malgré l'inconvénient de la poussée qu'elles exercent sur les murs de pourtour toutes les fois qu'elles ne sont pas en *plein cintre*, et qui oblige à donner à ces murs un surcroît d'épaisseur, à moins qu'on ne préfère recourir à des massifs de maçonnerie indépendants et formant culées pour recevoir la retombée des voûtes. La couche de terre qu'on répand au-dessus ne les protège efficacement que si elle a au moins $0^m,40$ d'épaisseur ; on adopte $0^m,40$ à $0^m,60$ en France ; dans les pays où les différences de température sont plus accentuées, on porte cette épaisseur à 1 mètre et même $1^m,50$. Les deux types de voûtes les plus fréquemment employés sont les *voûtes en berceau* ou cylindriques, dont les retombées sont supportées par des murs, et les *voûtes d'arêtes*, formées par l'intersection de deux séries de berceaux et qui reposent sur des piliers à base carrée.

281. Voûtes en berceau. — La forme simple des voûtes en berceau et la facilité avec laquelle on les exécute, ont contribué à en répandre beaucoup l'emploi : tantôt en plein cintre, tantôt plus

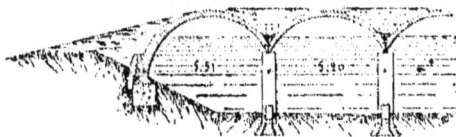

Réservoir de Greenwich.

ou moins surbaissées, elles sont presque toujours appuyées sur l'enceinte même des réservoirs ; si des supports intermédiaires sont nécessaires, ils sont constitués par des murs de faible épaisseur qu'on a soin d'évider le plus possible afin d'en diminuer le cube et le prix.

Quand le réservoir est en déblai, on peut quelquefois faire porter les voûtes directement sur le sol naturel, s'il a été jugé, comme au réservoir de Greenwich, assez résistant pour constituer par lui-même l'enceinte du bassin. Le plus

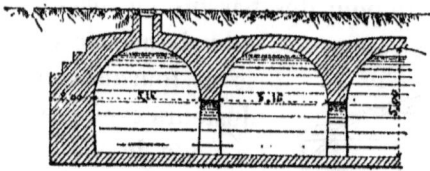

Réservoir de Montmusard (Dijon).

souvent, elles s'appuient d'une part sur les murs de pourtour, et d'autre part sur les murs intérieurs évidés établis parallèlement aux premiers. Dans certains cas, les *murs évidés* ont été remplacés par des *supports métalliques* formés de poutres en fer reposant sur des colonnes en fonte ; des planchers métalliques ou des voûtes en briques ou en béton très légères et très surbaissées s'appuient alors sur les poutres en fer :

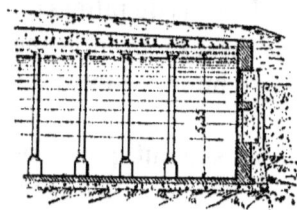

Réservoir de Canterbury.

les supports de ce genre ont l'avantage d'occuper fort peu de place et de restreindre sensiblement moins la capacité utile du réservoir correspondant ; mais ils sont presque toujours plus coûteux, et, si l'entretien n'en est pas très soigné, il est à craindre que le fer, exposé à l'air humide et toujours couvert de buée, ne vienne à être attaqué par la rouille. Le *ciment armé*, dont il a été fait un premier emploi à la couverture du réservoir de Libourne, paraît être appelé à trouver pour cet ouvrage d'utiles applications.

282. Voûtes d'arêtes. — L'emploi des voûtes d'arêtes est souvent plus avantageux que celui des voûtes en berceau, à cause de la possibilité de les supporter au moyen de *piliers* très légers et peu coûteux, occupant à peine un espace plus grand que les colonnes en fonte des supports métalliques. Mais leur construction exige des ouvriers habiles et soigneux, quelquefois même des matériaux spéciaux ; et les cintres sur lesquels on les établit, de forme toute particulière, doivent être démontés à chaque reprise et ne se prêtent pas, comme ceux des voûtes en berceau, à un travail par voie d'avancement successif, à la fois commode et économique. Aussi, doit-on en recommander plutôt l'adoption pour les grands réservoirs que pour les petits, pour ceux exécutés dans le voisinage des grandes villes, où le terrain est cher ainsi que les matériaux, mais les ouvriers exercés et adroits, plutôt que pour les ouvrages à exécuter dans les petites localités ou dans les pays où la main-d'œuvre est moins soignée. On les dispose presque toujours sur

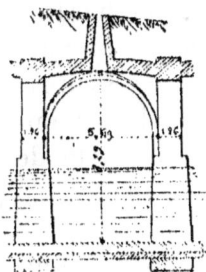

plan carré, comme l'indique la figure ci-contre,
empruntée aux ouvrages de la distribution d'eau
de Vienne (Autriche), et on les raccorde avec les
murs de pourtour au moyen de petites portions
de voûtes en berceau de même ouverture et de
même flèche.

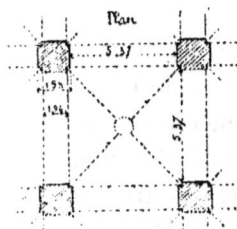

C'est au moyen de voûtes d'arêtes qu'ont été
couverts les grands réservoirs construits à Paris
par Belgrand. Le type qu'il avait adopté, et qui
a reçu depuis de nouvelles applications, est remarquable par son extrême légèreté : l'épaisseur
des voûtes, établies avec des flèches très réduites, ne dépasse pas néanmoins $0^m,07$ pour des
portées de 4 mètres et $0^m,11$ pour celles de 6
mètres ; elles sont formées respectivement de
deux et de trois cours de briquettes de $0^m,03$ d'épaisseur ; les piliers à base carrée, de 3 à 5 mètres de hauteur, sont en maçonnerie
avec enduit, ou mieux en briques appa-
rentes et ne reçoivent alors que $0^m,34$ et
$0^m,45$ de côté. Afin que ces voûtes très
surbaissées n'exercent aucune poussée
sur les murs d'enceinte, la couverture a
été rendue entièrement indépendante,
et l'on a donné aux murs pleins ou évidés, de même épaisseur que les piliers,
qui reçoivent les retombées des voûtes
en berceau, une longueur suffisante pour
qu'ils forment de véritables *culées*. Aux
angles, on a recours à des voûtes de

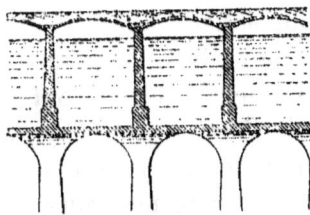

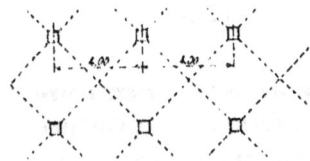

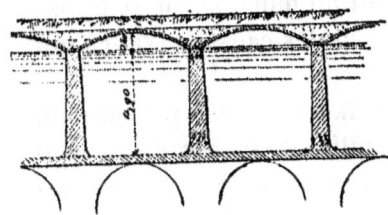

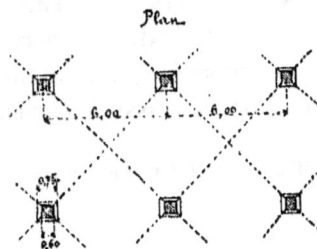

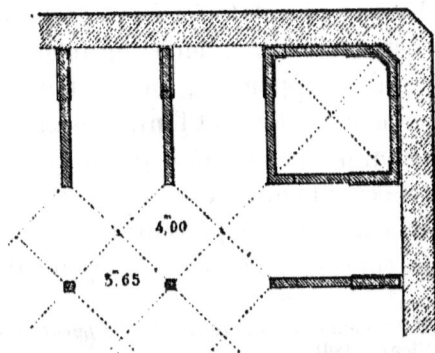

raccordement en *arc de cloître*. Ce système, assurément hardi, a parfaitement réussi toutes les fois qu'on s'est astreint à prendre pendant la construction les soins et les précautions nécessaires ; plusieurs accidents se sont produits, au contraire, quand on a imprudemment réduit le nombre des cintres ou dirigé sans méthode le répandage des terres.

283. Voûtes diverses. — D'autres dispositifs de voûtes se rencontrent encore dans la pratique.

C'est ainsi que la couverture des réservoirs à base circulaire s'exécute assez souvent au moyen de *voûtes annulaires* en berceau reposant sur des murs évidés parallèles au mur d'enceinte : on en trouve un exemple à Dijon, au réservoir de la Porte-Guillaume.

D'autres fois, quand le diamètre de l'ouvrage n'est pas trop considérable, un pilier unique placé au centre reçoit avec le mur de pourtour les retombées de la voûte, ainsi qu'il a été fait dans la vallée de la Vanne, au petit réservoir de Rigny-le-Ferron.

Enfin, quand le diamètre est plus petit encore, la couverture peut être formée par une *coupole* ou une calotte sphérique.

Les coupoles ont même servi parfois à la couverture de réservoirs sur plan carré ou rectangulaire : des relevés récents ont montré que ce type de voûte, caractéristique de l'architecture byzantine, se retrouve dans les nombreuses et antiques citernes souterraines de Constantinople, qui contribuent, encore de nos jours, à l'alimentation de la capitale de l'Empire ottoman (1).

284. Échappement de l'air. Écoulement des eaux pluviales. — Lors de la construction des voûtes formant couverture des réservoirs, il ne faut pas omettre les dispositions spéciales destinées à permettre l'échappement de l'air au moment du remplissage des bassins, et à faciliter l'écoulement des eaux pluviales qui tombent sur la plate-forme supérieure.

Il est arrivé quelquefois, en effet, que, faute d'avoir préparé un moyen d'échappement, une certaine quantité d'air se trouvant emprisonné entre l'eau et l'intrados de la voûte et y subissant une compression, n'a pas tardé à produire des effets singuliers, des bruits, des chocs, qui ont paru tout d'abord inexplicables, et dont une recherche attentive a pu seule faire découvrir la cause. Ce phénomène a été constaté par Darcy à Dijon ; il a été observé aussi à Paris.

1. Forchheimer et Strzygowski, *Die byzantinischen Wasserbehälter von Konstantinopel*. Vienne, 1891.

Il suffit, pour faire disparaître tout inconvénient, de livrer issue à l'air par des ouvertures de forme quelconque, auxquelles il n'est point nécessaire d'ailleurs de donner, comme on l'a fait parfois, la forme de *cheminée*. Le renouvellement de l'air doit, au reste, être assuré dans les réservoirs ; mais il faut qu'il soit assez lent pour ne pas influer sensiblement sur la température de l'eau emmagasinée.

La *terre gazonnée*, qui recouvre d'ordinaire les voûtes des réservoirs, absorbe tout d'abord les eaux pluviales qu'elle reçoit ; une partie est évaporée directement, une autre est utilisée pour la végétation, une autre enfin pénètre jusqu'aux maçonneries ; c'est celle dont il faut faciliter l'écoulement. A cet effet, on a soin de recouvrir l'extrados des voûtes, quelle qu'en soit la forme, de *chapes* ou enduits imperméables, et de disposer ces chapes de telle sorte que l'eau soit évacuée ou vers l'intérieur des bassins, ou au dehors ; le premier système est admissible quand l'eau emmagasinée dans les réservoirs n'est pas d'une pureté absolue, ni à température constante ; mais il doit être absolument proscrit dans le cas contraire. L'écoulement des eaux pluviales vers le dehors est facile à obtenir quand la couverture est formée de voûtes en berceau qui laissent précisément entre elles une sorte de rigole dont l'utilisation est tout indiquée ; il n'en est plus de même avec les voûtes d'arêtes, dont l'extrados forme une série de cuvettes indépendantes, et l'on est alors obligé de remplir les cuvettes de béton maigre ou de sable avant d'étendre la chape au-dessus, afin d'obtenir soit une surface plane, soit une série de caniveaux.

§ 6.

APPAREILS ACCESSOIRES.

285. Fonctionnement des réservoirs. — L'utilisation d'un réservoir comporte l'emploi d'un certain nombre d'*appareils accessoires*, destinés à le relier avec les conduites d'amenée et de départ de l'eau, à isoler ou à réunir à volonté les divers compartiments, à en permettre le nettoyage et la vidange, à empêcher enfin l'eau de déborder au moment du plein.

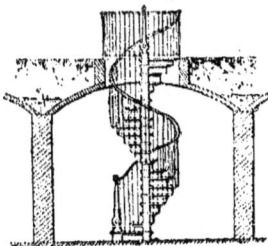

En outre il faut, pour la commodité du

service, y disposer des moyens d'accès, *échelles* ou *escaliers*, dont l'établissement est particulièrement délicat quand il y a plusieurs étages d'eau superposés : dans ce cas, et si l'étage inférieur n'est pas accessible du dehors, on est obligé de traverser l'étage supérieur, dans lequel on installe un puits, dont la paroi étanche a une hauteur un peu supérieure à celle de la tranche d'eau. Des *regards* et des *trous de descente* doivent être ménagés, pour l'approche des matériaux en cas de réparation; d'autres ouvertures pour l'aération ou l'échappement de l'air, et même parfois pour l'introduction de quelques rayons de lumière.

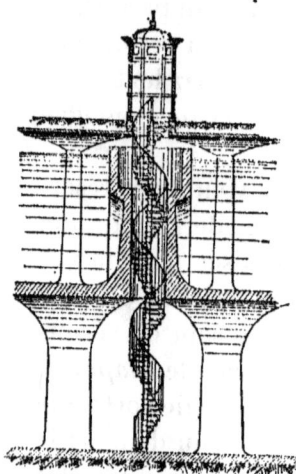

Puis viennent les appareils destinés à donner à chaque instant l'indication ou l'enregistrement du niveau de l'eau, soit sur place, soit à distance ; ceux qui permettent, à certains moments, la distribution directe, c'est-à-dire sans passage par le réservoir, etc.

286. Arrivée de l'eau. — L'eau peut être introduite dans un réservoir soit par le haut, soit par le fond. Le premier mode est le plus ordinaire ; il est adopté notamment quand le réservoir est placé en tête de la distribution et sert d'aboutissant à un aqueduc de dérivation ou à une conduite de refoulement qui ne fait pas de service en route. Le second s'applique particulièrement aux réservoirs qui se trouvent placés au bout du réseau de la distribution.

Si l'eau arrive par le haut, elle peut tomber dans le bassin en passant sur le seuil d'un *déversoir* ; cette disposition a été appliquée, à Paris, au réservoir de Montsouris, où se termine l'aqueduc de la Vanne. Mais comme, au moment où le bassin est vide ou à peu près, l'eau, se précipitant d'une hauteur de plusieurs mètres, ne tarderait pas à dégrader le radier, on préfère souvent la conduire jusque sur le radier même au moyen d'un tuyau dont, par surcroît de précaution, on prolonge l'extrémité

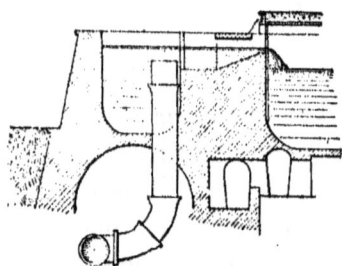

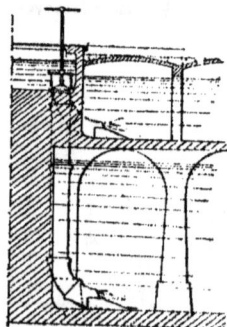

recourbée par un petit plan incliné. La conduite d'amenée débouche d'ailleurs généralement dans un petit bassin ou *bâche*, d'où
l'eau se rend au réservoir proprement dit par l'intermédiaire du
déversoir ou du tuyau spécial. Il peut y avoir, dans certaines circonstances, utilité à suspendre l'arrivée de l'eau dans le réservoir ; aussi dispose-t-on presque toujours sur le
parcours un obturateur quelconque, vanne, bonde
ou robinet, dont la fermeture lui interdit l'accès
du réservoir et la rejette dans la distribution ou
l'envoie à la décharge ; une simple communication
avec la conduite de distribution suffit, d'ailleurs,
car si l'eau trouve une issue avant de parvenir à la
hauteur nécessaire pour pouvoir pénétrer dans le réservoir, elle
cesse nécessairement d'y monter.

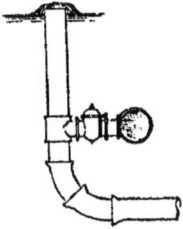

Quand un réservoir est alimenté par le fond, le même orifice
sert, le plus souvent, à l'arrivée et au départ de l'eau tout à la fois.

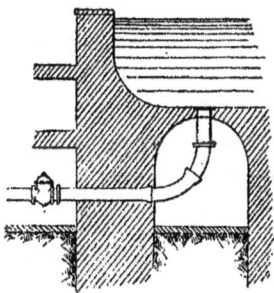

On recommande alors de placer cet orifice
un peu au-dessus du radier, afin d'éviter l'entraînement de la vase par l'eau qui se rend
dans la distribution. Il n'y a plus de bâche
dans ce cas ; mais il est encore utile de disposer sur le parcours de la conduite un obturateur qui permette d'isoler, au besoin, le réservoir.

On a quelquefois adopté une disposition
mixte qui permet à l'eau, tantôt d'arriver par le haut dans le réservoir, et tantôt de s'écouler par le bas, bien qu'une seule conduite
soit employée pour l'arrivée et le départ ;
cette disposition consiste à interposer, entre
la conduite et le réservoir, un clapet automo-
bile qui livre passage à l'eau contenue dans
le bassin, quand, l'arrivée cessant par la conduite, le niveau piézométrique tombe au-dessous du plan d'eau dans le réservoir.

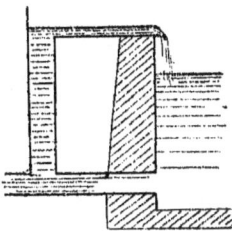

**287. Répartition de l'eau entre plusieurs comparti-
ments.** — Lorsqu'un réservoir est partagé en deux ou plusieurs
compartiments, il faut avoir le moyen de répartir l'eau à volonté
entre ces compartiments.

A cet effet, la conduite d'amenée peut se diviser en deux ou plusieurs *branches* aboutissant aux divers bassins et munies de robi-

nets, de manière que chacune d'elles, au besoin, soit mise en service isolément : c'est ce moyen qui s'applique généralement aux réservoirs alimentés par le fond.

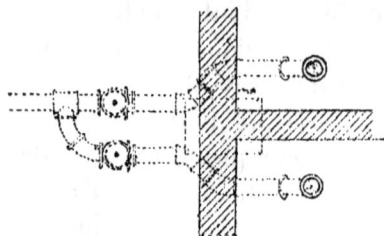

Quand l'alimentation se fait au contraire par le haut, la bâche, où débouche presque toujours la conduite d'amenée, est utilisée pour la *répartition* de l'eau. Des tuyaux, communiquant chacun avec l'un des compartiments, viennent la prendre dans la bâche, et il suffit d'ouvrir ou de fermer la bonde correspondante pour mettre l'un ou l'autre de ces tuyaux en service.

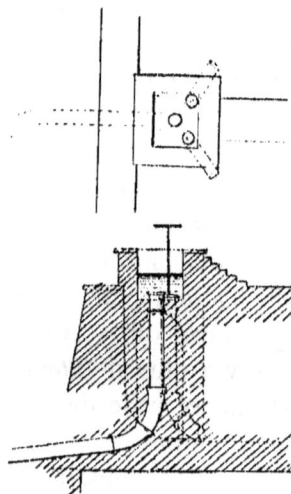

On doit toujours disposer un trop-plein en communication avec la bâche pour éviter que l'eau ne déborde dans le cas où elle arriverait en abondance sans qu'aucune des bondes soit ouverte.

L'emplacement à donner à la bâche n'est pas indifférent, et l'on simplifie beaucoup la tuyauterie en la plaçant dans une position symétrique par rapport aux bassins, et le plus près possible de chacun d'eux. Au réservoir circulaire de la Porte-Guillaume, à Dijon, la bâche est placée au centre ; au réservoir de Villejuif, construit sur plan rectangulaire et divisé en quatre compartiments, elle occupe aussi le point central ; dans un grand nombre de réservoirs rectangulaires à deux compartiments, on la trouve disposée à l'une des extrémités du mur de refend et sur ce mur même.

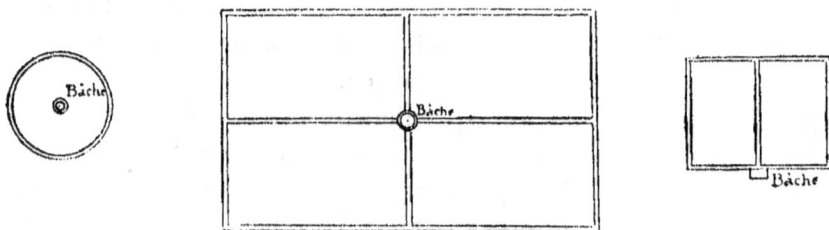

En temps ordinaire les divers compartiments d'un réservoir, qui sont affectés au même service se trouvent reliés entre eux par les conduites de distribution. Mais assez souvent, et pour faciliter dans certaines circonstances l'isolement ou la mise en communication

des bassins, on dispose, à cet effet, une conduite spéciale munie
d'une vanne ou d'un robinet. Quelquefois aussi, les murs de séparation sont arasés à un niveau un peu inférieur à celui du plan d'eau
le plus élevé, afin qu'il se produise un déversement d'un compartiment dans l'autre, avant qu'aucun d'eux ne soit complètement
plein et prêt à déborder.

288. Départ de l'eau. — Quand le *départ* de l'eau ne s'effectue pas par la conduite même qui l'amène, et qu'on dispose une
tuyauterie spéciale, on la fait déboucher dans le bassin même et
de telle sorte qu'elle prenne l'eau un peu au-dessus du fond sans
entraîner la vase qui s'y dépose toujours en plus ou moins grande
abondance. On recommande, d'ailleurs, de placer autant que possible les orifices de départ en des points éloignés de l'arrivée, afin
que l'eau ne soit pas exposée à rester stagnante dans quelque partie des bassins et qu'on puisse compter sur un renouvellement continu ; en Allemagne, nous l'avons déjà signalé, on va même jusqu'à
employer des murs spéciaux formant chicanes pour obtenir plus
sûrement ce résultat.

Des obturateurs spéciaux permettent nécessairement de mettre
en service à volonté les diverses conduites de départ. C'est quelquefois une *vanne* verticale, mais plus souvent une *bonde*, fer-

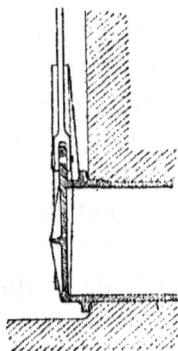
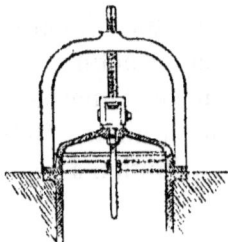
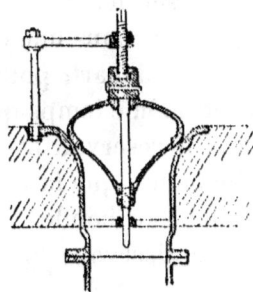

Vanne.   Bondes.

mant un orifice horizontal, et se manœuvrant au moyen d'une vis,
qu'une longue tige convenablement guidée permet de manœuvrer
du haut des murs de pourtour ou de la plate-forme portée par les
voûtes de la couverture.

Les bondes des réservoirs construits dans les dernières années
pour le service des eaux de Paris ont reçu la forme d'une poire ou
d'une toupie, forme étudiée avec soin, afin de diminuer la perte de
charge assez sensible qui se produit d'ordinaire par l'effet des con-

tractions et des remous au passage de l'orifice. Il est d'ailleurs à recommander de pourvoir la conduite de départ d'un robinet à quelque distance de la bonde ; cette double fermeture rend des services parce qu'elle assure l'étanchéité, parfois difficile à obtenir avec un seul appareil ; elle permet aussi de visiter et de roder la bonde sans vider la conduite correspondante.

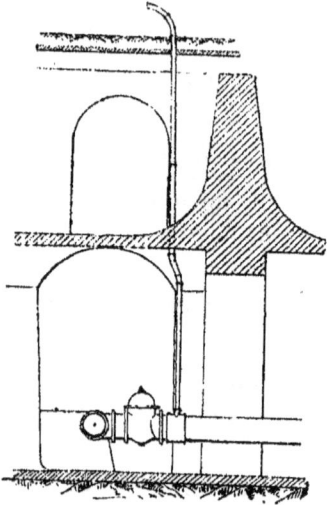

Au moment où la conduite de départ est mise en communication avec l'eau du réservoir, l'air emmagasiné dans les tuyaux doit trouver une issue ; s'il s'échappe par la bonde même, il s'y produit des bouillonnements, des chocs, des bruits qui ne sont pas sans inconvénients ; et il est préférable de disposer tout spécialement pour l'évacuation de l'air un *tuyau d'évent* de petit diamètre qui va déboucher au-dessus du réservoir, en un point assez élevé pour ne jamais laisser écouler d'eau, même quand il se produit des coups de bélier par suite de quelque manœuvre trop brusquement opérée.

Il est nécessaire de prévoir qu'on devra parfois vider complètement le réservoir, et bon de disposer, pour ne pas interrompre alors le service, un système de *distribution directe*, qui consiste simplement dans une communication entre la tuyauterie d'arrivée et celle de départ, pourvue d'un robinet dont l'ouverture doit être faite en même temps que la fermeture des bondes dans les bassins. Quand le réservoir est pourvu d'une bâche, c'est souvent dans la bâche même que la communication s'établit ; il suffit d'y placer à cet effet une bonde de distribution à côté des bondes de remplissage du réservoir.

289. Trop-plein. — Pour empêcher le débordement des réservoirs au cas où l'afflux d'eau continuerait après remplissage complet, on y établit presque toujours un déversoir, par où vient passer l'eau surabondante qui tombe ensuite dans une conduite de décharge aboutissant à une rigole d'écoulement ou à un égout.

La longueur du seuil de ce déversoir doit être calculée de manière qu'il n'y ait même pas chance de débordement dans la circonstance la plus défavorable, celle où l'alimentation maxima coïnciderait avec une dépense absolument nulle.

La plupart du temps le *trop-plein* est formé simplement par un tuyau vertical ouvert à sa partie supérieure et dont le bord horizontal constitue le déversoir. Souvent le développement linéaire du seuil ainsi obtenu serait insuffisant ; pour l'augmenter, on surmonte le tuyau d'une pièce en forme de tronc de cône dont l'évasement est dirigé vers le haut.

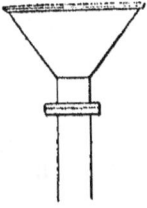

Dans les réservoirs de très grande superficie il peut y avoir intérêt à réduire au minimum la variation de niveau nécessaire pour assurer le déversement, et à recourir par suite à d'autres dispositions plus favorables pour accroître encore le développement du déversoir en allongeant ou multipliant les seuils.

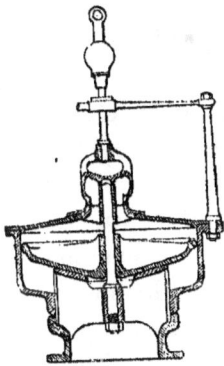

Les *siphons-déversoirs*, dont il a été déjà question (1), pourraient rendre des services en pareil cas. Rien n'empêcherait de recourir à une *soupape* commandée par un flotteur et s'ouvrant tout à coup quand l'eau atteint un niveau déterminé ; un type de soupape de ce genre, imaginé par M. l'ingénieur Decœur, se prêterait fort bien à remplir cet office ; la disposition en est telle que le flotteur n'a pas à faire d'effort considérable ; il entraîne une très petite soupape auxiliaire, dont l'ouverture permet la mise en pression d'une sorte de cloche de grande dimension, ou de soupape équilibrée qui se lève alors automatiquement en dégageant un orifice de grand diamètre.

290. Vidage. — Une bonde spéciale placée au point le plus bas du radier, et manœuvrée du haut par le moyen d'une longue tige verticale comme les bondes de distribution, sert d'ordinaire au *vidage* de chaque compartiment.

Ici la perte de charge est sans importance aucune, et il serait inutile de chercher à faciliter l'écoulement en donnant à la bonde une forme perfectionnée ; elle sera donc en général d'un type courant. On peut se contenter d'un orifice d'assez petit diamètre, car il n'est généralement pas nécessaire d'obtenir un écoulement rapide de la quantité d'eau à mettre en décharge pour un nettoyage ou une réparation, et cette quantité d'eau d'ailleurs n'est pas très considérable dans la plupart des cas, parce qu'on ne se sert de la bonde de

1. Chap. VII, page 197.

vidage que pour évacuer la couche d'eau inférieure mélangée de vase qui ne s'écoule point par les bondes de distribution.

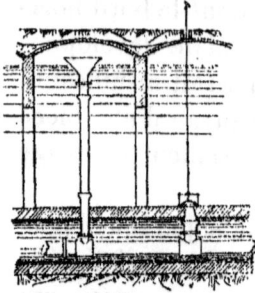

Une seule et unique conduite d'évacuation reçoit presque toujours à la fois le trop-plein et la décharge.

291. Indicateurs de niveau. — Le contrôle d'un service de distribution ne peut se faire que si l'on connaît les variations de niveau des réservoirs correspondants ; aussi est-il bien rare qu'ils ne soient pas pourvus à cet effet d'appareils *indicateurs* qui permettent de suivre constamment ces variations.

Le plus simple de tous est une *échelle* ou règle graduée, qu'on applique contre l'un des murs de pourtour ou l'un des piliers de la couverture. On emploie divers matériaux pour la construction de ces échelles, mais il est assez difficile d'en trouver qui résistent bien à l'action de l'eau : la peinture sur bois s'efface assez vite, les indications sur porcelaine même disparaissent au bout de quelques années, la tôle émaillée s'écaille ; la lave émaillée résiste assez bien, mais elle est fragile ; la fonte ou le zinc avec indications en relief, le laiton découpé présentent plus de garanties de durée.

Souvent, pour éviter l'obligation de venir relever les indications de l'échelle graduée, et en particulier quand le réservoir est couvert ou peu accessible, on les transmet au moyen d'un *flotteur*, qui produit, par l'intermédiaire d'une poulie et d'une corde ou d'une chaînette, le déplacement d'un index sur une règle graduée ou d'une aiguille sur un cadran, de sorte que la lecture est rendue plus facile, même à une certaine distance. Parfois on se sert du flotteur pour la commande d'un appareil *enregistreur*, sur lequel viennent s'inscrire toutes les variations du niveau, qui peuvent être ainsi constatées d'une manière continue.

Dans certains cas il peut être utile d'obtenir la transmission à distance des indications relatives aux variations du niveau de l'eau dans les réservoirs. Un grand service occupant un personnel nombreux peut employer à cet effet un réseau télégraphique ou téléphonique spécial, au moyen duquel les agents fournissent de temps à autre les renseignements nécessaires : ce système est appliqué à Paris depuis fort longtemps déjà. Mais cette solution ne saurait être généralisée, et depuis quelques années le problème de la transmission à distance des indications d'une échelle a donné lieu à la cons-

truction d'un certain nombre d'appareils, dont quelques-uns, fort ingénieux, ont été appliqués avec succès : c'est le plus souvent un
courant électrique qui relie entre eux le transmetteur et le récep-
teur. Nous n'aborderons pas la description de ces appareils qui ne
rentrent pas dans notre cadre ; nous croyons devoir seulement
en signaler un qui est remarquable par son extrême simplicité :
c'est l'*hydromètre* Decoudun qui se compose d'une cloche à air
descendue au fond du réservoir et reliée à un manomètre, convenablement gradué, par un tube de laiton, extrêmement fin et sou-
ple, qui peut être posé sur une
grande longueur comme un fil
télégraphique : l'air se comprime plus ou moins dans la
cloche, suivant la hauteur de
l'eau, dont les variations sont
indiquées à chaque instant par
l'aiguille du manomètre ; il suffit de relever de temps en temps
la cloche pour y renouver l'air
et assurer ainsi la permanence
des indications de l'appareil.

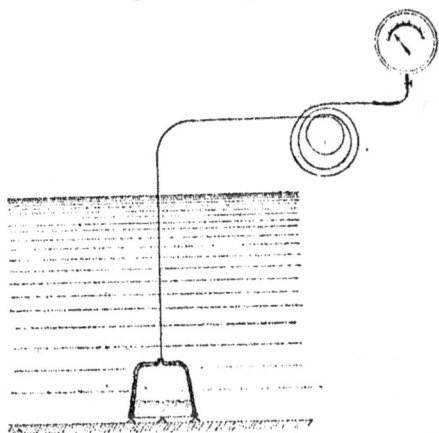

Enfin l'indicateur peut se compléter par l'addition d'un appareil
avertisseur qui donne un signal optique ou acoustique dans le cas
où une manœuvre devient nécessaire ou s'il se produit un fait accidentel, par exemple quand l'eau atteint le niveau du trop-plein, ou
lorsque le réservoir se vide tout à coup par le fait de la rupture d'une
des grosses conduites de distribution.

292. Moyens de jeaugeage. — Les réservoirs sont souvent
utilisés pour jauger les volumes d'eau reçus ou distribués pour l'a-
limentation d'une ville, ce qui suppose la connaissance exacte de la
capacité de chacun des bassins pour les diverses hauteurs de la
tranche d'eau et la possibilité de consacrer à volonté l'un des bassins à l'emmagasinement de l'eau affluente, pendant qu'un autre assure la distribution.

Quand cette séparation des services ne peut être effectuée et que
l'arrivée et le départ de l'eau ont lieu simultanément dans le même
compartiment, de telle sorte qu'on ne saurait utiliser un bassin pour
des mesures le volume sans suspendre pour un temps l'alimentation, il faut presque toujours renoncer au jaugeage direct. On
dispose alors, parmi les appareils accessoires, un système spécial

de jaugeage, le plus souvent un déversoir, en mince paroi, de longueur déterminée et d'accès facile, muni d'une règle graduée permettant aisément la lecture de la hauteur de lame déversante, et par lequel une combinaison de tuyauterie permet de faire passer l'eau quand on le désire.

§ 7.

DÉPENSE

293. Éléments divers du prix des réservoirs. — Il n'est guère possible de donner des indications générales au sujet du prix des réservoirs ; les dispositions peuvent en être si différentes suivant les circonstances, les conditions d'établissement varient tellement d'un cas à un autre, que les divergences sont nécessairement fort grandes.

Un réservoir découvert, en déblai dans un terrain meuble mais résistant, sera fort économique ; tandis qu'on sera conduit parfois à d'énormes dépenses s'il faut fonder l'ouvrage sur un sol compressible ou soluble, l'élever à grande hauteur, le couvrir et quelquefois lui donner par surcroît un aspect décoratif ou monumental.

La couverture, à elle seule, représente une dépense supplémentaire de 10 à 20 fr. par mètre superficiel. Les appareils accessoires, les tuyauteries, les robinets, peuvent offrir plus ou moins de complications et coûtent plus ou moins cher suivant la nature des services de la distribution.

Les tours d'eau, les réservoirs métalliques sont toujours d'un prix relativement élevé : on n'y peut faire qu'un approvisionnement restreint en général, et il est évident que, toutes choses égales d'ailleurs, le coût de l'ouvrage est proportionnellement plus grand quand le volume emmagasiné est plus petit.

294. Prix par mètre cube emmagasiné. — L'observation qui précède fait ressortir que le *prix du mètre cube d'eau emmagasiné* varie, indépendamment du mode de construction et du type des réservoirs, avec leur seule capacité ; c'est néanmoins à cette unité qu'on a coutume de rapporter les dépenses d'établissement pour en faire la comparaison ; et, si l'on en veut tirer des conclusions rationnelles, il convient de ne point l'oublier et de mettre plus volontiers en parallèle les ouvrages d'égale contenance.

Le prix par mètre cube d'eau emmagasiné varie en pratique depuis un minimum de 10 fr. jusqu'à 300 fr. et plus.

Un réservoir maçonné découvert, en déblai facile et sur un bon sol, doit coûter 20 à 30 fr. A cette dépense viennent s'ajouter celles des fondations supplémentaires, des substructions s'il y a lieu, de la couverture, etc.

Un réservoir métallique revient rarement à moins de 80 ou 100 fr. le mètre cube emmagasiné, et, pour peu que le support sur lequel il est disposé s'élève au-dessus du sol, ce prix augmente rapidement jusqu'à atteindre 150, 200 et 300 fr.

Quelques exemples fixeront encore mieux les idées.

Voici notamment les prix de revient de plusieurs réservoirs construits par nous à Paris durant la période 1880-89 :

	Prix par m. c. emmagasiné
Grenelle (6.300 m. c.) bassins en maçonnerie découverts, avec substructions et fondations par puits à travers d'anciennes carrières souterraines	56 fr.
Gentilly (4.400 m. c.) bassin en maçonnerie fondé sur terrain facile mais couvert..	32 fr.
Villejuif (25.000 m.c.) déblai important en terrain compact, double radier avec galeries, et couverture	57 fr.
Montmartre (11.000 m. c.) fondation par plateau de béton, quatre étages dont un de galeries visitables, trois services d'eau, cinq compartiments, décoration en pierres de taille, couverture..	103 fr. 50

Voici encore les prix de réservoirs en maçonnerie construits en France ou à l'étranger depuis quelques années :

Lille (12.000 m. c.) déblai en sol résistant............................	14 fr.
Dieppe (1.480 m. c.) bassin couvert.................................	34 fr.
Coulommiers (1.200 m. c.) bassin couvert...........................	30 fr.
Wiesbaden (4.275 m. c.) bassins découverts..........................	15 fr.
Nuremberg (8.148 m. c.) —	30 fr.
Francfort (20.000 m. c.) avec couverture	57 fr.
Hanovre (11.000 m. c.) en élévation.................	77 fr.
Rome (Esquilin) 1.000 m. c. en élévation avec toiture,..............	290 fr.

Parmi les réservoirs métalliques nous citerons :

Paris (St-Pierre) 200 m. c. hauteur au-dessus du sol 4 m.............		80 fr.
Worms (1200 m. c.) — 58 m...............		120 fr.
Düren (550 m. c.) — 40 m...............		136 fr.
Munich (600 m. c.) — 31 m...............		138 fr.
Altona (500 m. c.) — 6 m. 6...........		159 fr.
Mannheim (2.000 m.) tour décorative...........45 m..............		280 fr.

CHAPITRE XII

—

DISTRIBUTION GÉNÉRALE

SOMMAIRE :

DISTRIBUTION GÉNÉRALE

§ 1er.

DIVERS MODES DE DISTRIBUTION DE L'EAU

295. Service constant. — Au sortir des réservoirs, l'eau pénètre dans le réseau des conduites qui constitue l'outillage de la distribution proprement dite. C'est par l'intermédiaire de ce réseau de conduites qu'elle parvient aux orifices destinés à la répartir sur la voie publique ou dans les maisons.

Pour qu'elle puisse être partout et à tout moment à la disposition du consommateur, il faut que les conduites soient toujours pleines et en pression, de telle sorte qu'il y ait sans cesse de la charge sur les orifices.

Lorsque cette règle est suivie, on dit qu'on a un *service constant.* L'ensemble de la canalisation forme alors, suivant l'expression de Dupuit, « une sorte de nappe souterraine d'où l'eau peut jaillir en chaque point ; » et à tout moment, la nuit comme le jour, il suffit d'ouvrir un orifice quelconque pour obtenir immédiatement l'eau dont on a besoin.

L'avantage est manifeste ; mais il ne peut être obtenu qu'à la condition de disposer d'un volume d'eau sensiblement supérieur à la consommation et d'avoir une pression excédant un peu le strict nécessaire : en effet, avec les conduites constamment en charge, les fuites qu'on ne saurait jamais éviter complètement donnent lieu à des écoulements continus, et par suite à des pertes d'une certaine importance, réduisant d'autant le volume d'eau utilisable ; et d'autre part, s'il n'y avait un excès de pression, les variations du service auraient pour résultat de diminuer ou de supprimer à certains moments la charge sur les orifices. C'est une question de dépense, devant laquelle on ne recule jamais d'ailleurs en France ni sur le continent européen, mais qui a motivé, en Angleterre, l'introduction et le maintien d'un autre mode de distribution dit *service intermittent.*

296. Service intermittent. — Encore très répandu dans les îles Britanniques, quoique depuis longtemps battu en brèche et sans aucun doute destiné à disparaître, le service intermittent diffère du service constant en ce qu'il laisse les conduites ordinairement vides ou plus exactement sans pression ; l'eau est introduite successivement dans les diverses fractions du réseau, soit chaque jour à certaines heures, soit chaque semaine à certains jours, souvent pendant la journée seulement et non durant la nuit, toujours d'une façon périodique et régulière. Chacun fait alors sa provision d'eau, qui doit suffire à tous les besoins pendant l'intervalle de deux distributions.

Ce système a incontestablement certains avantages pour celui qui a la charge de la fourniture de l'eau, car il permet de réduire les pertes par la canalisation dans des proportions notables ; il empêche le gaspillage, et, supprimant toutes variations possibles dans le service qui est uniformément réglé, il se prête à l'utilisation complète de la pression due à la hauteur de l'eau dans les réservoirs.

Mais d'autre part que d'inconvénients ! Nécessité absolue pour le consommateur d'avoir dans sa demeure un réservoir parfois insalubre et toujours incommode ; obligation pour l'exploitant d'ouvrir et de fermer les robinets à intervalles fixes et d'entretenir à cet effet un personnel attentif et exercé ; difficulté ou impossibilité d'organiser un service général de lavage ou d'arrosage des voies publiques ; exclusion de toute fontaine à écoulement continu, etc. En cas d'incendie, les garanties sont bien moindres, car si, dans les rues parcourues par les conduites principales, l'eau est en pression et disponible, elle ne l'est pas dans les autres ; il faut appeler le fontainier, et, quand les robinets sont ouverts, attendre encore que les réservoirs particuliers se soient remplis pour avoir de la pression, ce qui peut exiger beaucoup de temps : on se rendra compte du défaut de sécurité qui en résulte par ce seul fait qu'à Manchester les pertes par le feu ont été réduites de **21** à **7** 0/0 de la valeur des immeubles atteints par suite de la substitution du service constant au service intermittent !

Ajoutons que dans les conduites, où l'eau est souvent sans pression, il peut se produire des infiltrations fâcheuses ; rien n'empêche les liquides ou les gaz, avec lesquels ces conduites se trouvent en contact, d'y pénétrer par les défectuosités des joints et d'en venir contaminer le contenu.

Aussi, à moins de circonstances tout à fait exceptionnelles et de difficultés insurmontables, est-ce le service constant seul qu'on doit se proposer d'appliquer dans toute distribution d'eau nouvelle.

297. Pression dans les conduites. — Les anciennes distributions d'eau n'avaient à faire en général qu'un service *à basse pression* ou *de rez-de-chaussée* : elles servaient seulement à l'alimentation d'un certain nombre de fontaines de puisage placées sur la voie publique ou dans les cours des habitations, et c'était au moyen de seaux ou de pompes à bras, qu'on faisait parvenir l'eau aux étages. Dans ces conditions, la consommation d'eau reste assez faible, et l'un des progrès de l'hygiène a consisté à la développer en mettant l'eau plus à la portée du consommateur par les services *d'étages* ou *à haute pression*, particulièrement nécessaires dans les villes où les maisons sont élevées et divisées en appartements distincts.

L'eau à haute pression présente d'ailleurs un immense avantage au point de vue de l'extinction des incendies ; parvenant à toute hauteur et dans toutes les parties des bâtiments, elle permet de les arrêter bien souvent au début, ce qui est la meilleure des garanties contre la multiplication et l'extension des désastres ; utilisable par jet direct, elle simplifie singulièrement le service des pompiers, supprime les *chaînes* pour l'alimentation des pompes, favorise en un mot la facilité des manœuvres, et, en améliorant les secours, diminue la gravité des sinistres.

Aujourd'hui la tendance générale est à l'introduction de la haute pression : presque partout on abandonne les anciens réservoirs placés trop bas pour faire un service d'étages, et on les reconstruit à un niveau plus élevé, en leur donnant en même temps, de manière à faire face à l'augmentation rapide de la consommation, une capacité bien supérieure.

Pour obtenir un bon service à haute pression, il faut qu'en tous les points du réseau canalisé le niveau piézométrique dépasse de quelques mètres le faîtage des maisons. Pour peu que le terrain soit accidenté et la consommation soumise à des variations diurnes considérables, cette condition n'est remplie que si l'on a en bien des points un excès de pression ; car, au moment des grands débits, il se produit une perte de charge très notable dont il faut tenir compte, et pour avoir une pression suffisante aux points hauts il est indispensable d'en avoir une plus forte qu'il ne serait nécessaire dans les points bas. Il arrive même, dans le cas où la consommation est très importante au niveau du sol, que, malgré un grand excès de pression, le service laisse à désirer aux étages des maisons au moment où les prises d'eau inférieures sont ouvertes à gueule bée ; l'abaissement de pression qui résulte de l'ouverture simultanée d'un grand nombre d'orifices dans les points bas est également fâcheux quand l'eau est employée comme force motrice ; on conçoit que ces inconvénients puissent devenir parfois assez graves pour motiver la division du service en réseaux distincts.

298. Double canalisation. — Cette considération peut à elle seule justifier l'adoption de deux systèmes de conduites juxtaposés et desservant séparément l'un les besoins de la rue, des cours, des jardins, etc., l'autre ceux des maisons et des moteurs hydrauliques. La *double canalisation* permet en effet de réaliser, pour un des services, la permanence des pressions qu'il serait impossible d'obtenir avec une canalisation unique. Ce dédoublement est une complication sans aucun doute, mais qui n'a rien d'effrayant dans une ville de quelque importance où la distribution est confiée à un personnel exercé ; et souvent il sera une conséquence toute naturelle de la double alimentation que des considérations différentes font rechercher d'autre part, ou de la création d'une distribution nouvelle à haute pression et en eau de qualité supérieure, s'ajoutant, sans le remplacer, à un service ancien en eau médiocre et à basse pression.

Si donc les circonstances appellent l'emploi d'une double canalisation en raison des avantages certains qu'elle doit procurer, il convient de l'adopter sans hésitation.

Il n'en reste pas moins que la règle générale, surtout dans les petites villes, doit être la canalisation unique tout comme l'alimentation unique, en raison de la simplicité extrême qui en résulte. On s'y conforme d'autant plus aisément d'ailleurs que dans les petites agglomérations les maisons sont ordinairement peu élevées, l'emploi de l'eau comme force motrice et le service public presque nuls ou tout au moins fort restreints.

299. Division par zones. — Par contre dans les très grandes villes les difficultés spéciales d'alimentation et de distribution qui résultent de l'énormité du débit nécessaire, les divisions administratives, ou les agrandissements successifs du périmètre à desservir, ont eu souvent pour conséquence la juxtaposition de plusieurs distributions d'eau complètement distinctes et séparées qui correspondent chacune à un périmètre déterminé.

C'est ainsi qu'à Paris le service privé se divise en trois *zones* principales alimentées respectivement par les eaux de sources que fournissent les aqueducs de la Dhuis, de la Vanne et de l'Avre, et que le service public comprend aussi trois zones desservies séparément par le canal de l'Ourcq et les machines élevant l'eau de la Seine ou

Paris. Zones du service privé.

Paris. Zones du service public.

Londres.

l'eau de la Marne, sans compter les zones d'altitude plus élevée où les diverses eaux ne parviennent qu'après relèvement par des *machines de relais*.

A Londres huit compagnies se partagent le service des eaux, et chacune d'elles assure la distribution dans une région bien délimitée, de sorte que la ville se trouve découpée en huit zones distinctes.

Ce genre de division constitue évidemment une complication à laquelle on ne doit se résigner que s'il en résulte un avantage marqué, et qu'il est préférable d'éviter toutes les fois qu'elle ne s'impose pas.

300. Division par étages. — Fréquemment, et cela dans les villes de toute importance, la déclivité prononcée du terrain provoque la division de la distribution d'eau en *étages*, c'est-à-dire en réseaux séparés et soumis à des pressions différentes, comme l'indique le schema ci-dessous, où l'on voit trois parties I, II et III d'une même agglomération alimentées respectivement par trois réservoirs r_1 r_2 r_3 disposés à des altitudes telles que les lignes de charge des réseaux de distribution correspondants assurent dans toute l'étendue de la ville une pression minima h.

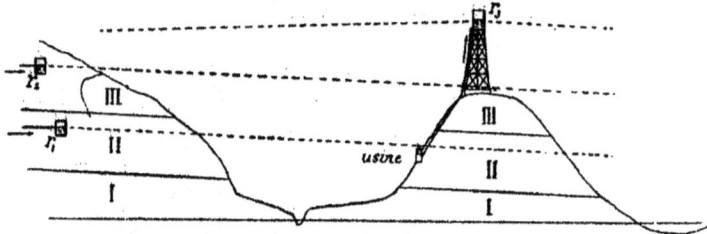

Il ne serait pas rationnel, en effet, de s'astreindre à porter à grands frais toute l'eau nécessaire à l'alimentation d'une ville à l'altitude requise pour en bien desservir les points hauts, quand une partie de la population habite des quartiers bas et peut être parfaitement alimentée avec une pression bien moindre ; et le service par étages permet souvent de réduire sensiblement les dépenses ou même d'utiliser certains modes d'alimentation qu'il faudrait écarter si l'on voulait établir une distribution d'eau unique. Le premier cas se présente notamment dans une alimentation par machines, puisqu'on fait une économie de force motrice en n'élevant l'eau qu'à la hauteur strictement nécessaire pour les diverses parties du service, soit qu'on ait recours pour les quartiers hauts à des machines de relais, soit qu'on dispose d'un système mécanique capable d'élever l'eau alternativement à l'un ou à l'autre étage suivant les besoins.

Le second cas se rencontre dans les villes où l'eau est amenée par un aqueduc aboutissant à une altitude convenable pour desservir les parties basses mais non les autres ; des pompes spéciales reprennent alors une fraction du débit de l'aqueduc et la refoulent dans un réservoir supérieur ; c'est ce qui a été fait à Paris pour les eaux de la Dhuis et de Vanne, pour celles de l'Ourcq et de la Seine.

Les exemples de distributions d'eau divisées par étages sont excessivement nombreux. En France citons, avec Paris, Lyon, Lille, le Havre, Marseille, etc. ; à l'étranger Manchester, Glasgow, Berlin, Budapest, Gênes, Zurich, Bucarest, etc., etc.

Toutes les fois qu'une distribution d'eau est divisée en étages, il faut se préoccuper particulièrement d'assurer l'alimentation de l'étage haut d'une manière certaine : il n'est pas possible, en effet, d'y suppléer par un emprunt aux étages inférieurs, tandis qu'en cas d'accident ou d'insuffisance dans le réseau bas on peut toujours recourir au réservoir supérieur, pourvu qu'on ait eu soin de ménager à cet effet des communications entre les conduites de part et d'autre. Ces communications, qui peuvent rendre de précieux services dans certains cas, doivent être ordinairement fermées en temps normal, afin d'éviter les pertes qui pourraient se produire par écoulement du haut vers le bas ; on en facilite la surveillance soit par l'addition d'indicateurs spéciaux, soit en les formant de deux robinets accolés, entre lesquels on place un petit purgeur maintenu constamment ouvert et qui ne doit jamais donner d'eau.

Parfois, mais très rarement, on est conduit à diviser une distribution d'eau en étages distincts, bien que l'alimentation soit faite entièrement par le haut : c'est lorsqu'on veut éviter de soumettre les conduites des parties basses du réseau à des pressions trop considérables, ou qu'on se propose d'utiliser les chutes entre les étages, soit pour la production de force motrice, soit pour le service de fontaines monumentales. On obtient ainsi une distribution par *cascade*. L'eau passe alors d'un étage à l'autre par l'intermédiaire d'appareils spéciaux dont le fonctionnement est le plus souvent automatique. Tantôt c'est une bâche découverte où l'eau d'un étage prend son niveau et dont le trop-plein s'écoule vers l'étage inférieur, tantôt un obturateur mobile actionné par un flotteur et qui s'ouvre ou se ferme suivant que le plan d'eau dans l'un ou l'autre étage atteint un niveau déterminé.

Il convient également, de ne recourir à la division par étages que si elle est réellement motivée par des différences d'altitude suffisamment marquées ; c'est encore une complication à éviter soit dans les travaux d'installation, soit dans l'exploitation, s'il n'en doit pas résulter de sérieux avantages d'ordre technique et financier.

§ 2.

TRACÉ DE LA CANALISATION

301. Généralités. — Le tracé de la canalisation à établir dans une ville pour la distribution de l'eau est toujours plus ou moins indéterminé ; le problème est en général susceptible de recevoir plusieurs solutions. Si donc on veut obtenir avec la moindre dépense le maximum d'effet utile, il faut se livrer à une étude comparative et détaillée qui demande beaucoup de soin et d'attention.

Le tracé dépend d'ailleurs d'une foule de circonstances, parmi lesquelles on peut citer le relief du terrain, la disposition des voies publiques, la densité de la population, le mode adopté pour la distribution et la délivrance de l'eau, la position des réservoirs, les précautions à prendre pour parer aux interruptions de service, etc. C'est par une série de tâtonnements, et en tenant compte de toutes ces circonstances, qu'on parvient à réaliser un tracé satisfaisant et rationnel.

Le *réseau* se compose toujours d'un certain nombre de *conduites maîtresses*, destinées à porter de grandes masses d'eau dans les diverses parties de la distribution, et qui forment comme un prolongement des réservoirs ; puis de *conduites secondaires* chargées de répartir ces masses d'eau entre les *conduites de service* sur lesquelles se font les prises des branchements qui aboutissent aux orifices de puisage. Les diamètres des conduites maîtresses et des conduites secondaires dépendent de l'importance des fractions correspondantes du réseau ; quant à ceux des conduites de service, ils sont choisis de manière à leur permettre de desservir largement les divers orifices, même en cas de puisage exceptionnel et d'incendie ; et, à cet effet, on descend rarement au-dessous de $0^m 06$, $0^m 08$, ou $0^m 10$ de diamètre, alors que souvent un diamètre de $0^m 03$ ou $0^m 04$ assurerait convenablement le service normal.

« Rien ne se prête, dit Dupuit, à des additions ou à des modifications comme un réseau de conduites. » C'est là une conséquence naturelle de cette indétermination que nous avons signalée plus haut, et il en résulte qu'il n'y a pas lieu de se préoccuper outre mesure lors de l'établissement d'une canalisation, de ses développements ultérieurs ; il suffira de la recouper par quelques nouvelles conduites maîtresses pour en augmenter considérablement le débit.

L'étude à faire pour le tracé d'un réseau peut être grandement facilitée par une représentation graphique des conduites, qui consiste à les indiquer sur un plan au moyen de traits de largeur sinon proportionnelle aux débits, du moins variable avec eux. Des profils en long, portant la figuration des lignes de charge, complètent heureusement cette représentation, et permettent de reconnaître si les niveaux piézométriques seront partout suffisants pour assurer un bon service ; nulle part les lignes de charge ne doivent descendre au-dessous du niveau du sol, car tout puisage deviendrait impossible et rien ne révèlerait au dehors la présence des fuites ; encore moins doivent-elles passer au-dessous de la ligne de pose car il n'y aurait plus d'écoulement ; il faut en outre qu'elles se tiennent partout et toujours à un niveau sensiblement supérieur à celui des orifices les plus élevés.

Le plan et le profil des conduites arrêtés, il reste à compléter l'étude générale de l'ensemble par la fixation des points où doivent être placés les appareils accessoires : *robinets de décharge* pour le vidage et le nettoyage des biefs, *robinets de prise* à l'origine des branchements, *robinets d'arrêt* pour la division des conduites en tronçons susceptibles d'être visités, réparés ou modifiés isolément, *ventouses* pour l'échappement de l'air, *trous d'hommes* pour l'introduction des ouvriers dans l'intérieur des conduites de très gros diamètres. Il va de soi que tout point bas doit être muni d'une décharge, tout point haut d'une ventouse.

302. Réseaux ramifiés. — Deux dispositions différentes peuvent être adoptées pour le tracé des canalisations d'eau : tantôt le réseau est composé d'un tronc commun se divisant en plusieurs branches, qui se ramifient à leur tour ; les diamètres vont alors en diminuant régulièrement de l'origine aux extrémités, et l'eau circule toujours dans le même sens ; tantôt il est formé de mailles, ou circuits fermés, où l'écoulement se produit au contraire dans un sens ou dans l'autre, suivant les cas.

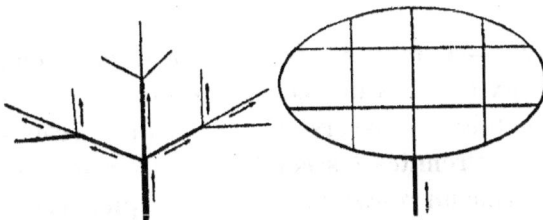

La première de ces dispositions, celle des *réseaux ramifiés*, paraît au premier abord absolument rationnelle.

Rien n'est plus facile que d'y suivre la marche de l'eau, ce qui simplifie la surveillance de l'exploitation ; et, comme il est possible de déterminer par des calculs forts simples le diamètre de chaque conduite d'après le service qu'on lui demande, on peut croire que ce type de tracé est celui qui comporte le plus faible développement de conduites et la moindre dépense.

Mais, en pratique, les réseaux ramifiés présentent certains inconvénients qui expliquent la défaveur dont ils sont aujourd'hui l'objet. Ainsi les interruptions de service, qui résultent de la rupture d'un tuyau ou du déboîtement d'un joint, y prennent facilement une certaine gravité, puisqu'il faut arrêter l'eau en amont, et en priver, par suite, tout ce qui est en aval pendant la durée de la réparation. Dupuit admettait, il est vrai, que ces interruptions ne sont pas trop redoutables, parce que, dans les villes où on installe une distribution d'eau, les anciens modes d'alimentation subsistent, et peuvent servir à y suppléer au besoin : mais ce serait une erreur de croire qu'il en soit ainsi pendant longtemps ; peu à peu on supprime les citernes, on comble les puits, on n'en établit pas dans les maisons neuves, et le moment ne tarde pas à venir où la moindre interruption du service d'eau est une cause de gêne sérieuse qui provoque des réclamations légitimes. D'autre part, dans un réseau ramifié, les conduites de service se terminent en cul-de-sac, de sorte que l'eau est stagnante vers l'extrémité, et que les dépôts s'y accumulent ; souvent des végétations s'y développent, des mollusques s'y installent, envahissant peu à peu les branchements voisins, si l'on ne prend pas soin de faire des nettoyages fréquents, de pratiquer des chasses, pour lesquelles il est nécessaire de prendre des dispositions spéciales.

Ajoutons que l'économie de premier établissement réalisable par ce système est plus apparente que réelle : car, si la longueur totale des conduites est un peu moindre qu'avec les circuits fermés, leur section doit souvent être plus considérable, puisqu'un tuyau alimenté à une de ses extrémités seulement débite évidemment moins d'eau que celui qui la reçoit des deux côtés à la fois.

303. Réseaux maillés. — L'autre disposition substitue au tronc et aux branches des réseaux ramifiés des conduites périphériques dites *de ceinture* et des conduites transversales, sur lesquelles s'embranchent par leurs deux extrémités les conduites de service, de manière que l'ensemble forme un *réseau maillé*, dans lequel l'écoulement de l'eau n'a pas de sens déterminé et peut se produire, soit dans l'une soit dans l'autre direction, suivant les variations de la consommation et les pertes de charge différentes qui en résultent.

La liberté de circulation ainsi donnée à l'eau dans toute l'étendue du réseau a pour conséquence une meilleure répartition des pressions au grand profit de l'exploitant et du consommateur ; et la sécurité du service est considérablement accrue, puisqu'une conduite qui cesse d'être alimentée d'un côté, par suite d'accident ou de réparation, continue à l'être de l'autre sans difficulté. Point de stagnation et par suite point de dépôts, de végétations, de mollusques ; les chasses et les nettoyages périodiques ne sont donc plus nécessaires, sauf dans quelques cas particuliers et lorsque la présence de coudes brusques ou d'étranglements détermine des remous, toujours localisés d'ailleurs et sans importance réelle.

Les réseaux maillés se prêtent moins aisément au calcul que les réseaux ramifiés, car il n'est guère possible de se rendre compte à priori de la direction que suivra l'eau à chaque instant et suivant les besoins dans l'enchevêtrement des conduites qui s'entre-croisent ; et, pour déterminer les diamètres, il faut faire à ce sujet des hypothèses qui peuvent ne pas correspondre à la réalité. Mais il suffit de choisir ces hypothèses de manière à se placer dans le cas le plus défavorable pour être assuré que les résultats seront tels qu'il n'y ait pas de mécomptes à redouter.

La canalisation de l'eau de la Vanne à Paris se rattache à ce type : elle se compose essentiellement d'une conduite circulaire

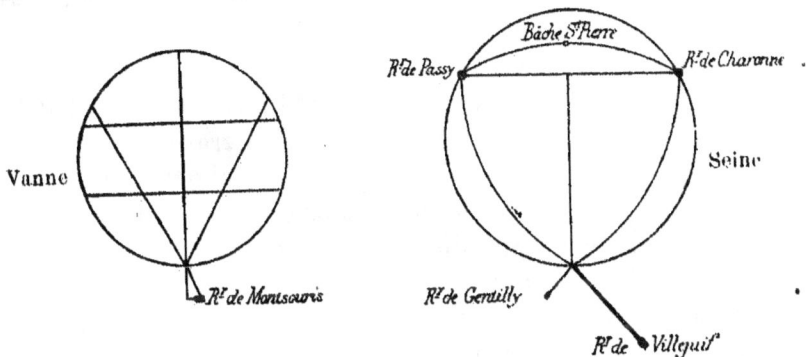

contournant le périmètre à desservir, et de trois grosses conduites transversales, rayonnant à partir d'un même point voisin du réservoir, qui viennent renforcer l'alimentation de la conduite circulaire en divers points de sa longueur et recoupent sur leur parcours les conduites secondaires.

Le schéma de la canalisation de l'eau de Seine à Paris est de forme différente, parce que l'alimentation du réseau se fait en quatre points et non plus en un seul comme pour la Vanne : les conduites de ceinture forment un triangle curviligne dont les sommets sont reliés entre eux par des conduites transversales.

304. Détermination des diamètres. — On a vu précédemment (240) que le diamètre d'une conduite de refoulement est indéterminé, puisque, pour un même débit, il peut être plus ou moins grand suivant l'excès de force demandé à la machine pour vaincre le frottement. Pour les conduites de distribution, on ne dispose plus d'une force variable, le mouvement de l'eau devant se produire en vertu de la différence de niveau qui existe entre le réservoir et le point d'arrivée ; l'indétermination n'est donc plus la même, et, si l'on se donne le débit et la pression à obtenir en un point donné avec une conduite d'une certaine longueur, le diamètre de cette conduite s'en déduit et peut être calculé au moyen des formules de l'écoulement de l'eau ou des tables dressées pour l'application de ces formules. Mais il convient d'observer que la vitesse correspondante peut être ou trop faible — ce qui aurait le double inconvénient de provoquer des dépôts et d'augmenter les dépenses de premier établissement — ou trop forte — et la force vive qui en résulterait pourrait donner lieu à des coups de bélier redoutables — de sorte qu'il faut procéder par voie de tâtonnement, et rechercher la solution qui répond le mieux aux conditions du problème, tout en maintenant la vitesse de l'écoulement dans des limites admissibles, entre $0^m 60$ et 1 mètre par exemple. D'après M. Fanning, la vitesse pourrait être d'autant plus grande que le diamètre est plus grand lui-même, et le maximum devrait varier de $0^m 75$ par seconde pour les plus petites conduites à 2 mètres pour les plus grosses.

Une conduite qui fait en route un service uniforme devrait en théorie recevoir une section uniformément décroissante : on conçoit qu'une semblable disposition ne serait guère pratique, et l'on se contente de s'en rapprocher, en composant la conduite de plusieurs tronçons, dont les diamètres vont en diminuant comme les anneaux successifs d'une lunette d'approche. Souvent même la conduite reçoit d'un bout à l'autre le même diamètre ; elle peut alors faire, outre le service en route, un service d'extrémité, ce qui est parfois utile dans les réseaux ramifiés et devient nécessaire dans les canalisations à circuits fermés. Il y a d'ailleurs avantage à ne pas trop multiplier les diamètres, de manière à simplifier la fabrication et l'approvisionnement des tuyaux ; et, dans tous les pays, on a soin de ne pas s'écarter de la série des types usités, à laquelle on emprunte en chaque cas celui qui répond le mieux aux indications du calcul.

Le rôle des diverses conduites dans une canalisation d'eau est généralement très différent du cas simple qui vient d'être examiné : le débit, loin d'y être uniforme, est exposé à des variations continuelles, le sens de l'écoulement change lui-même si l'eau est fournie par plusieurs réservoirs ou si le réseau est composés de circuits fermés. Il serait difficile de soumettre à un calcul rigoureux des circonstances aussi complexes. Aussi se borne-t-on presque toujours en pratique à rechercher quel serait le diamètre minimum à donner aux conduites d'eau pour satisfaire aux besoins dans un cas défavorable, et à choisir un diamètre supérieur, de manière à se réserver une certaine marge, soit pour tenir compte des diminutions de section qui sont la conséquence des dépôts intérieurs, soit pour faire la part des pertes de charge supplémentaires, dues aux sinuosités du tracé, aux coudes et aux étranglements. Il ne faut pas s'exagérer d'ailleurs l'importance de ces pertes de charge supplémentaires : elles sont trop faibles en général pour qu'il y ait intérêt à les réduire par des raccordements tangentiels qui constituent des sujétions assez sérieuses. De semblables raccordements n'ont du reste pas de raison d'être dans les réseaux maillés, où l'écoulement se produit alternativement dans les deux sens, et les conduites qui font partie des réseaux de ce type s'embranchent d'ordinaire à angle droit.

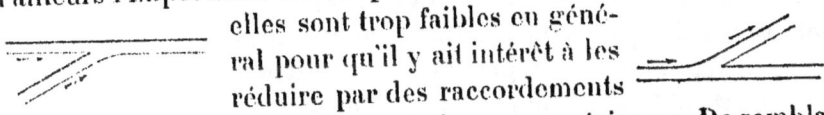

Puis d'autres considérations interviennent. Ainsi, pour les conduites de service, on adopte généralement un diamètre déterminé, au-dessous duquel on s'impose de ne pas descendre, quand bien même il serait plus fort qu'il ne faudrait à la rigueur dans plus d'un cas, et souvent on donne aux conduites principales des dimensions trop grandes pour le service qui leur est demandé, en vue d'améliorer la jonction de deux parties du réseau, de renforcer l'alimentation ou la pression en quelque point, de mieux relier entre eux deux réservoirs, etc.

§ 3.

TUYAUX DE CONDUITE

305. Matériaux employés à la confection des tuyaux.—Les

conduites de distribution ne sont autre chose que des conduites forcées : pour les unes comme pour les autres, c'est la forme circulaire
qui est la plus convenable, et les mêmes matériaux sont utilisés
pour la confection des tuyaux dont elles sont composées. Les métaux, qui résistent bien à l'extension, conviennent particulièrement
à cette fabrication, et le plomb, la fonte, le fer et depuis peu l'acier
sont d'un usage courant ; mais on a recours aussi parfois à d'autres
matériaux.

Le *bois*, par exemple, et en particulier le sapin, a été employé à
diverses époques et dans divers pays pour les canalisations d'eau
urbaines : il y en avait à Londres sur plusieurs centaines de milles
de longueur, on en a retrouvé beaucoup à Tokio, nombre de villes
s'en servent encore en Amérique. Les conduites en bois, circulaires
à l'intérieur, présentent extérieurement une section carrée ou ronde ;
elles sont obtenues tantôt par le forage d'un trou de tarière dans des
troncs d'arbre, tantôt par l'assemblage de douves cerclées de fer, et
les joints sont formés soit par la juxtaposition de deux abouts plans,
soit par l'emboîtement de deux parties coniques et le plus souvent
consolidés par des pattes ou armatures en fer. Les inconvénients du
bois sont sa faible durée en général, son étanchéité imparfaite, le
mauvais goût qu'il communique quelquefois à l'eau ; l'injection de
matières antiseptiques, par laquelle on cherche à y remédier, peut
être nuisible aux qualités de l'eau et coûte d'ailleurs assez cher.

Quoique peu pratique et fort dispendieux, l'emploi de tuyaux en
pierre a été tenté quelquefois : il n'est pas besoin de remonter à
l'antiquité ni d'aller jusque dans l'Extrême-Orient pour en trouver
des exemples. A Dresde le grès de la Suisse saxonne, à Prague le
marbre ont servi à la confection de tuyaux pour la distribution de
l'eau.

La *poterie* qu'on employait au moyen âge, en l'enveloppant de béton, semble devoir être écartée à cause de sa faible résistance, quand
il s'agit de distribuer l'eau sous pression ; cependant on fabrique
aujourd'hui des grès vernissés qui supportent sans peine des pressions de plusieurs atmosphères et qui peuvent rendre en conséquence
des services dans certains cas spéciaux, notamment quand il s'agit
d'écouler des eaux capables d'attaquer les métaux. A Mulhouse, à
Lunéville, à Soissons, on y a eu recours par économie pour la distribution d'eaux potables ordinaires. Les conduites en grès, composées
de tuyaux courts placés bout à bout, et dont les joints sont formés par
des manchons fixés au ciment, présentent une grande rigidité et se
prêtent mal aux mouvements du sol ; le plus petit tassement peut en
déterminer la rupture.

Le *béton* de ciment, employé à l'établissement des aqueducs, a trouvé aussi des applications dans les distributions d'eau proprement dites ; une grande partie de la canalisation de Nice est en béton, et les fabricants de ciment de Grenoble ont perfectionné et répandu ce genre de conduites, qui est assez économique et donne de bons résultats, quand les pressions ne sont pas trop fortes. Les tuyaux en béton sont le plus souvent moulés d'avance avec des abouts mâle et femelle formant un joint à emboîtement qu'on entoure d'un bourrelet de mortier. Ils constituent des conduites très rigides comme les tuyaux en poterie, et qui supportent assez mal les grandes variations de température.

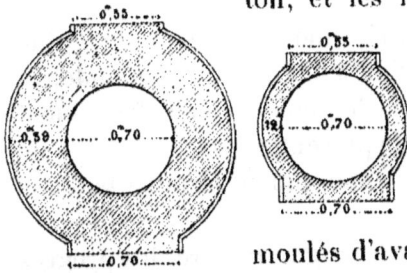

Le *ciment armé*, plus élastique, et qui permet d'obtenir sous une épaisseur moindre et avec un plus faible poids une résistance considérable, paraît appelé à prendre dans la pratique une place beaucoup plus considérable. L'ossature, qui se compose soit de fils de fer ou d'acier, soit de barres rondes ou profilées, est calculée de manière à fournir à elle seule une résistance suffisante : l'enveloppe en mortier de ciment dans laquelle elle est noyée y contribue par surcroît ; on peut obtenir d'ailleurs une étanchéité parfaite et immédiate même sous les plus fortes pressions par l'addition d'une chemise en tôle. Dans ce dernier cas un double joint est nécessaire, tandis que dans les cas ordinaires une bague également en ciment armé et fixée au mortier de ciment donne un joint satisfaisant, à moins qu'on n'exécute les conduites sur place, d'une manière continue et sans joint d'aucune espèce.

On a exécuté des tuyaux en *verre*, nu ou enveloppé de ciment ; et il n'est pas douteux que, si l'on arrivait à les produire à bon compte et à les relier entre eux par des joints résistants, ils ne tarderaient pas à être fort prisés à cause de leur inaltérabilité, de leur résistance et de leur grande durée.

On en a fait aussi en *asphalte*, ou plus exactement en papier grossier plusieurs fois enroulé et revêtu de part et d'autre d'un enduit de bitume qui forme à lui seul à peu près les deux tiers de l'épaisseur totale : des manchons ou bagues en fer servent de couvre-joints et se fixent au moyen d'un mastic bitumineux ou de caoutchouc.

Parmi les métaux, le *plomb*, dont l'emploi remonte à une haute antiquité, et qui se prête mal à cause de sa faible résistance et de son prix élevé à la fabrication des tuyaux de gros diamètre, est au contraire merveilleusement approprié à la confection des très petites conduites: aussi l'emploi en est-il tout à fait général pour les branchements et les distributions intérieures.

Le *fer* et l'*acier* servent à la fabrication de tuyaux de faible épaisseur, légers et peu coûteux, d'un emploi très commode, et s'assemblant aisément, mais qui ont le défaut d'être facilement attaqués et rongés par la rouille et de présenter par suite peu de chances de durée, s'ils ne sont pas soigneusement recouverts d'une enveloppe protectrice.

Tant que ce défaut n'aura pu être corrigé, malgré les progrès remarquables et récents de la fabrication des tuyaux d'acier, la *fonte*, quoique cassante, restera en somme la matière par excellence pour la confection des tuyaux de conduite ; elle se moule en effet admirablement et prend sans peine toutes les formes qu'on peut désirer; sa résistance est assez grande, sa durée presque indéfinie : l'eau ne l'attaque que très rarement. Aussi l'emploi de la fonte dans les canalisations d'eau urbaines pour les conduites publiques de tous diamètres, à l'exclusion des seuls branchements, est-il la règle générale : et l'on peut dire de tous les autres matériaux que nous venons de passer en revue qu'ils sont employés au même usage dans des cas relativement rares, et la plupart presque à l'état d'exception.

306. Fabrication des tuyaux de fonte. — Les tuyaux de fonte sont obtenus généralement en *deuxième fusion* : les fontes, convenablement choisies pour donner par leur mélange un métal résistant, point aigre ni cassant, sont portées au cubilot, d'où la masse en fusion est conduite au moulage. Dans quelques fonderies on est arrivé à les produire avec la fonte de *première fusion* au sortir même du haut fourneau.

Les moules étaient autrefois disposés horizontalement, et il en résultait souvent des différences d'épaisseur fâcheuses, par suite de l'intervention de la pesanteur qui amenait la flexion du noyau ; on a réalisé un progrès considérable en les plaçant verticalement dans des *fosses* suffisamment profondes. Chaque fosse, oblongue ou circulaire, contient un certain nombre de châssis en fonte, dans lesquels, après y avoir introduit le *modèle* qui reproduit la forme extérieure du tuyau, on foule le sable de moulage soit à la main soit mécaniquement; on retire ensuite le modèle et l'on produit la dessication du sable en faisant passer au-dessous du châssis ouvert à

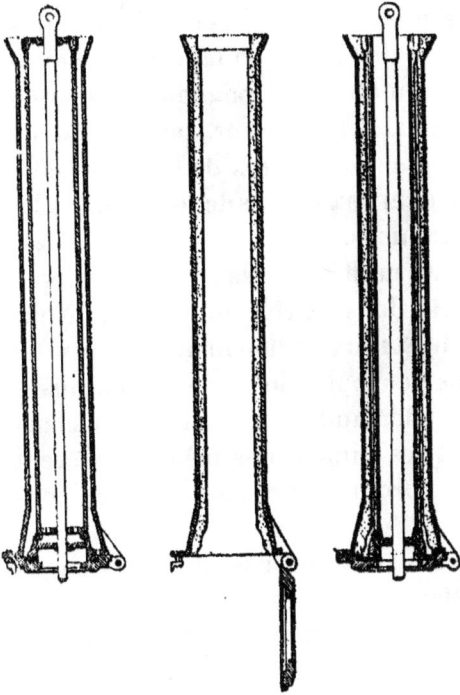

ses deux extrémités et formant une sorte de cheminée, un petit foyer mobile ou les gaz perdus d'un haut fourneau ; il ne reste plus qu'à mettre en place le *noyau* qui affecte la forme de l'intérieur du tuyau, et à couler la fonte dans l'espace annulaire compris entre le noyau et le *moule*.

Cette fabrication réclame des soins tout particuliers : il faut des précautions multiples pour que les surfaces soient bien dressées, l'épaisseur régulière, la fonte homogène, exempte de bulles, de trous, de craquelures ; le séchage insuffisant du sable, un démoulage trop rapide, un refroidissement brusque suffit pour déterminer des défauts qui deviennent plus tard des causes de rupture. Une précision absolue et mathématique n'est d'ailleurs pas réalisable à cause du *retrait* de la fonte pendant le refroidissement et des modifications qui en résultent : il est d'usage d'accorder une légère tolérance pour tenir compte de cet effet dans la mesure du nécessaire. Le fût du tuyau doit présenter d'autre part une faible conicité, qui, si peu prononcée qu'elle soit, a pour effet de faciliter l'enlèvement du modèle.

Les pièces, autres que les tuyaux droits, sont fabriquées par les procédés ordinaires de confection des objets en fonte moulée. Ces procédés donnant des résultats moins certains, on exige presque toujours pour les *pièces de raccord* un surcroît d'épaisseur, afin d'avoir néanmoins la même sécurité.

La production de tuyaux en fonte de toutes formes et de tous diamètres exige un grand emplacement et un matériel considérable ; elle ne peut être entreprise par suite que par les usines d'une certaine importance.

307. Dimensions des tuyaux de fonte. — Les progrès de

l'industrie métallurgique ont permis de varier dans les limites très
étendues les dimensions des tuyaux de fonte : on fabrique couramment aujourd'hui des tuyaux de 4 mètres de longueur utile et de
0^m 80, 1 mètre, 1^m 10, 1^m 30 de diamètre intérieur, pesant jusqu'à
3.500 kilogrammes, aussi bien que des tuyaux de 0^m 06, 0^m 054,
0^{m}040 et 0^{m}030 de diamètre intérieur et de 2 mètres de longueur utile,
dont le poids descend à 12 kilogrammes.

Chaque usine, pour ne point trop multiplier les modèles, adopte
une série de types dont elle évite de s'écarter en général. Nous
donnons aux annexes les types du service municipal des eaux de
Paris, qui sont maintenant admis par toutes les usines françaises.
Les séries des usines anglaises, allemandes ou américaines, comprennent des types analogues, et les dimensions mêmes diffèrent
peu, au moins pour les pressions ordinaires et les diamètres courants.

L'épaisseur des tuyaux se calcule au moyen de formules empiriques, par lesquelles, en admettant que la résistance de la fonte à
la rupture par tension soit de 12 à 14 millions de kilogrammes,
par mètre carré, on cherche à se tenir suffisamment loin de cette
limite. Si l'on prend le plus petit des deux chiffres précédents et
qu'on se propose de ne pas dépasser le quart de la charge de rupture, on peut se servir de la formule

$$e = 0,00016 \, DH$$

qui donne en millimètres l'épaisseur e en fonction du diamètre intérieur D exprimé en mètres et de la pression statique H mesurée
en mètres d'eau ; mais, au chiffre ainsi obtenu, on a soin d'ajouter
une constante, afin de tenir compte soit des effets dynamiques auxquels la conduite sera exposée en cas d'arrêt ou d'ouverture brusque
des robinets et appareils de distribution, soit de la résistance supplémentaire que doit offrir le tuyau pour supporter les chocs pendant le transport, les surcharges accidentelles, etc., de sorte que la
formule complète devient :

$$e = K + 0,00016 \, DH.$$

Enfin, pour plus de sécurité encore, on a soin de donner à H une
valeur supérieure à la pression réelle, que l'on suppose augmentée
de 10 ou de 20 mètres. D'Aubuisson, à Toulouse, avait adopté la
formule : $e = 0,010 + 0,015 \, D$ pour des pressions modérées ; Genieys donne la suivante : $e = 0,010 + 0,007 \, D$; la plupart des types
de Paris ont des épaisseurs correspondant à la formule : $e = 0,008
+ 0,016 \, D$ et sont essayés à 15 atmosphères ; à l'étranger, on fait
usage de formules analogues dues à Wickstead, Lamé, Rankine,

Redtenbacher, Latham, Meigs, Weissbach, Hawkstead, etc.[1] La représentation graphique d'une quelconque des formules que nous venons de donner étant une ligne droite, pour une pression donnée,

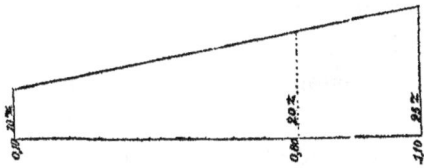

il suffit de connaître deux termes d'une série pour en déduire tous les autres : on porte sur une ligne horizontale et comme abscisses des longueurs proportionnelles aux diamètres, les deux épaisseurs connues donnent deux ordonnées dont il suffit de joindre les extrémités pour obtenir la ligne droite qui permet de déterminer toutes les autres.

L'épaisseur des tuyaux augmentant avec leur section, le poids au mètre courant croît plus rapidement que les diamètres ; il en est de même du prix de fourniture. Mais comme, inversement, le prix de pose s'élève moins vite, il en résulte une sorte de compensation, si bien que, suivant une remarque de Dupuit, confirmée d'ailleurs par l'expérience, les prix au mètre courant des tuyaux de fonte mis en place sont à peu près proportionnels aux diamètres.

308. Réception et épreuve des tuyaux de fonte. — Pour s'assurer de la qualité de la fonte et de la bonne fabrication des tuyaux, il est d'usage d'exercer une surveillance dans les usines et de procéder à des essais par l'intermédiaire d'*agents réceptionnaires* spéciaux.

Ces agents doivent veiller à la régularité des mélanges, assister aux coulées, faire mouler de temps à autre des *barreaux* destinés à être soumis à des essais au choc ou à la traction, etc. Ils font *sonner* les tuyaux au marteau : une oreille exercée perçoit en effet un son très différent si la fonte est pleine et homogène ou si elle présente des fêlures ou craquelures. Ils vérifient toutes les dimensions, ce qui ne présente aucune difficulté pour les longueurs, les diamètres,

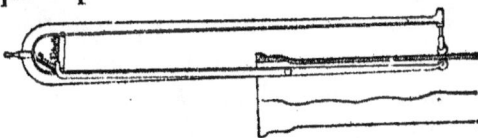

etc., mais demande pour les épaisseurs un examen long et minutieux au moyen de compas spé-

---

[1]. König-Poppo donne des formules du même type pour calculer l'épaisseur des tuyaux de conduite fabriqués avec d'autres matériaux :

Fer ......:	0,003 + 0,0009 DH	Poterie ....:	0,012 + 0,005 DH
Plomb ...:	0,0052 + 0,0024 DH	Ciment ....:	0,045 + 0,054 DH
Cuivre...:	0,004 + 0,0015 DH	Bois ....:	0,027 + 0,033 DH
Asphalte.:	0,010 + 0,004 DH	Pierre .....:	0,030 + 0,037 DH

ciaux d'un maniement assez malaisé, à moins qu'on ne se contente, comme on le fait généralement depuis que les tuyaux sont coulés debout, d'en constater le poids, qui doit être supérieur ou au moins égal à un minimum déterminé dans chaque cas.

Ils président enfin à l'épreuve pratique, qui consiste à remplir d'eau chaque tuyau et à y produire la pression maxima à laquelle il devra résister. On emploie universellement pour cette épreuve une machine fort simple, composée de deux plateaux verticaux, dont l'un est fixe et l'autre mobile, et entre lesquels on assujettit le tuyau à essayer, placé horizontalement ; un conduit aboutissant au plateau fixe sert à remplir le tuyau d'eau, et une pompe de compression ou un accumulateur à y élever la pression, jusqu'à ce que le manomètre indique la limite qu'on s'est proposé d'atteindre. Il ne doit se produire à ce moment aucun écoulement d'eau à travers les parois du tuyau ni même de suintement, sans quoi il est rebuté. Les tuyaux de bonne fabrication résistent si bien à cette épreuve que la tendance actuelle, particulièrement aux États-Unis, est d'augmenter de plus en plus la pression à laquelle on les soumet.

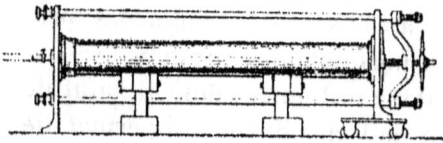

En Allemagne, on complète l'épreuve en frappant le tuyau au moment où il supporte la pression maxima, au moyen de marteaux d'un poids déterminé. On pourrait aussi produire artificiellement des coups de bélier, afin de s'assurer que la fonte est en état d'y résister. Quelquefois, pour abréger le temps de l'épreuve ou pour économiser l'eau, on introduit dans le tuyau un noyau en bois qui occupe la majeure partie du vide.

On ne peut malheureusement pas essayer à la *presse* les pièces de raccord et c'est un motif de plus pour leur donner, comme on l'a déjà indiqué plus haut, un surcroît d'épaisseur destiné à compenser cet inconvénient.

Après les essais, les vérifications et l'épreuve à la presse, les tuyaux sont le plus souvent recouverts d'un enduit de goudron ou de coaltar : on les porte d'abord dans un four chauffé à température convenable, puis on les plonge, au sortir du four, dans le bain de coaltar. L'enduit dont ils se trouvent ainsi revêtus les protège efficacement contre la rouille, soit avant l'emploi, soit même après la mise en service ; à l'intérieur, il empêche ou retarde l'action que l'eau pourrait produire sur la fonte, et s'il se forme des dépôts, il les rend moins adhérents. Appliqué avant les essais, l'enduit aurait le grave inconvénient de masquer les défauts de la fonte ; aussi faut-il tenir la main à ce que les opérations aient toujours lieu dans l'ordre qui vient d'être indiqué.

On a proposé de remplacer la *coaltarisation* de la fonte par une sorte d'oxydation superficielle qui aurait pour effet de la protéger ensuite contre toute attaque par l'eau ou l'air humide ; mais ce procédé, beaucoup plus coûteux, ne s'est pas répandu jusqu'à présent, et le goudronnage est d'un emploi à peu près général.

309. Assemblage des tuyaux en fonte. Divers types de joints. — Les tuyaux de fonte étaient primitivement assemblés au moyen de *brides* ; ils étaient terminés de part et d'autre par une couronne plane percée de trous, et chaque *joint* était formé de deux de ces couronnes entre lesquelles on interposait une rondelle de cuir ou de plomb serrée par des boulons passés dans les trous. Ce mode d'assemblage est rigide et invariable, de sorte que tout changement de forme ou de longueur, dû, soit aux effets de la dilatation, soit aux tassements du sol, et dépassant la limite d'élasticité du métal, amènerait nécessairement une rupture, si l'on n'y parait par l'emploi des *compensateurs*, placés de distance en distance et permettant à la conduite de se prêter à des mouvements de faible amplitude. Ce palliatif s'est montré souvent insuffisant, et on a peu à peu substitué un mode d'assemblage moins rigide au joint à brides qui n'est plus guère usité aujourd'hui que pour certains raccords et sur de faibles longueurs : dès lors, il est sans inconvénient, et présente au contraire l'avantage de se faire et de se défaire très aisément à froid et sans déplacement des pièces contiguës. Les rondelles de plomb, ordinairement planes, parfois aussi cannelées, sont serrées fortement au moyen des boulons qui sont en nombre d'autant plus grand que le diamètre est plus grand lui-même ; puis on achève le joint par un *matage* destiné à refouler le plomb et à réaliser une étanchéité parfaite.

Le type d'assemblage le plus répandu aujourd'hui est celui connu sous le nom de *joint à emboîtement*. Il se compose de deux parties, mâle et femelle, pénétrant l'une dans l'autre, et laissant entre elles un intervalle qu'on remplit de corde goudronnée puis de plomb. Le bout mâle présente ordinairement, du côté extérieur, une bande saillante plate ou arrondie qui constitue le *cordon* ; le bout femelle ou *emboîtement* a une section en forme de tulipe et le bout mâle

s'y engage sur une longueur de 0^m 08 à 0^m 10 environ. Dans un pareil joint rien ne s'oppose plus au jeu de la dilatation, la conduite s'allonge librement ; elle se prête aussi à de petits mouvements verticaux. Le plomb est coulé à chaud ; le fond de l'espace annulaire laissé entre les deux tuyaux emboîtés a été préalablement rempli au moyen de corde goudronnée enroulée en plusieurs torons et serrée au ciseau, de manière à laisser pour le plomb un espace libre de 0^m 04 de longueur ; puis on enroule en avant de l'emboîtement un bourrelet d'argile laissant à la partie supérieure deux ou trois évents, le plomb fondu est versé rapidement par l'un de ces évents tandis que l'air emprisonné s'échappe par les autres jusqu'à ce que le métal venant refluer au dehors indique que le vide a été entièrement rempli. Il ne reste qu'à enlever le bourrelet d'argile, à ébarber le plomb et à le mater avec soin. Quand la pression intérieure est considérable, elle tend à repousser au dehors la corde et le plomb : pour empêcher cet effet on peut employer un collier de serrage ; mais on se contente le plus souvent de donner à l'emboîtement une forme intérieure telle que le plomb ne puisse glisser sans s'écraser, ce qui suppose alors un effort considérable ; en France, on ménage à l'intérieur de l'emboîtement une petite rainure à section demi-circulaire, dans laquelle le plomb vient former une saillie qui s'oppose aux glissements ; ailleurs on en est venu à d'autres dispositions, de manière à donner par exemple à la couronne de plomb plus d'épaisseur vers l'intérieur du joint ou au milieu qu'à l'extrémité ; quelquefois aussi l'emboîtement présente deux rainures successives. L'inconvénient du joint à emboîtement, c'est qu'il ne peut être démonté qu'à chaud, et que, les tuyaux pénétrant les uns dans les autres, il faut nécessairement en casser un d'abord avant de pouvoir déboîter les suivants.

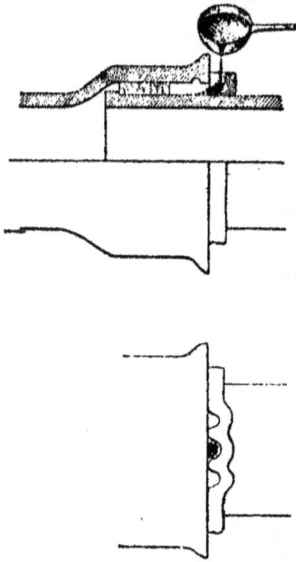

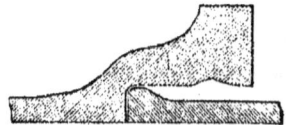

On emploie à Paris, sur une très grande échelle, un mode d'assemblage des tuyaux de fonte qui est peu ou point utilisé ailleurs. C'est le *joint à bague*. Les tuyaux, absolument unis à leurs extrémités, sont des cylindres droits sans saillie aucune ; on les place bout à bout, mais en ayant soin de laisser entre eux un petit intervalle, quelques millimètres, pour permettre la dilatation ; cet intervalle est masqué par un manchon étroit ou *bague*, qui n'a pas plus de 0ᵐ, 08 ou 0ᵐ, 10 de longueur, et qui laisse entre sa face intérieure et la paroi extérieure des tuyaux un espace annulaire destiné à être entièrement rempli de plomb. La confection du joint est fort simple ; on garnit de glaise le petit intervalle laissé entre les deux tuyaux, on amène ensuite la bague et on la dispose au moyen de cales, on enroule de part et d'autre un bourrelet de glaise et on coule le plomb. Ce joint se prête comme le précédent aux effets de dilatation, mais il résiste moins bien aux tassements ; moins recommandable que le joint à emboîtement pour les conduites en tranchée, il a une supériorité incontestable pour celles placées en galerie, et c'est ce qui l'a fait préférer à Paris où la pose des conduites d'eau en égout est la règle : il se démonte, en effet, très aisément et à froid ; la bague légèrement conique du côté interne peut être chassée à coups de marteau, la bande de plomb se découpe sans peine, et toutes les pièces peuvent être successivement enlevées sans qu'il y ait à en briser aucune.

On a imaginé, en outre, un grand nombre de joints présentant tels ou tels avantages spéciaux, auxquels on peut recourir au besoin dans les circonstances exceptionnelles où le joint ordinaire à emboîtement ne serait pas d'une application facile, ou ne donnerait pas de résultats satisfaisants. Les uns sont des *joints précis* obtenus par l'ajustement de pièces préalablement tournées : brides s'appliquant exactement l'une sur l'autre et entre lesquelles on interpose seulement une couche de mastic au minium ou à la céruse ; bouts mâle et femelle dont l'un est introduit à force dans l'autre, etc., de manière à donner des assemblages tout à fait rigides et invariables. Les autres, au contraire, mobiles ou *flexibles*, trouvent des applications pour la pose des conduites formant siphons au travers du lit des cours d'eau ; ils se composent ordinairement d'une sorte d'articulation à genou ou *rotule* constituée par un cordon et un emboîtement auxquels on a donné des formes sphériques (joints Doré, Ward et Craven, etc.)...

L'emploi du *plomb* pour la confection des joints des tuyaux en fonte est presque général : il a sur toutes les autres matières par lesquelles on a essayé de le remplacer un avantage considérable, celui de se prêter au *matage*, c'est-à-dire d'être assez ductile pour céder sous le ciseau et venir remplir les vides qu'a pu laisser l'opération de la coulée ou qui se sont produits ultérieurement par l'effet de l'eau en pression. C'est sans succès, qu'on a tenté à maintes reprises d'y substituer le ciment ou des compositions diverses dans lesquelles entraient le soufre, la limaille de fer, la résine : la dépense est quelquefois moindre, mais l'étanchéité n'est pas aussi facile à obtenir, et tout joint où une fuite se produit est à refaire. A Munich, on a exécuté des joints à emboîtement, dans lesquels on a rempli l'espace annulaire au moyen de petits coins en bois, chassés régulièrement et avec force, puis recoupés au ciseau et recouverts d'un lut. Dans quelques gares, en Autriche, il a été fait usage d'un mode

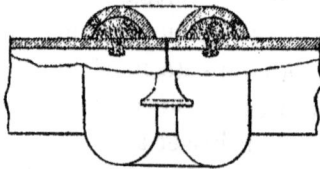

d'assemblage assez original où la corde goudronnés est employée seule : c'est le *joint Paulus*, qui consiste en un manchon, recouvrant les abouts des deux tuyaux, dans lequel on introduit par un trou *ad hoc* la corde goudronnée et que l'on fait tourner de manière à y enrouler la corde jusqu'à complet serrage et refus.

On reproche au plomb son prix élevé, l'emploi à chaud, l'obligation de recourir à des ouvriers spéciaux, exercés et habiles, enfin la nécessité de remplir le fond de l'emboîtement au moyen de corde goudronnée, qui donne parfois à l'eau un mauvais goût au début, et peut provoquer des obstructions quand un bout de corde pénétrant à l'intérieur de la conduite vient à être entraîné par l'eau : mais le prix du métal a beaucoup baissé dans ces derniers temps ; d'autre part, quand l'emploi à chaud est incommode, on peut préparer d'avance des bandes de plomb que l'on introduit à froid dans le joint et qui ne tardent pas à faire corps par le matage, et des soins attentifs ont raison des inconvénients attribués à la corde goudronnée.

C'est surtout en vue de rendre la pose plus facile et d'éviter l'intervention des ouvriers plombiers que, depuis longtemps déjà, on a cherché à propager l'emploi du *caoutchouc* pour la confection des joints des tuyaux de fonte ; le travail se fait alors à froid et très rapidement, et le démontage est rendu extrêmement commode. Les dispositions imaginées pour l'application du caoutchouc aux joints des tuyaux de conduite en fonte sont fort nombreuses. Les unes comportent l'emploi de tuyaux de forme spéciale : ainsi, dans le *joint Larril*, assez répandu en France, l'emboîtement est pourvu d'oreilles, sur lesquelles viennent s'attacher des boulons servant au serrage de la contrebride, qui comprime l'anneau en caoutchouc, intercalé entre la paroi intérieure de l'emboîtement et le cordon du tuyau voisin ; dans le *joint Petit*, les abouts des deux tuyaux sont munis d'oreilles, que relient des pattes fixées sur les oreilles au moyen de broches ; dans le *joint Delperdange*, appliqué à Lille, une bague en caoutchouc vient recouvrir deux cordons sur lesquels elle est serrée au moyen d'un collier en fer. Les autres, au contraire, permettent l'utilisation des tuyaux ordinaires : tel est le *joint Somzée* obtenu en faisant pénétrer de force dans l'emboîtement le bout mâle correspondant préalablement garni d'un tore en caoutchouc qui s'aplatit entre les deux parois de fonte ; dans le *joint Chappée* une bague en caoutchouc est introduite aussi, mais librement, entre les deux bouts de tuyaux, après quoi elle est serrée au moyen de deux couronnes spéciales, dont l'une pénètre à l'intérieur de l'emboîtement et dont l'autre s'attache sur le rebord extérieur ; le *joint Gibault* dérivé du joint dit *universel*, s'applique aux tuyaux

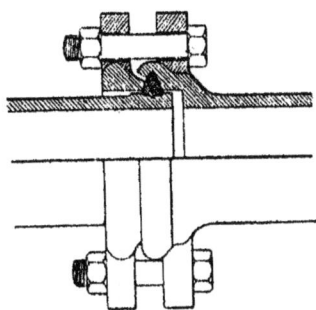

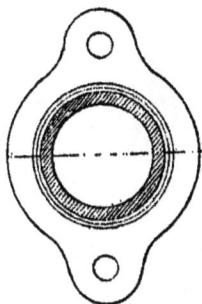

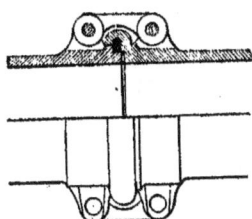

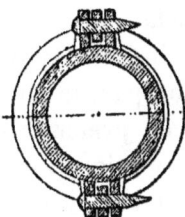

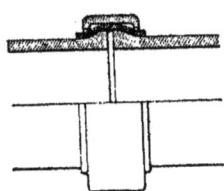

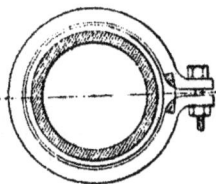

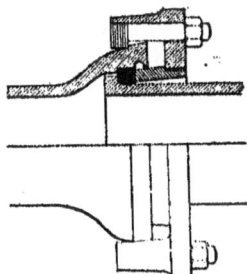

cylindriques à bouts unis tels qu'on les emploie à Paris pour l'assemblage à bague. On a construit aussi des tuyaux flexibles ou à ro-

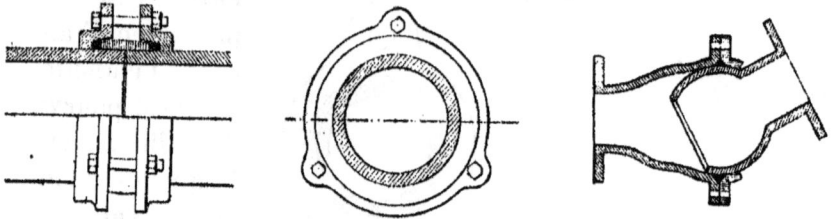

tule avec joints en caoutchouc. Toutes ces dispositions donnent des
résultats assez satisfaisants : aucune cependant ne s'est imposée,
et le caoutchouc n'a pas jusqu'à présent supplanté le plomb. L'économie invoquée en faveur du premier ne s'est pas toujours vérifiée,
surtout quand l'emploi de tuyaux de formes spéciales ou de pièces
additionnelles vient compenser la différence des prix de pose ; et,
si on lui attribue la réduction du nombre des fuites, par contre il
ne permet plus d'en avoir raison par un simple matage. Mais dans
certains cas spéciaux il rend de précieux services ; par exemple
quand une conduite doit être posée dans l'eau ou en terrain humide
et que la coulée de plomb à chaud se trouve impossible ; de même
son élasticité le fait préférer pour l'établissement de conduites exposées à des vibrations continuelles, comme celles que comportent
les tabliers des ponts métalliques.

310. Pièces de raccord. — L'établissement des conduites d'eau
suivant des lignes plus ou moins sinueuses et le raccordement des
conduites entre elles ne peuvent se faire exclusivement au moyen
des tuyaux droits, et supposent l'emploi d'un certain nombre de
pièces diverses, destinées à former les parties courbes et angulaires
ainsi que les embranchements, et qu'on désigne d'une manière générale sous le nom de *pièces de raccord*.

Quand, par exemple, dans la pose des conduites à emboîtement
deux cordons viennent à se trouver en regard, il faut, pour les relier, employer une pièce à *double emboîtement*, ou, comme on le
fait plus ordinairement, un *manchon*, c'es-à-dire un bout de cylindre droit dont le diamètre intérieur est égal à celui de l'emboîte-

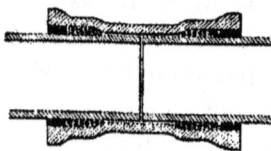

ment. Les manchons re-
çoivent une longueur qui
est au moins le double de
celle de l'emboîtement ;
à Paris, cette longueur
est fixée à 0ᵐ,40. Ils servent à raccorder entre eux les tuyaux cou-

pés de tous les types, et sont employés dans les conduites à brides
comme compensateurs, dans les conduites à emboîtement comme
mode de jonction des bouts de tuyau substitués lors de chaque réparation au tuyau qu'il a fallu casser. Parfois, on emploie des manchons en deux pièces demi-cylindriques reliées par des boulons et
dits *manchons à coquille*. La bague, usitée à Paris pour l'assemblage des tuyaux unis posés en galerie, n'est autre chose qu'un
manchon de très faible longueur.

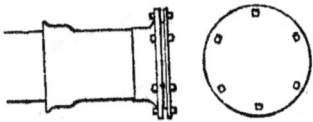

Toute conduite terminée en impasse
doit être fermée à son extrémité par une
plaque pleine en fonte ou en tôle, bou-
lonnée sur l'about de la dernière pièce
qui porte une bride percée de trous. Cette pièce, appelée *bout
d'extrémité*, est, suivant les
cas, à cordon et à bride ou à
emboîtement et bride.

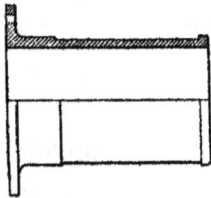

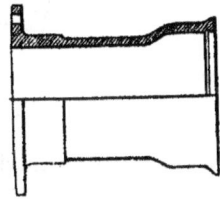

Pour passer d'un diamètre
à un autre, il est nécessaire
d'employer des pièces de
réduction, de forme tronconique, dites *cônes*, qui peuvent recevoir
d'ailleurs une longueur quelconque et se termi-
ner par des cordons, des
emboîtements ou des
brides. Généralement les
cônes sont assez courts,
car la perte de charge à
laquelle ils donnent lieu est insignifiante, et il
n'y a pas d'intérêt à les allonger. Dans la distribution d'eau de
Paris, on n'emploie que des cônes à deux brides de 0ᵐ,40 de longueur qui se raccordent avec les conduites de part et d'autre au
moyen de bouts d'extrémité.

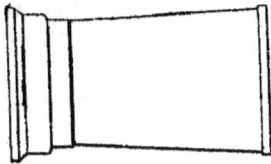

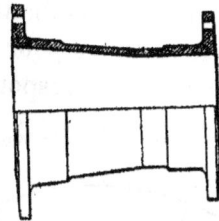

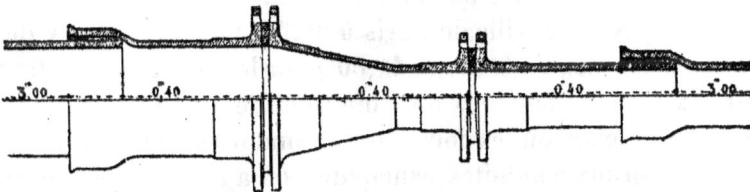

Les joints à bride et ceux à emboîtement se prêtent assez facilement à un petit mouvement angulaire, permettant aux conduites de
décrire des courbes de grand rayon ; il suffit d'employer avec les
premiers des rondelles biaises, et pour les autres de faire jouer un

peu le bout droit à l'intérieur de l'emboîtement. Mais, lorsque le
rayon des courbes devient trop petit pour qu'on puisse se contenter
de ce procédé, il faut des pièces spéciales, au moyen desquelles on
obtient entre deux tuyaux consécutifs un déviation angulaire plus
considérable. A Paris, on emploie d'abord la *bague biaise* qui correspond à un angle de 3 à 9 degrés seulement, d'autant plus petit
d'ailleurs que le diamètre de la conduite est plus grand ; puis le
manchon courbe, dont l'angle est un seizième de cercle ou **22°5**. Si

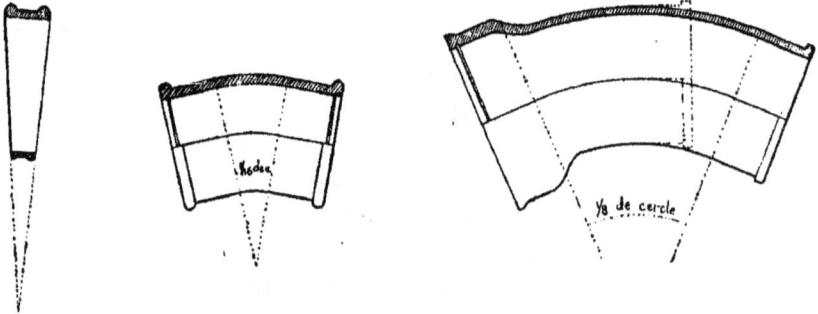

l'on veut que la partie courbe décrive un arc plus allongé, on emploie
des *coudes* au seizième ou au huitième, pièces courbes formées d'une
portion de tore se terminant de part et d'autre par des bouts droits
à cordon, à emboîtement ou à bride ; quelquefois aussi, mais plus
rarement, et pour les petits diamètres seulement, des coudes au
quart qui correspondent à un angle de 90°. L'axe du tore ou de la

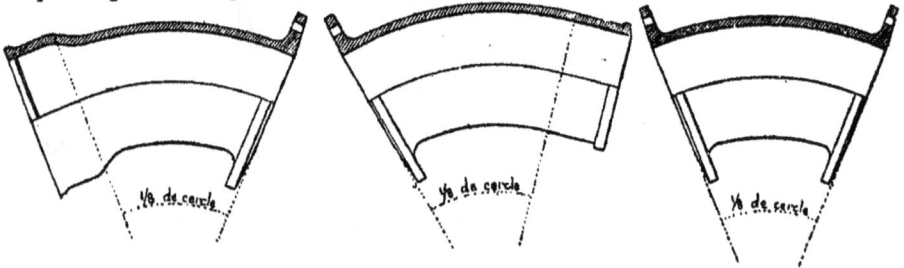

partie courbe est un arc de cercle, dont le rayon est fixé par l'al-
bum des types de la Ville de Paris à 0m,50, pour les tuyaux de petite dimension jusqu'à 0m,25, à 1m,50 pour les diamètres de 0m,25 à
0m,80, à **2** mètres pour ceux de 1 mètre et de 1m,10.

Dans les réseaux où les conduites secondaires se raccordent tangentiellement aux conduites principales, on a recours pour les branchements à des pièces spéciales, tuyaux ou bouts de tuyaux munis
d'une ou plusieurs *tubulures* courbes, dont la forme et les dimensions peuvent varier à l'infini. Mais, dans les réseaux où les branchements se font à angle droit, ce qui est le plus général au moins

en France, une aussi grande variété n'est pas nécessaire, puisque les
tubulures ne prennent qu'une seule position, la position normale,

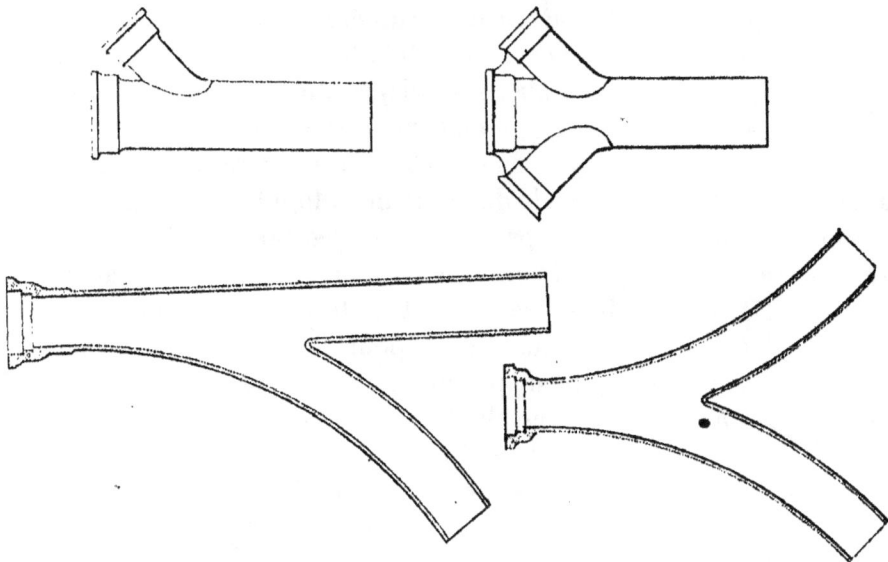

par rapport aux bouts de tuyaux qui les portent, et que les pièces
spéciales ont nécessairement la forme d'un T ; elles peuvent encore

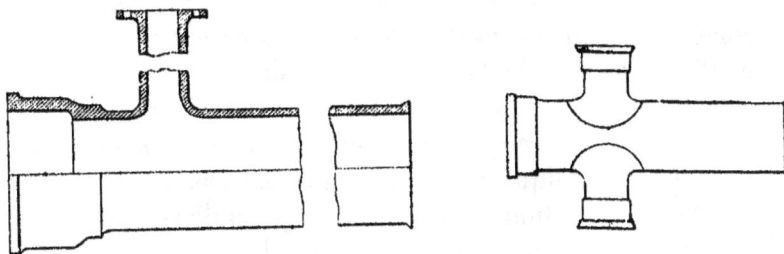

différer par les longueurs respectives des deux branches du T et
par la nature de leurs abouts. Les *manchons à
tubulure*, employés à Paris, sont semblables aux
manchons ordinaires ou manchons droits, sauf
l'addition d'une tubulure unique toujours à
bride ; leur longueur est aussi réduite que possible, et varie avec le diamètre de la tubulure
sans descendre au-dessous de 0ᵐ,40 ; la saillie
de la tubulure, fixée à 0ᵐ,15, a pour objet de faciliter la pose et le serrage des boulons. Quand la tubulure doit servir à la décharge d'une conduite, elle se place non plus horizontalement comme pour les embranchements, mais verticalement au-
dessous de la conduite de manière à en permettre le vidage com-

plet ; si, par exception, l'emplacement dont on dispose ne se prête pas à cet arrangement, on emploie parfois des pièces un peu différentes, où la génératrice inférieure de la tubulure se raccorde avec la génératrice inférieure du manchon et qu'on appelle *manchons à tubulure tangente*. La forme des manchons à tubulure est peu favorable à la résistance, lorsque le diamètre de la tubulure devient égal à celui du manchon ; la pièce présente alors des parties aplaties qui peuvent céder sous une forte pression, surtout quand il s'agit du raccordement de très grosses conduites : aussi avons-nous étudié pour l'appliquer à l'usine d'Ivry un type un peu différent, composé d'une sphère à trois tubulures, dont deux unies ou à cordon et une troisième à bride.

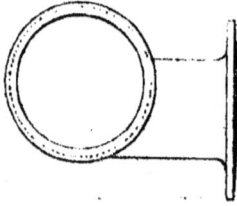

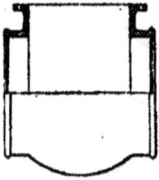

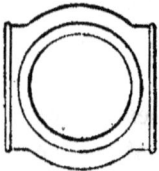

Aux carrefours des voies publiques, où plusieurs conduites d'eau viennent se croiser, on peut relier ces conduites entre elles par des manchons à plusieurs tubulures ; on peut aussi, comme cela se faisait souvent autrefois et se fait encore dans quelques villes, disposer des *boîtes de distribution*, sortes de caisses en fonte munies de tubulures, et dont la partie supérieure est un peu surélevée, afin de recueillir l'air qui circule dans les conduites et d'en faciliter l'extraction. Mais, en général, on renonce à employer des pièces aussi compliquées, qui ne se prêtent pas à des modifications ultérieures, et qu'on ne remplace pas facilement en cas d'accident.

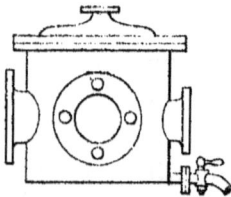

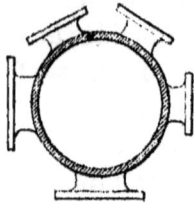

Au reste, la pratique a montré qu'il y a grand intérêt à restreindre autant que possible le nombre des pièces de raccord. Il est indispensable, en effet, pour la facilité de l'entretien, d'avoir toujours en magasin des rechanges pour tous les types, sans quoi la rupture d'une pièce pourrait entraîner quelquefois une longue interruption de service et prendre les proportions d'un désastre ; dès lors on conçoit que, si les modèles étaient multipliés outre mesure, il faudrait, pour constituer un approvisionnement suffisant, s'imposer des dépenses considérables et donner aux *dépôts* un énorme développement. Il faut donc savoir se limiter et sacrifier de propos délibéré à la considération si importante de l'entretien certains petits avantages théoriques, qu'on serait parfois tenté d'exagérer sans profit véritable et au grand détriment de la sécurité du service. C'est là ce qui a fait renoncer, et à bien juste titre, aux raccords tangentiels, aux boîtes de distribution, etc. ; c'est là aussi ce qui a conduit à fixer les angles et les rayons de courbure des pièces courbes, et à rechercher, pour les pièces de raccord en général, les formes les moins encombrantes et les poids les plus réduits.

311. Tuyaux de plomb. — Le plomb a été longtemps le seul métal qu'on sût employer à la confection des conduites d'eau : on coulait en plomb au siècle dernier des tuyaux de 0m,215 de diamètre et de 4 mètres de longueur ; il en a été employé de dimensions plus grandes encore à Versailles. Mais, depuis l'application de la fonte à cet usage, on ne se sert plus du plomb pour la fabrication des tuyaux de gros diamètre ; sa faible tenacité, 10 fois moindre que celle de la fonte, sa densité une fois et demie plus forte, son prix encore aujourd'hui trois fois plus élevé, le placent dans un état d'infériorité manifeste.

Au contraire, pour les canalisations de petit diamètre, pour les *branchements de prise* qui vont des conduites publiques aux maisons, pour les *colonnes montantes* qui relient ces branchements aux étages, pour les conduites de distribution intérieure, le plomb est encore employé de préférence à la fonte ou au fer, à cause de la facilité avec laquelle il se courbe et décrit les lignes les plus sinueuses, à cause aussi de sa propriété de fondre à une faible température et de se prêter par suite admirablement aux raccordements avec les appareils, aux modifications et aux réparations par voie de soudure. Il conserve d'autre part une certaine valeur après la dépose.

Le plomb se trouve dans le commerce sous la forme de *tuyaux continus*, obtenus à froid où à chaud par voie d'étirage ou de compression, et livrés en *couronnes* de 10 mètres de longueur pour les petits diamètres et de longueur moindre pour les gros. Dans la fabrication courante, les diamètres varient en général de 0m,010 et moins à 0m,100 ou 0m,108, et les épaisseurs réglementaires à Paris sont les suivantes :

	m	m
Diamètre de	0,010	0,003
—	0,013 à 0,016	0,004
—	0,020 à 0,025	0,006
—	0,027 et au-dessus	0,007

L'assemblage des tuyaux de plomb se fait soit à chaud et par voie de soudure, soit à froid au moyen de brides. Dans le premier

cas, les abouts des deux tuyaux à réunir sont taillés en sifflet, bien décapés, enduits d'une composition liquide destinée à empêcher l'oxydation, puis empâtés dans une certaine quantité d'un alliage composé de 3 parties de plomb et 5 d'étain, qui constitue la *soudure*,

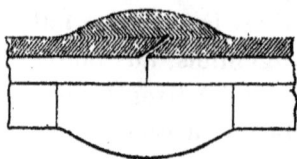

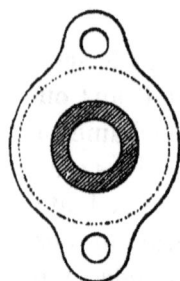

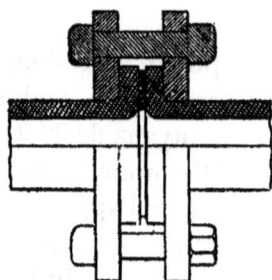

et qui fond à la flamme de la lampe à alcool. Dans le second cas, chacun des deux abouts est passé à travers une bride de fer, sur laquelle on le rabat au marteau en forme de *collet* ; puis on les rapproche en interposant un *cuir gras*, et on les serre l'un contre l'autre par l'intermédiaire des petits boulons passés dans les brides.

On sait que les sels solubles de plomb ont des propriétés toxiques, et que l'eau dans laquelle ils seraient dissous, même en faible quantité, ne pourrait être consommée sans inconvénient pour la santé : aussi s'est-on maintes fois demandé si l'emploi du plomb pour la confection des conduites d'eau ne doit pas être proscrit. La question remonte à la plus haute antiquité puisqu'on la trouve traitée par Hippocrate, et, de temps à autre, un incident vient la remettre sur le tapis et provoquer le renouvellement de la *guerre au plomb* en fournissant quelques nouvelles armes à ses adversaires. Le fait même de l'emploi continu et universel du plomb prouve de la manière la plus certaine que le danger qui en résulte est sans importance véritable, et il n'y a peut-être pas lieu de s'en préoccuper autrement que de l'usage du cuivre, pour la fabrication de maint ustensile de cuisine (1). En effet, la plupart des eaux potables n'attaquent guère le plomb ; il faut pour qu'elles en dissolvent quelques traces qu'elles soient très pures, riches en oxygène et restent longtemps en contact avec le métal : les nitrates, les chlorures, les sels ammoniacaux paraissent faciliter l'action de l'eau sur le plomb, les carbonates, les sulfates, les phosphates semblent l'empêcher. Presque toujours, d'ailleurs, il se forme sur la paroi intérieure du tuyau un dépôt adhérent qui joue le rôle d'un enduit

1. La Commission anglaise de la Pollution des rivières a taxé d'exagération la crainte de l'empoisonnement de l'eau par le plomb.

protecteur ; les eaux calcaires surtout donnent lieu à un dépôt de ce genre, aussi est-il rare qu'elles attaquent le plomb d'une manière sensible. Quoi qu'il en soit, il convient d'éviter que l'eau, surtout si elle est pure, reste longtemps stagnante en présence du plomb ; et l'on recommande avec raison de ne pas faire usage de l'eau qu'on retire d'abord d'une canalisation en plomb neuve on n'ayant pas fait de service depuis un certain temps. Il y a lieu d'observer en outre que les tuyaux exposés alternativement à l'air et à l'eau, comme des distributions d'eau à service intermittent, sont plus facilement attaqués que ceux qui sont toujours pleins d'eau, et que les actions chimiques sont particulièrement à craindre lorsque le plomb n'est pas pur et contient un peu de zinc.

On a proposé de recouvrir le plomb d'un enduit intérieur, dû à une action chimique provoquée par l'introduction dans les tuyaux d'un sulfure ou d'un phosphate alcalin : il se produit alors un sel de plomb insoluble qui défend le métal contre toute attaque ultérieure Dans le même ordre d'idées M. Hamon, en France, et M. Haine, en Angleterre, ont imaginé de substituer aux tuyaux de plomb ordinaire des tuyaux de *plomb étamé*, considérés comme inoffensifs, parce que les composés d'étain sont insolubles et non toxiques ; ils ont fait fabriquer des tuyaux de plomb revêtus intérieurement d'une chemise adhérente en étain d'un demi-millimètre d'épaisseur ; ces tuyaux se courbent aisément mais ils coûtent assez cher (1), et la difficulté se représente d'ailleurs aux soudures qu'il faudrait également supprimer en employant, comme on l'a tenté en Amérique, des pièces de raccord en bronze étamé.

312. Tuyaux de fer. — On a vu plus haut que la tôle peut rendre des services pour la confection de conduites forcées de très gros diamètres ; mais ces dimensions exceptionnelles, que réclament tout au plus les siphons des grands aqueducs, ne se rencontrent point dans les distributions proprement dites.

On y a fait néanmoins assez souvent usage du fer à cause de sa résistance considérable à la traction, qui permet de l'employer sous des épaisseurs bien moindres que la fonte et de réduire en conséquence très sensiblement le poids et le prix des tuyaux. Mais on a dû s'ingénier à le protéger, par des enduits intérieurs et extérieurs de diverse nature, contre la rouille, à laquelle il est très exposé et qui le détruit rapidement.

Ainsi les tuyaux de fer, du type le plus répandu, au moins en

1. 1,90 d'après l'ingénieur Richards, si le prix du tuyau de plomb est pris pour unité.

France, sont en tôle plombée, enduits intérieurement d'un vernis
de bitume et de cire, et revêtus à l'extérieur d'une couche épaisse
de bitume, qui leur donne de la rigidité et en facilite le transport

et la pose. Les tuyaux de ce type,
dits tuyaux en *tôle et bitume* ou
tuyaux *Chameroy*, du nom de l'inventeur, se fabriquent en entou-
rant le cylindre en métal, rivé et soudé, de ficelle goudronnée, et
le roulant sur une table, où l'on a étendu le bitume sur 1 à 2 centimètres d'épaisseur, après y avoir d'abord répandu un peu de sable
fin. Il s'assemblent à emboîtement : le bout mâle, fort court et
garni de métal fusible, porte des rainures peu profondes, dans
lesquelles on enroule de la filasse imprégnée de graisse avant de
l'introduire dans le bout femelle également revêtu de métal fusible.
Malgré la dépense de main-d'œuvre que comporte la confection de
ces tuyaux, et malgré l'abaissement considérable du prix de la
fonte dans les dernières années, ils ont encore parfois sur les
tuyaux en fonte l'avantage du bon marché, ce qui s'explique si l'on
observe que l'épaisseur de la tôle est respectivement de $0^m,0012$,
$0^m,0017$ et $0^m,0031$ pour les diamètres de $0^m,10$, $0^m,25$ et $0^m,50$ tandis
qu'on donne à la fonte $0^m,010$, $0^m,012$ et $0^m,016$ pour les mêmes
diamètres. Il est vrai que les tuyaux en tôle et bitume sont beaucoup
moins durables, et qu'à la dépose ils n'ont plus aucune valeur,
alors que la vieille fonte se vend encore un tiers du prix de la fonte
neuve ; d'autre part, les raccordements des conduites entre elles
et les branchements ne s'y font pas aussi bien, et l'on est obligé
de recourir à la fonte pour presque toutes les pièces autres que les
tuyaux droits.

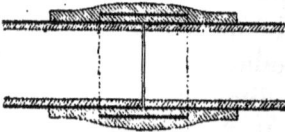

Aux États-Unis, on a aussi employé dans
quelques distributions d'eau des conduites
de fort diamètre en fer asphalté ou revêtu
de ciment ; dans ce dernier cas, le joint est
formé d'un manchon en tôle noyé dans un
épais bourrelet de ciment.

Mais c'est surtout pour les conduites de petite section, pour les
branchements de prise et pour les distributions intérieures, et en
remplacement du plomb, qu'on a cherché à utiliser le fer et qu'il
est peut-être appelé à rendre le plus de services. Les tuyaux *Gandil-
lot*, en fer étiré, avec assemblage à vis, ont trouvé des applications,
bien que le métal n'y soit pas protégé contre l'action de l'eau, qui
peut s'y charger de sels de fer tout en provoquant une usure rapide ;

la fabrication de ces tuyaux a reçu un certain développement et l'on trouve dans le commerce des raccords de toutes formes et de toutes dimensions. On doit cependant préférer les tuyaux protégés contre l'oxydation par un revêtement quelconque. Parmi les procédés employés pour obtenir cet enduit protecteur, nous citerons en première ligne la *galvanisation*, qui s'applique aisément aux tuyaux en fer étiré et consiste à les plonger dans un bain de zinc fondu, après les avoir décapés à l'acide ; le zinc, il est vrai, n'est peut-être guère préférable au plomb au point de vue hygiénique, d'autant qu'il est rarement pur, et sa présence ne fait que retarder l'oxydation du fer qui se produit aussi rapidement, sinon plus, dans tous les points où il est mis à nu ; quoi qu'il en soit, un certain nombre de villes d'Amérique et plusieurs villes allemandes, parmi lesquelles Augsbourg, Baden-Baden, Bamberg, Bayreuth, Heidelberg, Carlsruhe, Saarbrück, Stuttgart, Ulm, paraissent avoir obtenu des résultats satisfaisants avec les tuyaux en tôle galvanisée, à la condition d'exiger que la fabrication en soit extrêmement soignée. On a fait aussi des tuyaux en fer *étamés* à l'intérieur, mais le travail en est difficile et le prix élevé. Les tuyaux en fer revêtus de *ciment* ont été employés quelquefois pour les distributions intérieures aux Etats-Unis. Le *fer émaillé* a reçu également quelques applications ; mais l'émail ne peut être étendu aux raccords, où il faut y suppléer par une composition qui n'a pas les mêmes qualités ; on doit s'attendre, d'ailleurs, à le voir se fendiller assez vite par l'effet des variations de température, de sorte qu'il ne constitue guère qu'une protection temporaire (1). Enfin, on a essayé de mettre le fer à l'abri de la rouille par une méthode qui consiste à le recouvrir d'un oxyde noir magnétique, et qui a été présentée sous le nom de procédé Bower-Barff : les tuyaux chauffés dans un four spécial à la température convenable pour la production d'une

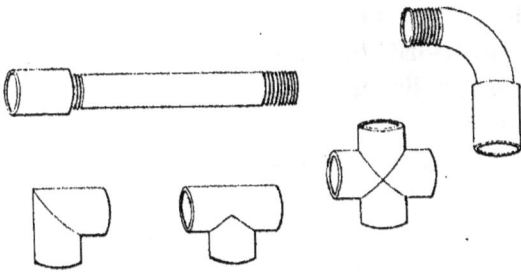

---

1. Voici quels seraient, d'après l'ingénieur Richards, les prix respectifs de fourniture de quelques types de tuyaux en fer, le prix des tuyaux en plomb étant pris pour unité :

Fer étiré simple.......	0,46
— galvanisé.........	0,50
— cimenté	0,58
— émaillé..........	0,65

La pose en est plus chère que celle du plomb.

couche mince de sesquioxyde, sont ensuite exposés à un courant
d'oxyde de carbone, qui réduit le sesquioxyde et le ramène à l'état
d'oxyde magnétique. De tous ces genres de tuyaux, aucun ne se
présente en somme avec une supériorité telle qu'elle puisse s'imposer
d'une manière générale, et les canalisations en fer sont relativement
peu répandues jusqu'à présent : même en Allemagne et en Amérique, où la question a donné lieu à des études sérieuses et à des discussions approfondies, c'est encore le plomb qui l'emporte.

313. Tuyaux d'acier. — A la tôle de fer on a depuis quelques
années déjà substitué pour la fabrication des conduites forcées de
grand diamètre la tôle d'acier plus résistante et un peu moins sujette
à l'oxydation. Plus récemment la transformation des procédés de
la métallurgie a fait entrevoir la possibilité d'obtenir directement
des tuyaux d'acier d'une seule pièce qui présenteraient assurément
sur les tuyaux de fonte des avantages considérables et qui sont
peut-être appelés à les supplanter dans un avenir plus ou moins
prochain.

Déjà, en Allemagne, le procédé Mannessmann, qui a pour base
l'enroulement en hélice et la soudure continue d'un long ruban
d'acier, a permis d'obtenir pratiquement des tuyaux de petit et de
moyen diamètre, de forme analogue aux tuyaux de fonte à emboîtement, et qu'une légère oxydation suivie d'une immersion à chaud
dans un bain de goudron protège suffisamment, paraît-il, contre
les atteintes de la rouille. On invoque en faveur de l'emploi de ces
tuyaux de préférence à tous autres leur résistance, leur légèreté,
leur élasticité incomparables, leur étanchéité parfaite, leur inaltérabilité remarquable en présence des eaux acides ou chargées de
sels, etc. Ils se prêtent aisément à de légères courbes, mais jusqu'à
présent on a dû recourir pour les raccords à des pièces spéciales en
fonte.

§ 4

POSE DES CONDUITES

314. Conduites en terre. Conduites en galerie. — Les
conduites de distribution d'eau sont presque toujours posées sous
les voies publiques ; le plus souvent, elles sont placées *en terre*, au
fond d'une tranchée étroite ; rarement *en galerie*, c'est-à-dire à l'in-

térieur de souterrains à parois maçonnées, construits dans ce but spécial ou remplissant en même temps l'office d'égouts.

Le premier mode, de beaucoup le plus économique, est appliqué d'une manière générale ; le second ne se rencontre guère qu'à l'état d'exception et dans de très grandes villes.

Il suffit de donner à la tranchée une profondeur suffisante pour que les conduites en terre soient à l'abri des variations de température et des risques d'écrasement ou de rupture Les fuites, s'il s'en produit, se révèlent d'ordinaire par l'apparition de l'eau à la surface, puisqu'elle est en pression et tend à jaillir à travers le revêtement de la chaussée, pour peu que la ligne de charge soit, comme cela est de règle, supérieure au niveau du sol ; il suffit d'ouvrir une tranchée pour en découvrir la cause et effectuer la réparation, de sorte que la surveillance et l'entretien ne présentent pas de difficulté. Sans doute il se produit parfois certains incidents fâcheux : dans un terrain très perméable, par exemple, une fuite peut rester longtemps invisible et donner lieu à un éboulement souterrain, qui détermine, au bout de quelque temps, un effrondrement brusque de la chaussée, ou le tassement et la rupture de la conduite, ou encore des infiltrations dans les caves du voisinage ; dans un terrain imprégné d'eau et contaminé par des puisards ou des fosses perdues, une conduite, où certaines manœuvres détermineraient un vide momentané, pourrait recevoir du dehors des apports malfaisants ; la surface extérieure des tuyaux directement en contact avec la terre humide est exposée à une action destructive avec laquelle il faut compter parfois, etc. Mais ces incidents ne sont pas tellement redoutables qu'il y ait lieu de s'en préoccuper d'ordinaire ; tout au plus devra-t-on, pour les prévenir, prendre quelques précautions particulières dans certains cas exceptionnels. Malgré les inconvénients qu'elle peut avoir ainsi quelquefois, la pose en terre donne en somme de bons résultats, et il faut des circonstances toutes spéciales pour qu'on soit conduit à y substituer la pose en galerie.

Ces circonstances, d'après Dupuit, seraient les suivantes : galerie existante ou nécessaire pour un autre usage, voie publique étroite et très fréquentée, tranchée profonde, conduite de gros diamètre, grande pression de l'eau. Dans de semblables conditions, en effet, il y a d'une part un très grand intérêt à éviter les fuites en terre, qui pourraient prendre des proportions graves et amener des désastres, en même temps qu'à supprimer les ouvertures fréquentes de tranchées, si gênantes pour la circulation ; et d'autre part la dé-

pense supplémentaire reste dans des limites assez restreintes. Avec
les conduites en galerie, tout danger d'infiltration disparaît et l'eau
qui s'échappe par les fuites trouve un écoulement assuré ; la pose
se fait souterrainement ainsi que les réparations, la surveillance
est rendue très facile, et les visites peuvent être répétées fréquemment ; rien n'empêche de renouveler l'enduit protecteur destiné à
défendre la paroi extérieure des conduites contre la rouille ; les
tuyaux sont à l'abri des chocs, des tassements, des ruptures ; enfin
ils n'éprouvent pas plus de variations de température que lorsqu'ils sont en terre, pourvu qu'il n'y ait dans les galeries ni courants d'air violents ni écoulement d'eaux chaudes venant de l'extérieur. Ces avantages sont très appréciables ; mais il ne faut pas
se dissimuler que, s'il faut, pour les obtenir, construire tout exprès
les galeries à grande section nécessaires pour le transport, la pose,
la visite et la réparation des conduites, ils seront achetés fort cher ;
remarquons d'ailleurs, en passant, que la dépense à faire pour la
galerie ne varie que bien peu avec le diamètre des tuyaux, de sorte
qu'elle est relativement moindre pour les grosses conduites que
pour les petites et partant plus justifiée. Quand on dispose, comme
à Paris, d'un réseau de galeries visitables pour l'écoulement des
eaux d'égout, il y a peu de chose à faire pour le mettre en état de
recevoir les conduites d'eau, et on doit évidemment sans hésitation
adopter d'une manière systématique la pose en égout. On devra y
recourir aussi, quelque coûteuse qu'elle puisse être, quand les conduites auront à passer sous des chaussées imperméables où les
fuites ne sauraient apparaître au dehors, dans un sol médiocre et
auprès de hautes maisons, de telle sorte que toute infiltration pourrait amener des dégâts importants, sous les voies ferrées. A Londres et dans quelques villes des Etats-Unis, on a construit souvent
à côté ou au-dessus des égouts d'autres galeries spécialement destinées à recevoir les conduites d'eau.

315. Dispositions des conduites en plan et en profil. —
Lorsque dans une rue il doit y avoir une conduite d'eau unique, on
la place ordinairement au milieu, afin que les branchements de
part et d'autre soient d'égale longueur. Si la voie publique empruntée est très large, on évite souvent l'obligation de recourir à
de longs branchements transversaux, en remplaçant la conduite
unique par deux conduites de plus petit diamètre, symétriquement
placées de part et d'autre. Certaines considérations spéciales peuvent d'ailleurs intervenir, et faire préférer suivant les cas des em-

placements différents ; ici, on devra éviter une voie de tramway, là ménager les plantations ; tantôt on recherhera les trottoirs, où les tranchées sont moins gênantes, les affaissements possibles moins dangereux, la réfection du revêtement moins coûteuse ; tantôt, au contraire, on s'en écartera, par crainte d'infiltrations dans les maisons ou pour éviter le voisinage des conduites de gaz, des câbles électriques, etc.

Les sinuosités doivent être réduites autant que possible ; et, s'il faut admettre des courbes, il y a lieu de les disposer de manière que la pose des tuyaux s'y fasse sans difficulté, soit en profitant de la flexibilité des joints, soit en recourant aux pièces courbes de rayon déterminé qui font partie de la série des raccords ordinaires. L'expérience permet de déterminer aisément les rayons de coubure limites dont il convient de ne pas s'écarter : on devra, au reste, préférer les petits rayons aux grands, parce qu'ils ramènent en quelques points bien déterminés l'effort des pressions intérieures, qu'il devient dès lors plus facile de contre-buter afin d'éviter des déboîtements possibles.

Dans le cas de pose en égout, il n'y a évidemment qu'à suivre le tracé des galeries empruntées, si elles ont été construites antérieurement ; mais, quand l'établissement de ces galeries est entrepris en vue de la pose des conduites, on doit avoir soin de donner aux courbes les rayons convenables pour y faciliter le passage des tuyaux.

Le profil des conduites posés en terre ne diffère pas en général de celui du sol ; la tranchée reçoit partout exactement la profondeur normale admise, et le fond est parallèle à la surface. Quelquefois seulement, le sol présentant des inflexions multipliées, la conduite est posée suivant un profil moins accidenté, qui est obtenu en faisant varier la profondeur de la tranchée ; quelquefois aussi, faute d'une charge suffisante, l'eau ne pourrait franchir un point haut, et il devient nécessaire d'enfoncer profondément la conduite dans le sol en l'enveloppant au besoin dans une galerie ; d'autres fois, il faut l'élever ou l'abaisser pour éviter un obstacle, passer au-dessus ou au-dessous d'une conduite ou d'un égout transversal, la mettre à l'abri des atteintes d'une nappe d'eau souterraine, etc.

316. Profondeur des tranchées. — Quant à la profondeur normale des tranchées, elle est déterminée par la nécessité de laisser au-dessus des tuyaux une épaisseur de terre assez grande pour les défendre à la fois contre tout danger d'écrasement et contre les

effets de la gelée. De ces deux conditions, la première conduit à
réserver entre le sol et le dessus de la conduite une hauteur variable suivant le mode de revêtement du sol et la nature de la circulation, plus grande sous une chaussée en terre parcourue par de
lourds véhicules que sous une chaussée pavée fréquentée par des
voitures légères, plus petite sous un trottoir, et comprise entre
$0^m,40$ et $1^m,50$ dans les cas les plus ordinaires. La seconde a des
conséquences différentes suivant les climats : König, pour l'Allemagne, demande $1^m,50$ à 2 mètres de terre au-dessus des conduites,
Dupuit, pour la France, indique seulement $1^m,40$; à Paris on se
contente de $1^m,20$, et souvent dans nos pays on a pu descendre au-
dessous sans inconvénient. Il est évident qu'on devra choisir le
plus élevé des deux chiffres fournis par l'une ou l'autre considération ; en y ajoutant le diamètre du tuyau et le double de son épaisseur, on aura la profondeur à donner à la tranchée.

Lorsqu'on a eu soin de remplir les conditions qui viennent d'être
indiquées, la température de l'eau qui circule dans les conduites
varie extrêmement peu ; de sorte qu'il ne faudrait pas compter sur
l'influence du sol, même durant un long parcours, pour échauffer
ou rafraîchir cette eau dans des proportions sensibles. Ne sait-on
pas, que, dans les régions à climat tempéré, un tuyau de gros diamètre, dans lequel l'eau a un écoulement constant et de vitesse
modérée, ne gèle pour ainsi dire jamais? Fanning cite des tuyaux
dans ces conditions qui n'ont point gelé au-dessous d'une rivière
où la glace acquiert quelquefois une épaisseur de $0^m,30$. Il n'en est
pas de même évidemment si l'eau reste stagnante, de sorte que les
conduites en impasses des réseaux ramifiés sont plus exposées à
souffrir de la gelée que les circuits fermés de réseaux maillés ; elles
le sont d'autant moins d'ailleurs que les diamètres des tuyaux sont
plus grands.

**317. Dispositions particulières dans certains cas spé-
ciaux.** — Les tuyaux se posent ordinairement au fond des tranchées, sans aucune préparation préalable ; mais ce mode d'opérer
suppose que le terrain est suffisamment résistant. Dans le cas contraire, si la tranchée est ouverte, par exemple, dans un terrain
meuble, sans homogénéité, exposé à des tassements inégaux,
comme un remblai de mauvaise qualité, il faut prendre quelques
précautions : poser les tuyaux sur des dosses de bois ou sur des
madriers portés par de petits pieux, sur un lit de béton ou de sable
ou sur des arcades légères s'appuyant sur des piliers en maçon-

neric. Quelquefois, on se contente de disposer des supports isolés, pieux ou piliers, de distance en distance, et d'y appuyer directement les tuyaux ; mais ce système n'est pas recommandable, car il peut donner lieu à des tassements inégaux et par suite à des ruptures. Aussi doit-on éviter avec soin de faire porter les conduites sur les restes de maçonnerie, sur les anciennes fondations qu'on rencontre parfois dans les tranchées : ce serait les exposer à se briser en ces points au bout de quelque temps.

Lorsqu'on a deux conduites à poser dans la même voie publique on peut-être tenté de n'ouvrir qu'une seule tranchée pour les recevoir toutes deux, par mesure d'économie. Mais cette pratique doit-être proscrite : tout accident sur l'une des conduites en amènerait en effet fatalement un autre sur la conduite voisine ; et, en cas de fuite, on ne saurait discerner aisément celle qui appelle une réparation. L'exemple de Francfort-sur-le-Mein, où les conduites de service ont été placées quelquefois dans les mêmes tranchées que les conduites maîtresses, ne paraît pas devoir être suivi.

Si, à la rencontre d'un égout, le profil de la conduite ne peut être dévié de manière à la faire passer au dessus ou au-dessous, on perce les maçonneries et l'on pose les tuyaux en travers de l'égout en réservant l'espace nécessaire pour l'écoulement de l'eau ou la circulation. Les tuyaux sont alors ou laissés à nu, ou enveloppés d'un *fourreau* ou manchon ; mais, dans tous les cas, il faut éviter de les faire porter sur les maçonneries.

Pour franchir les cours d'eau, les conduites empruntent presque toujours les ponts existants. Lorsqu'ils sont en maçonnerie, une

galerie est pratiquée, sous les trottoirs de préférence, et recouverte soit de dalles en pierre ou de plaques de fonte, soit d'une voûte aplatie. Au passage des ponts en fer, on peut suspendre les tuyaux entre les poutres, les placer en encorbellement ; ou leur ménager un logement au-dessous des pièces de pont ; mais alors il est presque toujours indispensable de choisir un mode de joints assez flexible pour se prêter aux oscillations de l'ouvrage. Dans le cas, fort rare, où le pont ne pourrait pas supporter le surcroît de charge résultant du passage des tuyaux, force serait de recourir à des supports spéciaux, ou de poser la conduite en siphon dans le lit même du cours d'eau. Il arrive parfois qu'un pont en maçonnerie n'a pas une voûte assez épaisse pour qu'il soit possible d'y loger

la galerie destinée à recevoir une conduite
d'eau : rien n'empêche alors de couper
entièrement la voûte et de laisser la conduite faire saillie en dessous, soit qu'elle
reste apparente, soit qu'on l'enveloppe
dans un fourreau ou une bâche en métal
ou en bois.

318. Pose en tranchée. — L'ouverture des tranchées destinées à recevoir des conduites d'eau ne présente aucune particularité. Leur largeur doit être telle qu'un homme puisse y travailler
sans gêne, ce qui suppose au moins 0^m,60 à 0^m,70 d'ouverture au
niveau du sol, quel que soit le diamètre des tuyaux : la même largeur suffit tant que le diamètre reste inférieur à 0^m,40 ; au-delà, il
faut l'augmenter suivant les besoins. On a recours à des étaiements
si le terrain est ébouleux, mais en ayant soin de disposer les étré-
sillons de manière à ne point entraver la descente des tuyaux. Le
fond est réglé avec soin suivant le profil arrêté ; puis, si les tranchée est étroite, on ménage des *niches*, pour l'exécution des joints.

Les tuyaux sont alors descendus dans la tranchée, ce qui se fait
sans difficulté aucune pour les petits diamètres; pour les gros,
le poids des pièces à manier devient considérable et il faut recourir
à des engins spéciaux. Le plus souvent on fait usage d'un chariot
roulant placé en travers de la tranchée et dont les supports s'appuient sur le sol de part et d'autre ; un double treuil disposé à la
partie supérieure du chariot, sert à manœuvrer les chaînes ou les
cordes auxquelles on suspend le tuyau, et qu'il suffit de laisser
filer ensuite pour le descendre dans la fouille, quand le chariot a
été amené au point convenable : on facilite la manœuvre en faisant
porter les roues ou galets du chariot sur des chemins en madriers

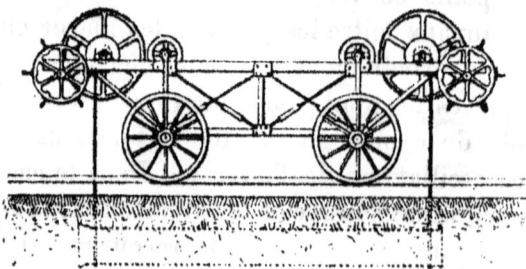

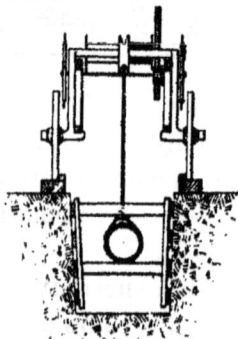

ou sur des rails. D'autres fois on pose au fond de la tranchée une voie ferrée, sur laquelle circule un truc qui vient recevoir les pièces de fonte au pied d'un plan incliné servant à en opérer la descente, et les transporte au lieu d'emploi. Dans tous les cas, et afin d'éviter de fausses manœuvres, des pertes de temps et des frais inutiles, il faut examiner chaque pièce avec soin, la sonner au marteau, s'assurer qu'elle n'a pas souffert pendant le transport, avant d'en opérer la descente.

Quand il y a un certain nombre de tuyaux en place au fond de la tranchée, on entreprend la confection des joints. Il ne serait pas bon de descendre plusieurs tuyaux à la fois, après avoir fait les joints correspondants hors de la fouille, car les manœuvres en les ébranlant compromettraient ces joints ; tout au plus un tel mode d'opérer est-il admissible pour de petites pièces faisant partie de raccords compliqués, et plus particulièrement pour des pièces à brides. Si les joints sont à emboîtement, on s'assure, avant de couler le plomb et au moyen d'un petit gabarit spécial, que l'espace annulaire réservé est bien régulier et qu'il a partout la profondeur de $0^m,04$; on fait ensuite la coulée, puis on procède au matage.

Il est extrêmement utile de faire l'épreuve des joints avant de remblayer la tranchée. A cet effet, dès qu'un tronçon de conduite est terminé, on place à l'extrémité une plaque pleine provisoire et on la contre-bute solidement ; puis on remplit la conduite, et, au moyen d'une pompe de compression, on y élève la pression jusqu'à la limite fixée ; on vérifie alors que les joints ne perdent pas d'eau, qu'aucune fuite ne se produit, ou, si des filets d'eau apparaissent, on complète le matage des joints correspondants. Assez souvent, quand il s'agit de conduites reliées à un réseau en service, on n'a point recours à la pompe de compression, et l'on se contente de soumettre les tronçons à éprouver à la pression même qu'ils devront supporter normalement. Dans le cas, au contraire, où l'on établit une canalisation nouvelle, il peut être parfois difficile de se procurer l'eau nécessaire aux épreuves, de sorte qu'il y faut renoncer : il va sans dire qu'il y a lieu de redoubler alors de soin pendant la pose et de surveiller de près la conduite pendant les premiers temps. Il se produit assez souvent des ruptures au moment des épreuves par l'effet des coups de bélier, si l'on n'a pas convenablement assuré le dégagement de l'air, ou si l'on ne procède pas au remplissage de la conduite avec la prudente lenteur qu'il convient d'apporter à cette opération.

Enfin il reste à remblayer la tranchée, en pilonnant les terres en plusieurs couches pour diminuer autant que possible les tassements ; quoi qu'on fasse, ils sont d'ailleurs inévitables, aussi faut-il attendre quelque temps avant de procéder au rétablissement définitif de la chaussée ou du trottoir.

319. Butées. — Lorsque des conduites de fort diamètre sont soumises à des pressions considérables, il ne faut jamais omettre de les contre-buter convenablement tant aux coudes qu'aux extrémités. En ces divers points, en effet, la poussée de l'eau tend à déboîter les tuyaux, et, à moins que les joints résistent par eux-mêmes, comme c'est le cas pour les joints à brides solidement maintenus par les boulons, il peut arriver qu'ils s'ouvrent et donnent lieu à des fuites plus ou moins grandes. On calcule aisément l'importance de l'effort auquel il s'agit d'opposer une résistance appropriée : à l'extrémité d'une conduite c'est la pression même qui s'exerce normalement sur la partie mouillée de la plaque de fermeture : dans un coude, c'est la résultante des poussées suivant la bissectrice AB de l'angle formé par les deux tronçons de la conduite.

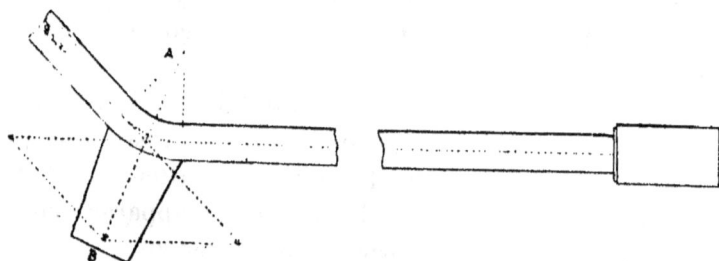

La résistance s'obtient soit en appuyant les conduites sur la paroi de la fouille et contre le sol vierge, s'il est par lui-même assez compact, soit plus généralement en établissant tout exprès des massifs de maçonnerie qui résistent par leur poids. Le calcul de ces massifs est fort simple : il suffit d'en composer le poids avec l'effort dû à la poussée de l'eau, pour obtenir la résultante ; et l'on s'assure que cette résultante passe dans la base même du massif, et à une distance suffisante de l'arête extrême pour donner toute sécurité.

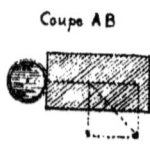

Coupe AB

320. Pose en galerie. — Quand les conduites sont placées en galerie, les tuyaux sont le plus souvent supportés par des *consoles* en fonte scellées dans l'une des parois en maçonnerie, à la naissance de la voûte ou un peu au-dessous, et qui présentent une partie courbe épousant la forme du tuyau, afin de lui donner une as-

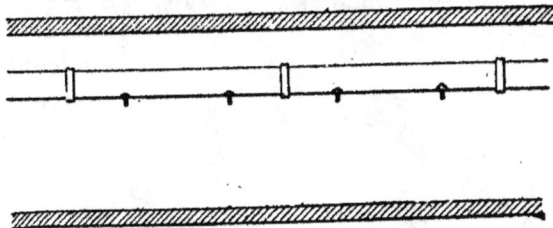

siette solide : chaque tuyau est porté par deux consoles. Pour empêcher les mou-
vements de la
conduite , on
l'attache de distance en distance au
moyen *d'agrafes* ou de *colliers* en fer retenus dans les maçonneries
par des scellements en queue de
carpe, ou on le maintient par des
arcs-boutants également en fer,
s'appuyant sur les maçonneries
par l'intermédiaire de plaques de
métal.

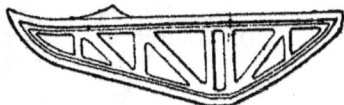

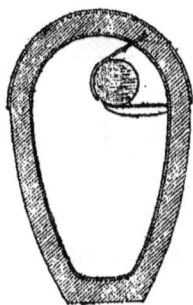

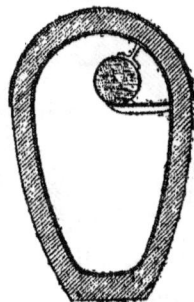

Les butées aux extrémités ou
aux coudes sont formées, soit par
des barres de fer ou des poutres
en I s'appuyant sur le radier, la voûte ou les piédroits de la galerie,
soit par des massifs de maçonnerie comme pour les conduites en
terre.

Autrefois, on employait des *corbeaux* en pierre au
lieu des consoles en fonte usitées aujourd'hui ; on en
trouve encore des exemples dans les vieux égouts de
Paris, dans la distribution d'eau de Dijon, etc.

Quand les conduites sont de fort diamètre, le porte-
à-faux des consoles devient trop considérable, et il vaut
mieux les remplacer par des supports verticaux disposés sur le radier ou sur les banquettes des galeries ; tantôt ce sont des *colonnet-
tes* en fonte, tantôt des *tasseaux* ou dés en maçonnerie. Les colon-
nettes ont une base élargie, qui répartit convenablement le poids sur
le radier, un fût mince de manière à occuper le moins d'espace possible, et une partie supérieure recourbée, sur laquelle la conduite
vient reposer solidement : leur inconvénient est d'avoir une longueur déterminée, ce qui oblige à connaître très exactement d'a-
vance la position de la conduite dans tous les points, et devient

29

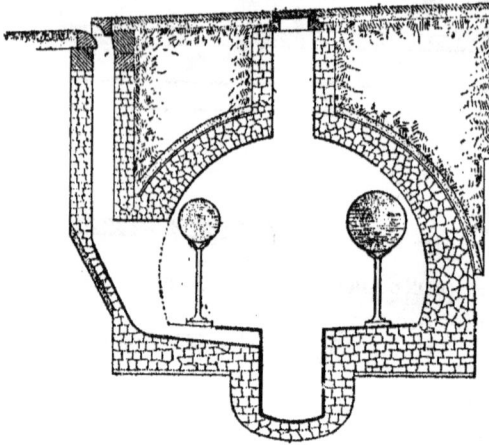

gênant quand
une modification
quelconque se
trouve nécessai-
re. A ce point de
vue, l'emploi des
tasseaux donne
des facilités très
grandes, puis-
qu'on les cons-
truit sur place.
souvent même
après la pose de
la conduite soutenue provisoirement par des pièces de bois. Les

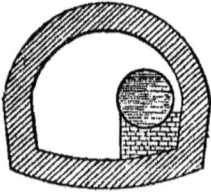

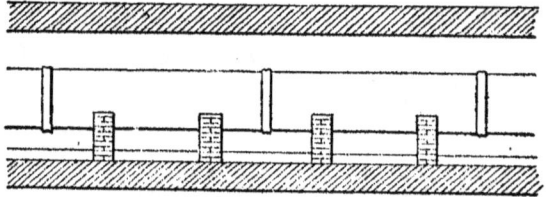

agrafes, colliers et arcs-boutants s'emploient dans ce cas exactement
comme avec les conduites posées sur consoles.

Quelquefois, par exemple lorsque la galerie est plus haute que
large, les tuyaux sont placés à la voûte, au-dessus des naissances,
et soutenus par des *étriers* en fer, qui sont ou scellés dans la maçonnerie ou reliés à une plaque transversale reposant sur l'extrados

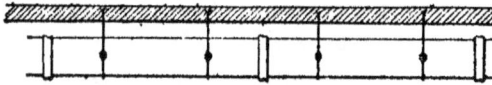

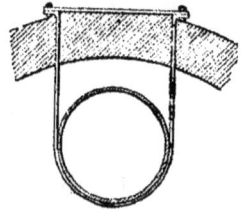

de la voûte ; ce système est plus coûteux que les précédents, moins

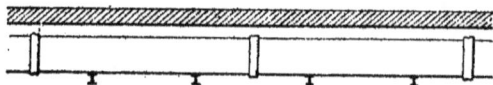

favorable à la surveillance et rend la pose assez malaisée. Enfin, quand il y a une grosse conduite ou plusieurs petites à poser à la voûte, on a parfois recours avec avantage à des fers à I, disposés horizontalement et scellés de part et d'autre dans les maçonneries, qui fournissent une base solide pour les recevoir.

Les tuyaux sont descendus dans les galeries par les regards qu'on a eu soin de ménager de distance en distance, ou par des ouvertures spéciales pratiquées dans la voûte au moment de la pose : le second mode est le seul applicable aux pièces de grandes dimension. Dans l'intérieur des galeries, le transport s'effectue à bras ou au moyen de trucs circulant sur une petite voie ferrée : des radeaux ont été employés parfois dans des égouts de grande dimension où l'eau coulait constamment en masse considérable.

321. Branchements et prises. — Les *branchements* des conduites secondaires, se détachant sur le parcours des conduites principales, ont le plus souvent pour point de départ un manchon à tubulure. Ils ne présentent d'ailleurs aucune particularité. Mais il convient d'appeler l'attention sur la poussée qui se produit au droit de chacun de ces branchements, et qu'il peut être nécessaire de contrebuter, si la pression est grande et la conduite secondaire de fort diamètre, en donnant au manchon un appui solide du côté opposé à la tubulure.

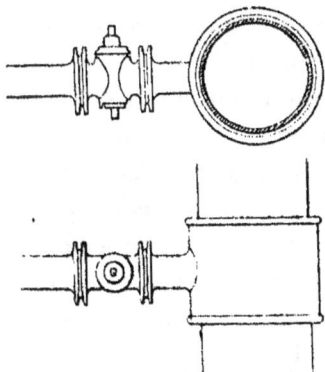

Pour les *prises* des petits tuyaux d'alimentation destinés à porter l'eau de la conduite publique aux appareils de distribution ou à l'intérieur des maisons, il n'est point fait usage en général de pièces spéciales. Dans quelques villes cependant, parmi lesquelles on peut citer Francfort-sur-le-Mein, Salzbourg, Bamberg, on a disposé d'avance sur la conduite, au moment de la pose, des tubulures en attente, aux points où l'on supposait qu'il y aurait plus tard des prises à faire ; ce système est dispendieux et ne rend de services que si les tubulures sont parfaitement repérées sur un plan tenu à jour. Ordinairement, on perce la conduite au point voulu quand il y a une prise à faire, et on y raccorde un tuyau de plomb de faible diamètre.

Pour éviter tout danger de rupture du tuyau au moment du percement on faisait autrefois venir de fonte sur chaque pièce un *mamelon*, ou disque saillant, dans lequel on perçait le trou taraudé

destiné à recevoir le robinet de prise, sauf à le fermer par un bou-
chon métallique en cas de besoin. Cet artifice était en usage à Paris au temps de Dupuit, qui, pour plus de facilité encore, a proposé de substituer au mamelon une bande plate saillante courant sur toute la largeur du tuyau. En Allemagne, on a eu recours aussi à une bande saillante, formant comme une bague autour du tuyau, et qui a sur le mamelon l'avantage de ne pas demander lors de la pose la même attention, puisque le percement peut être fait aussi bien quelle que soit la position du tuyau, tandis que le mamelon doit toujours être amené à la partie supérieure.

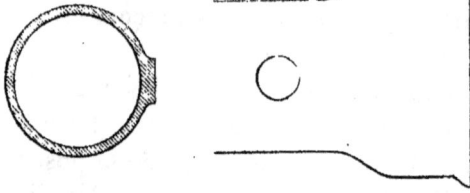

A défaut de l'une ou l'autre de ces dispositions, on se sert du *collier à lunette*, sorte de bague mobile en fer qu'on rapporte sur le tuyau et qui présente en un point une partie élargie, renforcée et percée d'un trou : on dispose le collier de manière que la *lunette* soit placée exactement au point où le percement doit avoir lieu. Puis on arrête l'écoulement de l'eau dans la conduite, on la vide, et on procède au percement, après quoi on y adapte un tuyau de plomb dont le bout a été introduit d'abord dans la lunette puis rabattu en un collet destiné à être serré entre le tuyau et le collier.

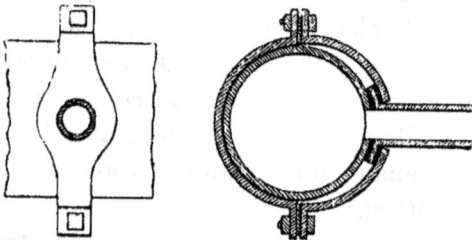

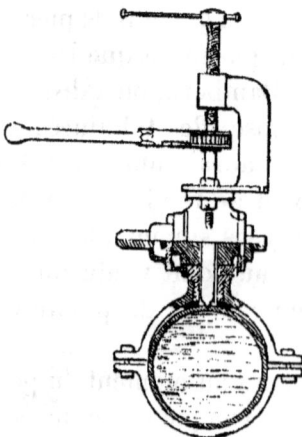

L'arrêt d'eau, qui entraîne une interruption de service de quelques heures au moins, constitue une gêne qu'il y a intérêt à éviter. Aussi, a-t-on imaginé des appareils au moyen desquels la prise peut être faite sans vider la conduite et pendant qu'elle est en service et en pression. Ils présentent à cet effet une disposition spéciale qui permet de fermer le passage à l'eau dès que l'outil achève le percement et qu'elle jaillit dans le trou. Le mode de *prise en charge* inventé et appliqué d'une manière générale en France et qui s'est maintenant répandu partout est extrêmement simple ; l'outil qui sert à exécuter le percement traverse à la fois la lunette et le robinet qu'il est d'usage de placer sur la prise ; dès que l'eau apparaît, on retire l'outil et on ferme le robinet ; il n'y a plus à faire que le joint qui reliera le branchement au robinet.

Quand les conduites de service sont posées en galerie, il est bon de ne pas laisser en terre les branchements de prise, sinon la cause d'infiltration qu'on a voulu supprimer subsisterait au moins en partie et avec tous ses dangers. On peut alors, soit envelopper le tuyau de branchement dans une gaine métallique ou *fourreau*, débouchant dans la galerie et présentant une pente continue, de manière à y écouler immédiatement l'eau qui proviendrait des fuites, soit le placer dans une petite galerie spéciale de section réduite disposée normalement à la galerie principale. Les deux systèmes sont appliqués à Paris, le premier pour les appareils publics, le second pour les branchements de prise des abonnés.

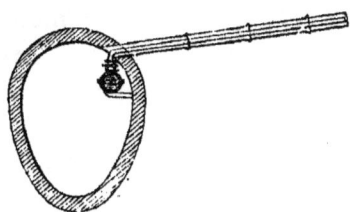

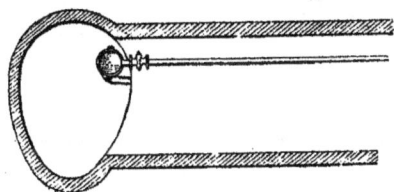

§ 5.

APPAREILS ACCESSOIRES DES CANALISATIONS D'EAU

322. Rôle multiple des appareils accessoires. — Toute canalisation d'eau doit être pourvue d'un certain nombre d'appareils accessoires, du bon fonctionnement desquels dépend en grande partie la régularité du service.

Il est indispensable notamment d'avoir le moyen d'isoler un tronçon de conduite quelconque et de le vider, pour le cas où il faut y exécuter un travail de réparation ou autre ; et cela suppose des appareils *d'arrêt* aux extrémités du tronçon considéré, et un appareil de *décharge* au point bas. Il faut aussi, au moment du remplissage ou du vidage de chaque bief, assurer la sortie ou la rentrée de l'air, ce qui implique encore des appareils spéciaux, placés cette fois aux points hauts, *tuyaux d'évent* ou *ventouses*.

Dans un réseau bien disposé, toute conduite reçoit un appareil d'arrêt à son origine, et, de plus, si elle a une grande longueur, d'autres à intervalles réguliers , tous les 500 mètres par exemple, sur son parcours ; puis un appareil de décharge à chaque point bas et un appareil d'évacuation d'air à chaque point haut.

Voilà le nécessaire : mais il arrive souvent qu'on est conduit à employer encore d'autres appareils, soit du même genre soit d'autres types, pour répondre à des besoins spéciaux ; tel est par exemple le cas des *trous d'homme*, qu'on adapte souvent aux conduites de gros diamètre pour en permettre la visite intérieure, ou pour y faciliter l'introduction de certains appareils de nettoyage.

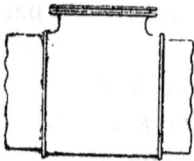

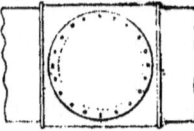

Les appareils accessoires sont en général assez coûteux, et il faut en conséquence éviter soigneusement d'en augmenter le nombre sans utilité réelle ; mais d'autre part on doit se garder de le trop réduire, car ce serait toujours aux dépens de la sécurité et de la permanence du service.

323. Appareils employés pour l'arrêt ou la décharge. — Pour arrêter l'écoulement de l'eau dans les conduites ou en opérer le vidage, on emploie des appareils de formes et de dispositions diverses, que l'on confond d'ordinaire sous la désignation de *robinets*. Ils s'ouvrent ou se ferment à volonté par un mouvement de rotation, qui tantôt est limité à un quart de tour, et tantôt au contraire suppose plusieurs tours complets. Le premier cas, applicable seulement aux tuyaux de petit diamètre, est celui des robinets ordinaires ou *robinets à boisseau*, formés d'un tronc de cône percé d'un trou ou lumière, qui tourne à frottement dans une boîte reliée à la conduite et qui se manœuvre directement au moyen d'une *clé*. Le second implique l'emploi d'un organe intermédiaire, vis ou engrenage, par lequel la clé transmet le mouvement à l'obturateur mobile.

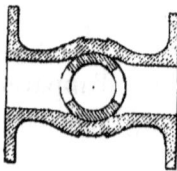

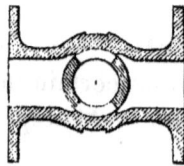

Cet obturateur est plus généralement un disque, en forme de coin, qui vient s'appliquer de part et d'autre sur des sièges fixes disposés à l'intérieur d'une boîte métallique reliée à la conduite, et qui constitue ainsi une double fermeture étanche. L'appareil prend alors le nom de *robinet-vanne*.

Mais on emploie aussi des appareils d'arrêt ou de décharge à fermeture lente où l'obturateur ne présente pas cette forme. Tantôt c'est un cône tournant autour de son axe, comme dans le robinet à boisseau, ou se déplaçant parallèlement à cet axe ; le frottement cesse dans le second cas, dès que le contact cesse lui-même par le fait du démarrage comme pour le robinet-vanne, tandis que dans le premier cas il s'exerce pendant tout le temps de la rotation. Tantôt il est composé de deux disques, articulés à l'extrémité d'une tige à vis, et qui viennent s'appliquer de part et d'autre sur des sièges fixes. Il a reçu encore la forme d'une sphère creuse, emboîtée dans une chambre également sphérique et tournant autour d'un de ses diamètres, ce qui permet de disposer trois voies d'eau et de fermer une quelconque d'entre elles ; celle d'un disque vertical portant deux secteurs pleins et deux vides, qui tourne autour de son centre ; ou enfin celle d'un cylindre creux se déplaçant parallèlement à son axe, sorte de vanne cylindrique analogue à celles qui sont appliquées depuis quelques années pour le service des écluses des canaux.

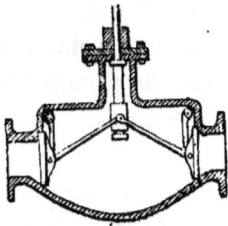

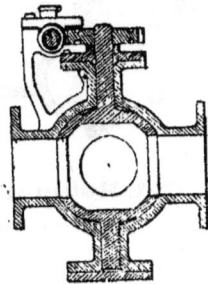

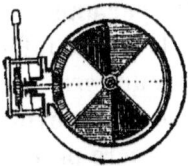

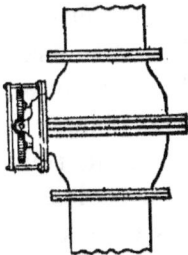

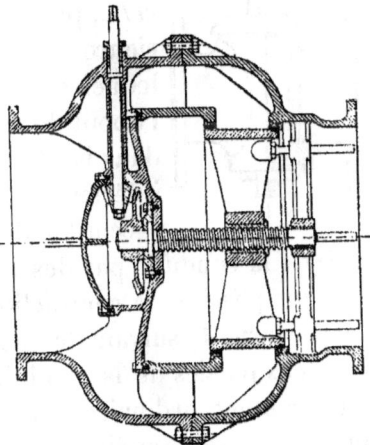

Quelquefois la fermeture est disposée de manière à résister à la pression, non plus des deux côtés comme dans les appareils que nous venons de citer, mais d'un côté seulement : la vanne en forme de coin s'applique alors sur un seul siège et reste libre d'autre part ; ou l'on n'emploie qu'un disque articulé au lieu de deux. A ce type se rattachent les robinets où la fermeture est obtenue au moyen d'une soupape plate, venant s'appliquer sur un siège horizontal, qui convient mieux comme

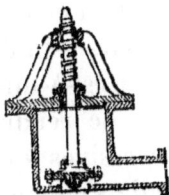

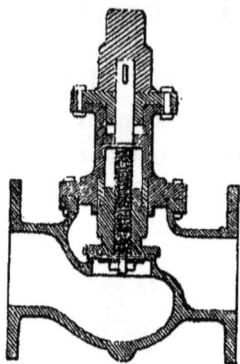

décharges que comme robinets d'arrêt, parce qu'ils brisent les filets d'eau lorsque le clapet reste suspendu dans la masse en mouvement.

Nous ne donnerons pas ici la description détaillée des très nombreuses dispositions proposées ou mises en usage, et nous nous bornerons à quelques indications relatives aux deux types les plus répandus : les robinets à boisseau et les robinets-vannes.

324. Robinets à boisseau. — Le robinet à boisseau se compose de deux parties essentielles : l'obturateur mobile ou *clé* et la boîte métallique, dans laquelle il tourne, qui est le *corps* du robinet ou le *boisseau* proprement dit. La clé traverse le boisseau de part en part, et y est retenue par une *clavette*, passée dans un trou disposé à la partie inférieure ; elle se termine vers le haut par un *carré* sur lequel s'applique un *chapeau* destiné à recevoir l'about de la clé de manœuvre. La lumière percée dans la clé est de section rectangulaire, et le vide intérieur du boisseau est profilé de manière à la raccorder de part et d'autre avec la section circulaire de la conduite par des surfaces courbes, afin de diminuer autant que possible la contraction. Le boisseau porte deux abouts, de forme variable suivant le mode de jonction adopté pour le relier aux deux parties de la conduite, mais le plus souvent à brides.

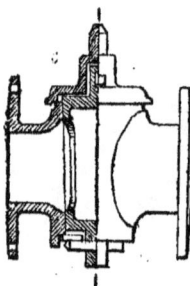

Ce robinet, ordinairement en bronze, convient aux petites conduites, à cause de sa simplicité de construction et de manœuvre ; mais il ne saurait être appliqué à celles de grand diamètre sans modification, car l'effort à faire pour le manœuvrer deviendrait trop considérable, et la difficulté d'ajustage augmenterait dans de très fortes proportions, ainsi que le prix.

Manœuvré souvent, le robinet à boisseau s'use vite ; il perd bientôt son étanchéité et des filets d'eau s'en échappent. Cet effet se produit surtout avec des eaux chargées de sable. On le remet en état en le *rodant* ; et, en prévision de cette nécessité, on a toujours soin de lui donner lors de la fabrication une *garde* suffisante, c'est-à-dire d'augmenter la longueur de la clé afin de lui permettre de rendre encore un bon service après plusieurs réparations successives qui diminuent chaque fois la grosseur, de telle sorte qu'elle s'enfonce de plus en plus dans le boisseau ; à moins de réparations très fréquentes on ne parvient pas à le maintenir parfaitement étanche. C'est pourquoi on le remplace quelquefois par le robinet à soupape ; mais ce dernier, s'il est exempt du défaut reproché au robinet à boisseau, n'a pas toutes ses qualités : la fermeture, bonne dans un sens, l'est moins dans l'autre, et l'écoulement de l'eau y éprouve une gêne plus grande. Aussi a-t-on cherché à obtenir l'étanchéité du robinet à soupape sans renoncer aux qualités du robinet à boisseau, en conservant la clé tronconique mais en fermant le boisseau ; cette disposition implique au moins une garniture ou presse-étoupe, qui exige une surveillance et des soins particuliers, et ne permet plus de rattrapper aussi aisément l'usure. La véritable solution semble se rencontrer dans la disposition ingénieuse imaginée par M. Gibault : la clé, renversée, présente son petit bout en haut, de sorte que la pression même de l'eau la soulève et l'appuie sur le boisseau, qui est fermé en-dessous ; la tige qui porte le carré passe à travers une garniture en cuir embouti ; et le poids de la clef de manœuvre, en venant peser sur cette tige, facilite le fonctionnement du robinet. Même avec ce système, on ne peut guère dépasser le diamètre de 0^m100, si l'on ne veut pas avoir à faire un trop grand effort pour la manœuvre ; et, pour en étendre l'emploi aux diamètres spéciaux, il faut nécessairement recourir à un engrenage qui le complique beaucoup.

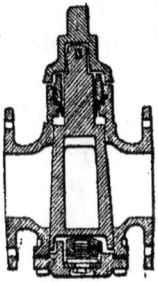

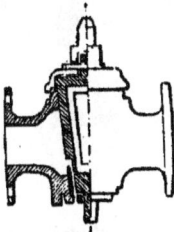

Les robinets à boisseau employés comme robinets d'arrêt sont munis assez souvent d'un petit orifice, par lequel l'un des deux biefs se vide automatiquement, lorsque le robinet est fermé. C'est un mode de décharge simple et commode, qui rend d'utiles services et ne coûte pour ainsi dire rien.

325. Robinets-vannes. — Le corps du robinet-vanne est toujours en fonte, et généralement il présente deux brides qui servent à le relier à la conduite de part et d'autre. Quelquefois, à l'étranger, on remplace les brides par deux cordons ou deux emboîtements ; les brides sont préférables, parce qu'elles permettent le démontage et l'enlèvement du robinet sans modification ni déplacement des pièces voisines.

La *vanne* se compose d'un disque épais en fonte, garni de deux cercles en bronze, qui viennent s'appliquer sur deux autres cercles de même métal fixés au corps du robinet ; la vis fixe qui sert à la ma-

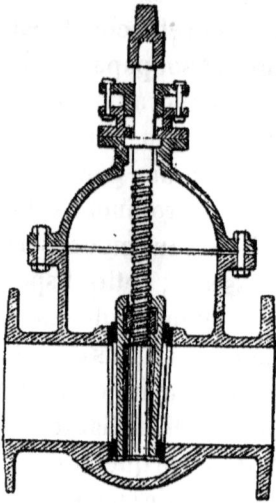

nœuvrer et l'écrou mobile qu'elle porte
sont également en bronze. Lorsqu'elle est
ouverte, la vanne laisse complètement libre la section d'écoulement de la conduite
et vient se loger tout entière dans la partie
supérieure du corps du robinet, dont la
hauteur doit être en conséquence plus
grande que le double du diamètre de la
conduite.

La forme extérieure du robinet-vanne
n'est pas toujours la même et plusieurs
types sont entrés simultanément dans la
pratique. Tantôt la cage où se meut le disque est cylindrique à base circulaire avec
calotte hémisphérique, comme l'indique
la figure ci-dessus, tantôt elle est de section aplatie
ou elliptique. Au point de vue de la résistance, c'est
évidemment la première qui est la meilleure : elle
est adoptée à Paris d'une manière
générale. Mais les robinets mé-
plats coûtent moins cher et se sont
par suite beaucoup répandus en
France et en Angleterre ; ils ne
présentent d'ailleurs aucun inconvénient pour les petits diamètres,
car l'épaisseur donnée à la fonte
lui permet aisément de supporter
les pressions habituellement admises. La forme ovale est usitée en
Allemagne.

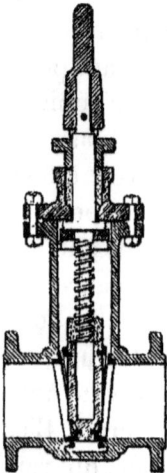

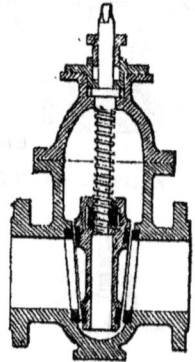

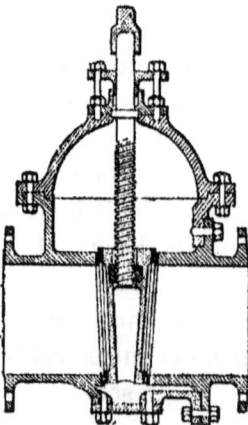

Le prix de ces appareils varie surtout avec
le mode d'ajustage des rondelles en bronze
qui assurent le contact de la vanne et du robinet. Dans le type Herdevin, type primitif des
robinets-vannes à corps cylindrique et calotte
sphérique, seul employé à Paris pendant de
longues années, ces rondelles sont appliquées sur des faces préalablement tournées,
tournées elles-mêmes de part et d'autre, et
fixées par des vis : par suite le corps du robinet se compose de deux pièces reliées par

des boulons. Dans la plupart des autres systèmes le corps du robinet est constitué par une pièce unique, et les rondelles de bronze, tournées d'un côté seulement, s'appliquent sur des saillies ou dans des rainures brutes de fonte où elles sont fixées au moyen d'un mastic, ce qui présente moins de garantie de durée, mais simplifie beaucoup la fabrication et diminue par suite la dépense. Les divers types diffèrent aussi par le pas de la vis, la nature du bronze, la forme et le mode d'attache du stuffing-box ou presse-étoupe, etc.

Tout robinet-vanne doit être essayé avant la réception : on peut à cet effet procéder comme pour les tuyaux, et utiliser une presse du même genre, dont les plateaux sont seulement moins écartés. Il est bon de les soumettre à la pression d'épreuve, soit ouverts, soit fermés, et en mettant l'eau de part ou d'autre de la vanne. Un bouchon à vis, placé sur la calotte, sert à l'évacuation de l'air pendant le remplissage ; un autre, à la partie inférieure, quelquefois remplacé par une petite plaque pleine, permet le vidage complet et le nettoyage de la cage.

Le robinet-vanne a l'inconvénient de ne pas indiquer au dehors la position de l'obturateur, et, tandis que la position seule du carré montre si le robinet à boisseau est ouvert ou fermé, on est obligé avec le robinet-vanne de faire une manœuvre complète jusqu'à refus ou de compter le nombre de tours pour s'en assurer. Aussi a-t-on été conduit à rechercher le moyen d'obtenir cette utile indication et imaginé à cet effet diverses dispositions : la plupart, compliquées et dispendieuses, ou assez peu commodes, ne se sont guère répandues. Tantôt le mouvement de la vis est transmis à une tige, qui s'élève le long d'une règle graduée, ou à une aiguille, qui se déplace sur un cadran ; tantôt à un cylindre en émail, qui tourne sur son axe et présente à la vue des parties de couleurs différentes suivant les cas ; dans l'indicateur figuré ci-contre, un disque représentant la vanne se déplace comme elle en avant d'un autre disque mobile, semblable à une section de la conduite.

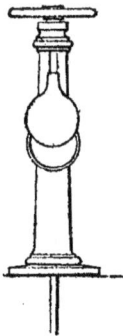

326. Manœuvre des robinets de grand diamètre. — En règle générale les robinets sont manœuvrés à la main. Mais pour ceux qui s'adaptent aux conduites de grand diamètre, malgré la réduction du pas de la vis et l'augmentation consécutive du nombre de tours à effectuer pour la manœuvre, l'effort n'en devient pas moins très considérable : la clé ne peut plus être mise en mouvement par un seul

homme ; il en faut deux, quatre ou même plus, de sorte que le service devient pénible, difficile et coûteux.

Pour remédier à cet inconvénient on a eu recours à plusieurs
moyens différents. Des en-
grenages ont permis parfois
de diminuer l'effort en ra-
lentissant par contre la vitesse. En Angleterre, on a
quelquefois divisé la vanne
en plusieurs parties de moindre surface, qu'on lève successivement au moyen de vis
différentes. Ailleurs, et en
France notamment, on a
tourné la difficulté en plaçant, latéralement au gros
robinet, une deuxième con-
duite, de petit diamètre, reliée de part et d'autre à la première et portant également un robinet ; cet
ensemble, désigné sous le nom
de *nourrice*, sert ou à remplir
un bief par l'intermédiaire de
l'autre sans manœuvrer le gros
robinet, ou à établir l'équilibre
sur les deux faces de ce dernier appareil, qui s'ouvre alors sans difficulté puisqu'il n'y a plus à vaincre que le poids de la pièce mobile et non le frottement dû à la pression de l'eau. A Paris on emploie toujours la nourrice à partir du diamètre de 0m,50.

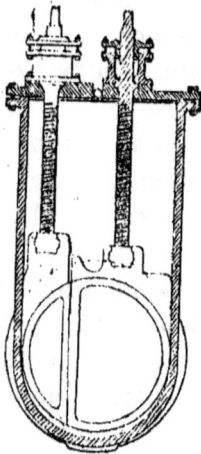

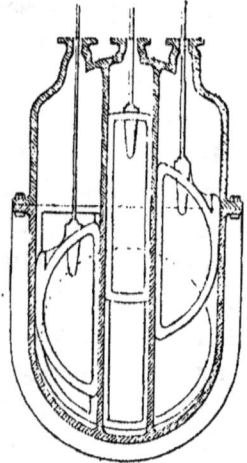

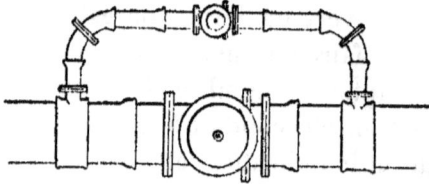

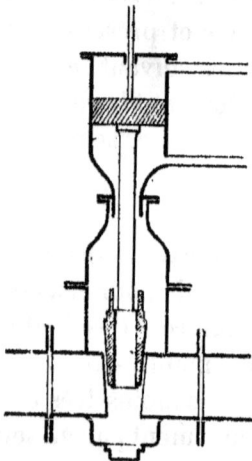

Un système plus ingénieux et plus efficace
en même temps consiste dans la substitution
d'une manœuvre hydraulique à la manœuvre
à la main. On utilise à cet effet la pression
même de l'eau dans la conduite ; mais il convient d'observer que cette pression ne peut
agir quand la conduite est entièrement vide,
et que le système suppose ou les deux biefs
ou l'un des deux plein et en pression ; il faudrait donc toujours se réserver la possibilité
de faire l'ouverture à la main dans certains
cas. Le type le plus simple de robinet-vanne
à manœuvre hydraulique est celui où la

vanne est directement reliée par une tige verticale à un piston qui se déplace dans un cylindre, en communication avec la conduite par de petits tuyaux munis de robinets : ce type comporte une grande hauteur et exclut toute manœuvre à la main. Un autre, plus commode et moins encombrant, mais un peu plus compliqué, est obtenu par l'adaptation d'un petit moteur, turbine ou autre, actionnant la vis d'un robinet-vanne ordinaire. La manœuvre hydraulique a rendu des services dans certaines circonstances exceptionnelles : peu répandue jusqu'à présent, elle mériterait de recevoir des applications plus nombreuses.

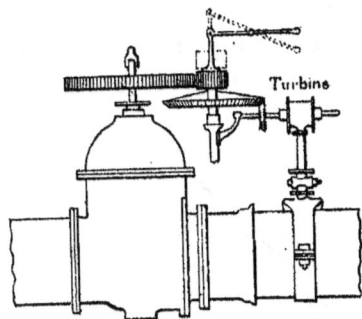

327. Pose des robinets. — Les robinets des conduites posées en terre sont d'ordinaire placés de même en terre, dans une position verticale. Pour que la clé de manœuvre puisse venir s'adapter au carré de l'appareil, on en isole la partie supérieure au moyen d'un *tabernacle*, qu'on surmonte d'une *bouche à clé* venant s'ouvrir au niveau du sol. Le tabernacle est le plus souvent une petite chambre en briques recouverte d'un plateau en bois ou en fonte quelquefois une sorte de cloche en fonte d'une seule pièce ; une ouverture est pratiquée à la partie supérieure pour le passage de la clé. C'est au-dessus de cette ouverture que se place la cheminée en bois ou en fonte de la bouche à clé qui se termine au ras du sol par un petit tampon en fonte. Le tabernacle n'a pas de fond et le robinet repose directement sur la terre afin que les petites fuites, s'il vient à s'en produire, trouvent un écoulement dans le sol.

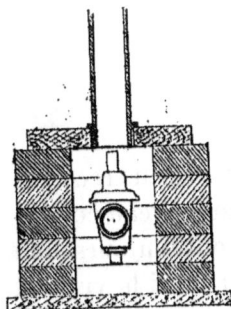

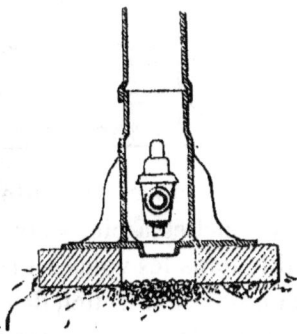

Quelquefois, et surtout lorsque plu-

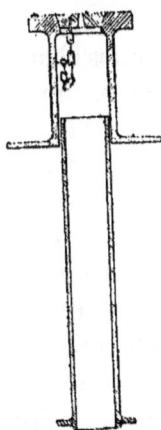

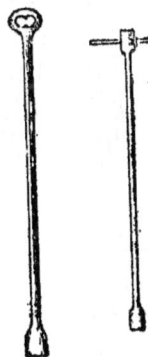

sieurs robinets se trouvent réunis sur un même point, on construit
pour les recevoir des *chambres* en maçonnerie, auxquelles on ac-
cède par un *regard* ou cheminée en maçonnerie, pourvue d'éche-
lons, et fermée au niveau du sol par un lourd tampon de fonte ou
par des plaques de tôle maintenues au moyen d'un verrou.

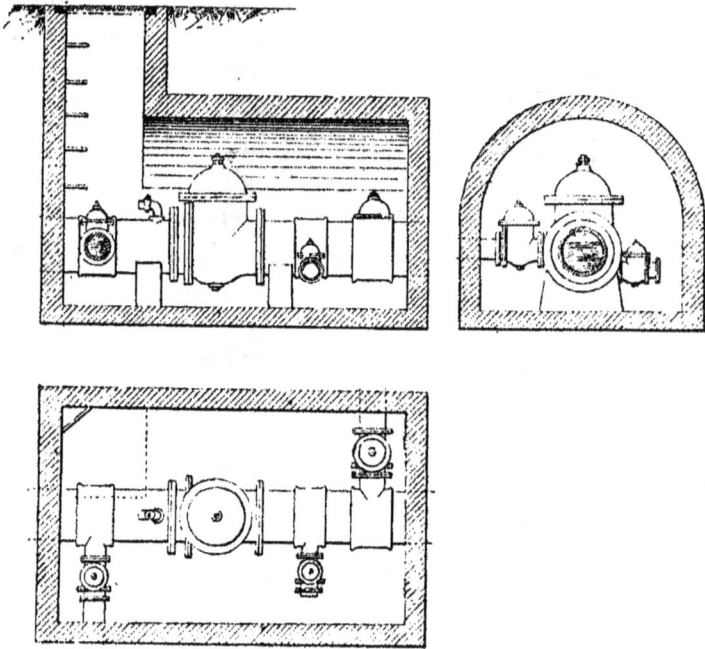

Ces chambres permettent de manœuvrer les robinets sans recourir
aux bouches à clé, souvent difficiles à maintenir au niveau convenable dans les voies à grande circulation et qui sont toujours une
gêne pour l'entretien des chaussées ; elles facilitent aussi la visite et
la surveillance des appareils que l'on peut alors réparer sans ouvrir de tranchées.

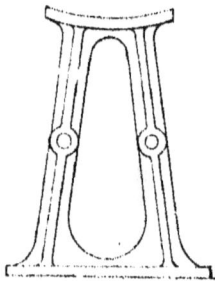

Les robinets sont posés à l'intérieur des chambres soit sur des consoles ou des tasseaux en maçonnerie, soit sur des supports en fonte de forme
spéciale ; des fers scellés dans les parois servent
à empêcher les mouvements qui pourraient se
produire par l'effet des pressions intérieures. On
ne doit pas omettre de ménager un écoulement
à l'eau provenant des fuites, qui viendraient à se
produire dans l'intérieur de chaque chambre, au
moyen d'un conduit aboutissant à un caniveau ou à un égout voisin,
et à défaut au moyen d'un petit puisard : l'écoulement des eaux doit

être assuré d'une manière plus certaine encore quand il s'agit de robinets de décharge.

La pose en égout ne présente aucune particularité ; elle se fait de la même manière que dans les chambres spéciales en maçonnerie. Souvent, la hauteur manquant pour les robinets-vannes, on pratique des niches, ou l'on surélève la voûte pour les recevoir ; plus rarement on les place dans la position horizontale, ce qui s'est fait systématiquement dans certaines villes, à Vienne (Autriche) par exemple, mais il vaut mieux l'éviter, car la vanne pèse alors en porte-à-faux sur la vis et tend à la fausser ; ou bien on les remplace par des robinets spéciaux (sphériques, à secteurs mobiles, à vanne cylindrique) dont la hauteur est sensiblement moindre.

Les robinets d'arrêt reçoivent ordinairement le même diamètre que la conduite sur laquelle on les place : quelquefois, par mesure d'économie, et en Angleterre d'une manière presque générale, on leur donne au contraire un diamètre un peu plus faible, ce qui en pratique, malgré l'étranglement qui en résulte, ne paraît pas avoir d'inconvénient sérieux. C'est ainsi qu'à Paris on ne place guère sur les conduites de 1m,10 et de 1 mètre de diamètre que des robinets de 0m,80.

Les robinets de décharge, au contraire, peuvent être d'un diamètre bien inférieur à celui de la conduite correspondante ; ils n'interviennent pas en effet dans le service normal, et ne servent qu'à écouler l'eau d'un bief dans des cas exceptionnels où le plus souvent la durée du vidage est chose indifférente. On les place autant que possible latéralement à la conduite, afin qu'ils puissent conserver la position verticale et se manœuvrer au besoin par l'intermédiaire de bouches à clé : les manchons à tubulure tangente se prêtent à cette disposition mais à défaut on la réalise sans peine au moyen des manchons à tubulure ordinaire auxquels il suffit d'ajouter une ou deux pièces courbes.

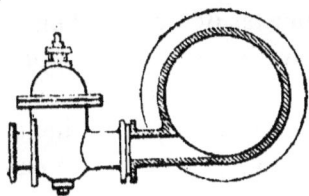

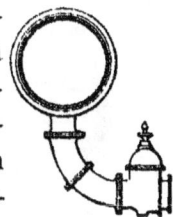

328. Appareils servant à l'évacuation de l'air. — Le plus simple des appareils employés pour faciliter l'échappement de l'air, qui s'accumule aux points hauts des conduites de distribution, est le *tuyau d'évent*. On y a recours au voisinage des réservoirs, où la pression est nécessairement faible, de sorte qu'il n'y a pas à lui don-

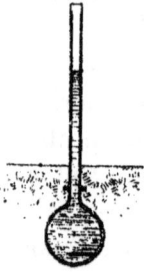

ner une grande hauteur; il faut néanmoins tenir compte des coups de bélier, qui s'y produisent quelquefois, et peuvent projeter l'eau à plusieurs mètres au-dessus de son niveau piézométrique.

Outre que les tuyaux d'évent sont exposés à la gelée, ils ne seraient pas d'un emploi pratique en d'autres emplacements, car leur hauteur augmente rapidement avec la pression. Au lieu de cheminées élevées, coûteuses et peu commodes, il est bien préférable de disposer au voisinage des points hauts et d'y relier des appareils quelconques de puisage, de lavage ou d'arrosage, qui, se trouvant fréquemment ouverts, assurent l'évacuation régulière de l'air, et qu'on peut d'ailleurs ouvrir exprès en temps utile, ou encore de recourir à de petits appareils spéciaux dits *ventouses*.

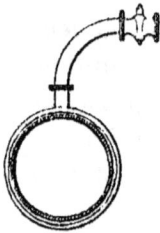

Un simple robinet, placé au point haut, remplit fort bien l'office de ventouse, à la condition qu'il soit manœuvré toutes les fois que l'évacuation de l'air est nécessaire. Mais on a imaginé et construit pour cet usage des engins automatiques, dont le type est la *ventouse à flotteur* de Bettancourt : une boule creuse, que l'eau soulève, maintient sur son siège une petite soupape, qui retombe au contraire et découvre l'orifice d'évacuation, dès que le flotteur s'abaisse par suite de la présence de l'air. Quelques perfectionnements qu'on ait apportés depuis à la ventouse automatique, dont nous donnons ici une disposition plus moderne usitée en Angleterre, on n'est pas parvenu à supprimer les défauts qui l'empêchent de rendre tous les services qu'on pourrait en attendre. Très souvent elle ne fonctionne pas, parce que l'air, qui se tient absolument au point haut quand l'eau est en repos, ne s'y maintient plus dès qu'elle est en mouvement; « les bulles, dit Darcy, le « dépassent presque toujours et se tiennent en « équilibre dans la branche descendante ; la position qu'elles occu- « pent dépend de leur volume et de la vitesse du fluide (1) » ; d'autres fois, et pour une cause quelconque, elle reste ouverte et donne lieu à une fuite plus ou moins importante. Aussi y a-t-on renoncé dans nombre de villes pour en revenir aux appareils non automa-

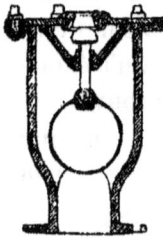

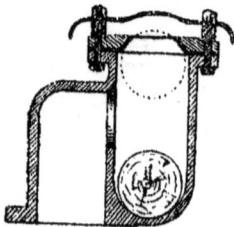

1. Darcy, Les eaux publiques de Dijon, p. 413.

tiques qui, moyennant une surveillance convenable, donnent une
plus grande sécurité.

La quantité d'air à évacuer en service normal est peu considérable, d'autant qu'une partie est toujours entraînée par l'eau et va
s'échapper par les orifices de puisage. On pourrait donc ne donner
aux ventouses qu'une assez faible section s'il n'y avait pas à se
préoccuper du vidage et du remplissage des conduites, dont la durée
dépend nécessairement de la vitesse avec laquelle l'air peut y pénétrer ou s'en échapper.

329. Appareils divers. — Outre les appareils que nous venons
de passer en revue, il convient d'en mentionner quelques autres,
parmi ceux dont l'emploi est moins général ou moins fréquent, mais
qui sont appelés cependant à rendre des services dans certains cas
particuliers.

Les soupapes de sûreté sont de ce nombre. Maintenues sur leurs
sièges par un poids ou un ressort, elles ne doivent livrer passage à l'eau que sous un effort dépassant notablement la pression normale. On les applique à certaines conduites plus spécialement exposées aux coups
de bélier, à celles aussi, qui, tout en servant à la distribution, reçoivent l'eau refoulée par les machines,
et où l'on doit craindre et prévenir des ruptures que
la fermeture intempestive d'un robinet d'arrêt pourrait provoquer. Ces soupapes peuvent recevoir des
dispositions variées ; celle qui est représentée par la
figure est assez satisfaisante.

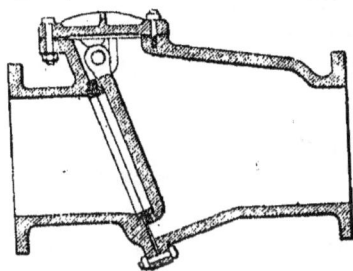

Quelquefois on place en certains
endroits d'un réseau des valves ou
clapets de retour, disposés pour laisser écouler l'eau dans un sens considéré comme seul normal et pour lui
barrer le passage quand elle tend à
prendre la direction inverse. Nous
avons donné au chapitre XI un exem-
ple relatif à l'emploi d'un clapet de ce genre au voisinage des réservoirs; on en place aussi parfois entre deux étages distincts d'une
distribution d'eau ou sur le parcours des conduites de refoulement;
des appareils analogues pourraient aussi rendre des services en s'opposant au vidage du réseau et des réservoirs, dans le cas où une
très grosse fuite vient à se produire subitement. Ils ont cependant

un défaut grave ; en présentant tout à coup à l'eau en mouvement un obstacle infranchissable, ils provoquent des coups de bélier, dus à la force vive de la colonne liquide, et qui, dans les grosses conduites et les biefs de grande longueur, peuvent amener des ruptures. Peut-être atténue-t-on un peu ces effets en diminuant le poids des clapets et les exécutant en plusieurs pièces comme c'est l'usage en Angleterre.

Il est souvent utile d'établir aux points de contact des réseaux étagés d'une même distribution des communications qui s'ouvrent soit à volonté soit automatiquement. Celles du premier type peuvent être obtenues au moyen d'un simple robinet, ou mieux de deux robinets placés à la suite l'un de l'autre, avec une décharge intermédiaire permettant de s'assurer en tout temps que la fermeture est bien étanche de part et d'autre ; les cuves régulatrices ou réservoirs secondaires, dans lesquels l'eau de l'étage haut est déversée au besoin, pour alimenter l'étage bas sans y déterminer une augmentation de la pression, ne sont autre chose aussi qu'un mode de communication utilisable au gré de l'exploitant. Les communications automatiques se réalisent par l'emploi de robinets à flotteurs : une petite cuve reliée à l'étage bas, et où le niveau de l'eau varie avec la pression, c'est-à-dire avec les besoins, reçoit le flotteur qui actionne le robinet d'alimentation rattaché aux conduites de l'étage supérieur. Cette disposition, fort simple et très pratique pour les canalisations de faible diamètre, n'est pas applicable aux très grosses conduites, à cause des dimensions exagérées qu'il faudrait donner au flotteur et au robinet. Mais elle peut être remplacée par d'autres qu'on imaginera sans peine dans chaque cas : la figure représente celle que nous avons appliquée avec succès à Paris (1) en utilisant la soupape Decœur, grâce à laquelle le flotteur se trouve réduit à peu de chose, puisqu'il n'actionne qu'une petite soupape secondaire, dont l'ouverture détermine le fonctionnement automatique de la soupape principale.

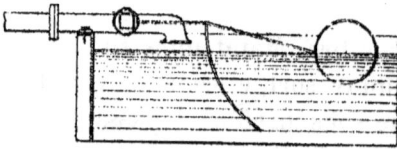

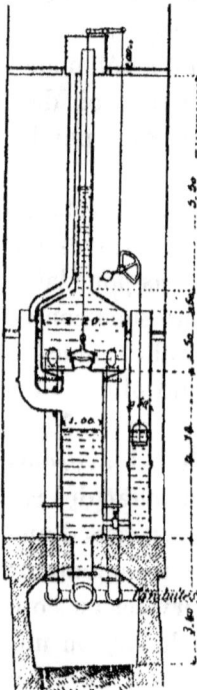

1. Usines élévatoires et réservoirs. *Ann. des P. et Ch.* 1891, Premier semestre.

§ 6.

ENTRETIEN DES CANALISATIONS D'EAU

330. Influences diverses auxquelles sont exposées les canalisations d'eau. — Les canalisations d'eau sont exposées à certaines détériorations qui ont pour causes soit les pressions qu'elles supportent, soit les variations de température qu'elles éprouvent, soit les actions chimiques et mécaniques résultant de l'écoulement de l'eau d'une part, et d'autre part, du contact de l'air ou de la terre humide.

Les grandes pressions fatiguent évidemment les conduites, et il ne faut pas en conséquence les accroître inutilement, ni dépasser les limites ordinaires sans prendre de précautions spéciales, d'autant qu'il y a toujours à compter avec les effets de *surpression*, conséquences des manœuvres intempestives ou brutales ou de la présence de l'air, et qu'on confond sous la dénomination de *coups de bélier*. Elles ont pour résultat de provoquer des *fuites*, soit par les joints qui se déboîtent, soit par les tuyaux mêmes, qui se fissurent et arrivent parfois à se rompre, après une longue durée, par suite de l'allongement continu de fentes d'abord insignifiantes.

Les changements de température, provenant soit du sol, qui n'en est pas toujours absolument exempt à la profondeur relativement faible où l'on pose les tuyaux, soit de l'eau même, qui peut être distribuée tantôt froide, tantôt chaude, sont extrêmement nuisibles à la conservation des conduites. Les mouvements qui en résultent doivent autant que possible ne pas être contrariés, sans quoi ils donnent lieu à des ruptures : au reste, même lorsqu'ils s'effectuent librement, il arrive souvent que des fuites en sont la conséquence. On ne doit donc pas s'étonner de la fréquence toute particulière des fuites et des ruptures de tuyaux aux changements de saisons, soit au printemps, soit à l'automne. L'effet le plus redoutable des changements de température est la *congélation*, qui, en raison de la propriété de l'eau d'augmenter de volume en se solidifiant, amène infailliblement des ruptures : aussi ne s'aurait-on prendre trop de précautions pour mettre les canalisations dans toutes leurs parties à l'abri de la gelée.

Le sol, suivant son degré d'humidité et sa composition même, l'air confiné des égouts, saturé d'eau et chargé de principes divers, ne tardent généralement pas à produire sur la surface externe des tuyaux en fonte ou en fer une action plus ou moins oxydante, qui détermine la production d'une couche de rouille. Tant que la rouille forme seulement une croûte superficielle sans épaisseur, elle n'a point d'inconvénient ; mais quelquefois elle gagne de proche en proche, en arrive à réduire sensiblement l'épaisseur du métal sain et résistant, et finit par détruire les pièces ou par les faire mettre au rebut. Ces effets seraient accélérés dans les égouts qui recevraient des eaux chaudes ou acides.

Les racines des plantes, qui courent dans le sol à la recherche des parties humides, parviennent quelquefois à pénétrer dans les conduites en poterie ou en ciment ; elles y prennent alors un développement exceptionnel au point de les obstruer complètement dans certains cas.

A l'intérieur des conduites, suivant la composition de l'eau qu'elles reçoivent, la paroi se recouvre de dépôts plus ou moins abondants et de nature variée ; d'autres fois, elle est attaquée et rongée par l'eau ; ou il se produit des végétations, etc., d'où peuvent résulter soit l'obstruction plus ou moins rapide, soit la destruction des conduites, en même temps que des changements fâcheux dans la composition ou les qualités de l'eau.

331. Effets du passage de l'eau dans les conduites. — Les *dépôts* sont l'effet le plus ordinaire du passage de l'eau dans les conduites. Quand elle contient des matières en suspension, de la vase ou du sable par exemple, les particules, entraînées partout où il y a de la vitesse, s'arrêtent au contraire dans les endroits où la vitesse manque, et où se produisent des remous, pour y former de légers *dépôts boueux*, non adhérents, que le moindre changement dans la direction des filets liquides, résultat d'une manœuvre quelconque, suffit à détruire, en donnant lieu à des troubles momentanés dont on ne s'explique pas tout d'abord la cause. Certaines matières en dissolution, les matières calcaires en particulier, se déposent sur toute l'étendue des parois, et y forment une couche solide, le plus souvent rugueuse ou

vermiculée : lorsqu'une circonstance particulière en favorise la production, les *dépôts adhérents* peuvent prendre un développement tel qu'ils en viennent peu à peu à réduire considérablement la section libre de la conduite et même à l'obstruer complètement. D'ordinaire ils constituent seulement une couche d'un blanc sale ou jaunâtre, qui va s'épaississant constamment, et où domineut les carbonates de chaux et de magnésie, avec des traces de sulfates, de chlorures, de nitrates, de silicates et une proportion variable de matières organiques. Ils ont pour conséquence tout au moins d'augmenter le frottement dans les tuyaux par suite de la substitution d'une surface rugueuse à une surface lisse, de favoriser les dépôts de vase, enfin de gêner et parfois même d'empêcher la manœuvre des robinets et des appareils de distribution.

L'attaque de la fonte par l'eau peut donner lieu aussi à la production de dépôts intérieurs d'une tout autre nature, où la rouille domine, mais qui contiennent presque toujours des matières terreuses et organiques. Ces *dépôts ferrugineux* communiquent parfois à l'eau une teinte rougeâtre et un goût particulier ; généralement ils ont pour conséquence une diminution de la section libre, qui peut même devenir considérable, puisqu'on a observé à Aberdeen des réductions atteignant jusqu'à 54 0/0.

Quelquefois, la fonte attaquée par l'eau se couvre rapidement d'excroissances ou *tubercules*, qui se développent au point d'obstruer les conduites ; au-dessous de ces excroissances, le métal, devenu mou, a pris l'aspect et la consistance de la plombagine. On a beaucoup discuté sur l'origine et les causes de la formation des tubercules, observés à Grenoble, à Cherbourg, à Saint-Étienne, à Utrecht, à Cayenne, à New-York (1), à Boston, et il paraît résulter des constatations les plus récentes à ce sujet que la présence des matières organiques végétales en favorise la production. Il ne se forme point de tubercules ni de dépôts ferrugineux en général avec les eaux chargées de sels, et en particulier avec les eaux incrustantes, qui ont pour effet de recouvrir la fonte d'une couche calcaire protectrice ; ce sont les eaux alcalines et aérées qui paraissent avoir l'action la plus rapide sur le métal ; certaines eaux saumâtres déterminent aussi, dans des conditions assez mal connues d'ailleurs, le ramollissement de la fonte. Le contact de l'air humide, qui remplace souvent l'eau dans les conduites soumises au régime de la distribution intermittente, est essentiellement favorable à l'oxydation des surfaces métalliques et à la formation des dépôts ferrugineux.

Bien que la vie végétale et animale s'accommode assez mal de la pression à laquelle l'eau est soumise dans les conduites et de l'obscurité qui y règne, on y trouve néanmoins de temps à autre, en particulier dans les parties en cul-de-sac où l'eau reste stagnante, des

1. *Génie civil.* 1er oct. 1892, 28 janvier 1893, 6 mai 1893.

végétations d'aspect spongieux, des coquilles, des mollusques (1), etc.; organismes microscopiques s'y développent aussi dans des certains cas, c'est ainsi qu'on a observé à Berlin, à Lille, une véritable invasion de la Crenothrix qui communique à l'eau une couleur rougeâtre analogue à celle de la rouille. Ces faits se produisent plus particulièrement, cela se conçoit, dans les eaux très chargées de matières organiques; il en résulte assez fréquemment que le liquide acquiert un goût détestable et une odeur caractéristique qui doivent le faire rejeter de la consommation.

Par suite de ces effets divers du passage de l'eau dans les conduites, il semblerait que sa composition chimique et micrographique dût éprouver des modifications sensibles après un parcours de quelque longueur dans la canalisation. Il n'en est rien cependant; et les analyses faites régulièrement à Paris sur des échantillons d'eau puisés aux réservoirs et en divers points de la distribution n'ont pas révélé de changements appréciables. On s'en rend compte aisément du reste, si l'on remarque que les effets qui viennent d'être signalés se produisent avec une lenteur très grande, en général, et supposent l'écoulement de quantités d'eau considérables.

332. Surveillance et entretien courant des canalisations d'eau. — Les obstructions totales ou partielles et les fuites sont les conséquences les plus ordinaires des détériorations auxquelles les conduites d'eau sont exposées. Des baisses de pression persistantes révèlent les grandes diminutions de section résultant de dépôts intérieurs; l'apparition de l'eau à la surface du sol, des tassements, des infiltrations, les fuites importantes. Mais très souvent, avant qu'aucun signe extérieur ait éveillé l'attention, les dépôts sont devenus assez abondants pour rendre difficile, sinon impossible, la manœuvre des robinets ou autres appareils; et, d'autre part, il n'est pas de distribution d'eau qui soit à l'abri de pertes considérables par l'effet de fuites invisibles et très multipliées. La surveillance, dont toute canalisation doit être l'objet, consistera donc surtout dans la recherche des fuites et l'observation du progrès des dépôts intérieurs; le rôle de l'entretien sera de maintenir les conduites en bon état de service et d'en prolonger la durée, en luttant incessamment contre ces effets inévitables.

Il convient de recommander des chasses fréquentes pour l'entraînement des dépôts boueux, des végétations et des coquilles, la

1. *Génie civil*, 4 nov. 1893.

manœuvre périodique des robinets et appareils pour empêcher le tartre de s'y mettre et les tenir toujours prêts à fonctionner, etc.

On peut d'ailleurs prendre d'avance certaines précautions: ainsi l'enduit de coaltar, dont les tuyaux de fonte sont ordinairement recouverts, a pour effet, soit de protéger jusqu'à un certain point le métal contre l'attaque de l'eau, soit d'empêcher l'adhérence des dépôts calcaires ; de même, on prévient les effets de la gelée en vidant durant les jours froids les portions de conduites qui y seraient trop exposées, ou en les protégeant par un revêtement non conducteur de la chaleur. En déterminant un petit écoulement continu qui assure le renouvellement de l'eau et s'oppose à l'abaissement de la température, on réussit également à empêcher la congélation. Enfin, quand les conduites sont en galerie, on en profite pour renouveler périodiquement le goudronnage extérieur qui les défend contre la rouille, mais en se servant de la glu marine, qui s'emploie fort bien à froid, au lieu du coaltar dont l'application à chaud ne serait pas possible dans ce cas.

333. Réparations des conduites et appareils. — Les réparations que réclament le plus fréquemment les conduites ont pour objet de faire disparaître les petites fuites par matage des joints au plomb. Quand elles sont en galerie, rien n'est plus aisé ; et, par des visites périodiques, on peut reconnaître les fuites et les supprimer, pour ainsi dire, dès qu'elles se produisent. C'est plus difficile avec les conduites en terre : il faut ouvrir des tranchées, et souvent se livrer à des recherches, pour déterminer la position exacte de la fuite, qu'une circonstance quelconque est venue révéler.

Si la fuite est trop importante, il est parfois nécessaire, même pour un simple matage, d'interrompre le service afin d'annuler la pression. Cette mesure s'impose quand, le plomb ayant été chassé au dehors, il devient indispensable de refaire le joint : il faut alors vider la portion de conduite intéressée, démonter entièrement le joint en mauvais état, et en faire confectionner un nouveau.

Lorsqu'il y a eu rupture, après avoir vidé la conduite, on retire et on remplace la pièce cassée : cette opération s'effectue sans difficulté aucune lorsque les joints sont à brides ou à bagues ; mais, si ce sont des emboîtements, il faut briser et enlever par morceaux la pièce cassée, démonter à chaud les joints contigus, et remplacer au moins un des joints à emboîtement par un manchon. Quelquefois un tuyau brisé peut être conservé en partie ; on en détache le

bout avarié en faisant sur place et au burin une *coupe* aussi régulière que possible. La vis des robinets-vannes est particulièrement
exposée aux ruptures ; on la remplace, sans démonter les joints du
robinet, en retirant la calotte et la vanne.

Ces diverses réparations qui se renouvellent très souvent dans
une canalisation un peu étendue, demandent à être effectuées
promptement : il faut donc avoir toujours le nécessaire sous la
main, outillage, pièces de rechange et personnel. Toute distribution
d'eau doit être pourvue en conséquence d'un *dépôt*, contenant un
approvisionnement de pièces de fonte et d'appareils de tous les
types ; et des *fontainiers*, pour les manœuvres d'entretien, des ouvriers *plombiers*, pour les réparations, doivent être toujours prêts
à entreprendre un travail quelconque au premier signal. Les manœuvres sont effectuées habituellement par des ouvriers en régie,
attachés directement au service de l'exploitation ; les réparations
s'exécutent, tantôt en régie, tantôt par voie d'entreprise. A Paris,
l'entretien général, y compris la manœuvre périodique des appareils, est donné à l'entreprise et par adjudication.

« L'art de faire et de poser les conduites, disait Dupuit il y a
« quelque trente ans, a reçu de nombreux perfectionnements, de
« sorte que les avaries deviennent de plus en plus rares (1). » Et il
constatait qu'à Paris, où le sol est en général un remblai plus ou
moins bouleversé, il se faisait à peine une réparation par kilomètre
et par an. La proportion a bien diminué encore depuis cette époque
par suite du report de la majeure partie des conduites dans les
égouts. Aussi l'entretien ne coûte-t-il que 0 fr. 08 par mètre linéaire
et par an pour les conduites de tous diamètres jusqu'à 1^m,10.

334. Enlèvement des dépôts adhérents. — Dans beaucoup
de canalisations d'eau, l'intérieur des conduites se recouvre de dépôts adhérents ; mais, partout où l'eau a été convenablement choisie, ces dépôts ont assez peu d'importance pour qu'on n'ait guère à
s'en préoccuper. Il suffit d'en tenir compte d'avance dans le calcul
des sections des tuyaux ; et si, à la longue, il se produit en certains
points quelques diminutions de débit, on y remédie par la pose de
conduites supplémentaires.

Mais il y a des cas où les dépôts deviennent vite une cause grave
de gêne dans le service et où il est par suite indispensable de prendre des mesures pour les enlever ou les combattre.

---

1. *Traité de la conduite et de la distribution des eaux.* 2ᵉ édit., p. 337.

Un moyen, auquel on a eu parfois recours, mais qui est extrêmement onéreux, consiste à déposer les conduites et à exposer successivement les tuyaux au feu, pour provoquer le fendillement de la couche calcaire, qui se détache alors par plaques ou lamelles. Quand il s'agit de conduites de très grand diamètre, il n'est pas impossible de procéder comme pour le détartrage des chaudières : on laisse les conduites en place, et des ouvriers, y pénétrant, vont nettoyer progressivement les parois intérieures, en faisant tomber à coups de marteau et par petites parcelles les dépôts qui les recouvrent.

Une autre méthode, d'application plus facile, comporte l'introduction dans les conduites d'eau acidulée, qui attaque le dépôt et le dissout. C'est seulement après un certain nombre de tâtonnements qu'on trouve la proportion exacte d'acide, car il en faut assez pour obtenir un nettoyage complet, et point trop afin de ne pas provoquer l'attaque du métal ou des joints. Un rinçage énergique à l'eau pure doit terminer l'opération, de manière à faire disparaître toute trace d'acide avant la remise en service.

L'emploi d'engins mécaniques, d'outils, que l'on fait passer à l'intérieur des conduites, constitue un troisième procédé, le plus usité peut-être. Tantôt ces outils sont actionnés au moyen de chaînes ou de cordes : à Carlsruhe, à Nuremberg des kilomètres de conduites ont été nettoyés de la sorte. Tantôt on utilise la pression même de l'eau : l'appareil, ingénieusement disposé, forme piston, et l'eau le chasse devant elle avec assez de force pour le faire avancer, tout en grattant les parois au moyen de couteaux d'acier et les nettoyant à l'aide de brosses ; souvent même, comme on l'a fait à Durham, à Dundee, à Bradford, l'eau en pression est utilisée pour faire tourner l'outil autour de son axe et en augmenter l'efficacité.

La figure représente l'engin de ce type qui a été employé à Bradford ; les lames hélicoïdales, chargées du grattage des parois, y reçoivent un mouvement de rotation rapide, tandis que l'ensemble progresse lentement, avec une vitesse à peu près égale à celle d'un homme au pas ; une grande flexibilité y a été recherchée, pour faciliter le passage des parties courbes ; le bruit, que fait l'appareil durant son travail, permet d'en suivre la marche sans peine, et, s'il s'arrête, le point où l'obstruction s'est produite peut se déterminer par la méthode acoustique appliquée avec succès aux tubes pneumatiques du service des télégraphes.

§ 7.

EXPLOITATION DES SERVICES D'EAU

335. Manœuvre normale des appareils. — L'exploitation
d'un service d'eau comporte des manœuvres, dont le nombre varie beaucoup avec l'importance et la complexité du réseau et aussi
avec le mode de distribution. D'une part en effet, il faut, selon les
besoins, mettre en communication avec les réservoirs ou isoler les
diverses parties de la canalisation, faire les arrêts d'eau nécessaires pour les prises, les réparations, les prolongements de conduites,
les travaux en général, opérer de temps à autre des chasses, vider
ou remplir certains biefs, etc., quel que soit d'ailleurs le système
adopté pour la répartition de l'eau ; et d'autre part, tandis que, pour
la distribution continue, tous les robinets sont tenus normalement
ouverts, la distribution intermittente en implique au contraire l'ouverture périodique, puisqu'il y a lieu de procéder régulièrement, à
jours et heures fixes, à la mise en service successive de chacune
des fractions du réseau.

Toutes ces manœuvres doivent être exécutées en parfaite connaissance de cause par des agents très au courant de la disposition
et de l'usage des diverses conduites, afin de ne pas courir le risque
d'erreurs fâcheuses qui peuvent avoir parfois des conséquences graves. Souvent il y a un ordre déterminé à suivre : pour vider une conduite par exemple, après l'avoir isolée par la fermeture des robinets
d'arrêt, il faut ouvrir les décharges, puis les ventouses : pour la
remplir, fermer les décharges, ouvrir les nourrices puis les robinets
d'arrêt, et laisser les ventouses ouvertes tant qu'il en sort de l'air
même mélangé d'eau.

On doit toujours procéder d'ailleurs sans brutalité, afin de ménager les appareils et d'éviter autant que possible les coups de bélier
dans les conduites. Les robinets-vannes s'ouvrent forcément avec
lenteur grâce à l'emploi de la vis ; si parfois quelqu'un d'entre eux
présente de la résistance, il convient de ne pas chercher à la vaincre en exagérant l'effort au risque de rompre la vis par torsion ou
de briser par la compression le corps du robinet. Quant aux robinets à boisseau, dont le mouvement complet s'opère en un
quart de tour, ils sont très exposés à être manœuvrés trop
vite ; en cas d'incendie par exemple, les pompiers les ouvrent
d'ordinaire assez brusquement et les ferment de même, ce qui n'est

pas sans amener des ruptures de tuyaux ou des déboîtements de joints, qu'on éviterait peut-être en adaptant, aux gros modèles tout au moins, un frein modérateur réglant le temps de la manœuvre.

336. Présence de l'air dans les conduites. Effets du vidage et du remplissage. — Tout vidage de conduite, volontaire ou accidentel, a pour conséquence une introduction d'air ; et, quelques précautions qu'on prenne ensuite pour l'évacuation de cet air au moment du remplissage, malgré l'ouverture des ventouses et des appareils de distribution le plus convenablement placés, il est généralement impossible d'éviter qu'il ne se cantonne en partie en certains points de la canalisation, où les courants d'eau l'entraînent en petites bulles ou même en masses d'assez gros volume. A plus forte raison ce fait se produira-t-il quand, pour parer aux conséquences d'une fuite importante, on s'empresse de fermer les robinets d'arrêt sans avoir le temps de prendre les précautions d'usage. D'autre part, comme sa solubilité dans l'eau varie avec la pression, l'air se dégagera nécessairement partout où, pour un motif quelconque, la pression se trouvera diminuée. Il y a donc toujours, on peut le dire, de l'air emprisonné dans les conduites : c'est un fait inévitable dans les distributions d'eau, et dont il ne faut pas oublier de tenir compte dans toutes les installations.

Au reste, la présence d'air dans les conduites n'offre pas ordinairement d'inconvénients graves : il gagne peu à peu les points hauts, et finit par s'échapper à travers quelque orifice de puisage ; tout le monde a entendu le bruit caractéristique que font les bulles d'air dans les petits tuyaux de distribution intérieure et observé des robinets qui *crachent* avant de donner de l'eau, c'est-à-dire qui laissent échapper soit de l'air soit un mélange d'air et d'eau. Mais il peut se rencontrer des cas où l'intervention de l'air produirait des effets fâcheux ; il serait fort imprudent par exemple de mettre directement en relation avec une canalisation d'eau, sans aucun organe protecteur intermédiaire, des appareils destinés à fonctionner avec l'eau en pression, et où la moindre introduction d'air pourrait causer des troubles, des désordres, provoquer des accidents.

Il convient d'observer aussi qu'à certains moments la pression peut disparaître complètement dans une conduite et faire place à un *vide relatif*, par suite d'un tirage anormal y déterminant un écoulement très rapide : c'est ce qui arrive notamment dans les cas de fuites considérables occasionnées par la rupture d'un tuyau, d'ouverture simultanée d'un grand nombre de bouches d'incendie, de remplissage d'une grosse conduite au moyen de tuyaux de petit diamètre. L'eau cessant alors d'occuper entièrement la conduite, y coule comme en conduite libre, et détermine un courant, dont la conséquence est une aspiration dans tous les branchements voisins. En pareil cas, si l'on vient à ouvrir un orifice de puisage quelconque, non seulement on ne voit pas l'eau sortir, mais l'air extérieur s'y engouffre ; et si, par inadvertance, on laisse l'orifice ouvert, l'eau s'en échappe tout à coup quand la pression se rétablit. L'appel inopinément produit de la sorte peut déterminer, soit des *retours d'eau* dans les conduites par les branchements qui aboutissent à des réservoirs particuliers et ne sont pas pourvus d'appareils s'opposant à un renversement du sens de l'écoulement, soit des *rentrées d'air* mélangé de gaz plus ou moins suspects par tous ceux qui débouchent librement dans des espaces fermés où l'atmosphère aurait été accidentellement viciée. Toute alimentation se trouve interrompue ; et, si l'on a commis l'imprudence de brancher sur la canalisation des appareils exigeant la constance absolue de l'écoulement, on est exposé à des accidents sérieux par suite du manque d'eau subit et imprévu qui en résulte. C'est là encore un phénomène inévitable dans les canalisations d'eau, et auquel il faut toujours s'attendre, si l'on ne veut éprouver parfois de fâcheuses surprises.

337. Recherche des fuites. — Conséquences de toute dégradation des conduites; causes de dommages de toutes sortes, les fuites sont dans les services d'eau l'ennemi qu'il faut toujours poursuivre et combattre sans relâche.

Tantôt c'est un gros tuyau qui se rompt et qui livre passage à un torrent d'eau noyant et détruisant tout sur son passage ; tantôt ce sont des infiltrations lentes qui amènent un tassement du sol, compromettent la solidité des conduites aux abords, envahissent les caves voisines, ruinent les chaussées, minent les fondations des bâtiments, provoquant des plaintes et des réclamations légitimes, et motivant l'allocation d'indemnités aux intéressés.

Les fuites imperceptibles que rien ne révèle au dehors sont quelquefois tout aussi redoutables. Elles peuvent donner lieu, en effet, à des pertes d'eau dont au premier abord on apprécie mal l'importance. Les ingénieurs américains admettent que ces pertes atteignent parfois la moitié de l'eau déversée dans la canalisation et dépassent généralement le quart (1 ; d'après M. Deacon, dans les villes

---

1. Nichols, *Water supply*, p. 195.

anglaises, sur 100 litres distribués, 35 sont en général absorbés par les pertes continues et invisibles, 35 par les pertes superficielles, et 30 seulement sont réellement utilisés. Quelque énormes que paraissent ces proportions, on se les explique cependant sans peine, si l'on remarque, d'une part, que l'écoulement par les fuites se produit en vertu de la pression totale et qu'il est incessant, et si l'on suppute, d'autre part, quel peut être le nombre des joints incomplètement étanches et des robinets mal rodés.

Un des grands soucis de l'exploitation doit donc être de rechercher les fuites et de les faire disparaître, tant à cause des dangers que des dépenses supplémentaires et inutiles qu'elles occasionnent.

Il y a surtout un intérêt majeur à être immédiatement averti des grandes fuites, afin de prendre sans retard les mesures qu'elles comportent, et d'intervenir à temps pour limiter les dégradations ou les pertes d'eau. La baisse de pression qui se produit aussitôt peut aisément fournir une indication utile, et les *manomètres* installés d'ordinaire en un ou plusieurs points du réseau les signalent presque toujours. Si la canalisation est étendue, il faut, pour avoir des points de repère, multiplier les manomètres : à Paris, par exemple, l'insuffisance de ceux qui étaient installés dans les divers postes de service a conduit à en poser un nombre beaucoup plus considérable sur la voie publique, en se servant des candélabres à gaz comme supports ; on a d'ailleurs ingénieusement tourné la difficulté que présentait leur établissement au point de vue de la gelée, en remplaçant l'eau dans le manomètre et la partie du tube de communication qui fait saillie au-dessus du sol par un liquide incongelable (mélange de glycérine et d'alcool), auquel la pression se trouve transmise par l'intermédiaire d'une membrane en caoutchouc. Ces manomètres multipliés ont d'ailleurs l'avantage de faciliter des observations régulières sur les variations de la pression, dont on peut tirer un utile parti pour la surveillance, l'exploitation et l'amélioration progressive du réseau : en y ajoutant des enregistreurs, on pourrait même obtenir des graphiques représentant la loi de ces variations. Enfin, on peut transformer en véritables *avertisseurs de fuites* ceux qui sont placés dans les postes de service, par l'addition d'une sonnerie d'alarme, réglée de manière à fonctionner dès que la pression tombe au-dessous d'une limite déterminée.

La recherche des petites fuites sur les conduites en terre est plus délicate, et comme elle n'est pas indispensable tant qu'il n'en résulte point de dégâts et que l'alimentation même réduite par les pertes invisibles suffit aisément à tous les besoins, les exploitants

l'entreprennent rarement, malgré l'avantage qu'ils auraient parfois
à diminuer l'importance des pertes. Il convient de reconnaître, du
reste, que cette recherche coûte assez cher, et qu'elle ne saurait jamais donner un résultat complet, car ce serait une utopie que de
prétendre arriver à la suppression absolue des fuites. Même en
galerie, où la visite est facile, où la moindre goutte qui tombe produit un bruit perçu sans peine à distance, cette suppression n'est
pas possible : un joint qui vient d'être maté d'un côté peut recom-
mencer à perdre de l'autre quelques instants après, un robinet nou-
vellement rodé fuit de nouveau bien souvent au bout de quelques
jours, le moindre changement de température détermine une multitude de fuites nouvelles, quelques-unes même sont intermittentes
et disparaissent momentanément pour reparaître plus tard ; il faut
se résigner à négliger les moindres, et à ne supprimer que les principales.

**338. Méthodes employées pour restreindre les pertes
d'eau par les fuites invisibles.** — Depuis un certain nombre
d'années, la question des fuites invisibles et des pertes qu'elles occasionnent a préoccupé les ingénieurs spécialistes, en Angleterre
surtout, puis en Amérique et en Allemagne. La consommation augmentant rapidement partout en raison du mouvement d'opinion
provoqué par les hygiénistes, beaucoup d'alimentations anciennes
se sont trouvées tout à coup insuffisantes, et il a paru nécessaire de
les améliorer ou de les transformer entièrement. Or, toutes les fois
qu'on a cherché à se rendre compte du rapport de la consommation réelle à l'alimentation, on a été frappé de l'importance des fuites invisibles jusqu'alors entièrement négligées, et l'on a entrevu
la possibilité d'augmenter notablement les ressources par la simple
diminution des pertes qui résulterait de la suppression de la majeure partie de ces fuites.

En 1859, à Norwich, on n'a pas hésité à remplacer toutes les
conduites du réseau, à refaire la canalisation tout entière, uniquement pour venir à bout des fuites, qui absorbaient à elles seules
une fraction très considérable du volume d'eau disponible. Ce procédé fort dispendieux n'est pas à recommander, d'autant que son
efficacité serait généralement limitée à une période d'assez courte
durée, si la mesure n'était pas complétée par une surveillance plus
attentive et un entretien plus soigné.

Il est bien préférable de recourir à l'une des méthodes mises en
pratique depuis pour le contrôle permanent de la distribution.

A ces méthodes peut se rattacher l'introduction systématique des *compteurs*. Les compteurs, dont l'emploi tend à se propager beaucoup, rendent la canalisation publique absolument indépendante des distributions établies chez les particuliers, et permettent d'exercer sur ces dernières une surveillance efficace, fort bien acceptée d'ailleurs par le public qui ne se refuse pas à payer ce qu'il est sûr d'avoir consommé. Avec les compteurs, l'exploitant n'a plus à se préoccuper des pertes d'eau par les canalisations intérieures des maisons, qui constituent souvent la plus grosse part de la perte totale, et il restreint la recherche des fuites à l'étendue du réseau des conduites publiques. Mais, dans certaines villes, on a fait des objections à l'introduction des compteurs, auxquels on a reproché, soit d'ajouter une dépense de plus et assez importante à la somme déjà considérable des frais que comporte l'installation de l'eau dans les maisons, soit de faire obstacle à l'augmentation progressive de la consommation, si désirable au point de vue de l'hygiène.

A défaut de compteurs, il faut recourir à l'inspection systématique des installations intérieures, et lui donner pour sanction l'obligation de réparer immédiatement toute défectuosité reconnue, de remplacer les appareils susceptibles de donner lieu à des écoulements continus, d'employer seulement ceux qui ont été officiellement admis parce qu'ils n'ont pas ce défaut, ou qui sont disposés pour limiter certaines consommations au nécessaire, celle des water-closets par exemple. Ce système, beaucoup plus vexatoire que l'introduction des compteurs, serait, en général, beaucoup moins facilement accepté en France ; mais il est très répandu en Angleterre, et c'est pour en rendre l'application efficace qu'ont été imaginés divers procédés, au moyen desquels les agents chargés de l'inspection parviennent à localiser les fuites et même à en apprécier l'importance.

On a depuis longtemps observé qu'en appliquant l'oreille contre la clé de manœuvre posée sur le chapeau d'un robinet ouvert, on perçoit distinctement le bruit de l'écoulement de l'eau à travers le robinet, et que ce bruit varie avec la vitesse et le débit : de là une méthode acoustique qui a pour base l'auscultation des robinets pendant la nuit, à l'heure où la consommation est presque nulle, et où le vacarme de la rue a cessé. Après s'être assuré que toutes les prises d'eau sont fermées sur la portion de réseau commandée par un robinet déterminé, on observe s'il se produit néanmoins un écoulement à travers ce robinet, et, dans le cas où le bruit révèle en effet un passage d'eau, on conclut à l'existence de fuites, et on en entreprend la recherche. Le procédé est rendu plus sensible, soit par la fermeture partielle des robinets, car le son est renforcé lorsque la section d'écoulement diminue, soit par la substitution du *stéthoscope*, sorte de tube creux en acier qui vibre plus facilement, à la lourde clé de manœuvre. On a même eu l'ingénieuse idée d'y approprier le *microphone*, dont l'emploi permet de percevoir des écoulements d'eau presque insignifiants.

M. Church, ingénieur de l'aqueduc du Croton (New-York), a basé une méthode analogue sur l'emploi d'un appareil de son invention auquel il a donné le nom de *detector*. Il remplace le robinet d'arrêt ordinaire de chaque branchement par un robinet à trois eaux surmonté d'une tige creuse sur laquelle on peut visser un manomètre. Rien n'est plus facile alors que de mettre le manomètre en communication avec le branchement sur lequel toutes les prises ont été préalablement fermées ; s'il y a baisse de pression c'est qu'il existe des fuites. Alors il suffit de fermer la communication avec la conduite principale pour déterminer le niveau des fuites ou tout au moins celui de la fuite inférieure. Des index et un vernier facilitent la lecture et rendent l'instrument assez sensible.

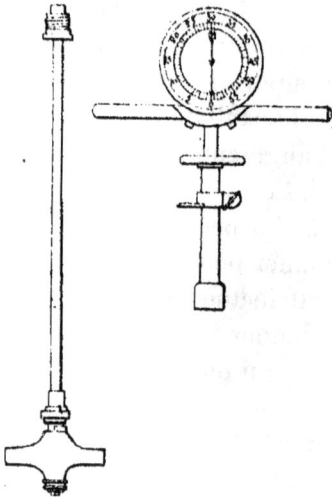

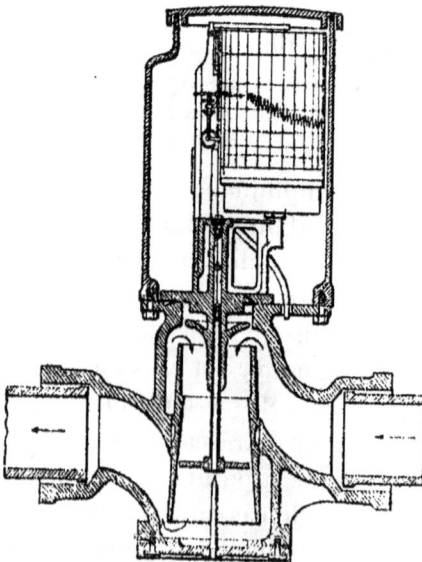

A Liverpool, M. Deacon, ingénieur en chef des eaux de cette ville, a fait construire un appareil d'un autre genre qu'il a dénommé *compteur de pertes*, et qui, employé avec succès d'abord à Liverpool même, a trouvé depuis des applications dans d'autres villes. Cet appareil s'interpose sur le parcours d'une conduite principale, commandant une fraction de réseau parfaitement isolée du reste de la canalisation, et, dans cette position, il enregistre exactement toutes les circonstances de l'inspection faite par l'agent spécial dans le périmètre desservi par cette fraction du réseau. L'organe essentiel est un disque horizontal, qui se meut dans un cône vertical ; l'eau, devant passer entre la paroi du cône et la tranche du disque, déplace ce dernier, qui s'abaisse plus ou moins suivant le débit ; le mouvement du disque est d'ailleurs transmis à un crayon, qui l'enregistre sur une feuille de papier, enroulée autour d'un tambour mû par un mouvement d'horlogerie, et portant une graduation empirique qui donne les débits correspondant aux diverses indications du crayon. Lorsque l'appareil est en place et le réseau à examiner bien isolé, l'agent fait l'inspection des robinets de branchement ou de prise au stéthoscope, et ferme ceux qui laissent passer de l'eau, en notant chaque fois l'heure sur son carnet ; puis, sa tournée ter-

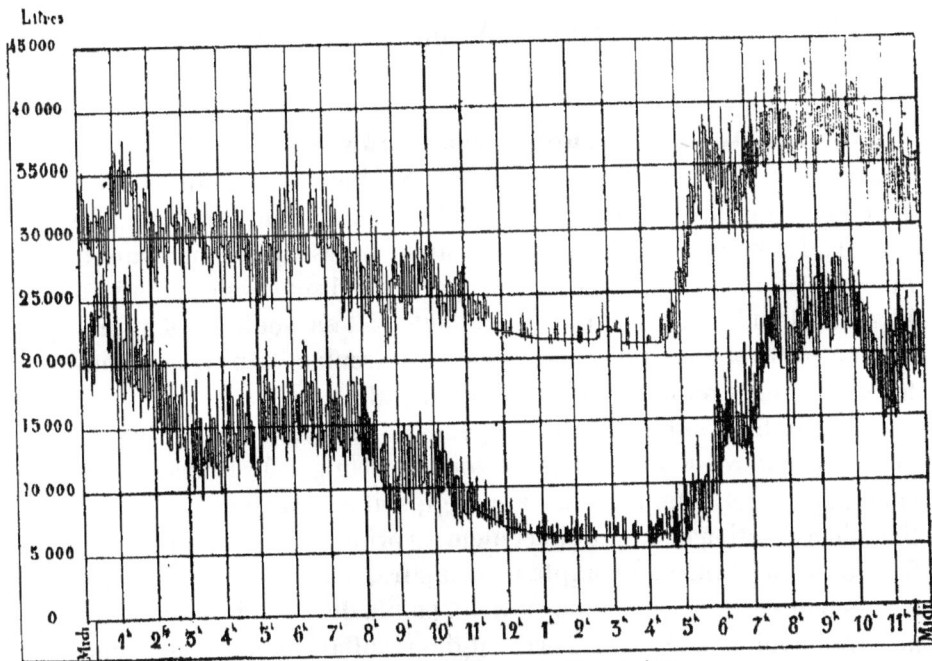

Diagrammes avant et après l'inspection.

minée, il la reprend en sens inverse, rouvrant successivement tous les robinets qu'il a fermés d'abord, dans le même ordre et en constatant également l'heure de chaque opération ; la comparaison du carnet et du diagramme relevé par l'appareil montre quelle est la perte par chaque robinet, et le débit du compteur au moment où tous les robinets étaient fermés représente les fuites sur la conduite principale. Les renseignements ainsi recueillis dans l'inspection de nuit servent de point de départ à une inspection de jour, qui permet de déterminer les causes des fuites constatées et d'y porter remède.

D'après M. Deacon, le compteur de pertes a permis à la distribution d'eau de Liverpool, dont l'insuffisance paraissait manifeste, de satisfaire pendant plusieurs années aux besoins sans cesse croissants de la population, bien qu'elle se soit elle-même durant cette période augmentée de 104.000 habitants. Dans des essais à Glasgow et à Boston on aurait obtenu des réductions de 30 et 35 pour 100 dans la consommation. L'appareil Deacon n'a malheureusement pas une levée proportionnelle au débit, de sorte qu'il faut, pour le graduer, procéder à un tarage délicat, et que l'approximation obtenue n'est pas toujours la même. Il a par contre le grand avantage de s'appliquer non seulement à la recherche des pertes par les branchements et les installations particulières, mais aussi de celles occasionnées par les conduites publiques, plus spécialement il est vrai dans les réseaux ramifiés et les services intermittents, car il est difficile d'isoler un périmètre donné dans les réseaux maillés et à distribution constante.

339. Vérification du débit des conduites. — On n'a pas encore, en effet, construit d'appareils réellement pratiques pour vérifier et mesurer le débit des conduites de grand diamètre. La plupart des systèmes de compteurs, applicables aux branchements des particuliers, prendraient des proportions absolument inadmissibles et atteindraient des prix exorbitants si l'on voulait les approprier à la constatation des volumes d'eau circulant dans les conduites secondaires ou principales des distributions d'eau.

Des tentatives ont été faites cependant en vue de résoudre ce problème intéressant, soit dans la voie ouverte par M. Deacon et en cherchant à perfectionner son appareil, soit en réalisant la dérivation d'une fraction connue de l'écoulement principal et mesurant cette fraction au moyen d'un compteur ordinaire, soit encore en comparant la hauteur piézométrique en deux points de la conduite : aucune ne paraît avoir donné jusqu'à présent des résultats bien satisfaisants.

Il convient cependant de citer dans cet ordre d'idées un appareil récemment inventé par l'ingénieur américain Clemens Herschel et qui a déjà reçu aux Etats-Unis, un assez grand nombre d'applications sous le nom de *compteur Venturi* (1). Cet appareil, qui ne comporte aucun organe mobile, consiste simplement dans la combinaison de deux troncs de cône successifs, formant sur le parcours de la conduite un étranglement qui a pour effet de réaliser le phénomène de succion observé par le physicien de ce nom : des variations comparatives de la charge piézométrique dans la section courante et dans l'étranglement, on déduit les variations du débit.

1. *Engineering*, 14 août 1896.

CHAPITRE XIII

SERVICE PUBLIC

L'EAU

SUR LA VOIE PUBLIQUE ET DANS LES PROMENADES

SERVICE PUBLIC

L'EAU SUR LA VOIE PUBLIQUE & DANS LES PROMENADES

§ 1er

GÉNÉRALITÉS

340. Usages publics de l'eau. — L'eau distribuée par un réseau de conduites dans les diverses parties d'une ville trouve d'abord son utilisation sur la voie publique.

Un certain nombre d'orifices y sont disposés pour le *puisage* et destinés à fournir aux habitants de l'eau pour la boisson et les usages domestiques ; même dans les villes où l'eau est répartie jusque dans les maisons et où les abonnements sont nombreux, il est d'usage d'établir dans les rues des appareils, où le pauvre puisse venir puiser l'eau nécessaire à ses besoins, le passant se désaltérer. D'autres ont pour objet le lavage des caniveaux, l'arrosage des rues et des promenades, l'entraînement rapide des immondices, le nettoyage des égouts, et concourent efficacement à la salubrité publique. Viennent ensuite ceux qui servent à l'extinction des incendies, et dont la multiplication permet de renoncer dans la plupart des cas à ces longues chaînes vivantes auxquelles il fallait recourir auparavant pour l'amenée de l'eau nécessaire au jeu des pompes. Quelques-uns enfin projettent l'eau dans l'atmosphère pour rafraîchir l'air et réjouir la vue tout à la fois, contribuant ainsi à l'embellissement général.

A ces divers emplois de l'eau sur la voie publique peuvent se rattacher encore les fournitures d'eau pour la confection des maçonneries nécessaires à la construction des égouts ou autres travaux analogues, ou pour certains services spéciaux comme les lavoirs ou les bains publics, les marchés, les stationnements de voitures, etc.

Sans nous arrêter à ces derniers usages, d'un caractère un peu exceptionnel, qui rentrent assez souvent dans les attributions de cer-

taines entreprises particulières, nous nous bornerons à passer en
revue les appareils servant au *puisage*, au *lavage* et à *l'arrosage*,
aux *secours d'incendie*, et à *l'ornement* des places ou des promenades publiques, c'est-à-dire ceux que l'on rencontre à peu près
partout et qui constituent les organes essentiels du *service public*.

Au reste nous n'entreprendrons même pas la description détaillée
des formes et des dispositions extrêmement variées que peuvent
recevoir ces appareils ; il suffira de donner quelques notions générales qui aideront dans chaque cas à faire parmi les combinaisons
proposées un choix éclairé et judicieux.

**341. Emplacements et dispositions générales des appa-
reils publics.** — Les appareils publics doivent être placés de
manière que l'usage en soit commode et qu'il n'en résulte pas de
gêne pour le voisinage ; le maniement doit en être facile, la construction simple et robuste, et la résistance aussi grande que possible, car ils sont très exposés et aux intempéries et aux injures des
passants.

Les emplacements choisis pour les recevoir doivent être bien
en vue et facilement accessibles ; dans les petites localités les fontaines de puisage sont disposées fréquemment aux carrefours ou
sur de petites places ; dans les grandes villes, où la circulation
des voitures est considérable, on les établit de préférence sur les
trottoirs, mais en évitant de gêner le passage des piétons et de porter l'humidité dans les maisons riveraines.

Tantôt ils sont enfermés dans des boîtes enfoncées dans le sol et
dont le couvercle se trouve exactement au niveau du trottoir ; tantôt ils font saillie et s'élèvent au contraire à une certaine hauteur
au dessus. De ces deux systèmes, le premier, moins commode pour
l'emploi des appareils mais aussi moins gênant pour la circulation,
convient particulièrement dans le cas où il s'agit d'orifices mis à
la disposition des agents des services publics, qui peuvent être toujours
munis des clés et autres engins nécessaires ; tandis que le second
s'impose pour ceux qui sont destinés au public, et qu'il faut mettre
mieux en évidence et plus à la portée de la main. Les boîtes ara-
sées au niveau du sol doivent être pourvues de couvercles très solides, parfaitement assujettis, point glissants, n'oscillant pas sous
le pied, et capables de résister aux tentatives inspirées par la malveillance ; les appareils en saillie doivent tenir aussi peu de place
que possible, sauf le cas où, appelés à concourir à l'ornementation,
ils reçoivent au contraire des dimensions exceptionnelles et même
parfois un aspect monumental.

Des dispositions spéciales sont nécessaires à l'effet d'éviter les projections désagréables pour les passants, et d'assurer l'écoulement rapide de l'eau répandue sur le sol, qui, l'hiver, en se congelant, deviendrait la cause d'accidents fréquents.

Toute complication doit être écartée : les manœuvres seront simples, faciles à comprendre et à effectuer ; les pièces, aisément démontables, se prêteront sans peine aux nettoyages et aux réparations. L'emploi du bronze est à recommander souvent, parce qu'il se travaille aisément et résiste bien à l'influence de l'air humide ; mais sa valeur tente souvent la cupidité et il faut quand on l'emploie se mettre en garde contre les vols.

342. Dépense d'eau. — L'eau, distribuée dans une ville, n'y a été amenée en général qu'au prix de sacrifices considérables ; en conséquence, il ne faut pas la gaspiller, et la règle de tout service public bien organisé doit être qu'il n'y soit jamais fait de dépense d'eau inutile.

On n'admettra donc les écoulements continus, qui absorbent des volumes d'eau toujours importants, que dans les localités où l'eau est en assez grande abondance pour qu'il n'y ait pas à la ménager, comme il arrive dans certains villages, ou lorsqu'il s'agit de desservir des usages également continus, à moins que la main-d'œuvre nécessaire pour régler l'écoulement ne coûte plus cher que ne vaudrait l'eau économisée. Sauf ces cas exceptionnels, et en thèse générale, on se proposera de rendre l'usage de l'eau intermittent, mais sans renoncer à l'alimentation constante des appareils.

Ici un bouton ou un levier permettra le puisage facultatif ; c'est le mode qu'il convient d'adopter pour les appareils destinés au public. Là, il faudra une clé spéciale ; c'est le système qui sera préféré pour les appareils de lavage et autres, que les agents du service ouvrent et ferment chaque jour à des heures déterminées. Il leur sera d'ailleurs toujours recommandé de ne pas laisser perdre l'eau fournie par les appareils, par exemple de ne pas l'envoyer dans un caniveau sans qu'un ouvrier en profite pour le nettoyer au balai, et de ne pas employer un gros volume d'eau pour produire un effet insignifiant, comme il arrive quand, pour arroser une portion de chaussée, on puise à l'écope dans un caniveau où l'on fait ruisseler l'eau tout exprès.

Si, par ces recommandations, par les précautions prises pour réglementer soigneusement l'usage des appareils, on ne parvient pas à supprimer les abus d'une façon radicale, on restreint du moins

le gaspillage à des proportions peu redoutables. Il ne faut pas voir
là un rationnement de l'eau, mais seulement une répartition rationn-
nelle ; que penser, en effet, d'une exploitation, où l'eau manque-
rait d'un côté tandis qu'on la répandrait de l'autre à profusion
sans utilité véritable ?

343. Entretien des appareils. — Très exposés, comme nous
l'avons fait remarquer, à des dégradations de toute nature, les appareils publics exigent beaucoup d'entretien, alors même qu'ils ont
reçu des formes et des proportions convenables et qu'ils ont été
parfaitement construits.

S'ils ne sont pas manœuvrés très souvent, il ne faut pas omettre
de les visiter de temps à autre, de les nettoyer, de vérifier les robinets, raccords, etc., afin de les maintenir toujours en état de fonctionnement. Dans tous les cas, pour préserver de la rouille les parties en fonte ou en fer, il est indispensable de les recouvrir d'une
couche protectrice, qui sera un enduit de coaltar ou de goudron pour
les appareils placés au-dessous du niveau du sol, une peinture au
minium et à l'huile pour ceux en saillie, un cuivrage galvanique
analogue à celui qui est appliqué aux candélabres à gaz de Paris ou
une peinture métallique pour les fontaines d'ornement.

L'eau donne lieu presque toujours à des dépôts de vase dans les
vasques des fontaines monumentales ; elles reçoivent les feuilles
qui tombent des arbres du voisinage, etc. ; et, si elles n'étaient vidées et nettoyées à intervalles réguliers, elles prendraient vite un
aspect fâcheux, et pourraient répandre des odeurs désagréables : à
Paris, le cahier des charges de l'entretien prescrit de procéder tous
les huit jours à cette opération ; mais on peut la renouveler moins
fréquemment pour les grands bassins et pour ceux qui sont entou-
rés de clôtures ou placés dans des promenades gardées.

344. Précautions contre la gelée. — Une des causes les
plus fréquentes de la détérioration des appareils publics est la
congélation : ils sont en effet, par leur situation au-dessus ou
au niveau du sol, en butte aux atteintes de la gelée, dont le moindre inconvénient est d'empêcher le fonctionnement des parties
mobiles, et qui souvent provoque la rupture des tuyaux de raccordement.

Il y a donc à prendre des mesures spéciales pour défendre les
appareils contre la gelée.

A cet effet, on met en décharge, en hiver, ceux d'entre eux qui ne servent que l'été, comme les bouches d'arrosage, ou dont le service est intermittent, comme les bouches d'incendie. Cela se fait aisément, du reste, en fermant les robinets de barrage, qu'on a eu soin de munir d'un petit orifice spécial précisément dans ce but, ou, à défaut, quand il n'y a pas de robinet de barrage, au moyen d'une soupape manœuvrée à la main, ou s'ouvrant automatiquement au moment de la fermeture de l'appareil.

Quant aux bornes-fontaines, aux bouches de lavage, etc., qu'il faut toujours maintenir en service, il suffit ordinairement pour les mettre à l'abri de la congélation d'y déterminer un petit écoulement continu, si faible qu'il soit. Ce moyen comporte, il est vrai, une perte d'eau : il n'en est pas moins fort répandu, parce qu'il est simple et de pratique facile, et que l'eau est presque toujours en excès pendant les froids.

Si, malgré ces précautions, un appareil vient à geler sans d'ailleurs éprouver de dommages, il faut, pour le remettre en service, le dégeler en le soumettant à une douce chaleur ; l'emploi de l'eau chaude est particulièrement recommandé en pareil cas.

§ 2.

APPAREILS DE PUISAGE

345. Puisage de l'eau destinée à tous les usages. — Le type primitif des appareils de puisage est la *fontaine banale* à écoulement continu, qu'on rencontre aux carrefours des villages,

et dont l'orifice débouche au-dessus d'une auge servant à la fois à l'abreuvage du bétail et au lavage du linge, et où les ménagères viennent remplir leur seaux. Les villes n'avaient pas autrefois d'autre mode de distribution de l'eau : les conduites y alimentaient un certain nombre de fontaines, plus ou moins ornementées, où les habitants s'approvisionnaient au moyen de seaux ; l'auge était le plus souvent supprimée, mais, sauf de rares exceptions où l'écoulement était commandé par un bouton actionnant une soupape, l'eau coulait aussi à jet continu.

La multiplicité de ces fontaines, la richesse de leur ornementatation étaient considérées comme un témoignage de la prospérité d'une ville. Pendant des siècles, Paris s'est contenté de ce système d'alimentation, et l'on y rencontre dans plus d'un ancien quartier des fontaines, remontant à diverses époques, dont le caractère architectural atteste l'intérêt que présentaient jadis ces ouvrages d'édilité.

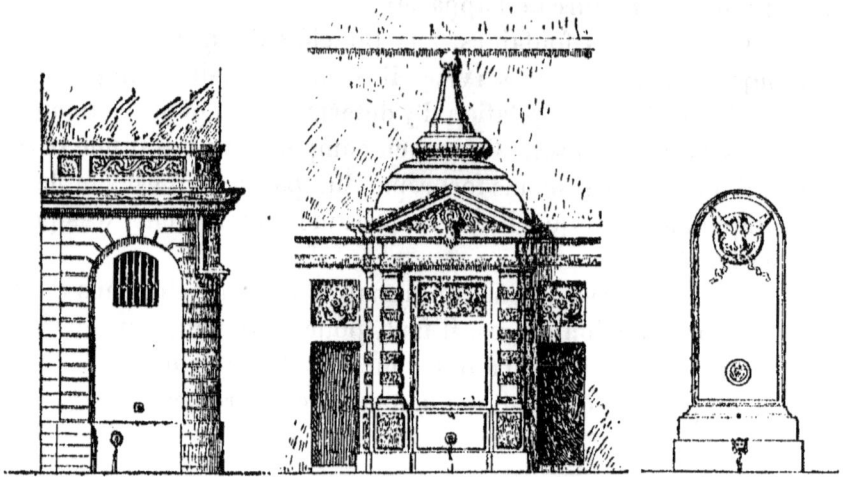

Fontaine du Pot de fer.   Fontaine de Jarente.   Fontaine de Poliveau.

Dans les services d'eau modernes, où l'eau est amenée jusqu'à l'intérieur des maisons, les appareils de puisage n'ont plus qu'un rôle secondaire. L'intérêt de la salubrité publique commande souvent néanmoins d'en conserver un certain nombre, soit afin de mettre l'eau à la portée de ceux qui ne l'ont pas dans les habitations, soit pour la donner gratuitement à ceux qui ne peuvent l'acheter. La répartition doit en être faite alors de telle sorte que le parcours nécessaire pour atteindre l'appareil le plus voisin ne soit jamais trop long ; on réalise par exemple cette condition en admettant que chaque appareil peut desservir un périmètre limité par un cercle de 100 mètres de diamètre au moins, dont il occupe le centre, sauf à rapprocher encore les appareils, de telle sorte que les cercles se recoupent, là où l'on veut réduire plus encore la distance à parcourir.

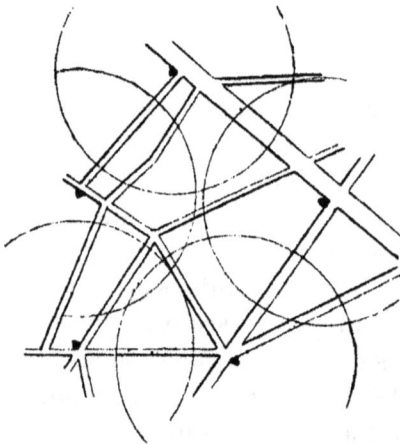

Le débit d'un appareil de puisage est habituellement réglé de manière qu'un seau de capacité ordinaire (6 à 10 litres) y puisse être rempli en un temps assez court, 20 secondes par exemple, ce qui suppose un écoulement d'un demi-litre par seconde à peu près·

Les dispositions adoptées en général sont en rapport avec le rôle modeste que ces appareils sont appelés à remplir aujourd'hui. Ce sont de simples *bornes-fontaines* en fonte, isolées ou adossées contre un mur, et dont la hauteur est calculée de façon que l'orifice soit précisément au niveau convenable pour remplir un seau placé sur le trottoir, soit à 0ᵐ,68 ou 0ᵐ,70 du sol Une petite cuvette, recouverte ou non d'une grille, est placée au pied de l'appareil pour recueillir l'eau déversée sur le sol, qui gagne ensuite le caniveau par l'intermédiaire d'une gargouille ou s'écoule à l'égout par un tuyau spécial. Un robinet d'arrêt ou de barrage permet d'isoler l'appareil en cas de gelée ; quelquefois ce robinet n'est autre que le robinet de prise, mais il est préférable d'en disposer deux distincts, dont l'un sur la conduite publique à l'origine du branchement, et l'autre à l'extrémité du branchement à côté même de l'appareil.

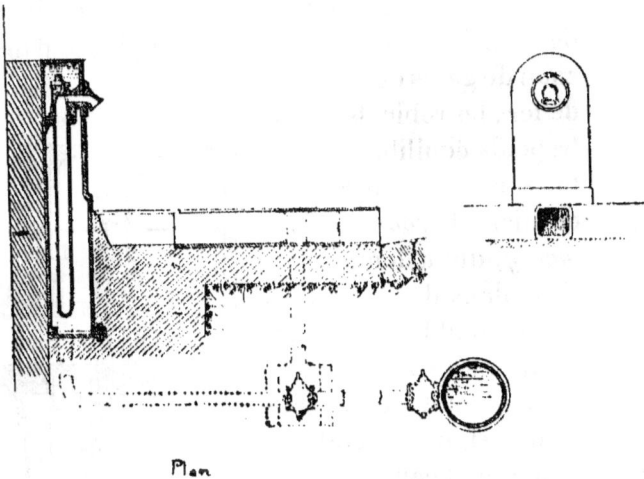

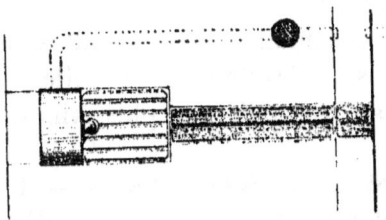

Plan

La multiplicité des bornes-fontaines dans certaines distributions

d'eau s'oppose à l'adoption ou au maintien de l'écoulement continu en usage autrefois, et qui aurait pour conséquence une dépense d'eau très considérable sans utilité pratique. Aussi tantôt
l'usage en est-il limité à des heures déterminées, et tantôt, ce qui
est évidemment meilleur, elles sont disposées pour donner l'eau à
volonté : un bouton à repoussoir, une manette ou un levier sert à
manœuvrer une soupape, qui est maintenue ouverte pendant le
puisage, et que l'effet d'un ressort ou d'un contre-poids ramène
ensuite sur son siège.

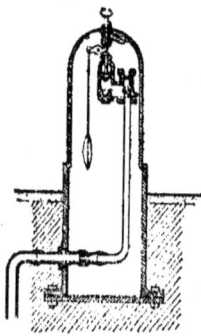

Les divers systèmes employés à cet
effet, comme tous les appareils mis à la
disposition du public, sont exposés à des
dérangements assez fréquents et coûtent
beaucoup d'entretien, d'autant que la
fermeture brusque résultant de l'action
du ressort ou du contre-poids donne lieu
à un coup de bélier, dont la répétition
fréquente est nécessairement fort nuisible. Diverses combinaisons ont été étudiées pour arriver à la suppression du coup de bélier : il convient
de citer la *borne-fontaine à vis* employée dans beaucoup de gares de chemins
de fer ; les robinets à contrepoids équilibré, à double soupape, et parmi ces
derniers le *robinet Cha-
meroy*, qui a donné à Pa-
ris et dans d'autres villes
de bons résultats, et dont la figure fait
suffisamment comprendre le mode de
fonctionnement sans qu'il soit besoin
d'en donner une description détaillée.

Quelquefois, lorsque l'eau mise en
distribution est exposée à des troubles
fréquents, on adapte aux bornes-fontaines de petits filtres spéciaux.
C'est une complication qu'il est désirable d'éviter ; elle augmente
le prix des appareils et comporte un entretien plus minutieux.

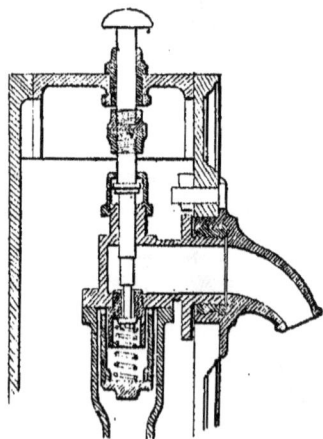

346. Puisage de l'eau réservée à la boisson. — Dans les
villes où l'alimentation est double, où deux natures d'eau différentes sont distribuées simultanément et affectées séparément à

deux catégories d'usages distincts, il est fort à propos de disposer sur la voie publique, surtout si les bornes-fontaines ne fournissent que l'eau d'usage courant, d'autres appareils débitant l'eau destinée à la boisson, et où les passants pourront venir étancher leur soif avec l'assurance d'y trouver l'eau de bonne qualité. Ces appareils sont appelés à rendre de précieux services dans les très grandes villes, où les courses sont longues, ainsi que dans les promenades publiques.

Ce sont en réalité des bornes-fontaines, mais dont, en raison de leur usage spécial, le débit peut être très réduit ; un filet d'eau suffira, puisque c'est un verre ou un gobelet et non un seau qu'il s'agit d'y remplir. Aussi y a-t-il moins d'inconvénient à disposer les appareils de ce genre pour un écoulement continu. L'espacement peut d'ailleurs en être beaucoup plus grand que celui des bornes-fontaines, car ils ne répondent pas à un besoin aussi impérieux, et l'eau qu'on y puise est consommée sur place et non plus transportée à distance. Il convient de les placer plus en vue, car ils sont destinés aux passants, moins familiarisés avec les lieux que les habitants du voisinage, qui font seuls usage des bornes-fontaines.

A Paris, un Anglais richissime, Sir Richard Wallace, a de ses deniers fait installer des fontaines de ce genre sur les voies publiques, à l'époque où l'on a commencé à distribuer l'eau de source ; de là le nom de fontaines Wallace qu'elles ont reçu et conservé. Deux modèles en fonte, tous deux fort gracieux et richement ornés, sont en usage, suivant que l'appareil est isolé au bord d'un trottoir ou adossé contre un mur : des gobelets en métal nickelés y sont appendus par des chaînettes. L'écoulement y est continu et le débit atteint quatre mètres cubes par jour.

Devenues moins utiles, depuis la généralisation du service en eau de source, les fontaines Wallace n'en ont pas moins été maintenues. Le service municipal en a même augmenté le nombre, car elles sont fort appréciées du public, à cause de la facilité avec la-

quelle on peut y boire sans manœuvre aucune et sans risque d'éclaboussures, facilité qu'on ne trouve pas aux bornes-fontaines ; on a
même créé pour les promenades un type spécial, plus
simple et moins dispendieux, quoique d'un aspect agréable : c'est une petite borne carrée munie de deux gobelets et où l'eau est fournie par un robinet à repoussoir.

Les appareils de ce type ne sont pas encore très répandus, mais ils méritent de l'être, et le succès qu'ils
ont eu à Paris est un gage de la faveur avec laquelle ils
seraient accueillis ailleurs.

347. Puisages temporaires ou spéciaux. — Dans quelques
circonstances on dispose, pour certains usages spéciaux, des appareils distincts, qui y sont mieux appropriés que les bornes-fontaines
ordinaires : à titre d'exemple, nous citerons ceux qui sont employés
à Paris dans les marchés permanents ou périodiques, et aux bureaux de stationnement de voitures, robinets de divers types servant au puisage de l'eau pour le lavage des viandes ou des légumes ou pour rafraîchir les chevaux.

Outre ces usages spéciaux permanents il en est de temporaires,
comme les travaux de maçonnerie sur la voie publique, égouts, bé-
tonnages, etc., les fêtes foraines, et autres, pour lesquels, à défaut
de bornes-fontaines suffisamment proches, on utilise parfois les appareils de lavage ou d'arrosage les plus voisins, en
levant le couvercle qui les recouvre et vissant sur
l'un des raccords un *col de cygne*, sorte de tuyau
recourbé muni d'une soupape ou d'un robinet, et
disposé de manière à se prêter au remplissage d'un
seau. Le col de cygne rend aussi des services dans
les expositions, où on l'adapte aux bouches d'arrosage ou d'incendie, dans les promenades publiques, où les jardiniers l'utilisent pour remplir
leurs arrosoirs aux appareils mêmes qui sont destinés à l'arrosage à
la lance, etc.

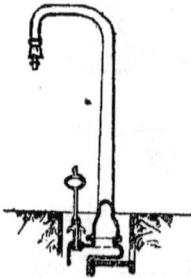

§ 3.

APPAREILS DE LAVAGE.

348. Lavage des caniveaux. — Les lavages qu'exige le net-
toiement de la voie publique s'effectuent au moyen d'appareils dé-

versant l'eau dans les *caniveaux*, qui courent le long des bordures de trottoirs de part et d'autre des chaussées bombées, et où viennent s'accumuler les immondices provenant du balayage de la rue ou entraînées par les eaux pluviales, ainsi que les eaux ménagères des maisons riveraines.

Ce sont simplement des orifices de dimension convenable, placés aux points hauts des caniveaux, aux *heurts,* et par lesquels l'eau s'échappe sans projections, pour former un ruisseau suffisamment abondant.

La règle à suivre pour assurer un lavage complet, sans double emploi, est de disposer autour de chaque îlot de maisons les caniveaux, de telle sorte qu'ils présentent un point haut et un point bas, et de placer au point bas une bouche d'égout, au point haut un appareil de lavage. Au moyen d'un petit barrage, formé par un tas de sable ou un morceau de toile, le cantonnier dirige l'écoulement de l'eau fournie par l'appareil, soit d'un côté, soit de l'autre, et il suit le courant, armé de son balai, pour délayer la

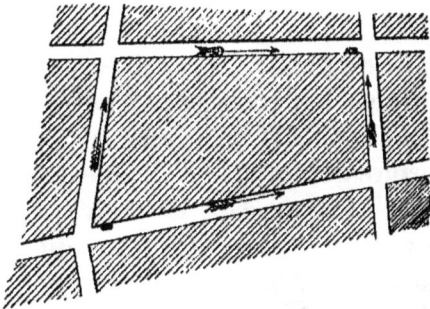

boue, pousser devant lui les ordures, le sable, etc., jusqu'à ce qu'il parvienne à la bouche d'égout : changeant ensuite le barrage de place, il recommence sur l'autre versant. L'espacement des appareils n'est donc pas déterminé : il dépend des dispositions des îlots de maisons. Au reste le même appareil peut laver un caniveau de grande longueur sans aucun inconvénient, si le fond de ce caniveau est imperméable de telle sorte que l'eau ne s'y perde pas en route. Il convient cependant de ne pas mettre les appareils de lavage à des intervalles trop éloignés, dans les villes où ils sont appelés en même temps à fournir l'eau nécessaire aux pompes en cas d'incendie.

A Paris on a longtemps utilisé pour le lavage des caniveaux la borne-fontaine ordinaire, qu'on ouvrait à cet effet à des heures déterminées, et dont l'eau s'écoulait par la gargouille ; mais, comme le puisage au seau s'y effectuait en même temps, il pouvait arriver et il arrivait souvent que, les ménagères y faisant queue et les seaux se succédant sans interruption, le caniveau ne fût que peu ou point lavé. Il y a donc avantage à spécialiser les appareils et à rendre le lavage de la voie publique indépendant des bornes-fontaines. Au reste, depuis l'introduction de l'eau de source pour le service privé, les caniveaux sont régulièrement lavés à l'eau de rivière, au moyen de *bouches de lavage*, disposées dans des boîtes noyées dans les trottoirs, et souvent désignées, à cause de la position qu'elles occupent, du nom de *bouches sous trottoirs*.

Ces mêmes appareils sont à peu près seuls répandus dans toutes les villes françaises qui ont organisé un service public. En Angleterre, en Allemagne, aux Etats-Unis d'Amérique, le même rôle est attribué à ceux qui sont dénommés *hydrants* ou *hydranten* et qui reçoivent des dispositions très variées, tantôt analogues à celle adoptée en France et tantôt très différentes.

349. Bouches de lavage. — Les bouches de lavage sont presque toujours placées entre deux bouts d'une même bordure de trottoir, avec laquelle la boîte de l'appareil vient s'aligner, de sorte que l'eau semble s'échapper de la bordure même dans le caniveau.

A l'intérieur de la boîte en fonte se trouve une soupape en bronze, qui se manœuvre de l'extérieur au moyen d'une clé. Dès que la soupape est ouverte, l'eau débouche sous une petite cloche, qui brise le jet et détruit complètement l'effet de la pression, puis gagne l'ouverture généralement double par laquelle elle se déverse dans le caniveau.

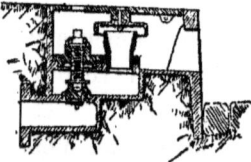

Le rebord de l'orifice est fileté, et peut recevoir soit un raccord, pour servir à l'arrosage ou à l'alimentation d'une pompe d'incendie, soit un col de cygne pour le puisage : il faut, dans ce cas, lever le couvercle de la boîte, qui entraîne dans son mouvement la cloche masquant l'orifice.

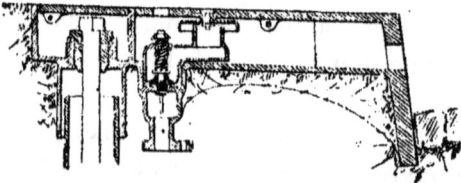

L'appareil est muni d'un robinet de barrage qui peut être placé sous bouche à clef à une distance variable, ou rapproché de la bouche de lavage de manière à être renfermé dans le même coffre, comme dans le type actuel de Paris.

Le débit d'une bouche de lavage est souvent réglé à raison de 100 litres par minute ou $1^{lit},67$ par seconde.

On retrouve à l'étranger des types analogues, mais le plus souvent la soupape est remplacée par une boule en caoutchouc ou en bois, ou par un clapet à ressort ; au-dessus vient se placer direc-

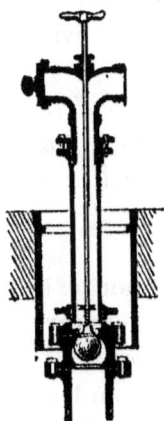

tement une colonne fixe ou mobile, contenant une tige filetée pour la manœuvre, et
portant un ou deux raccords, destinés à
recevoir le boyau servant au lavage et à
l'arrosage et celui qui fournit à l'alimentation des pompes à incendie. La soupape à
boule est économique mais ne donne pas
une fermeture aussi sûre que la soupape
ordinaire ; la colonne fixe a l'inconvénient
de faire saillie au-dessus du sol et de gêner
la circulation, mais par compensation elle
est facile à trouver la nuit quand on veut
l'utiliser pour l'extinction d'un incendie.

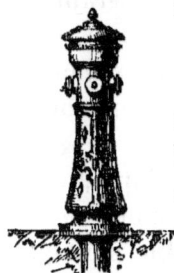

**350. Lavage des urinoirs et des latrines pu-
bliques.** — Il convient évidemment de ranger sous
la même rubrique les appareils qui assurent le lavage
continu des urinoirs disposés sur la voie publique. Ce
sont tantôt des tuyaux de cuivre percés de trous, tantôt de petites rigoles déversantes qui courent horizontalement le long et au-dessus des tablettes en ardoises, en pierre ou
en lave émaillée, formant les stalles des urinoirs, et servent à y
répandre l'eau en nappe mince et continue. L'alimentation est
commandée par un robinet de barrage et réglée par une jauge au
moyen de laquelle on limite le débit à 4 mètres cubes en moyenne
par 24 heures et par mètre linéaire.

Une semblable consommation d'eau pour cet usage spécial n'est
de mise que dans les grandes villes abondamment pourvues ; on ne
saurait par contre la réduire, tout au moins durant le jour, sans provoquer des odeurs nauséabondes par suite de la fermentation très
rapide des urines : aussi conçoit-on qu'on ait cherché à substituer
au lavage à l'eau courante un autre procédé dans les villes moins
largement dotées comme Vienne (Autriche), où s'est introduit depuis quelques années l'usage de l'huile pour lubréfier les stalles
d'urinoirs ; le succès qu'on y a obtenu a déjà provoqué ailleurs des
essais et semble présager de nouvelles applications de ce système.

Les latrines publiques, peu nombreuses en général dans les
villes, y sont souvent négligées et manquent d'eau dans bien des
cas : il est à recommander de les pourvoir, quand on le peut,
d'appareils de chasse à siphon (1), qui en assurent automatique-

1. Voir au chapitre XIX.

ment le lavage périodique ; ces appareils sont malheureusement un peu délicats et appellent une surveillance efficace si l'on veut éviter une dépense d'eau inutile.

Dans les établissements pourvus de gardiens, comme les *chalets de nécessité* de Paris ou les *conveniences* de Londres, l'emploi d'appareils de chasse à tirage est préférable et donne d'excellents résultats.

351. Chasses dans les égouts. — L'eau de la distribution est aussi employée parfois au lavage des égouts et sert à y opérer des chasses. C'est là sans aucun doute un usage qu'il faut considérer comme exceptionnel et réserver pour les cas spéciaux où les égouts n'écoulent pas un volume d'eau salie assez considérable pour entraîner les dépôts. On y a de plus en plus recours pour maintenir en parfait état de propreté les égouts élémentaires dans les réseaux où la projection des matières de vidange est admise ou imposée, où l'on pratique le système dit du *tout à l'égout.*

A Paris, par exemple, depuis que ce système y a été adopté, on installe d'une manière générale soit à l'extrémité amont des égouts en impasses, soit aux points hauts de ceux à double pente, des réservoirs de chasse de 5 à 10 mètres cubes de capacité, qui sont vidés soit automatiquement par le jeu d'appareils spéciaux de divers types, soit à volonté au moyen d'une vanne manœuvrée à la main par l'ouvrier chargé du curage. L'alimentation de ces réservoirs est faite par un simple robinet de jauge, réglé pour les remplir une ou deux fois par jour.

§ 4

APPAREILS D'ARROSAGE.

352. Arrosage des chaussées au tonneau. — Suivant les cas, l'arrosage des chaussées s'effectue par deux procédés différents, *au tonneau* ou *à la lance.*

Pour l'arrosage au tonneau il est fait usage de tonneaux en bois ou en métal, montés sur roues et traînés soit par un homme, soit par un cheval : ils ont dans le premier cas une capacité de **200 à 300** litres, et de **1.000 à 1.500** litres dans le second. Ces tonneaux, après avoir été remplis d'eau par l'intermédiaire d'un appareil spécial branché sur la distribution, sont conduits dans la voie qu'il y a lieu d'arroser, et y répandent l'eau, soit en pluie fine par les trous percés en grand nombre dans un tube en cuivre recourbé, soit en une nappe extrêmement mince et développée en éventail, qui s'obtient par la projection de l'eau sur un disque plan faisant office de soupape.

Le remplissage des tonneaux se faisait autrefois au moyen de *poteaux d'arrosement* en fonte, portant un orifice à la hauteur convenable pour que le boyau de raccord vînt aboutir à la bonde presque horizontalement. Des marches en fonte, faisant corps avec le poteau, permettaient à l'agent chargé de la manœuvre de se tenir assez haut pour atteindre la clé du robinet placé au sommet de l'appareil. La capacité intérieure jouait le rôle de réservoir d'air pour amortir les coups de bélier.

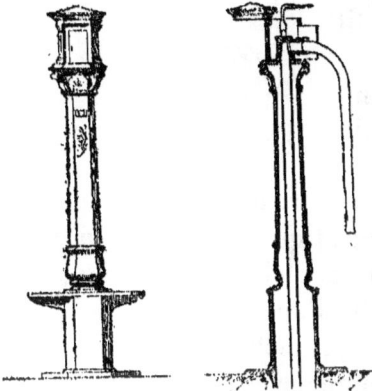

On a renoncé maintenant d'une manière à peu près générale à ces appareils encombrants. Ils sont remplacés avec avantage par des *bouches de remplissage*, de forme analogue aux bouches d'arrosage dont il sera question tout à l'heure, disposées aussi dans des coffres en fonte arasés au niveau des trottoirs, mais d'un diamètre plus fort, afin de débiter en un temps suffisamment court (**2 à 3** minutes par exemple) les **1.000 à 1.500** litres nécessaires pour emplir un tonneau traîné par un cheval.

353. Arrosage à la lance. — L'arrosage au tonneau est, on le conçoit, fort dispendieux : il comporte un matériel important, dont l'acquisition et l'entretien coûtent cher, et le transport de l'eau à distance, soit à bras, soit au moyen du cheval, représente aussi une dépense relativement élevée. L'arrosage à la lance, beaucoup plus économique, doit être en conséquence préféré quand les circonstances s'y prêtent ; mais il ne peut être employé que sur des voies canalisées et suffisamment larges.

Il suppose l'installation de bouches d'eau, rondes ou carrées, assez analogues aux bouches de lavage, noyées aussi dans le trottoir, mais sans débouché vers le caniveau. En levant le couvercle

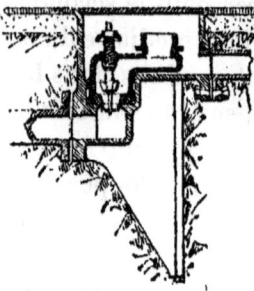

du coffre en fonte on découvre un raccord fileté sur lequel vient se fixer un tuyau flexible armé à son extrémité de la *lance* de projection, tube conique en cuivre pourvu d'un petit robinet.

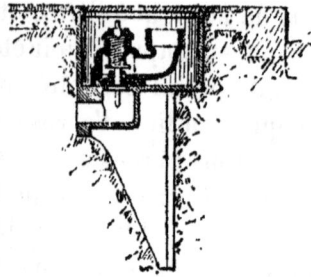

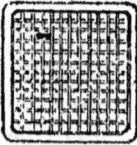

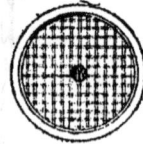

Un homme tient la lance à la main et en dirige aisément le jet avec le doigt. Pour diminuer l'usure du tube flexible, très rapide quand on le laisse traîner à terre et qui est en cuir, en toile ou en caoutchouc, on le compose à Paris d'une série de bouts de tuyau en métal, raccordés entre eux par des tuyaux en cuir de faible longueur et portés par de petits chariots à roulettes.

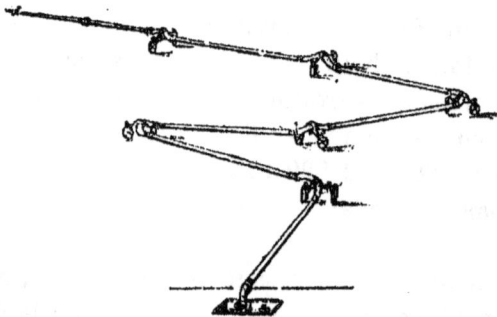

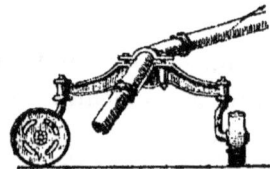

Avec ce système d'arrosage l'eau peut être mieux répartie là où elle est nécessaire, aussi bien sur les trottoirs que sur la chaussée ; les passants ont moins à redouter les projections d'eau, dont ils se garent assez mal quelquefois pendant l'arrosage au tonneau ; l'opération s'effectue en un mot d'une manière très satisfaisante.

L'inconvénient qu'on peut lui reprocher c'est la multiplicité des bouches, qui doivent être nécessairement assez rapprochées les unes des autres pour que la lance puisse atteindre successivement tous les points de la voie publique. Pour augmenter l'espacement et réduire la dépense de premier établissement, il faut donner le plus de longueur possible au tuyau flexible : celui du type en usage à Paris reste encore léger et maniable, et replié occupe peu de place, tant qu'on ne dépasse pas 15 à 20 mètres, d'où il résulte que les bouches peuvent être espacées de 30 à 60 mètres environ. A Vienne (Autriche), on a augmenté plus encore l'écartement,

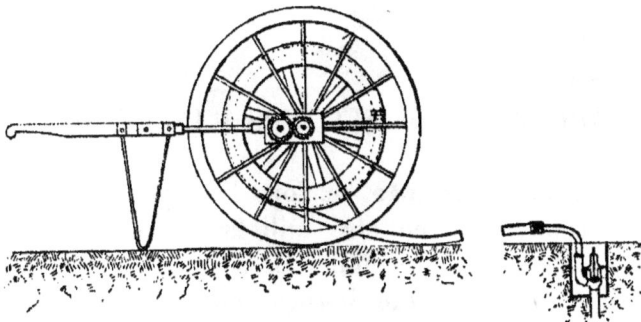

grâce à l'emploi de *devidoirs*, analogues à ceux dont se servent les pompiers, c'est-à-dire de grands tambours sur lesquels s'enroule le tuyau flexible : mais ce système, assez peu commode d'ailleurs dans les voies fréquentées, comporte sûrement et plus de main-d'œuvre et plus d'entretien que celui de Paris.

351. Arrosage des plantations et des pelouses. — L'eau bien employée peut contribuer puissamment à embellir les promenades publiques, car elle permet d'y abattre la poussière, d'y assurer la pousse du gazon, d'y entretenir des plantes délicates, etc.; et c'est, on peut le dire, grâce à l'introduction de l'arrosage, qu'il a été possible d'obtenir en ce genre à Paris, et ailleurs à l'imitation de Paris, de si merveilleux résultats.

L'emploi de la lance convient parfaitement à ce nouvel usage : on peut s'en servir pour l'arrosage des allées, des plantations, des pelouses, soit en conservant le tuyau flexible à chariot, soit en le remplaçant par un tuyau analogue, composé aussi de bouts droits en métal raccordés par des bouts plus courts en cuir, mais sans roulettes, plus léger, plus maniable, et plus économique.

Parfois on substitue à la lance, pour l'arrosage des pelouses, des appareils automatiques à réaction, qui pulvérisent l'eau pour ainsi dire et la font tomber en pluie fine sur une vaste étendue de gazon sans l'intervention d'aucun ouvrier. Un effet analogue peut être obtenu au moyen de tuyaux pliants, dont les bouts métalliques ont été percés de petits trous, d'où l'eau s'échappe en nombreux et minces filets.

La bouche d'arrosage à coffre rond, qui se place partout indifféremment, convient bien dans les jardins anglais où il n'y a pas de lignes régulières, tandis que sur les voies publiques on préférera souvent la forme carrée, qui s'adapte mieux contre les bordures de trottoirs.

§ 5

APPAREILS DE SECOURS D'INCENDIE

355. Raccords d'incendie. — Tous les appareils du service public sans exception peuvent être utilisés, si l'on veut, pour les secours d'incendie. Ils sont en général disposés à cet effet; et les bornes-fontaines mêmes, dont l'orifice ne se prête pas d'ordinaire à l'attache du boyau d'alimentation, y sont appropriées aisément par l'addition d'un *raccord d'incendie* dissimulé dans la boîte en fonte. C'est un orifice, muni d'un bout fileté, et fermé en temps normal au moyen d'un bouchon métallique, qu'on découvre, au moment du besoin, en ouvrant une petite porte spéciale fermée à clé.

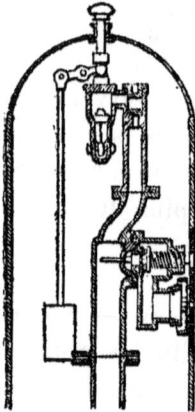

Il n'y a aucune modification à faire subir aux bouches d'arrosage et de lavage pour les employer aux secours d'incendie : les premières sont déjà pourvues d'un raccord, sur lequel il suffit d'adapter le boyau d'incendie à la place même de l'appareil d'arrosage, les secondes présentent presque toujours un raccord analogue qu'on découvre en relevant le couvercle du coffre.

La principale condition à observer, pour obtenir des résultats satisfaisants, c'est que tous les raccords d'incendie aient même diamètre et même pas, afin que les pompiers n'aient à se pourvoir que d'un seul type de boyau et puissent en faire usage partout sans hésitation ni perte de temps : on réduit d'ailleurs la durée de la manœuvre en donnant aux raccords des dispositions spéciales, qui permettent d'opérer la jonction par une sorte de mouvement de baïonnette, réduit à un quart de tour par exemple. Il faut aussi que le débit des divers orifices soit capable d'alimenter une pompe ordinaire à bras, qui suppose presque toujours l'emploi de **225** litres d'eau par minute : et comme, pour le bon fonctionnement des bouches de lavage et autres appareils, un aussi grand volume d'eau n'est point nécessaire, on est conduit à leur donner des dimensions un peu exagérées, de même qu'aux branchements qui les alimentent, sauf à limiter normalement le débit au moyen du robinet de barrage qu'on a soin de ne pas ouvrir en plein : les pompiers doivent être dès lors toujours munis de clés pour la manœuvre des robinets de barrage, qui est le préliminaire indispensable de la mise en service des raccords d'incendie.

Quand la pression de l'eau est suffisante pour que les pompiers emploient le jet direct à l'extinction des incendies, ils n'ont qu'à visser sur l'orifice le raccord d'un boyau flexible, pourvu à son autre extrémité d'une lance tout à fait analogue à la lance d'arrosage. Dans le cas contraire, le boyau adapté sur le raccord d'incendie débouche librement dans la bâche de la pompe, et celui qui est pourvu de la lance vient se fixer sur la tubulure de refoulement.

356. Bouches d'incendie pour pompes à vapeur. — Depuis longtemps déjà aux États-Unis, et depuis un certain nombre d'années à Londres, à Paris et dans les grandes villes d'Europe, on fait usage, pour l'extinction des grands incendies, de pompes beaucoup plus puissantes, mues par la vapeur et capables de débiter 600 à 1.600 litres par minute.

Les raccords d'incendie ordinaires ne sauraient alimenter ces nouveaux engins, de sorte qu'il a fallu poser tout spécialement des bouches appropriées, et même parfois renforcer les conduites publiques elles-mêmes, dont les diamètres ne se fussent pas prêtés à des débits aussi importants.

A Paris, les bouches pour pompes à vapeur ont un orifice de $0^m,10$ de diamètre et sont toutes alimentées par la canalisation du service privé, qui seule présente partout et à toute heure du jour et de la nuit une pression capable de fournir un jet direct efficace. Les conduites de service ayant dans toutes les rues, et sauf de très rares exceptions, le diamètre de $0^m,10$, et se trouvant alimentées presque toujours par les deux bouts, peuvent fournir sans peine le débit nécessaire pour les pompes du plus gros modèle. L'espacement moyen de ces *bouches d'incendie* est de 100 mètres. Elles se prêtent aussi à l'emploi du jet direct; un raccord spécial à plusieurs tubulures permet alors l'alimentation de plusieurs lances à la fois au moyen de la même bouche.

L'appareil se compose d'un coffre en fonte contenant une soupape et un raccord, dont la disposition est semblable à celle des bouches d'arrosage, mais de plus grandes dimensions. Dans un but de simplification, on a supprimé la serrure, et le couvercle est maintenu fermé par un contrepoids. Le robinet de barrage et le branchement d'alimentation sont placés dans un des regards que l'on trouve de 50 mètres en 50 mètres dans les rues pourvues d'égouts, de sorte que toutes les parties de l'installation sont aisément et constamment accessibles : à défaut de regard, dans les voies non encore drainées, on dispose une chambre spéciale en maçonnerie.

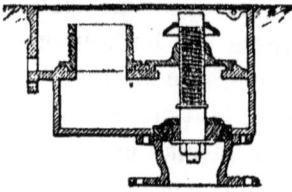

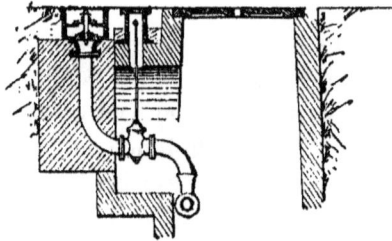

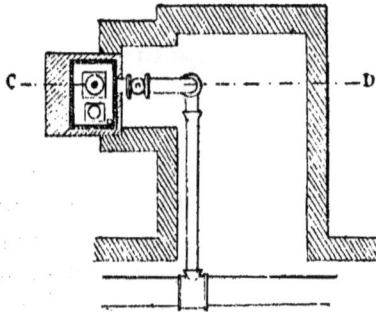

Pour retrouver aisément la nuit la position de la bouche, qui est noyée dans le trottoir et assez peu visible, on a soin de l'indiquer au moyen d'une plaque fixée au socle du bâtiment le plus voisin : le type adopté à Paris, en émail blanc, frappe bien le regard et supprime toute hésitation. Une plaque de ce genre est évidemment inutile quand la bouche d'incendie est remplacée, comme à New-York par exemple, par un hydrant en forme de colonne saillante s'élevant à 0^m,92 au-dessus du sol (le diamètre du raccord à New-York est de 0^m,1265).

357. Organisation assurant la permanence des secours. — Dans les villes où les conduites sont constamment en pression et qui sont pourvues d'un nombre suffisant de bouches et de raccords d'incendie, il semble que le service des secours d'incendie soit parfaitement assuré. Il peut s'y présenter néamoins telle circonstance où l'intervention des agents des eaux sera utile, parce qu'il y aura quelque manœuvre exceptionnelle à faire pour mettre les appareils en service ou en améliorer le fonctionnement : ici ce sera une communication à établir entre deux parties du réseau ou deux étages de distribution, là un robinet d'arrêt à ouvrir ou à fermer, un appareil à dégeler, etc. Aussi convient-il que les pompiers sachent, à tout moment du jour ou de la nuit, comment trouver les agents du service des eaux dont ils auraient à réclamer le concours.

Dans les grandes villes on organise à cet effet un poste de permanence, qui est en relation constante avec le service des pompiers. L'employé qui se trouve au poste, immédiatement avisé par les pompiers, transmet l'avis à l'agent intéressé, lequel se transporte aussitôt sur les lieux avec les hommes dont il dispose et y prend les mesures nécessaires. Ce système implique l'existence d'un réseau télégraphique ou téléphonique, reliant d'une part les postes de pompiers au bureau central des eaux, et d'autre part ce bureau avec la demeure des principaux agents du service. Il y a longtemps qu'un réseau télégraphique ainsi conçu fonctionne à Paris dans de bonnes conditions et y rend de précieux services.

Des mesures analogues sont plus indispensables encore dans les villes où le service est intermittent, puisque, sans l'intervention des agents des eaux, les pompiers se trouveraient presque toujours en présence d'appareils non alimentés. A Londres, l'organisation destinée à parer à cet inconvénient est, paraît-il, si bien comprise que, malgré l'importance encore persistante du service intermittent et la promptitude avec laquelle les pompiers se rendent sur le lieu du sinistre, l'eau est toujours à leur disposition dès qu'ils sont prêts à l'utiliser. Quoi qu'il en soit, il est hors de doute que les pertes occasionnées par le feu dans les villes anglaises, où la distribution est intermittente, sont beaucoup plus considérables que dans celles qui ont renoncé à ce système défectueux.

§ 6.

FONTAINES DÉCORATIVES ET PIÈCES D'EAU

358. Fontaines de puisage ornées ou monumentales. — Il était autrefois d'usage à peu près constant dans les villes d'orner les fontaines de puisage; et souvent on s'appliquait à leur donner, en raison du rôle plus ou moins important qu'elles avaient à remplir, un aspect décoratif ou monumental.

Les grandes citernes de la cour du palais des Doges, à Venise, dont on admire les margelles richement ornées, en fournissent un exemple.

L'ancien Paris comptait un assez grand nombre de fontaines de

Citerne du palais des Doges.

ce genre, toutes composées d'un morceau architectural, soit isolé, soit adossé à une construction publique ou privée, et au pied duquel un orifice laissait échapper l'eau qu'y venaient puiser les habitants. Nous citerons la fontaine de Birague, détruite lors du

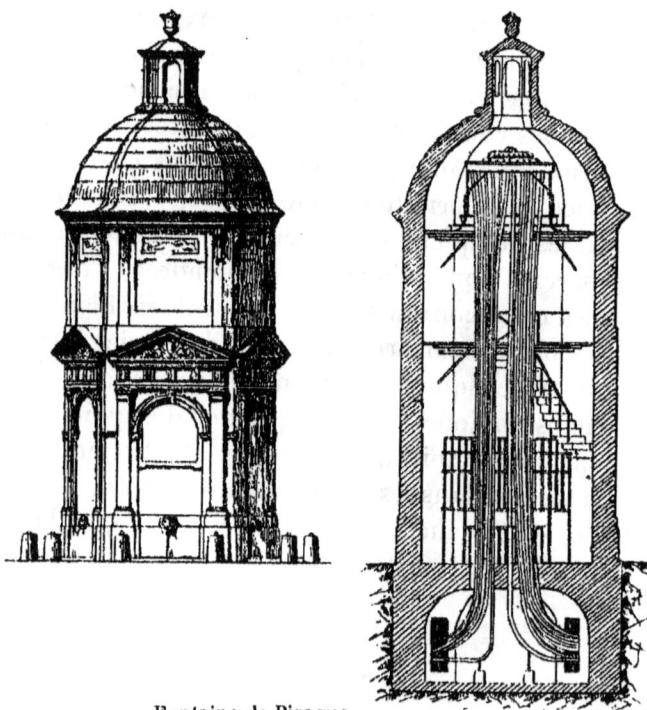

Fontaine de Birague.

prolongement de la rue de Rivoli, et, parmi celles qui subsistent, la fontaine de l'Arbre-Sec, la fontaine Gaillon, la fontaine de Grenelle, d'une si belle ordonnance et ornée de si remarquables sculptures.

La dimension de ces édifices semble aujourd'hui hors de proportion avec leur objet ; mais il ne faut pas oublier que, derrière la façade décorée, se cachait d'ordinaire le château d'eau servant à la répartition de l'eau entre les concessionnaires du voisinage, la cuvette de distribution avec les bassinets et le jeu des tuyaux correspondants. Pour en donner une idée, nous avons reproduit ci-dessus la coupe de la fontaine de Birague où l'on aperçoit les divers organes du château d'eau. On s'explique alors ces monuments coû-

Fontaine de Grenelle.

teux et importants, ornés parfois avec tant de richesse et de goût, et dont un mince filet d'eau révélait seul à l'extérieur la destination.

359. Fontaines décoratives. — D'autres fontaines ornées, qui

Fontaine des Innocents.

ne servent pas au puisage, ont pour unique objet de décorer un carrefour ou une place et d'y répandre la fraîcheur, de charmer l'œil par des effets d'eau plus ou moins compliqués et l'oreille par le murmure que produit l'écoulement. Ce sont des fontaines purement *décoratives*.

Jadis l'eau était rare, et, dans la plupart des anciennes fontaines décoratives, la part de l'architecte ou du sculpteur l'emportait de beaucoup sur celle de l'hydraulicien. Paris en compte un certain nombre qui rentrent dans cette catégorie; parmi les plus belles on peut citer la fontaine des Innocents, ornée des admirables sculptures de Jean Goujon, et la célèbre fontaine de Médicis au jardin du Luxembourg.

Fontaine de la place de la Concorde.

Les distributions d'eau modernes, beaucoup plus abondamment alimentées et recevant de l'eau à haute pression, ont permis d'obtenir des effets d'eau plus variés. Le liquide peut déboucher à grande hauteur pour retomber ensuite de vasque en vasque, jaillir en jets verticaux ou inclinés, se prêter en un mot à mille dispositions diverses qui peuvent donner lieu à d'heureuses combinaisons. A titre d'exemple nous citerons la fontaine Saint-Michel, et les belles fontaines des places de la Concorde et de l'Observatoire à Paris.

360. Jets d'eau. Gerbes. — Les effets de l'eau en pression, dirigée convenablement par des ajutages spéciaux, peuvent à eux seuls présenter un aspect si décoratif qu'on en est même arrivé à supprimer entièrement dans bien des cas tout ornement architectural : le grand jet d'eau des Tuileries, la gerbe du Palais-Royal, malgré l'extrême simplicité de leurs dispositions, ont fait longtemps l'admiration de tous ceux qui visitaient Paris.

Depuis la transformation du service des eaux, on a multiplié à Paris les *gerbes,* qui projettent l'eau dans l'atmosphère en jets multiples, de telle sorte qu'elle s'y pulvérise pour retomber en belles nappes blanches, où la lumière en se jouant produit de très heureux effets. Mentionnons les grandes gerbes de la place d'Italie, de la place du Trocadéro, où des centaines d'ajutages convenablement inclinés lancent des torrents d'eau et forment de magnifiques masses de poussière humide, au-dessus d'immenses bassins circulaires, creusés dans le sol pour en mieux faire ressortir la blancheur et tenir les passants hors de la portée des projections.

Ces gerbes sont ordinairement composées de plusieurs couronnes d'ajutages, concentriques et superposées ; dans chaque couronne tous les jets ont la même obliquité, et ceux des diverses couronnes se recoupent, afin de faire concourir le choc à la pulvérisation des filets d'eau déjà préparée par la résistance de l'air. Toute l'eau semble jaillir d'une touffe de roseaux, sorte d'ornement en fonte cuivrée qui a pour rôle de dissimuler à la vue tous les ajutages. La tuyauterie se compose d'autant de conduites qu'il y a de couronnes, et chacune d'elles est munie d'un robinet de barrage de manière qu'on puisse y régler séparément le débit et la pression, ce qui est indispensable pour obtenir par tâtonnements l'effet le plus satisfaisant.

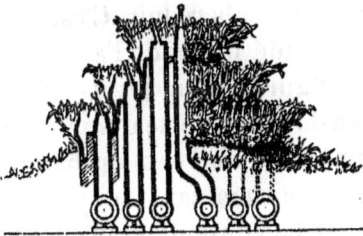

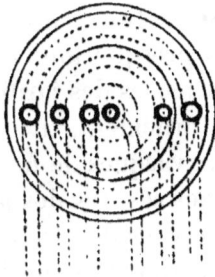

Plan

C'est évidemment parce que l'eau perd sa transparence et blanchit que les gerbes ont un aspect si agréable à l'œil. Cet effet s'obtient ici tout naturellement par la résistance de l'air et par le choc des filets liquides. Lorsqu'on veut le reproduire, il faut en général offrir un obstacle à l'écoulement de l'eau animée déjà d'une certaine vitesse et faire en sorte que des bulles d'air y soient emprisonnées. Ainsi, on est parvenu à ôter à la grande nappe d'eau de la cascade du Trocadéro la transparence,

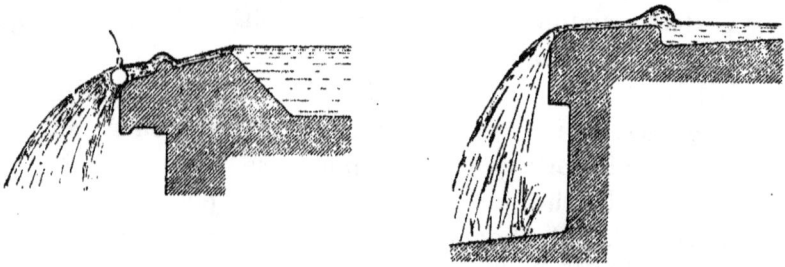

qui la rendait presque invisible à distance, en la forçant à se diviser par l'interposition d'un tube horizontal communiquant lui-même avec l'air par une série de petits tubes verticaux. Pour les petites chutes de cette même cascade il a suffi de modifier la forme des bavettes.

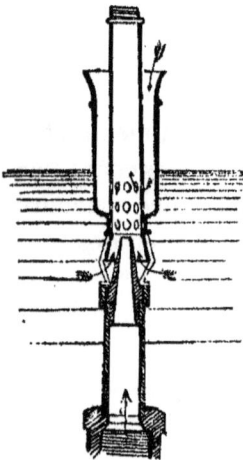

En insufflant directement l'air dans la masse d'eau, on parvient à lui donner un aspect laiteux, qui permet d'obtenir des effets agréables avec un débit très réduit. C'est sur ce principe qu'est fondé le jeu de l'appareil représenté par la figure, où un jet d'eau en pression détermine dans une sorte d'injecteur l'entraînement simultané de l'eau du bassin où il est placé et de l'air ambiant; le résultat est remarquable et la consommation d'eau relativement faible.

361. Cascades et rivières artificielles. — Les promenades publiques reçoivent presque toujours aujourd'hui les dispositions irrégulières et capricieuses des jardins anglais; et, lorsqu'on y emploie l'eau comme ornement, il convient de renoncer aux fontaines monumentales, aux vasques de forme régulière qui s'harmonisaient bien avec les lignes sévères des jardins français, comme la fontaine de Médicis, les bassins des Tuileries et du Luxembourg, les pièces d'eau de Saint-Cloud, etc., pour donner la préférence à une imitation savante des effets naturels, et disposer avec art aux endroits les plus appropriés des cascades, des rivières, des lacs artificiels.

Les splendides promenades créées à Paris depuis quarante ans offrent un exemple frappant des heureux résultats que peut donner ce genre d'ornementation. C'est ainsi que le bois de Boulogne, autrefois sablonneux et sec, a été transformé comme par une ba-

Grande cascade de Longchamps.

guette magique en une promenade délicieuse, grâce à l'eau répandue à profusion au milieu de pelouses verdoyantes et de beaux ombrages ; deux grands lacs, plusieurs petits, des ruisseaux d'eau courante, de jolies chutes d'eau et entre autres la grande et belle cascade de Longchamps, embellissent ce parc sans rival.

362. Grandes pièces d'eau. — On s'est proposé parfois de réunir sur un point donné tout ce que l'art de l'hydraulicien et celui de l'architecte peuvent en se combinant produire de plus magnifique en faisant entrer dans un même ensemble les dispositions architecturales les plus variées, les statues, les vases, avec les bassins, les vasques, les jets d'eau, les cascades, les gerbes, même les rochers artificiels. C'est cette préoccupation qui a motivé l'établissement des immenses et admirables *pièces d'eau* dont un monarque fastueux a voulu orner le parc de Versailles, en témoignage de sa puissance, et qui lui a fait répandre de toutes parts des torrents d'eau dans un cadre magnifique, à l'emplacement même où l'on ne voyait auparavant qu'un plateau aride et désert.

Parmi les grandes pièces d'eau les plus remarquables, mentionnons la magnifique fontaine de Trevi, à Rome, la belle cascade du parc de Saint-Cloud, qui mérite d'être citée comme un type du genre, enfin la cascade du Trocadéro, établie à Paris à l'occasion de l'Exposition universelle de 1878 et transformée en 1883.

Ces grandes pièces d'eau ne sont en somme que la réunion d'un certain nombre d'éléments, qui rentrent chacun dans l'une des catégories précédemment énumérées. Pour qu'elles charment le regard, il faut que ces éléments soient combinés de manière à former un ensemble harmonieux, et l'art de les grouper à cet effet est plutôt dans les attributions de l'architecte que dans celles de l'ingénieur. L'installation de la tuyauterie, quelque compliquée qu'elle puisse être, ne soulève d'ailleurs aucune difficulté ; il convient seulement de la disposer toujours de telle sorte qu'on en puisse régler à volonté et séparément chacune des parties. Il est souvent plus malaisé d'obtenir une alimentation suffisante ; les pièces d'eau de Versailles ne *jouent* qu'une fois par mois et pendant quelques minutes, la cascade de Saint-Cloud une demi-heure par quinzaine ; et, si l'on peut à volonté faire fonctionner la cascade du Trocadéro, on ne la met néanmoins en service que pendant quelques heures chaque dimanche, car elle consomme par seconde plus de 400 litres d'eau élevée par machines à vapeur, et cela malgré les modifications considérables qu'elle a subies précisément en vue de réduire le débit, qui atteignait en 1878 près de 1.000 litres par seconde ou 3.600 mètres cubes à l'heure !

363. Fontaines lumineuses. — Depuis que l'électricité permet de disposer de puissants foyers de lumière on s'en est servi pour ajouter un attrait de plus aux gerbes ou aux pièces d'eau, et obtenir des effets presque féeriques, qui ont pour l'œil le charme d'un éblouissant feu d'artifice. Il a suffi pour cela de faire jaillir l'eau dans un cône de rayons lumineux teintés de nuances variées par l'interposition de verres diversement colorés, ou de reproduire en grand l'expérience du physicien génevois Colladon, qui, dès 1841, avait éclairé par réflexion totale la veine parabolique formée par le courant d'eau qui s'échappe d'un ajutage horizontal.

La première grande gerbe lumineuse a paru en 1884 à l'exposition d'hygiène de Londres. Agrandie et perfectionnée par la maison Galloway pour les expositions de Manchester (1887) et Glasgow (1888), elle a fait partie intégrante des *fontaines lumineuses* que, sous la direction d'Alphand, nous avons installées au Champ de Mars et qui ont été un des attraits de l'Exposition universelle de 1889.

L'ensemble constituait une vaste pièce d'eau où une vasque allongée, bordée de deux rangées de petites gerbes, reliait le bassin octogonal, dont la grande gerbe occupait le centre, à une fontaine décorative d'une fort belle allure due à MM. Formigé et Coutan. Des motifs de sculpture ou des écrans en fonte figurant des touffes de roseaux masquaient les ouvertures ou les dalles transparentes à travers lesquelles 48 foyers électriques à arc de grande intensité (40 et 60 ampères), dissimulés dans les sous-sols, illuminaient près de 300 ajutages débitant 350 litres d'eau par seconde. La variation des effets d'eau et le changement des couleurs étaient obtenus simultanément au moyen d'un triple système de leviers qu'un seul agent placé à distance dirigeait à son gré.

L'illumination de chaque gerbe partielle ou de chaque jet d'eau vertical est réalisée au moyen d'une lampe à arc placée en sous-sol au-dessous d'une cheminée débouchant dans le bassin, un peu au-dessus du niveau de l'eau, et fermée par un verre-dalle : entre la lampe et la cheminée est disposé le berceau où glissent les chariots portant les verres de couleur ; au-dessus de la dalle viennent se placer les couronnes portant les ajutages, et dont les épaisseurs sont aussi réduites que possible, afin de ne point gêner le passage des rayons lumineux.

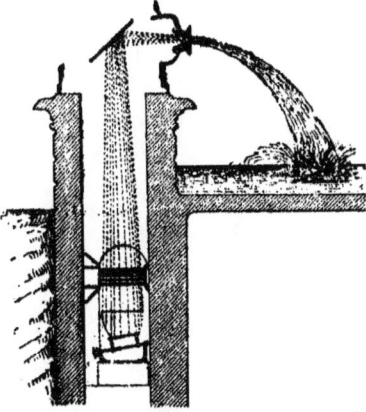

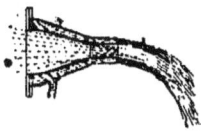

Pour les jets paraboliques on n'est parvenu à les éclairer qu'en faisant arriver la lumière par réflexion dans l'intérieur même d'une veine creuse obtenue au moyen d'un ajutage annulaire.

CHAPITRE XIV

VENTE ET LIVRAISON DE L'EAU

SOMMAIRE :

VENTE ET LIVRAISON DE L'EAU

§ Ier.

VENTE DE L'EAU

364. Limitation des puisages gratuits. — Autrefois l'eau ne pénétrait pas dans les maisons ; elle était distribuée sur la voie publique par des fontaines où tous les habitants étaient admis à la puiser gratuitement, ainsi que cela se pratique encore dans les villages. Seuls, quelques privilégiés obtenaient dans les grandes villes des *concessions particulières*, qui s'accordaient soit à prix d'argent, soit à titre gratuit et comme une récompense publique. D'ailleurs, ces concessions ne tardaient pas, en général, à provoquer de tels abus qu'il ne restait plus rien pour les fontaines publiques, et que, pour en rétablir le débit, des mesures restrictives s'imposaient, comme on l'a vu plus d'une fois, aussi bien à Paris que dans l'ancienne Rome.

De nos jours les distributions d'eau sont soumises à un régime différent. On a reconnu que l'eau livrée gratuitement à tous les habitants n'en est pas moins payée par tous sous une forme quelconque, puisqu'il faut bien recourir aux deniers des contribuables pour construire et entretenir les ouvrages nécessaires ; et il a paru plus juste de faire contribuer chacun à ces dépenses dans la proportion de l'utilité qu'il en retire, sauf à maintenir, s'il y a lieu, pour les habitants pauvres la possibilité de se procurer toujours l'eau à titre gratuit, car elle « ne doit pas plus être mesurée aux « classes peu aisées que ne leur sont mesurés l'air et la lumière (1) ».

L'amenée de l'eau jusqu'à l'intérieur des maisons, devenue la règle habituelle, a donné naissance au système des *abonnements* ; tous ceux qui ne veulent pas s'astreindre à puiser l'eau dont ils ont besoin aux fontaines établies sur la voie publique, et préfèrent l'avoir plus à leur portée, paient sous cette forme le service rendu.

1. DARCY. *Les Fontaines publiques de Dijon*, p. 509,

D'ailleurs, pour favoriser la diffusion des abonnements, on a presque partout cherché à restreindre par des dispositions réglementaires les puisages gratuits, spécialement destinés à la satisfaction des besoins des ménages pauvres ; il est généralement défendu d'y recourir pour des besoins industriels quels qu'ils soient, et le commerce de l'eau puisée gratuitement aux bornes fontaines est rigoureusement interdit.

365. Considérations générales relatives à la vente de l'eau. — Quoique répandue partout dans la nature et primitivement sans valeur aucune, l'eau devient en effet une marchandise, quand on a fait des frais pour la capter, l'amener, la distribuer dans toutes les rues d'une ville.

C'est toutefois une marchandise présentant certains caractères particuliers :

Objet d'absolue nécessité, elle ne doit jamais faire défaut ; et la collectivité a intérêt à s'assurer constamment que toutes les mesures sont prises pour réaliser la permanence de l'approvisionnement ;

Agent de salubrité par excellence, elle doit être répandue avec profusion et consommée en grande abondance ; et il est de l'intérêt de tous que le prix en soit réduit dans la mesure du possible.

Or, son prix dépend évidemment des dépenses qu'on aura faites dans chaque cas pour se la procurer ; par suite, les administrations urbaines, tout en cherchant à pourvoir largement leurs services d'eau, à obtenir une sécurité parfaite dans l'exploitation, doivent s'efforcer d'y parvenir sans s'écarter des règles d'une stricte économie. C'est dire que les ouvrages doivent être largement conçus pour la satisfaction de l'ensemble des besoins, et qu'il faut éviter avec soin d'éparpiller la dépense de peur de l'accroître sans utilité : de là l'obligation de faire de la distribution d'eau dans une ville un service unique et d'en écarter la concurrence, qui, en l'espèce, ne donnerait que des résultats fâcheux. Le *monopole* est ici dans la nature même des choses. Dès lors la constitution d'un service public pour la distribution de l'eau dans une ville apparaît comme la solution la plus rationnelle ; si l'industrie privée peut intervenir avec avantage, c'est seulement sous le contrôle efficace des administrations urbaines et comme un utile auxiliaire, mais non point dans une indépendance qui mettrait l'alimentation de tous à la merci des caprices, des négligences et surtout de l'avidité d'un particulier.

366. Prix de l'eau. — Il résulte des considérations qui viennent d'être exposées que le prix de l'eau ne saurait être soumis à la loi de l'offre et de la demande. Il sera donc établi un peu arbitrairement dans chaque cas. Autant que possible, il devra représenter la valeur du service rendu ; suffisant pour couvrir les dépenses, il ne sera pas trop élevé de peur qu'il devienne un obstacle à l'accroissement de la consommation.

Si l'on observe que cet accroissement, si désirable au point de vue de l'hygiène et de la salubrité publique, se produit nécessairement quand le prix de l'eau diminue, et que, d'autre part, le prix de revient va d'ordinaire en s'abaissant à mesure que le volume d'eau distribué augmente, ne faut-il pas en conclure qu'il y a un double intérêt à donner aux services d'eau tout le développement dont ils sont susceptibles? Beaucoup d'eau à bon marché : voilà l'idéal.

Il n'est guère réalisé dans la plupart des anciennes distributions d'eau, où la quantité fait généralement défaut et où le prix est, en même temps, relativement élevé. Aussi, lorsqu'on en aborde la transformation ou la réfection, ne doit-on pas hésiter à concevoir les nouveaux ouvrages d'une façon beaucoup plus large, et à rechercher une alimentation en rapport avec les progrès présumés de la consommation générale.

Quant à la valeur absolue de l'eau distribuée, au prix qu'on peut lui appliquer, il ne saurait être fourni d'indications précises à cet égard : rien n'est évidemment plus variable d'une localité à l'autre. Comme le fait remarquer judicieusement Dupuit, l'eau peut être vendue beaucoup plus cher dans une ville située sur une hauteur, et alimentée jusqu'alors par des puits très profonds fournissant de l'eau de mauvaise qualité, que dans telle autre plus favorisée, où les habitants trouvent à leur portée et se procurent sans peine une eau parfaitement acceptable pour la satisfaction de leurs besoins. D'autre part le prix de revient est très différent, suivant les ressources disponibles pour l'alimentation, selon qu'on trouve l'eau dans le voisinage ou à grande distance, qu'une dérivation est possible ou une élévation par machines nécessaire, qu'on utilise une force motrice naturelle ou qu'il faut recourir à la vapeur. En outre, le prix de revient de l'eau vendue s'écarte notablement, dans la plupart des cas, de celui de l'eau amenée, car le déchet peut être considérable, et, grâce à la facilité donnée aux abonnés de consommer comme et quand ils veulent, une forte proportion de l'eau amenée se trouve souvent perdue. Tantôt aussi on veut couvrir par les recettes à provenir des abonnements les dépenses faites pour le service public, le lavage et l'arrosage des rues, etc.; tantôt, au contraire, ces dépenses font l'objet d'un compte à part et n'entrent pas dans le calcul du prix de l'eau livrée aux particuliers.

Ce qu'il importe d'éviter, c'est que le prix de l'eau, quel qu'il soit, ne vienne à être majoré par des intermédiaires. On a poursuivi énergiquement à Paris et fait disparaître ceux qui avaient tenté de se livrer à ce genre de spéculation, en offrant aux propriétaires de se charger de l'installation de l'eau dans leurs immeubles, moyennant l'abandon du droit de rançonner les locataires, qui payaient au décuple les frais de cette installation. Mais on n'a pas pu encore y supprimer les abus dont un bon nombre de propriétaires se rendent coupables, en faisant payer l'eau à leurs locataires beaucoup plus cher qu'ils ne la paient eux-mêmes, ce qui n'a pas peu contribué sans doute à répandre l'opinion fort accréditée, que l'eau serait vendue beaucoup trop cher à Paris.

367. Revenus d'un service d'eau. — On a vu quelquefois des municipalités reculer devant les dépenses à faire pour la création ou l'amélioration d'un service d'eau, parce qu'elles se refusaient à croire que les revenus à provenir de la vente de l'eau pussent jamais couvrir sinon la totalité, du moins une notable partie de ces dépenses. La pratique démontre que c'est là une erreur.

Au début, sans nul doute, dans les villes où l'on s'alimentait précédemment au moyen de puits, de citernes, de petites sources locales, les anciens modes d'alimentation ne sont pas immédiatement abandonnés ; les habitudes invétérées ne cèdent qu'avec une assez grande lenteur, et il faut plusieurs années pour que le mouvement de progrès se dessine. Mais il se produit fatalement ; et partout l'eau en pression fournie par la canalisation publique finit par s'imposer, remplaçant peu à peu les installations particulières, qui exigent plus de soins sans rendre autant de services, et ne fournissent d'ailleurs, la plupart du temps, qu'une eau plus ou moins suspecte.

Un des obstacles que rencontre la généralisation rapide des abonnements est, à coup sûr, le prix élevé des installations à faire à l'intérieur des immeubles : tuyaux en plomb, robinets en bronze, appareils divers, tout cela coûte assez cher, d'autant que l'emploi de matériaux de qualité supérieure et de formes suffisamment résistantes est de rigueur quand il s'agit de distribuer de l'eau en pression. Darcy a constaté cette difficulté à Dijon en 1855; et, pour y remédier, il demandait que la ville prît à sa charge la prise d'eau et le branchement jusqu'à la façade de la maison à desservir, et favorisât, par l'allocation d'une prime ou des réductions temporaires sur le prix de l'abonnement, la pose de la canalisation intérieure. Ce système d'encouragements matériels a été expérimenté depuis dans plus d'un cas, et il n'a généralement donné que des résultats insignifiants. Dans certaines villes d'ailleurs, l'introduction de l'eau dans les maisons se heurte à un obstacle très grave, la fosse fixe; les propriétaires font la guerre à l'eau à cause du prix élevé de la vidange; aussi la disparition des fosses est-elle toujours le signal d'un développement considérable de la consommation d'eau.

Quoi qu'il en soit, il n'est pas de ville où la création d'un service d'eau ne soit la source d'un revenu assuré et relativement important. Ce revenu sera proportionnellement plus élevé dans les grandes villes que dans les petites, dans les cités industrielles que dans les centres commerçants ou agricoles, dans les villes pourvues d'égouts que dans celles qui n'en ont point; il le sera particulièrement dans les stations balnéaires et les centres de villégiature, qui reçoivent à un moment donné une population flottante considérable, et doivent offrir aux visiteurs des installations hygiéniques et luxueuses. En laissant de côté les cas exceptionnels, on peut dire qu'en France « toute ville d'importance moyenne, si elle est passa- « blement pourvue d'eau, arrive en quelques années, avec un tarif « modéré et à la seule condition de bien organiser le service, à tirer « des abonnements un produit d'au moins 1 fr. 75 à 2 francs par « tête et par an (1). »

Le revenu brut de la distribution d'eau est compris entre 2 et 3 francs par tête et par an à Agen, Angers, Béziers, Chartres, Dreux, Fécamp, Louviers, Montdidier, Montélimar, Nancy, Nevers, Niort, Reims, Rennes, Saint-Malo, Saumur, Valence; il dépasse 3 francs à Blois, Bordeaux, Epernay, Grenoble, Saint-Etienne, 4 francs à Fontainebleau, au Havre, à Lyon; 5 francs à Cette, Chantilly, Melun, Senlis; il atteint 6 fr. 50 à Paris.

En Angleterre et aux Etats-Unis, où l'eau est employée en plus grande abondance, les résultats obtenus sont bien supérieurs; il n'est pas rare d'y rencontrer des villes où le revenu brut de la distribution d'eau atteint 5 à 10 fr. par tête; et l'on en cite où il dépasse 25 fr.

1. COUCHE. *Rapport sur l'alimentation de Brive.*

368. Exploitation directe par les villes ou par voie de concession. — La distribution d'eau est dans toutes les villes, à de rares exceptions près, un service public. Mais le mode d'exploitation n'est pas toujours le même : tantôt c'est la municipalité qui exploite en régie et par des agents qu'elle nomme et dirige elle-même, tantôt elle afferme ou concède la distribution pour un temps déterminé à un particulier ou à une compagnie.

Chacun de ces deux systèmes a ses avantages et ses inconvénients.

Le premier, s'il est appliqué par des administrateurs éclairés et habiles, sachant se rendre indépendants des préoccupations électorales et des influences de clocher, et s'entourant d'agents intelligents et expérimentés, doit être manifestement plus économique puisqu'il ne comporte pas de bénéfice à réserver à l'intermédiaire, et meilleur en même temps au point de vue de la satisfaction des besoins publics puisqu'il écarte tout intérêt commercial. Mais assez souvent on ne saurait réaliser les conditions indispensables pour le succès, surtout dans les localités peu importantes où le budget est restreint et où le personnel fait défaut. Alors le service sera généralement mieux fait et plus économiquement par un concessionnaire, malgré le bénéfice légitime qu'il prélèvera nécessairement à titre de rémunération de ses peines et pour couvrir les risques qu'il lui faut courir.

Souvent, du reste, les municipalités ont recours à une concession pour se procurer l'argent nécessaire aux travaux de premier établissement du service d'eau : le concessionnaire se charge, moyennant l'abandon des revenus pendant une période d'un certain nombre d'années, d'exécuter les ouvrages et d'assurer l'exploitation. Il ne faut pas se dissimuler que ce procédé doit être en général moins avantageux que l'emprunt direct : car, d'un côté, toute ville dont la situation financière est satisfaisante emprunte à meilleur compte qu'un particulier ; et, de l'autre, le montant des dépenses prévues, qui est une des bases du traité de concession, serait généralement réduit par l'effet de la concurrence si les travaux s'exécutaient par adjudication. Aussi la tendance actuelle en France est-elle franchement favorable à l'exécution directe des travaux par les villes.

Quant à l'exploitation, si les unes tiennent à la faire en régie et vont même jusqu'à racheter les concessions en cours, il en est d'autres qui, après avoir essayé de ce régime, se sont fatiguées des difficultés rencontrées et l'ont affermée de préférence. Cependant, plus la connaissance de ces questions se répand, plus la nécessité des distributions d'eau est comprise, plus la probabilité du revenu à en attendre apparaît clairement, plus on est disposé à écarter le système des concessions et à faire entrer entièrement les services d'eau dans les attributions des agents municipaux. D'après un relevé fait en 1892 (1), sur 438 villes françaises de plus de 5.000 habitants pourvues d'un service d'eau, 284 avaient recours à l'exploitation directe, et 154 seulement, soit 35 p. 100, étaient desservies par des compagnies ou des particuliers. De même on trouvait, en 1895, que dans le Royaume-Uni de Grande-Bretagne et d'Irlande, sur 328 distributions d'eau, plus de la moitié, exactement 170 ou 55 p. 100, étaient entre les mains des autorités locales (2).

A Paris, le régime actuellement en vigueur est un mode d'exploitation mixte, résultant d'une transaction intervenue en 1860 lors de l'annexion de l'ancienne banlieue. La Ville, qui faisait en régie le service des eaux dans le périmètre de l'enceinte des fermiers généraux, dut racheter alors à la Compagnie générale des eaux les concessions dont elle jouissait dans toutes les communes annexées, et l'une des conditions du rachat fut l'établissement d'une *régie intéressée* s'appliquant à toute l'étendue du nouveau Paris et confiée à la Compagnie pour une durée de 50 années. La Ville a seule la charge de l'alimentation, elle fait seule tous les travaux d'adduction et de canalisation sans aucune intervention de la Compagnie : celle-ci est chargée de l'exploitation commerciale, réduite ou à peu près aujourd'hui à l'encaissement des produits. Ce système, grâce au contrôle rigoureux auquel il est soumis d'ailleurs, a donné de très bons résultats ; il a restreint le rôle de la Compagnie à ce qui convient bien à l'industrie privée et réservé au service municipal ce que l'administration est à même de faire dans les conditions les plus avantageuses, de telle sorte que, tout complexe et bizarre qu'il semble au premier abord, il n'apparaît pas moins après quelque réflexion comme assez satisfaisant et rationnel.

369. L'eau obligatoire. — Les progrès de l'hygiène urbaine ont profondément modifié les idées autrefois répandues au sujet de la fourniture de l'eau aux habitants des villes. Alors qu'on croyait avoir largement fait les choses, il y a quelque trente ans, quand on

1. Bulletin de la Société de Médecine publique, 1892.
2. Engineering. 20 déc. 1895.

avait multiplié les bornes-fontaines et obtenu un petit nombre d'abonnements, on trouve aujourd'hui que ce n'est point suffisant, et qu'il faut amener l'eau partout où elle est nécessaire, dans toutes les maisons et à tous les étages.

L'Angleterre et les États-Unis sont entrés rapidement et sans effort dans cette voie nouvelle ; les habitations y sont en général parfaitement alimentées. En France, le mouvement s'est produit avec plus de lenteur ; la routine, l'insuffisance des moyens d'évacuation et aussi les intérêts particuliers y font encore souvent obstacle à une transformation devenue nécessaire, et il faudra du temps pour en avoir raison si l'on ne veut pas recourir à l'emploi de moyens coercitifs. Beaucoup de propriétaires redoutent les dégâts que peut causer l'eau dans leurs immeubles, ou reculent devant les dépenses d'installation et l'augmentation des charges annuelles.

Pour faire cesser cette fâcheuse résistance et dans un but de salubrité publique, on en est venu à proposer de rendre l'eau *obligatoire* pour les maisons habitées, dans les grandes villes tout au moins. Dès lors, l'eau ne sera plus, comme elle l'est malheureusement encore parfois aujourd'hui, un luxe presque inconnu du pauvre auquel elle est cependant si nécessaire, les ménagères seront dispensées des pénibles corvées qu'elles ont à s'imposer encore trop souvent pour se la procurer en quantité insuffisante, et l'assainissement des logements d'ouvriers aura fait un grand pas. Berlin a mis ce système en pratique et s'en est bien trouvé ; le Conseil municipal de Paris l'a voté en principe dès 1886, mais n'a pas eu besoin de l'appliquer, parce que la transformation du mode de vidange, actuellement en cours, implique l'emploi de l'eau en abondance et en assure par lui-même l'introduction prochaine dans les habitations désormais peu nombreuses qui en sont encore dépourvues.

On se demandera peut-être si, en posant le principe de l'obligation, il n'y aurait pas lieu de revenir au système des fournitures d'eau gratuites généralisé, et de remplacer dans les budgets communaux le produit des recettes du service des eaux par une simple augmentation des impôts. C'est là, croyons-nous, un écueil qu'il faudra soigneusement éviter : même avec l'obligation, il n'y en aura pas moins des consommations d'eau industrielles ou de luxe, qu'il sera juste de faire payer par ceux-là seulement à qui elles profitent, et, comme la distinction entre les fournitures obligatoires et facultatives serait chose délicate, le mieux sera d'éviter toute difficulté à cet égard en continuant à faire payer l'eau directement et suivant l'importance de la consommation de chacun.

<h1 align="center">§ 2.</h1>

<h2 align="center">TARIFICATION</h2>

370. Divers modes de tarification. — La vente de l'eau donne lieu dans chaque localité à une *tarification* spéciale dont les bases sont loin d'être uniformes, et qui est intimement liée avec le mode de livraison de l'eau.

L'étude de cette tarification doit être dirigée, d'après Dupuit, de telle sorte que toute l'eau disponible reçoive un utile emploi, et que l'exploitant soit intégralement indemnisé des dépenses qu'il a faites ; ou encore de manière que chacun obtienne ce dont il a besoin et paie suivant ses facultés. Il faut reconnaître que ce sont là des conceptions idéales difficiles à réaliser en pratique. Au reste bien des circonstances particulières interviennent, et, comme Dupuit le fait remarquer lui-même, « l'étude du tarif de la vente de l'eau est « une étude toute locale : un tarif qui réussirait dans une ville, ne « réussirait pas dans une autre (1). »

Le même auteur accordait sa préférence au système dit *à discré-tion,* en vertu duquel, moyennant une redevance fixe établie d'a-près un calcul préalable, chacun peut consommer à son gré la quantité d'eau qui lui convient : « dans toute distribution d'eau « nouvelle, disait-il, ce n'est pas l'eau qui manque, mais l'abonné ; « et celui-ci ne vient pas souvent, à cause du tarif. » Cette opinion, qui avait alors sa valeur, ne serait plus guère de mise aujourd'hui, car presque partout c'est l'eau qui est venue à manquer par suite d'un accroissement tout à fait imprévu de la consommation, et dans nombre de villes le gaspillage a dû faire proscrire l'abonnement à discrétion.

Dans certains services on vend le mètre cube d'eau à un prix absolument uniforme. Ce système fort simple, et qui au premier abord paraît répondre mieux que tout autre aux idées égalitaires en faveur dans notre démocratie, n'est pas toujours équitable : l'eau peut en effet coûter plus cher en un point qu'en un autre, elle peut être plus utile ici que là, pourquoi la taxer toujours au même

---

1. Dupuit. *Traité de la conduite et de la distribution des eaux,* p. 125 (2ᵉ édition).

prix? Ne serait-ce pas substituer à la variété, qui est dans la nature même des choses, une uniformité artificielle et arbitraire?

Aussi, malgré sa simplicité, ce système n'est-il pas fort répandu; et presque partout on a eu recours à des modes de tarification assez complexes, très différents d'ailleurs suivant le but qu'on s'est proposé. Tantôt on a cherché à favoriser les petits abonnements, afin d'offrir aux ménages pauvres la possibilité de se procurer l'eau à bon compte; tantôt, au contraire, pour encourager à la consommation et venir en aide à l'industrie, on a fait des avantages particuliers aux gros abonnés : de là des tarifs dits *progressifs* ou *différentiels*. Ailleurs les prix varient avec la nature de l'eau (source ou rivière), avec l'usage qui en est fait (domestique ou industriel), avec l'altitude (étage haut, étage bas), avec l'époque de l'année (été ou hiver), etc.

371. Tarifs basés sur les éléments de la consommation. — Souvent les abonnements desservis à discrétion donnent lieu, pour chaque prise d'eau, à un calcul de la taxe correspondante, d'après des bases qui sont déterminées par le tarif même.

Une première fraction de la taxe est fixée selon le nombre de personnes alimentées ou le nombre de pièces habitées, avec un minimum par ménage. Viennent ensuite des perceptions additionnelles, pour chaque personne ou chaque pièce en sus, pour chaque tête d'animal, ou par mètre carré de cour ou de jardin, par appareil, par baignoire, par robinet, etc. Le tarif est donc presque toujours assez compliqué.

Les circonstances qui servent de base à l'estimation étant nécessairement variables, il faut s'assurer de temps à autre qu'elles n'ont point subi de modification, afin d'éviter l'introduction d'abus qui pourraient devenir graves, et de changer, s'il y a lieu, le montant de la taxe perçue.

Le taux des redevances varie beaucoup d'une localité à l'autre. Souvent le prix de l'eau, par personne, descend à 4, 3 et même 2 francs par an; mais presque toujours le minimum par ménage oscille entre 20 et 50 francs. La taxe supplémentaire pour chaque robinet en sus du premier est le plus souvent comprise entre 4 et 20 francs par an; elle est ordinairement différente suivant la nature et l'usage du robinet, water-closet, bain, cabinet de toilette, laverie, écurie, etc. Pour un cheval on compte de 3 à 8 francs, pour un mètre carré de jardin de 0,02 à 0,15 etc.

Dans certaines villes, en Amérique notamment, on a pris pour base la longueur de façade des maisons ou la superficie des propriétés.

372. Tarifs au mètre cube. — Quand l'eau doit être payée d'après la quantité consommée, ou suivant l'expression courante au *mètre cube,* on procède soit par estimation préalable, soit par mesurage direct au moyen de la *jauge* ou du *compteur.*

Dans le premier cas les tarifs fixent d'avance les bases d'estimation, qui diffèrent d'une ville à l'autre, suivant le climat, les habitudes locales, etc.; dans le second il ne donnent que les prix, presque toujours multiples, parce qu'ils varient ordinairement soit avec les types d'abonnement, soit avec les quantités moyennement consommées, soit avec les usages de l'eau, etc.

Les limites entre lesquelles se tient généralement le prix du mètre cube d'eau sont fort étendues; on conçoit qu'il en doit être ainsi à cause de la valeur si essentiellement variable de l'eau, à cause des différences si grandes dans les prix de revient, les ressources locales, les difficultés de l'alimentation, l'importance des distributions; on en jugera par un coup d'œil sur le tableau suivant, où sont groupés un certain nombre d'exemples empruntés aux tarifs en vigueur :

Constantinople (Pera)	0,90
Charkow, Koursk	0,81
Banlieue de Paris	0,79 à 0,38
Kiew	0,72
Meulan, Rennes	0,68
Lyon	0,66 à 0,18
Laon, Dunabourg	0,65
Versailles	0,60
Le Havre, Saint-Malo	0,55
Arras, Saumur, Tarbes, Livourne	0,50
Mâcon, Mantes	0,49
Calais	0,47
Saint-Nazaire	0,45
Gênes, Manchester	0,45 à 0,18
Bourges	0,42
Alençon, Châlons-sur-Marne, Nantes	0,41
Florence	0,40
Moscou	0,39
Le Puy	0,37
Varsovie	0,36
Chambéry, Paris, Naples	0,35
Bar-le-Duc, Cherbourg	0,33
Chartres, Fontainebleau, Montpellier, Nevers, Bologne, Vannes	0,30
Ajaccio, Caen, Lille	0,28
Agen, Auch, Auxerre, Chaumont, Montauban, Saint-Etienne, Toulon, Tours	0,27
Liverpool	0,25 à 0,16
Clermont-Ferrand, Perpignan, La Rochelle, Toulouse	0,25
Limoges, Vesoul, Birmingham, Pétersbourg	0,22
Besançon, Blois, Marseille, Mézières, Poitiers, Milan, Turin	0,20

Le Mans, Hanovre	0,49
Angers, Sens	0,18
Epinal, Edimbourg, Leeds	0,15
Avignon, Roubaix, Troyes	0,14
Buenos-Ayres	0,12
Nancy, Pau, Glasgow	0,10

Il convient de remarquer ici que le prix du mètre cube d'eau devrait aussi différer avec le mode de livraison choisi. Il est clair, en effet, que l'abonnement à discrétion laisse à l'abonné une marge très grande ; souvent il peut consommer deux ou trois mètres cubes, alors qu'il n'en paie qu'un. Avec la jauge, la marge est moindre, mais supérieure cependant à celle qu'admet le compteur : car la tolérance peut être réduite avec ce dernier appareil à 15, 10, 8 pour 100, tandis que, pour parer aux changements de débit résultant des variations diurnes de la pression, il faut généralement régler la jauge avec une majoration de 25 à 30 pour 100.

373. Tarifs d'après le loyer. — Un mode de tarification, très répandu à l'étranger, et particulièrement applicable aux abonnements à discrétion et aux livraisons d'eau intermittentes, prend pour base le prix du loyer de la maison desservie.

Ce système est assez séduisant, car il proportionne la redevance aux ressources de l'usager, le loyer étant la manifestation la plus palpable du revenu. Mais il ne convient qu'à l'eau employée aux usages domestiques ; et, comme tous les modes de tarification impliquant la livraison de l'eau à discrétion, il n'est pas sans danger : car la consommation peut venir à augmenter tout à coup sous l'influence d'une transformation dans les usages et les mœurs, alors que la recette demeurera stationnaire ou même diminuera, s'il se produit en même temps une baisse des loyers, et l'exploitant verra ses charges s'accroître rapidement, mais non ses revenus.

Depuis longtemps usité en Angleterre, ce mode de tarification a trouvé des applications aussi en Allemagne et aux États-Unis. En général le taux varie de 1 à 5 pour 100, c'est-à-dire que, pour un loyer de 100 francs, la taxe afférente à la fourniture d'eau est comprise entre 1 et 5 francs. A Londres, le taux est, suivant les Compagnies, de 4 1/2 à 7 pour 100 : mais des réductions sont faites pour les gros loyers, et des suppléments perçus pour les robinets additionnels.

Parfois, au lieu du loyer, on prend pour point de départ de la taxation, le montant des impositions, la prime d'assurance, un autre moyen quelconque d'atteindre le revenu. Le principe est le même ; il s'agit seulement d'une variante dans l'application.

Le compteur concilie avec la liberté absolue du puisage la possibilité d'un contrôle constant et sûr. Le consommateur ne paie que ce qu'il consomme, l'exploitant ne fournit point d'eau qui ne lui soit payée. C'est presque la réalisation de l'idéal de Dupuit.

Les avantages de l'emploi d'un bon compteur ont depuis fort longtemps frappé tous ceux qui s'occupent de distribution d'eau ; et c'est ce qui explique les efforts multipliés qu'on a fait de toutes parts pour créer un type répondant à toutes les exigences, à la fois simple, exact, robuste et peu coûteux. Le problème se présentait sans doute dans des conditions difficiles. puisqu'il a pendant près d'un demi-siècle exercé l'imagination des inventeurs, et qu'on ne saurait dénombrer les études faites et les dispositions proposées en vue de le résoudre.

Tout compteur d'eau est un petit moteur hydraulique, mis en mouvement par l'eau même dont il doit enregistrer le passage, et commandant une série de roues dentées qui actionnent l'appareil indicateur du nombre de tours ou de coups de piston. Il faut que la dépense de force employée à l'entraînement de ce petit moteur soit aussi réduite que possible, afin de ne pas créer de perte de charge sensible dans la distribution ; que son inertie soit presque nulle, de manière à obéir au moindre mouvement de l'eau et à s'arrêter dès que l'écoulement cesse ; qu'il exige peu ou point d'entretien, enfin et surtout qu'il puisse être construit à très bas prix. Or quelques-unes de ces conditions obligées sont contradictoires : un mécanisme ne peut être très mobile, très précis et durable que si l'exécution en est extrêmement soignée, comment dès lors le produire à bon marché ?

Il n'y a pas encore longtemps qu'on est parvenu dans cette voie à des résultats satisfaisants, et maintenant encore le prix des appareils et les frais d'entretien font souvent obstacle à leur adoption. Néanmoins les compteurs d'eau se sont beaucoup répandus dans ces dernières années, et on les trouve en grand nombre en France, en Angleterre, en Allemagne, aux Etats-Unis, etc. Facultatifs à Paris depuis le 27 février 1860, ils y étaient encore peu employés vingt ans après ; mais, les derniers règlements les ayant rendus obligatoires pour l'eau de source et pour les abonnements d'eau de rivière non jaugés, leur nombre s'est rapidement accru et l'on n'y en compte pas moins de 85.000 aujourd'hui.

391. Conditions que doivent remplir les compteurs. — Si l'on examine de près le rôle que doit jouer le compteur d'eau, on ne tarde pas à reconnaître qu'il lui faut surtout :

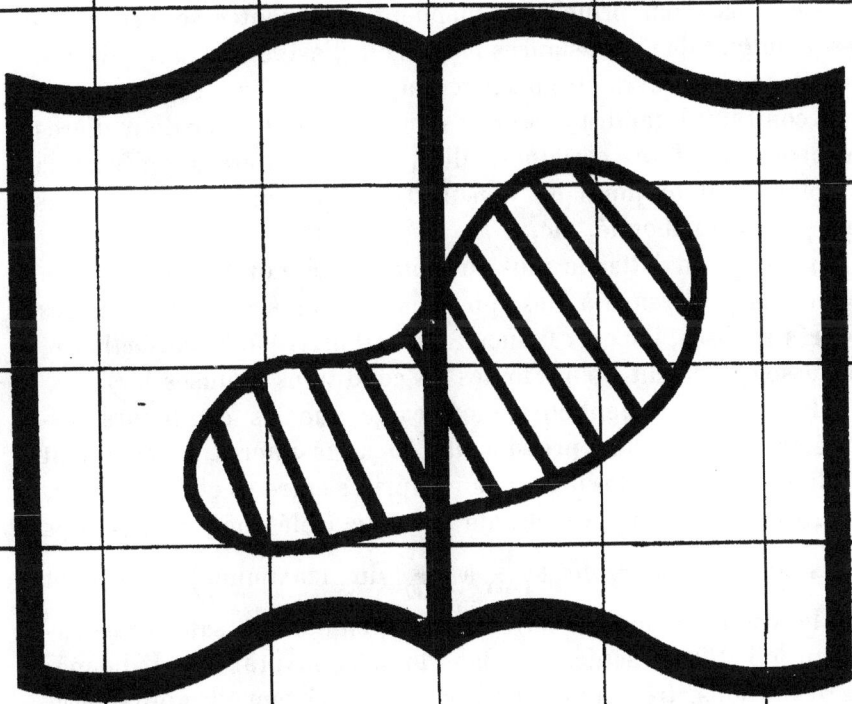

résister à une pression considérable, 30 à 40 mètres d'eau dans les cas les plus ordinaires, souvent plus, et subir des variations très grandes de cette pression sans que l'étanchéité soit atteinte, non plus que la régularité absolue de la marche ;

mesurer et enregistrer avec une approximation suffisante l'eau débitée, quelles que soient les variations du volume consommé, tantôt presque insignifiant, tantôt au contraire très important ;

ne pas créer de perte de charge sensible, car souvent l'eau n'a que la pression strictement nécessaire pour atteindre les points les plus élevés à desservir.

A ces conditions principales viennent s'en ajouter souvent d'autres, résultant de circonstances locales ou d'exigences particulières. Ici l'étanchéité devra être parfaite, parce que l'eau est très pure, là au contraire il faudra laisser passer de l'eau chargée de matières en suspension. Dans certaines villes, on demandera que l'écart de comptage soit toujours en faveur de l'exploitant, dans d'autres qu'il profite à l'abonné, etc.

Suivant qu'on s'attache plus ou moins à telle ou telle qualité, on donnera la préférence à des appareils différents, car, malgré les progrès réalisés, il n'en est aucun qui soit arrivé à la perfection et satisfasse également bien à toutes les conditions requises.

A Paris, le règlement en vigueur exige que les compteurs restent étanches sous une pression de 15 atmosphères, fonctionnent régulièrement avec des pressions comprises entre 1 et 70 mètres, enregistrent avec une exactitude relative (tolérance 20 0/0) des débits même très faibles $\left(\frac{1}{1500} \text{ à } \frac{1}{8000} \text{ du maximum}\right)$ et donnent pour les écoulements ordinaires un comptage exact, sans écart supérieur à 8 0/0, et seulement dans le sens favorable à l'abonné. Ces conditions, très rigoureuses et très strictement appliquées, écartent un certain nombre de compteurs qui sont ailleurs en usage. Peu à peu du reste les exigences tendent à augmenter partout, au fur et à mesure des progrès réalisés par les constructeurs, et l'on voit des compteurs, admis naguère avec faveur, céder la place à d'autres plus perfectionnés et plus précis.

Il est bon de placer à l'amont du compteur un clapet, s'opposant au retour de l'eau en cas de dépression dans la conduite publique.

392. Divers types de compteurs. — Les compteurs d'eau peuvent être classés en plusieurs catégories bien distinctes, suivant leurs dispositions et leur mode de fonctionnement.

Nous ne citerons qu'en passant les *compteurs sans pression* qui peuvent mesurer l'eau débouchant librement dans un réservoir, mais ne sauraient être intercalés sur une colonne montante où l'eau est en pression de part et d'autre. Plus faciles à disposer, les appareils de ce type ont paru les premiers ; mais ils n'ont pour ainsi dire pas reçu d'applications, car ils ne peuvent utiliser qu'une petite chute d'eau à l'air libre et ne répondent pas au problème qui se pose dans les distributions d'eau. C'est dans cette catégorie que se placent le *compteur à augets,* où l'eau remplit des augets qui se vident alternativement et qu'il suffit de compter pour déterminer le volume écoulé ; le *compteur à tympan,* qui est rotatif tandis que le précédent est oscillant ;

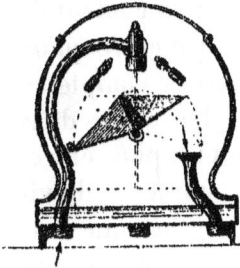

le *compteur à palettes,* soit fixes, comme on en trouve un exemple à Paris à l'origine de l'aqueduc de distribution des eaux de l'Ourcq, soit mobiles autour de charnières.

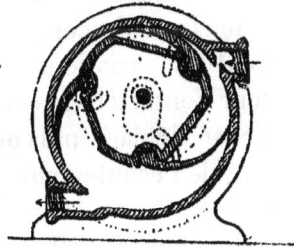

Les compteurs fonctionnant *sous pression* forment deux classes, dont l'une comprend ceux qui mesurent l'eau directement et que l'on peut appeler compteurs *positifs, directs,* ou mieux *compteurs de volume,* et l'autre ceux où le débit est évalué indirectement, d'après la rapidité du mouvement de l'organe mobile et qu'on désigne sous le nom de *compteurs de vitesse.* Les premiers présentent une ou plusieurs capacités, de volume rigoureusement déterminé, qui s'emplissent et se vident alternativement ; les seconds comportent une sorte de turbine ou de roue, dont le passage de l'eau détermine la rotation. Ceux-ci sont en général d'un petit volume, peu compliqués, dépourvus de parties frottantes ; la construction en est plus facile et moins coûteuse, la perte de charge qu'ils occasionnent relativement faible ; mais leur précision laisse beaucoup à désirer, surtout pour les faibles débits, leur sensibilité est médiocre, leur inertie assez grande : ils n'enregistrent pas les très petits écoulements, incapables de déterminer la rotation de la pièce mobile, et ne s'arrêtent pas toujours aussitôt que l'eau cesse de passer. Ceux-là sont plus précis, donnent des indications plus exactes, ne laissent point écouler d'eau qui ne soit mesurée, mais occupent plus de place, fonctionnent rarement sans bruit, demandent un ajustage plus soigné et des garnitures étanches, donnent lieu à des frottements appréciables, et coûtent généralement plus cher. Les compteurs de vitesse ont été d'abord les plus en faveur; ils sont encore fort répandus en Angleterre, en Allemagne, aux Etats-Unis, on les trouve en assez grand nombre en France : ils coûtent de 50 à 100 francs pour les petits diamètres. Mais, à mesure qu'on recherche plus de précision et que la fabrication des compteurs de volume progresse, ces derniers sont de plus en plus entrés dans la pratique, se substituant peu à peu malgré leur prix plus élevé, 100 à 200 francs pour les petits diamètres, aux compteurs de vitesse dans les villes qui les avaient adoptés d'abord, et presque toujours choisis de préférence dans celles où la question était encore entière.

Peut-être conviendrait-il de mentionner ici, comme formant une troisième classe de compteurs sous pression, les appareils qui enregistrent les variations de pression dans les conduites, comme le compteur Venturi (1), le compteur de pertes Deacon (2), dont l'organe essentiel se déplace plus ou moins sur une ligne verticale suivant la vitesse de l'écoulement et peut se prêter au tracé d'une courbe sur un papier entraîné par un mouvement d'horlogerie. Ces appareils, que nous appellerons des *compteurs piézométriques*, sont très sensibles et paraissent susceptibles de précision; il est à présumer qu'ils sont appelés à rendre des services dans certains cas, notamment quand il s'agit d'apprécier de grands volumes d'eau, de mesurer le débit de conduites maîtresses, etc.

393. Compteurs de vitesse. — Les compteurs de vitesse ont reçu des formes et des dispositions très variées. L'organe, noyé dans l'eau en pression, et auquel l'écoulement communique un mouvement de rotation, est tantôt une roue à réaction ou une turbine, tantôt une roue à palettes ou à ailettes planes, courbes, hélicoïdales. L'arbre de rotation traverse un des fonds de la boîte, où se trouve placé l'organe mobile, et vient actionner un système d'engrenages, qui commande les aiguilles destinées à enregistrer

1. Voir plus haut, paragraphe 339.
2. Voir plus haut, paragraphe 338.

sur un *indicateur à cadrans* le nombre d'hectolitres ou de mètres cubes d'eau qui passent par l'appareil. Par hypothèse ce nombre est considéré comme proportionnel au nombre de tours de l'organe mobile.

Le compteur *Siemens,* de Rotherham, est un des types les plus connus parmi les compteurs à turbine. L'eau pénètre de haut en bas dans l'arbre creux vertical d'une petite turbine, et s'échappe par des canaux courbes à la circonférence. Le mécanisme de commande des aiguilles, la *minuterie,* est entièrement noyé dans l'huile. Ce compteur a les défauts ordinaires des compteurs de vitesse ; en outre l'usure du pivot, qui supporte la charge de l'eau arrivant de haut en bas, est assez rapide, et les pertes d'eau par la douille formant joint de l'arbre creux ne sont pas rares.

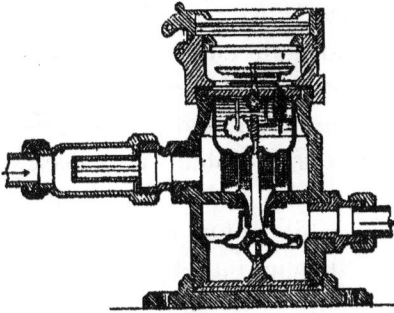

Le compteur *Siemens et Halske* paraît être, de tous les compteurs avec roues à palettes, celui qui a reçu le plus d'applications. L'eau y arrive par le bas et frappe les quatre palettes d'un disque tournant autour d'un axe vertical ; l'arbre plein, qui porte ce disque, se prolonge hors de la caisse à eau et met en mouvement la minuterie, placée dans une caisse à air, et dont la première roue seule est baignée par l'huile. On conçoit que cette disposition ne détermine pas une usure aussi rapide du pivot ; d'autre part le débit peut être plus grand à dimensions égales. Mais, par compensation, l'appareil est plus exposé aux dérangements produits par les coups de bélier, aux arrêts provoqués par les dépôts sableux ou calcaires. Les compteurs *Tylor, Faller, Leopolder, Rosenkranz* sont des variétés du même type : les deux premiers ont encore une roue à ailettes ; le troisième en a deux ; dans le quatrième le disque à ailettes est remplacé par une étoile à six branches en ébonite.

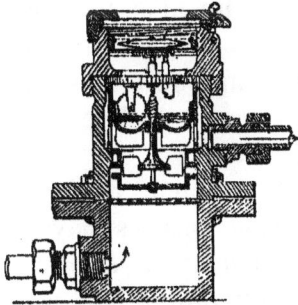

A ce même type se rattache la *turbine universelle* construite à Paris par la Compagnie pour la fabrication des compteurs ; l'eau y pénètre

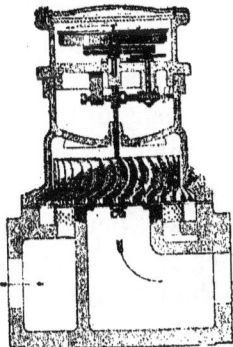

par-dessous dans les canaux d'une couronne d'injection en bronze d'où elle passe entre les aubes courbes d'une turbine en caoutchouc durci.

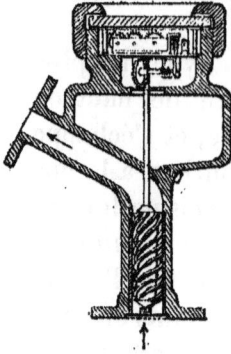

On emploie à l'étranger des compteurs de vitesse, (*Eureka, Everett, Witt, etc.*) dont le principe est identique à celui du compteur *Bonnefond*, présenté en France il y a un certain nombre d'années : l'eau y parcourt les spires d'un ruban hélicoïdal formant autour de l'arbre comme une ailette unique et allongée.

Récemment M. Rastagnat a imaginé de corriger le principal défaut des compteurs de vitesse en ajoutant à un appareil à turbine un dispositif qui fonctionne seulement aux petits débits et qui a pour effet d'envoyer alors par intermittence dans la turbine un jet assez puissant pour la mettre utilement en mouvement.

394. Compteurs de volume. — Dans les compteurs de volume l'organe mobile est le plus souvent un piston, se déplaçant sous l'action de l'eau en pression dans un cylindre, d'où le nom de *compteurs à pistons* qu'on leur donne quelquefois. Nous avons préféré une désignation plus générale, afin d'y comprendre tous les appareils basés sur le même principe et où l'organe mobile est une *membrane*, une *couronne dentée*, un *disque*, etc.

Un des plus anciens compteurs à piston est le compteur anglais *Kennedy*, qui a reçu des applications presque dans tous les pays,

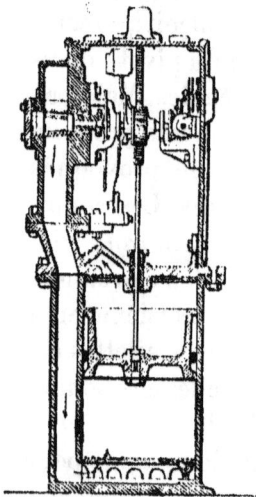

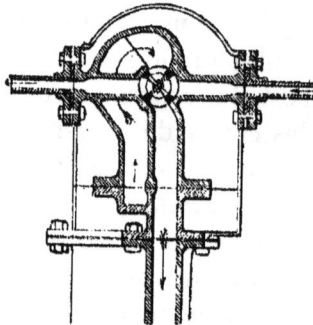

et dont M. *Kern* a introduit la fabrication à Paris. Il se compose d'un cylindre unique à double effet, dans lequel se meut un piston, dont la garniture est formée par un tore en caoutchouc entièrement libre, qui roule au lieu de glisser sur la paroi du cylindre. La tige du piston porte une crémaillère, dont le mouvement vertical de va-et-vient détermine à chaque extrémité de la course le changement de sens de l'écoulement, en déplaçant un marteau ou contrepoids qui entraîne un robinet cône à quatre eaux. Cet appareil, assez simple, compte avec précision, comporte peu de frottement, et mérite encore d'être classé parmi les meilleurs, bien que le mécanisme, placé dans une caisse à air, réclame des graissages périodiques, et que parfois, le marteau se calant spontanément, il se produit des arrêts pendant lesquels l'eau peut passer sans être comptée.

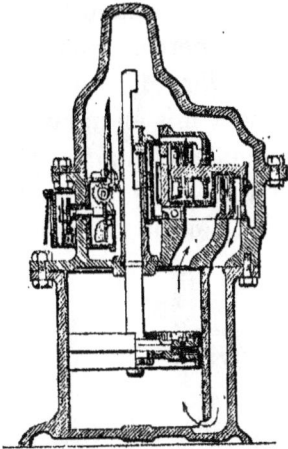

Le compteur anglais *Frost*, que M. *Tarenet* a introduit en France et fait fabriquer à Paris (1), présente aussi un seul cylindre vertical ; mais le piston qui s'y meut porte une garniture en cuir, et le mécanisme de la distribution, qui est obtenue au moyen de deux tiroirs actionnés par un petit piston auxiliaire, est logé dans une caisse remplie d'eau, ce qui dispense des graissages périodiques. On peut en rapprocher le compteur Mathieu, construit par MM. Diligeon et Cⁱᵉ.

On a construit beaucoup d'appareils à deux pistons de comptage, fonctionnant soit alternativement, soit simultanément et en sens inverse, qui diffèrent entre eux par la position des cylindres, la garniture des pistons, le mode de distribution, etc. La description seule des plus répandus nous entraînerait trop loin ; nous nous contenterons d'en citer quelques-uns, entre autres les compteurs *Frager* (2), dont deux modèles, celui de 1878 d'abord, puis celui de 1883, dont la fabrication est moins coûteuse, ont été successivement en grande faveur à Paris. Dans le premier, les cylindres sont horizontaux et parallèles, à double effet, et les changements de sens de l'écoulement sont obtenus au moyen de tiroirs à coquille, décrivant un mouvement angulaire, sous l'action d'une sorte de came qu'entraînent avec eux les

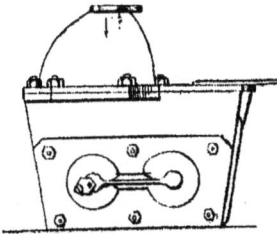

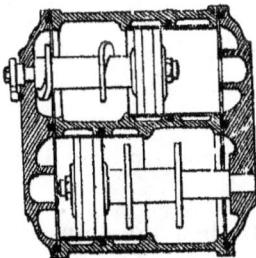

1. Par la Compagnie anonyme continentale.
2. Construits à Paris par la Compagnie pour la fabrication des compteurs (précédemment Michel et Cⁱᵉ).

deux pistons. Dans le second, les cylindres, toujours parallèles et à double effet, sont verticaux, et les tiroirs de distribution également verticaux, reçoivent par l'intermédiaire des tiges de pistons un mouvement rectiligne alternatif. Le compteur *Worthington*, fort répandu aux États-Unis, comporte aussi deux cylindres ; de même le compteur *Schmid* de Zurich, où la distribution est obtenue au moyen de petits canaux percés dans les pistons, le compteur *Schreiber* (1), dont les tiroirs de distribution sont mis en mouvement par les deux bras d'un levier coudé, le compteur *Samain* où les deux pistons, placés horizontalement, se meuvent dans un corps cylindrique divisé en deux parties égales par une cloison médiane.

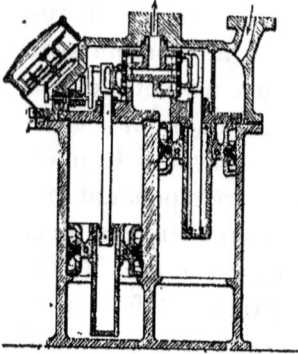

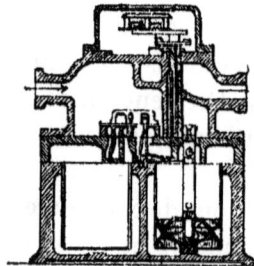

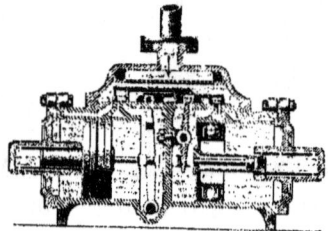

Dans tous ces appareils, le volume de chaque cylindrée étant la base du mesurage de l'eau, la minuterie enregistre le nombre de cylindrées ou ce qui revient au même le nombre de coups de piston, mais en les transformant pour la commodité de la lecture en un nombre d'hectolitres ou de mètres cubes.

Quelques compteurs ont trois ou quatre pistons. Parmi ces derniers, nous citerons celui qui porte le nom de *M. Badois*, et où les quatre pistons, pourvus de garnitures en cuir, actionnent, par l'intermédiaire de quatre petites bielles, un arbre vertical à vilebrequin, dont la rotation entraîne un tiroir de distribution circulaire équilibré. Ils ne paraissent pas présenter d'avantage sur les compteurs à un ou à deux pistons et ont trouvé beaucoup moins d'applications.

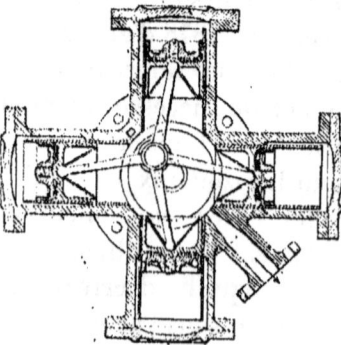

Le principe des *compteurs à membrane* diffère peu de celui des compteurs à pistons : deux capacités, qui peuvent être successive-

1. Fabriqué à Paris par *MM. Barriquand et Maire.*

ment remplies d'eau, sont séparées par un diaphragme mobile, en forme de cloche ou de soufflet, dont les mouvements ont pour effet d'augmenter ou de diminuer alternativement leur volume d'une même quantité. Les compteurs à membrane, on devait s'y attendre, n'ont pas réalisé la même précision que les compteurs à pistons; car, si la course d'un piston peut être réglée avec une exactitude presque mathématique, la déformation d'un diaphragme est sujette à de petites irrégularités. D'autre part, l'usure inévitable de la membrane est un inconvénient, et elle résiste assez mal aux coups de bélier. Aussi, malgré la possibilité de les construire à un prix modéré, n'ont-ils pu faire une concurrence sérieuse aux compteurs à pistons.

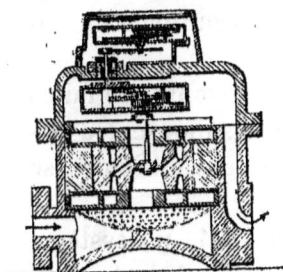

Plan

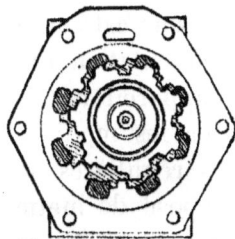

Aux compteurs de volume se rattache le *Crown meter* ou compteur à couronne, qui a eu du succès aux Etats-Unis, et qui ne manque pas d'une certaine originalité. L'organe mobile est un disque denté, tournant à l'intérieur d'une couronne également dentée; ces pièces, d'égale épaisseur, sont comprises entre deux plateaux, percés de petits conduits pour la distribution de l'eau, et forment deux capacités, qui se vident et s'emplissent successivement sans empêcher l'écoulement continu du liquide. Presque aussi précis que les compteurs à pistons, aussi simple que les compteurs de vitesse, cet appareil est évidemment fort séduisant, d'autant que sa fabrication, comportant peu d'ajustage, doit pouvoir être faite à bas prix. Malheureusement il ne tarde pas à donner lieu à quelques écarts de comptage et à perdre de son étanchéité, par suite du jeu que le disque prend bientôt entre les deux plateaux.

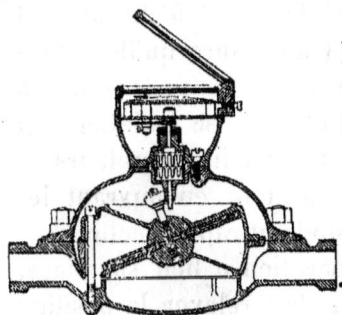

Un autre compteur de volume, d'un principe différent, a très bien réussi dans ces derniers temps en Amérique sous le nom de compteur Thomson, en France sous celui de l'Abeille. Une chambre d'eau unique y est partagée en deux parties variables mais constamment égales par un disque circulaire traversé par un arbre décrivant un cône de révolution et animé par suite d'un mouvement oscillatoire régulier; exact, peu encombrant et silencieux, cet appareil construit entièrement en bronze, semble avoir de l'avenir.

395. Vérification des compteurs. — Quels que soient d'ailleurs les types de compteurs que l'on choisisse, il faut, pour tirer un bon parti de ces appareils, les soumettre à des vérifications, auxquelles on ne saurait apporter trop de soin. Tout compteur, avant d'être mis en service, doit subir une épreuve méthodique, et suffisamment prolongée pour qu'on soit édifié sur ses qualités et certain de sa bonne fabrication. Il ne doit pas d'ailleurs être perdu de vue par la suite; de temps à autre, des visites et des essais permettent de reconnaître s'il conserve ses qualités primitives ou s'il a besoin de réparations.

Ces diverses opérations sont délicates et ne peuvent être faites que par un personnel intelligent et exercé; elles supposent d'ailleurs une installation spéciale et un outillage que peuvent seules se procurer les villes d'une certaine importance.

A Paris, Couche a créé de toutes pièces, en 1881, un système complet d'essais et de vérifications, qui peut être à juste titre considéré comme un modèle. L'atelier spécial de vérification des compteurs se compose de deux salles distinctes : l'une est consacrée à l'essai des appareils nouveaux et à l'expérimentation prolongée de quelques spécimens de chaque type d'appareil admis, afin d'en déterminer la durée probable et d'étudier les modifications résultant de l'usure; l'autre sert aux épreuves régulières des compteurs des divers systèmes admis qu'on se propose de mettre en service, et qui doivent recevoir au préalable le *poinçon* ou cachet de la ville, comme témoignage de la vérification à laquelle ils ont été soumis. En outre, des équipes volantes, pourvues d'un matériel approprié, procèdent sans interruption à la visite des compteurs placés chez les abonnés et les soumettent à de nouvelles épreuves sur place, de manière à en constater les défectuosités et à en provoquer la réparation s'il y a lieu. On s'assure qu'ils comptent exactement ou dans les limites de la tolérance à petit et à grand débit, à haute et à basse pression, et qu'ils se maintiennent étanches : un *cran d'arrêt*, qui permet, dans certains compteurs de petit diamètre, d'immobiliser le mécanisme, tout en ouvrant les orifices d'écoulement de l'eau, rend commode et rapide cette dernière constatation. Enfin, quand une réparation a lieu sur place, le service des eaux, préalablement averti, fait relever la position des aiguilles avant le bris du cachet, et en vérifie la remise au point après le travail, qui donne lieu à l'apposition d'un nouveau cachet. Grâce à ce système, rigoureusement et constamment appliqué, les résultats ont été absolument satisfaisants.

Des installations et des services analogues ont été créés depuis lors dans un certain nombre de villes et y assurent le contrôle de la fabrication et de l'entretien des compteurs.

Quels que soient les systèmes adoptés, mais plus particulièrement avec les compteurs à pistons, l'entretien reste assez onéreux : lorsqu'il est fait à forfait la dépense n'en descend guère, même pour les plus petits types, à moins de 8 à 12 francs par an.

396. Régime des compteurs d'eau à Paris. — Nous avons indiqué plus haut quelles conditions un compteur doit remplir pour être admis par le service municipal des eaux de Paris. Jusqu'à présent aucun compteur de vitesse n'a pu y parvenir; seuls les compteurs à pistons et parmi ceux-là les mieux construits ont subi les épreuves avec un succès complet.

L'admission n'est prononcée qu'à la suite d'une longue série d'essais, qui présente les phases suivantes : 1° essai de laboratoire prolongé pendant plusieurs mois, à la suite duquel la pose de 12 compteurs en ville est autorisée pour un premier essai pratique; 2° extension de l'autorisation provisoire à 300 appareils; 3° nouvelle extension jusqu'à 1,000; 4° admission. Il faut plusieurs années pour arriver au terme de ces épreuves, qui donnent ainsi des garanties sérieuses. L'expérience a montré que ce mode d'admission, qu'on pourrait trouver trop sévère, n'est que prudent; car plusieurs compteurs dont les débuts avaient été heureux, dont quelques-uns même avaient été admis ou avaient obtenu des autorisations provisoires, ont dû être ultérieurement retirés par les constructeurs, ou frappés d'interdit temporaire ou définitif.

D'ailleurs tout fabricant de compteurs doit justifier de sa solvabilité par le dépôt d'un cautionnement, et posséder à Paris un atelier de construction et de réparation.

Les systèmes actuellement admis sont au nombre de six (1). Encore se ramènent-ils à quatre types seulement.

Plusieurs autres sont au régime des autorisations provisoires (2).

1. Kennedy, Kern, Frager 1878, Frager 1883, Frager 1883 *bis*, Frost-Tavenet.
2. Samain 1892, Rastagnat, Mathieu.

§ 7.

RÉGLEMENTATION

397. Conditions d'abonnement. — Dans chaque service d'eau, un *règlement*, dont les abonnés doivent prendre connaissance et accepter formellement les stipulations, résume toutes les conditions auxquelles doivent être soumises les fournitures d'eau ; modes d'abonnement et de livraison, tarifs, règles diverses relatives à l'exécution des travaux de prise et de branchement et à la disposition des canalisations intérieures, prescriptions concernant l'usage de l'eau, les types d'appareils, le mode de paiement, le contrôle et la surveillance, etc. Nous avons traité dans les paragraphes précédents des modes de livraison de l'eau et des tarifs ; il nous reste à donner quelques indications générales au sujet des autres points sur lesquels porte ordinairement la réglementation spéciale des distributions d'eau.

L'acte, qui constate l'engagement réciproque de l'abonné et de l'exploitant, porte le nom de *police*. Il est conforme à un modèle arrêté d'avance ; et la formule vise presque toujours le règlement, de façon que la signature de la police en implique l'acceptation par l'abonné.

C'est ordinairement le propriétaire de l'immeuble alimenté qui contracte abonnement. Mais il arrive aussi que de simples locataires traitent directement pour la fourniture de l'eau : il est des règlements qui ne les admettent à le faire qu'avec l'autorisation écrite du propriétaire.

Les abonnements sont tantôt contractés pour plusieurs années consécutives, tantôt pour une année ou même moins. La faculté de *résiliation* pendant la durée d'un abonnement peut être accordée ou non aux deux parties ou à l'une d'elles ; il est alors stipulé d'habitude que le *congé* devra être signifié deux ou trois mois au moins, sinon six mois ou un an, d'avance. Le décès de l'abonné, la vente de l'immeuble ne mettent ordinairement pas fin à l'abonnement, qui continue pour les héritiers ou ayants cause. Dans certains services, le silence de l'abonné à l'expiration de l'abonnement est considéré comme un acquiescement nouveau et l'engage pour une autre période par *tacite reconduction* ; dans d'autres, au contraire, il faut une demande écrite et une nouvelle police.

L'abonné au compteur doit assez souvent s'engager à payer un volume d'eau *minimum*, quelle que soit la consommation réelle enregistrée par l'appareil. C'est tantôt l'exploitant qui établit le minimum d'après une estimation préalable et l'impose à l'abonné, auquel il est interdit, en outre, parfois de consommer un volume double ou triple, par exemple, sans provoquer la revision de la police et l'augmentation du minimum ; tantôt c'est l'abonné qui détermine à son gré le minimum et reste libre de pousser aussi loin qu'il lui plaît les excédents de consommation. Mais il est des villes, Paris notamment depuis 1894, où il n'y a pas de minimum, de sorte que le consommateur paie exactement le volume d'eau employé.

Le paiement de l'eau s'effectue chaque année en un ou plusieurs termes, rarement tous les ans ou tous les mois, plus souvent par semestres ou par trimestres, et presque toujours d'avance. Quand l'eau est livrée au compteur, le minimum seul peut être exigible d'abord et les excédents ne sont facturés qu'après constatation.

L'exploitant se réserve habituellement la faculté de fermer le robinet de prise, dont il a seul la clé, en cas de non-paiement : mais les inconvénients graves d'une interruption de service, surtout dans les villes où l'assainissement s'opère par circulation d'eau, provoquent contre cette faculté des protestations légitimes et il est à présumer qu'on devra y renoncer dans l'avenir.

398. Installation et entretien de la prise d'eau et des branchements. — La prise d'eau et le branchement étant placés sous la voie publique, les travaux en sont d'ordinaire, bien qu'à la charge de l'abonné, expressément réservés à l'exploitant, qui les exécute ou les fait exécuter par ses entrepreneurs aux prix d'un tarif fixé par le règlement même ou annexé à ce document.

Le branchement est considéré comme se terminant au mur de face ou un peu au-delà dans le cas des abonnements à robinet libre, au réservoir quand il s'agit d'un abonnement jaugé, et en aval du compteur lorsqu'il est fait usage de ce dernier appareil.

Les travaux de la prise d'eau et du branchement sont, d'ailleurs, l'objet de prescriptions diverses, portant sur l'emplacement et le type des robinets d'arrêt et de jauge, les dimensions et la nature des tuyaux, l'obligation de les envelopper immédiatement ou de les reporter plus tard dans un fourreau ou une galerie ou la faculté de les établir en terre, etc.

En général, chaque immeuble abonné doit avoir une prise spéciale, et il est interdit de conduire l'eau d'un immeuble à un autre par une canalisation intérieure. Parfois, il est admis qu'un seul abonnement puisse s'appliquer à plusieurs prises distinctes desservant le même immeuble, tandis que, dans d'autres cas, on exige un abonnement séparé pour chacune des prises. Quand la distribution comporte deux eaux différentes pouvant être fournies simultanément dans le même immeuble, il faut nécessairement deux prises et deux branchements, et la sécurité du double service exige que toute communication intérieure soit rigoureusement interdite.

L'entretien de la prise et du branchement, ordinairement à la charge de l'abonné, peut être fait par l'exploitant, soit à forfait, soit sur série de prix, ou abandonné à l'abonné lui-même, qui est alors tenu d'y pourvoir à ses risques et périls. Ce dernier système, quoique fort usité, ne paraît pas être le meilleur, car, malgré la responsabilité qui peut résulter pour lui des dégâts produits par les infiltrations d'eau, l'abonné n'a pas un intérêt assez évident à rechercher et à faire disparaître les fuites pour ne pas se montrer fort insouciant.

Le paiement des travaux d'installation doit être effectué d'habitude aussitôt qu'ils sont terminés et réglés et avant la livraison de l'eau ; l'entretien à forfait se paie en même temps que la fourniture d'eau, soit d'avance, soit après la période correspondante. Et ici encore, en cas de refus de paiement ou de retard, la fermeture du robinet est le moyen de coercition employé d'une manière à peu près générale.

Lorsqu'un abonnement est résilié, la coupure immédiate du branchement est presque toujours prescrite par le règlement : il ne faut pas, en effet, ouvrir une porte à la fraude en laissant subsister sur les conduites en service des prises, qui, bientôt oubliées, pourraient trop facilement se prêter plus tard à des fournitures d'eau clandestines. La coupure est faite, en général, aux frais de l'abonné, mais il peut reprendre les matériaux qui lui appartiennent.

399. Règles relatives aux appareils de jauge et aux compteurs. — L'emplacement réglementaire des appareils de jauge est, dans la plupart des cas, à l'extérieur de l'immeuble alimenté et sous la voie publique : on veut les mettre par là hors de la portée des abonnés, en rendre la surveillance plus facile et en prévenir la manœuvre frauduleuse. Il importe d'ailleurs que l'entretien en soit fait avec soin et qu'on remplace en temps utile les clés de jauge dont l'ouverture s'est agrandie par l'usure : aussi est-il interdit d'ordinaire à l'abonné de s'opposer à tout travail de ce genre qui peut être entrepris d'office au besoin et à ses frais.

Les compteurs sont tantôt achetés par les abonnés, mais à la condition de les choisir parmi les systèmes admis et de les soumettre à une vérification préalable, tantôt donnés en *location*. Dans le premier cas, l'entretien, à la charge de l'abonné, peut lui être abandonné, quoiqu'il soit préférable d'en faire l'objet d'une sorte d'abonnement obligatoire, parce qu'il arrive parfois que, le compteur s'arrêtant et laissant passer l'eau sans la compter, l'abonné se trouve avoir intérêt à ne pas le réparer. Dans le second, l'entretien est fait par l'exploitant, et le prix en est ou compté à part à raison de 6 à 12 fr. par an pour les petit diamètres, ou compris dans la location qui est grossi en conséquence. Quelques villes prennent à leur charge la fourniture et l'entretien des compteurs d'eau.

La position à donner au compteur est souvent précisée par les règlements, soit pour en faciliter le contrôle, soit pour limiter la partie de la canalisation à l'amont de l'appareil, sur laquelle pourraient être piqués des tuyaux qui fourniraient de l'eau non comptée et où les pertes occasionnées par les fuites échapperaient également au mesurage et à la redevance proportionnelle. C'est aussi près que possible du mur de face et dans un endroit facilement accessible que le compteur doit être installé. Il ne faut pas omettre aussi les précautions à prendre pour le préserver de la gelée.

Si l'abonné conteste l'exactitude du compteur, la vérification en est faite sur place ou à l'atelier et en sa présence. Cette opération peut être mise à ses frais, si elle a été demandée par lui ; mais elle ne donne pas lieu à recouvrement si elle est faite par l'exploitant et dans son seul intérêt.

Le compteur est, en général, cacheté ou plombé avant la pose, et il est interdit de le déplacer ou de le réparer, de faire aucun travail qui oblige à briser le cachet, sans en aviser le service et hors de la présence de ses agents. Quand il a pendant quelque temps laissé passer l'eau sans la compter, le paiement des fournitures d'eau faites pendant cette période est basé sur la moyenne de la consommation dans une période précédente, dont le règlement fixe quelquefois le choix.

400. Surveillances des canalisations intérieures. — Les prescriptions relatives aux canalisations intérieures sont plus ou moins strictes et précises, suivant l'importance que leur donne le mode d'abonnement choisi. Cette importance est considérable avec le robinet libre, car il y a un intérêt de premier ordre à réprimer les abus, à empêcher le gaspillage. Elle est infiniment moindre avec la jauge ou le compteur : pourvu qu'il n'y ait avant l'appareil de mesurage aucune perte, ni aucun détournement d'eau, que le débouché du branchement jaugé soit placé au-dessus du réservoir et non au fond, afin que le débit ne varie pas avec le niveau de l'eau dans ce réservoir, que la soupape à flotteur fonctionne et s'oppose à l'écoulement de quantités d'eau qui seraient évacuées inutilement par le trop-plein, il est assez indifférent pour l'exploitant que la canalisation et les appareils présentent telles ou telles dispositions.

Néanmoins, en dehors des clauses applicables aux abonnements à robinet libre et qui sont destinées à empêcher les écoulements continus et les pertes d'eau par l'emploi de robinets à repoussoir ou d'appareils spéciaux de divers types, beaucoup de règlements en contiennent d'assez nombreuses au sujet du mode d'établissement des canalisations intérieures. Elles sont dictées, en général, par la considération de la sécurité qu'il est désirable d'obtenir dans l'intérieur des maisons, où les ruptures de conduites peuvent donner lieu à des dommages sérieux : elles portent sur la nature des matériaux à employer dans la confection des conduites, sur les diamètres et les épaisseurs des tuyaux, sur les types d'appareils, pour lesquels on recherche les dispositions les meilleures en vue de prévenir ou d'atténuer les coups de bélier, sur les précautions à prendre contre la gelée, etc. C'est encore pour prévenir des accidents possibles qu'il est souvent interdit de brancher directement des alimentations de chaudières à vapeur sur les conduites d'eau, qu'une autorisation spéciale est exigée pour l'emploi de l'eau comme force motrice ou son application aux monte-charges, etc. D'autres stipulations procèdent de préoccupations concernant l'hygiène : telle est, par exemple, celle qu'on rencontre quelquefois à l'étranger et qui prescrit d'alimenter les water-closets au moyen de petits réservoirs spéciaux, et exclut formellement tous les appareils de ce genre qui seraient branchés directement sur les conduites.

Pour assurer l'exécution de ces diverses clauses, dont quelques-unes peuvent être fort onéreuses pour l'abonné, une surveillance est indispensable ; d'où le droit pour les agents de l'exploitation dûment commissionnés de pénétrer dans toutes les parties des habitations, droit que l'on trouve mentionné dans presque tous les règlements, ainsi que l'interdiction de rémunérer les agents pour quelque cause que ce soit. Les infractions donnent lieu à la fermeture du robinet de prise, sanction générale de toutes les prescriptions réglementaires, sans préjudice de l'exécution d'office qui est prévue souvent, et d'une pénalité qui consiste ordinairement en une amende assez élevée, soit fixe, soit proportionnelle au montant de l'abonnement.

Dans la grande majorité des cas, l'abonné est libre de faire exécuter par les ouvriers de son choix tous les travaux intérieurs. Quelquefois cependant, et en particulier aux États-Unis, il est tenu de s'adresser à des plombiers munis d'un diplôme constatant leur capacité professionnelle. Ailleurs, l'exploitant se charge lui-même des travaux aux prix de son tarif, ou les exécute gratuitement sous certaines conditions et moyennant des garanties particulières, ou parfois encore en fait l'avance et accorde des facilités pour le remboursement.

Les travaux terminés sont fréquemment l'objet d'un récolement contradictoire et d'un lever de plan ; et il est expressément interdit à l'abonné de rien changer aux dispositions primitives, consignées au plan, sans avis préalable et sans autorisation.

Enfin, la responsabilité de l'établissement, de l'existence et du fonctionnement de la canalisation intérieure est presque toujours mise entièrement à la charge de l'abonné, qui est tenu de l'assumer seul vis-à-vis des tiers.

401. Définition des usages de l'eau. — Souvent certains usages de l'eau sont formellement interdits par les règlements, les écoulements continus, par exemple, ou l'emploi de l'eau comme force motrice. D'autres ne sont permis que moyennant des conditions particulières, soit qu'une autorisation préalable soit requise — c'est le cas des ascenseurs dans quelques services d'eau, — soit qu'il y ait à prendre des dispositions spéciales, comme l'interposition d'un réservoir pour l'alimentation des water-closets ou des chaudières à vapeur.

Ainsi, quand deux eaux de nature différente peuvent être livrées à chaque abonné, il sera interdit d'employer l'une aux usages domestiques, l'autre aux lavages ou aux usages industriels.

Dans les distributions d'eau où il n'est pas exigé de redevance pour les fournitures d'eau en cas d'incendie, on prendra des garanties contre les fraudes auxquelles cette faveur pourrait donner lieu, en prescrivant que les bouches d'incendie seront piquées sur une canalisation intérieure spéciale, entièrement distincte des conduites servant à l'alimentation et sans communication avec elles, et plaçant sur le *branchement d'incendie* un *robinet cacheté* ou plombé qui sera manœuvré seulement au moment d'un sinistre. Cette dernière précaution, qu'on rencontre dans un grand nombre de villes, a été quelquefois critiquée comme pouvant créer un danger, parce qu'elle empêcherait les manœuvres fréquentes d'essai, et que le robinet cacheté serait exposé à ne pas fonctionner au moment du besoin ; mais on tourne aisément la difficulté, soit en plaçant à côté du robinet cacheté une *nourrice,* munie d'un compteur, qui fournit une seconde alimentation, soit en autorisant des manœuvres périodiques en présence des agents du service qui rétablissent immédiatement les cachets brisés.

Il y a peu de règlements qui n'interdisent à l'abonné de faire profiter un tiers, même à titre gratuit, de l'eau qui lui est livrée : cette condition, de première importance avec les abonnements à robinet libre, n'est pas sans utilité même avec le compteur, surtout quand les tarifs sont différentiels. A plus forte raison est-il défendu de faire de l'eau un commerce quelconque, qui serait toujours au préjudice de l'exploitant et parfois aussi des consommateurs, sur lesquels des intermédiaires, si c'était possible, ne se feraient pas faute de prélever des bénéfices.

402. Interruptions de service. — Il n'est pas de service, si parfait, si bien organisé qu'il puisse être, qui ne soit exposé à des interruptions partielles et momentanées, à des chômages plus ou moins longs causés par des accidents fortuits, fuites, ruptures de conduites, par l'obligation d'exécuter des travaux de raccordement, de réparer des machines, ou par des défaillances de l'alimentation en temps de gelée ou de sécheresse. Aussi les règlements réservent-ils toujours le droit de suspendre à certains moments la fourniture de l'eau sans que les abonnés puissent réclamer de ce fait aucune indemnité.

Sauf les cas de force majeure, cette faculté est limitée d'habitude à un petit nombre de jours, et, au bout d'une période de 3, 5, 8, 15, 20 jours au plus, il est fait une réduction proportionnelle sur le prix des abonnements, si l'interruption de service vient à se prolonger. Mais les dommages indirects qui peuvent en résulter ne donnent jamais aux abonnés de droit quelconque à indemnité.

Il ne leur est rien accordé non plus, cela va de soi, pour toutes les gênes qui sont occasionnées par les incidents de moindre importance survenant dans la distribution, telles que baisses de pression, introduction d'air, coups de bélier, etc., qu'ils sont d'ailleurs tenus de signaler dès qu'ils les constatent, afin de mettre le service à même d'y porter promptement remède.

———

SERVICE PRIVÉ
L'EAU DANS LA MAISON

SOMMAIRE :

SERVICE PRIVÉ

L'EAU DANS LA MAISON

§ 1ᵉʳ.

DISTRIBUTION INTÉRIEURE

103. Nécessité de la pression. — On ne peut songer à distribuer l'eau, par une *canalisation intérieure,* aux étages et dans les divers locaux d'une maison, que si elle y parvient *en pression*.

Dans le cas contraire, et si l'eau est fournie par un puits ou une citerne, toute l'installation se réduit ordinairement à la pose d'une poulie ou d'un treuil au-dessus du puits, ou d'une pompe à bras aspirant dans la citerne : il faut recourir à des seaux, à des arrosoirs, à des vases quelconques, pour transporter l'eau à bras jusqu'au lieu d'emploi, après l'avoir élevée, à bras également, un peu au-dessus du niveau du sol.

Quelquefois cependant, même avec une alimentation de ce genre, on se procure les avantages d'une distribution intérieure, en disposant, soit dans les combles de la maison, soit au sommet d'un pylône en maçonnerie ou en charpente, un réservoir ordinaire, ou en plaçant dans les caves un réservoir dit élévateur, de dimensions appropriées. L'eau y est refoulée tantôt au moyen d'une pompe mue à bras ou actionnée par un manège ou un petit moteur, tantôt par l'intermédiaire d'un bélier ou d'un pulsomètre. Cela revient à créer de toutes pièces, dans la propriété même, un service particulier d'alimentation intermittente par élévation mécanique de l'eau.

Dans les villes pourvues d'une alimentation d'eau à basse pression, on est encore obligé de recourir pour les étages supérieurs des maisons à ces moyens plus ou moins incommodes ; mais on peut du moins répartir l'eau dans les cours, les jardins et les appartements à rez-de-chaussée, par une simple canalisation.

Nous ne nous arrêterons pas à ces divers cas, et nous aborderons immédiatement celui où l'on cherche toujours à se placer aujourd'hui, en traitant de la distribution de l'eau à l'intérieur des maisons alimentées par un service d'eau à haute pression.

401. Divers types de canalisations intérieures. — Les dispositions générales des canalisations intérieures varient nécessairement avec le mode de livraison de l'eau.

Quand l'eau est fournie d'une manière intermittente ou par un écoulement continu mais limité, il faut nécessairement constituer un approvisionnement suffisant pour répondre à toute heure aux besoins, et, à cet effet, on installe en un point qui commande la distribution intérieure un ou plusieurs réservoirs. Par contre, lorsque l'eau est constamment à la disposition du consommateur, un semblable approvisionnement n'est plus indispensable, et la canalisation peut être établie sans réservoir d'aucune sorte.

De là, deux types différents d'aménagement de la canalisation d'eau à l'intérieur des maisons.

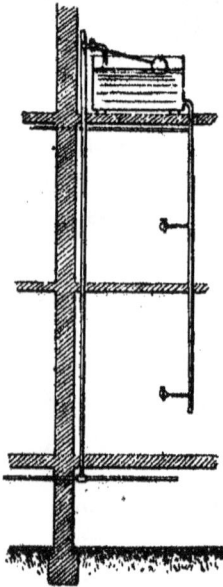

Dans le premier cas, la conduite d'alimentation, après avoir pénétré à l'intérieur de l'immeuble desservi, se redresse verticalement en *colonne montante*, s'élève jusqu'au point haut où est ordinairement placé le réservoir, et vient se terminer à l'orifice qui sert à le remplir, sans se raccorder sur le parcours avec aucun appareil de puisage. Du réservoir part une conduite de distribution entièrement distincte, ou *colonne descendante*, qui porte l'eau, soit directement, soit par l'intermédiaire de branchements et de ramifications spéciales, aux divers points où il en est fait emploi. D'ailleurs le diamètre du tuyau alimentaire doit être plus grand quand la livraison de l'eau se fait par intermittences que si elle est continue. Son épaisseur sera toujours calculée pour résister à la pression maxima que peut lui transmettre la conduite publique, tandis que celle de la colonne descendante pourra être réduite, puisqu'elle supporte seulement la pression résultant de l'altitude du réservoir. C'est cette altitude enfin qui détermine seule la charge sur les divers orifices.

Dans le second cas, la disposition générale est bien plus simple : une seule conduite ou colonne verticale sert à la fois à l'alimentation et à la distribution ; de part et d'autre, en divers points de la

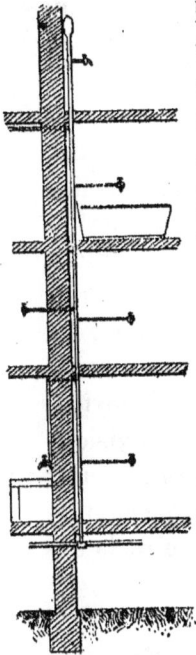

hauteur, se détachent des branchements horizontaux, qui portent l'eau avec sa pleine pression jusqu'aux orifices de puisage ; elle est simplement tamponnée à l'extrémité supérieure. Cette même disposition pourrait aussi d'ailleurs s'appliquer au premier cas, à la seule condition d'adapter au bas de la canalisation un réservoir clos, où l'eau s'emmagasinerait en pression.

Les distributions complexes sont formées par la combinaison de deux ou plusieurs systèmes de canalisation, qui se ramènent presque toujours aux deux types précédents.

On rencontre aussi certaines variantes des dispositions types, mais elles sont généralement moins satisfaisantes, et ne répondent pas aussi bien aux conditions imposées par la plupart des règlements. Quelquefois par exemple, ce sera une conduite unique débouchant au fond d'un réservoir supérieur et faisant le service en route, ou encore aboutissant au-dessus du réservoir, mais reliée à la partie basse par un tuyau muni d'un clapet : l'eau se rend alors aux orifices, soit directement de la conduite d'alimentation, soit en retour par le réservoir ; la pression varie à chaque instant dans la colonne, et tout réglage précis de la jauge est impossible. D'autres fois, on aura plusieurs réservoirs superposés d'étage en étage, l'eau arrivant directement par une colonne montante au réservoir de l'étage supérieur, pour retomber par le trop plein à l'étage immédiatement inférieur, puis de là à l'étage au-dessous et ainsi de suite, en formant une sorte de cascade : cet arrangement exclut l'emploi de la soupape à flotteur à l'arrivée de l'eau, et donne lieu par suite à des déper-

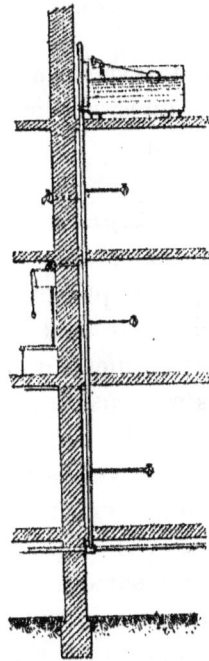

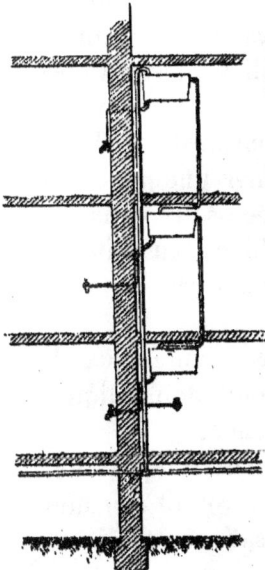

ditions aux heures de faible consommation ; en outre, à chaque étage, la pression dépend uniquement de la hauteur donnée au réservoir correspondant, et se trouve, par suite, très limitée.

Dans certains cas, par mesure de précaution, on dispose un réservoir sur une canalisation du second type ou à pression directe, à l'effet de parer aux interruptions momentanées qui se produisent parfois dans le service : ce réservoir se remplit au moyen d'un robinet à main ou d'une soupape à flotteur ; un autre robinet qui s'ouvre à volonté le met en communication avec la colonne, quand il devient nécessaire de recourir à l'approvisionnement ainsi constitué. On obtiendrait le même avantage, sans s'astreindre à aucune manœuvre, en interposant un réservoir clos, dit élévateur, sur la partie basse de la canalisation.

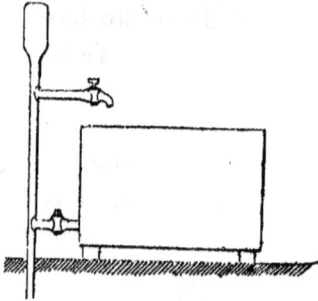

405. Dispositions particulières. — Toute distribution intérieure est exposée à un certain nombre de petits accidents qu'il est à propos de prévoir, afin de prendre les mesures nécessaires pour en éviter les effets : outre les interruptions de service que nous venons de mentionner, il peut se produire des chutes de pression lentes ou brusques, des rentrées d'air, des coups de bélier, etc. Les variations de température sont parfois nuisibles, en particulier lorsqu'elles peuvent amener la congélation. Si, malgré tous les soins, il se produit des ruptures ou des fuites, des réparations deviennent nécessaires : on doit toujours faire en sorte qu'elles puissent être exécutées sans difficulté.

Contre les interruptions de service, on se met en garde par l'établissement de réservoirs, destinés à emmagasiner une provision d'eau suffisante : précaution particulièrement nécessaire dans les usines, où il y aurait à craindre un arrêt des machines par suite du manque d'eau, ou dans les théâtres et autres lieux publics où les incendies sont le plus à redouter.

Un clapet de retour empêche la canalisation de se vider quand, par suite d'une grande baisse de pression dans la conduite publique, il s'y produit un appel ou une aspiration momentanée.

L'air emprisonné dans les conduites au moment du remplissage, ou qui, malgré toutes les précautions prises, s'y introduit au cours de certaines manœuvres, gagne de là les canalisations établies à l'intérieur des maisons. S'il ne rencontre pas sur son parcours de coudes, de points hauts, où il se puisse cantonner, il vient s'échapper par les orifices au moment des puisages, sans produire d'autre effet qu'un bruit désagréable ; dans le cas contraire, il peut donner lieu à des coups de bélier, contre lesquels il faut protéger les conduites et les appareils, soit en plaçant au bas des colonnes montantes un réservoir clos où l'air et l'eau peuvent s'emmagasiner, ou à la partie supérieure un corps élastique qui cède sous le choc, un ballon de caoutchouc ou des bouchons de liège par exemple, soit en ayant recours, pour les points particulièrement exposés, à des dispositions spéciales, ventouses, clapets d'échappement, etc.

Afin d'éviter les dangers des variations de température, il est à recommander de placer tous les tuyaux, appareils, réservoirs, à l'intérieur des maisons et de les appuyer de préférence aux murs de refend, moins exposés que les murs de face au refroidissement d'une de leur parois. Si, malgré cette précaution, la congélation est à craindre, on a recours à des enveloppes composées de matières peu conductrices de la chaleur. Ou mieux encore, on détermine un petit écoulement continu, qui, tenant l'eau constamment en mouvement, la défend efficacement contre le froid ; ce dernier procédé, malgré la consommation d'eau supplémentaire qui en résulte, est employé d'une manière générale et avec un succès complet dans les pays du Nord : il est infiniment préférable à la pratique encore fréquemment usitée en France, qui consiste à vider la canalisation durant la nuit en ouvrant un petit robinet spécial placé au point bas, et qui expose les habitants à manquer d'eau en cas de besoin inopiné, d'incendie par exemple.

L'eau destinée à la boisson et aux usages domestiques en général doit être soigneusement défendue contre toute contamination possible. C'est ainsi qu'on ne saurait prendre trop de précautions pour l'empêcher de se gâter dans les réservoirs, pour la mettre à l'abri de toute infiltration suspecte par les interstices des toitures, de tout contact des gaz délétères ou de l'air vicié qui s'échappe des tuyaux d'évent des fosses d'aisances, des trop-pleins ou des tuyaux de chute en communication avec l'égout, etc. C'est pour le même motif que les Anglais préconisent si hautement la *disconnexion* des water-closets, proscrivant tout raccordement direct de l'orifice d'alimentation de ces appareils avec le réservoir principal de la maison ou avec la canalisation générale ; ils craignent que, cet orifice venant à s'ouvrir à un moment où l'eau n'est pas en pression, l'air vicié ne soit aspiré dans la conduite. Le danger est

moindre avec nos distributions d'eau, alimentées par un service
constant, qu'avec le système intermittent encore si répandu en Angleterre, mais on peut dire qu'il n'est jamais nul, puisqu'il suffit
bien souvent d'ouvrir en grand un robinet pour déterminer une
aspiration à l'étage supérieur.

En vue de faciliter la surveillance et les réparations on recommande de laisser partout les tuyaux apparents, de ne jamais les
noyer dans l'épaisseur des murs ou des enduits, de placer des moyens
d'arrêt à l'origine de chaque ramification afin de pouvoir l'isoler à
un moment donné, etc.

106. Mode d'exécution. — Le branchement d'eau pénètre
ordinairement dans l'immeuble desservi en traversant le mur de
face à une profondeur d'un mètre au moins au-dessous du sol ; il
se prolonge ensuite horizontalement, soit en tranchée, soit le long
des murs de cave, pour gagner le point à partir duquel il se relève
en colonne montante, afin d'atteindre successivement les divers
étages. Immédiatement en arrière du mur de face doit être placé
le robinet d'arrêt, puis un peu au delà le compteur, s'il est nécessaire. Sur la colonne montante sont piqués à chaque étage les
branchements secondaires qui se ramifient dans les appartements
et vont alimenter les divers orifices ; chacun d'eux est pourvu à
son origine d'un robinet d'arrêt spécial.

Les tuyaux employés sont le plus souvent en plomb. Nous avons
vu dans un précédent chapitre qu'on emploie également le fer
étiré ou galvanisé, le plomb étamé, etc., et nous ne reviendrons
pas ici sur les avantages et les inconvénients respectifs de ces diverses matières. Les diamètres des conduites doivent être en rapport avec le service qu'elles ont à faire, le nombre d'appareils
qu'elles alimentent, sans quoi les pertes de charge pourraient devenir considérables et les rentrées d'air fréquentes. Des crochets
recourbés en fer, munis d'une pointe qu'on enfonce au marteau
dans la maçonnerie, servent à fixer les tuyaux en
élévation le long des murs.

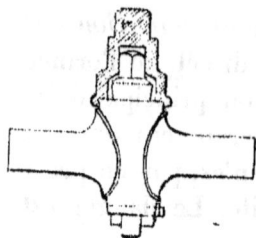

Les robinets d'arrêt, in-
terposés sur le parcours
des conduites, sont des robinets *à deux eaux* munis
d'une clé à tête ou mieux
d'un carré. Les bouts en
sont unis, ou à brides, par-

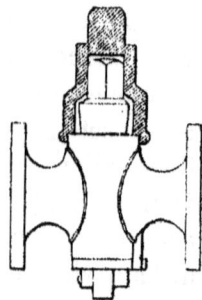

fois aussi à raccords. Dans le premier cas, ils se relient aux tuyaux de plomb de part et d'autre par des nœuds de soudure.

Le compteur est disposé soit dans un petit regard aisément accessible, soit dans les sous-sols ou dans la galerie constituant le branchement et placé alors sur une planchette supportée par des consoles.

Quand un réservoir est nécessaire, on le place tantôt sur le plancher, tantôt sur des supports qui permettent d'en voir et entretenir le fond, il est à recommander de placer au-dessous un *terrasson* en plomb et de le recouvrir d'un couvercle. Le robinet à flotteur doit être bien construit et entretenu avec soin, afin d'éviter les dérangements auxquels il est fort exposé et qui ont pour conséquence des pertes d'eau par écoulement continu. Le trop-plein est indispensable pour empêcher tout débordement du réservoir ; des précautions doivent être prises pour qu'il soit toujours en état de fonctionner et que l'écoulement qui s'y produit de temps à autre ne présente aucun inconvénient.

§ 2.

APPAREILS DE PUISAGE

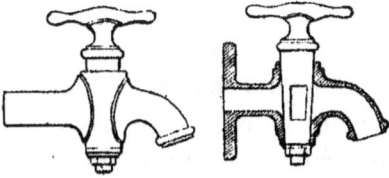

407. Divers types de robinets. — Les robinets de puisage, placés en divers points des canalisations intérieures, sont des robinets à deux eaux se raccordant d'une part avec le tuyau d'alimentation par un bout droit ou à bride, ou un raccord fileté, et présentant d'autre part une extrémité de forme spéciale étudiée de manière à diriger l'eau vers le bas. Ils sont presque toujours disposés normalement au mur sur lequel est fixée la conduite, à une distance suffisante de la paroi pour qu'on puisse amener au-dessous le vase qu'il s'agit de remplir, et assez haut au-dessus du sol pour que la manœuvre en soit à la portée de la main.

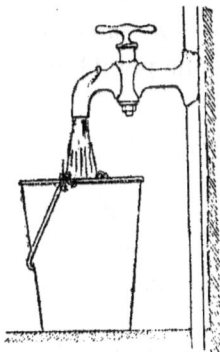

Leurs dimensions varient suivant l'usage auquel ils sont destinés : d'assez gros diamètres dans les cours, dans les usines ($0^m,030$
à $0^m,040$), ils présentent des orifices plus étroits dans les cuisines
($0^m,010$ à $0^m,020$), et plus petits encore dans les cabinets de
toilette ($0^m,005$ à $0^m,008$). On les exécute en bronze ou en laiton.

Les robinets ordinaires *à boisseau* ont l'inconvénient de donner
lieu à des coups de bélier au moment de la fermeture. Aussi la
tendance est-elle de les remplacer par
des robinets *à vis*, dont la fermeture est
progressive, et qui évitent par suite l'arrêt brusque de la colonne d'eau en
mouvement ; dans ces appareils la vis
commande un clapet garni de cuir ou
de caoutchouc ; ils sont moins sujets aux
fuites que les robinets à boisseau, et, lorsqu'il s'en produit, un rodage n'est pas nécessaire, il suffit de remplacer la garniture.

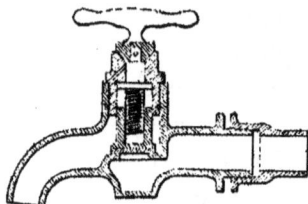

Pour éviter les inconvénients et les dangers que présentent les
robinets ordinaires, quand on les laisse ouverts par inadvertance,
on a recours fréquemment aux robinets *à repoussoir*, qui se ferment
seuls par l'effet d'un ressort dès que la main les abandonne.

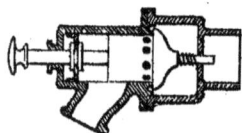

Des dispositions spécia-
les sont alors nécessaires,
pour que le mouvement
ne soit point trop brutal
et ne provoque pas de
coups de bélier : tel est l'objet de la double
soupape appliquée par M. Chameroy. L'ouverture est obtenue au
moyen d'un bouton, d'un levier, ou d'une tête qu'il faut pousser ou
tourner, et qu'on cherche à rendre *incalable*. Le robinet *intermittent*, dont il a été question au chapitre précédent, et qui se ferme
par l'effet d'une action hydraulique après l'écoulement d'un volume
d'eau déterminé, a les avantages des robinets à repoussoir sans en
avoir les défauts ; il est absolument incalable, et ne donne point lieu
à des coups de bélier.

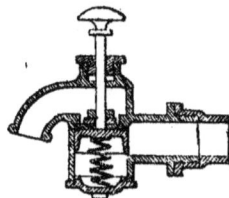

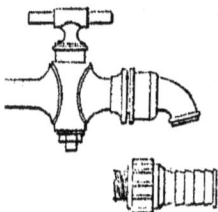

Les robinets de puisage placés dans les cours,
dans les jardins, sur les paliers, etc., sont assez
souvent munis d'un bout fileté, sur lequel on peut
venir raccorder un boyau en cuir ou en toile
pour l'arrosage ou le service d'incendie.

408. Fontaines. Postes d'eau. — L'appareil de puisage le plus simple, celui qu'on installe tout d'abord dans les maisons où l'on introduit l'eau de la distribution, consiste en une sorte de petite fontaine, placée le plus souvent dans la cour, quelquefois dans un vestibule ou un passage. Tantôt il affecte l'aspect d'une borne-fontaine tout-à-fait analogue à celles du service public, tantôt celui d'une fontaine adossée ou isolée, avec ou sans vasque, parfois ornée de sculptures et fournissant alors un motif agréable de décoration.

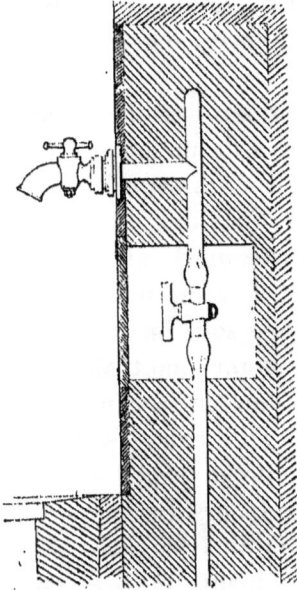

Ces petites fontaines se retrouvent dans les jardins, où elles servent au remplissage des arrosoirs, dans les écuries pour l'abreuvage des chevaux, dans les remises pour le lavage des voitures, etc.

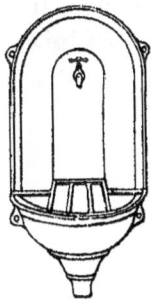

Elles prennent le nom de *postes d'eau* quand elles sont disposées à l'intérieur d'un bâtiment aux points où les puisages sont les plus fréquents. Généralement peu en vue, ces postes ne comportent d'ordinaire aucune ornementation : ils se composent d'un robinet simple en saillie sur un mur ou au fond d'une petite niche pratiquée dans l'épaisseur du mur et garnie d'un enduit ou d'un revêtement métallique, avec une sorte de cuvette au-dessous qui est reliée au système d'évacuation.

409. Alimentation des appartements. — Quand la canalisation pénètre jusque dans l'intérieur des appartements, c'est tout d'abord sur la pierre d'évier des cuisines que vient se placer un premier robinet de puisage. La position qu'on lui donne est alors déterminée par la double condition d'être à la portée de la main et de se prêter aisément au remplissage d'un seau placé sur l'évier même. Ainsi disposé, il répond bien à tous les usages courants de la cuisine et peut servir à tous les besoins du ménage.

Mais bientôt l'augmentation du confortable et l'habitude d'employer des quantités d'eau de plus en plus grandes déterminent l'amenée de l'eau dans d'autres parties de l'habitation, aux emplacements mêmes où elle doit être employée, de manière à mettre fin

à des transports incommodes et à éviter les projections sur le parcours. Des robinets sont alors établis dans les offices, les buanderies, les cabinets de toilette, etc.

Ceux des offices et buanderies sont analogues aux robinets placés dans les cuisines, ils sont disposés à peu près de même et présentent aussi un diamètre convenable pour le remplissage rapide
d'un vase de 8 à 10 litres de capacité.

Ceux des cabinets de toilette ont au contraire un débit réduit,
parce que les cuvettes ou vases qu'ils servent à remplir ne contiennent guère plus de 2 à 3 litres. On les place soit immédiatement au-dessus des cuvettes, soit mieux un peu plus haut, afin de
pouvoir interposer sans difficulté un verre ou un pot à eau, tout
en évitant que le jet d'eau en se bri-
sant dans la cuvette ne projette des
éclaboussures au dehors. Ils comportent une exécution plus soignée ; et,
quoique généralement encore en
bronze, ils sont assez souvent nickelés, pourvus d'une poignée en
métal plus ou moins ornée, en bois ou en ivoire. Parfois le bec lui-
même forme poignée mobile et il suffit de l'amener en position
pour que l'écoulement se produise.

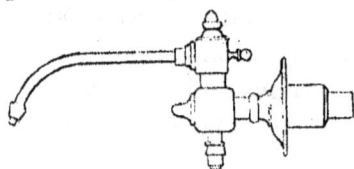

§ 3.

APPAREILS POUR SERVICES SPÉCIAUX

410. Alimentation des water-closets. — L'emploi de
l'eau dans les latrines, bien que connu des Romains et des peuples orientaux, ne s'est répandu que fort tard dans nos pays. S'il
a été introduit en Angleterre au temps de la reine Elisabeth et en
France à une époque antérieure, il n'en est pas moins resté à l'état
d'exception jusqu'à la fin du siècle dernier, et c'est depuis lors
seulement qu'il s'est imposé peu à peu au point d'être devenu la
règle dans toutes les villes convenablement alimentées.

L'eau est amenée par un tuyautage spécial à la cuvette qui reçoit les matières, afin de l'entretenir en état constant de propreté
et d'assurer l'entraînement rapide des déjections. Nous renvoyons
à un autre chapitre la description des dispositions adoptées pour
obtenir ce dernier résultat, et nous ne traiterons ici que de l'amenée de l'eau à l'appareil. On conçoit d'ailleurs que, suivant le ré-

sultat cherché, écoulement plus ou moins abondant, vitesse plus ou moins grande, chasses, fonctionnement à la main ou automatique, etc., l'arrivée de l'eau soit réglée de diverses manières et donne lieu à des modes variés d'installation.

Tantôt l'eau est fournie directement par la canalisation intérieure de la maison, tantôt elle provient d'un petit réservoir spécial établi dans la même pièce que le siège et à une certaine hauteur au-dessus. L'alimentation est à haute pression dans un cas, à basse pression dans l'autre. Le premier système permet d'obtenir une projection d'eau animée d'une plus grande vitesse et par suite un nettoyage plus efficace à la condition de faire tournoyer convenablement le liquide de manière à laver toute l'étendue des parois ; le second peut fournir une masse d'eau plus considérable dans un temps donné et se prête mieux à l'organisation des *chasses*. Avec l'alimentation directe, les coups de bélier sont à redouter, et l'on a dû imaginer une foule de dispositions spéciales pour en éviter les effets en réglant la fermeture de l'orifice qui livre passage à l'eau ; avec le réservoir au contraire, l'eau s'écoulant sous une charge de 1^m,50 à 2 mètres seulement, le mouvement est plus doux et peut se produire sans choc. On reproche d'ailleurs aux appareils à *connexion directe* la facilité avec laquelle ils peuvent donner lieu à des fuites par une soupape toujours soumise à une pression élevée, et le danger d'une contamination de l'eau dans la distribution intérieure de la maison s'il s'y produit une aspiration momentanée ; mais le robinet à flotteur, ordinairement adapté aux petits réservoirs, est également exposé aux fuites et perd presque toujours après quelques mois de fonctionnement ; et il peut aussi livrer accidentellement passage à l'air vicié.

L'afflux d'eau est le plus souvent provoqué par un mécanisme placé à la portée de la main.

Dans les appareils les plus répandus naguère et qu'on trouve encore dans la plupart des villes françaises, ce mécanisme est celui même qui sert à manœuvrer l'organe d'évacuation, et il est commandé par une poignée placée sur le siège à côté de la cuvette ; la manœuvre de la poignée, en même temps qu'elle détermine l'ouverture du clapet d'évacuation, ouvre également la soupape d'amenée de l'eau, qui livre alors passage à un courant dirigé dans la cuvette, soit tangentiellement, soit en éventail, soit en couronne, par un seul ou plusieurs jets, de manière à laver le mieux possible toute la paroi et qui dure jusqu'au moment où la main abandonne la poignée.

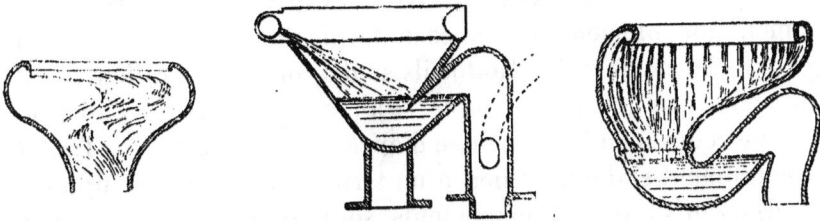

Dans quelques appareils, qui ont joui de la vogue durant un
certain temps pour les installations
de luxe, et dont le type a été le
monkey-closet de Jennings, l'eau est
amenée d'avance dans la cuvette,
afin d'y réaliser une sorte de nettoyage préventif en recevant les matières, les tenant en suspension et
protégeant les parois de toute souil-
lure ; la manœuvre du clapet détermine alors à la fois l'évacuation de
tout le contenu de la cuvette et l'arrivée brusque d'une nouvelle
provision d'eau propre.

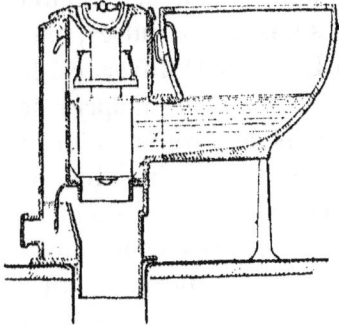

Quand l'organe d'évacuation n'est pas commandé mécaniquement, soit qu'il bascule de lui-même par l'effet du poids des matières, soit qu'il se compose d'un simple trou béant pourvu ou non
d'une obturation hydraulique, l'arrivée de l'eau est le plus souvent provoquée par un *tirage*, c'est-à-dire par une chaîne pendante
que termine une poignée. Ce dernier dispositif, beaucoup moins
répandu autrefois que le précédent, tend au contraire à se généraliser aujourd'hui dans les localités où l'on admet le système d'entraînement des matières par circulation d'eau jusqu'à l'égout : le
tirage commande alors l'*appareil de chasse*, chargé de fournir
brusquement l'afflux d'eau, qui n'est plus seulement destiné à
nettoyer la cuvette, mais encore à renouveler le contenu du siphon
qui y fait suite, à entraîner les matières jusqu'à l'égout et à laver
au passage toute la canalisation intermédiaire.

On conçoit que ce rôle complexe de la chasse implique l'emploi
d'une masse d'eau plus considérable : tandis qu'avec les anciens
appareils à clapet 3 à 4 litres d'eau bien employés suffisaient largement au nettoyage de la cuvette, il faut 6, 8 et même 10 litres
pour réaliser un lavage efficace, tel que le comporte le nouveau
système. En Angleterre, où ce système s'est répandu tout d'abord,
la quantité de 2 gallons, soit environ 9 litres, est pour ainsi dire
réglementaire ; mais les hygiénistes y déclarent volontiers que ce

374. Tarifs complexes. Tarifs spéciaux. — Il arrive fréquemment que plusieurs systèmes de tarification sont à la fois en usage dans la même ville. Tantôt ils sont appliqués parallèlement, et l'on peut à son gré, par exemple, s'abonner au mètre cube ou payer une redevance fixe calculée d'après le taux du loyer. Tantôt ils se combinent et donnent lieu à un tarif unique, mais complexe, où les différents types d'abonnements sont soumis à des régimes divers, où à une redevance calculée soit d'après le taux du loyer, soit d'après les éléments de la consommation, viennent s'ajouter certains suppléments de taxe établis sur des bases tout autres, etc.

Nous venons de voir, par exemple, qu'à Londres le loyer est la base de la taxation, mais qu'à la redevance calculée d'après le loyer on fait, suivant les cas, des modifications de diverse nature : certains appareils sont considérés comme supplémentaires, les robinets placés au-delà d'un certain niveau au-dessus du sol donnent lieu à une surtaxe, etc. Ailleurs on impose aux gros consommateurs, aux usines, le compteur et le tarif au mètre cube, tandis que le régime de la livraison de l'eau à discrétion avec redevance fixe par ménage est conservé pour les abonnements domestiques.

Souvent aussi, à côté du tarif général, d'autres tarifs sont mis en vigueur pour des usages spéciaux, pour certaines natures d'industrie, pour les livraisons d'eau temporaires ou par attachements, etc.

Parfois certaines dérogations au tarif général sont prévues et réglementées ; c'est ainsi que, tout en payant une redevance calculée sur une consommation déterminée par jour, on sera autorisé, dans certains cas, à la dépasser en été, sauf à se tenir au-dessous en hiver ; dans d'autres, au contraire, ce mode de compensation étant interdit, les consommations supplémentaires d'été sont comptées à part et à un taux plus élevé.

375. Difficulté des comparaisons. — L'aperçu qui précède, quelque rapide et sommaire qu'il soit, suffit sans doute pour faire ressortir la très grande diversité qui règne dans le régime de la tarification de l'eau. Les combinaisons multiples des tarifs sont, en général, avantageuses et pour les usagers dont elles satisfont les exigences, et pour les exploitants à qui elles facilitent la vente de l'eau. Mais elles rendent les comparaisons d'une ville à l'autre extrêmement difficiles, et il en résulte très souvent des appréciations inexactes, conséquence fort naturelle d'un examen incomplet.

Ainsi, l'eau, vendue à Grenoble 0 fr. 055 le mètre cube, semble y être d'un bon marché véritablement exceptionnel, et l'on doit croire, au premier abord, qu'un consommateur quelconque y paie l'eau beaucoup moins cher que dans la plupart des autres villes, où le mètre cube est tarifé à un taux généralement beaucoup plus élevé. Or, c'est le contraire qui est vrai, car le minimum de perception pour l'eau livrée au compteur est de 44 francs. D'autre part un ménage composé d'une seule personne paie à forfait pour un robinet sur la pierre d'évier 12 fr., comme à Rennes, où le mètre cube est tarifé 0 fr. 68, plus de onze fois autant.

De même, quoi qu'on en ait dit bien souvent, l'eau est vendue aussi cher, sinon plus, à Londres qu'à Paris. Dans une maison d'importance modeste, avec water-closet et salle de bains, habitée par cinq personnes et dont le loyer serait de 1250 fr., la redevance à payer pour l'eau varierait, à Londres, entre 62 fr. 50 et 106 fr. 35, suivant les compagnies : à Paris, même en dépensant 100 litres par personne et par jour, ce qui est très large, il n'en coûterait que 63 fr.

Il faut donc se garder de déclarer que l'eau est chère ici et qu'elle ne l'est point là, sans avoir examiné de très près les tarifs appliqués dans les diverses localités entre lesquelles la comparaison s'établit. Très souvent, du reste, une étude même approfondie ne saurait fournir de conclusion absolue, car les tarifs peuvent être établis de telle sorte que, suivant les cas, l'avantage se trouve tantôt d'un côté, tantôt de l'autre.

§ 3.

DIVERS MODES DE LIVRAISON DE L'EAU

376. Porteurs d'eau. — Avant l'établissement des distributions d'eau modernes, pour se faire livrer l'eau dans leurs maisons, les habitants des grandes villes devaient avoir recours aux *porteurs d'eau*, qui allaient la puiser soit au cours d'eau voisin, soit à quelque source, soit aux fontaines publiques. C'était jadis l'unique système appliqué à Paris, et la génération actuelle peut encore se rappeler la file des petits tonneaux à bras, qui s'alignaient tous les matins, en chacun des points fixés pour le puisage, et le robuste Auvergnat, portant en équilibre sur une épaule la barre de bois cintrée, à laquelle étaient suspendus les deux seaux de métal dont le contenu représentait la *voie* d'eau. Le type de la porteuse d'eau de Venise a été popularisé par la gravure. On retrouverait un peu partout la trace de cette organisation primitive.

Dans quelques villes, lorsqu'on en est venu à une taxation de l'eau, on a commencé par réglementer les puisages gratuits aux fontaines publiques, qui furent interdits aux porteurs d'eau. Ils durent alors aller chercher l'eau en certains points spécialement désignés, où elle ne leur était livrée que moyennant redevance.

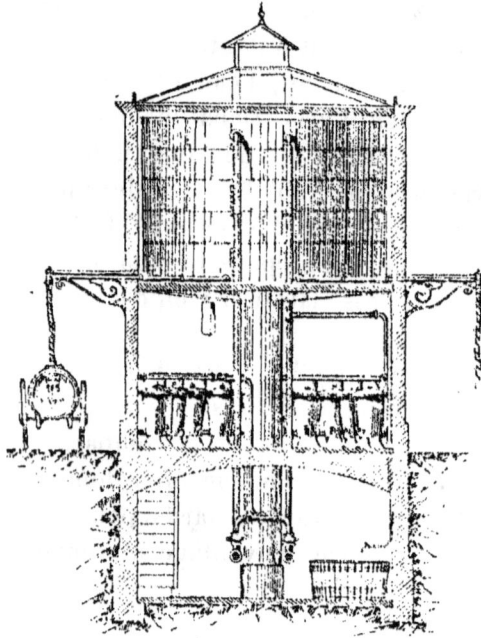

Fontaine marchande du carré Saint-Martin.

Paris a passé par cette phase, et, pendant une assez longue période, la majeure partie de l'eau consommée a été fournie par les *fontaines marchandes*, où elle subissait une filtration préalable, et où les porteurs d'eau étaient tenus de s'approvisionner, en payant 1 fr. par mètre cube. De leur côté ils vendaient l'eau à leurs clients à raison de 0 fr. 10 la voie de 15 litres, ce qui revenait à 6 fr. 65 le mètre cube, près de vingt fois plus qu'on ne paie aujourd'hui. Ce prix exorbitant explique la faible consommation d'alors ; il est d'ailleurs la conséquence obligée du système, qui est à la fois incommode et dispendieux.

377. Anciennes concessions. — Quelques privilégiés seulement recevaient l'eau à domicile, grâce aux *concessions* dont ils avaient obtenu la jouissance, et qui étaient desservies par des conduites en plomb, partant des châteaux d'eau annexés à un certain nombre de fontaines publiques

L'unité de mesure était le *pouce fontainier*, c'est-à-dire la quantité d'eau passant par seconde à travers une ouverture de 1 pouce carré de section sous une charge de 1 ligne au-dessus du bord supérieur de l'orifice. Le pouce fontainier correspond à un peu plus de 19 mètres cubes par 24 heures (exactement 19 mc,1953).

La *ligne*, qui est la 144e partie du pouce, soit 0 mc,133 par 24 heures, se vendait à Paris 200 livres. Ce prix relativement élevé, joint à l'obligation de faire les frais d'un long tuyau de plomb, pour peu que la maison desservie fût éloignée du château d'eau, ne permettait guère qu'aux familles les plus riches de se donner le luxe d'une concession d'eau. Aussi n'y en avait-il pas plus de 455 en 1789 !

Du reste ce système, qui remonte au temps de l'ancienne Rome, ne se prêterait guère à l'arrivée de l'eau dans un grand nombre d'habitations, puisqu'il comporte autant de tuyaux distincts que de prises, et donnerait lieu bien vite à un enchevêtrement inextricable.

378. Système moderne des abonnements. — Dans les distributions modernes, l'eau est mise à la portée des habitants par des conduites publiques qui parcourent toutes les rues et passent devant la façade des maisons. Pour qu'elle pénètre dans un immeuble riverain, il suffit d'établir entre le mur de face et la conduite publique un *branchement* de faible longueur et d'un prix peu élevé. Dès lors, aux concessions perpétuelles ou à long terme, on a pu substituer les *abonnements* annuels qui sont contractés ou résiliés avec une égale facilité. Ce régime nouveau, en offrant au public des avantages jusqu'alors inconnus, a grandement contribué à la transformation qui s'est opérée dans le mode d'emploi de l'eau, et à l'accroissement extraordinaire qui en est résulté pour la consommation.

L'eau est livrée aux abonnés suivant plusieurs modes différents. Lorsque la conduite publique n'est pas toujours en pression, comme cela arrive avec le système de distribution intermittent, la livraison de l'eau est nécessairement elle-même *intermittente ;* avec le service constant, elle peut être intermittente ou *continue.* Tantôt les abonnés usent de l'eau à leur gré, ouvrant quand et comme ils le veulent les orifices qui la leur fournissent : l'alimentation est *illimitée,* soit qu'ils aient le droit de consommer pour un prix fixé d'avance à forfait le volume quelconque dont ils peuvent avoir besoin, — c'est le cas des abonnements *à robinet libre,* — soit qu'un appareil spécial, le *compteur,* interposé sur la canalisation, mesure ce volume au passage. Tantôt, au contraire, l'alimentation est rigoureusement *limitée* chaque jour à un volume déterminé, qui est fourni ou tout à la fois à un certain moment de la journée ou peu à peu et par un écoulement non interrompu ; — c'est le cas des abonnements *jaugés.*

379. Livraison continue. — Le consommateur doit évidem-

ment désirer qu'à l'instant quelconque où il en aura besoin l'eau
se trouve à sa disposition et en quantité suffisante ; la livraison continue lui donne donc pleine satisfaction, si d'ailleurs les puisages
s'effectuent assez vite, ou, en d'autres termes, si le débit du branchement est en rapport avec les exigences de l'alimentation. Mais,
lorsque cette condition est remplie, le volume fourni par un seul
branchement coulant à gueule bée durant vingt-quatre heures est
considérable ; et la majeure partie de ce volume se trouve livrée
en pure perte, puisque c'est seulement l'eau recueillie de temps à
autre lors des puisages qui représente la fraction utilisée. Il faut en
conclure que, sauf dans certains cas exceptionnels, la livraison de
l'eau ne doit pas être continue et illimitée, car elle serait trop onéreuse pour l'exploitant.

Or elle ne peut être limitée, tout en restant continue, que si le
débit du branchement est réduit. Mais, quand pour supprimer
tout écoulement inutile, on poussera la diminution du débit au
point de ramener la dépense totale dans les vingt-quatre heures au
volume réellement nécessaire, le filet d'eau fourni par la *jauge*
est si mince, que l'avantage de l'écoulement continu disparaît entièrement. L'abonné trouve bien encore l'eau constamment jaillissante ; seulement, il lui faut attendre beaucoup trop longtemps
pour en puiser une quantité utilisable. Sans doute on tourne la difficulté en faisant aboutir le branchement alimentaire à un petit
réservoir particulier, qui, recevant l'eau non immédiatement utilisée, constitue un approvisionnement auquel on aura recours
quand les besoins se présenteront, pour y puiser alors tel volume
qu'on peut vouloir en un temps aussi court qu'on le désire. Mais
c'est revenir là par un détour à la situation qu'on eût réalisé dès
l'abord en munissant le branchement d'un robinet, au moyen duquel le consommateur serait à même d'en interrompre ou d'en rétablir l'écoulement à volonté, avec la sujétion du réservoir en plus
et les inconvénients qui en résultent, dont le plus grave est le
manque d'eau possible en cas de fuite ou de consommation exceptionnelle. La substitution de plusieurs réservoirs distincts au réservoir unique, recommandée par l'ingénieur anglais Hellyer, n'est à
cet égard qu'un palliatif.

380. Livraison intermittente. — La livraison intermittente
constitue à elle seule une limitation du volume d'eau fourni à
l'abonné. En effet, le branchement n'étant alimenté chaque jour
que pendant un temps relativement court, une heure par exemple,
la quantité d'eau qu'il peut débiter est naturellement restreinte.

L'exploitant y peut trouver son avantage, bien que les manœuvres à faire pour envoyer l'eau successivement dans les diverses conduites supposent l'emploi d'un personnel nombreux et exercé. Mais le consommateur ne saurait faire usage de l'eau précisément à l'instant où elle lui est livrée, et se trouve encore, par suite, dans l'obligation de recourir à l'établissement d'un réservoir ; il éprouve donc les mêmes inconvénients qu'avec l'alimentation à la jauge.

Ajoutons que dans l'un et l'autre cas des pertes d'eau se produisent, si, comme cela doit être, le volume d'eau fourni dépasse celui du vide qui s'est fait dans le réservoir ; le surplus inutilisé s'écoule par le trop-plein, à moins que, pour l'éviter, on n'installe sur l'orifice d'arrivée une soupape à flotteur, se fermant automatiquement contre la pression quand le réservoir est plein, ce qui augmente la dépense et n'est pas toujours bien sûr.

381. Alimentation illimitée. — Pour être parfaitement desservi sans limitation gênante d'aucune sorte, l'abonné n'a pas besoin que l'écoulement soit continu. Il jouit des mêmes avantages quand, le branchement étant toujours en charge, il peut à son gré y produire ou y supprimer l'écoulement. De la sorte l'alimentation est pour lui pratiquement illimitée.

Quant à l'exploitant, s'il est avec ce système très exposé aux abus, il peut se mettre en garde contre le gaspillage, soit par une réglementation sévère et une surveillance assidue, soit en substituant au robinet libre le compteur d'eau, qui, mesurant le débit sans le limiter, lui permet de proportionner exactement la redevance à la consommation réelle.

Il n'est donc pas étonnant que la délivrance de l'eau *au compteur* ait fait de rapides progrès, et gagné de plus en plus la faveur du public. Sur notre rapport, le congrès de l'utilisation des eaux fluviales de 1889 n'a pas hésité à reconnaître que le compteur constitue le meilleur mode de livraison de l'eau à domicile ; et cette proposition est aujourd'hui admise sans conteste dans tous les pays.

On ne doit pas se dissimuler cependant, que d'une part la complication de l'appareil en rend l'achat et l'entretien assez onéreux pour l'abonné, et que, d'autre part, l'alimentation illimitée a pour conséquence d'obliger l'exploitant à employer des tuyaux de plus grand diamètre dans la canalisation, car la consommation, au lieu d'être également répartie dans les vingt-quatre heures, se fait presque toute entière en un temps beaucoup plus court.

Aussi en Angleterre, bien que la distribution intermittente cède de plus en plus devant les progrès du service constant, la livraison intermittente qui n'est pas incompatible avec ce dernier, reste encore la plus répandue. En France, où la distribution continue est la règle, et où la jauge et le robinet libre étaient les modes de livraison habituels jusque dans ces derniers temps, le compteur tend à les remplacer l'un et l'autre. La même transformation s'opère en Allemagne, aux Etats-Unis, etc. Elle se fait surtout dans les villes où les maisons sont importantes et divisées en appartements, parce qu'on peut s'y contenter d'un seul compteur pour un ensemble de logements ; elle rencontre plus de difficultés dans celles où chaque famille occupe une habitation isolée, à cause des frais plus considérables qui en résultent, et qui souvent ne sont plus en rapport avec l'intérêt que présenterait l'emploi du compteur et l'économie réalisable sur les quantités d'eau consommées.

§ 4

ABONNEMENTS JAUGÉS

382. Avantages et inconvénients des abonnements jaugés. — Si l'on examine de près les conditions dans lesquelles se présente l'abonnement jaugé, on reconnaît qu'il n'est pas sans offrir au consommateur certains avantages. Celui-ci sait notamment d'avance quel est le montant de la dépense que lui occasionnera la fourniture d'eau, puisque ce montant ne saurait être dépassé. D'un autre côté, sa canalisation ne supporte que la pression résultant de son propre réservoir ; c'est dire qu'elle est toujours modérée, d'où résulte une certaine économie de premier établissement, en même temps qu'une diminution des chances d'accidents. Enfin il n'a pas à se préoccuper des fuites, tant qu'elles ne deviennent pas pour lui une cause de gêne, puisqu'elles ne doivent point mettre à sa charge de dépense supplémentaire.

Pour l'exploitant, les avantages sont manifestes et très considérables. Avec ce système, en effet, il sait exactement la quantité d'eau qu'il lui faut distribuer chaque jour, mieux encore, chaque heure ou chaque minute ; car le débit est parfaitement régulier, et n'éprouve ni variations annuelles, ni variations diurnes. De là une économie d'installation très appréciable et de très grandes facilités d'exploitation.

Sans doute il est obligé, par compensation, de faire la mesure un peu large aux abonnés, afin qu'ils reçoivent toujours la quantité d'eau promise malgré les incidents qui peuvent se produire, baisses de pression, obstructions partielles, etc. ; ainsi la jauge est ordinairement réglée de manière à fournir un débit supérieur de 25 à 30 pour 100 au débit normal. Et il lui faut exercer une surveillance active pour réprimer la fraude, qui se pratique aisément, avec ou sans la connivence du fontainier, par simple agrandissement de la jauge, ou au moyen de tuyaux piqués sur la conduite entre la jauge et le réservoir.

Mais les inconvénients sont pour l'abonné plus graves et plus nombreux : impossibilité absolue de dépasser en aucun cas la consommation fixée, même pour un besoin extraordinaire ou pour l'extinction d'un incendie ; obstructions fréquentes de la jauge ; nécessité d'un réservoir encombrant, où les matières en suspension se déposent, où l'eau s'échauffe, se gâte même si l'on n'y fait des nettoyages fréquents ; manque d'eau complet quand le réservoir vient à se trouver vide ; etc.

383. Appareils de jauge. — Les anciennes concessions étaient jaugées au moyen d'une *cuvette de distribution* placée dans le château d'eau. Du bassin supérieur où elle arrivait, l'eau se déversait dans une série de *bassinets*, tous disposés au même niveau, et dans la paroi desquels étaient percés les trous de jauge servant de point de départ aux plombs des concessionnaires. Ce système donne un débit très régulier, et a l'avantage de réunir en un même point, dans une enceinte fermée et constamment surveillée, toutes les jauges du quartier desservi par

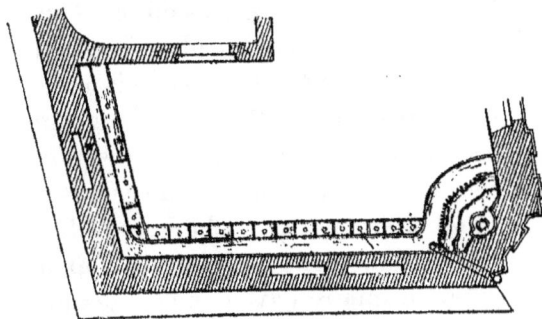

Bassinets de la fontaine de l'Arbre-Sec.

le château d'eau, ce qui écarte toute possibilité de fraude. Mais il n'est pas applicable aux distributions d'eau modernes.

Aujourd'hui la jauge est obtenue par l'emploi d'un appareil placé sur le branchement de prise. C'est tout simplement un robinet, pourvu d'un diaphragme, dans lequel on a percé un trou de section déterminée. Tantôt le diaphragme est venu de fonte avec le robinet, tantôt il est formé par une *lentille* rapportée. Dans l'un et l'autre cas la matière employée doit être très dure, sans quoi l'usure rapide produite par le frottement continu de l'eau détermine bientôt l'agrandissement du trou; le bronze, s'il n'est pas de bonne qualité, se trouve rapidement détruit, et l'on a cherché à le remplacer par l'acier, le verre, l'agate, qui paraissent donner de bons résultats ; il convient de donner au diaphragme une certaine épaisseur et d'y pratiquer une petite ouverture plutôt cylindrique que conique. Avec une aiguille d'acier on parvient à percer des trous assez fins pour ne laisser passer sous une forte pression que 250 et même 125 litres d'eau par 24 heures. Ces trous imperceptibles seraient presque immédiatement obstrués s'ils n'étaient protégés par une petite grille, formée d'une toile métallique à mailles serrées, et qui retient les menus corps en suspension. Sur la pièce qui porte le robinet de jauge proprement dit, on adapte presque toujours un robinet d'arrêt ordinaire, quelquefois deux, ce qui permet d'isoler la jauge pour les visites ou les réparations : le tout est placé sous une bouche à clé à deux ou trois trous.

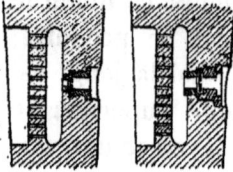

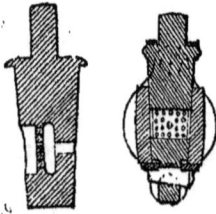

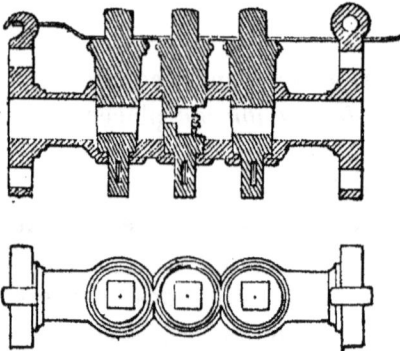

Robinet de jauge.

D'autres systèmes de jaugeage et d'autres appareils ont été proposés, sans qu'aucun soit jusqu'ici entré dans la pratique. Il convient cependant de mentionner en passant la *jauge piézométrique* Chameroy, dont le principe est ingénieux et qui a sur l'appareil de jauge ordinaire l'avantage de donner un débit constant même en cas de variation de la pression dans la conduite publique. Elle se compose essentiellement d'une pièce mobile, dont la levée a pour effet de dégager plus ou moins l'orifice d'écoulement, et se trouve réglée, à chaque instant, par l'équilibre qui s'établit entre le poids de cette pièce et la pression qu'elle supporte. On trouve une autre application du même principe dans

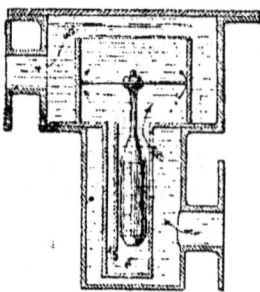

le compteur de pertes Deacon, que nous avons cité précédemment.

384. Réservoirs particuliers. — Le réservoir, accessoire obligé de tout abonnement à la jauge, est ordinairement construit en métal, et reçoit la forme cylindrique, qui est la plus avantageuse pour la résistance. On y emploie le zinc ou la tôle : le zinc, souvent impur, a l'inconvénient d'être assez vite attaqué par l'eau, et peut lui communiquer des propriétés toxiques, s'il contient du plomb : la tôle serait bientôt rongée par la rouille, si l'on n'avait soin de la recouvrir d'une couche de goudron, de la peindre au minium ou de la galvaniser : de ces trois procédés le dernier n'est pas le plus recommandable, car la couche de zinc se détache au bout de quelque temps, au moins partiellement, et ne saurait être renouvelée avec la même facilité qu'une peinture ou un goudronnage. M. Hellyer préconise l'emploi de l'ardoise, qui donne de bons résultats, mais comporte une dépense plus élevée et oblige à renoncer à la forme cylindrique.

La capacité des réservoirs particuliers se calcule d'après l'importance du service qu'ils ont à faire. Elle doit au moins correspondre à la moitié de la consommation quotidienne, afin que l'eau fournie la nuit et non employée puisse s'y emmagasiner ; mais il est préférable de la tenir notablement au-dessus de cette limite inférieure, sans cependant l'exagérer, de peur qu'une longue stagnation n'enlève à l'eau une partie de ses qualités. On est dans de bonnes conditions quand les réservoirs peuvent recevoir le volume d'eau fourni en un ou deux jours par l'alimentation jaugée.

Ils doivent être naturellement placés aussi haut que possible, soit dans les combles, s'ils sont disposés à l'intérieur des maisons desservies, soit au dehors sur un pylône en bois ou en maçonnerie. L'accès en sera facile afin qu'on puisse toujours les visiter, les nettoyer, les repeindre. Ils seront pourvus d'un trop-plein pour l'écoulement de l'eau surabondante, d'un orifice inférieur pour la vidange complète ; et des précautions seront prises pour éviter les effets de la gelée, ainsi que l'échauffement trop rapide de l'eau.

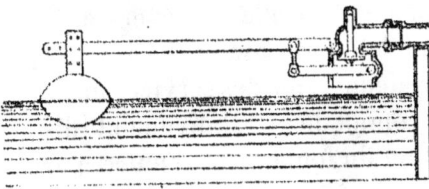

Quand on veut y éviter les pertes d'eau par le trop-plein, une *soupape à flotteur*, placée sur l'orifice d'alimentation, est chargée d'interrompre l'écoulement, dès que l'eau atteint dans le réservoir un niveau déterminé. Cet appareil règle automatiquement l'arrivée d'eau, mais il est assez délicat, et, s'il n'est pas très bien construit et soigneusement entretenu, il ne tarde pas à laisser passer l'eau d'abord par gouttes, puis en mince filet, au point de ne plus rendre aucun service.

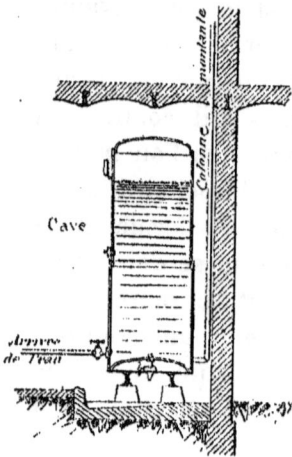

Les *réservoirs élévateurs*, ou réservoirs en pression, n'ont pas les inconvénients des réservoirs ordinaires. Ce sont des vases métalliques clos, où l'eau est maintenue en pression par l'effet de l'air qu'elle y a comprimé. Il n'y a dès lors ni perte de pression, ni perte d'eau, et, comme l'appareil peut être placé dans les caves, ni échauffement, ni congélation à redouter. Le nettoyage est facile et efficace, puisqu'il se fait sous pression par la simple ouverture d'un robinet inférieur; et un clapet empêche le retour de l'eau dans la conduite d'alimentation en cas de baisse anormale de la pression. Ce nouveau type de réservoirs particuliers, fort intéressant à divers égards, a reçu depuis quelques années un certain nombre d'applications, bien que la capacité réellement utile y soit assez faible, la pression baissant très rapidement quand l'air se détend. Il est vrai qu'on peut y parer par l'addition d'une pompe à air; mais alors le fonctionnement n'est plus automatique.

385. Suppléments. Jauges variables. — La jauge fournissant un débit invariable, il a fallu chercher les moyens de parer à des besoins exceptionnels dans certains cas, en apportant des modifications appropriées à ce mode de livraison de l'eau. C'est ainsi que s'est introduit l'usage des *suppléments*, dans la plupart des villes où l'eau est fournie à la jauge. Sur la demande de l'abonné, le robinet d'alimentation est ouvert en plein pendant un temps déterminé, le plus souvent pendant quelques heures seulement, pour le remplissage d'un réservoir; la quantité d'eau supplémentaire est estimée d'après la capacité du récipient où elle est déversée, ou au moyen d'une expérience donnant le débit horaire du robinet; l'eau est payée au mètre cube. Ce système rend des services incontestables; mais il est à coup sûr peu commode et relativement dispendieux, puisqu'il exige l'intervention du fontainier; d'autre part le contrôle est à peu près impossible et la fraude fort à redouter en conséquence.

Dans certaines villes on admet des abonnements supplémentaires pendant une partie de l'année, durant l'été par exemple, ou même des abonnements *à jauges variables,* comportant un débit déterminé dans la saison froide et un débit supérieur dans la saison chaude, moyennant un prix unique applicable à l'année entière. Dans l'un et l'autre cas il faut au changement de saison modifier la jauge ; c'est là une cause de complication dans le service et une nouvelle source d'abus.

§ 5.

ABONNEMENTS A ROBINET LIBRE

386. Abonnements à l'estimation. — Les abonnements *à robinet libre* ou *à discrétion,* avec redevance établie d'après une *estimation* préalable de la consommation supposée, ont été naguère fort en faveur : c'est, nous l'avons vu, le système que préconisait Dupuit.

Un robinet toujours ouvert, et de dimension suffisante pour alimenter à la fois plusieurs orifices de diamètre courant, met en communication constante la conduite publique et la canalisation intérieure de l'immeuble abonné ; l'eau est donc toujours en pression dans les tuyaux, en charge sur les orifices, et le consommateur n'a qu'à manœuvrer l'obturateur d'un quelconque de ces orifices, pour avoir, quand il le veut, telle quantité d'eau qu'il peut désirer. Pas de réservoir encombrant, et par suite point de réduction de la pression. Paiement de l'eau à forfait, et dès lors pas de surprises à redouter au moment des règlements de compte.

A côté de ces avantages incontestables pour le consommateur, il faut placer les inconvénients, non moins certains, que présente pour l'exploitant le mode d'abonnement à robinet libre. L'établissement de la redevance prête à la discussion et suppose un contrôle assez difficile à exercer dans les grandes villes. L'aléa du forfait porte entièrement sur la fourniture d'eau ; et, comme l'abonné n'a aucun intérêt à restreindre la consommation, l'accroissement rapide des quantités d'eau absorbées par le service est inévitable. Les pertes par les fuites intérieures, indifférentes pour l'abonné, sont à elles seules une charge redoutable pour l'exploitant.

Ce type d'abonnement serait l'idéal si l'on obtenait, comme le voulait Dupuit, que chacun ne consommât que le nécessaire et se soumît à une redevance parfaitement en rapport avec le service rendu. Mais ces deux conditions ne sont jamais remplies ; et, partout où l'application en a été faite, l'augmentation progressive des quantités d'eau consommées est venue créer de graves embarras. L'alimentation s'est trouvée tout à coup insuffisante, sans que le revenu pût fournir les ressources nécessaires pour l'exécution des travaux à faire en vue de l'améliorer.

387. Usage abusif du robinet libre. — C'est qu'aucun mode de fourniture de l'eau ne se prête plus aux abus que l'abonnement à robinet libre. « Tandis que l'abonné à la jauge, disait « Couche, est enfermé dans des limites qu'on lui rend matérielle- « ment impossibles de franchir, l'abonné à robinet libre n'est que « prisonnier sur parole. » Il l'oublie trop souvent ; et, sûr de ne pas avoir de supplément à payer, il ne surveille pas sa canalisation, néglige les fuites même apparentes, laisse ses robinets ouverts, gaspille l'eau en un mot, au grand détriment du service. Sans doute il commet ainsi des infractions au règlement, mais ce n'est pas sans peine qu'on peut lui en faire comprendre et surtout observer les prescriptions.

Paris a fourni en 1881 un exemple frappant des conséquences de l'abonnement à robinet libre. Tout à coup, par suite de l'élévation brusque de la température pendant les jours caniculaires, les réservoirs publics se sont vidés : nombre de consommateurs tenaient leurs robinets constamment ouverts, sous prétexte de rafraîchir leur boisson ou même l'air de leurs appartements. Du travail fait alors par Couche, l'éminent ingénieur en chef des Eaux de Paris, sur la situation du service pendant cette période critique, il résultait que la consommation avait atteint et même dépassé le triple de la dépense normale : il montrait d'ailleurs que, si tous les robinets répartis dans les maisons coulaient constamment à gueule bée, le débit total serait cinq fois plus grand que celui de la Seine en basses eaux !

La suppression presque complète du robinet libre et la généralisation des abonnements au compteur ne permettent plus le retour de pareils faits à Paris. Mais, à défaut de ces mesures radicales, si l'on veut, tout en conservant l'abonnement à discrétion, réprimer le gaspillage auquel il donne lieu, c'est à un contrôle efficace et permanent qu'il faut recourir, ainsi qu'à des moyens spéciaux de recherche et de coercition.

388. Moyens employés pour diminuer les abus. — Lorsque, malgré les prescriptions réglementaires, les abonnés en sont venus à un usage abusif de l'eau, et que la seule perspective d'une amende ou d'une pénalité quelconque est impuissante à combattre une habitude prise, on peut employer utilement, pour restreindre la consommation sans causer de gêne appréciable, certains appareils, qui se prêtent à l'usage normal de l'eau, mais sont disposés de manière à limiter les dépenses inutiles.

En première ligne il convient de mentionner l'emploi de robinets de calibre réduit. La plupart des robinets ordinaires sont plus gros qu'il n'est strictement nécessaire, et souvent il est possible d'en diminuer le débit de moitié ou des deux tiers sans qu'ils cessent de remplir suffisamment vite les vases de capacité ordinaire. De la sorte, en admettant qu'on laisse les robinets ouverts, les pertes d'eau sont déjà moindres.

Viennent ensuite les *robinets à repoussoir*, qui ne laissent passer l'eau que lorsqu'on les maintient ouverts à la main. Une pareille obligation, sans être trop gênante pour les usages courants, est de nature à limiter singulièrement les abus ; et l'emploi de ces appareils fournirait une excellente solution, s'ils étaient sûrement efficaces. Mais, quelque ingénieuses que soient les dispositions imaginées pour déterminer la fermeture du robinet dès que la main l'abandonne, l'ingéniosité de certains consommateurs en a presque toujours raison ; et il est peu de robinets à ressort, même parmi les plus perfectionnés, qu'on ne parvienne à *caler*, c'est-à-dire à maintenir ouverts aussi longtemps qu'on le veut, en paralysant l'action du ressort au moyen d'un bout de bois, d'une ficelle, etc. Néanmoins, ce type d'appareils rend d'incontestables services.

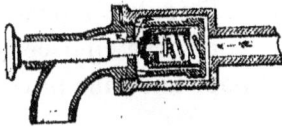

On a proposé aussi d'autres robinets qui produisent le même effet d'une manière plus sûre. Ce sont les *robinets intermittents*. Lorsqu'on a fait la manœuvre d'ouverture, ils laissent passer une quantité d'eau déterminée par un réglage préalable, sans qu'il y ait besoin de les maintenir avec la main ; puis, ce volume d'eau écoulé, ils se referment spontanément par l'effet d'un mécanisme intérieur sur lequel l'usager n'a point d'action et dont il ne peut empêcher le fonctionnement ; il faut renouveler la manœuvre pour obtenir une nouvelle quantité d'eau. Le plus souvent, c'est la pression même de l'eau qui détermine la fermeture du robinet : dans le *robinet Chameroy*, qui a été expérimenté à Paris, le temps de

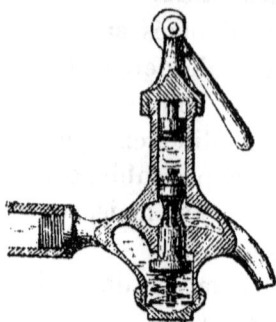

l'ouverture était limité par une sorte de *ca-taracte*, c'est-à-dire par un très petit écoulement à travers un orifice capillaire qui finit par ramener l'obturateur dans sa position primitive. Le principe de ces appareils est excellent; et quelques-uns méritent de se répandre, bien que le réglage en soit toujours un peu délicat et ne se maintienne généralement pas très longtemps sans modification.

On emploie depuis longtemps, en Angleterre principalement, sous le nom de *Waste preventers* (1), des appareils analogues avec un petit piston intérieur que la manœuvre d'ouverture déplace et qui est ramené par la pression de l'eau. D'autres dispositions sont aussi en usage chez nos voisins : à titre d'exemple, nous citerons celle qui consiste dans l'adaptation au robinet d'un petit réservoir d'air, où l'eau pénètre quand l'orifice de puisage est fermé, et qui est séparé de la conduite d'alimentation pendant l'écoulement; la petite réserve épuisée, il faut refermer le robinet pour faire une provision d'eau nouvelle.

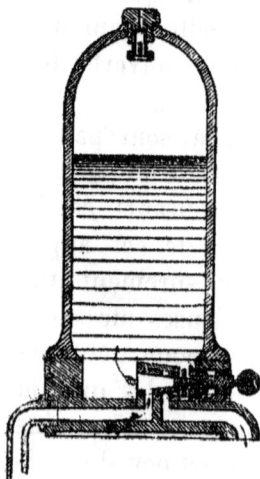

389. Moyens employés pour la recherche et la suppression des fuites intérieures. — Les mêmes systèmes, qui sont appliqués en Angleterre et aux Etats-Unis pour découvrir les fuites de la canalisation publique, se prêtent également bien et simultanément à la surveillance des installations particulières. Les inspections de nuit à l'aide du stéthoscope, le compteur de pertes Deacon, le Church's detector permettent de signaler les maisons dans lesquelles il doit y avoir des fuites; une visite y est faite alors, le point défectueux est reconnu et la réparation prescrite sans retard.

Les fuites se produisent fréquemment aux robinets, aux robinets-soupapes à flotteurs qui restent rarement étanches après un certain temps de service, aux appareils de water-closets, aux joints à brides, etc. Les unes sont apparentes et tout abonné soigneux les constate et les fait disparaître; mais d'autres restent cachées et

1. Appareils destinés à prévenir les pertes d'eau.

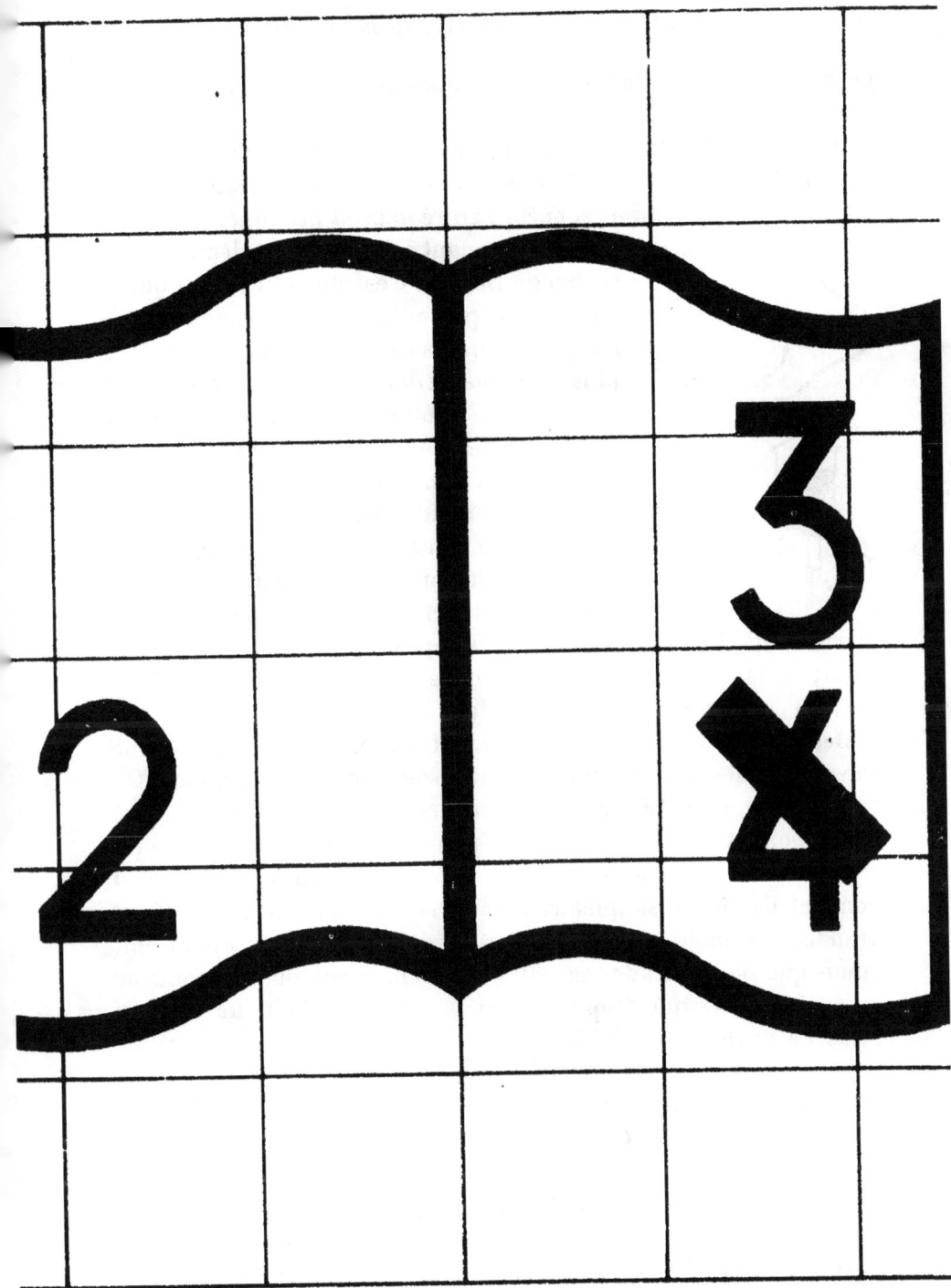

2 3 4

peuvent laisser écouler parfois des quantités d'eau considérables, sans que rien n'appelle l'attention.

Il y aurait intérêt à posséder un appareil simple et peu coûteux qui en révélât l'existence. Divers *indicateurs de fuites* ont bien été proposés, mais aucun n'est encore entré dans la pratique. Nous citerons cependant celui qui a été décrit par M. Œsten de Berlin : c'est un petit piston interposé sur le parcours du branchement d'alimentation, qui suivant le débit se déplace plus ou moins, et dont la tige vient comprimer une balle de caoutchouc ; l'air contenu dans la balle est en communication avec une cuvette fermée contenant un liquide coloré et refoule ce liquide dans une éprouvette en verre placée dans un endroit en évidence ; quand tous les orifices de la canalisation intérieure sont fermés et qu'elle ne fait aucun service utile, le liquide coloré ne doit pas apparaître dans l'éprouvette ; si donc on l'y voit en permanence, c'est qu'il y a quelque part un écoulement continu, une fuite.

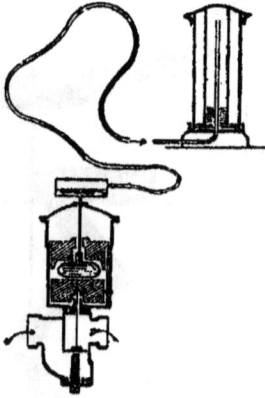

Des indicateurs de ce genre seraient extrêmement utiles, même dans les villes où les abonnements sont tous au compteur. On peut en dire autant des robinets à repoussoir ou intermittents. Car, si l'exploitant n'a plus alors à se préoccuper des pertes dans les canalisations intérieures, qui sont enregistrées par le compteur et donnent lieu à un supplément de prix, l'abonné de son côté est grandement intéressé à les connaître dès qu'elles se produisent, tandis que dans bien des cas elles lui échappent ou du moins ne lui sont révélées que trop tard, par la quittance qu'il ne peut se refuser à payer.

§ 6.

ABONNEMENTS AU COMPTEUR

390. Introduction des compteurs. — L'application du compteur qui mesure la quantité d'eau livrée, sans faire obstacle à l'écoulement et sans imposer aucune limitation, est, nous l'avons dit, le meilleur de tous les moyens employés pour supprimer ou réduire les inconvénients de l'alimentation constante et illimitée.

volume d'eau est insuffisant et qu'il faudrait le porter à 3 gallons, soit plus de 13 litres.

L'appareil de chasse est le plus souvent placé dans un petit réservoir où l'eau arrive par l'intermédiaire d'un robinet à flotteur. Il se compose essentiellement d'un *siphon*, en forme de tube recourbé ou de cloche et d'assez fort débit, placé en tête du tuyau d'amenée de l'eau à la cuvette, et dont le tirage provoque l'amorçage subit. Le type primitif de cet appareil est dû à l'ingénieur anglais Rogers Field ; mais la disposition très simple qu'il avait proposée laisse à désirer, parce que l'amorçage n'y est pas certain et qu'à défaut il peut s'y établir en pure perte un petit écoulement continu. On l'a perfectionnée depuis, et une foule de combinaisons ont été imaginées, qui toutes ont pour objet d'assurer l'amorçage par l'emploi de moyens variés, addition d'un siphon auxiliaire, déplacement d'un organe mobile, introduction brusque ou injection d'eau en pression, etc., etc.

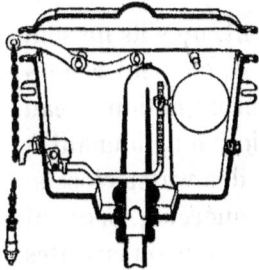

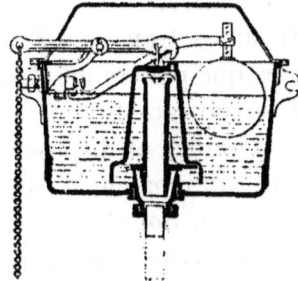

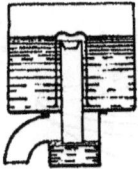

Dans les localités où la négligence est à redouter, on remplace volontiers la manœuvre à la main par une manœuvre automatique, qui d'ailleurs peut s'adapter aisément à tous les types d'appareils : le mouvement est produit soit par une pédale, soit par le basculement du siège, soit par l'ouverture de la porte. Avec les appareils à chasse on peut obtenir très facilement l'amorçage périodique et le fonctionnement intermittent du siphon en supprimant le robinet à flotteur et réglant par une jauge l'arrivée de l'eau dans le petit réservoir.

411. Alimentation des urinoirs. — On n'installe généralement pas d'*urinoirs* distincts des water-closets dans les maisons particulières. Mais ces appareils sont indispensables dans les locaux où un certain nombre d'hommes se trouvent constamment ou momentanément réunis, dans les casernes, les usines, les hôpitaux, les écoles, les gares, par exemple. Et comme, à défaut de soins, ils donnent immédiatement lieu à des émanations désagréables et malsaines, il faut en assurer le nettoyage par l'emploi d'eau en abondance.

Lorsqu'il en est fait usage d'une manière presque continue, ils reçoivent un système d'alimentation identique à celui des urinoirs publics, c'est-à-dire le plus souvent une nappe mince coulant sur toute la surface des dalles en ardoise, en fonte, en pierre ou en lave émaillée.

Si, au contraire, l'usage en doit être intermittent, ou s'ils ne sont visités que par un nombre restreint de personnes, on peut renoncer au lavage continu, qui comporte une consommation d'eau considérable, et disposer un mode d'alimentation fonctionnant à volonté au moment du besoin, analogue à celui des water-closets. Les *stalles*, dont le nettoyage est relativement onéreux, peuvent être alors avantageusement remplacées par des bassins ou cuvettes isolées, généralement en porcelaine, dont le lavage, beaucoup plus facile, peut se faire avec une quantité d'eau bien moindre. Un tirage, un bouton, ou mieux une pédale — l'emploi en est particulièrement indiqué dans ce cas — commande l'afflux d'eau qui provient soit de la conduite en pression, soit d'un petit réservoir spécial. On peut aussi disposer l'alimentation de manière à produire des chasses soit à volonté, soit automatiques, au moyen d'appareils analogues à ceux décrits au paragraphe précédent.

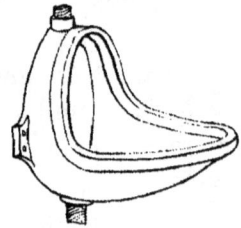

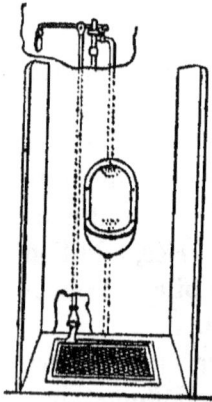

412. Bains. — Une salle de bain devrait être chez nous, comme en Angleterre, le complément obligé de la canalisation intérieure des habitations et non plus un objet de luxe réservé à quelques privilégiés : à cet égard nous sommes assurément en progrès depuis quelques années, mais combien restons-nous loin encore d'une généralisation qui serait bien désirable au point de vue de l'hygiène.

Les dispositions à prendre pour l'alimentation des bains en eau froide sont, d'ailleurs, extrêmement simples. Il suffit d'amener près de la baignoire un conduit aboutissant à un robinet placé au-dessus et à la portée de la main ; le jet doit être dirigé verticalement de manière à éviter des projections désagréables, et, à

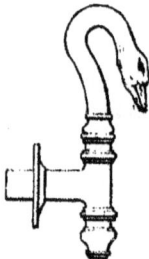

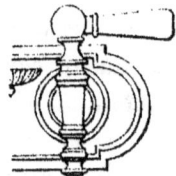

cet effet, on emploie des robinets de forme particulière, dont l'orifice est placé directement au-dessous de la clé. Quelquefois, on a fait arriver l'eau par le fond de la baignoire de manière qu'une seule ouverture serve à l'alimention et à la décharge : cet arrangement est mauvais, car il pourrait en résulter, dans certains cas, des rentrées d'eau sale ou savonneuse dans la distribution d'eau propre, et on doit le proscrire absolument.

La seule difficulté que rencontre l'installation d'une salle de bain, c'est le *chauffage*. Elle peut être résolue de plusieurs manières. Tantôt l'eau est chauffée dans la baignoire même, soit au moyen d'un foyer portatif qui y est plongé pendant le temps nécessaire, soit par l'intermédiaire d'un foyer latéral qui permet d'y établir une circulation continue et constitue un thermosiphon. Tantôt la quantité d'eau nécessaire à un bain — 150 à 300 litres — est portée à la température convenable dans une petite chaudière spéciale, placée à côté de la baignoire, et chauffée par un foyer au charbon ou au coke ou par la flamme du gaz d'éclairage : l'eau chaude est amenée par un tuyau branché sur la chaudière à un second robinet placé au-dessus de la baignoire et semblable au robinet d'eau froide. D'autres fois enfin, l'eau en pression, provenant directement de la distribution, s'échauffe en traversant un bouilleur ou un serpentin placé au-dessus d'un foyer dans la pièce même ou dans une pièce voisine. Le dernier procédé est particulièrement avantageux quand on utilise pour le chauffage les gaz perdus du fourneau de la cuisine, ce qui permet d'établir, en outre, une circulation d'eau chaude dans d'autres parties de la maison, telles que les cabinets de toilette, les buanderies, les offices.

Quand on a un emplacement suffisant.

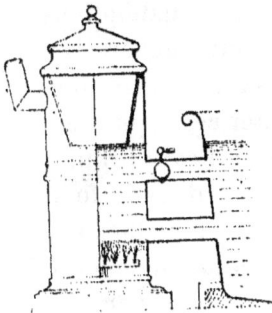

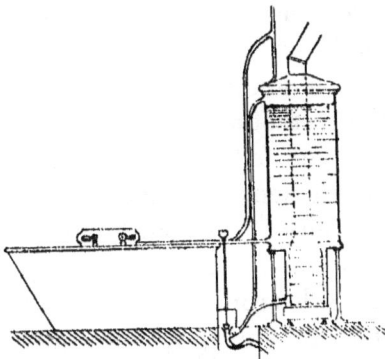

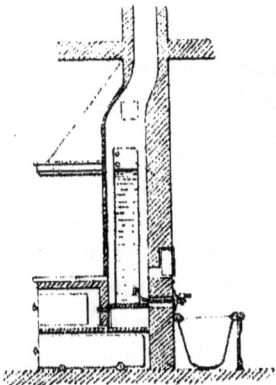

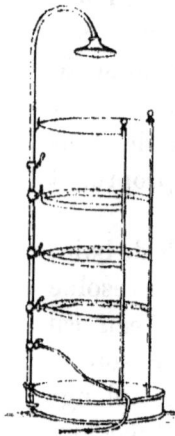

rien n'est plus facile que de compléter l'installation de la salle de bain en y disposant un appareil
hydrothérapique avec eau chaude et eau froide,
permettant d'administrer des *douches* en pluie, en
jet, en cercles, etc.

413. Lavabos. — L'établissement de *lavabos*,
avec arrivée d'eau au-dessus des cuvettes et décharge directe, constitue aussi dans les habitations
un précieux avantage et devrait être généralisé.

La disposition de ces appareils n'est pas indifférente ; et il faut notamment rejeter celle qui a été
admise dans certains lavabos où l'eau propre,
chaude ou froide, arrive dans le fond
de la cuvette et par le même orifice qui
sert à l'évacuation ; quelque ingénieuse
que soit la combinaison des divers organes destinés à produire ce résultat,
ils peuvent donner lieu à des mélanges fâcheux qu'il importe de prévenir.
La position qu'on donne assez souvent
au robinet d'alimentation, sur le bord
de la cuvette à une faible hauteur au-
dessus prête également à la critique par
ce motif qu'il ne peut être utilisé pour le remplissage d'un vase mobile quelconque.

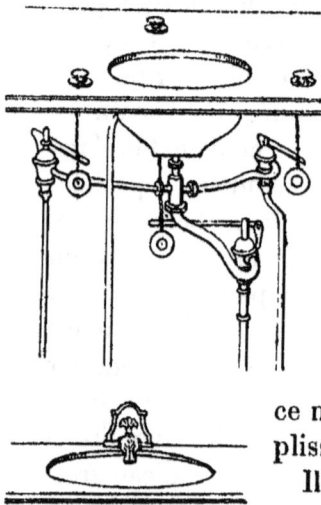

Il convient de placer les robinets suffisamment haut pour cet usage, tout en les laissant
à la portée de la main, et de manière qu'ils donnent vers le centre
de la cuvette un jet bien vertical

414. Bouches d'arrosage et bouches d'incendie. — Les
bouches d'arrosage, qu'on emploie dans les jardins particuliers, sont
en général du même type, mais un peu plus petites, que celles qui
sont en usage pour le service public et que nous avons précédemment décrites. Souvent on se contente de robi-
nets à raccord, qui servent au remplissage des
arrosoirs, et sur lesquels viennent s'adapter au
besoin les raccords mobiles des boyaux d'arrosage. Quant à ces boyaux, ils se font en cuir, en
toile, en caoutchouc : le cuir est coûteux, la

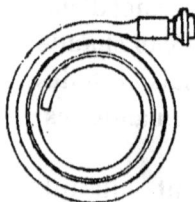

toile peu durable, mais légère et à bon marché, c'est peut être le caoutchouc qui donne les meilleurs résultats. On les remplace avec avantage par des tubes pliants, montés ou non sur chariots à roulettes, semblables à ceux qui servent à l'arrosage des chaussées et des promenades publiques.

Les *bouches d'incendie* ne diffèrent pas dans leur construction des bouches d'arrosage : dans les cours, ce sont de petits coffres en fonte arasés au niveau du sol et renfermant un raccord spécial ; dans l'intérieur des bâtiments de simples robinets à raccord. Il est à recommander de disposer à proximité de ces bouches le matériel qui permettra de les utiliser, boyaux, lances et accessoires, et qui constitue le *poste d'incendie*. On ne doit pas omettre de faire périodiquement des essais de fonctionnement des bouches d'incendie, afin de ne pas s'exposer à trouver au moment d'un sinistre soit quelque robinet grippé, soit un matériel incomplet ou hors d'usage, et aussi pour exercer le personnel en vue d'éviter toute hésitation et toute fausse manœuvre. L'installation des *secours d'incendie* mérite d'appeler particulièrement l'attention dans les établissements où se trouvent assemblées à certains moments un grand nombre de personnes, ou qui renferment des dépôts importants de matières combustibles : ces deux conditions défavorables se trouvent réunies dans les théâtres, qui doivent en conséquence être placés en première ligne parmi les édifices à protéger contre le feu. Il convient d'y multiplier les postes d'incendie, d'y placer des appareils, dits de *grands secours*, destinés à y répandre l'eau à profusion au premier signal : pour avoir lors du besoin un débit partout suffisant, les canalisations intérieures doivent être mises en rapport avec le nombre et les dimensions des orifices à desservir ; on n'obtient d'ailleurs une sécurité réelle que s'il est possible de parer aux interruptions de service, inévitables dans tout service d'eau, soit en réalisant une double alimentation, soit en disposant de grands réservoirs d'approvisionnement.

415. Fontaines décoratives. — Après avoir rempli dans les maisons et leurs dépendances son rôle utilitaire, l'eau peut encore servir à la décoration des appartements, des jardins et des parcs.

Chez les Orientaux, les *fontaines jaillissantes* ont été à toute époque l'ornement le plus apprécié d'une habitation, le complément nécessaire d'un intérieur confortable. Elles peuvent quelquefois aussi trouver leur place dans nos demeures et fournissent par exemple une note agréable dans une vaste serre, un jardin d'hiver, dans un grand vestibule, dans une cour plantée. Il convient d'en rapprocher les *aquariums*, où se jouent des poissons à couleurs vives, et qui sont recherchés dans certains cas.

C'est dans les jardins surtout que l'eau est un précieux élément de décoration ; et l'art a su en tirer bien souvent un parti merveilleux pour charmer les regards dans les parcs des villas et des châteaux, soit en y associant l'architecture et la statuaire, soit en cherchant à imiter les effets de la nature, comme nous avons déjà eu occasion de l'indiquer dans un précédent chapitre. De tout temps et chez tous les peuples, les *eaux vives* ont été considérées comme l'ornement par excellence des jardins les plus luxueux.

§ 4.

LAVOIRS ET BAINS PUBLICS

416. Usage de l'eau en commun. — Parmi les emplois de l'eau à l'intérieur des maisons, il convient de ranger celui qui en est fait en commun dans certains établissements pour le lavage du linge et l'entretien du corps.

La dépense que comportent les installations destinées à ces usages dans les habitations ne permettra jamais de les réaliser partout, quelque désirable que ce soit ; et, par suite, l'intérêt bien entendu de l'hygiène urbaine commande de tendre au développement des établissements destinés à y suppléer et qui peuvent rendre d'immenses services à la population.

Les *lavoirs*, répondant à un besoin impérieux, sont assez répandus ; et c'est l'amélioration des lavoirs actuels qu'il y a lieu de poursuivre plutôt que l'augmentation de leur nombre.

Il n'en n'est pas de même des *bains publics* qui, malgré l'importance attachée à juste titre par les hygiénistes modernes à l'usage des bains, sont encore rares dans la plupart de nos villes, et de plus trop souvent fort médiocrement installés, bien que des créations récentes témoignent d'un progrès réel. Sans vouloir aller aussi loin que les Romains, qui avaient fait jadis de leurs Thermes un lieu de réunion et de plaisir, nous estimons qu'une transformation complète s'impose à cet égard et que les tentatives faites pour la réaliser méritent d'être grandement encouragées.

417. Lavoirs. — Un lavoir, réduit à sa plus simple expression, consiste en un bassin peu profond, bordé de planches à laver, au-

tour duquel viennent s'accroupir les lavandières, et dont l'approvisionnement se renouvelle peu à peu par l'écoulement d'un filet d'eau.
Dans les villages, on se contente généralement de cette installation
sommaire, complétée par l'établissement d'un hangar, qui sert à la
fois d'abri pour les laveuses et de séchoir pour le linge.

Dans les villes, il est indispensable d'y ajouter un mode de chauffage de l'eau, afin que le lessivage du linge puisse avoir lieu dans
le lavoir même. D'autre part, comme l'emplacement dont on dispose
est presque toujours assez restreint, et qu'il faut ménager l'eau empruntée à la distribution, le bassin est remplacé le plus souvent par
une série de petites cuves qui peuvent être remplies à volonté d'eau
froide ou d'eau chaude. Des séchoirs spéciaux sont établis dans les
dépendances des lavoirs, à moins que, pour diminuer encore l'espace
occupé et hâter les opérations, on n'ait recours à des machines es-
soreuses.

418. Établissement de bains et d'hydrothérapie. — Un
établissement de bains ordinaire comporte une installation fort simple : il se compose d'une série de cabinets, pourvus chacun d'une
baignoire, au-dessus de laquelle se trouvent deux robinets fournissant
respectivement l'eau froide et l'eau chaude. Une distribution d'eau
à basse pression peut l'alimenter aisément, car il suffit de placer à
un niveau un peu plus élevé que les baignoires le réservoir destiné
à constituer l'approvisionnement indispensable pour assurer le service en cas d'interruption momentanée de l'alimentation. La chaudière qui sert à échauffer une portion de l'eau est mise en communication avec ce réservoir. Deux canalisations parallèles vont porter
l'eau chaude et l'eau froide dans les diverses parties de l'établissement.

Quand l'eau arrive avec une pression assez élevée, ce qui est le
cas général dans les distributions d'eau modernes, rien n'est plus
facile que d'annexer aux établissements de bains des salles d'hydrothérapie, permettant d'administrer des douches. L'addition d'un
mode quelconque de production de vapeur d'eau fournit aussi un
utile complément d'installation.

Dès lors ce n'est plus seulement l'hygiène, mais aussi la médecine
qui trouve dans ces établissements un précieux auxiliaire. En combinant l'eau froide en pression, l'eau chaude, la vapeur, en y ajoutant
des sels solubles, des aromates, etc., elle en tire un excellent parti
dans le traitement d'un grand nombre d'affections.

Dans les stations thermales ou balnéaires des soins tout particu-

liers sont apportés à l'installation de grands établissements hydro-
thérapiques, où l'on rencontre des piscines plus ou moins vastes,
des étuves, des salles de douches etc., et qui reçoivent des dispositions confortables, et parfois même très luxueuses, qu'on ne retrouve
pas dans les villes même les plus considérables. Il faut cependant
faire à cet égard une exception pour Budapest, où la population
a conservé dans une certaine mesure le goût des peuples orientaux
pour les bains, et qui possède des établissements considérables et
magnifiques en pleine prospérité ; à Vienne aussi on a créé avec
quelque succès de grandes et belles installations en ce genre.

419. Bains populaires. — Dans ces dernières années une tendance nouvelle et très intéressante s'est manifestée, dans quelques
villes largement alimentées d'eau, en faveur de la création de *bains
populaires*, où les habitants appartenant à la classe pauvre, où les
ouvriers plus particulièrement, trouveraient à bon marché le moyen
de prendre des soins de propreté, hautement recommandables au
point de vue de l'hygiène, et qui auront sûrement une heureuse ré-
percussion sur la santé publique.

Ces bains populaires ne comportent point l'usage de la baignoire,
qui exigerait des emplacements considérables et de grands volumes
d'eau, et qui par suite serait beaucoup trop dispendieux. Et l'on y a
eu recours à deux dispositifs également satisfaisants qui ont été employés soit isolément, soit simultanément, le *bain-douche* et la *piscine de natation*.

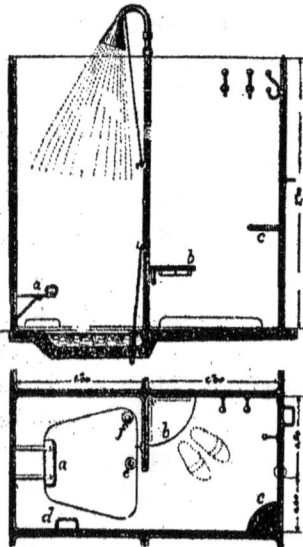

Le bain-douche, n'exige qu'une
quantité d'eau très faible et une occu-
pation de très courte durée de la cabine ; il est donc économique en même
temps que parfaitement efficace. La
figure ci-contre représente une cabine
type étudiée en vue de la meilleure
utilisation possible du terrain et de la
réduction des frais de nettoyage et d'entretien, ce qui suppose l'emploi exclusif
de matériaux imperméables, et où l'on
s'est efforcé d'autre part d'obtenir un
résultat hygiénique satisfaisant par une
bonne direction de la pomme à dou-
che, par l'addition d'un dispositif pour
le lavage des pieds, l'exclusion de toute rentrée d'eau froide, etc.

La piscine ajoute à l'utilité du bain l'attrait de la natation, qui peut être pratiquée en toutes saisons dans des établissements clos et couverts, où l'eau convenablement chauffée se renouvelle d'une façon continue.

En combinant les deux systèmes on obtient des installations excellentes, qui méritent d'être hautement recommandées par les hygiénistes et encouragées par les administrations.

C'est à la municipalité de Vienne (Autriche) que revient l'honneur d'avoir créé en 1887 le premier grand établissement de bains-douches, qui comprenait 36 cabines pour hommes, 28 pour femmes et où le bain coûtait 5 kreutzer, environ 10 centimes, linge compris. Le succès qu'il a obtenu a provoqué la création ultérieure d'autres établissements analogues, qui ont été construits sur des types bien conçus et bien étudiés, et qui ont été imités depuis à Berlin, à Francfort, à Bordeaux, etc.

A Paris les premières tentatives, qui remontent à 1885, ont porté sur les piscines et sont dues à l'initiative privée ; mais elles ont été immédiatement encouragées par le service municipal qui a cédé gratuitement aux organisateurs l'eau propre et chaude qui s'échappe en abondance des appareils de condensation des grandes usines à vapeur destinées à l'élévation des eaux de rivière. Depuis la municipalité elle-même a créé, soit au voisinage d'une des usines, soit à l'emplacement d'un puits artésien de grande profondeur récemment terminé, dont l'eau naturellement tiède a trouvé là une très heureuse utilisation, de magnifiques piscines, auxquelles ont été annexées de nombreuses cabines de bains douches. D'autres villes, parmi lesquelles nous citerons Lille, Armentières, etc., possèdent aussi des piscines.

Dans les hôpitaux, dans les casernes, dans les asiles de nuit, dans les usines, l'usage du bain-douche s'est assez rapidement introduit et trouve de jour en jour de nouvelles applications : il se prête particulièrement en effet à des installations d'importance variée, à une exploitation facile et économique, et se trouve avoir par là un avantage marqué qui contribuera sans aucun doute à en répandre beaucoup l'usage. Les piscines, au contraire, comportent une première mise de fonds et des frais d'entretien considérables qui en limitent nécessairement l'emploi aux grands établissements destinés au public.

§ 5.

PRODUCTION DE FORCE MOTRICE

480. L'eau comme force motrice. — Les conditions dans lesquelles se présente habituellement l'eau distribuée dans les villes sont assez peu favorables à son emploi pour la production de la force motrice.

En effet, la pression n'y dépasse guère 40 à 50 mètres ; on la considère comme exagérée quand elle atteint 100 mètres. Or, les distributions spéciales d'eau comprimée pour le service des moteurs hydrauliques, dans les ports et les gares où on en a installé, fonctionnent couramment à la pression de 50 atmosphères ou plus de 500 mètres ; quelquefois même cette pression est dépassée, et l'expérience a prouvé que l'emploi de ce mode de production de la force n'est pas avantageux quand on descend au-dessous. D'autre part, tandis que des accumulateurs maintiennent la pression absolument constante dans ces installations, on sait que, dans les distributions d'eau urbaines, elle est au contraire exposée à des variations continuelles, ce qui est encore une condition fâcheuse quand on se propose de l'utiliser pour mettre en marche des machines. Enfin l'eau est fréquemment payée dans les villes à la quantité, au mètre cube, indépendamment de toute considération de pression, de sorte que la dépense n'est pas proportionnelle à la puissance utilisable.

Ces indications montrent qu'il n'y a guère lieu d'encourager, en général, l'emploi de l'eau des distributions à la production de force motrice. Il faudrait pour cet usage qu'elles remplissent des conditions absolument différentes de celles qu'on réalise dans la plupart des cas, et, si l'on se proposait de les y adapter, on serait presque toujours conduit à de telles dépenses qu'il n'y aurait aucun avantage à en tirer. C'est seulement dans certaines circonstances toutes particulières, où l'on peut se procurer à peu de frais l'eau à très haute pression, ou pour certains usages spéciaux, qu'il conviendra d'y recourir. D'ailleurs, il existe bien d'autres moyens de se procurer de la force motrice ; et, en présence des difficultés que rencontre trop souvent l'établissement des distributions d'eau destinées à répondre seulement aux besoins de l'alimentation proprement dite, on conçoit qu'il y a lieu de ne pas les augmenter encore par des exigences auxquelles il est possible et facile de répondre par des procédés différents.

Il a été fait cependant dans ces dernières années des installations urbaines où l'emploi de l'eau comme force motrice joue un rôle important ; nous citerons Grenoble par exemple, et surtout la belle utilisation des chutes du Rhône à Genève.

Mais il faut voir là des exceptions, et il semble préférable de créer de toutes pièces, dans les villes où l'emploi de l'eau comme force motrice peut prendre une sérieuse extension, une canalisation spéciale, comme on l'a fait à Londres, où fonctionne un service de distribution de force motrice à domicile par l'eau comprimée sans rapport avec les services d'eau alimentaires.

421. Cas spéciaux. Applications diverses. — Il n'en est pas moins vrai que l'eau distribuée dans les villes pour les usages courants peut dans certains cas particuliers et pour des usages restreints ou temporaires fournir une force motrice d'un emploi commode et rendre parfois de précieux services.

Ainsi elle peut être utilement employée à élever un poids à une hauteur modérée. La disposition connue sous le nom de *balance hydraulique* se prête bien à ce genre de travail et donne dans des conditions favorables un rendement très satisfaisant : deux bennes, suspendues aux extrémités d'une corde ou d'une chaîne passant dans la gorge d'une poulie placée à la partie supérieure, sont alternativement remplies d'eau quand elles arrivent au haut de leur course et vidées quand elles ont effectué leur descente, la benne pleine d'eau entraînant dans son mouvement la benne vide et les matériaux qu'on y a chargés. On peut aussi remplacer les bennes par des wagonnets, roulant sur un plan incliné, et reliés par un câble passant, comme la corde de la balance, sur une poulie disposée vers le haut du plan incliné. Le premier type est appliqué quelquefois au montage des matériaux destinés à la construction des maisons et fournit des *élévateurs* peut-être un peu coûteux mais dont le fonctionnement régulier ne laisse rien à désirer. Le second a trouvé d'importantes et heureuses applications dans les *chemins de fer funiculaires*, en Suisse notamment, où il n'est pas rare de rencontrer l'eau en abondance à des altitudes élevées, et où l'on a pu s'en servir en conséquence dans plus d'un cas pour remplir une caisse à eau placée sous le wagon qui se trouve au haut de la rampe ; ce wagon ainsi lesté entraîne, grâce au poids supplémentaire qu'il a reçu, l'autre wagon dont la caisse a été préalablement vidée au bas de la course et qui se trouve plus léger malgré la charge qu'on lui fait porter.

En faisant agir l'eau en pression sur un piston qui entraîne dans son mouvement un plateau, on obtient le *monte-charge* hydraulique, dont le rendement, sans être aussi élevé que celui de la balance, est encore assez avantageux, pour justifier des applications fréquentes. Tantôt le plateau est placé directement sur le piston moteur, dont la longueur doit être alors supérieure à la course de l'appareil, tantôt il est suspendu à l'extrémité d'une corde ou d'une chaîne, qui s'enroule sur une poulie mouflée et permet de réduire à volonté la course du piston dont la section augmente dans le même rapport.

A l'origine le service de la transmission pneumatique des dépêches dans Paris a fait usage de l'eau comme force motrice : l'air était comprimé dans un réservoir par l'effet de l'introduction de l'eau prise sur une conduite publique, tandis qu'il était raréfié dans un autre qu'on mettait en décharge ; et les boîtes, placées dans le tuyau qui reliait entre eux les deux réservoirs, y formant piston, étaient entraînées par suite de la différence des pressions de part et d'autre. On a dû renoncer bientôt à ce système qui était fort onéreux.

On a eu aussi recours à l'eau des distributions urbaines pour mettre en mouvement de petits moteurs rotatifs, soit à turbine, soit à plusieurs cylindres conjugués, qui se prêtent assez bien à l'utilisation de pressions très diverses sans cesser d'avoir un rendement assez élevé, et qui peuvent servir à commander de petites machines-outils, des dynamos, des pompes, à produire de la force partout où la considération de la dépense se trouve primée par celles relatives à la facilité de l'installation ou à la commodité de service.

122. Ascenseurs hydrauliques. — Parmi les applications de ce genre il en est une qui mérite une mention spéciale, en raison de l'extension qu'elle a prise depuis un certain nombre d'années : c'est la commande des *ascenseurs* destinés au transport des personnes, qui ne sont autre chose qu'une transformation des monte-charges adaptés à ce nouvel usage.

L'ascenseur Edoux, le premier en date, ne diffère de ce dernier type d'appareil que par la substitution d'une cabine au plateau du monte-charge : cette cabine, placée au-dessus d'un piston de grande longueur qui se meut dans un cylindre descendu dans le sol, est équilibrée par des contre-poids suspendus à l'extrémité de longues chaînes qui s'engagent dans des poulies placées à la partie supérieure de la cage.

Les divers dispositifs, imaginés et appliqués depuis, sont pour la plupart des variantes de ce type primitif : les uns ont eu pour objet

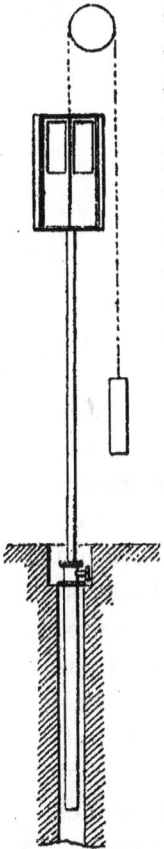

de supprimer les inconvénients et les dangers des contrepoids et des chaînes, en les remplaçant par des appareils compensateurs de forme et de constitution variées, les autres de faire disparaître l'obligation de forer un puits à grande profondeur soit en divisant la tige du piston en plusieurs anneaux formant ensemble une sorte de tube télescopique, soit en séparant la cabine du piston qui l'entraîne alors par l'intermédiaire d'un câble et d'une poulie mouflée. Dans tous une attention particulière doit être donnée au guidage de la cabine, aux modes d'arrêt et de mise en marche et aux engins de sûreté.

L'emploi de l'eau de la distribution pour actionner les ascenseurs paraît assurément justifié, puisque la pression y est habituellement suffisante pour atteindre sans difficulté les étages supérieurs des maisons. Mais là encore il ne fournit point une force motrice économique, et l'électricité, l'air comprimé, etc., peuvent souvent y être substitués avec un avantage marqué.

423. Mesures de précaution. — Quel que soit le type des appareils adoptés pour la production de force motrice au moyen de l'eau des distributions urbaines, on ne doit jamais oublier que cette eau est exposée à des variations fréquentes et inopinées de pression, à des interruptions complètes, à des rentrées d'air, à des coups de bélier ; et il y aurait une grave imprudence à ne pas tenir compte de ces conditions particulières dans l'étude et la mise en mouvement des engins appropriés à cet usage.

Faute d'avoir pris à cet égard les mesures de précaution que dicte la prudence la plus élémentaire, on s'est exposé trop souvent à des accidents, dont quelques-uns ont été assez retentissants pour jeter une défaveur tout au moins momentanée sur tel ou tel appareil.

Il suffit du reste dans la plupart des cas, pour avoir toutes garanties, de disposer en des points convenablement choisis des clapets de retour s'opposant à l'écoulement de l'eau dans le cas d'une baisse de pression ou d'une fuite, des ventouses s'opposant aux cantonnements d'air et en assurant au contraire l'échappement au dehors, des freins ou des régulateurs de vitesse, qu'il est presque toujours facile d'imaginer dans chaque espèce et d'adapter aux circonstances spéciales qu'elle comporte.

ERRATUM

Page 266, après le troisième paragraphe, qui se termine par les mots... *par M. le Commandant Bertrand,* il y a lieu d'ajouter :

188. Pentes. Vitesses. — Faute d'instruments précis pour régler la pente des aqueducs, les anciens ne pouvaient guère en admettre une qui fût inférieure à $0^m,50$ par kilomètre, excepté cependant pour les rigoles en terre qu'ils traçaient sans doute en se faisant suivre par l'eau, procédé encore en usage aujourd'hui dans les prés irrigués. Les instruments perfectionnés dont dispose l'ingénieur moderne lui permettent d'aborder des pentes plus faibles : les aqueducs de la Vanne et de la Dhuis n'ont pas plus de $0^m,10$ de pente par kilomètre. Il convient de ne pas descendre beaucoup plus bas, car, si l'écoulement devenait trop lent, des dépôts se formeraient dans les aqueducs, et les rigoles seraient rapidement envasées ou obstruées par la pousse des herbes : Genieys recommande de ne pas réduire la vitesse à moins de $0^m,35$ par seconde.

Laval. — Imprimerie parisienne L. Barnéoud et Cⁱᵉ. 8, rue Ricordaine.

TABLE DES MATIÈRES

INTRODUCTION

GÉNÉRALITÉS SUR LA SALUBRITÉ URBAINE

CHAPITRE I
Salubrité urbaine

CHAPITRE II

L'eau dans les villes

CHAPITRE III

Aperçu historique

§ 5. — Temps modernes.

§ 6. — Epoque actuelle.

PREMIÈRE PARTIE

DISTRIBUTIONS D'EAU

CHAPITRE IV.

Les besoins

§ 1. — Quantité d'eau nécessaire pour l'alimentation des villes

§ 2. — Qualités de l'eau destinée à l'alimentation des villes.

CHAPITRE VII

Captage des eaux.

§ 2. — Emploi des eaux de superficie.

a. *Eaux courantes.*

b. *Eaux dormantes.*

§ 3. — Emploi des eaux souterraines.

a. *Première nappe ou nappe des puits.*

b. *Nappes inférieures.*

c. *Sources.*

CHAPITRE VIII

Procédés employés pour l'amélioration des eaux naturelles.

§ 1. — Considérations générales.

CHAPITRE IX

Amenée de l'eau par la gravité.

§ 1. — **Généralités.**

CHAPITRE X

Elévation mécanique de l'eau.

§ 1. — Appareils employés pour l'élévation de l'eau.

CHAPITRE XIII

Service public.
L'eau sur la voie publique et dans les promenades

§ 1. — Généralités

CHAPITRE XIV

Vente et livraison de l'eau

§ 1. — Vente de l'eau.

CHAPITRE XV.

Service privé. L'eau dans la maison.

§ 1. — Distribution intérieure.

§ 2. — Appareils de puisage.

§ 3. — Appareils pour services spéciaux.

§ 4. — Lavoirs et bains publics.

§ 5. — Production de force motrice.

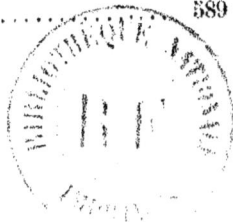

[Cachet de bibliothèque]

www.ingramcontent.com/pod-product-compliance
Lightning Source LLC
Chambersburg PA
CBHW031719210326
41599CB00018B/2440